实用模具设计与制造丛书

实用热锻模设计与制造

第2版

洪慎章　编著

机　械　工　业　出　版　社

本书系统地介绍了热锻模具的设计与制造技术。全书内容包括：热锻模设计基础，锤锻模设计，热模锻压力机锻模设计，螺旋压力机锻模设计，切边、冲孔、校正及精压模设计，锻模设计应用实例，热锻模具制造，锻模的装配及试模，专用锻造工艺。本书以锻造工艺分析、模具结构设计与制造技术为重点，结构体系合理，技术内容全面；书中配有丰富的图表和应用实例，实用性强，能开拓思路，便于自学。

本书主要供从事热锻模设计与制造的工程技术人员、工人使用，也可作为相关专业在校师生的参考书和模具培训班的教材。

图书在版编目（CIP）数据

实用热锻模设计与制造/洪慎章编著．—2版．—北京：机械工业出版社，2016.3
（实用模具设计与制造丛书）
ISBN 978-7-111-52971-2

Ⅰ.①实… Ⅱ.①洪… Ⅲ.①锻模-设计②锻模-制造 Ⅳ.①TG315.2

中国版本图书馆CIP数据核字（2016）第028715号

机械工业出版社（北京市百万庄大街22号 邮政编码100037）
策划编辑：陈保华 责任编辑：陈保华 崔滋恩
封面设计：马精明 责任校对：李锦莉 刘秀丽
责任印制：乔 宇
北京京丰印刷厂印刷
2016年2月第2版·第1次印刷
184mm×260mm·21.5印张·530千字
0 001—3 000册
标准书号：ISBN 978-7-111-52971-2
定价：66.00元

凡购本书，如有缺页、倒页、脱页，由本社发行部调换

电话服务
服务咨询热线：010-88361066
读者购书热线：010-68326294
010-88379203
策 划 编 辑：010-88379734
封面无防伪标均为盗版

网络服务
机 工 官 网：www.cmpbook.com
机 工 官 博：weibo.com/cmp1952
金 书 网：www.golden-book.com
教育服务网：www.cmpedu.com

前　言

热模锻成形作为一种重要的成形加工方法，是机械产品不可缺少的重要环节。在人类生活、国防等各个领域，如在汽车、电站、冶金、机械装备、铁道、造船、航空航天、兵器、化工等部门中都具有广泛的应用。热模锻成形生产的制件不仅强度高、韧性好、精度高、复杂度高、生产率高，而且节材、节能、降耗、成本低，适用于大批量生产，有很大的市场需求和广阔的发展前景。

根据中国锻压协会资料统计，我国锻造厂家超过900家，锻件年产量超过1000万t，而美国锻件年产量为780万t，德国锻件年产量为290万t，日本锻件年产量为220万t，世界锻件年产量约6000万t，可见我国锻件产量已占全世界的1/6。因此，在我国锻造技术的应用还需进一步发展。

为了与时俱进，适应热模锻技术发展和读者需求，决定对《实用热锻模设计与制造》一书进行修订，出版第2版。第2版仍继续坚持第1版的特点：在选材上，力求既延续传统的热模锻工艺内容体系，又反映当今热模锻工艺与模具技术的最新成果和先进经验。在编写上，注重理论与实践相结合，采用文字阐述与图形相结合，突出模具设计与制造重点和典型结构实例，以方便读者使用。本书从热模锻生产全面考虑，在系统、全面的前提下，突出重点而实用的技术；同时，尽量多地编入常用的技术数据和因素，以满足不同读者的需要。

修订时，全面贯彻了热模锻技术的相关最新标准，更新了相关内容；修正了第1版中的错误，从热模锻工艺、模具设计与制造步骤考虑，调整了章节结构，更加方便读者阅读使用；增加了第9章专用锻造工艺和附录D模锻件允许形状的偏差及表面缺陷等内容。

本书共9章，内容包括：热模锻设计基础、锤锻模设计、热模锻压力机锻模设计、螺旋压力机锻模设计、切边、冲孔、校正及精压模设计、锻模设计应用实例、热锻模制造、锻模的装配及试模、专用锻造工艺。本书以热模锻工艺分析、模具结构设计及制造为重点，结构体系合理，技术内容全面，书中配有丰富的技术数据及图表，实用性强，能开拓思路，概念清晰易懂，便于自学。

在本书编写过程中，刘薇、洪永刚、丁惠珍等工程师们参加了书稿的编写、整理工作，在此表示衷心的感谢。

由于编者水平有限，书中不妥和错误之处在所难免，恳请广大读者不吝赐教，以便得以修正，以臻完善。

洪慎章

于上海交通大学

目　录

第1章　热锻模设计基础

锻模是金属在热态下进行体积成形时所用模具的统称。一个完善的锻模设计过程，首先应当考虑的是能够获得满足一定的形状和尺寸精度要求及组织性能良好的锻件，同时要满足生产率的要求；其次还应考虑锻模具有足够的强度和较高的寿命，并且制造简单，安装、调整、维修方便。因此，设计锻模时，应当综合分析各类锻件塑性成形的规律和工艺特点，研究被加工材料和模具材料的力学和物理、化学特性，并了解各类锻压设备的工作过程、结构和工艺特点等。

1.1　模锻实质及其工艺过程和锻模分类

1. 模锻的实质

模锻是将加热的毛坯放入上、下模块的模膛（按零件形状及尺寸加工）间，借助锻锤锤头、螺旋压力机和热模锻压力机滑块的冲击使毛坯成形为锻件的一种加工方法。锻模的上、下模块分别固紧在锤头和底座上。模锻件余量小，只需少量的机械加工（有的甚至不加工）。模锻生产率高，锻件内部组织均匀，件与件之间的性能变化小，形状和尺寸主要是靠模具保证，受操作人员的影响较小。模锻需要借助模具，加大了投资，因此不适合单件和小批量生产。有时，模锻还常需要配置自由锻或辊锻设备制坯，尤其是在热模锻压力机和螺旋压力机上进行模锻。

模锻常用的设备主要是模锻锤、热模锻压力机、螺旋压力机、电动（或液压）螺旋锤、模锻液压机等。

2. 模锻工艺过程

模锻生产中，从原材料获得模锻件，需要采用一系列模锻工序。由这一系列模锻工序构成的模锻件生产过程，称为模锻工艺过程，也称模锻生产流程。

模锻工艺过程的基本工序如下：

1）毛坯准备。根据选定的毛坯规格下料。

2）毛坯加热。将毛坯加热到规定的温度范围。

3）模锻。将加热好的毛坯在锻模模膛内成形。模锻工序是锻件获得所需形状和尺寸锻件的主要成形工序，对锻件的组织和性能有重要影响。

4）切边和冲孔连皮。

5）热校正或热精压。

6）磨去毛刺。

7）热处理。

8）清理去除氧化皮。

9）冷校正或冷精压。

10）质量检验。

3. 锻模的分类

根据不同的情况，锻模的分类目前有多种方法，可以按模锻设备进行分类，也可以按工艺用途进行分类，还可以按锻模结构和分模面的数量等进行分类。

按模锻设备不同，锻模可分为锤用锻模、螺旋压力机用锻模、热模锻压力机用锻模、平锻机用锻模、水压机用锻模、高速锤用锻模、辊锻机用锻模和楔横轧机用锻模等。这种分类方法主要考虑了各种锻压设备的工作特点、结构特点和工艺特点，因此决定了锻模的结构和使用条件也有所不同。

按工艺用途（所完成的变形工序种类）不同，锻模可分为锻造模具、挤压模具、冷锻模具、辊锻模具、校正模具、压印模具、精整模具、精锻模具、切边模具和冲孔模具等。这种分类方法主要考虑不同变形工序的变形规律，因此各类锻模的模膛设计和锻模结构也有所不同。

还有一些其他分类方法，如按锻模的结构不同可分为整体锻模和组合镶块锻模，按终锻模膛结构不同可分为开式锻模和闭式锻模，按分模面的数量不同可分为单个分模面锻模和多向模锻锻模等。

1.2 锻模的设计程序和一般要求

1. 锻模的设计程序

锻模设计是为了实现一定的变形工艺而进行的。因此，在生产中应首先根据零件的尺寸、形状、技术要求、生产批量大小和车间的具体情况确定变形工艺和模锻设备，然后再设计锻模。锻模设计的程序如下：

1）分析成品的形状，研究成品的锻造工艺性。

2）根据零件图设计锻件图。

3）确定制造方法（一模几件）和设备种类，计算所需吨位。

4）确定模锻工步和设计模膛，其顺序是先设计终锻模膛，然后设计预锻模膛和制坯模锻。

5）设计锻模模体（或模具组合体）。

6）设计切边模和冲孔模。

7）设计校正模（根据需要）。

8）确定模具材料。

2. 锻件图

锻件图是生产中的基本技术文件，根据其设计模具、确定原毛坯的尺寸和验收锻件等，机械加工车间也是根据锻件图来设计工夹具的。

锻件图制订的工作内容包括：

1）确定分模面的位置和形状。

2）确定余量、公差和余块。

3）确定模锻斜度。

4）确定锻件的圆角半径。

5）确定冲孔连皮的形状和尺寸。

6）确定辐板和肋的形状和尺寸。

3. 对锻模的一般要求

设计时应使锻模满足以下要求：

1）保证获得满足尺寸精度要求的锻件。

2）锻模应有足够的强度和高的寿命。

3）锻模工作时应当稳定可靠。

4）锻模的结构应满足生产率的要求。

5）便于操作。

6）模具制造简单。

7）锻模安装、调整、维修简易。

8）在保证模具强度的前提下尽量节省锻模材料。

9）锻模的外廓尺寸等应符合设备的技术规格。

1.3　锻模设计与锻件尺寸精度的关系

锻模设计对锻件的尺寸精度有很大影响。模膛的尺寸精度和磨损、模具和锻件的热胀冷缩、模具和锻件的弹性变形、锻件的形状和尺寸，以及所选用设备的刚度、精度和吨位大小等对锻件的尺寸精度均有较大影响。

1. 锻件的热胀冷缩

当模具工作温度较高时，还应考虑模具的影响，尤其对精密成形的锻件更应注意。

模具温度的波动会引起模膛容积的变化，其变化值可按式（1-1）计算：

$$\frac{\Delta V_t}{V_0} = \varepsilon_1 + \varepsilon_2 + \varepsilon_3 \tag{1-1}$$

$$\Delta V_t = V_t - V_0$$

式中　ΔV_t——模膛容积变化值（mm^3）；

V_0——设计时预定模具温度下的模膛容积（mm^3）；

V_t——锻造时实测模具温度下的模膛容积（mm^3）；

ε_1、ε_2 和 ε_3——三个互相垂直方向上模膛尺寸的相对改变量。

如果模具温度分布均匀，当模具实测温度与设计预定的模具温度相差为 Δt 时，则

$$\frac{\Delta V_t}{V} = 3\varepsilon = 3\alpha\Delta t \tag{1-2}$$

式中　α——模具材料的线胀系数。

2. 错移力的平衡和导向

错移力的平衡是保证锻件尺寸精度的一个重要因素，而且也是影响设备寿命的一个重要因素。

（1）错移力产生的原因　错移力产生的原因大致有下列几方面：

1）当锻件分模线不在同一平面上（即具有落差的锻件）时，模锻时有水平方向的错移力。

2）如果由于某些原因使得模膛中心与滑块或锤杆中心不一致，模锻时产生一个偏心力

矩，造成锻模的错移。

3）如果设备的上、下砧面不平行（见图1-1），模锻时也要产生不平错移。

错移力不仅造成锻件水平尺寸的错差，而且还必然引起锻件高度方向尺寸的偏差，后者对一般小锻件影响不大，但对大型模锻件造成的偏差有时甚至超过5mm，因此错移力的平衡是保证锻件尺寸精度的一个重要因素。

由上述原因引起的错移力如不设法平衡，不仅使锻件产生错差，而且必然要作用到导轨和床身（立柱）上，使导轨容易磨损，床身容易损坏，锤杆易于折断。

（2）减小错移力的措施　为减小错移力引起的锻件错差，可以采取如下措施：

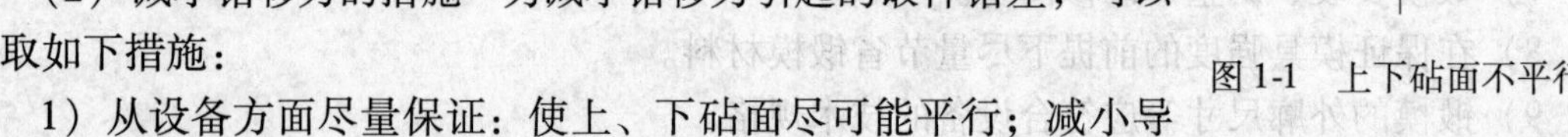

图1-1　上下砧面不平行

1）从设备方面尽量保证：使上、下砧面尽可能平行；减小导轨间隙；增加导向长度。

2）从模具结构方面尽可能使模膛中心和锤杆中心（或滑块中心）相一致，采用导销、导柱、导套、导筒等平衡和导向装置。

以上两方面中，设备的精度对减小锻件的错差有一定影响，但是，最根本、最有积极意义的是从模具设计方面采取措施，因为后者的影响更直接，具有决定性的作用。

3. 引起锻件高度方向尺寸超差的各种因素

（1）终锻模膛的充填性能　对某些具有高肋的锻件，为保证肋部能够充满，应在终锻模膛的相应部位设排气孔。对某些终锻时不易充满的锻件，可增加预锻模膛。

（2）终锻模膛的磨损　对终锻模膛易磨损的部位，应当在锻件公差允许的范围内预先考虑磨损量，以提高模具寿命，保证锻件的尺寸精度要求。

（3）氧化皮等在下模较深部位的堆积　当下模模膛局部存在较深部位且易聚积氧化皮时，应在下模此部位加深1～2mm。

（4）设备吨位不足或过大　当设备吨位偏小可能产生锻压不足时，应适当减小模膛深度，以抵消锻压不足的影响；相反，当设备吨位偏大或模具承击面不够时，应适当增加模膛深度，以保证在承击面下陷后还能锻出合格锻件。

4. 模具的加工精度

模具的加工精确度应当比锻件的精度高两级。

5. 模具的刚度

精锻时，为能获得精确的锻件尺寸，应考虑锻件和模具的弹性变形量，应保证模具有足够的刚度。影响模具刚度的因素有模具结构、模膛位置和模具材料等。

对于模具结构，应力求简单，整体模的刚度较好；采用组合模时，应避免构件间有游隙和较大的弹性变形。

对于模膛位置，应力求模膛中心与滑块（或锤杆）的中心一致，否则会由于偏心力矩使上、下模产生相对转动，造成锻件高度方向和水平方向尺寸偏差。

对于模具材料，应使模具材料本身硬度高、弹性变形小，例如平面冷精压采用Cr12Mo做精压平板比采用T10A精压后零件中部的凸起高度小，因而零件的精度高。

1.4　锻模设计与模具寿命的关系

锻模设计的正确与否对模具的使用寿命有很大影响。

热锻模失效的主要形式有破裂、磨损、热疲劳裂纹（以下简称热裂）和模具发生塑性变形（压塌）等，其中磨损和热裂属正常失效，而破裂和模具发生塑性变形属非正常失效。设计锻模时，为提高使用寿命要同时考虑这四方面的因素，尤其对非正常失效，更应予以重视。本节以解决破裂为主着重介绍锻模的强度设计。

1. 锻模破裂的外因

图1-2～图1-5所示为锻模常见的破裂形式，从外因看，引起破裂的主要原因及破裂形式如下：

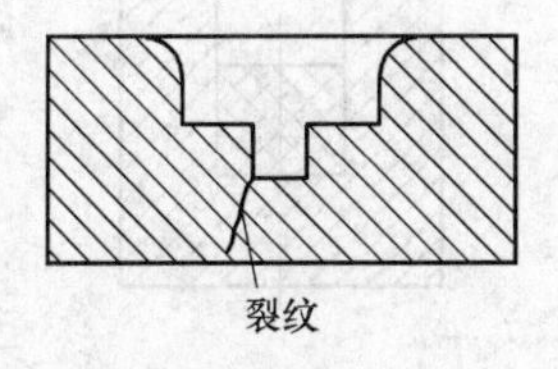

图1-2　模膛深处开裂

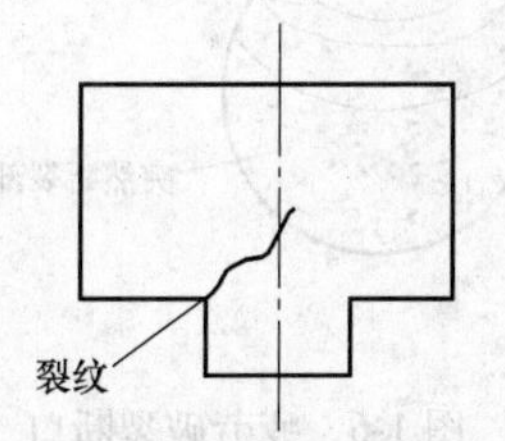

图1-3　燕尾转角处开裂

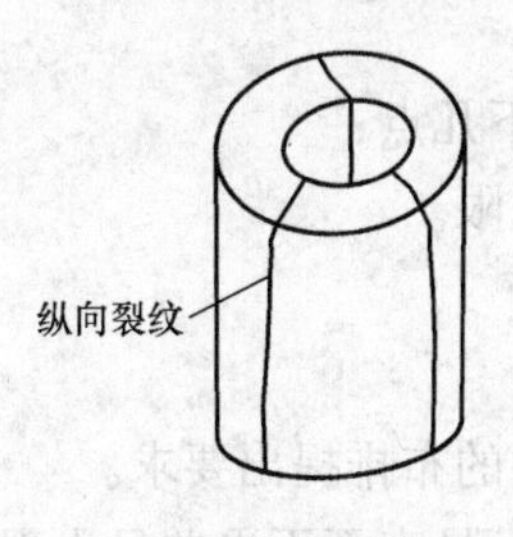

图1-4　纵向裂纹

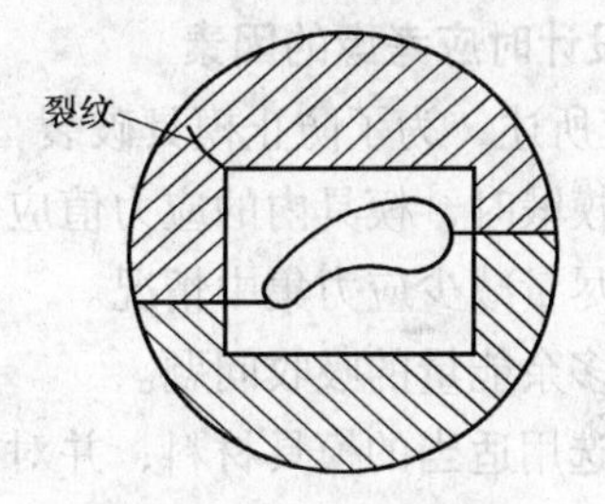

图1-5　模膛转角处开裂

1）在极高的载荷下由于应力值超过模具材料的强度极限所致。这时经一次模压（打击）或极少次数模压（打击），模具便产生破裂。

2）在较低的应力下，经多次反复模压（打击），由于疲劳而产生破裂，一般叫作疲劳破裂。

两种破裂形式可以从断口的特征加以区别。疲劳破裂断口一般是分为两部分（见图1-6），一部分是疲劳裂纹发展形成的疲劳破裂部分，这部分由于疲劳裂纹的时进时停常常呈现出贝壳形状；另一部分是突然断裂部分，呈凸凹不平的粗糙状态。该部分的裂纹由于是急速发展的，所以破裂面不呈贝壳形状。

模具承受冲击载荷时更易于破裂，这不仅是由于某些材料（例如高速钢）对冲击载荷具有敏感性，而主要是由模具承受冲击载荷时的受力特点所决定的。例如在冲击载荷下进行闭式模锻（见图1-7）时，在毛坯充满模膛之后，如果锤头还有多余的能量则必然还要继续向下移动，多余的能量主要由模具及设备的弹性变形所吸收。当多余能量较大时，根据能量转换原理可以算得此时的锤头打击力是很大的，它将远远超过锻件变形所需的力量，模具常常因为承受不了这么大的应力而破坏，这尤其是在模具具有应力集中处时更是危险。

设备在模锻时具有多余能量的现象常常是不可避免的，这不仅在闭式模锻时有，开式模锻时也有。

2. 锻模破裂的内因

从产生上述破坏情况的来看，其内因可能如下：

1）采用的模具材料冲击韧度低。

2）模块没有锻透，内部有缺陷，组织不均。

3）热处理不当，有时效裂纹。

4）模块内的纤维方向安排不当。

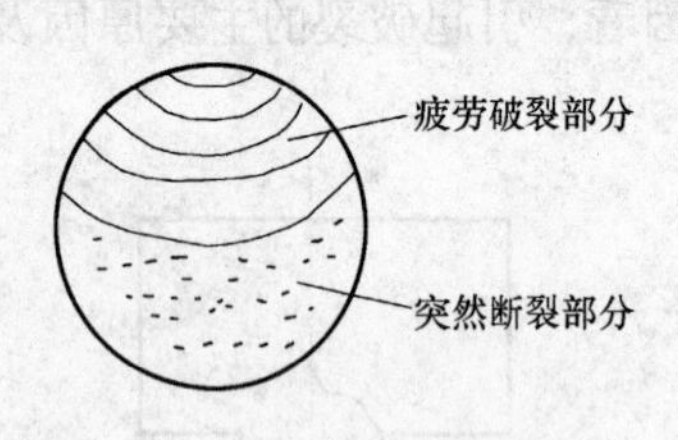

图 1-6　疲劳破裂断口

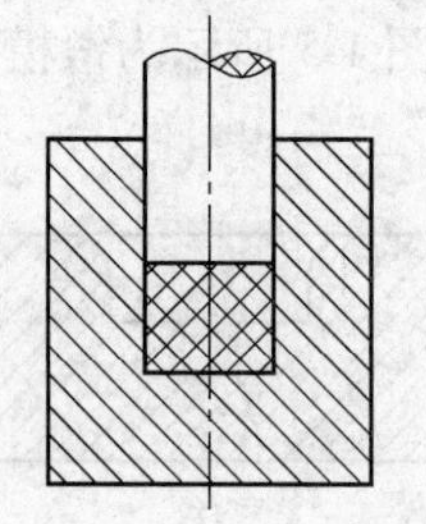

图 1-7　闭式锻模

3. 设计时应考虑的因素

综上所述，为了防止模具破裂，在设计时应当考虑以下几点：

1）模锻时，模具内的应力值应低于材料的允许强度极限。

2）尽量减少应力集中情况。

3）多余能量的吸收问题。

4）选用适当的模具材料，并对模坯的锻造和纤维方向的布排提出要求。

磨损是模具与毛坯在高压下相对摩擦的结果，磨损使模具表面不平并且出现沟痕，这种沟痕有可能引起应力集中造成模具破裂。

热裂是由于模具表面热冷交替反复变化引起异符号热应力的反复作用而产生的。热裂纹呈龟裂状，多发生在模具的突出部，因为突出部容易急冷急热。当模具材料的导热性差、热膨胀系数大、使用温度范围和润滑剂选用不合适时，更易产生热裂。

模具发生塑性变形是因为模具的硬度过低或锻件的变形抗力过大所引起的。热锻时由于冷却不好，模具温升较高，引起模具退火而变软，而当坯料温度过低时锻件的变形抗力便会增大。

模具的磨损、热裂以及模具的塑性变形主要与模具材料、工艺操作和模具的润滑有关，模具的结构形式也有较大影响。

4. 应用举例

下面从防止模具的破裂出发介绍有关模具强度设计方面的问题，以锤上锻模为例介绍开式锻模的设计，以摩擦压力机上的无飞边模锻为例介绍闭式锻模的设计。

（1）开式锻模的设计

1）锤上锻模常见的破裂形式有下列三种：

①在燕尾根部转角处产生的裂纹（见图1-3）。

②沿高度方向开始于模膛深处的纵向裂纹（见图1-8）。

③模壁被打断（见图1-9）。

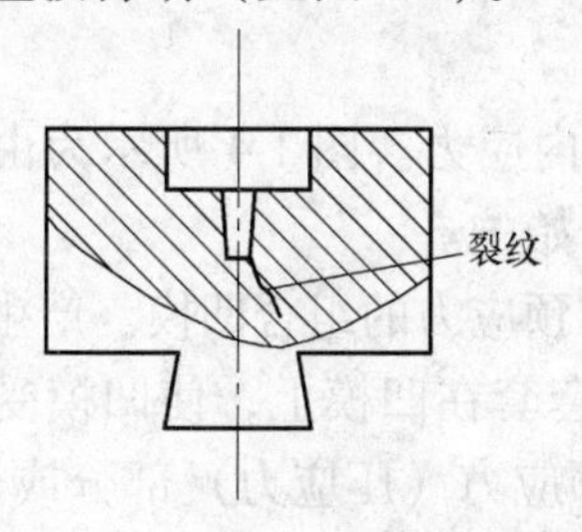

图1-8　模膛深处纵向开裂

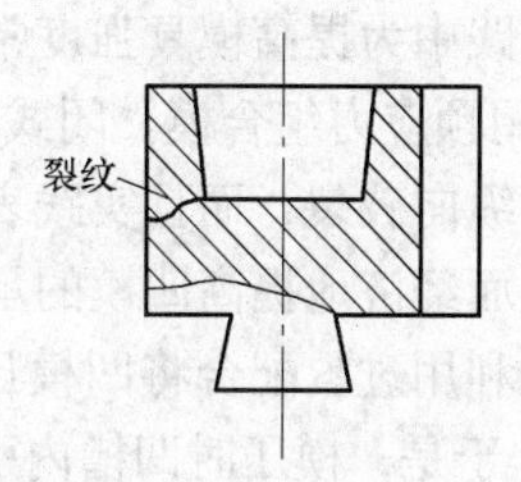

图1-9　模壁被打断

第1种破裂形式在多模膛锻造情况下是常见的。在燕尾根部转角处的这种断裂主要是由于应力集中造成的。锤击时，燕尾与锤头和下砧的燕尾槽接触，而两侧是悬空的。间隙约0.5mm，偏心打击时，燕尾根部转角处的应力集中较大。例如模锻连杆的锻模，由于有预锻和终锻两个模膛，常常从燕尾根部转角处破坏。燕尾转角半径越小，加工时越不光洁，留有加工刀痕等情况下越易破坏。燕尾部分热处理后的硬度越高（相应地冲击韧度下降）和有残余的应力集中时也越易破坏。

如果设计不合理或制造不良，造成模块两侧与锤头和下砧接触而使燕尾悬空时，更易发生这种损坏。从模具本身来看，如果锻模材质不好或纤维安排不合适时也易产生这种损坏。

第2种断裂是由于模锻时模膛侧壁受很大的压力，相对于一定的模膛深度，当锻模的高度（厚度）较小时，应力值可能超过材料的强度极限引起断裂。当模膛的内圆角不足和模膛具有深而狭的凹槽或残留有加工刀痕时，由于应力集中更易产生这种损坏。

第3种是由于模壁太薄而引起的。模膛越深，模壁斜度和模膛底部圆角越小或留有加工刀痕时越易产生这种破坏。

2）根据对以上几种模具损坏原因的分析可见，设计模具时应当考虑以下几点：

①模膛壁厚。

②模块高度。

③模具承击面。

④燕尾根部的转角。

⑤纤维方向的布置。

由于模锻时模具受力情况复杂，而且影响的因素又很多，因此很难进行理论计算，一般均根据经验公式或图表确定（见后面有关章节）。

（2）闭式锻模的设计　设计摩擦压力机上闭式锻模时主要考虑多余能量问题。以图1-10所示的情况为列，当模膛已基本充满再进行打击时，滑块（或锤头）的动能几乎全部为模具和设备的弹性变形所吸收；坯料被压缩后，使模具内径撑大，模具承受很大的应力，因此在冲击载荷下闭式模锻时，模具的尺寸不取决于所模锻零件的尺寸和材料，而取决于模锻设备的吨位。根据这个道理，经过运算便可求得不同吨位设备上闭式模具允许的纵截面。

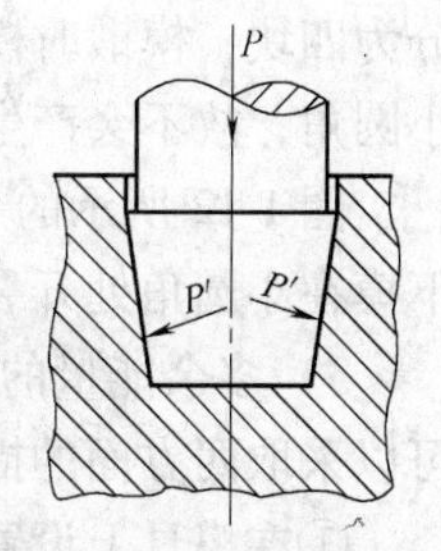

图1-10　闭式模锻时的受力情况

在精密模锻时为了保证能较好地成形，常常采用较大吨位的设备，因此在模具内产生的应力值大，模具更易于损坏。

5. 生产实践中采取的措施

生产实践中为提高模具强度常采取如下措施。

1）采用预应力组合模。闭式模锻时凹模受到很大的内应力。图1-4所示为由于压力过大而引起的纵向破裂，而且实践表明，破裂总是由内壁开始的。

为有效而经济地提高凹模的承载能力，可以采用具有预应力的组合凹模。产生预应力的方法一般是利用过盈配合将凹模压入凹模套内或将凹模套套在凹模上，使凹模受到预紧力(压应力)。于是，模压时凹槽内引起的切向拉应力将被预应力（压应力）部分或全部抵消，凹模的承载能力便可以得到显著的提高。生产中有时采用一层凹模套，有时当内压力 p 很大时，需要两层或三层凹模套。通过对一定尺寸的组合凹模进行强度分析可知，内外层直径比为4的三层组合凹模，其强度是整体凹模的1.8倍。两层组合凹模的强度是整体凹模的1.3倍。

预应力组合凹模的优点如下：

①提高了凹模的强度。

②使凹模的尺寸减小，节省了模具钢（原先整个凹模都要用高级的模具钢制成，现在仅凹模用模具钢，凹模套可改用较差一些的金属材料）。

③由于凹模尺寸减小，进行热处理容易，可提高模具的热处理质量。

④当凹模损坏后，换一个新的，而凹模套仍可继续使用。

预应力组合结构模具在锻造用的模具中应用是很广的，在摩擦压力机精密闭式模锻时也常用。在挤压时，特别是冷挤压时，虽然是静载荷，但由于模具承受很大的单位压力，有时达2000～3000MPa，一般模具材料承受不了，故一般也都采取这种结构的凹模。

凹模套的层数越多，凹模承载能力的提高越显著，但是层数多了，加工面多，加工压合工艺要求高，因此应按具体情况来决定。

2）避免（或减小）应力集中。对于整体模，在模膛内的转角处常易产生应力集中，不论在模具热处理时或模锻打击时都容易产生。这种应力集中很易使模具产生疲劳或冲击破坏。将圆角放大些，加工得光洁些，只能使应力集中的程度减轻一些，而不能从根本上避免。避免应力集中的有效措施是采用组合结构的模具。图1-11所示为预应力组合的凹模，原先四个角上应力集中很严重，常常在拐角处产生破裂。现将凹模分为四块，模锻时模内压力经过镶块 A 完全作用于外套 B，而外套 B 无小圆角，故不会产生应力集中。

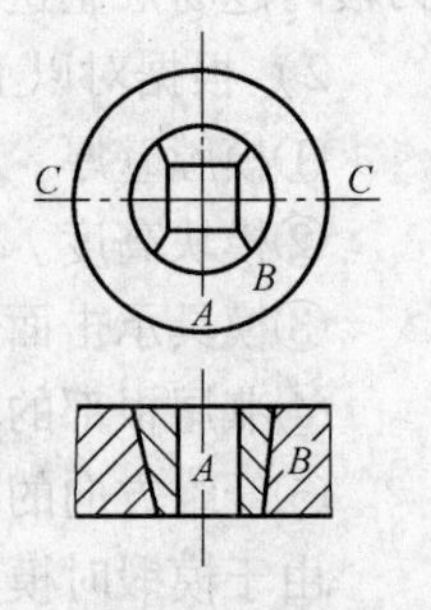

图1-11　预应力组合凹模

图1-12所示的下模为镶块组合，由下冲头及凹模组成，这样可防止下模在小圆角处开裂，受力严重的冲头损坏后可以更换，凹模的外边由凹模套进行加强。

3）多余能量的吸收。设计闭式锻模时，应认真考虑多余能量的吸收。为吸收多余能量可以采取两方面的措施：

①在模具上设置挤出间隙，使毛坯成形后还有挤出一部分金属的可能。由于金属从孔隙中挤出，从而吸收了多余的能量，这样使锤头的移动量得到增大，锤击力减小，这对防止模具破坏和延长模具寿命有一定的效果。流入挤出“间隙”的金属形成毛刺或类似的小飞边，

在锻件清理或切削加工中将其去掉。

对某些锻件，为利于模膛的充满而设置的出气孔，也可以起到吸收多余能量的作用。

②设计承击面，如图1-13所示。承击面除了保证锻件高度准确外还用来承受锤头的多余打击能量。承击面取多大合适，尚无准确的公式。某厂设计模具时按每千克米的多余打击能量取1/4～1/3cm^2的打击面，采取这种措施后很少发生模具不正常的损坏现象。

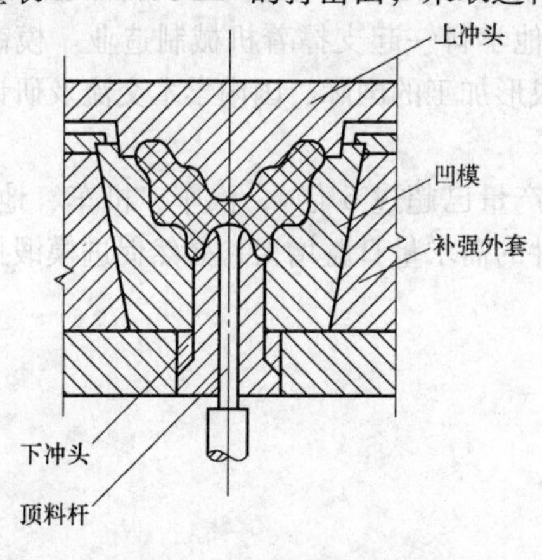

图1-12　镶块组合凹模

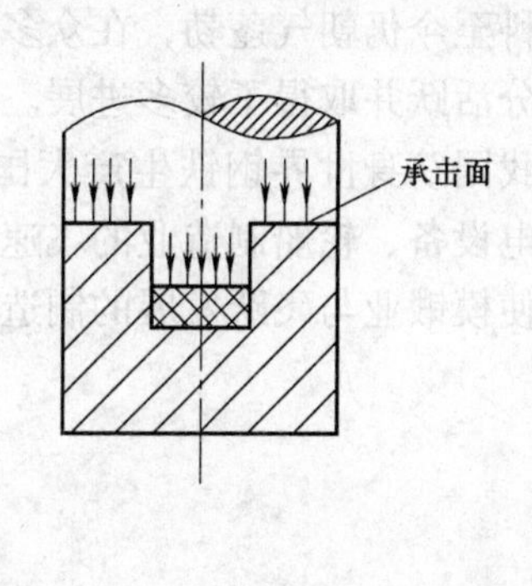

图1-13　承击面

1.5　模锻生产在国民经济中的地位及其发展趋势

模锻在工业生产中占有举足轻重的地位。工矿交通各行各业，如汽车、拖拉机、机床、矿山机械、动力机械、航天航海等部门，没有现代工业生产技术——模锻的密切配合，其发展以至于生存下去，都是不可设想的。模锻生产能力及其工艺水平，对一个国家的工业、农业、国防和科学技术所能达到的高度影响很大。

在国外，模锻工艺所以获得如此广泛的应用，是与其具有独特的优越性分不开的，如生产率、金属材料利用率、产品的力学性能等重要技术经济指标方面，均比机械加工，以及同样应用广泛的铸造、焊接工艺占有压倒性的优势。正因如此，模锻工艺虽然由来已久，具有百年计的发展史，但至今其生命力仍与日俱增，正朝着少、无切削，机械化，自动化生产的方向发展。

今天，模锻件精度越来越高，可以达到甚至超过机械加工的一般精度水平，如精锻齿轮、精锻叶片、精锻轴类件、冷温挤压标准件等；模锻件质量越来越大，随着大型模锻设备的出现，模锻件的外径也达到100cm以上；模锻的复杂程度由于多分模面的出现也得到了明显地提高，多凹挡的带不通孔突缘件已经可在多分模面的模具结构直接成形。

一般地说，模锻件复杂程度不如铸件，但是铸件的内部组织和力学性能却不能与模锻件相提并论。经过热处理的模锻件，无论冲击韧度、断面收缩率、疲劳强度等力学性能均占压倒性的优势。一切重要零件选用模锻方法生产，其根本原因也就在于此。这种势态在可预见的未来，仍然会保持下去。特别是在21世纪高科技迅速发展当中，应当看到，一切工业部门都将面临革新浪潮的冲击，届时得以保持下来的，将是采用最新技术的部门，而且会出现不同生产工艺的相互竞争。

毫无疑问，随着模锻技术的日益发展，将更加有力地证明，模锻方法在工业生产中的作用、对国发经济的影响是极其深远的。模锻方法用于毛坯生产的现状不仅会得到改变，并且要向生产广度开发新领域。

模锻生产经过100多年的发展，现已成为一门综合性学科。它以塑性成形原理、金属学、摩擦学为理论基础，同时涉及传热学、物理化学、机械运动学等相关学科，以各种工艺学（如锻造工艺学、冲压工艺学等）为技术，与其他学科一起支撑着机械制造业。模锻这门较老学科至今仍朝气蓬勃，在众多的金属材料和成形加工的国际、国内学术交流及研讨会议上仍十分活跃并取得了较多进展。

随着我国跻身世界钢铁生产大国的行列，钢铁产量已超过6亿t，汽车、机车、地铁、桥梁、发电设备、轮船制造业的飞速发展，对模锻件的需求量日益增大，必然促进模锻技术的发展，使模锻业与飞跃发展的制造业相适应。

第 2 章　锤锻模设计

2.1　锤锻模的实质及其优缺点

模锻是成批或大批、大量生产锻件的主要锻造方法，它是在蒸空模锻锤的动力作用下，使加热毛坯在锻模模膛中被迫塑性流动成形，从而获得比自由锻质量更高的锻件的。

（1）优点　一般地说，锤上模锻有下列公认的优点：

1）生产率较高。

2）锻件形状较复杂，尺寸精度较高和表面粗糙度值较小。

3）锻件的机械加工余量较小，材料利用率较高。

4）可使流线分布更为完整合理，从而进一步提高零件的使用寿命。

5）生产过程操作简单，劳动强度比自由锻小。

6）锻件成本较低。

（2）缺点　模锻也存在以下缺点：

1）设备投资大。

2）生产准备周期长，尤其是锻模制造周期都比较长，生产小批量的锻件在经济上不合算。

3）锻模成本高，且寿命较低。

4）工艺灵活性不如自由锻。

2.2　模锻件的分类

模锻工艺和模锻方法与锻件外形密切相关。形状相似的锻件，模锻工艺流程、锻模结构和模锻设备基本相同。为了便于拟订工艺规程，加速锻件及锻模的设计，应将各种形状和模锻件进行分类。目前比较一致的分类法是按照锻件外形和模锻时毛坯的轴线方向，把模锻件分成四类，即圆饼类、长轴类、顶镦类和复合类，见表 2-1。

表 2-1　模锻件分类

类别	组别	锻　件　图　例
圆饼类锻件 （第一类）	简单形状 （第 1 组）	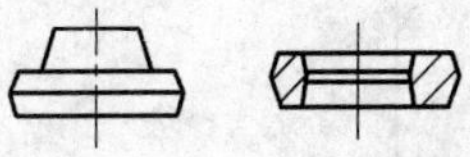
	较复杂形状 （第 2 组）	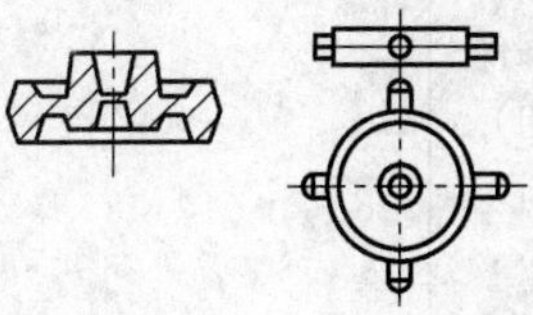

（续）

类别	组别	锻件图例
圆饼类锻件（第一类）	复杂形状（第3组）	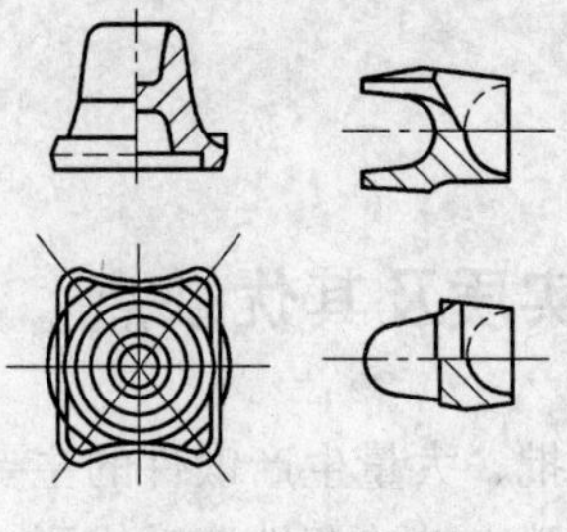
长轴类锻件（第二类）	直长轴类（第1组）	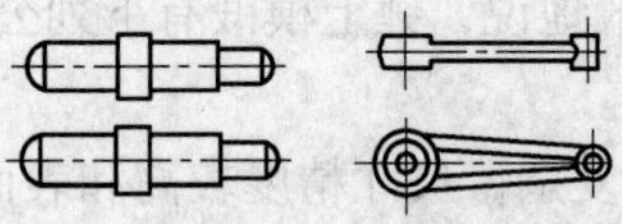
	弯曲轴类（第2组）	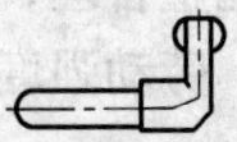
	枝芽类（第3组）	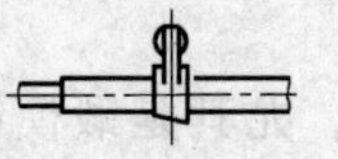
	叉类（第4组）	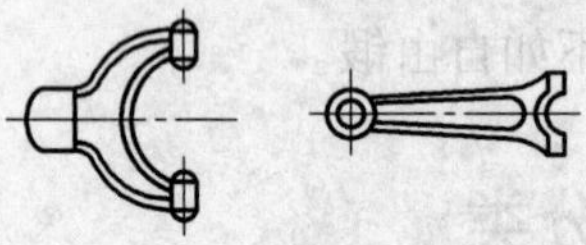
顶镦类锻件（第三类）	具有粗大部分的杆类锻件（第1组）	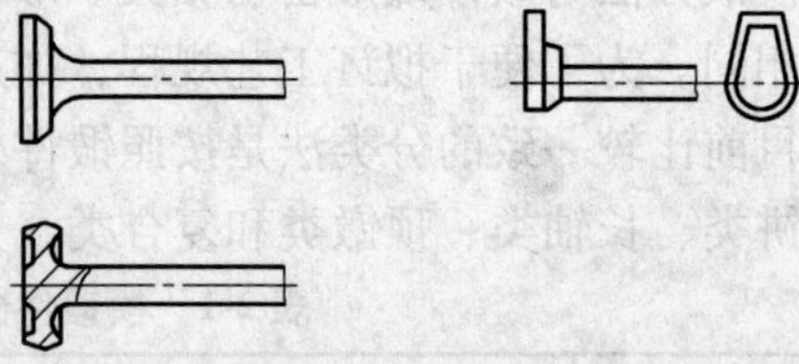
	具有通孔和不通孔的锻件（第2组）	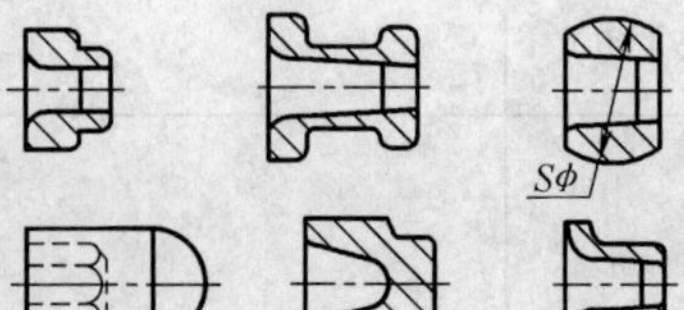 $S\phi$

（续）

类别	组别	锻件图例
顶镦类锻件（第三类）	管类锻件（第3组）	
复合类锻件（第四类）	具有粗大头部的长轴类锻件（第1组）	
	具有等圆断面细长杆部的短轴类锻件（第2组）	

第一类，圆饼类锻件。属于这一类的锻件其主轴线尺寸较短，在分模面上锻件投影为圆形或长宽尺寸相差不大。模锻时，毛坯轴线方向与打击方向相同，金属沿高度、宽度和长度方向同时流动。终锻前通常利用镦粗平台或拍扁平台进行制坯，以保证锻件成形质量。

第二类，长轴类锻件。这类锻件的轴线较长，即锻件的长度与宽度或高度的尺寸比例较大。模锻时，毛坯轴线方向与打击方向相垂直，金属主要沿高度和宽度方向流动，沿长度方向流动很少。因此，这类锻件当沿长度方向其截面积变化较大时，必须考虑采用有效的制坯工步，如拔长、滚挤、弯曲、卡压、成形等，以保证锻件完整成形。

长轴类锻件各式各样，品种多、形状复杂，根据锻件外形、主轴线、分模线的特征可分为四组。

第1组，直长轴类锻件。锻件的主轴线和分模线为直线状的属于这一类。制坯工步的选择要依据锻件沿长度方向截面积变化情况而定，工艺上通常采用拔长或滚挤工步。

第2组，弯曲轴类锻件。这类锻件的主轴线与分模线，或二者之一呈曲（折）线状。工艺措施上除要求采用拔长或拔长加滚挤制坯外，还要加上弯曲或成形弯曲制坯。

第3组，枝芽类锻件。这种锻件上通常带有突出的枝芽状部分。终锻前除可能需要拔长或拔长加滚挤制坯外，为便于锻出枝芽，还应进行成形制坯或顶镦。

第4组，叉类锻件。锻件头部呈叉状，杆部或长或短。杆部较短的叉形锻件，除需要拔长或拔长加滚挤制坯外，还得进行弯曲制坯。而杆部较长的叉形锻件，则不必弯曲制坯，只须采用带有劈开平台的预锻工步。

第三类，顶镦类锻件。锻件一端或两端具有粗大部分，杆部有实心和空心两种，这类锻件常采用顶镦工艺实现成形。可选用平锻机、螺旋压力机或热模锻曲柄压力机。该类锻件可分为三组。

第 1 组，具有粗大头部的杆类锻件。这类锻件头部无孔或带有不通孔，坯料直径按杆部选定。模锻工步为聚料、预锻和终锻，头部粗大部分可采用开式模锻或闭式模锻。

第 2 组，具有通孔或不通孔锻件。通孔类锻件所用坯料，其直径尽量按孔径选用，而不通孔类锻件常用长棒料连续锻造，主要工步为聚料、冲孔、预锻、终锻、穿孔、切断等。

第 3 组，管类锻件。原材料直径按锻件杆部的管子规格选用，采用单件后定位模锻。主要工步为聚料、预锻和终锻。

第四类，复合类锻件。某些锻件兼有上述三类锻件组合的特征，制坯工步应根据锻件的具体形状特点及尺寸情况确定。

2.3　锻件图的制订

锻件图是根据产品图制订的，它全面地反映锻件的情况。在锻件图中要规定：锻件的几何形状、尺寸，锻件公差和机械加工余量，锻件的材质及热处理要求，锻件的清理方式以及其他技术条件等内容。

锻件图是编制锻造工艺卡片、设计模具和量具以及最后检验锻件的依据，也是机械加工部门验收锻件、制订加工工艺、设计加工夹具（用毛坯面定位时）的依据，所以锻件图是最重要的基本工艺文件之一。

制订锻件图时必须综合考虑锻件的生产批量、设备工艺条件等各种因素。锻件图的制订还必须与机械加工工艺人员协商并由他们会签认可。

制订锻件图时，通常要考虑下列一些问题。

1. 分模面

选择分模面的基本要求是保证锻件能从模膛中取得出来，因此锻件的侧表面上不得有内凹的形状。

此外还要考虑表 2-2 中的一些因素。

表 2-2　选择分模面要考虑的原则

选择原则	合　适	不 合 适
在锻件高度一半处分模，使锻件的余块机械加工余量最小	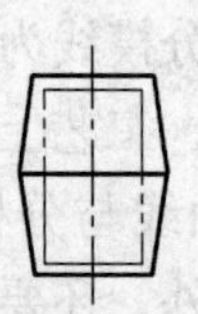	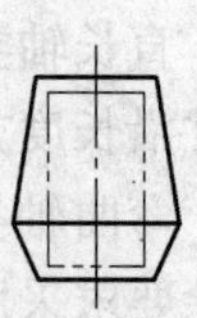
使模膛的宽度大而深度小，这样金属容易充满模膛，锻件容易脱模	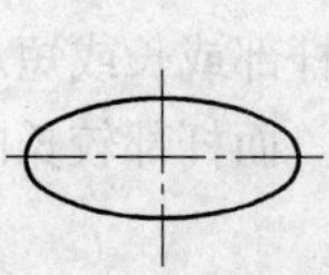	

（续）

选择原则	合 适	不 合 适
为了使模具制造方便，尽量采用平面分模，凸出部分也尽量不要高于分模面	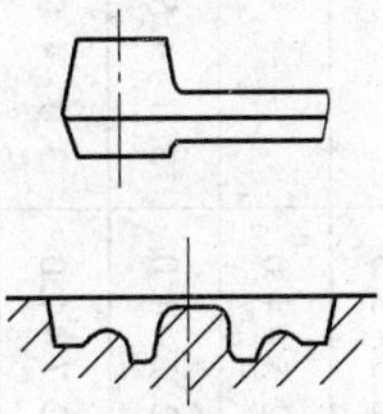	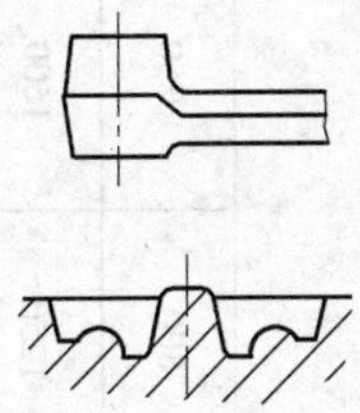
分模面应设在容易看出锻件错差的位置	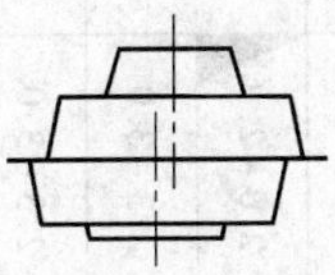	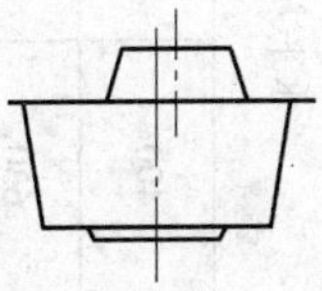
应使飞边能切除干净，不致产生飞刺	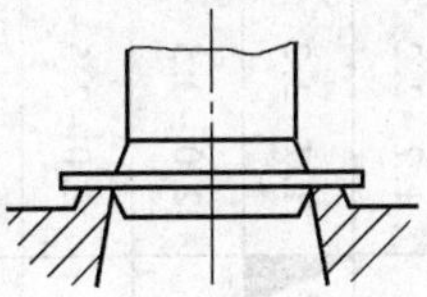	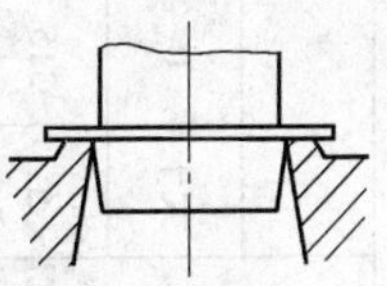
对金属流线方向有要求的锻件，应保证锻件有最好的纤维分布	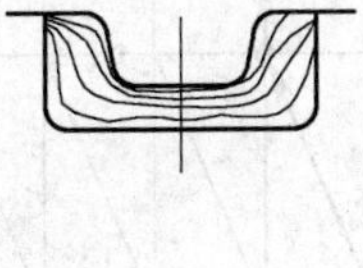	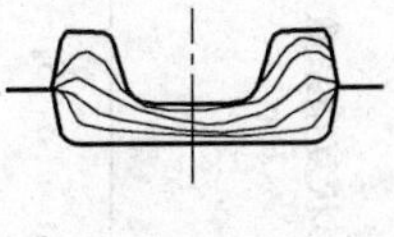

2. 机械加工余量

加工余量的确定与锻件形状的复杂程度、成品零件的精度要求、锻件的材质、模锻设备、工艺条件、热处理的变形量、校正的难易程度以及机械加工的工序设计等许多因素有关，不能笼统地说多大的余量最合适。机械加工余量并不是越小越好，为了将锻件的脱碳层和表面的细小裂纹去掉，有时留有一定的加工余量是必要的。因此，在确定加工余量时通常要与机械加工部门协商。

GB/T 12362—2003 规定的机械加工余量，根据估算锻件质量、加工精度及锻件复杂系数由表 2-3 和表 2-4 查得。

表 2-3　模锻件内外表面加工余量

锻件质量 /kg		零件表面粗糙度 Ra /μm		锻件形状复杂系数		锻件单边余量/mm							
						厚度（直径）方向	水平方向						
							大于 0	315	400	630	800	1250	1600
		≥1.6	<1.6	S_1、S_2	S_3、S_4		至 315	400	630	800	1250	1600	2500
0	0.4					1.0~1.5	1.0~1.5	1.5~2.0	2.0~2.5	—	—	—	—
>0.4	1.0					1.5~2.0	1.5~2.0	1.5~2.0	2.0~2.5	2.0~3.0	—	—	—
>1.0	1.8					1.5~2.0	1.5~2.0	1.5~2.0	2.0~2.7	2.0~3.0	—	—	—
>1.8	3.2					1.7~2.2	1.7~2.2	2.0~2.5	2.0~2.7	2.0~3.0	2.5~3.5	—	—
>3.2	5.6					1.7~2.2	1.7~2.2	2.0~2.5	2.0~2.7	2.5~3.5	2.5~4.0	—	—
>5.6	10.0					2.0~2.5	2.0~2.5	2.0~2.5	2.3~3.0	2.5~3.5	2.7~4.0	3.0~4.5	—
>10.0	20.0					2.0~2.5	2.0~2.5	2.0~2.7	2.3~3.0	2.5~3.5	2.7~4.0	3.0~4.5	—
>20.0	50.0					2.3~3.0	2.3~3.0	2.5~3.0	2.5~3.5	2.7~4.0	3.0~4.5	3.0~4.5	—
>50.0	120.0					2.5~3.2	2.5~3.2	2.5~3.5	2.7~3.5	2.4~4.0	3.0~4.5	3.5~4.5	4.0~5.5
>120.0	150.0					3.0~4.0	2.5~3.5	2.5~3.5	2.7~4.0	3.0~4.5	3.0~4.5	3.5~5.0	4.0~5.5
						3.5~4.5	2.7~3.5	2.7~3.5	3.0~4.0	3.0~4.5	3.0~5.0	4.0~5.0	4.5~6.0
						4.0~5.5	2.7~4.0	3.0~4.0	3.0~4.5	3.5~4.5	3.5~5.0	4.0~5.5	4.5~6.0

注：本表适用于在热模锻压力机、模锻锤、平锻机及螺旋压力机上生产的模锻件。

例：当锻件质量为 3kg，零件表面粗糙度 Ra = 3.2μm，锻件形状复杂系数为 S_3，锻件长度为 480mm 时查出该锻件余量，厚度方向为 1.7～2.2mm，水平方向为 2.0～2.7mm。

表2-4　锻件内孔直径的单面机械加工余量　（单位：mm）

孔径		孔深				
大于	到	大于0 至63	63 100	100 140	140 200	200 280
—	25	2.0	—	—	—	—
25	40	2.0	2.6	—	—	—
40	63	2.0	2.6	3.0	—	—
63	100	2.5	3.0	3.0	4.0	—
100	160	2.6	3.0	3.4	4.0	4.6
160	250	3.0	3.0	3.4	4.0	4.6

3. 模锻件公差

模锻件公差代表模锻件要求达到的精度。就尺寸公差而言，是锻件公称尺寸允许的偏差值。对公称尺寸所允许的增大值叫作正公差，对公称尺寸所允许的减小值叫作负公差。锻件尺寸、公差和余量之间的关系如图2-1所示。

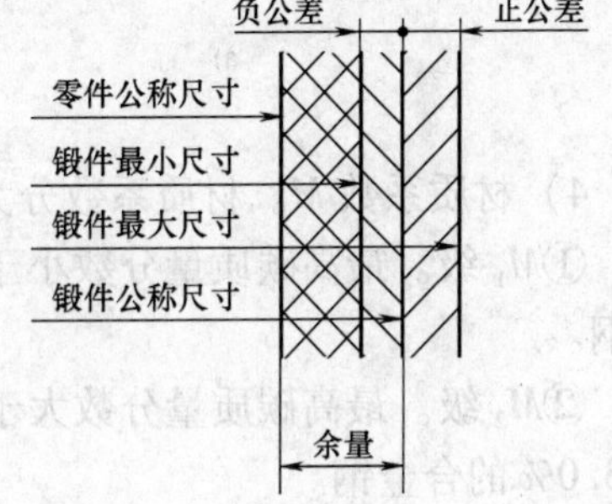

图2-1　锻件尺寸公差及余量

钢质模锻件公差在GB/T 12362—2003中已有规定。主要的公差项目有：长度、宽度、高度公差；错差；残留飞边公差；厚度公差；表面缺陷；直线度；平面度公差；中心距公差等。

公差分为两级，普通级和精密级。一般均采用普通级。

（1）查表之前的准备　在查公差表之前，先要确定以下几个因素：

1）锻件质量。锻件质量按锻件图的公称尺寸计算得出。

2）锻件复杂系数S。锻件复杂系数是锻件质量与外廓包容体（见图2-2）质量的比值，或者是锻件体积与外廓包容体积的比值。即

$$S=\frac{m_f}{m_N} \tag{2-1}$$

式中　m_f——锻件质量（或体积）；

m_N——锻件外包容体质量（或体积）。

按计算出来的数值，将S分为四级：

①简单件为S_1级：$0.63<S\leqslant 1$。

②一般件为S_2级：$0.32<S\leqslant 0.63$。

③较复杂件为S_3级：$0.16<S\leqslant 0.32$。

④复杂件为S_4级：$0<S\leqslant 0.16$。

但是，当锻件为薄形圆盘或法兰时，其圆盘厚度和直径之比等于或小于0.2时，可不必计算复杂程度，直接采用S_4级。

3）分模线形状。分模线形状分为以下两类：

①平直或对称弯曲分模线（见图2-3a和图2-3b）。

②不对称分模线（见图2-3c）。

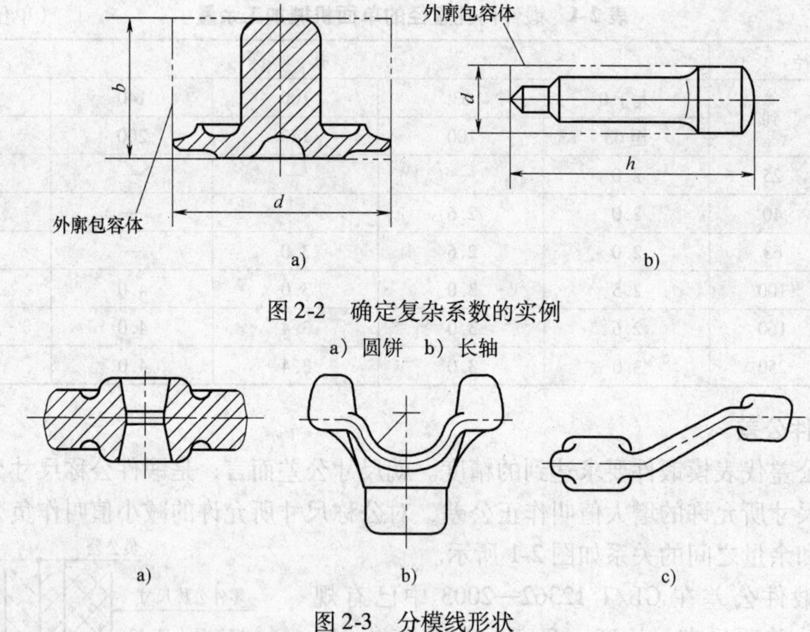

图 2-2　确定复杂系数的实例

a）圆饼　b）长轴

图 2-3　分模线形状

4）材质系数 M。材质系数分为以下两级：

①M_1 级。最高碳质量分数小于 0.65% 的碳钢，或合金元素总质量分数小于 3.0% 的合金钢。

②M_2 级。最高碳质量分数大于或等于 0.65% 的碳钢，或合金元素总质量分数大于或等于 3.0% 的合金钢。

（2）长度、宽度和高度尺寸的公差　长度、宽度和高度尺寸是指在分模线一侧同一块模具上的尺寸，如图 2-4 所示。其公差值见表 2-5 及表 2-6。

当锻件的复杂系数为 S_1、S_2 级，且长宽比值小于 3.5 时，其公差均可按锻件最大外形尺寸查表确定。否则应分别按尺寸查表确定。

对于外表面尺寸，其上、下极限偏差按 +2/3和 −1/3 的比例分配，对于内表面尺寸，则应对调为 +1/3 和 −2/3。表 2-5、表 2-6 中公差是按外表面尺寸给出的。

对于冲孔尺寸 k 偏差建议按 +1/4 和 −3/4 的比例分配。

高度尺寸偏差按 +1/2 和 −1/2 的比例分配。

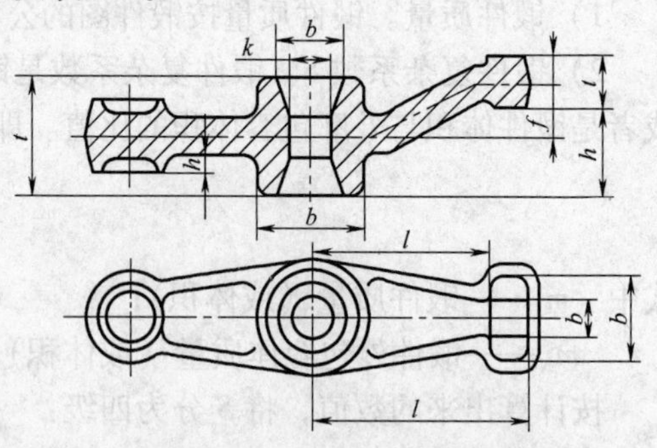

图 2-4　锻件尺寸标准

l—长度尺寸　b—宽度尺寸　h—高度尺寸
t—厚度尺寸　f—落差尺寸　k—冲孔尺寸

落差偏差也按 +1/2 和 −1/2 分配，但需放宽一档。

（3）错差　错差值也由表 2-5 或表 2-6 查得。错差值只与锻件质量和分模线形状有关。

（4）横向残留飞边公差　表 2-5 或表 2-6 有具体规定，数值也只与锻件质量和分模线形状有关。

（5）厚度公差　厚度尺寸是指跨越分模线的尺寸（见图 2-4 中的 t）。其公差值见表 2-7 及表 2-8。

表 2-5 模锻件长度、宽度、高度公差及错差、残留飞边公差（普通级）

错差公差/mm	残留飞边公差/mm	分模线（非对称；平直或对称）	锻件质量/kg 大于	锻件质量/kg 至	材质系数 M_1 M_2	形状复杂系数 S_1 S_2 S_3 S_4	锻件基本尺寸/mm								
						大于	0	30	80	120	180	315	500	800	1250
						至	30	80	120	180	315	500	800	1250	2500
							公差值及极限偏差/mm								
0.4	0.5		0	0.4			$1.1^{+0.8}_{-0.3}$	$1.2^{+0.8}_{-0.4}$	$1.4^{+1.0}_{-0.4}$	$1.6^{+1.1}_{-0.5}$	$1.8^{+1.2}_{-0.6}$				
0.5	0.6		0.4	1.0			$1.2^{+0.8}_{-0.4}$	$1.4^{+1.0}_{-0.4}$	$1.6^{+1.1}_{-0.5}$	$1.8^{+1.2}_{-0.6}$	$2.0^{+1.4}_{-0.6}$	$2.2^{+1.5}_{-0.7}$			
0.6	0.7		1.0	1.8			$1.4^{+1.0}_{-0.4}$	$1.6^{+1.1}_{-0.5}$	$1.8^{+1.2}_{-0.6}$	$2.0^{+1.4}_{-0.6}$	$2.2^{+1.5}_{-0.7}$	$2.5^{+1.7}_{-0.8}$	$2.8^{+1.9}_{-0.9}$		
0.8	0.8		1.8	3.2			$1.6^{+1.1}_{-0.5}$	$1.8^{+1.2}_{-0.6}$	$2.0^{+1.4}_{-0.6}$	$2.2^{+1.5}_{-0.7}$	$2.5^{+1.7}_{-0.8}$	$2.8^{+1.9}_{-0.9}$	$3.2^{+2.1}_{-1.1}$	$3.6^{+2.4}_{-1.2}$	
1.0	1.0		3.2	5.6			$1.8^{+1.2}_{-0.6}$	$2.0^{+1.4}_{-0.6}$	$2.2^{+1.5}_{-0.7}$	$2.5^{+1.7}_{-0.8}$	$2.8^{+1.9}_{-0.9}$	$3.2^{+2.1}_{-1.1}$	$3.6^{+2.4}_{-1.2}$	$4.0^{+2.7}_{-1.3}$	$4.5^{+3.0}_{-1.5}$
1.2	1.2		5.6	10			$2.0^{+1.4}_{-0.6}$	$2.2^{+1.5}_{-0.7}$	$2.5^{+1.7}_{-0.8}$	$2.8^{+1.9}_{-0.9}$	$3.2^{+2.1}_{-1.1}$	$3.6^{+2.4}_{-1.2}$	$4.0^{+2.7}_{-1.3}$	$4.5^{+3.0}_{-1.5}$	$5.0^{+3.3}_{-1.7}$
1.4	1.4		10	20			$2.2^{+1.5}_{-0.7}$	$2.5^{+1.7}_{-0.8}$	$2.8^{+1.9}_{-0.9}$	$3.2^{+2.1}_{-1.1}$	$3.6^{+2.4}_{-1.2}$	$4.0^{+2.7}_{-1.3}$	$4.5^{+3.0}_{-1.5}$	$5.0^{+3.3}_{-1.7}$	$5.6^{+3.8}_{-1.8}$
1.6	1.7		20	50			$2.5^{+1.7}_{-0.8}$	$2.8^{+1.9}_{-0.9}$	$3.2^{+2.1}_{-1.1}$	$3.6^{+2.4}_{-1.2}$	$4.0^{+2.7}_{-1.3}$	$4.5^{+3.0}_{-1.5}$	$5.0^{+3.3}_{-1.7}$	$5.6^{+3.8}_{-1.8}$	$6.3^{+4.2}_{-2.1}$
1.8	2.0		50	120			$2.8^{+1.9}_{-0.9}$	$3.2^{+2.1}_{-1.1}$	$3.6^{+2.4}_{-1.2}$	$4.0^{+2.7}_{-1.3}$	$4.5^{+3.0}_{-1.5}$	$5.0^{+3.3}_{-1.7}$	$5.6^{+3.8}_{-1.8}$	$6.3^{+4.2}_{-2.1}$	$7.0^{+4.7}_{-2.3}$
2.0	2.4		120	250			$3.2^{+2.1}_{-1.1}$	$3.6^{+2.4}_{-1.2}$	$4.0^{+2.7}_{-1.3}$	$4.5^{+3.0}_{-1.5}$	$5.0^{+3.3}_{-1.7}$	$5.6^{+3.8}_{-1.8}$	$6.3^{+4.2}_{-2.1}$	$7.0^{+4.7}_{-2.3}$	$8.0^{+5.3}_{-2.7}$
2.4	2.8						$3.6^{+2.4}_{-1.2}$	$4.0^{+2.7}_{-1.3}$	$4.5^{+3.0}_{-1.5}$	$5.0^{+3.3}_{-1.7}$	$5.6^{+3.8}_{-1.8}$	$6.3^{+4.2}_{-2.1}$	$7.0^{+4.7}_{-2.3}$	$8.0^{+5.3}_{-2.7}$	$9.0^{+6.0}_{-3.0}$
							$4.0^{+2.7}_{-1.3}$	$4.5^{+3.0}_{-1.5}$	$5.0^{+3.3}_{-1.7}$	$5.6^{+3.8}_{-1.8}$	$6.3^{+4.2}_{-2.1}$	$7.0^{+4.7}_{-2.3}$	$8.0^{+5.3}_{-2.7}$	$9.0^{+6.0}_{-3.0}$	$10^{+6.5}_{-3.5}$
								$5.0^{+3.3}_{-1.7}$	$5.6^{+3.8}_{-1.8}$	$6.3^{+4.2}_{-2.1}$	$7.0^{+4.7}_{-2.3}$	$8.0^{+5.3}_{-2.7}$	$9.0^{+6.0}_{-3.0}$	$10^{+6.5}_{-3.5}$	$11^{+7.5}_{-3.5}$
									$6.3^{+4.2}_{-2.1}$	$7.0^{+4.7}_{-2.3}$	$8.0^{+5.3}_{-2.7}$	$9.0^{+6.0}_{-3.0}$	$10^{+6.5}_{-3.5}$	$11^{+7.5}_{-3.5}$	$12^{+8.0}_{-4.0}$
									$7.0^{+4.7}_{-2.3}$	$8.0^{+5.3}_{-2.7}$	$9.0^{+6.0}_{-3.0}$	$10^{+6.5}_{-3.5}$	$11^{+7.5}_{-3.5}$	$12^{+8.0}_{-4.0}$	$13^{+9.0}_{-4.0}$

注：锻件的高度或台阶尺寸及中心到边缘尺寸公差，按 ±1/2 的比例分配。内表面尺寸公差，正负符号与表中相反。

例：当锻件质量为 6kg，材质系数为 M_1，锻件复杂系数为 S_2，锻件尺寸为 160mm，平直分模线时各类公差查法。

表 2-6　模锻件长度、宽度、高度公差及错差、残留飞边公差（精密级）

错差公差/mm	残留飞边公差/mm	分模线 非对称	分模线 平直或对称	锻件质量/kg 大于	锻件质量/kg 至	材质系数 M_1　M_2	形状复杂系数 S_1　S_2　S_3　S_4	锻件基本尺寸/mm 大于 0 至 30	大于 30 至 80	大于 80 至 120	大于 120 至 180	大于 180 至 315	大于 315 至 500	大于 500 至 800	大于 800 至 1250	大于 1250 至 2500
								公差值及极限偏差/mm								
0.3	0.3			0	0.4			$0.7^{+0.5}_{-0.2}$	$0.8^{+0.5}_{-0.3}$	$0.9^{+0.6}_{-0.3}$	$1.0^{+0.7}_{-0.3}$	$1.2^{+0.8}_{-0.4}$	—	—	—	—
0.4	0.4			0.4	1.0			$0.8^{+0.5}_{-0.3}$	$0.9^{+0.6}_{-0.3}$	$1.0^{+0.7}_{-0.3}$	$1.2^{+0.8}_{-0.4}$	$1.4^{+0.9}_{-0.5}$	$1.6^{+1.1}_{-0.5}$	—	—	—
0.5	0.5			1.0	1.8			$0.9^{+0.6}_{-0.3}$	$1.0^{+0.7}_{-0.3}$	$1.2^{+0.8}_{-0.4}$	$1.4^{+0.9}_{-0.5}$	$1.6^{+1.1}_{-0.5}$	$1.8^{+1.2}_{-0.6}$	$2.0^{+1.3}_{-0.7}$	—	—
0.6	0.6			1.8	3.2			$1.0^{+0.7}_{-0.3}$	$1.2^{+0.8}_{-0.4}$	$1.4^{+0.9}_{-0.5}$	$1.6^{+1.1}_{-0.5}$	$1.8^{+1.2}_{-0.6}$	$2.0^{+1.3}_{-0.7}$	$2.2^{+1.5}_{-0.7}$	$2.5^{+1.7}_{-0.8}$	—
0.7	0.7			3.2	5.6			$1.2^{+0.8}_{-0.4}$	$1.4^{+0.9}_{-0.5}$	$1.6^{+1.1}_{-0.5}$	$1.8^{+1.2}_{-0.6}$	$2.0^{+1.3}_{-0.7}$	$2.2^{+1.5}_{-0.7}$	$2.5^{+1.7}_{-0.8}$	$2.8^{+1.9}_{-0.9}$	$3.2^{+2.1}_{-1.1}$
0.8	0.8			5.6	10			$1.4^{+0.9}_{-0.5}$	$1.6^{+1.1}_{-0.5}$	$1.8^{+1.2}_{-0.6}$	$2.0^{+1.3}_{-0.7}$	$2.2^{+1.5}_{-0.7}$	$2.5^{+1.7}_{-0.8}$	$2.8^{+1.9}_{-0.9}$	$3.2^{+2.1}_{-1.1}$	$3.6^{+2.4}_{-1.2}$
1.0	1.0			10	20			$1.6^{+1.1}_{-0.5}$	$1.8^{+1.2}_{-0.6}$	$2.0^{+1.3}_{-0.7}$	$2.2^{+1.5}_{-0.7}$	$2.5^{+1.7}_{-0.8}$	$2.8^{+1.9}_{-0.9}$	$3.2^{+2.1}_{-1.1}$	$3.6^{+2.4}_{-1.2}$	$4.0^{+2.7}_{-1.3}$
1.2	1.2			20	50			$1.8^{+1.2}_{-0.6}$	$2.0^{+1.3}_{-0.7}$	$2.2^{+1.5}_{-0.7}$	$2.5^{+1.7}_{-0.8}$	$2.8^{+1.9}_{-0.9}$	$3.2^{+2.1}_{-1.1}$	$3.6^{+2.4}_{-1.2}$	$4.0^{+2.7}_{-1.3}$	$4.5^{+3.0}_{-1.5}$
1.2	1.2			50	120			$2.0^{+1.3}_{-0.7}$	$2.2^{+1.5}_{-0.7}$	$2.5^{+1.7}_{-0.8}$	$2.8^{+1.9}_{-0.9}$	$3.2^{+2.1}_{-1.1}$	$3.6^{+2.4}_{-1.2}$	$4.0^{+2.7}_{-1.3}$	$4.5^{+3.0}_{-1.5}$	$5.0^{+3.3}_{-1.7}$
1.4	1.4			120	250			$2.2^{+1.5}_{-0.7}$	$2.5^{+1.7}_{-0.8}$	$2.8^{+1.9}_{-0.9}$	$3.2^{+2.1}_{-1.1}$	$3.6^{+2.4}_{-1.2}$	$4.0^{+2.7}_{-1.3}$	$4.5^{+3.0}_{-1.5}$	$5.0^{+3.3}_{-1.7}$	$5.5^{+3.5}_{-2.0}$
1.4	1.7							$2.5^{+1.7}_{-0.8}$	$2.8^{+1.9}_{-0.9}$	$3.2^{+2.1}_{-1.1}$	$3.6^{+2.4}_{-1.2}$	$4.0^{+2.7}_{-1.3}$	$4.5^{+3.0}_{-1.5}$	$5.0^{+3.3}_{-1.7}$	$5.5^{+3.5}_{-2.0}$	$6.0^{+4.0}_{-2.0}$
								$2.8^{+1.9}_{-0.9}$	$3.2^{+2.1}_{-1.1}$	$3.6^{+2.4}_{-1.2}$	$4.0^{+2.7}_{-1.3}$	$4.5^{+3.0}_{-1.5}$	$5.0^{+3.3}_{-1.7}$	$5.5^{+3.5}_{-2.0}$	$6.0^{+4.0}_{-2.0}$	$7.0^{+4.5}_{-2.5}$
								$3.2^{+2.1}_{-1.1}$	$3.6^{+2.4}_{-1.2}$	$4.0^{+2.7}_{-1.3}$	$4.5^{+3.0}_{-1.5}$	$5.0^{+3.3}_{-1.7}$	$5.5^{+3.5}_{-2.0}$	$6.0^{+4.0}_{-2.0}$	$7.0^{+4.5}_{-2.5}$	$8.0^{+5.0}_{-3.0}$
								$3.6^{+2.4}_{-1.2}$	$4.0^{+2.7}_{-1.3}$	$4.5^{+3.0}_{-1.5}$	$5.0^{+3.3}_{-1.7}$	$5.5^{+3.5}_{-2.0}$	$6.0^{+4.0}_{-2.0}$	$7.0^{+4.5}_{-2.5}$	$8.0^{+5.0}_{-3.0}$	$8.5^{+5.0}_{-3.5}$
									$4.5^{+3.0}_{-1.5}$	$5.0^{+3.3}_{-1.7}$	$5.5^{+3.5}_{-2.0}$	$6.0^{+4.0}_{-2.0}$	$7.0^{+4.5}_{-2.5}$	$8.0^{+5.0}_{-3.0}$	$8.5^{+5.0}_{-3.5}$	$9.0^{+5.5}_{-3.5}$

注：锻件的高度或台阶尺寸及中心到边缘尺寸公差，按±1/2 的比例分配。内表面尺寸公差，正负符号与表中相反。

例：当锻件质量为 3kg，材质系数为 M_1，锻件复杂系数为 S_3，锻件尺寸为 120mm，平直分模线时各类公差查法。

表 2-7　模锻件厚度公差及顶料杆压痕公差（普通级）

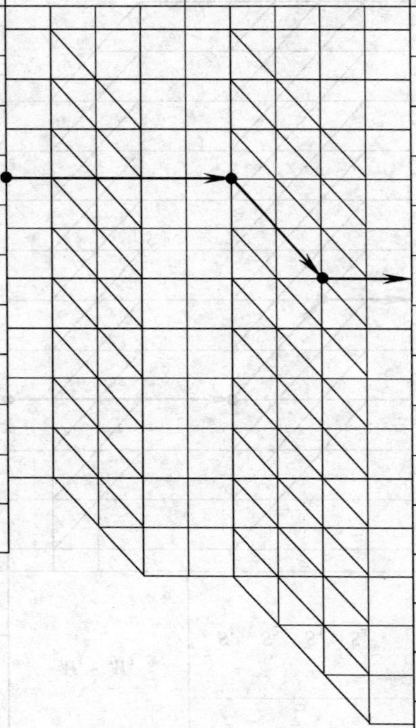

顶料杆压痕极限偏差/mm		锻件质量/kg		材质系数	形状复杂系数	锻件基本尺寸/mm						
						大于 0	18	30	50	80	120	180
				M_1　M_2	S_1　S_2　S_3　S_4	至 18	30	50	80	120	180	315
+（凸）	−（凹）	大于	至			公差值及极限偏差/mm						
0.8	0.4	0	0.4			$1.0^{+0.8}_{-0.2}$	$1.1^{+0.8}_{-0.3}$	$1.2^{+0.8}_{-0.4}$	$1.4^{+1.0}_{-0.4}$	$1.6^{+1.2}_{-0.4}$	$1.8^{+1.6}_{-0.4}$	$2.0^{+1.5}_{-0.5}$
1.0	0.5	0.4	1.0			$1.1^{+0.8}_{-0.3}$	$1.2^{+0.8}_{-0.4}$	$1.4^{+1.0}_{-0.4}$	$1.6^{+1.2}_{-0.4}$	$1.8^{+1.6}_{-0.4}$	$2.0^{+1.5}_{-0.5}$	$2.2^{+1.7}_{-0.5}$
1.2	0.6	1.0	1.8			$1.2^{+0.8}_{-0.4}$	$1.4^{+1.0}_{-0.4}$	$1.6^{+1.2}_{-0.4}$	$1.8^{+1.6}_{-0.4}$	$2.0^{+1.5}_{-0.5}$	$2.2^{+1.7}_{-0.5}$	$2.5^{+2.0}_{-0.5}$
1.5	0.8	1.8	3.2			$1.4^{+1.0}_{-0.4}$	$1.6^{+1.2}_{-0.4}$	$1.8^{+1.6}_{-0.4}$	$2.0^{+1.5}_{-0.5}$	$2.2^{+1.7}_{-0.5}$	$2.5^{+2.0}_{-0.5}$	$2.8^{+2.1}_{-0.7}$
1.8	0.9	3.2	5.6			$1.6^{+1.2}_{-0.4}$	$1.8^{+1.6}_{-0.4}$	$2.0^{+1.5}_{-0.5}$	$2.2^{+1.7}_{-0.5}$	$2.5^{+2.0}_{-0.5}$	$2.8^{+2.1}_{-0.7}$	$3.2^{+2.4}_{-0.8}$
2.2	1.2	5.6	10			$1.8^{+1.6}_{-0.4}$	$2.0^{+1.5}_{-0.5}$	$2.2^{+1.7}_{-0.5}$	$2.5^{+2.0}_{-0.5}$	$2.8^{+2.1}_{-0.7}$	$3.2^{+2.4}_{-0.8}$	$3.6^{+2.7}_{-0.9}$
2.8	1.5	10	20			$2.0^{+1.5}_{-0.5}$	$2.2^{+1.7}_{-0.5}$	$2.5^{+2.0}_{-0.5}$	$2.8^{+2.1}_{-0.7}$	$3.2^{+2.4}_{-0.8}$	$3.6^{+2.7}_{-0.9}$	$4.0^{+3.0}_{-1.0}$
3.5	2.0	20	50			$2.2^{+1.7}_{-0.5}$	$2.5^{+2.0}_{-0.5}$	$2.8^{+2.1}_{-0.7}$	$3.2^{+2.4}_{-0.8}$	$3.6^{+2.7}_{-0.9}$	$4.0^{+3.0}_{-1.0}$	$4.5^{+3.4}_{-1.1}$
4.5	2.5	50	120			$2.5^{+2.0}_{-0.5}$	$2.8^{+2.1}_{-0.7}$	$3.2^{+2.4}_{-0.8}$	$3.6^{+2.7}_{-0.9}$	$4.0^{+3.0}_{-1.0}$	$4.5^{+3.4}_{-1.1}$	$5.0^{+3.8}_{-1.2}$
6.0	3.0	120	250			$2.8^{+2.1}_{-0.7}$	$3.2^{+2.4}_{-0.8}$	$3.6^{+2.7}_{-0.9}$	$4.0^{+3.0}_{-1.0}$	$4.5^{+3.4}_{-1.1}$	$5.0^{+3.8}_{-1.2}$	$5.6^{+4.2}_{-1.4}$
						$3.2^{+2.4}_{-0.8}$	$3.6^{+2.7}_{-0.9}$	$4.0^{+3.0}_{-1.0}$	$4.5^{+3.4}_{-1.1}$	$5.0^{+3.8}_{-1.2}$	$5.6^{+4.2}_{-1.4}$	$6.3^{+4.8}_{-1.5}$
						$3.6^{+2.7}_{-0.9}$	$4.0^{+3.0}_{-1.0}$	$4.5^{+3.4}_{-1.1}$	$5.0^{+3.8}_{-1.2}$	$5.6^{+4.2}_{-1.4}$	$6.3^{+4.8}_{-1.5}$	$7.0^{+5.3}_{-1.7}$
						$4.0^{+3.0}_{-1.0}$	$4.5^{+3.4}_{-1.1}$	$5.0^{+3.8}_{-1.2}$	$5.6^{+4.2}_{-1.4}$	$6.3^{+4.8}_{-1.5}$	$7.0^{+5.3}_{-1.7}$	$8.0^{+6.0}_{-2.0}$
						$4.5^{+3.4}_{-1.1}$	$5.0^{+3.8}_{-1.2}$	$5.6^{+4.2}_{-1.4}$	$6.3^{+4.8}_{-1.5}$	$7.0^{+5.3}_{-1.7}$	$8.0^{+6.0}_{-2.0}$	$9.0^{+6.8}_{-2.2}$
						$5.0^{+3.8}_{-1.2}$	$5.6^{+4.2}_{-1.4}$	$6.3^{+4.8}_{-1.5}$	$7.0^{+5.3}_{-1.7}$	$8.0^{+6.0}_{-2.0}$	$9.0^{+6.8}_{-2.2}$	$10^{+7.5}_{-2.5}$

注：上下偏差也可按 +2/3、−1/3 比例分配。

例：当锻件质量为3kg，材质系数为 M_1，形状复杂系数为 S_3，最大厚度尺寸为45mm 时各类公差查法。

表 2-8　模锻件厚度公差及顶料杆压痕公差（精密级）

顶料杆压痕极限偏差/mm		锻件质量/kg		材质系数 M_1 M_2	形状复杂系数 S_1 S_2 S_3 S_4	锻件基本尺寸/mm 大于 0 至 18	18～30	30～50	50～80	80～120	120～180	180～315
+(凸)	-(凹)	大于	至			公差值及极限偏差/mm						
0.6	0.3	0	0.4			$0.6^{+0.5}_{-0.1}$	$0.8^{+0.6}_{-0.2}$	$0.9^{+0.7}_{-0.2}$	$1.0^{+0.8}_{-0.2}$	$1.2^{+0.9}_{-0.3}$	$1.4^{+1.0}_{-0.4}$	$1.6^{+1.2}_{-0.4}$
0.8	0.4	0.4	1.0			$0.8^{+0.6}_{-0.2}$	$0.9^{+0.7}_{-0.2}$	$1.0^{+0.8}_{-0.2}$	$1.2^{+0.9}_{-0.3}$	$1.4^{+1.0}_{-0.4}$	$1.6^{+1.2}_{-0.4}$	$1.8^{+1.4}_{-0.4}$
1.0	0.5	1.0	1.8			$0.9^{+0.7}_{-0.2}$	$1.0^{+0.8}_{-0.2}$	$1.2^{+0.9}_{-0.3}$	$1.4^{+1.0}_{-0.4}$	$1.6^{+1.2}_{-0.4}$	$1.8^{+1.4}_{-0.4}$	$2.0^{+1.5}_{-0.5}$
1.2	0.6	1.8	3.2			$1.0^{+0.8}_{-0.2}$	$1.2^{+0.9}_{-0.3}$	$1.4^{+1.0}_{-0.4}$	$1.6^{+1.2}_{-0.4}$	$1.8^{+1.4}_{-0.4}$	$2.0^{+1.5}_{-0.5}$	$2.2^{+1.7}_{-0.5}$
1.5	0.8	3.2	5.6			$1.2^{+0.9}_{-0.3}$	$1.4^{+1.0}_{-0.4}$	$1.6^{+1.2}_{-0.4}$	$1.8^{+1.4}_{-0.4}$	$2.0^{+1.5}_{-0.5}$	$2.2^{+1.7}_{-0.5}$	$2.5^{+2.0}_{-0.5}$
1.8	0.9	5.6	10			$1.4^{+1.0}_{-0.4}$	$1.6^{+1.2}_{-0.4}$	$1.8^{+1.4}_{-0.4}$	$2.0^{+1.5}_{-0.5}$	$2.2^{+1.7}_{-0.5}$	$2.5^{+2.0}_{-0.5}$	$2.8^{+2.1}_{-0.7}$
2.2	1.2	10	20			$1.6^{+1.2}_{-0.4}$	$1.8^{+1.4}_{-0.4}$	$2.0^{+1.5}_{-0.5}$	$2.2^{+1.7}_{-0.5}$	$2.5^{+2.0}_{-0.5}$	$2.8^{+2.1}_{-0.7}$	$3.2^{+2.4}_{-0.8}$
2.8	1.5	20	50			$1.8^{+1.4}_{-0.4}$	$2.0^{+1.5}_{-0.5}$	$2.2^{+1.7}_{-0.5}$	$2.5^{+2.0}_{-0.5}$	$2.8^{+2.1}_{-0.7}$	$3.2^{+2.4}_{-0.8}$	$3.6^{+2.7}_{-0.9}$
3.5	2.0	50	120			$2.0^{+1.5}_{-0.5}$	$2.2^{+1.7}_{-0.5}$	$2.5^{+2.0}_{-0.5}$	$2.8^{+2.1}_{-0.7}$	$3.2^{+2.4}_{-0.8}$	$3.6^{+2.7}_{-0.9}$	$4.0^{+3.0}_{-1.0}$
4.5	2.5	120	250			$2.2^{+1.7}_{-0.5}$	$2.5^{+2.0}_{-0.5}$	$2.8^{+2.1}_{-0.7}$	$3.2^{+2.4}_{-0.8}$	$3.6^{+2.7}_{-0.9}$	$4.0^{+3.0}_{-1.0}$	$4.5^{+3.4}_{-1.1}$
						$2.5^{+2.0}_{-0.5}$	$2.8^{+2.1}_{-0.7}$	$3.2^{+2.4}_{-0.8}$	$3.6^{+2.7}_{-0.9}$	$4.0^{+3.0}_{-1.0}$	$4.5^{+3.4}_{-1.1}$	$5.0^{+3.8}_{-1.2}$
						$2.8^{+2.1}_{-0.7}$	$3.2^{+2.4}_{-0.8}$	$3.6^{+2.7}_{-0.9}$	$4.0^{+3.0}_{-1.0}$	$4.5^{+3.4}_{-1.1}$	$5.0^{+3.8}_{-1.2}$	$5.6^{+4.2}_{-1.4}$
						$3.2^{+2.4}_{-0.8}$	$3.6^{+2.7}_{-0.9}$	$4.0^{+3.0}_{-1.0}$	$4.5^{+3.4}_{-1.1}$	$5.0^{+3.8}_{-1.2}$	$5.6^{+4.2}_{-1.4}$	$6.3^{+4.8}_{-1.5}$
						$3.6^{+2.7}_{-0.9}$	$4.0^{+3.0}_{-1.0}$	$4.5^{+3.4}_{-1.1}$	$5.0^{+3.8}_{-1.2}$	$5.6^{+4.2}_{-1.4}$	$6.3^{+4.8}_{-1.5}$	$7.0^{+5.3}_{-1.7}$
						$4.0^{+3.0}_{-1.0}$	$4.5^{+3.4}_{-1.1}$	$5.0^{+3.8}_{-1.2}$	$5.6^{+4.2}_{-1.4}$	$6.3^{+4.8}_{-1.5}$	$7.0^{+5.3}_{-1.7}$	$8.0^{+6.0}_{-2.0}$

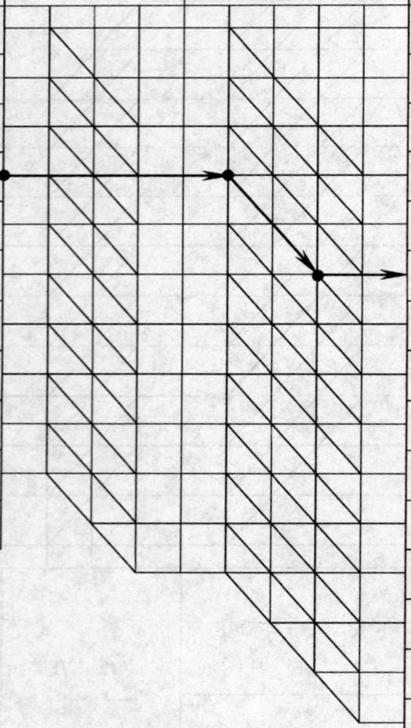

注：上下偏差也可按 +2/3、−1/3 比例分配。

例：当锻件质量为 3kg，材质系数为 M_1，形状复杂系数为 S_3，最大厚度尺寸为 45mm 时各类公差查法。

根据模锻的工艺特点，锻件所有厚度尺寸上产生的偏差大体上是一致的。因此，厚度公差可按锻件的最大厚度尺寸查表得出。其偏差值一般按 +3/4、-1/4 或 +2/3、-1/3 的比例分配。

（6）表面缺陷　表面缺陷是指锻件表面的氧化皮坑、磕碰凹坑或轻度折叠等。对于需要机械加工的锻件表面，其深度一般允许不超过加工余量的 1/2，对于非加工表面，其最大深度一般为厚度公差的 1/3。

（7）中心距公差　可由表 2-9 查得。

表 2-9 中的公差仅适用于同一片模具内的尺寸（见图 2-5），它的应用与其他公差无关。此外，表 2-9 对于轴线弯曲件的中心距、落差件的中心距或由曲面连接的中心距均不适用（见图 2-6），其公差需另行规定。

表 2-9　模锻件中心距公差

中心距 / mm	大于	0	30	80	120	180	250	315	400	500	630	800	1000	1250	1600	2000
	至	30	80	120	180	250	315	400	500	630	800	1000	1250	1600	2000	2500
一般锻件 N_1 有一道校正或压印工序 N_2 同时有校正和压印工序 N_3																

极限偏差 / mm														
普通级	±0.3	±0.4	±0.5	±0.6	±0.8	±1.0	±1.2	±1.6	±2.0	±2.5	±3.2	±4.0	±5.0	±6.0
精密级	±0.25	±0.3	±0.4	±0.5	±0.6	±0.8	±1.0	±1.2	±1.6	±2.0	±2.5	±3.2	±4.0	±5.0

例：当锻件长度尺寸为 300mm，该零件只有一道校正压印工序，其中心距尺寸的普通级极限偏差为 ±1.0mm，精密级为 0.8mm。

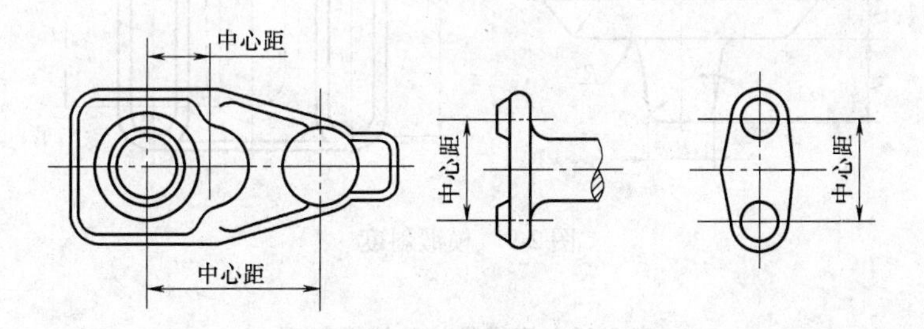

图 2-5　模锻件中心距

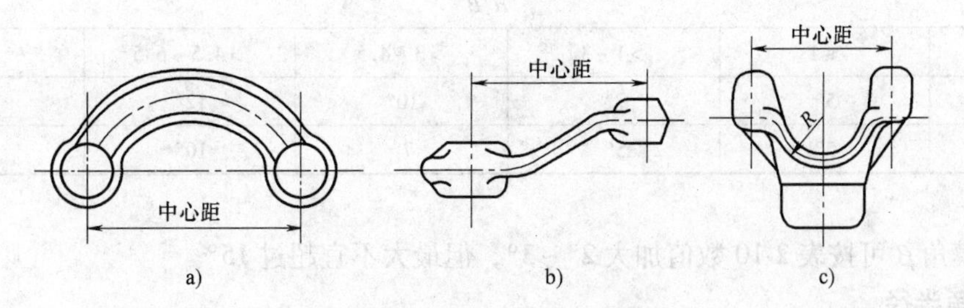

图 2-6　轴线弯曲件的中心距

4. 模锻斜度

为了使锻件容易从模膛中取出，一般锻件均有模锻斜度（见图 2-7），它分为外斜度和内斜度。

外斜度用 α 表示，一般为 5°、7°、10°等，常取 7°。

内斜度用 β 表示，一般为 7°、10°、12°等，常取 10°。

对于深而窄的锻模型腔，为了便于脱模，而且不致过多地增加余块，可以采用图 2-8 所示的双级模锻斜度。

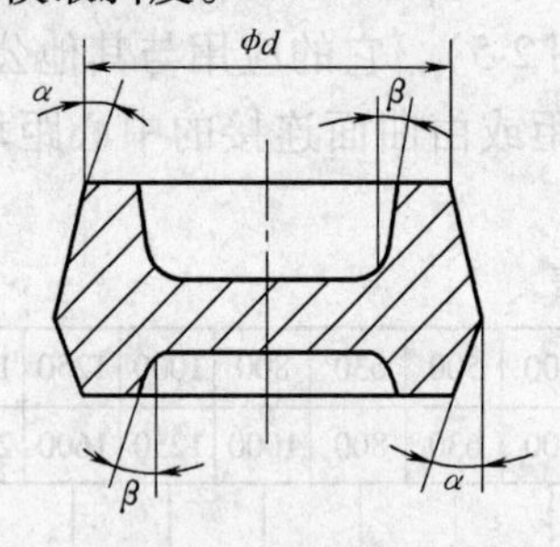

图 2-7　模锻斜度

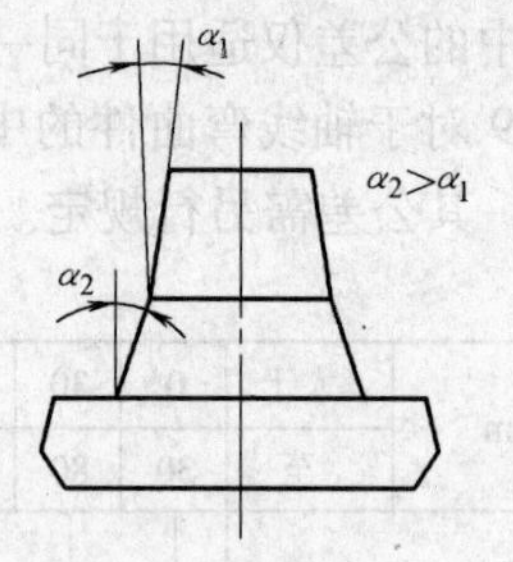

图 2-8　双级模锻斜度

为了使制造模具的刀具标准化，模锻斜度优先选用 30′、1°30′、3°、5°、7°、10°、12°、15°等数值。在同一个锻件上应尽量减少不同的斜度，使模具制造方便。

模锻斜度也可以按图 2-9 及表 2-10 选用。对于斜度的公差，一般不作要求，需要时可参照 GB/T 12362—2003 确定。

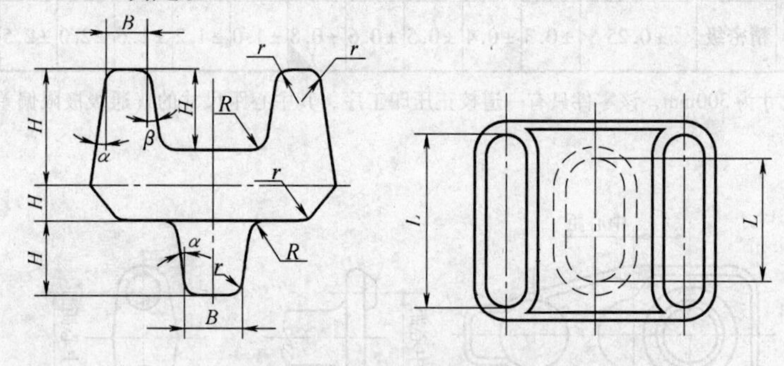

图 2-9　模锻斜度

表 2-10　模锻件的外模锻斜度

L/B	H/B				
	≤1	>1 ~3	>3 ~4.5	>4.5 ~6.5	>6.5
≤1.5	5°	7°	10°	12°	15°
>1.5	5°	5°	7°	10°	12°

内脱模角 β 可按表 2-10 数值加大 2° ~3°，但最大不宜超过 15°。

5. 圆角半径

锻件上的圆角可以使金属更容易充满模膛，脱模方便，并延长模具使用寿命。圆角半径太小会使锻模在热处理或使用中产生裂纹或压塌变形，在锻件上也容易产生折纹。

外圆角半径用 r 表示，内圆角半径用 R 表示（见图2-10）。

外圆角半径 r = 单面余量 + 零件圆角半径或倒角

内圆角半径 $R=(2\sim3)r$

圆角半径宜优先选用 1mm、1.5mm、2mm、2.5mm、3mm、4mm、5mm、6mm、8mm、10mm、12mm、16mm、20mm、25mm、30mm 等数值。

对于模锻件非加工部位的圆角半径可按图2-11及表2-11确定。

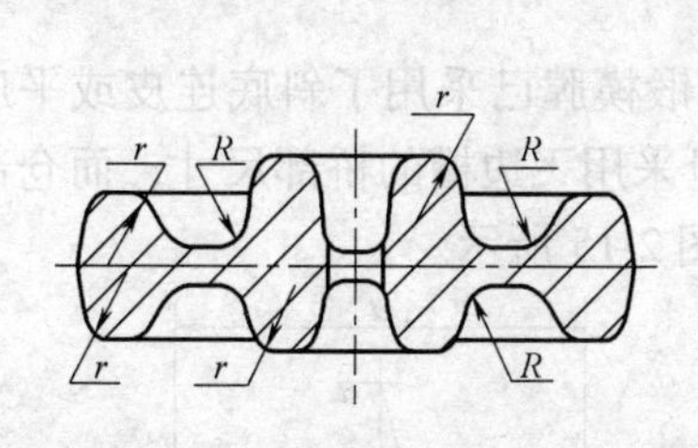

图2-10　模锻件圆角半径

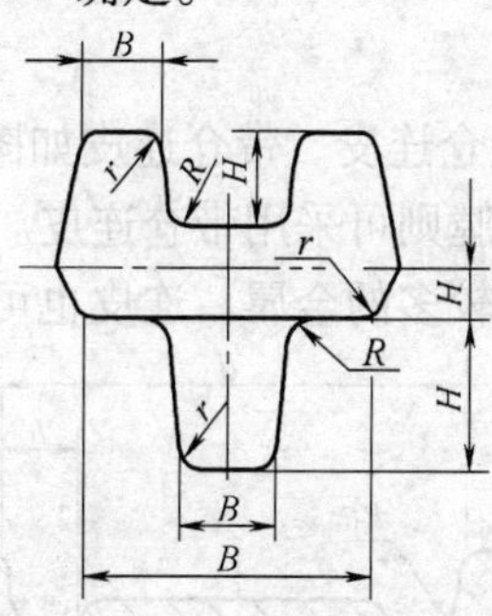

图2-11　圆角半径

表2-11　圆 角 半 径

H/B	r	R
≤2	$0.05H+0.5\text{mm}$	$2.5r+0.5\text{mm}$
>2~4	$0.06H+0.5\text{mm}$	$3.0r+0.5\text{mm}$
>4	$0.07H+0.5\text{mm}$	$3.5r+0.5\text{mm}$

圆角半径也可参照 GB/T 12362—2003 附录 A 中的方法确定。

6. 冲孔连皮

模锻不能锻出通孔，只能锻出不通孔而在分模面处留有连皮，在随后的冲孔工序中再将其冲掉。零件上直径小于25mm的孔一般不在锻件上做出，因为对于这样小的孔，锻模的冲头部分极易将其压塌、磨损。冲孔连皮通常有三种形式：

（1）平底连皮　平底连皮如图2-12所示。这种连皮形式适用于直径不大的孔。S 和 R_1 按表2-12选定。

表2-12　平连皮的 S 和 R_1

锻锤吨位/t	1~2	3~5	10
S/mm	4~6	5~8	10~12
R_1/mm	5~8	6~10	8~20

（2）斜底连皮　斜底连皮如图2-13所示。这种连皮形式适用于孔径大于80mm的锻件，图2-13中：

$$\alpha=1°\sim2°$$

$$S'=0.7S \tag{2-2}$$

式中　S——平底连皮的厚度。

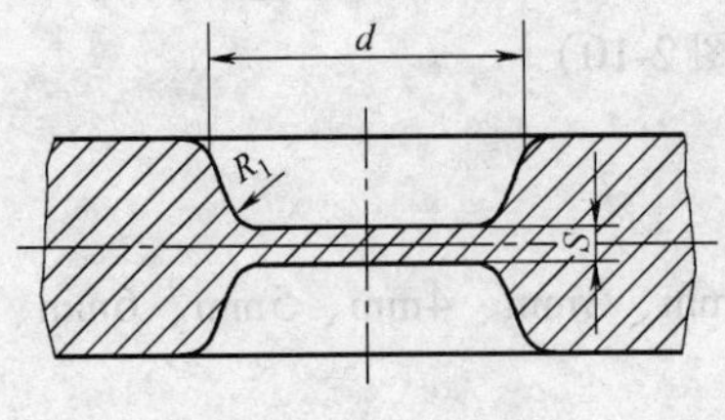

图 2-12　平底连皮

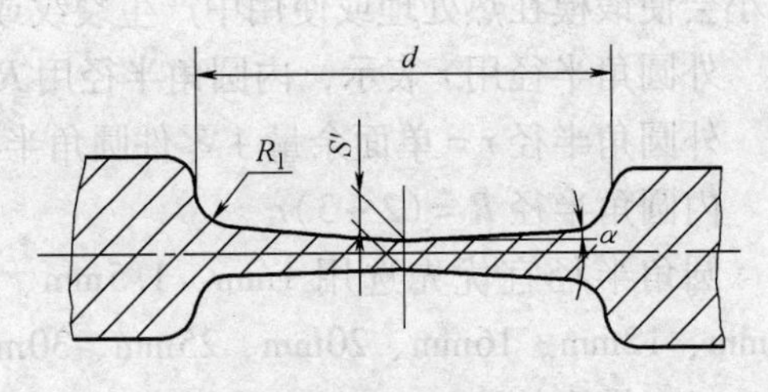

图 2-13　斜底连皮

（3）带仓连皮　带仓连皮如图 2-14 所示。当在预锻模膛已采用了斜底连皮或平底连皮时，终锻模膛则可采用带仓连皮。连皮的尺寸 S_1、b 可采用飞边槽的桥部尺寸，而仓部则应使其能容纳较多的金属。连皮也可以做成拱式的，如图 2-15 所示。

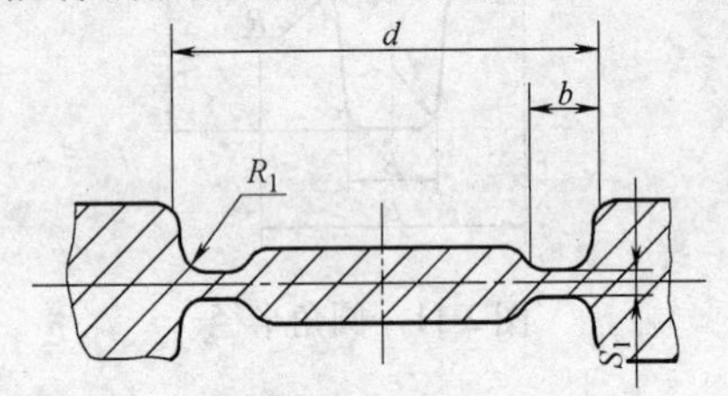

图 2-14　带仓连皮

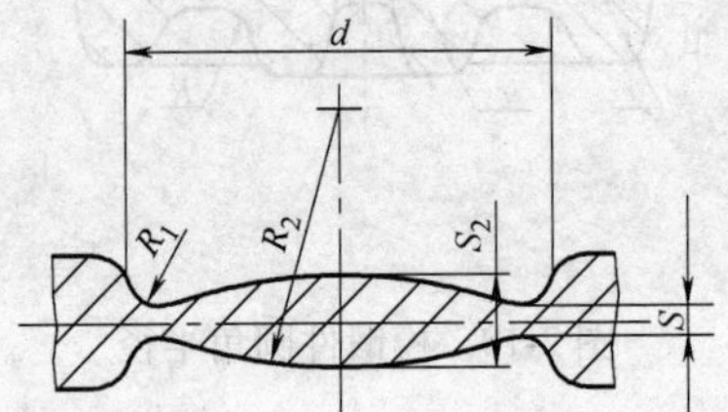

图 2-15　拱式连皮

7. 技术条件

在上述参数的基础上，便可绘制锻件图。凡在图上无法表示的，均可列入技术条件加以说明。技术条件一般包括如下内容：

1）图上未标注的模锻斜度见表 2-10。

2）图上未标注的圆角半径见表 2-11。

3）允许的错差量见表 2-5 和表 2-6。

4）允许的残留飞边量见表 2-5 和表 2-6。

5）允许的表面缺陷深度。对于加工面，其最大深度不超过余量的一半；对于非加工面，其最大深度不超过最大厚度公差的 1/3。

6）锻件的热处理。一般要按照订货方的要求进行，对于低碳钢及低合金钢，通常采用正火处理；对于中碳钢和合金结构钢采用调质处理；对于高碳钢和高合金钢，多用淬火处理。为节约能源、降低成本，尽量利用锻后余热进行热处理。

7）表面清理。清除表面氧化皮的方法一般用抛丸、滚筒清理，也可以用酸洗、喷砂，清理后的锻件可根据用户的要求，浸入石灰水或其他防氧化处理的溶液中，然后取出晾干。

8）锻件的检验。根据用户的要求列出检验项目及要求，如无损检测、金相显微组织、标识、力学性能等。

2.4　模锻工步的选择

确定模锻工步就是要根据工厂现有条件，采取相应的变形步骤，又快、又好、又省地加工出满足锻件图要求的合格锻件。几乎每个锻件都有几种成形方案，只是在现有条件下，如何找出最经济、最合理、最可行的方案，是对设计者智慧、经验和能力的综合考验。在锤、热模锻压力机和螺旋压力机上模锻工步各有异同，分别介绍如下。

1. 短轴类锻件制坯工步的选择

一般如齿轮和圆饼类、十字轴等锻件，常用镦粗和终锻。对毛坯圆柱面上的氧化皮通过镦粗去除，将镦粗后的圆饼立起轻压去除端面的氧化皮。

对轮毂高且有内孔和突缘的锻件，宜采用成形镦粗。

高肋薄壁锻件，为了保证充满或不产生折叠，要采用镦粗、预锻和终锻。

2. 长轴类锻件制坯工步的选择

长轴类锻件制坯工步的作用，是初步改变原毛坯的形状，合理地分配坯料，以适应锻件横截面积的变化要求，使金属既能较好地充满模膛，又避免在锻件上形成缺陷。以模锻连杆为例，如果直接用等断面毛坯模锻，据长轴类坯料变形时金属的流动特点可知，金属沿轴向流动得少，沿横向流动得多，近似于展宽变形。因此，杆部大量多余金属流入飞边槽，不仅浪费了大量金属，在杆部会形成折叠，在头部会因材料不足而充不满。所以应采取制坯工步，预先改变毛坯的形状，改变金属沿轴向分配的状况。

毛坯沿轴向合适的形状应该是在保证模膛充满的条件下，在模锻之后，锻件各处飞边均匀，即毛坯上各截面的面积等于锻件上相应截面积加上飞边的面积，这样计算出来的坯料称为计算毛坯。拔长、滚压、卡压工步是以计算毛坯为基础，根据各工步变形特点，参照经验图表资料及具体生产情况确定的。下面具体介绍确定拔长、滚压和卡压工步的设计计算方法。

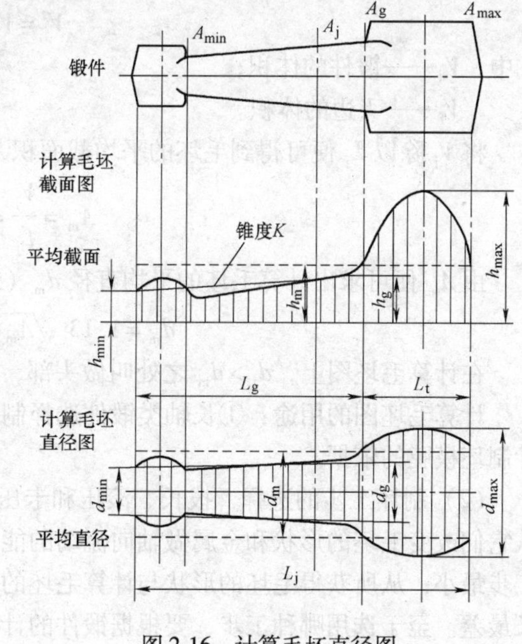

图 2-16　计算毛坯直径图

(1) 计算毛坯　根据平面变形假设计算并修正所得的具有圆形（或方形）截面的中间坯料叫计算毛坯，如图 2-16 所示。它的各个横截面积等于沿锻件长度上各相应截面积加上飞边的截面积，即

$$A_j = A_d + A_f = A_d + 2\eta A_f' \qquad (2\text{-}3)$$

式中　A_j——任意一处计算毛坯的横截面积；

A_d——相应锻件的横截面积；

A_f——相应飞边的横截面积；

A_f'——相应飞边槽的横截面积；

η——飞边槽充满系数，形状简单的锻件取 0.3～0.5，形状复杂的取 0.5～0.8，两端面一般取 1。

式（2-3）中，锻件的外飞边槽假设有 70% 的面积充满，而对于冲孔连皮及叉形锻件的内飞边则应算在锻件内，即包括在 A_d 的数值内。

在作计算毛坯图及计算毛坯截面图时，应据锻件的复杂程度，先沿锻件的轴线选取若干个具有特征的截面，即截面发生突变的断面 1、2、…、N，计算出相应的 A_j（A_{j1}、A_{j2}、…、

A_{jN})。对于直轴锻件，计算毛坯的长度等于锻件的长度；对于弯轴锻件，计算毛坯的长度等于锻件展开后的长度。再以计算毛坯的长度 L_j 为横坐标（可以缩放比例，一般以 1∶1 的比例比较直观），以 A_j 为纵坐标，绘在坐标方格纸上，并将各点连接成光滑曲线，即可得到锻件或计算毛坯的截面图（见图 2-16）。根据 A_j 可以计算出计算毛坯上任一处的直径 d_j（或方坯边长 a_j），即

$$d_j = 1.13\sqrt{A_j}\ (\text{或}\ a_j = \sqrt{A_j}) \tag{2-4}$$

同样，以 L_j 为横坐标，以 d_j（或 a_j）为纵坐标，即可做出计算毛坯直径图（见图 2-16）。

对上述计算毛坯图，还应考虑模锻时的金属流动情况以及工艺的可行性加以修整。为了金属的顺利流动，截面突变处的连接圆弧要光滑流畅，如图 2-17 所示；对叉形劈开处适当放大毛坯尺寸；对头部有孔或压凹部分，也要对该部分计算毛坯的形状进行简化，简化的原则是使减少部分的体积等于增加部分的体积。

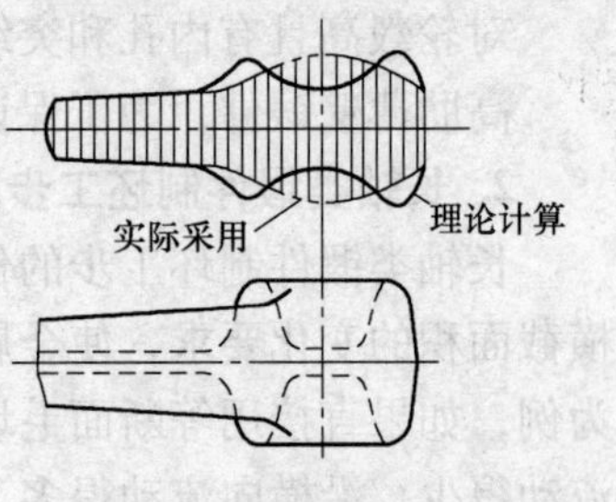

实际采用
理论计算

图 2-17 用圆滑曲线修正理论计算毛坯

计算毛坯截面图的面积即代表计算毛坯的体积，以 V_j 表示，则

$$V_j = V_d + V_f \tag{2-5}$$

式中 V_d——锻件的体积；

V_f——飞边的体积。

将 V_j 除以 L_j 便可得到毛坯的平均截面积 A_m

$$A_m = \frac{V_j}{L_j} = \frac{V_d + V_f}{L_j} \tag{2-6}$$

由 A_m 便可求出计算毛坯的平均直径 d_m（或边长 a_m）

$$d_m = 1.13\sqrt{A_m}\ (\text{或}\ a_m = \sqrt{A_m}) \tag{2-7}$$

在计算毛坯图上，$d_j > d_m$ 之处叫做头部，$d_j < d_m$ 之处叫做杆部。

计算毛坯图的用途：①长轴类锻件选择制坯工步的依据；②确定毛坯尺寸的依据；③设计制坯模膛的依据。

（2）制坯工步的选择 拔长、滚压和卡压工步都是用以从原毛坯获得近似毛坯形状的，从它们改变毛坯的形状和金属做轴向流动的能力来看，拔长工步最大，滚压工步次之，卡压工步最小；从所获得毛坯的形状与计算毛坯的形状接近程度来看，滚压最好，卡压次之，拔长最差。至于选用哪种工步，要根据锻件的计算毛坯来确定。如果计算毛坯的截面变化大，杆部又长，变形量就大。可以用如下指标来衡量变形量的大小

$$\alpha = \frac{d_{max}}{d_m}$$

$$\beta = \frac{L_j}{d_m} \tag{2-8}$$

$$K = \frac{d_g - d_{min}}{L_g}$$

式中　α——金属流入头部的繁重系数；

β——金属沿轴向流动的繁重系数；

K——杆部斜率；

d_{max}——计算毛坯的最大直径；

d_{min}——计算毛坯的最小直径；

d_g——杆部与头部转接处的直径，或叫作拐点处的直径。

拐点处的直径按照杆部体积守恒转化成锥体的大头直径，可用式（2-9）计算：

$$d_g = \sqrt{3.82\frac{V_g}{L_g} - 0.75d_{min}^2 - 0.5d_{min}} \tag{2-9}$$

式中　V_g——计算毛坯杆部体积；

L_g——计算毛坯杆部长度。

拐点处直径 d_g 也可直接由计算毛坯的直径图或截面图求出近似值

$$d_g = 1.13\sqrt{A_g} \tag{2-10}$$

α 越大，表明流到头部的金属体积越多；β 越大，则金属沿轴向流动的路线越长；K 值越大，表明杆部锥度越大，小头或杆部一端的金属越过剩；锻件质量 G 越大，表明金属量大，制坯更为困难。图 2-18 所示为根据生产经验的总结而绘成的图表，可将计算得到的 α、β、K、G 代入图表中查对，可找到制坯工步的初步方案。

必须指出的是，上述方法所确定的方案仅作参考用，应充分考虑实际情况制定出更合适的制坯工步。

例如，有一质量为 0.8kg 的锤上模锻件，做出计算毛坯图后，计算出 $\alpha = 1.37$，$\beta = 3.2$，$K = 0.05$。

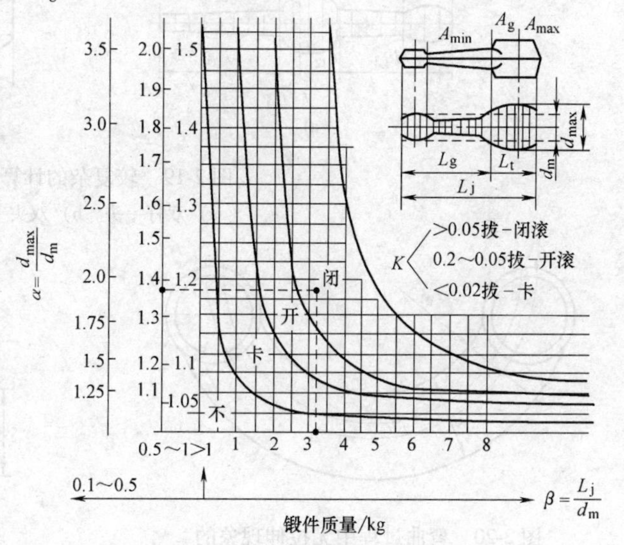

图 2-18　长轴类制坯工步选用范围

注：不——不需制坯工步，可直接模锻成形；

卡——需卡压制坯；

开——需开式滚压制坯；

闭——需闭式滚压制坯；

拔-闭滚——当 $K > 0.05$ 时，宜用拔长 + 闭式滚压制坯；

拔-开滚——$0.02 < K \leqslant 0.05$ 时，宜用拔长 + 开式滚压制坯；

拔-卡——当 $K \leqslant 0.02$ 时，可用拔长 + 卡压制坯。

由图 2-18 中查得，可用闭式滚压制坯，终锻成形即可。

对于图 2-19 所示的双杆一头或双头一杆的复杂计算毛坯，则应按体积相等的原理转换成两个简单计算毛坯，分别预选制坯工步，然后选择其中制坯效率高的工步作为锻件的制坯。

对于弯曲轴线的锻件，应将轴线展开为直线，作计算毛坯，选择制坯工步，再加一道弯曲工步。在弯曲件展开长度计算时，对于弯曲度不大的、弯曲过程中无拉伸现象的锻件，其展开长度可取锻件弯曲内侧 1/3 宽度处的轴线展开长度（见图 2-20）；对弯曲度大、弯曲过程中有明显拉伸现象的锻件，如多拐曲轴，弯曲的轴线不应展开，而应将其当作直轴类锻件来绘制计算毛坯图；对有90°弯曲的锻件（见图2-21），当枝杈 x 较大或枝杈头部粗大时，两端轴线 L_1 和 L_2 的展开长度不变，但 m 点到 n 点要按弧线的展开长度计算；当枝杈 x 较小或枝杈部位易充满时，由 m 点到 n 点的长度按直线计算，L_1 和 L_2 不变。

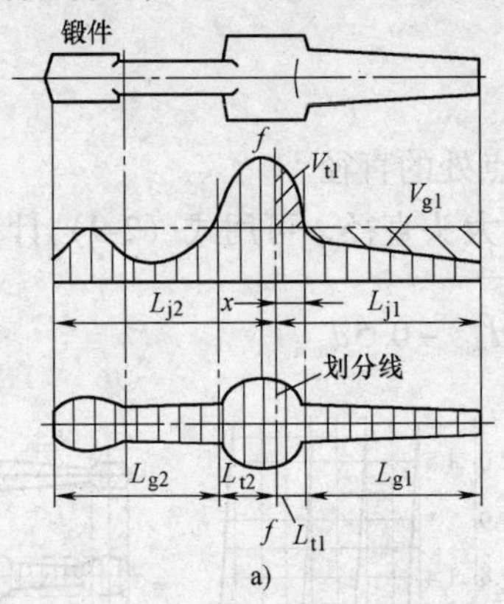

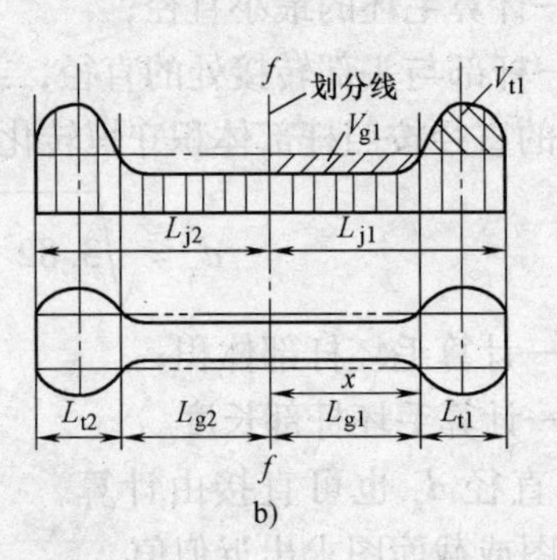

图2-19　较复杂的计算毛坯

a）双杆一头　b）双头一杆

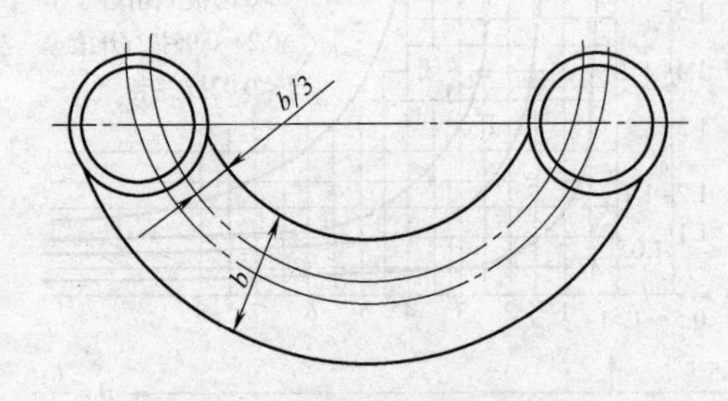

图2-20　弯曲过程中无拉伸现象的锻件展开长度

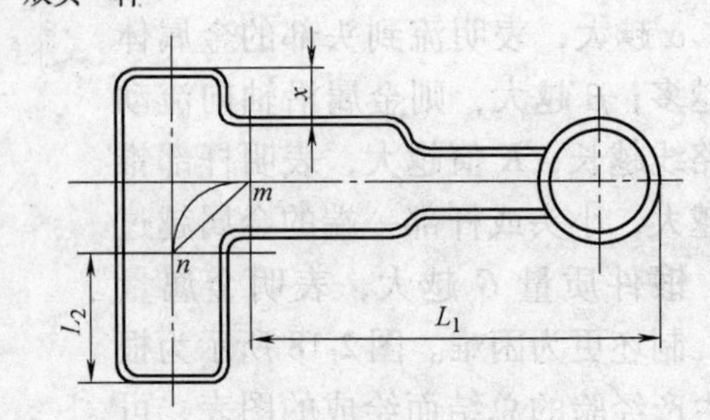

图2-21　锻件90°弯曲处展开长度计算

2.5　毛坯尺寸的确定

计算所需毛坯尺寸时，一般根据锻件的形状和尺寸、模锻设备、加热方法和采用的模锻工艺先算出所需的金属体积，再算出所需的毛坯尺寸及长度。

1. 短轴类锻件毛坯尺寸的确定

可分别按式（2-11）和式（2-12）算出毛坯的体积 V_p 及预算的毛坯直径 d_p'：

$$V_p = (V_d + V_f)(1 + \delta) \tag{2-11}$$

$$d_p' = 1.08\sqrt[3]{\frac{V_p}{m}} \tag{2-12}$$

式中　V_p——毛坯的体积；

V_d——锻件的体积（在初步计算时，可用计算毛坯中的 V_j 代入）；

V_f——飞边加上冲孔连皮的体积；

δ——火耗率，由表2-13查得；

m——毛坯的高径比，一般取 $m = 1.8 \sim 2.2$。

表2-13　火耗率δ

加热方法	δ(%)	加热方法	δ(%)
室式油炉	3~3.5	电阻炉	1.5~1.0
连续式油炉	2.5~3.0	中频感应电加热和接触电加热	1.0~0.5
室式煤气炉	2.5~3.0		
连续式煤气炉	2.0~2.5	室式煤炉	3.5~4.0

求出d_p'后，按材料的标准规格选取d_p，继而得到A_p，最后求出下料长度为

$$L_p = \frac{V_p}{A_p} \tag{2-13}$$

2. 长轴类锻件毛坯尺寸的确定

长轴类锻件的毛坯在模膛中的变形近似平面变形，所以在确定原毛坯尺寸时，应以计算毛坯图为依据，并考虑不同的制坯工步计算出所需毛坯的截面积A_p'，按照标准选取坯料（圆或方），即可计算出实际所取毛坯截面积A_p，则下料长度为

$$L_p = \frac{V_p}{A_p} + l_q \tag{2-14}$$

式中　l_q——钳夹头料长度。

其余符号意义同短轴类锻件。

其中A_p'可按表2-14计算出。

表2-14　毛坯截面积计算

选用工步		毛坯截面积计算
拔长		$(0.95\sim1.0)A_{tm}$
滚压		$A_p' = \frac{A_m + A_t}{2}$或$A_p' \leqslant \frac{A_m + A_{max}}{2}$
拔长滚压	聚料作用显著	$A_p' = (0.7\sim0.9)A_{max}$
	聚料作用不显著	$A_p' = (0.8\sim1.0)A_{tm}$
弯曲或压扁		$A_p' = (1.0\sim1.02)A_m$
无制坯工步		$A_p' = (1.02\sim1.05)A_m$

注：A_{tm}——计算毛坯头部平均截面积；A_{max}——计算毛坯最大截面积；A_m——计算毛坯平均截面积；A_t——计算毛坯头部截面积。

2.6　锻锤吨位的确定

通常用经验公式（2-15）来确定模锻锤吨位：

$$G = \frac{1}{1000}KA \tag{2-15}$$

式中　A——包括飞边（按仓部宽度的1/2计算）及连皮在内的锻件水平投影面积（cm^2）；

K——钢种系数，按表2-15选用；

G——模锻锤吨位（t）。

表 2-15　钢 种 系 数

钢　　种	K
低中碳结构钢、低碳合金钢，如 20、30、45、20CrMnTi 等	4
中碳低合金钢，如 45Cr 等	6
高合金钢、耐热钢、不锈钢，如 20Cr13 等	8

模锻锤的吨位还可以按布留哈诺夫和列别尔斯基的公式依参数资料的序号确定。

圆形锻件　模锻锤吨位为

$$G_0 = (1 - 0.005D)\left(1.1 + \frac{2}{D}\right)^2 (0.75 + 0.001D^2) D\sigma \tag{2-16}$$

式中　D——锻件直径（cm）；

σ——锻件在终锻温度时的变形抗力（MPa），按附录 A 中的附表 A-10 选用；

G_0——圆形锻件模锻锤吨位（kg）。

该式适用于直径在 60cm 以下的锻件。

非圆形锻件　模锻锤吨位为

$$G = G_0(1 + 0.1\sqrt{L/B}) \tag{2-17}$$

式中　L——锻件水平投影面上的最大长度（cm）；

B——锻件投影面积 A（cm^2）除以 L 所得的平均宽度；

G——非圆形锻件模锻锤吨位（kg）。

在按式（2-17）计算 G_0 时，式中的 D 要用相当直径 D_e 代替，D_e 值为

$$D_e = 1.13\sqrt{A} \tag{2-18}$$

图 2-22 所示为按式（2-16）和式（2-17）所做的诺模图。

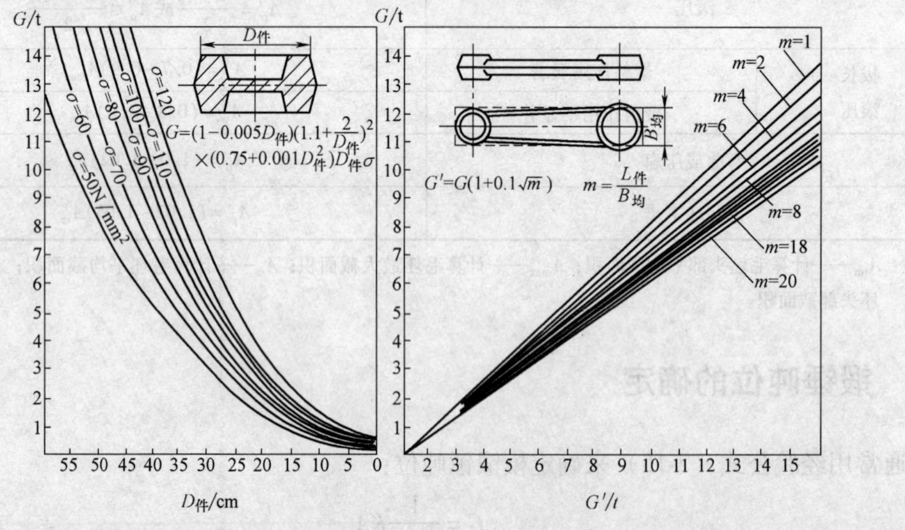

图 2-22　确定锻锤吨位的诺模图

锻锤吨位和生产率有密切的关系，为了减少锻打次数，提高生产率，近来有使用大吨位锻锤的倾向。

飞边桥部宽度和厚度的比值对模锻时的变形抗力有很大影响，在锤的吨位不足时可以减小这个比值。

使用夹板锤等单作用锤时，选用的吨位应比蒸汽模锻锤大1.5~1.8倍。

2.7　锻模模膛的设计

2.7.1　终锻模膛

终锻模膛是获得带飞边的锻件最后成形的模膛，它是按照热锻件图制造和检验的。开式模锻时，终锻模膛沿分模面设有飞边槽。因此，设计终锻模膛的主要内容是制订热锻件图和选择飞边槽。

1. 热锻件图的制订

在制订热锻件图时应该考虑以下内容：

1）锻件锻后冷到室温时，其尺寸要缩小，所以热锻件图要按锻件图放大收缩量，终锻温度下的收缩率为：普通钢为1.2%~1.5%；奥氏体合金钢，如06Cr18Ni11Ti、GH2132、GH2136等取1.5%~1.8%；细长的杆类锻件、薄的锻件冷却快，或打击次数较多、停锻温度较低的锻件，收缩率可取1.2%；带大头的长杆类锻件，可对大头和杆部分别取不同值。

2）当吨位不足打不靠时，热锻件的高度可取负偏差；当大设备锻小件时，承击面不足，模膛易塌陷时，热锻件的高度宜取正偏差。

3）模膛易磨损处，在锻件负公差范围内增加一层磨损量，以提高锻模寿命。

4）要考虑锻件在多次打击过程中在下模膛的定位以及切边时的定位，必要时可在热锻件图上增加定位余块，然后在切边或切削加工中去除。

5）锻件上形状复杂且较高部位，尽量放在上模，因上模较下模易成形且无氧化皮堆积；如必须放在下模时，热锻件图上该部位尺寸应适当增大一些，以提高锻件的成品率。

6）在热锻件图上要注明分模面、冲孔连皮的位置和尺寸。

7）在热锻件图上要写上未注明的模锻斜度、圆角半径和收缩率。

8）当锻件比较大、某些部位又较复杂时，为了节省钳料头，可在终锻模膛两侧设置沟槽，以利脱模，如图2-23所示。

2. 飞边槽的确定

（1）飞边槽的作用　增加金属流出模膛的阻力，迫使金属充满模膛；容纳多余金属；在模具之间起到缓冲作用。

（2）飞边槽的形式　飞边槽的形式如图2-24所示。

形式Ⅰ　因桥部在上模，受热时间短，不易过热和磨损，所以被采用较多。

形式Ⅱ　当锻件的上模部分形状较复杂，切边需翻转180°时，为简化切边凸模的形状而用；或者当整个锻件位于下模时，为简化锻模的制造而用。

形式Ⅲ　仓部较大，能容纳较多金属，适于大型和形状复杂锻件。

形式Ⅳ　适于形状复杂的难以充满的局部地方，如高肋、叉口、枝杈等处；模锻多拐曲轴时，为使其平衡块处充满，有时也可在该处使用，其尺寸可根据具体情况适当调整。

（3）飞边槽尺寸的确定　飞边槽的关键尺寸是桥部高度h_f及宽度b。h_f增大，金属流向飞边的阻力减小，不利于模膛充填，但模膛的应力亦随之减小；反之，增大。宽度 b 增大时，阻力亦增加；反之，减小。读者在了解飞边槽的作用原理后，可根据具体情况调整，使金属既充满模膛，而模具的应力又不太大。如图 2-25 所示，一副终锻模上用两种不同宽度的飞边桥部和仓部尺寸。

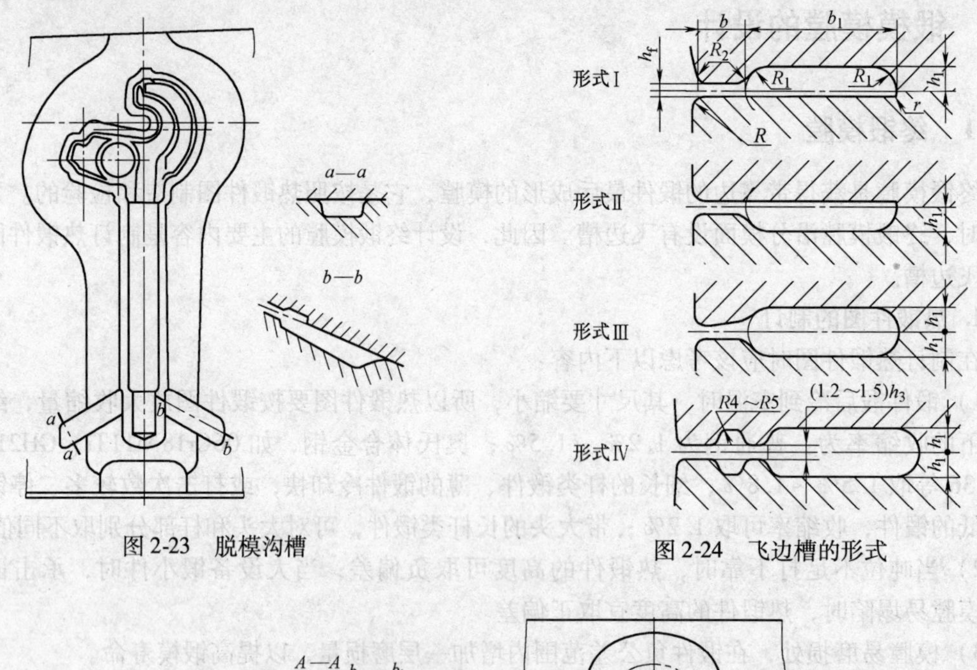

图 2-23　脱模沟槽　　　　图 2-24　飞边槽的形式

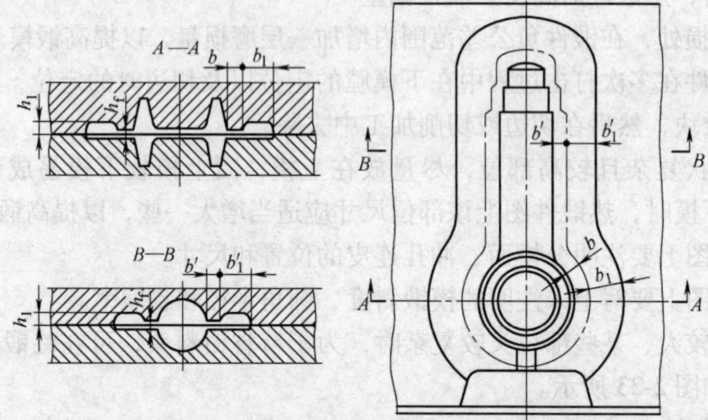

图 2-25　锻件的不同部位使用不同宽度的飞边槽

$b > b'$，$b_1 > b_1'$

通常按照锻锤吨位来选取飞边槽的尺寸，见表 2-16。

表 2-16　飞边槽的尺寸　（单位：mm）

锻锤吨位	h_1	h_f	b	b_1	备　注
1t 夹板锤	3	0.6	8	20	—
1t 模锻锤	4	1～0.6	8	25	齿轮锁口 $b_1 = 30$
1.5t 模锻锤	4	1.6～2	8	25～30	—
2t 模锻锤	4	2	10	30～35	齿轮锁口 $b_1 = 40$

（续）

锻锤吨位	h_1	h_f	b	b_1	备　注
3t 模锻锤	5	3	12	30~40	齿轮锁口 $b_1=45$
5t 模锻锤	6×2	3	12	50	齿轮锁口 $b_1=55$
10t 模锻锤	6×2	5	16	50	—

2.7.2　预锻模膛

1. 预锻模膛的作用

1）改善金属在终锻模膛中的流动条件，使金属易于充满模膛，避免折叠等缺陷的形成。

2）减少终锻模膛的磨损，提高锻件的质量和模具寿命，一般可提高模具寿命30%。

2. 预锻模膛的设计

预锻模膛是以终锻模膛或热锻件图为基础设计的，预锻模膛一般不设飞边槽。但是，预锻时，也有飞边形成。为了促使金属充满预锻模膛，可在预锻件难充填部位开设阻力沟。预锻模膛设计得好坏、与终锻模膛是否匹配，是能否制出合格锻件的关键模膛之一，设计时，可以参照表2-17。

表2-17　预锻模膛设计的基本参数

<table>
<tr><th>模膛略图</th><th>设计方法及基本公式</th></tr>
<tr><td>1）预锻模膛（左）和终锻模膛（右）的剖面
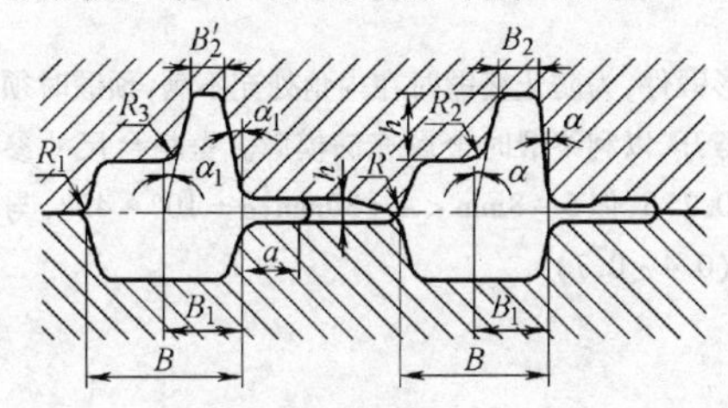
</td><td>模锻斜度：通常与终锻模膛相同，对难充填部位 $\alpha_1=\alpha+(1°\sim2°)$，分模面尺寸 B、B_1 和其他尺寸保持不变；模口圆角半径 $R_1=R+C$；C 值与模膛深度关系如下：
<table><tr><td>模膛深度/mm</td><td>≤10</td><td>10~25</td><td>25~50</td><td>≥50</td></tr><tr><td>C/mm</td><td>2</td><td>3</td><td>4</td><td>5</td></tr></table>凸台高度：$h\leqslant B_2$　$R_3=R_2$；$h>B_2$
$R_3=(1\sim1.2)R_2+3\text{mm}$</td></tr>
<tr><td>2）阻力沟
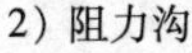
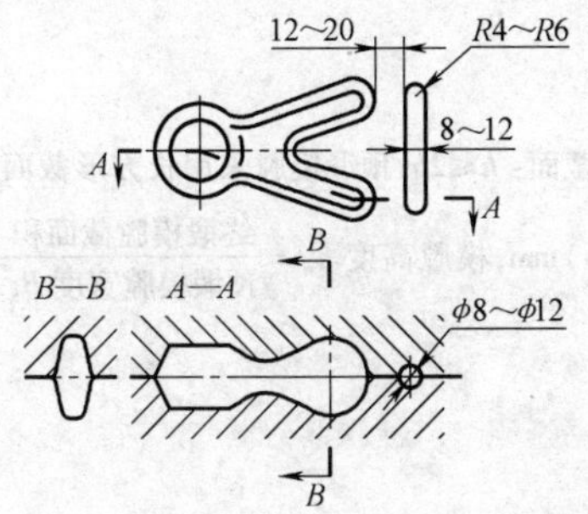
</td><td>在预锻模膛中一般不设飞边槽，但在 $a<2h$ 时，可在分枝处的预锻模膛也开飞边槽；或开阻力沟</td></tr>
</table>

（续）

模 腔 略 图	设计方法及基本公式
3）预锻模膛在弯曲部位的模口圆角 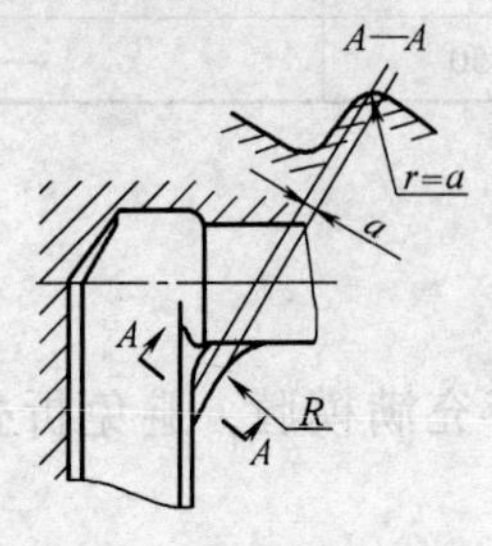	预锻模膛弯曲部位的模膛尽量做成光滑的大圆弧过渡
4）预锻模膛在截面突变处的圆角 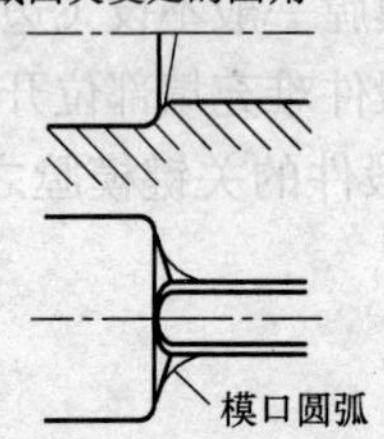	截面变化处用光滑圆弧平稳过渡
5）预锻模膛中的劈料台 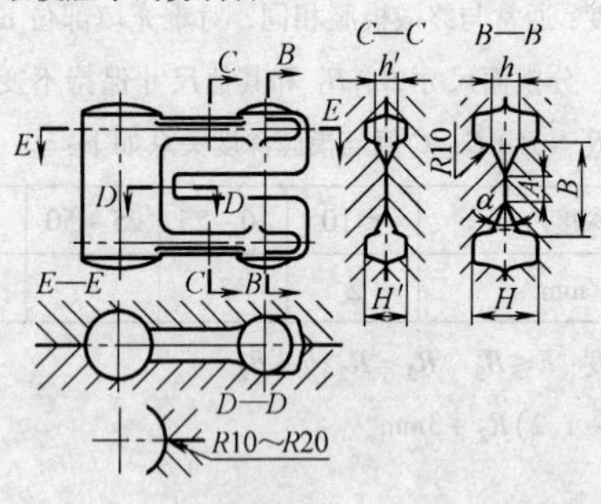	对叉形锻件，为防止终锻时在内角处充不满，预锻时须将叉部金属劈开，以利终锻时金属充满模膛。劈料台尺寸参考如下：$A\approx0.25B$，但 $5\sim8\text{mm}<A<30\text{mm}$；$\alpha=10°\sim45°$，与 h 有关；$h'=(0.4\sim0.7)h$
6）预锻模膛 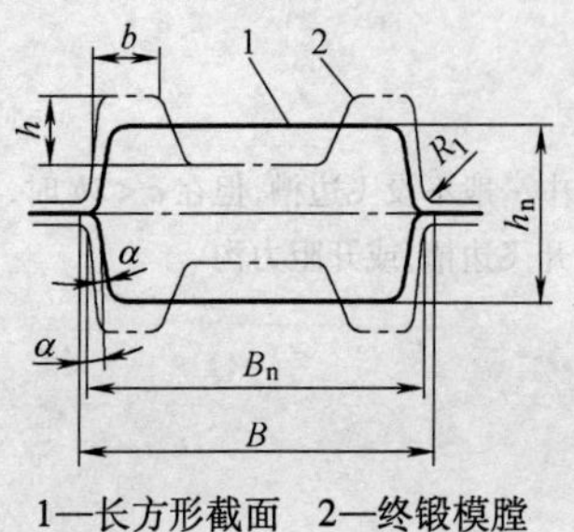1—长方形截面　2—终锻模膛	对工字形截面：$h\leqslant2b$，预锻模膛采用长方形截面，宽度 $B_n=B-(2\sim6)\text{mm}$，模膛高度 $h_n=\dfrac{\text{终锻模膛截面积}}{\text{预锻模膛宽度 }B_n}$；$R_1$ 的确定同1）

（续）

模 膛 略 图	设计方法及基本公式
7）圆浑形工字截面的预锻模膛 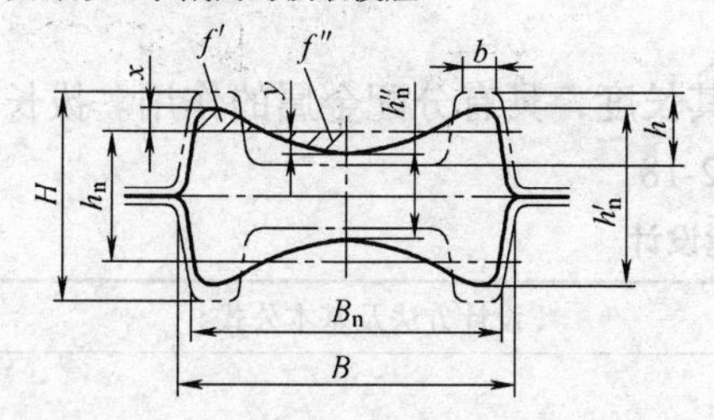	当 $h>2b$ 时： $B_n=B-(1\sim2)\text{mm}$；$x=0.25\times(H-h_n)$；$h_n'=h_n+2x$；y 由 $f'=f''$ 求出；$h_n''=h_n-2y$；点 x,y 以圆滑曲线连接
8）肋的间距较大时的预锻模膛 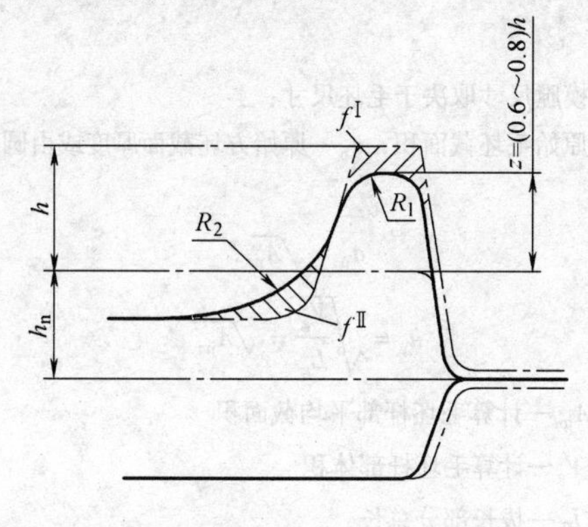	$f^{\mathrm{I}}=f^{\mathrm{II}}$
9）枝杈类锻件的预锻模膛 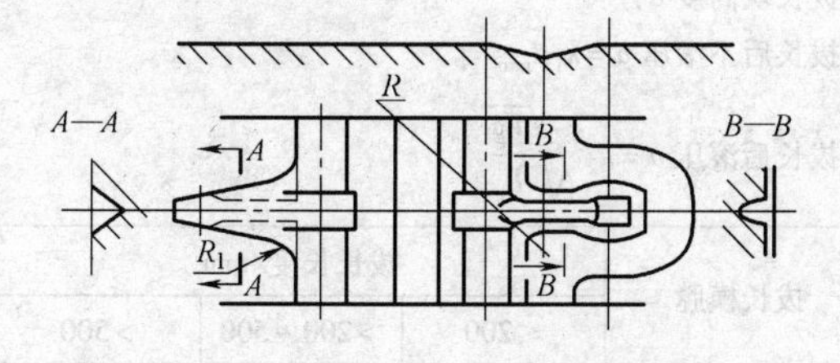	沿着分枝简化成简单形状模膛以利金属沿着分枝的全长充满：$R_1=(2\sim5)R$。如果分枝短而浅，则在预锻模膛中不必锻出
10）当凸台的尺寸不大时 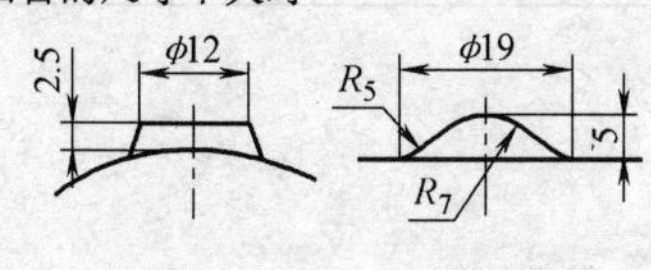 a) 终段模膛　b) 预锻模膛	当凸台的尺寸不太大时，在预锻模膛中尽量简化，仅以圆滑曲线连接凸出部或不锻出

2.7.3　制坯模膛

制坯的目的是使原始毛坯更接近锻件的形状，为毛坯进一步变形做好准备，同时也节约了原材料。各种制坯模膛的设计见表 2-18 ~ 表 2-25。

1. 拔长模膛

拔长模膛可以减小坯料某部分横截面积、增大其长度，具有分配金属的作用。拔长模膛截面的形状分为开式和闭式两种，其设计方法见表 2-18。

表 2-18　拔长模膛设计

模膛形式及用途	设计方法及基本公式

1）开式拔长模膛。横截面为矩形。该种形式结构简单、制造方便，应用较广

2）开式斜排式拔长模膛。模膛中心线与燕尾中心线夹角 α（一般取 15° ~ 30°），一般布置在模具前左侧。应用于模膛数量较多、布排较紧的锻模上。缺点：不易控制拔长长度

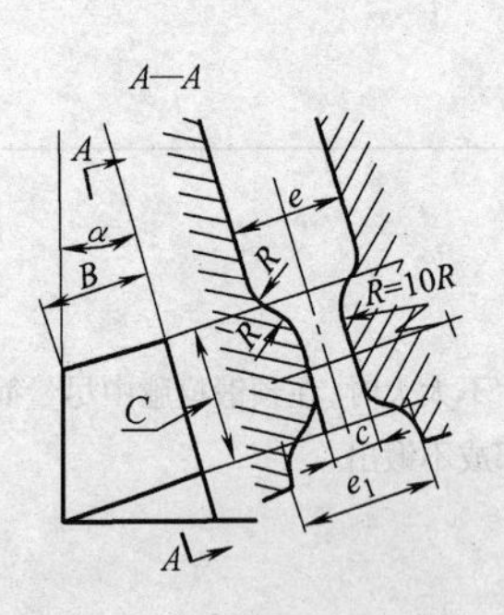

拔长模膛尺寸取决于毛坯尺寸：

A_p—原始毛坯截面积；a_p—原始方坯截面厚度或由圆坯转换出

$$a_p = \sqrt{A_p}$$

$$a_g = \sqrt{\frac{V_g}{L_g}} = \sqrt{A_{jm}}$$

式中　A_{jm}—计算毛坯杆部平均截面积

V_g—计算毛坯杆部体积

$L_g = L_b$—拔长部分总长

a_g—拔长后方形杆部的边长

d_{min}—计算毛坯的最小直径

拔长坎高度 a：

拔长后不滚压 $a = k_1 d_{min}$

拔长后滚压 $a = k_2\sqrt{\frac{V_g}{L_g}}$

拔长模膛	拔长长度/mm		
	≤200	>200 ~ 500	>500
拔长后不滚压 k_1	$0.85d_{min}$	$0.75d_{min}$	$0.7d_{min}$
滚拔兼有 k_2	$0.9a_g$	$0.85a_g$	$0.8a_g$

（续）

模膛形式及用途	设计方法及基本公式

3）闭式拔长模膛。横截面为椭圆形。拔长效果好，但操作较难。一般用于$\frac{L_g}{a_g}>15$的细长锻件

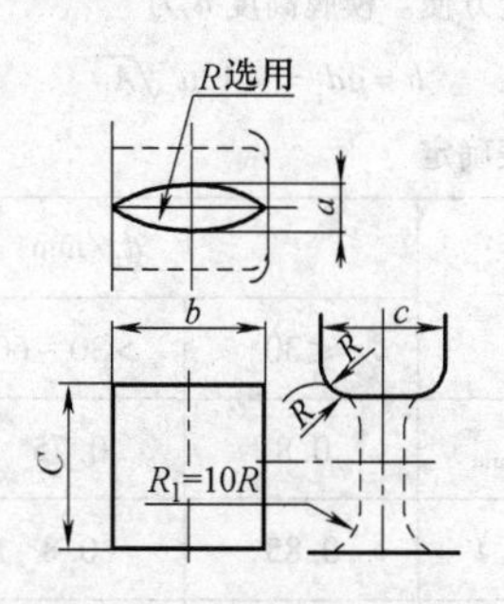

拔长坎长度 C：

原毛坯拔长长度 L_0	$(1.2\sim1.5)a_p$	$(1.5\sim3)a_p$	$>3a_p$
拔长坎长度 C	$1.1a_p$	$1.3a_p$	$1.5a_p$

模膛深度：拔长后为光杆 $e=2a$，拔长后端部有一个小头 $e=1.2d_t\geqslant 2a$

圆角 $R=0.25C$；$R_1=2.5C$

模膛宽度 $B=\phi a_p+(10\sim20)$ mm，ϕ 与原毛坯厚度有关，见下表

a_p/mm	≤40	40～80	>80
ϕ	1.5	1.3	1.2

4）拔长台是拔长模膛的特殊形式，用于：

①当坯料需要拔长部分的原始长度 $L_0<1.2a_p$ 时

②拔长台阶式毛坯时

③当坯料需要拔长部分的原始长度 L_0 < 拔长坎长度 C 时

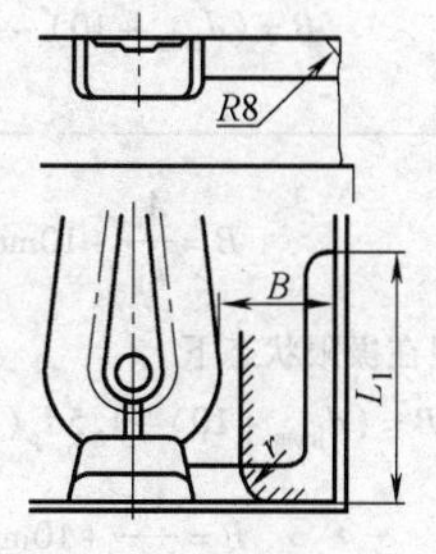

拔长台：常位于模具的一角或模膛之间的自由平面内，这时

$$B\geqslant 1.4a_p+10\text{mm};\ L_1=L_g+10\text{mm}$$

圆角 r 由下表查出

毛坯厚度 a_p/mm	圆角 r/mm
≤30	10
>30～60	15
>60～100	20
>100	25

2. 滚压模膛

滚压模膛是用来减小坯料某部分横截面积，增大另一部分横截面积，以获得接近计算毛坯的形状和尺寸。同时有滚光坯料表面和去除氧化皮作用。送入滚压模膛的坯料可以是原毛坯，也可以是拔长后的毛坯。按模膛的截面形状可以分为开式、闭式和混合式三种；按模膛的纵断面形状，又可分为对称式和不对称式，其设计方法见表 2-19 及表 2-20。

表 2-19　开式滚压模膛设计

模膛形式及用途	设计方法及基本公式

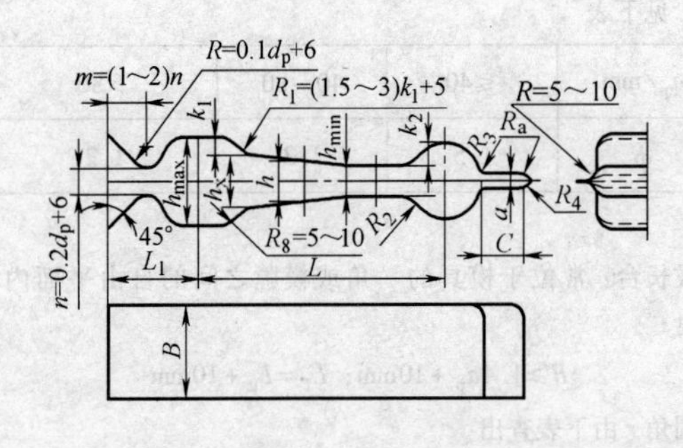

特点：横截面为矩形。金属横向展宽较大，轴向流动较小，聚料作用不明显，适于矩形截面且截面变化不大的毛坯；该模膛制造方便。模膛高度 h 为

$$h=\mu d_j=1.13\mu\sqrt{A_j} \tag{2-19}$$

系数 μ 按下表确定

截面		d_p/mm		
		≤30	>30～60	>60
杆部	$d_{jmin}(h_{min})$	0.8	0.75	0.7
	$d_{jk}(h_k)$	0.85	0.8	0.75
头部	$d_{jmax}(h_{max})$	1.1	1.05	1.0

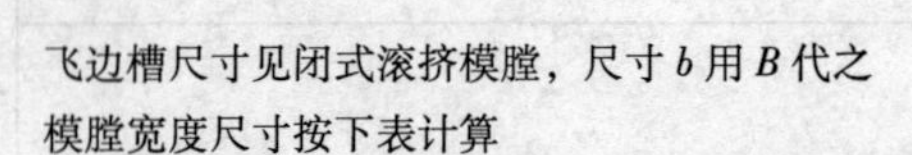

飞边槽尺寸见闭式滚挤模膛，尺寸 b 用 B 代之

模膛宽度尺寸按下表计算

毛坯形式	计 算 公 式
原始毛坯直接滚压	$B=\dfrac{A_p}{h_{min}}+10\text{mm}$　(2-20) 但在极限状态下 $B=(d_{jmax}+10)\sim1.5d_p$
拔长后毛坯滚压	$B=\dfrac{A_p}{h_k}+10\text{mm}$　(2-21) 但在极限状态下 $B=(d_{jmax}+10)\sim1.5d_p(\text{或}\ 1.7A_p)>$ $B=\dfrac{A_{jm}}{h_{min}}+10\text{mm}$

注：1. A_j——计算毛坯截面积；A_p——毛坯的横截面积；d_p——坯料直径；d_{jmin}——计算毛坯最小直径；d_{jk}——计算毛坯拐点处直径；d_{jmax}——计算毛坯最大直径；A_{jm}——计算毛坯的平均截面积；h_k——模膛在拐点处的高度；h_{max}、h_{min}——模膛最大高度和最小高度；其余符号及钳口尺寸见本表图。

2. 滚压模膛长度：$L=L_j(1+\delta)$，L_j——计算毛坯的长度；δ——毛坯的线胀系数。

3. 横截面为椭圆形，聚料效果好；但制模较困难。滚压后的毛坯较圆滑，终锻时不易产生折叠，故应用广。

表 2-20 闭式滚压模膛设计

模膛形式及用途	设计方法及基本公式

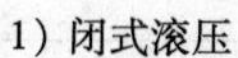

1）闭式滚压

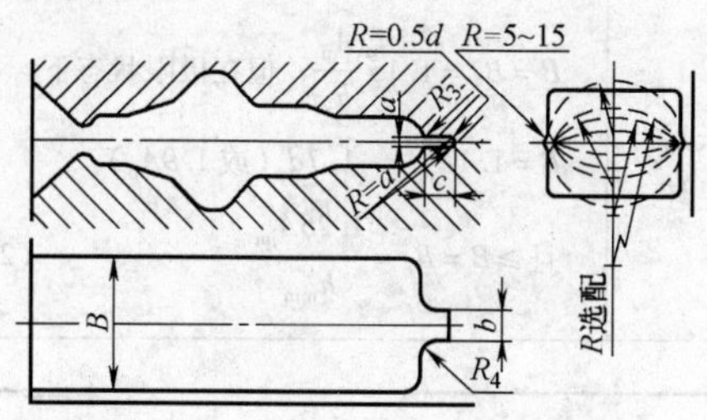

模膛高度计算公式按照表 2-19 中的式(2-19)。其中系数μ值按下表确定

截面		d_p/mm		
		≤30	>30~60	>60
杆部	$d_{jmax}(h_{min})$	0.85	0.8	0.75
	$d_{jk}(h_k)$	0.9	0.85	0.80
头部	$d_{jmax}(h_{max})$	1.1	1.05	1.0

2）不对称闭式滚压。在$\frac{h'}{h}\leqslant 1.5$时

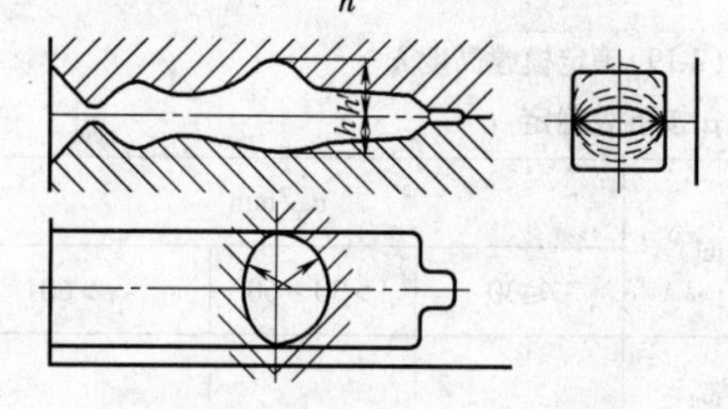

飞边槽尺寸

（单位：mm）

飞边槽使用条件	d_p	a	b	c	R_3	R_4
无切刀	≤30	4	25	25	5	8
	>30~60	5~6	30	30	5	10
	>60~100	7~8	35	40	10	15
有切刀	≤30	5~6	25	25	5	8
	>30	7~8	30	30	5	12

3）不等宽滚压模膛。$\frac{B_k}{B_c}>1.5$

式中 B_k、B_c——不同宽度尺寸

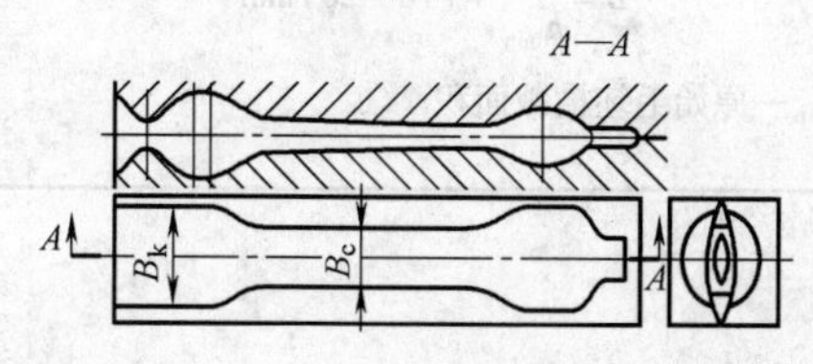

模膛宽度尺寸的确定

需滚压的毛坯状态	计算公式
原始毛坯	$$B=1.15\frac{A_p}{h_{min}} \qquad (2\text{-}22)$$ 但在极限状态下 $B=1.1d_{jmax}\sim1.7d_p$（或 $1.9A_p$）

（续）

<table>
<tr><th>模膛形式及用途</th><th colspan="2">设计方法及基本公式</th></tr>
<tr><td rowspan="2">4）混合式滚压模膛。模膛的杆部是闭式，头部是开式。此种模膛通常用于头部具有深孔或叉形锻件，以便准确定位</td><td>需滚压的毛坯状态</td><td>计 算 公 式</td></tr>
<tr><td>拔长后的毛坯</td><td>$B=B_k=1.15\dfrac{A_p}{h_k}$，但在极限状态下
$B=1.1d_{jmax}\sim1.7d_p$（或 $1.9A_p$）
且 $\geqslant B=B_e=\dfrac{1.25A_{jm}}{h_{min}}$　　(2-23)</td></tr>
</table>

注：宽度不应小于或大于所规定的极限值。

3. 卡压模膛

卡压模膛亦称压肩模膛，用于略微减小毛坯高度而增大宽度，并使头部稍有聚料作用。坯料在卡压模膛中只锤击一次，也不需翻转即送入（预）终锻模膛中。卡压模膛也分开式和闭式，一般多用开式。其设计方法见表 2-21。

表 2-21　卡压模膛设计

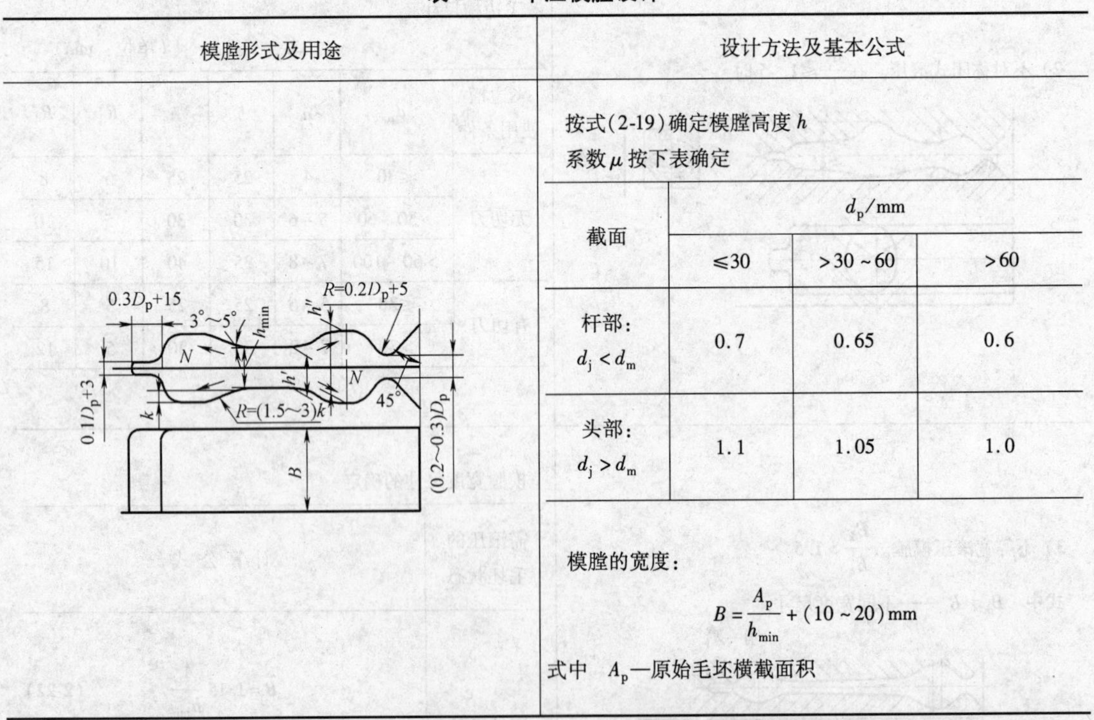

<table>
<tr><th>模膛形式及用途</th><th colspan="4">设计方法及基本公式</th></tr>
<tr><td rowspan="6"></td><td colspan="4">按式(2-19)确定模膛高度 h
系数 μ 按下表确定</td></tr>
<tr><td rowspan="2">截面</td><td colspan="3">d_p/mm</td></tr>
<tr><td>≤30</td><td>>30～60</td><td>>60</td></tr>
<tr><td>杆部：
$d_j<d_m$</td><td>0.7</td><td>0.65</td><td>0.6</td></tr>
<tr><td>头部：
$d_j>d_m$</td><td>1.1</td><td>1.05</td><td>1.0</td></tr>
<tr><td colspan="4">模膛的宽度：
$$B=\frac{A_p}{h_{min}}+(10\sim20)\text{mm}$$
式中　A_p—原始毛坯横截面积</td></tr>
</table>

4. 弯曲模膛

弯曲模膛是将毛坯弯曲得符合锻件在分模面上的形状（水平投影），用作图法绘出。在送入（预）终锻模膛时需翻转 90°，其设计方法见表 2-22。

表 2-22　弯曲模膛设计

模膛形式及用途	设计方法及基本公式

1）自由弯曲模膛

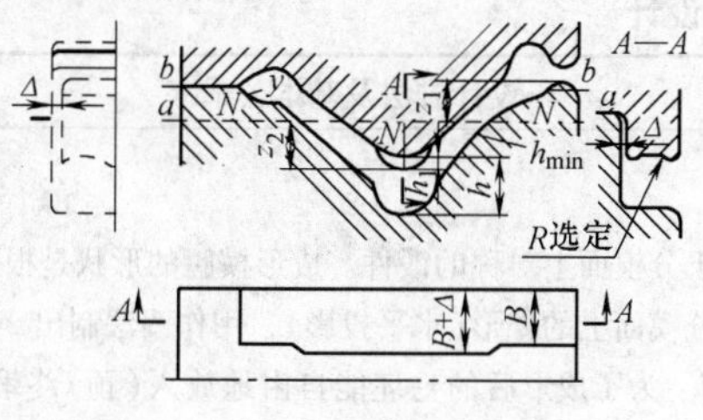

2）急突弯曲模膛

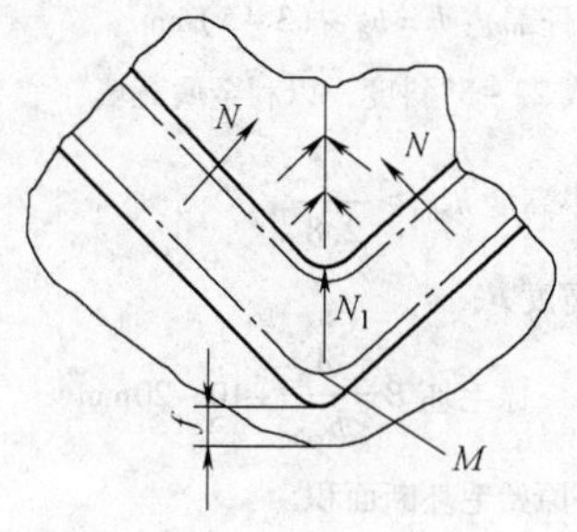

3）挡料台和凹模

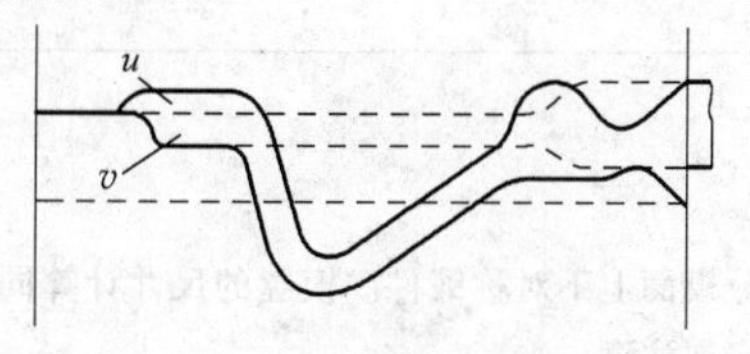

4）具有拉伸和成形作用弯曲模膛

A—A

A　B　B+Δ　A

1）在拉伸不大的条件下对毛坯弯曲成形。对模膛较深处因堆积氧化皮，h 应适当增大，不受表中公式限制。上下模膛的间隙 $\Delta=2\sim10\text{mm}$，以保证要弯曲件能自由地放入模膛中

模膛高度：$h=b_{\mathrm{d}}-(2\sim10)\ \text{mm}$

模膛宽度：$B=\dfrac{A_{\mathrm{p}}}{h_{\min}}+(10\sim20)\ \text{mm}$

式中　b_{d}—锻件平面图上相应处尺寸

A_{p}—对应最小高度处的坯料断面面积

$h_{\min}$—模膛的最小高度

弯曲模膛凸台 N 和模具侧壁之间间隙 Δ 按下表选取

锻锤落下部分质量/t	间隙 Δ/mm
0.5～0.75	4
1～1.5	5
2～2.5	6
3～4	7
5～8	8
10～16	10

2）在急转弯 M 处做出较大的圆角，既要保证金属充满模膛，又要防止两股金属汇流面处的折缝留在锻件上，造成废品，还要使飞边 f 较小

3）弯曲模膛下模要开有两个支撑点，以支撑放入模膛中的毛坯，还要使放置的毛坯呈水平位置

4）弯曲模膛上下模凸出分模面的高度要基本相等，如 $z_1=z_2$

5）弯曲模膛上下模突出部分在模向做出弧形凹槽，防止坯料在弯曲时滚落。凹槽深度

$$h_{\mathrm{k}}=(0.1\sim0.2)\ h$$

6）当压弯的毛坯为原始毛坯时，在弯曲模膛下模尾端做出挡料台 v 以供定位用，上模尾端开出弧形凹槽 u，且其长度大于 v，避免毛坯在弯曲过程中被夹住。当弯曲模膛下模有高的凸台或曲轴形状时，模膛的前后不必用挡料台，毛坯可以按照弯曲模膛的凸台定位

5. 成形模膛

成形模膛的作用与弯曲模膛相近，获得毛坯符合终锻模膛在分模面上的形状。适于截面变化不大、弯曲程度较小的锻件。毛坯在模膛中不翻转，送入（预）终锻模膛中需翻转90°。一般为开式模膛，分为对称式和不对称式两种，其设计方法见表2-23。

表2-23　成形模膛设计

<table>
<tr><th>模膛形式及用途</th><th>设计方法及基本公式</th></tr>
<tr><td>1）轴对称锻件
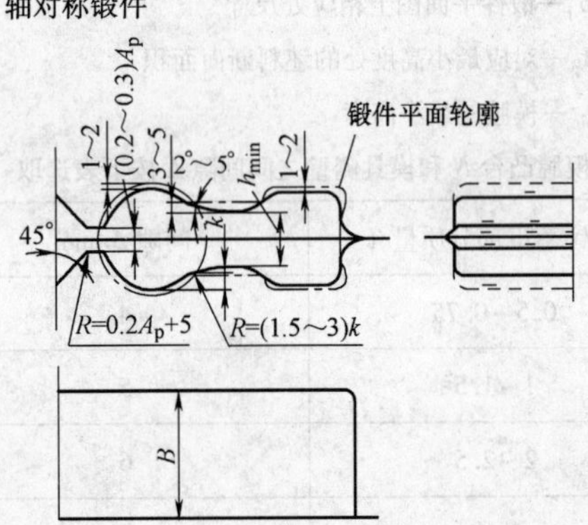
</td><td>应用于分模面上对称的锻件。成形模膛的形状是根据终锻模膛在分模面上的外形（水平投影），用作图法制出
高度 h：为了成形后的毛坯能自由地放入（预）终锻模膛，并以镦粗方式成形，h 小于热锻件图在分模面上的外形尺寸，当
1）$A_p < A_j$（头部）：$h = b_d - (1 \sim 2)$mm
2）$A_p > A_j$（杆部）：$h = b_d - (3 \sim 5)$mm
3）杆部做成2°～3°斜度，以利金属充填
4）模膛最小高度 $h_{min} \geqslant \frac{\sqrt{A_p}}{2.8}$
5）模膛的宽度 B：
原毛坯 $B = \frac{A_p}{h_{min}} + 10 \sim 20$mm
式中　A_p——原始毛坯断面积
A_j——计算毛坯截面积
b_d——锻件平面图上相应处尺寸
钳口尺寸和尾部小槽尺寸的确定方法与滚压模膛相同</td></tr>
<tr><td>2）不对称锻件
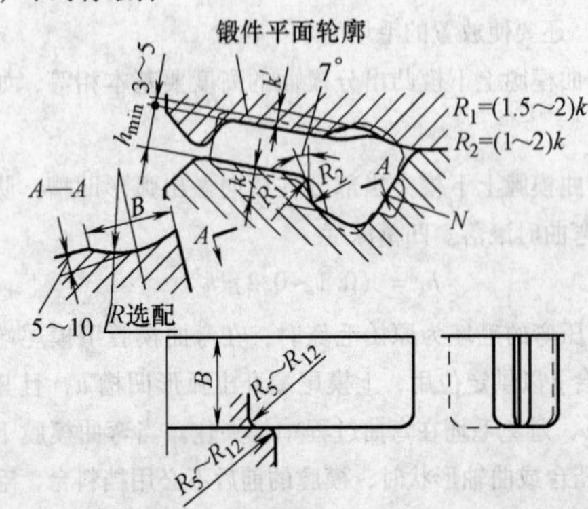
</td><td>应用于分模面上不对称锻件。模膛的尺寸计算同1）。分模面的确定要注意：
毛坯放置方便，取出容易
有利于金属充满模膛
模膛转弯处应取用较大圆角
断面变化较大处，可做成横向的弧形凹槽，见左图 A—A 剖面
宽度 $B = \frac{A_p}{h_{min}} + (10 \sim 20)$mm
h_{min}应满足不等式
$\frac{A_p}{h_{min}^2} < 2.5 \sim 3$</td></tr>
</table>

（续）

模膛形式及用途	设计方法及基本公式
3）一模多件模锻 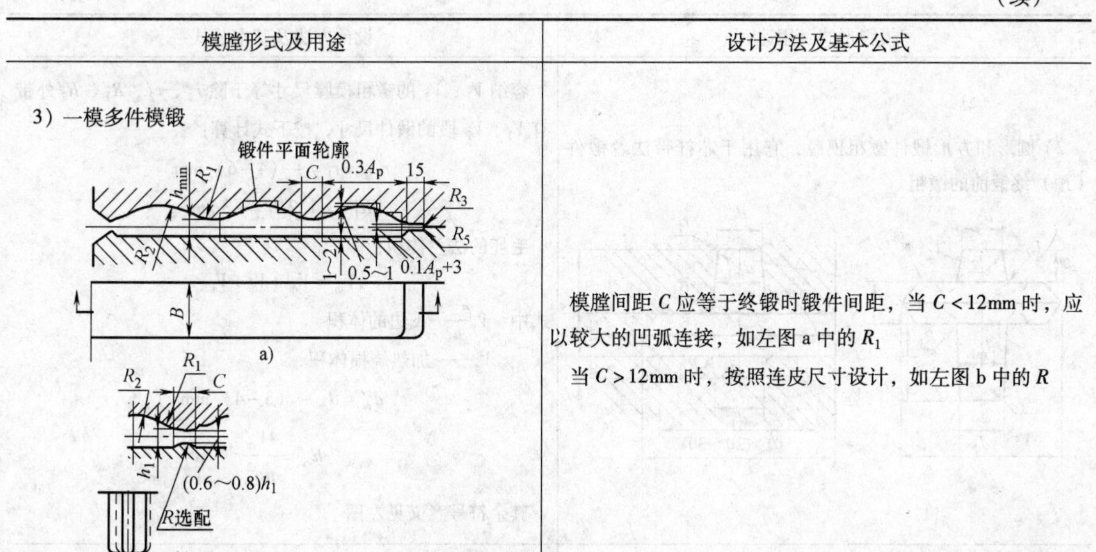 	模膛间距C应等于终锻时锻件间距，当$C<12$mm时，应以较大的凹弧连接，如左图a中的R_1 当$C>12$mm时，按照连皮尺寸设计，如左图b中的R

6. 镦粗台及压扁台

自由镦粗所用的模面叫镦粗台。用来镦粗毛坯，减少其高度增大直径，使镦粗后的毛坯在终锻模膛内能够覆盖一定的凸部与凹槽，以防止锻件折叠和充不满，并起到清除氧化皮作用，有时为了清除氧化皮，故意选择直径小一规格的料，镦粗去除氧化皮后再（预锻）终锻。多用于短轴类与齿轮类锻件，其设计方法见表2-24。

表2-24　镦粗台设计

模膛形式及用途	设计方法及基本公式
1）无夹紧作用的镦粗台 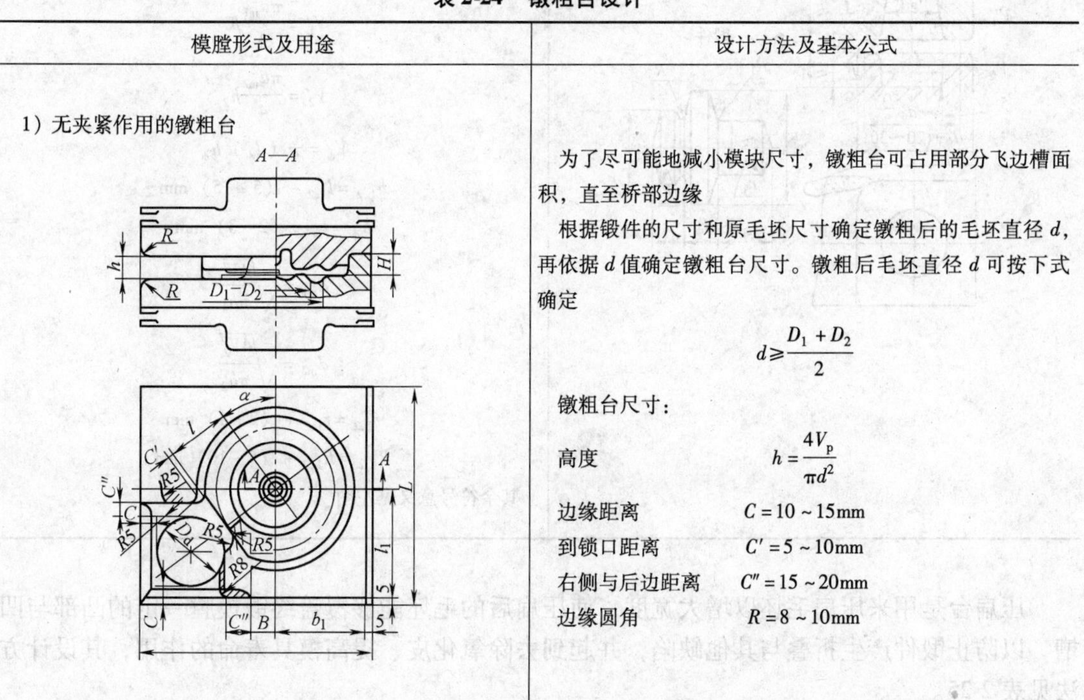 	为了尽可能地减小模块尺寸，镦粗台可占用部分飞边槽面积，直至桥部边缘 根据锻件的尺寸和原毛坯尺寸确定镦粗后的毛坯直径d，再依据d值确定镦粗台尺寸。镦粗后毛坯直径d可按下式确定 $$d\geqslant\frac{D_1+D_2}{2}$$ 镦粗台尺寸： 高度　$h=\frac{4V_p}{\pi d^2}$ 边缘距离　$C=10\sim15$mm 到锁口距离　$C'=5\sim10$mm 右侧与后边距离　$C''=15\sim20$mm 边缘圆角　$R=8\sim10$mm

（续）

模膛形式及用途	设计方法及基本公式
2）圆形和方形锻件镦粗模膛，它用于芯杆带法兰锻件（预）终锻前的镦粗 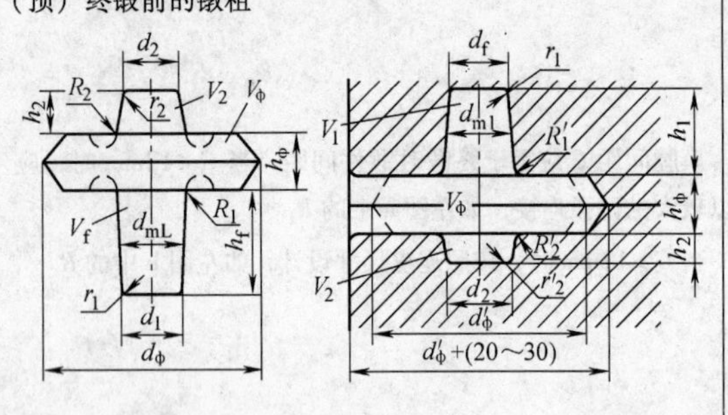 	容纳 V_1、V_2 的镦粗模膛尺寸等于除 r_1'、r_2'、R_1'、R_2'外带有 V_1、V_2 段的锻件尺寸，按下式计算： $$r'_{1,2}=r_{1,2}+（4\sim6）\text{ mm}$$ $$R'_{1,2}=1.2R_{1,2}+3\text{mm}$$ 毛坯的法兰体积： $$V_\phi'=V_\phi+V_f+V_s$$ 式中　V_f——飞边的体积 　　　V_s——加热烧损体积 $$d_\phi'=d_\phi-（3\sim4）\text{ mm}$$ $$h_\phi'=\frac{4V_\phi'}{\pi d_\phi^2}$$ 其余符号意义见左图
3）长轴类锻件的镦粗模膛。有时长轴类锻件也用镦粗方法使局部截面增大，翻转后放入（预）终锻模膛	按照等体积的原则确定：镦粗模膛体积 V_d 等于去除钳口后的原始毛坯体积 V_p： $$V_d=V_p$$ 各部分模膛体积 V_1'、V_2'和镦粗法兰模膛体积 V_ϕ'应该分别等于考虑加上飞边 V_f 和烧损体积 V_s 后的 V_1、V_2 和 V_ϕ $$V_1'=V_1+V_{f1}+V_{s1}$$ $$V_2'=V_2+V_{f2}+V_{s2}$$ $$V_\phi'=V_\phi+V_{f\phi}+V_{s\phi}$$ $$V_1'=\frac{\pi d_{m1}^2}{4}h_1$$ $$V_2'=\frac{\pi d_{m2}^2}{4}h_2$$ $$V_\phi'=\pi（d_\phi'）^2h_\phi$$ $$h_{1,2}=l_{1,2}-（5\sim15）\text{ mm}$$ $$h_\phi=l_\phi-（2\sim3）\text{ mm}$$ $$d_{m1}=\sqrt{\frac{4V'}{\pi h_1}}$$ $$d_{m2}=\sqrt{\frac{4V_2'}{\pi h_2}}$$ $$r'_{1,2}=r_{1,2}+（2\sim4）\text{ mm}$$ $$R'_{1,2}=R_{1,2}+（5\sim10）\text{ mm}$$ 其余符号意义见左图

压扁台是用来压扁毛坯以增大宽度，使压扁后的毛坯能够覆盖终锻模膛一定的凸部与凹槽，以防止锻件产生折叠与其他缺陷，并起到去除氧化皮、提高模具寿命的作用，其设计方法见表2-25。

表2-25　压扁台设计

模膛形式及用途	设计方法及基本公式
用于压扁的可以是原始毛坯，有时也压扁经过拔长、滚压毛坯 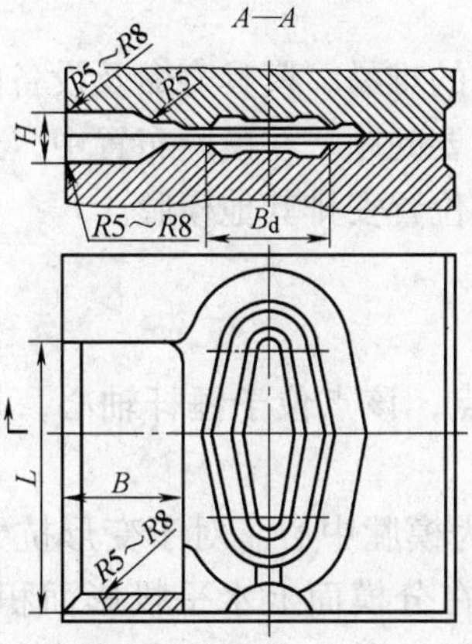	据锻件图和原始毛坯的尺寸确定压扁后的毛坯尺寸，再确定压扁台的尺寸： 宽度 $B=B_y+20\text{mm}$ 长度 $L=L_y+40\text{mm}$ 高度 $H=\dfrac{V_p}{(B-15)\ [L-(40\sim50)]}$ 式中　B_y——压扁后毛坯宽度（mm） L_y——压扁后毛坯长度（mm） V_p——去除钳口料的毛坯体积（mm^3）

7. 切断模膛

切断模膛是用来切断棒料上锻成的锻件，以便实现一棒连续多次模锻。切断模膛通常用于小型模锻件，其设计方法见表2-26。

表2-26　切断模膛设计

模膛形式	运用条件	计算公式
1）后切刀 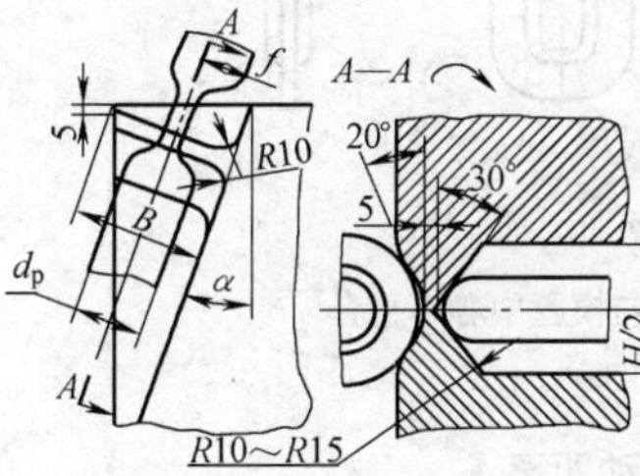	一模二件且 $H>150\text{mm}$	$B=d_p+(20\sim25)\text{mm}$ $H=d_p+20\text{mm}$
2）前切刀 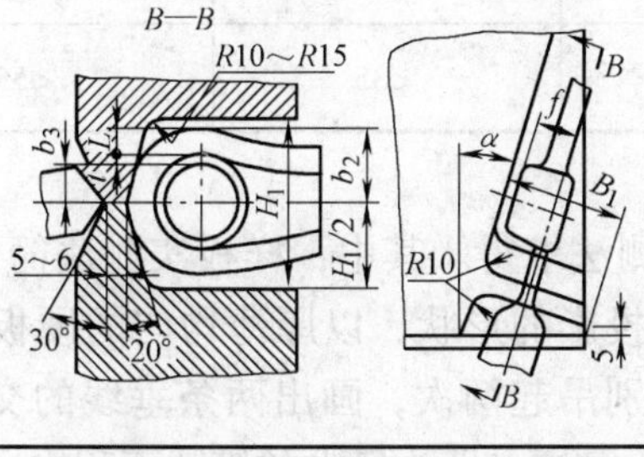	一模一件，且 $H_1<150\text{mm}$	$B_1=f+(25\sim30)\text{mm}$ $H_1=2b_2+20\text{mm}$ $b_2=b_3+b+b_1$

注：d_p——原毛坯直径（或方坯边长）；B、B_1——后、前切刀的宽度；H、H_1——后、前切刀的高度；b_3、f——模锻件尺寸；b——飞边槽桥部宽度；b_1——飞边槽仓部宽度；α——模膛斜度，视锻件形状和尺寸，一般取15°、18°、20°。

2.8　锻模结构设计

2.8.1　模膛布置

模膛布置合理与否关系到生产率、锻件的质量、操作的难易、模具寿命及设备的安全使用等问题。因此，模膛的合理布排是多膛模锻中的十分重要问题。在模膛布置中，最重要的是受力最大的预锻模膛和终锻模膛的布置；然后再视模块位置安排其他模膛。

终锻与预锻模膛的布置如下。

1. 锻模中心与模膛中心

（1）锻模中心　锻模燕尾中心线与键槽中心线的交点，该点位于锤杆轴心，是锻锤打击力的作用中心。

（2）模膛中心　模膛承受变形抗力的合力作用点称为模膛中心。对于变形抗力均匀分布的模膛，模膛中心就是模膛（包括飞边的桥部在内）在分模面上水平投影面积的重心；当变形抗力分布不均匀时，模膛中心则由面积重心向变形抗力较大的一边移动距离 S，如图 2-26 所示。S 值大小应根据模膛各部分变形阻力相差程度凭实际经验来确定，但不宜超过表 2-27 所给数据。

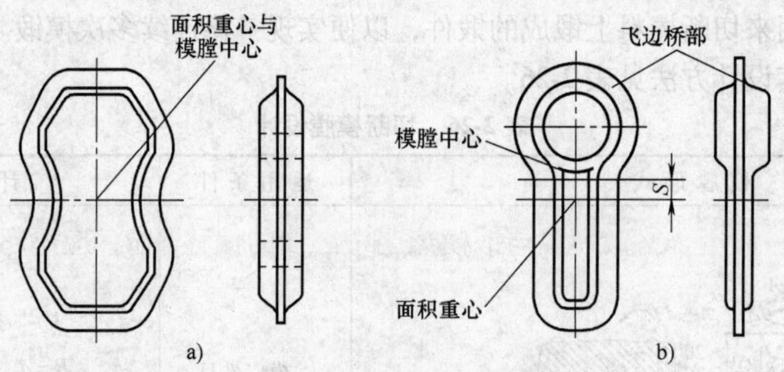

图 2-26　模膛中心的确定

a）面积重心与模膛中心重合　b）面积重心与模膛中心不重合

表 2-27　面积中心向模膛中心移动距离 S

锻锤吨位/t	1～2	3	5	10～16
S/mm	<15	<25	<35	<55

模膛的面积中心可用计算法、图解法与样板实测法求得。其中，样板实测法简便易行，被广泛采用。它是将包括飞边桥部在内的模膛水平投影的形状，以厚薄均匀的硬板纸（或塑料板、薄铁皮）剪成。从纸板的一侧任意两点分别吊起两次，画出两条垂线的交点。再将纸板在交点处水平吊起校核，直至纸板呈水平为止。该点即为所求的模膛面积中心。

（3）模膛中心与锻模中心间的位置关系

1）当模膛中心与锻模中心位置相重合时，锻锤锤击力与金属变形阻力作用在同一垂线上，无错移力产生，这是最理想的位置关系。

2）当模膛中心与锻模中心位置不重合而偏移一段距离时，则锤击时会产生偏心力矩，使上下模产生错移。造成锻件在分模面上的错差，增加设备磨损；如偏心力矩过大，甚至会损坏导轨。因此，预锻和终锻模膛设计的中心任务是最大限度地减小模膛中心对锻模中心的偏移量。

3）当无预锻模膛时，终锻模膛的中心位置应取锻模中心处，以减小错移力和锻件的错差。

4）当有预锻模膛时，一般情况下，预、终锻模膛中心都不能与锻模中心重合，排列时要二者兼顾，应力求终锻与预锻两模膛中心尽量靠近锻模中心。

（4）模膛布置的要点　模膛的布置要点归纳如下：

1）两模膛中心在锻模前后方向上，一般都要在键槽中心线上，如图 2-27 所示。

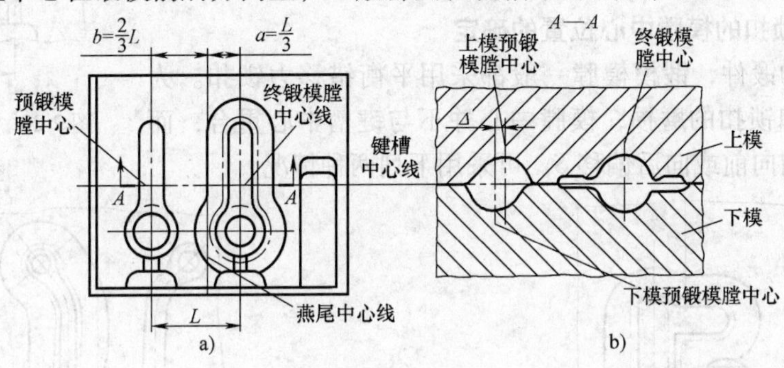

图 2-27　模膛排布

2）在锻模左右方向上，终锻模膛与锻模燕尾中心线的偏移量 a，应不超过表 2-28 所示数值。

表 2-28　终锻模膛与燕尾中心允许的偏移量 a

锻锤吨位/t	1	1.5	2	3	5	10	16
a/mm	25	30	40	50	60	70	80

3）预锻模膛中心线必须在燕尾宽度内，模膛超出燕尾部分的宽度不得大于模膛总宽度的 1/3。

4）终锻与预锻模膛中心至燕尾中心线的距离之比，应等于或略小于 1/2，即 $a/b \leqslant 1/2$，如图 2-27 所示。

5）当锻件因终锻模膛偏移造成错差超差时，则允许采用 $L/5 < a < L/3$，即 $2/3L < b < 4/5L$。在此条件下设计预锻模膛时，错差 Δ 应予先考虑。Δ 值由经验取 1～4mm，如图 2-27b 中 A—A 剖面所示，小锤取小值，大锤取大值。

6）当锻件带有宽大头部，如大型连杆件，使得两个模膛中心间距很大，超出上述规定范围。若终锻模膛因偏移错差超过允许值，或者预锻模膛中心超出锻模燕尾宽度，则应将预、终锻模膛分别放在两台设备上组成联合生产线。这样，两个模膛中心都可放在锻模中心位置上。

7）为了减小终锻与预锻模膛中心距 L，即选用最小值。在保证模膛间模壁有足够强度的前提下，选用下列排列方法：

①平行排列法，如图 2-28 所示，终锻和预锻模膛中心位于键槽中心线上，L 减小同时前后错差也跟着减小，锻件质量较好。

②前后错开排列法，如图 2-29 所示。预锻与终锻模膛在前后方向为不等排列，该排列可减小 L，但增加了前后方向错移量，适用于该图所示特殊情况的锻件。

③反向排列法，如图 2-30 所示。预锻和终锻模膛反向布排，可以减小 L，同时有利于去除毛坯的氧化皮与模膛的充满，应用较广。

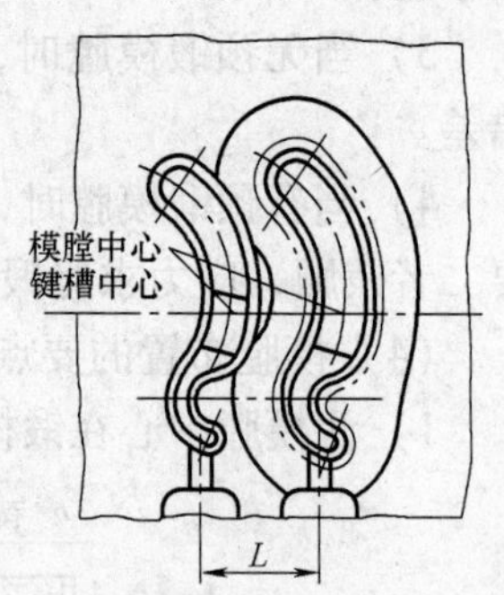

图 2-28　平行排列法

2. 带平衡锁扣的模膛中心位置的确定

具有落差的锻件，锻模模膛一般都采用平衡错移力锁扣。为了减小错差量和锁扣的磨损，模膛中心并不与键槽中心重合，而是沿着锁扣方向向前或向后偏移 S。可采用下列两种情况。

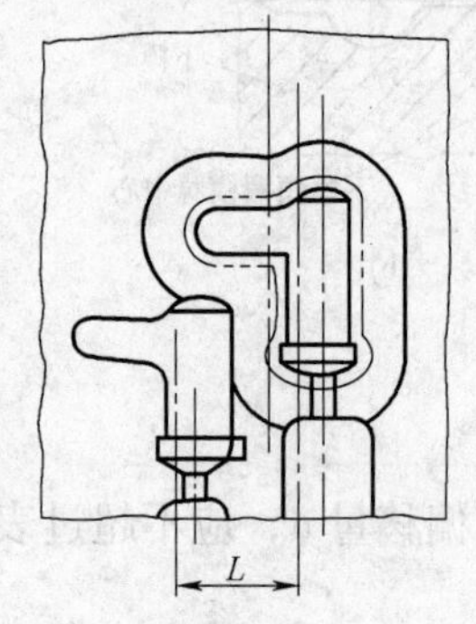

图 2-29　前后错开排列法

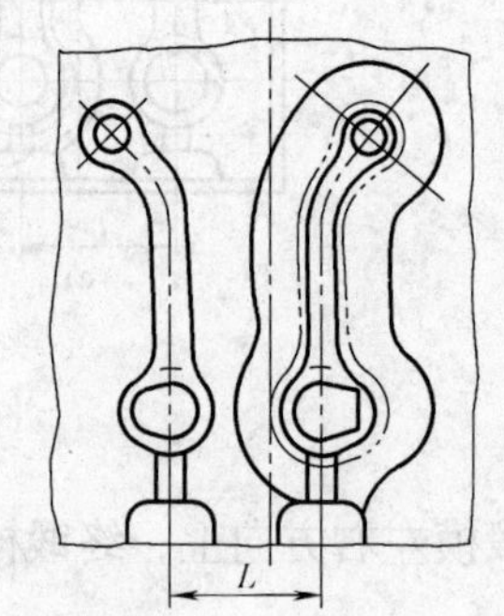

图 2-30　反向排列法

1）平衡锁扣突出部分在上模，如图 2-31a 所示。模膛中心应向平衡锁扣相反方向离开锻模中心 S_1

$$S_1 = (0.2 \sim 0.4)h \tag{2-24}$$

2）平衡锁扣突出部分在下模，如图 2-31b 所示。模膛中心应向平衡锁扣方向离开锻模中心 S_2

$$S_2 = (0.2 \sim 0.4)h \tag{2-25}$$

3. 预、终锻模膛前后方向的几种排法

1）如图 2-32a 所示，锻件大头靠近钳口，使锻件质量大的、难脱模的一端接近操作者，这样操作方便、省力。

2）如图 2-32b 所示，大头难充满部分放在钳口对面，对金属充满模膛有利。这种排列方法，当杆部直径不太大时，还可将杆部作为钳夹头，从而省去夹钳料头。

4. 制坯模膛的排列

1）制坯模膛尽可能按工艺顺序排列，操作时一般只允许改变一次方向，以缩短操作时间。

2）模膛的排列应与加热炉、切边压力机的位置相适应。

3）氧化皮最多的模膛是头道制坯模膛，它的位置应使氧化皮易被吹落且不落入其他模膛，尤其是不要落入预、终锻模膛。

4）弯曲模膛的位置应使锻件能以最简便的方式移动或翻转送入预、终锻模膛。

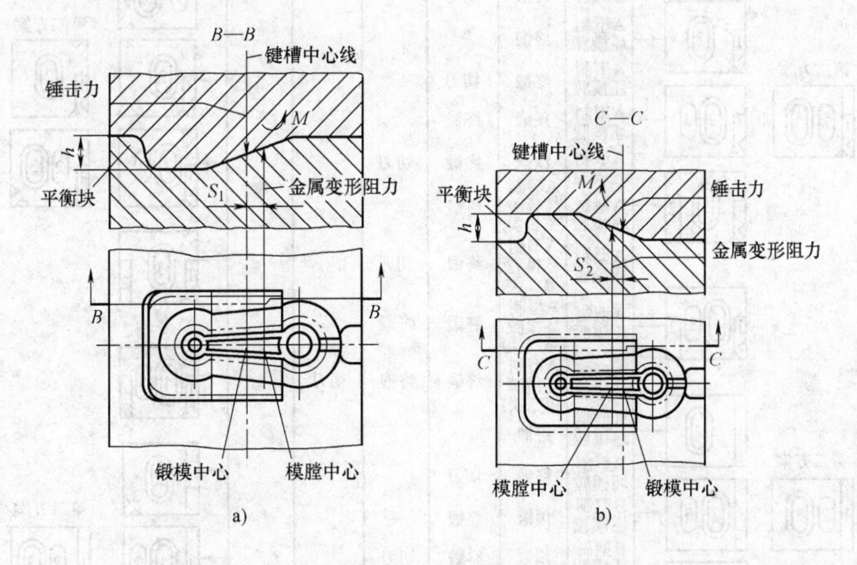

图 2-31 用偏移模膛中心线方法平衡错移力

a）形式Ⅰ b）形式Ⅱ

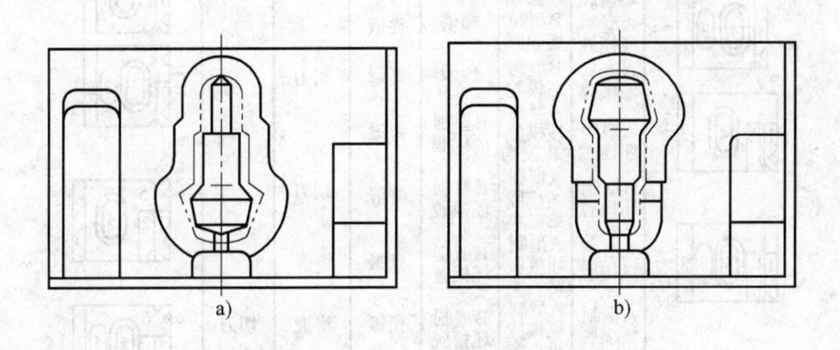

图 2-32 锻件在终锻模膛排法

a）形式Ⅰ b）形式Ⅱ

5）拔长模膛位置如在锻模的右边，应取用直式；如在左边，应采用斜式，以方便操作。

6）如图 2-32b 所示，大头难充满部分放在钳口对面，对金属充满模膛有利。切刀位置：前切刀一般位于锻模的右前角；后切刀一般位于锻模的左后角。

7）模膛排布图（见图 2-33）。

①图表的适用范围。加热炉位于锤的左边；切边压力机位于锤的右边；吹风管位于锤的右前方，吹向左后方。

②如设备排列有别于所列图表，则应据实际情况作适当调整。

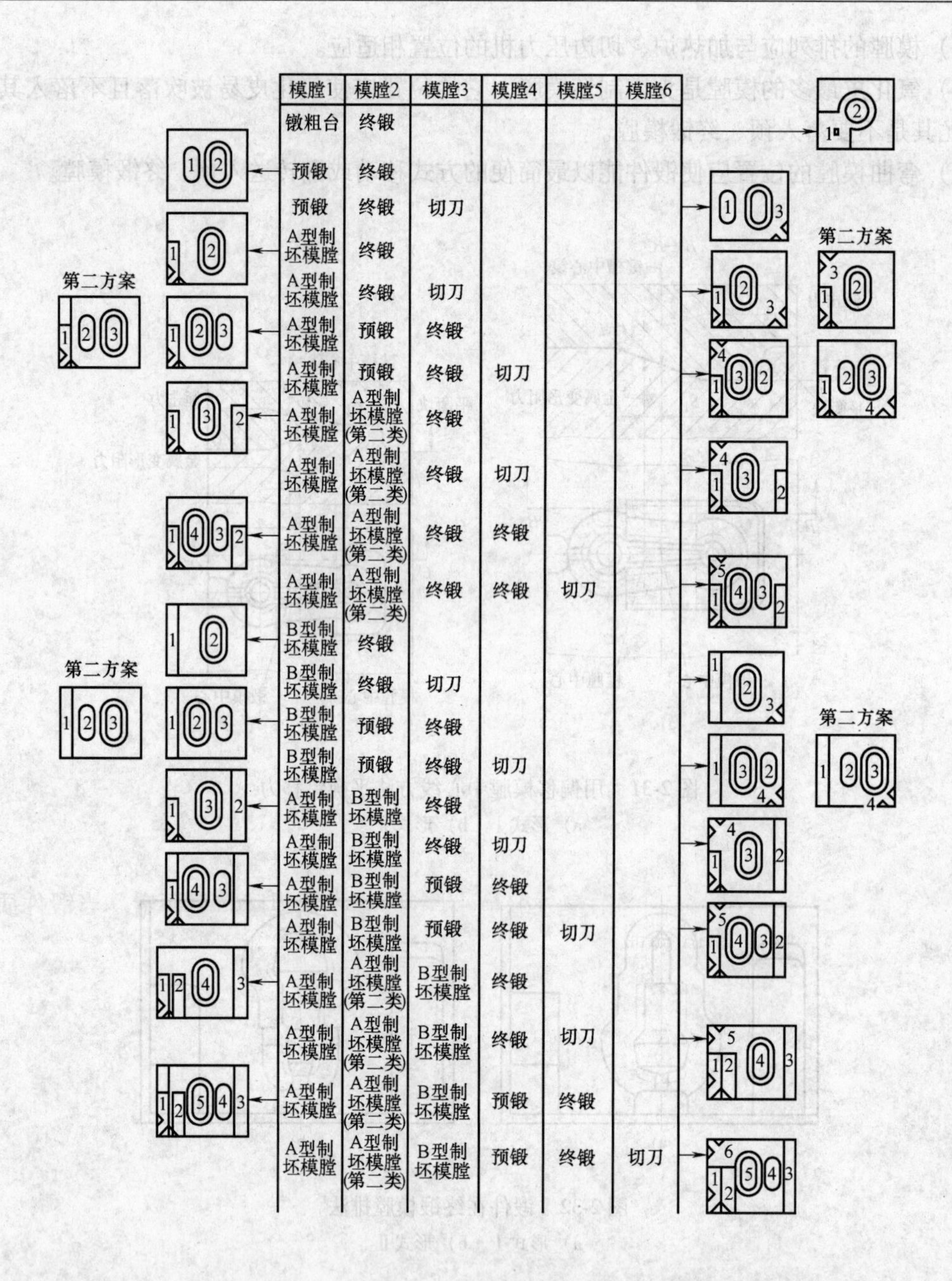

模膛1	模膛2	模膛3	模膛4	模膛5	模膛6
镦粗台	终锻				
预锻	终锻				
预锻	终锻	切刀			
A型制坯模膛	终锻				
A型制坯模膛	终锻	切刀			
A型制坯模膛	预锻	终锻			
A型制坯模膛	预锻	终锻	切刀		
A型制坯模膛	A型制坯模膛(第二类)	终锻			
A型制坯模膛	A型制坯模膛(第二类)	终锻	切刀		
A型制坯模膛	A型制坯模膛(第二类)	终锻	终锻		
A型制坯模膛	A型制坯模膛(第二类)	终锻	终锻	切刀	
B型制坯模膛	终锻				
B型制坯模膛	终锻	切刀			
B型制坯模膛	预锻	终锻			
B型制坯模膛	预锻	终锻	切刀		
A型制坯模膛	B型制坯模膛	终锻			
A型制坯模膛	B型制坯模膛	终锻	切刀		
A型制坯模膛	B型制坯模膛	预锻	终锻		
A型制坯模膛	B型制坯模膛	预锻	终锻	切刀	
A型制坯模膛	A型制坯模膛(第二类)	B型制坯模膛	终锻		
A型制坯模膛	A型制坯模膛(第二类)	B型制坯模膛	终锻	切刀	
A型制坯模膛	A型制坯模膛(第二类)	B型制坯模膛	预锻	终锻	
A型制坯模膛	A型制坯模膛(第二类)	B型制坯模膛	预锻	终锻	切刀

图 2-33　模膛排布图

注：模膛排布代号如下

代表终锻模膛；

代表预锻模膛；

代表拔长模膛、滚压模膛，长度小的代表压肩或成形模膛；

代表弯曲模膛，长度大的代表压肩或成形模膛；

代表切断模膛（切刀）。

2.8.2　钳口设计

1. 钳口的作用与形式

钳口是供钳子夹持坯料用的，使锻件易于从模膛中取出。当浇注低熔点合金或盐检验模膛尺寸时，钳口又可作浇口，如图 2-34 所示。

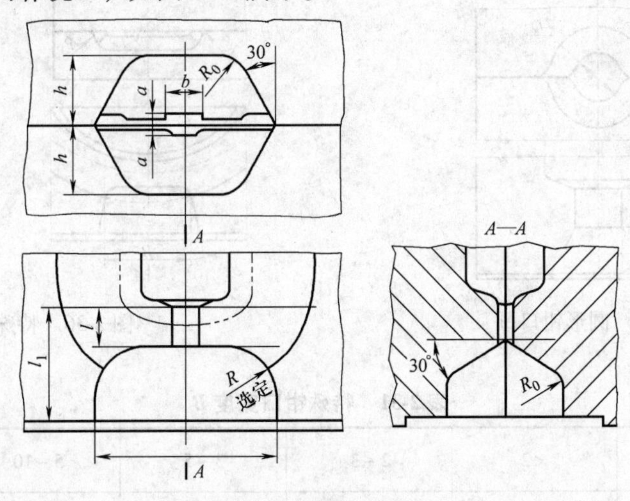

图 2-34　普通钳口

2. 钳口尺寸的确定

1）普通钳口尺寸确定。参照图 2-34 并查表 2-29 和表 2-30 确定。钳口颈长度 $l \geqslant 0.5S_{min}$，钳口长度 $l_1 \geqslant S_{min}$（S_{min} 为锻模外壁最小厚度），根据模膛布置而定。当锻件质量 $G \leqslant 10kg$ 时，a、b 可按表 2-30 选取。

表 2-29　普通钳口尺寸　　（单位：mm）

钳夹头直径 d	B	h	R_0	钳夹头直径 d	B	h	R_0
≤18	50	20	10	>60～65	120	55	15
>18～28	60	25	10	>65～75	130	60	15
>28～35	70	30	10	>75～85	140	65	20
>35～40	80	35	15	>85～95	150	70	20
>40～50	90	40	15	>95～105	160	75	20
>50～55	100	45	15	>105～115	170	80	20
>55～60	110	50	15				

表 2-30　普通钳口颈尺寸

锻件质量 G/kg	≤0.2	>0.2～2	>2～3.5	>3.5～5	>5～6.5	>6.5～8	>8～10
宽度 b/mm	6	8	8	10	10	12	14
高度 a/mm	1	1.5	2	2.5	3	3.5	4

2）不用夹钳料头时，钳口仅作浇盐件用，则钳口宽度 $B=G+30\text{mm}$。

3）当锻件质量≥10kg 时，钳口可做成圆形，如图 2-35 所示。

4）特殊钳口。专为锻件脱模用，形状见图 2-36，尺寸按表 2-31 选取。

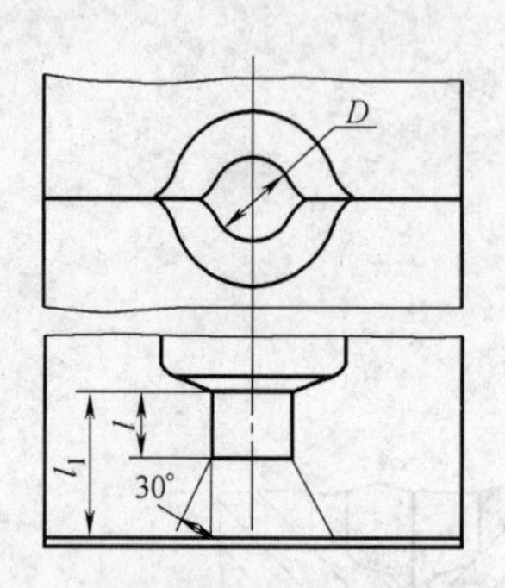

图 2-35　圆形钳口颈

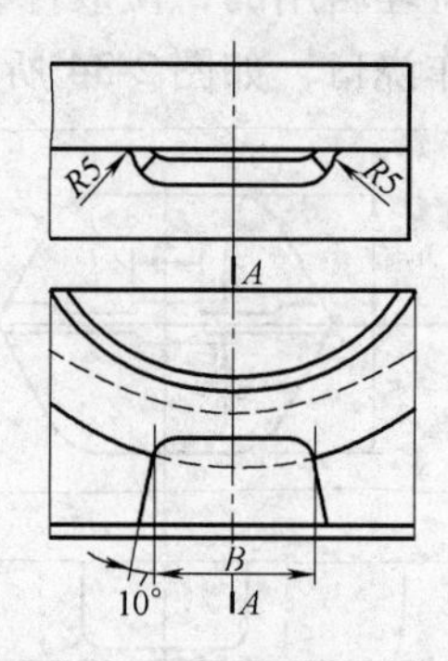

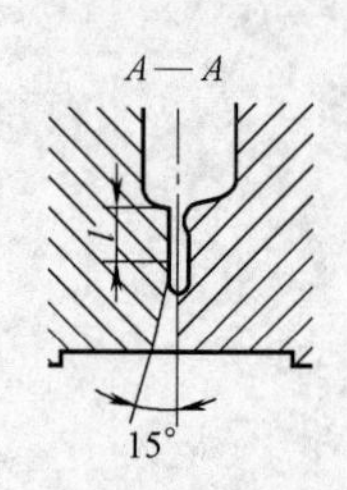

图 2-36　特殊钳口

表 2-31　特殊钳口宽度 *B*

锻锤吨位/t	<2	2~3	3~5	5~10	16
钳口宽度 B/mm	60	80	100	120	140

5）公用钳口。当预锻、终锻两个模膛之间的壁厚 $l<15\text{mm}$ 时，应做成一个整体钳口，如图 2-37 所示。

2.8.3　锁扣设计

1. 锁扣的作用

（1）平衡错移力　当同时有预锻和终锻模膛模锻时，锻造带落差的锻件，都不可避免地要产生偏击力矩而引起错移力，从而使锻件产生错差。在锻模上使用锁扣，可以平衡错移力，消除锻模错移，减小锻件错差。

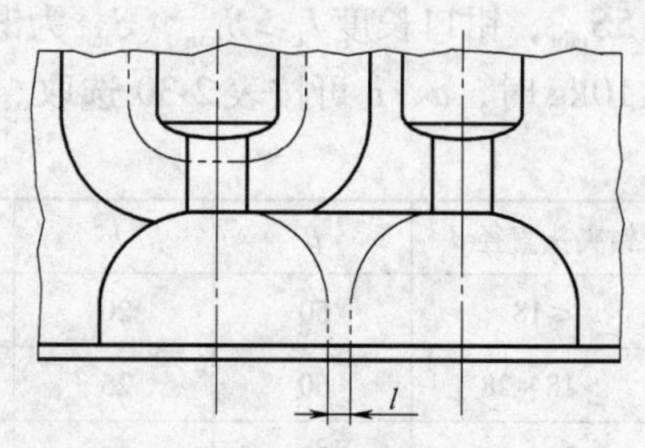

图 2-37　公用钳口

（2）导向作用　当设备陈旧或过度磨损造成锤头和导轨间隙过大时，锻模锁扣将起导向作用，以弥补设备精度不足。

（3）便于上下模具调整　采用锁扣也带来一些缺点：减少了锻模的承击面，增大了模块尺寸；减少了模具翻新次数，降低了模具钢的利用率；增加了锻模制造成本。

锁扣有两种：一种是平衡锁扣，用于具有落差的锻件上，平衡模锻时产生的错移力；另一种是一般锁扣，减小锻件的错移量，便于上下模块的调整，以利提高生产率。

下述情况应设计一般锁扣：要求锻件错差小于 0.5mm；锻件的外形易产生错差的，如细长的轴类锻件和一模多件的锻件；锻件的外形不易检查错差者；冷切边的锻件；锻件的形状较复杂不易调整的，如叉形锻件、工字形截面的锻件及齿轮类锻件；锤头导轨间隙过大者。

2. 锁扣的形式及分类（表2-32）

表2-32 锁扣的形式及分类

形式		特点与图例	
一般锁扣	圆形锁扣	饼类锻件常用以控制锻件的错移力	A—A; A; A; L; β; b; h_1; α; R_2; R_1; R_1; R_2; 上模; 下模; 间隙δ
	纵向锁扣	杆类锻件多用以保证锻件在宽度方向上较小错移，一模多件中也常采用	R_1; R_2; Δ_1; Δ; H; β; R_1; R_2; b
	侧面锁扣	防止上下模相对转动或纵横任意方向错移时采用，因其制造较难，应用较少	Δ=1~3; Δ=0.2~0.4; R_1; R_2; R_2; R_1; β=3°~5°; b; Δ=0.2~0.4; l; $\frac{1}{2}l$; R_4; R_3

（续）

形式		特点与图例	
一般锁扣	角锁扣	作用类似侧面锁扣，可在模块空余位置设置 2 ~4 个角锁扣	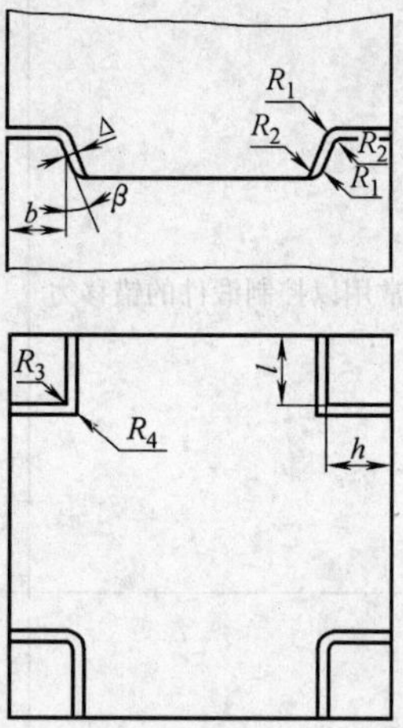
平衡锁扣	对称式	用于对称性锻件，锻件的错移力由锻件本身平衡。对于有落差的小型锻件，可将两个模膛相对布排，以抵消错移力	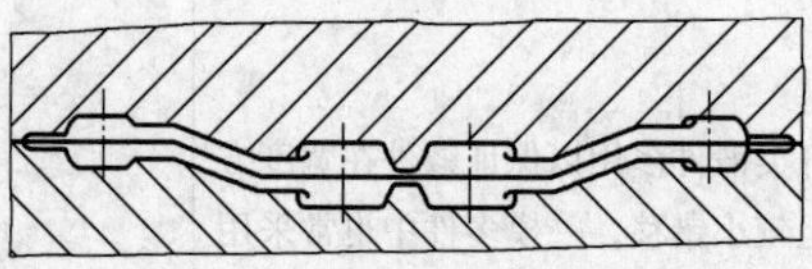
	倾斜式	将锻件倾斜一个角度，并使两个端点 A 和 B 在同一水平面上。此时，将使一部分模锻斜度增大而增加余量，另一部分减小而影响锻件脱模。为了模锻斜度不小于 3°而且不显著加大余量，此式锁扣都在倾斜角 $\gamma<7°$、锻件落差 $H<15$mm 使用	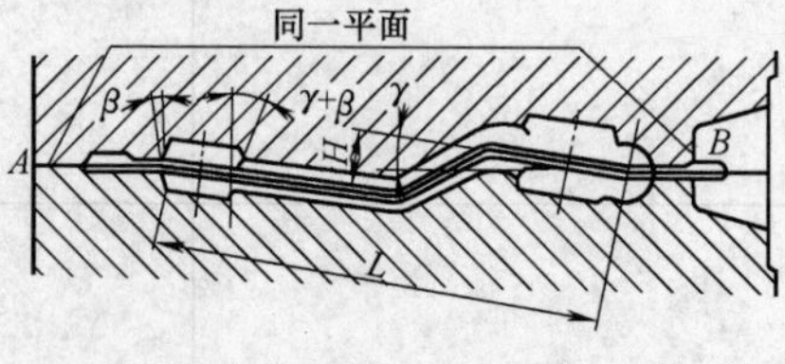 同一平面
	平衡块式	采用平衡块以抵消错移力，当锻件的落差高度 $H=15\sim60$mm 时用	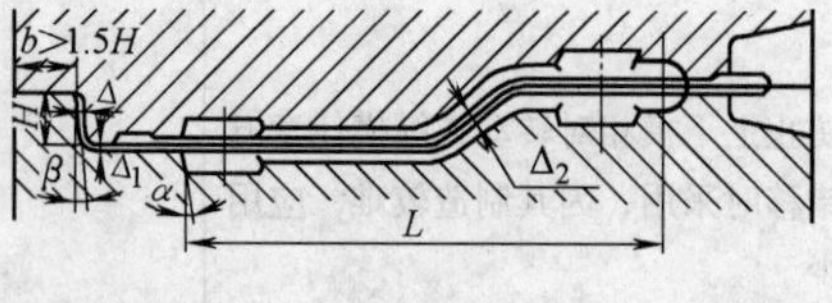 $b>1.5H$
	混合式	此式为倾斜式与平衡式的综合，锻件的落差高度 $H>50$mm 时，将锻件倾斜以减小锁扣平衡块高度 h，倾斜角 $\gamma<7°$	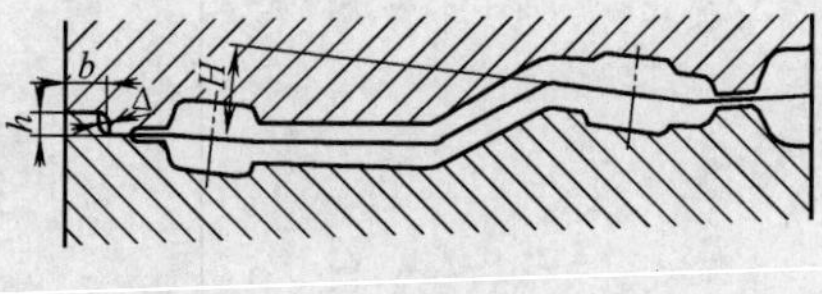

3. 锁扣的设计

（1）平衡块式锁扣设计　结构及参数见表2-32及表2-33。

表2-33　平衡块式锁扣设计尺寸

项　目	公式与数据	项　目	公式与数据
锁扣高度 h	h = 锻件分模面落差高度	锁扣非导向侧面间隙 Δ_1	$\Delta_1 = 3 \sim 5\text{mm}$
锁扣壁厚 b	$b \geqslant 1.5h$	锁扣沿分模面非打击面上间隙 δ_1	$\delta_1 = 1 \sim 2\text{mm}$，且 δ_1 < 飞边桥部高度
锁扣斜度 α	当 $h = 15 \sim 30\text{mm}$ 时，$\alpha = 5°$ 当 $h = 30 \sim 60\text{mm}$ 时，$\alpha = 3°$	锁扣内圆角 R_1	$R_1 = 0.15h$
锁扣间隙 δ	$\delta = 0.2 \sim 0.4\text{mm}$，且 δ < 锻件允许的错移值的一半	锁扣外圆角 R_2	$R_2 = R_1 + 2\text{mm}$

（2）圆形锁扣设计　结构见表2-32。

1）锁扣尺寸见表2-34。

表2-34　圆形锁扣及纵向锁扣设计尺寸

锻锤吨位/t	h/mm	b/mm	δ/mm	Δ/mm	α/(°)	R_1/mm	R_2/mm
1	25	35	0.2~0.4	1~2	5	3	5
2	30	40	0.2~0.4	1~2	5	3	5
3	35	45	0.2~0.4	1~2	3	3	5
5	40	50	0.2~0.4	1~2	3	5	8
10	50	60	0.2~0.4	1~2	3	5	8
16	60	75	0.2~0.4	1~2	3	5	8

2）飞边仓部宽度 b 比普通仓部宽度大5~10mm，以免飞边流入锁扣间隙。

3）锁扣中间凸出部分常设在上模，这样容易脱模，并可避免因热膨胀而使上下模卡住。有时为了便于锻件从下模取出等原因，而将锻件凸出部分设计在下模，因下模温度常比上模高，而使锁扣间隙减小，故需取较大的间隙值。

4）为便于从下模取出锻件并吹出下模型腔中的氧化皮，可在下模后部开出一条槽，其宽度为50~80mm，深度等于锁扣高度。

5）当模块尺寸较小时，可采用不完全圆形锁扣。

（3）纵向锁扣设计　表2-32及表2-34。

（4）角锁扣设计　结构及参数见表2-32及表2-35。

（5）侧面锁扣设计

$$l_1 = \frac{L}{2} \tag{2-26}$$

式中　L——锻模长度，其他尺寸参考表2-35。

表 2-35 角锁扣及侧面锁扣设计尺寸

锻锤吨位/t	h/mm	b/mm	l/mm	δ/mm	Δ/mm	α/(°)	R_1/mm	R_2/mm	R_3/mm	R_4/mm
1～1.5	30	50	75	0.2	1	3	3	5	8	10
2	35	60	90	0.2	1	3	3	5	9	12
3	40	70	100	0.3	1	3	3	5	10	15
5	45	75	110	0.4	1	3	5	8	12	15
10	55	90	150	0.5	1.5	3	5	8	15	20
16	70	120	180	0.6	1.5	3	6	10	20	25

2.8.4 模膛壁厚的确定

模膛壁厚是指模膛至模边的壁厚 S_1 和模膛之间的壁厚 S_2，如图 2-38 所示。经验指出，模膛深度 h 越深、模壁斜度 α 越小以及从模壁至底面的圆角半径 R 越小，则壁厚应越大。此外，还必须考虑模壁另一面的斜角 α_2'。例如相邻模膛的侧壁斜角为 α_2'时，至该模膛的壁厚 S_2 应小于 S_1，因为模膛的外壁是直立的，即 $\alpha_2=0°$。

模膛在分模面上的形状也会影响壁厚的强度。在其他条件相同的情况下，从图 2-39a 到图 2-39c 壁厚应逐步增大。

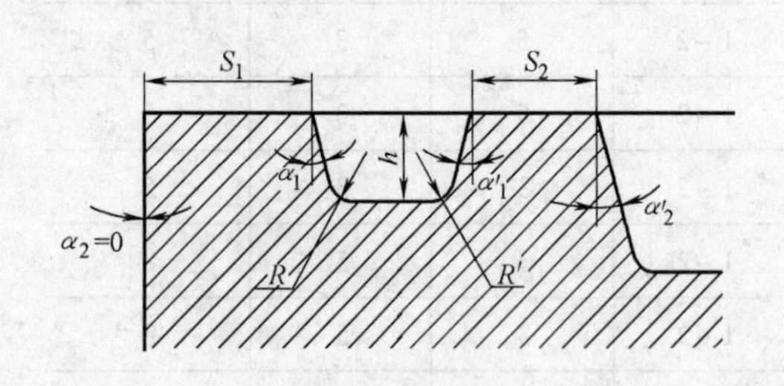

图 2-38 影响模膛壁厚的尺寸

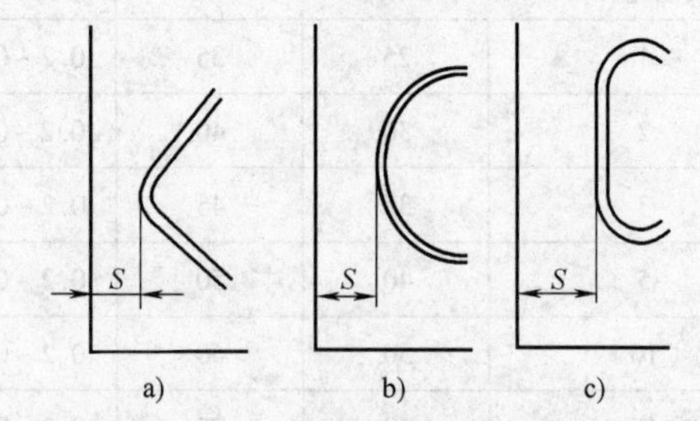

图 2-39 模膛在分模面上的形状影响壁厚

确定模膛最小壁厚辅助数值 T 的诸模图；据实践经验用图 2-40 中的辅助数值 T 确定出最小的模膛壁厚。

模膛至模边的壁厚 $$S_1=T \tag{2-27}$$

模膛间的壁厚 $$S_2=T\cos\alpha_2' \tag{2-28}$$

式中 α_2'——较深一边模膛倾斜角；

T——决定于浅一边的模壁高度 h。

R'和 α_1'由图 2-40 查出。

当 $R>h$（如滚压模膛）时，如计算出来 $S<10$mm，则应采用 $S=10$mm。制坯模膛单位压力小，最小壁厚也可用 5～10mm。

当 $R=h$ 时，也可用公式计算 $S=(9.3\sqrt{R}-T)\cos\alpha_2$；如果相邻模膛的 R 也是 h，则模膛间的壁厚 $S=0.8(9.3\sqrt{R}-T)$。

在图 2-40 中，$h=42$mm，$\alpha_1=7°$，$R=5$mm，$T=57$mm。

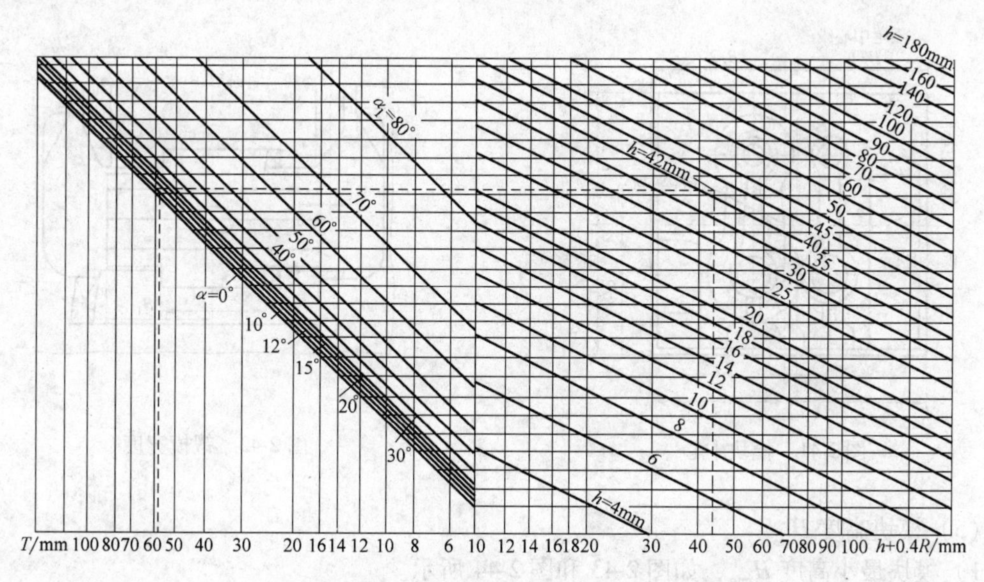

图 2-40　计算模膛壁厚时确定 T 值用的诺模图

当多模膛模锻时，由于两边都受到锻造压力，模膛之间的壁厚应按 $S=0.6T\cos\alpha_2'$ 来确定。

从锻模模膛端边至钳口的距离 $S=0.7T\cos\alpha_t$（α_t 为钳口斜角，一般为 30°）；不用夹钳口时，从锻模模膛图形的端边至浇口距离 $S=(1\sim1.4)T\cos\alpha_2'$（$\alpha_2'$为浇口凹坑斜角）。

2.8.5　模块尺寸的确定

模块尺寸的确定原则是根据锻模中模膛的数量与尺寸进行布排，考虑最小壁厚等因素，得出必需的模块最小轮廓尺寸，然后选取模块标准中相近的较大值。

在计算模块最小轮廓尺寸时还应考虑下列问题：

（1）承击面积　承击面积是上下模接触部分的面积，即分模面减去模膛和飞边槽的面积。最小承击面面积的允许值见表 2-36。

表 2-36　最小承击面面积的允许值

锻锤吨位/t	1	2	3	5	10	16
承击面面积/mm² ≥	25000 ~ 30000	45000 ~ 50000	65000 ~ 70000	90000	160000	250000

（2）锻模中心与模块中心的偏移量 S　S 应在 $c/d\leqslant1.4$ 范围内，如图 2-41 所示。

（3）模块长度　当锻件较长而必须使锻模伸出锤头外时，其伸出的悬空部分的长度应小于模块高度的 1/3。

（4）模块宽度　锻模的最大宽度 B_{max} 一般应保证上模边缘至锻锤导轨的间隙 e 不小于 20mm，若模块面积较大不能满足时，则模块侧面应加工铣平，并保证间隙不小于 10mm。锻模最小宽度 $B_1\geqslant\dfrac{B}{2}+15\text{mm}$（见图 2-42）。

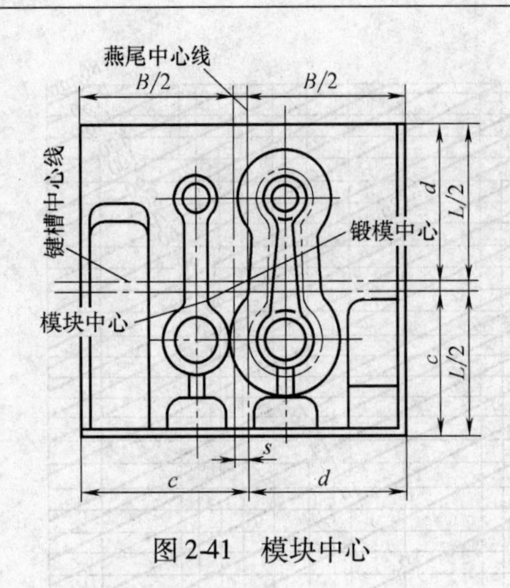

图 2-41　模块中心

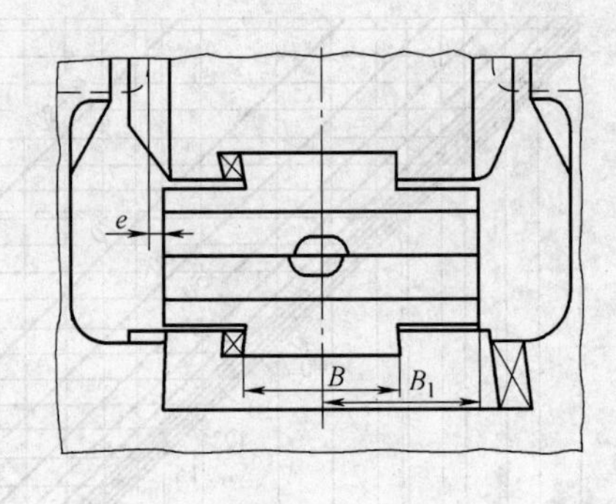

图 2-42　锻模宽度

（5）模块高度 H

1）模块最小高度 H_{min}，如图 2-43 和图 2-44 所示。

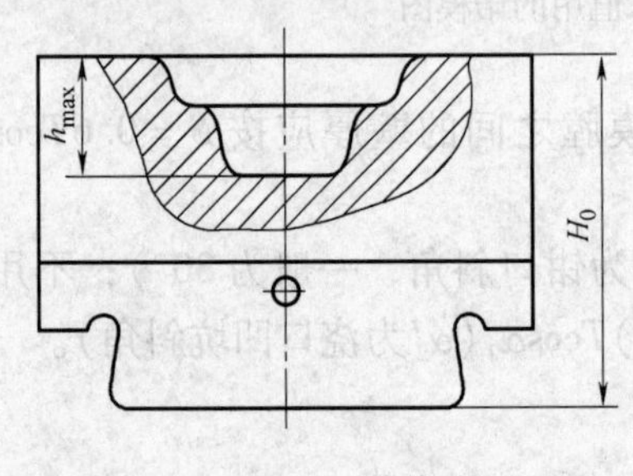

图 2-43　锻模高度

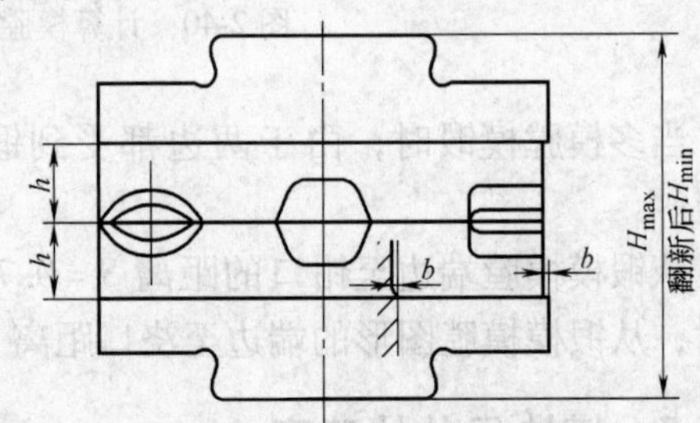

图 2-44　锻模高度与检验角

①有过渡垫模时，模块最小高度 H_{min} 应根据终锻模膛最大深度 h_{max} 来决定，如图 2-43 所示。可按表 2-37 选用（过渡垫模一般在 3t 以下锻模选用）。

表 2-37　模块最小高度

终锻模膛最大深度 h_{max}/mm	≤32	>32~40	>40~50	>50~60	>60~80	>80~100	>100~120	>120~160	>160~200
模块最小高度 H_{min}/mm	170	190	210	230	260	290	320	390	450

②无过渡垫模时，上下模最小闭合高度 H_{min} 应不小于锤安模空间的最小高度，如图 2-44 及表 2-38 所示。

表 2-38　模具的闭合高度

锻锤吨位/t	1	1.5	2	3	5	10	16
H_{min}/mm	320	360	360	480	530	610	660
H_{max}/mm	500	550	600	700	750	850	950

2）模块最大高度 H_{max}，如图 2-44 所示。

①锻钢模块一般翻新次数不小于两次，尤其用高速数控铣床加工模具，旧模块无须退火可直接从分模面加深 3～5mm，又可作为新模使用。上海某厂用旧模块翻新的方法，用一副

模具锻造万向节达10万件以上。在热模锻压力机上模锻曲轴模具一般翻新两次。我国某汽车厂所用模具最小闭合高度数据见表2-37。

②表2-38所列数据是常用的最大闭合高度，是指平模而言。如模具带有锁扣，应按锁扣尺寸相应增加。

(6) 模块允许的最大质量　上模块最大质量 m_{max} 不得超过锻锤吨位的35%；夹板锤不得超过25%；下模块质量不限。

(7) 模块材料的纤维流线　模块材料的流线应垂直于打击方向，且流线被模膛割断的数量越少越好。合理的流线能提高锻模寿命，决不允许流线与打击方向平行。当流线方向与键槽中心线一致时，对提高燕尾根部强度有利。据上述原则，对于长轴类锻件来说，模块材料的流线应与锻模燕尾中心线一致比较好；而对于短轴类锻件来说，模块材料的流线应与键槽中心线一致较为有利。

(8) 检验角

1) 检验角的作用。检验角在锻模设计与制造时作为模膛和燕尾尺寸的基准面，在生产中是模具调整的依据。检验角的两个平面互相垂直，一般作在模块的前面与左面或右面，以模块铣加工较少一面为宜。

2) 检验角的尺寸如图2-44所示。

宽度 $b=5$mm；高度 h 按表2-39选取。

表2-39　检验角的高度

锻锤吨位/t	<2	2~5	>5
检验角高度 h/mm	50	75	100

2.8.6　锻模标准

(1) 模块标准

1) 锻钢模块如图2-45和表2-40所示。

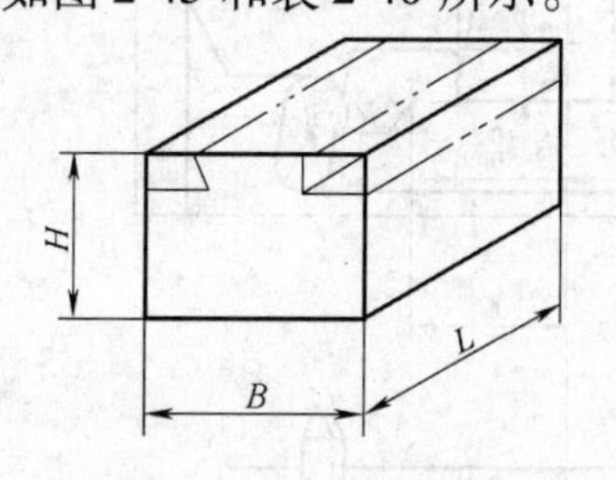

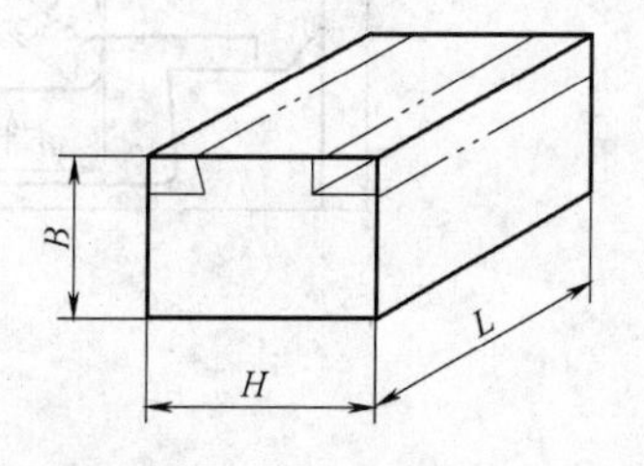

图2-45　模块尺寸

长度 L 系列：当 L 为200~700mm时，以25mm间隔选取，如200mm、225mm、250mm、275mm等；当 $L>700$mm时，以50mm间隔选取。

2) 铸钢与铸钢堆焊模块。其长、宽、高的尺寸可按25mm的间隔选取，不受国家标准限制，可据本厂实际情况自行决定。

(2) 燕尾、锤楔、键块、垫块与中间模座设计　据模锻锤的安装锻模的空间尺寸（见图2-46和表2-41）设计出锻模燕尾部分尺寸（见图2-47、表2-42）。

表 2-40　锻钢模块截面规格标准（摘自 GB/T 11880—2008）　　（单位：mm）

H \ B	250	300	350	400	450	500	550	600	650	700	750	800	850	900	950	1000
250																
275																
300																
325																
350																
375																
400																
425																
450																
475																

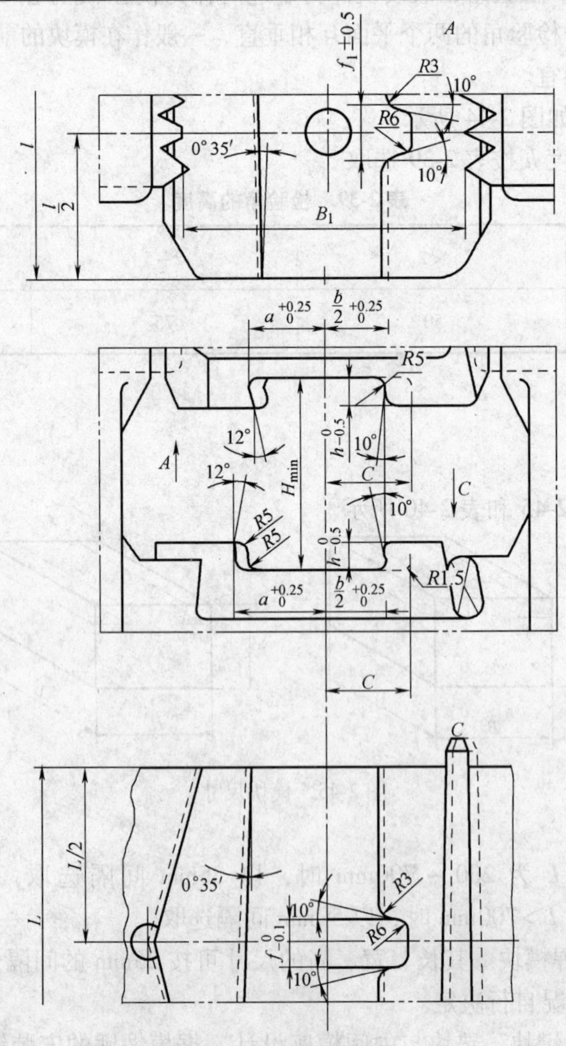

图 2-46　锤上模块安装空间尺寸

表2-41　模锻锤装模空间尺寸

锻锤吨位/t	上模最大质量 G_{max}/kg	锻模最小闭合高度 H_{min}/mm	最大行程 H_{max}/mm	导轨间距 B_1/mm	锤头长度 l/mm	砧座长度 L/mm	燕尾槽尺寸/mm			键槽尺寸/mm		
							$b/2$	a	h	锤头 f_1 ±0.5	砧座 $f^{+0.1}_{0}$	C
0.5	170	270	1000	400	350	600	80	115	45	76	72	121
1	350	320	1200	500	450	700	100	140	50	84	80	143
1.5	525	360	1200	550	600	800	100	140	50	84	80	143
2	700	360	1200	600	700	900	100	140	50	84	80	143
3	1050	480	1250	700	800	1000	150	200	65	116	110	204
5	1750	530	1300	750	1000	1200	150	200	65	116	110	204
10	3500	610	1400	1000	1200	1400	200	260	80	140	132	264
16	5250	660	1500	1200	2000	2100	200	260	80	140	132	264

注：1. G_{max}——上模最大质量，超过表列质量者不推荐。

2. H_{max}——在锻模闭合高度为 H_{min} 时的锤头最大行程。

3. 表中所列 H_{max}、H_{min}、B_1、l 及 L 数据，均根据 JB/T 1843—2010 标准所取。

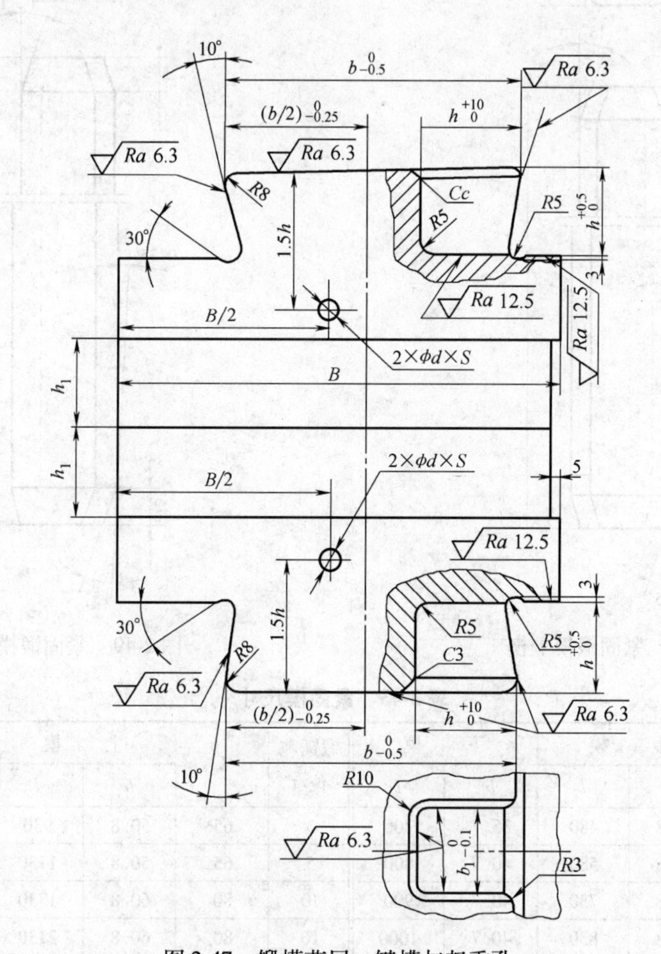

图2-47　锻模燕尾、键槽与起重孔

表 2-42 锤锻模燕尾尺寸 （单位：mm）

锻锤吨位/t	b	h	b_1			锻锤吨位/t	b	h	b_1		
			1 号	2 号	3 号				1 号	2 号	3 号
0.5	160	45.5	45	48	51	3 ~ 5	300	65.5	75	78	81
1	200	50.5	50	53	56	10 ~ 16	400	80.5	100	103	106
2	200 (260)	50.5	50	53	56						

注：1. 初制键槽或焊后再加以铣削时，宽度 b_1 采取第一栏数字；在用铣削法修复时，应视磨损情况而用第二栏的数字。

2. 2t 锤燕尾宽度有些厂采用 260mm，来增大锻模承受偏载的能力。

紧固锻模用的上下锤楔尺寸在图 2-48、图 2-49 与表 2-43 给出；键块尺寸在图 2-50 和表 2-44 列出；垫片尺寸在图 2-51 和表 2-45 给出。

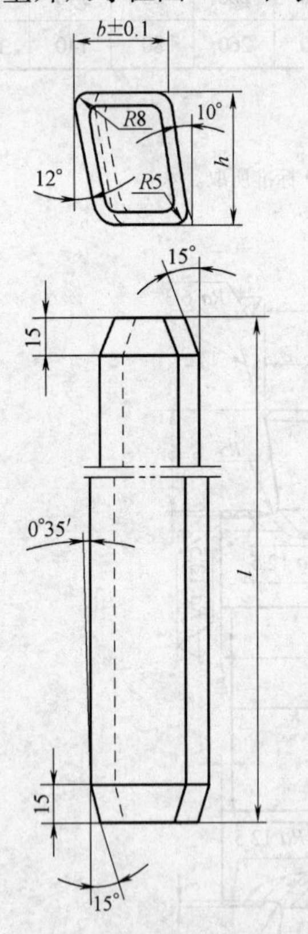

图 2-48 紧固锻模上楔

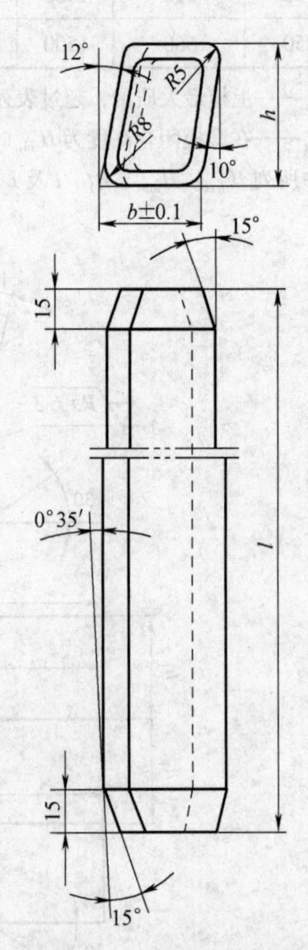

图 2-49 紧固锻模下楔

表 2-43 紧固楔尺寸 （单位：mm）

锻锤吨位/t	h	上模		下模		锻锤吨位/t	h	上模		下模	
		b	l	b	l			b	l	b	l
0.5	45	35.8	480	35.7	700	3	65	50.8	930	50.7	1100
1	50	40.8	580	40.7	800	5	65	50.8	1130	50.7	1300
1.5	50	40.8	730	40.7	900	10	80	60.8	1330	60.7	1500
2	50	40.8	830	40.7	1000	16	80	60.8	2130	60.7	2200

注：材料 45 钢，中间部分硬度为 207 ~ 255HBW，两端硬度为 241 ~ 285HBW。

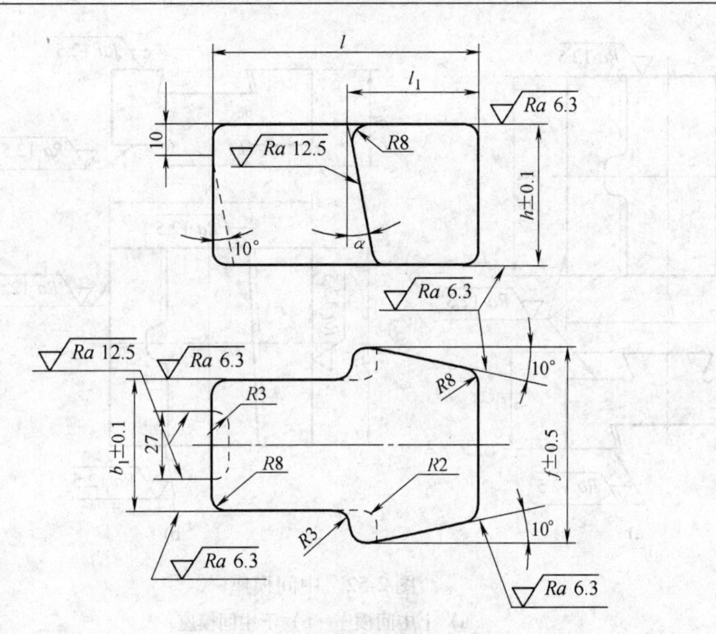

图2-50 锻模定位键块

表2-44 定位键块尺寸 （单位：mm）

锻锤吨位/t	f	h	l	l_2	b_1		
					1号	2号	3号
0.5	72	45	90	46	44.9	47.9	50.9
1~2	80	50	97	48	49.9	52.9	56.9
3~5	110	65	123	62.5	74.9	77.9	80.9
10~16	132	80	148	75	99.9	102.9	105.9

注：1. 锐边用R2mm倒圆。

2. 材料45钢，硬度为241~285HBW。

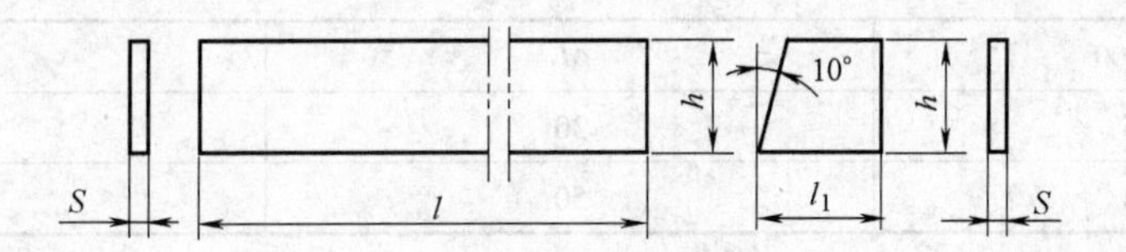

图2-51 垫片

表2-45 垫片尺寸 （单位：mm）

锻锤吨位/t	h	l	l_1	锻锤吨位/t	h	l	l_1
0.5	45	300~400	41	3~5	65	550~1150	54
1~2	50	400~750	43	10~16	80	750~2000	64

注：垫片厚度系列S=0.5mm、0.75mm、1mm、2mm、3mm、5mm；材料为35~45钢。

当锻模经多次修理后，使上下模总高度低于最小高度H_{min}时，可增设中间模座，以增高锻模的总高度。将中间模座紧固于锤头与上模之间的优点是上锤楔比下锤楔不易松动，但上模和中间模座的质量之和不应超过锻锤公称吨位的35%。中间模座也可紧固在下模和下模座之间。中间模座一般只能用一个，中间模座的尺寸参考图2-52及表2-46，其燕尾部分尺寸见表2-42。

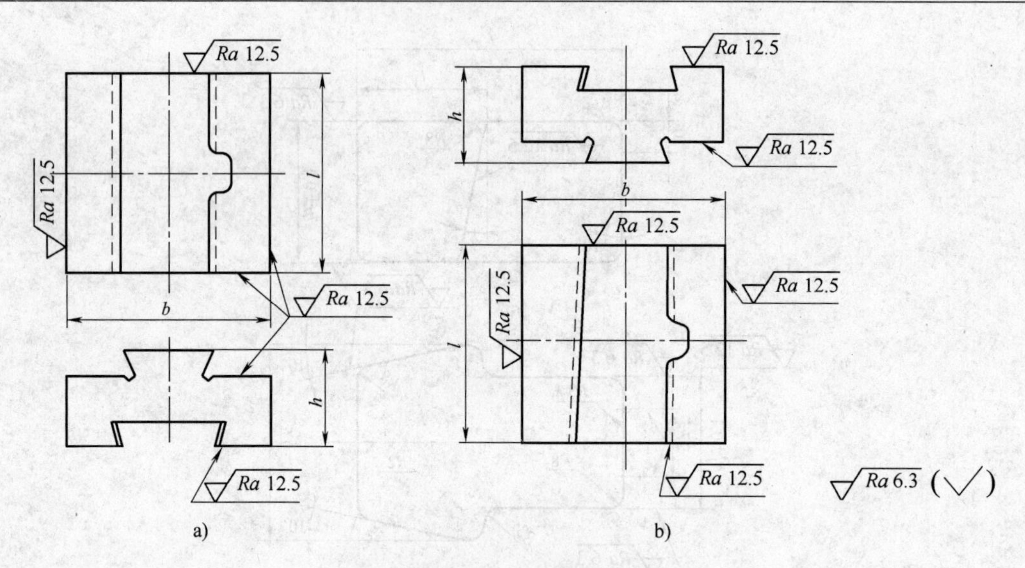

图 2-52　中间模座

a）上中间模座　b）下中间模座

表 2-46　中间模座尺寸　（单位：mm）

锻锤吨位/t	b	l	H
0.5	370	290	210
1 ~ 2	430	480	225
3	590	690	270

注：材料 40Cr，硬度为 321 ~ 363HBW。

（3）起重孔的设计　起重孔的直径 d 与深度 S 由表 2-47 选取。起重孔的位置应按模块中心线制造，偏差不得大于 10mm；锻模质量超过 800kg 时，应在锻模两侧面各增加两个起重孔。

表 2-47　锻模起重孔尺寸　（单位：mm）

锻锤吨位/t	d	S
0.5 ~ 5	30	60
10 ~ 16	50	100

（4）锻模主要尺寸公差与表面粗糙度

1）模膛尺寸公差。可按工厂规定的技术条件执行。设计时一般在锻模图样中都不注出。表 2-48 所列的模膛深度公差，是指上下模分别测量的公差。

表 2-48　锻模模膛尺寸公差　（单位：mm）

公称尺寸	终锻模膛			预锻模膛			制坯模膛		
	深度	宽度（直径）	长度	深度	宽度（直径）	长度	深度	宽度（直径）	长度
≤20	+0.2 -0.1	+0.3 -0.1	—	+0.3 -0.2	+0.5 -0.2	—	±0.5	+2.0 -1.0	—
21 ~ 50	+0.25 -0.15	+0.4 -0.2	+0.4 -0.2	+0.4 -0.2	+0.6 -0.3	+0.6 -0.3	±0.6	+3.0 -1.5	±1.0

（续）

公称尺寸	终锻模膛			预锻模膛			制坯模膛		
	深度	宽度（直径）	长度	深度	宽度（直径）	长度	深度	宽度（直径）	长度
51～80	+0.3 -0.2	+0.5 -0.3	+0.5 -0.2	+0.5 -0.3	+0.7 -0.4	+0.7 -0.4	±0.8	+3.0 -1.5	±1.2
81～160	+0.4 -0.3	+0.6 -0.3	+0.5 -0.3	+0.6 -0.3	+0.8 -0.4	+0.8 -0.4	±1.0	+4.0 -2.5	±1.5
161～260	—	+0.6 -0.4	+0.6 -0.3	—	+1.0 -0.5	+1.0 -0.5		+5.0 -2.0	±1.8
261～360	—	+0.7 -0.5	+0.7 -0.3	—	+1.0 -0.5	+1.2 -0.5		—	±2.0
361～500	—	—	+0.8 -0.4	—	—	+1.2 -0.5		—	±2.5
>500	—	—	+0.8 -0.5	—	—	+1.2 -0.5		—	±3.0

2）锻模与模膛表面粗糙度。锤锻模与模膛表面粗糙度，一般在锻模图样中不注出，可按图2-53～图2-56选用。

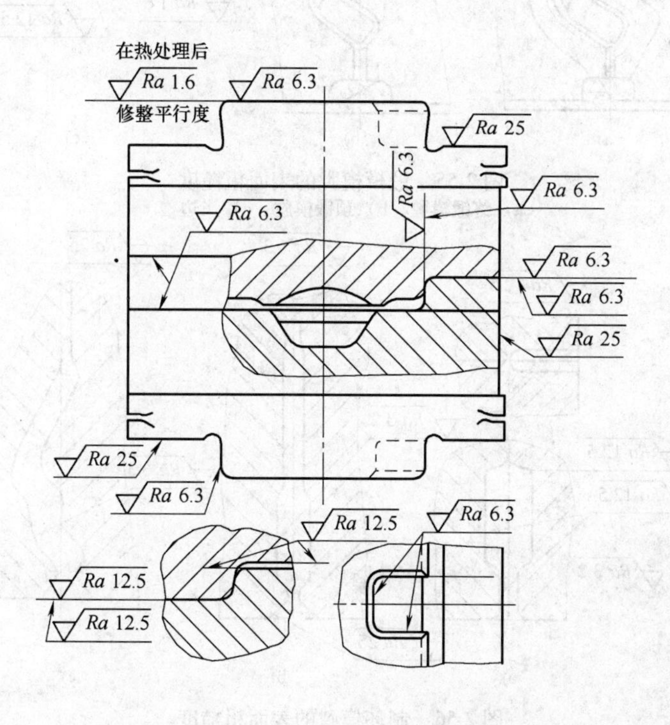

图2-53　锤锻模的表面粗糙度

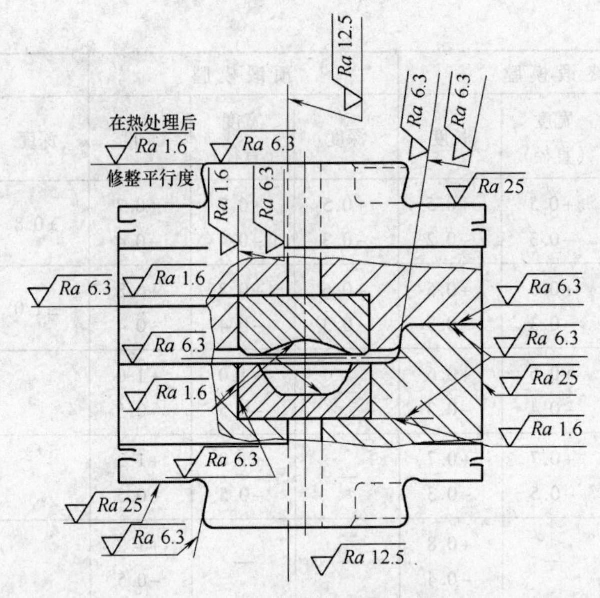

图 2-54　镶块模的表面粗糙度

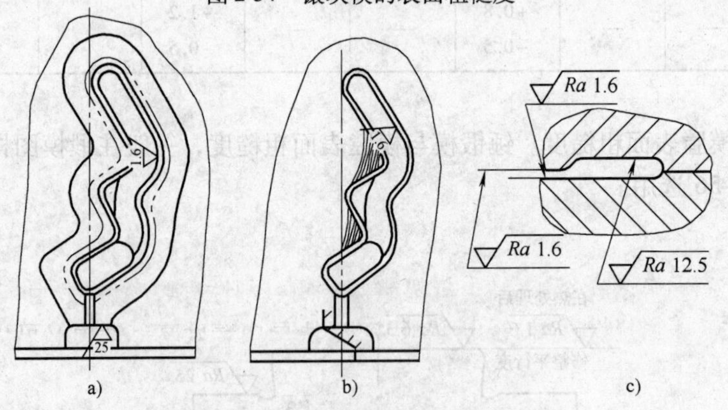

图 2-55　锻模模膛的表面粗糙度
a）终锻模膛　b）预锻模膛　c）飞边槽

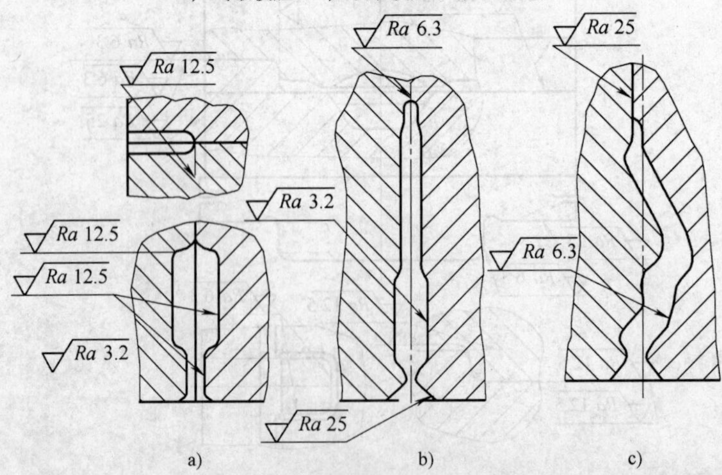

图 2-56　制坯模膛的表面粗糙度
a）拔长模膛　b）滚压模膛　c）弯曲模膛

第 3 章　热模锻压力机锻模设计

热模锻压力机是用于模锻的一种曲柄压力机，应用它进行模锻具有很多优点。现在国内外都有以热模锻压力机取代模锻锤的趋势。

3.1　热模锻压力机锻模的特点及应用范围

1. 热模锻压力机的特点

从曲柄压力机的结构和工作原理可知，电动机通过飞轮释放能量，曲柄连杆机构带动滑块做往复运动，进行锻压工作。这种锻压设备具有下列特点：

1）由于变形力使设备本身封闭系统的弹性变形所平衡，滑块的压力基本上属静力性质，因而工作时无振动，噪声小。

2）象鼻形导向机构增加了滑块的导向长度，提高了设备的工作精度。

3）楔形工作台可以调节压力机闭合高度，避免因滑块“卡死”（或称闷车）而损坏曲柄连杆。

4）具有自动顶料装置，便于实现机械化和自动化。

2. 热模锻压力机模锻的优点

曲柄压力机的结构和工作特点决定了压力机模锻工艺的特点如下：

1）锻件精度较锤上模锻精度高。机架结构封闭、刚性大、变形小，所以上下模闭合高度稳定，锻件高度方向尺寸较精确；同时由于滑块导向精度高，锻模又可以采用导柱、导套，所以锻件水平方向尺寸也精确；另外，由于上下顶出机构从上下模中自动顶出锻件，故模锻件的模锻斜度比锤上模锻的小，在个别情况下，甚至可以锻出不带模锻斜度的锻件。

曲柄压力机上模锻的锻件尺寸稳定，余量变化范围为 0.4～2mm，公差为 0.2～0.5mm，较锤上模锻件小 30%～50%，因此，常用来进行热精压、精锻。

2）曲柄压力机上模锻件内部变形深透而均匀，流线分布也均匀、合理，保证了力学性能均匀一致。图 3-1 所示为坯料在锤上及曲柄压力机上变形开始至变形终了时金属充填型槽的情况。

a)

b)

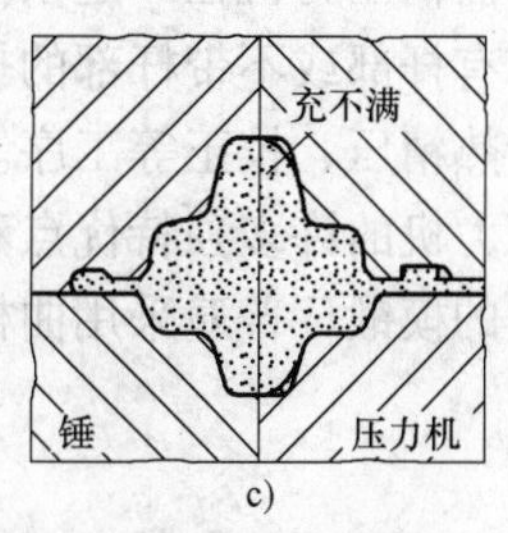

c)

图 3-1　金属在锤上及曲柄压力机上充填型槽的情况

a）变形开始前　b）变形过程中　c）变形结束时

变形开始时，与上模直接接触的 $D_0 \sim d$ 区域的金属表层在瞬间获得与上模一样向下运动的速度，而直径为 d 的这部分金属仍处于静止状态，因此产生一个与上模运动方向相反的惯性力，迫使这部分金属压入型槽，而向外流动的金属遇到模壁受阻。当上模继续向下运动时，惯性的作用则显著减弱，金属主要靠吸收能量来变形。锤上模锻时，由于锤头速度大，又是多次打击，金属运动惯性大，而且重复若干次，故金属压入型槽的作用较为强烈。曲柄压力机上模锻时，滑块速度低，惯性作用小，金属充填型槽能力不及锤上模锻。因此对主要以压入方式成形的锻件，多采用多个型槽过渡，使坯料逐步成形。但在曲柄压力机上模锻，金属变形是在滑块一次行程中完成的，坯料内外层在一次行程中均得到变形，因而比多次锤击变形方式要深透而均匀得多。

3）曲柄压力机上模锻容易产生大飞边，金属充填上下模差异不大。这是由于滑块运动速度低，金属在水平方向流动比锤上模锻剧烈的缘故。

4）曲柄压力机模锻具有静压力的特性，金属在型槽内流动较缓慢。这对变形速度敏感的低塑性合金的成形十分有利。

另外，在模具方面，曲柄压力机模锻时，由于采用多型槽逐步过渡，模具较锤用模具受力情况缓和，因此寿命较长。又由于实现组合式模具，便于制造、修理和更换，其材料和加工费也随之下降。

3. 热模锻压力机模锻的缺点

曲柄压力机上模锻虽有不少优点，但也有以下缺点：

1）与同样能力的模锻锤相比，曲柄压力机的造价比较昂贵，一次性投资大。

2）曲柄压力机行程和压力不能随意调节，不适宜进行拔长、滚挤等制坯操作。但由于其滑块行程-压力固有特性以及具有上下顶件机构，因此可进行挤压和局部镦粗操作。在一定的场合下（如模锻螺钉或阀门之类的杆形件时）往往可用挤压或局部镦粗来代替拔长、滚挤进行制坯。当不能代替时，则采用其他设备（如辊锻机、平锻机等）制坯。

3）对坯料表面的加热质量要求高，不允许有过多的氧化皮。因为坯料在型槽中一次锻压成形，氧化皮掉落在型槽中不易去除，会刺伤锻件表面。因此，应考虑采用无氧化或少氧化方法加热毛坯，或模锻前清除表面氧化皮和模膛中的氧化皮残渣。

4）当设备操作或模具调整不当时，有可能使滑块在接近下死点时发生闷车，中断生产，甚至可能使曲柄、连杆或模具损坏。

5）对于一些主要靠压入方式成形的锻件，不得不采用多型槽模锻，增加了工序和模具。

综上所述，曲柄压力机在一定条件下可以生产各类形状的锻件。对于主要靠镦粗方式成形的锻件以及带有杆部或不带杆部的挤压、冲孔件，尤其适宜在曲柄压力机上模锻。此外，还可在其上进行热精压、校正等工序。在合理的制坯配合下，其生产率也较锤上效率高。

鉴于曲柄压力机的许多独特优点和容易实现自动化，曲柄压力机越加得以广泛地应用。国内外许多先进的模锻厂普遍采用曲柄压力机代替模锻锤，并已达到很高的机械化或自动化程度。

3.2　模锻件的分类

根据锻件形状和模锻工艺特点，锻压机上模锻件可分为五类，见表3-1。

表3-1 锻件分类

类	锻件示例		
	A	B	C
Ⅰ			
Ⅱ			
Ⅲ			
Ⅳ			
Ⅴ			

第Ⅰ类为圆形、方形或在水平投影面上的形状接近圆形或方形的锻件。其工艺特点是单件进行镦粗成形。

第Ⅱ类是长轴件，沿轴线的横截面变化不大，其工艺特点是可以在锻压机上进行制坯。

第Ⅲ类也是长轴件，但沿轴线横截面变化较大，其工艺特点是可在锻压机上进行成对锻造，制坯工序也可在锻压机上进行。

第Ⅳ类也是长轴件，沿轴线横截面变化很大，既不能成对锻造，又不能在锻压机上制坯，其工艺特点是必须进行联合锻造，在其他设备上进行制坯或最后成形。

第Ⅴ类是挤压件，其工艺特点是在闭式模内进行预挤和终挤成形，或在闭式模内预挤，在开式模内终挤成形。

3.3 锻件图的制订

适于曲柄压力机上模锻的锻件类型见表3-1中第一类第1、第2组，第二类和第三类中的第1、第3组。锻件图的设计过程和设计原则与锤上模锻相同，但工艺参数和具体工步则须根据锻压机特点适当处理。

1. 选择分模位置

对一些长杆形或杯形锻件（见表3-1中第三类第1组锻件），可竖起模锻，分模面不再像锤上模锻那样在锻件纵断面上，而取在其最大横截面上。这样分模有如下许多好处：

1）分模轮廓线长度减小，形状简化，使飞边体积减小，省坯料、省模具材料和机加工工时。切边模变简单，也易于制造。

2）竖起模锻时可以锻制锤上难以锻出的深孔腔。

3）竖起模锻时改变了锻件的成形方法，即可用挤压、镦粗代替拔长、滚挤。

对于外形复杂的长轴类、弯曲类锻件，分模方法与锤上模锻相同，仍按纵向最大断面分模。

2. 余量和公差

曲柄压力机模锻件的余量和公差目前尚无统一标准，表3-2提供的资料仅供参考。一般说来曲柄压力机上模锻件余量比锤上模锻件小30%～50%，公差也相应减小，通常变化范围为0.2～0.5mm。当采用挤压力式变形时，杆部径向余量可以更小，一般只有0.2～0.8mm。

表3-2 曲柄压力机模锻件余量和公差

压力机吨位/kN	余量(单边)/mm		公差/mm	
	水平	高度	水平	高度
≤10000	1.0～1.5	1.0～1.5	+0.8～+1.0 -0.5	锻件自由公差
16000～20000	1.5～2.0	1.5～2.0	+1.0～+1.5 -0.5	
25000～31500	2.0～2.5	2.0～2.5	+1.5～+1.8 -0.5	
40000～63000	2.0～2.5	2.0～3.0	+1.5～+2.0 -0.8	
80000～120000	2.0～3.0	2.0～3.0	+2.0 -1.0	

注：1. 采用电加热时，可适当减小余量和公差数值。

2. 长度大于500mm的长杆锻件，每加长200mm，其水平余量加大0.5mm。

3. 零件表面粗糙度 $Ra>1.25\mu m$ 的部分，余量加大0.25～0.5mm。

3. 模锻斜度、圆角半径和冲孔连皮

当不用顶杆时，模锻斜度与锤上一样。如采用顶杆，模锻斜度可显著减小，具体见表

3-3。

因压力机上模锻惯性作用小、金属充填型槽能力差，故圆角半径应比锤上模锻件大。

关于圆角半径和冲孔连皮的确定方法以及锻件图绘制规则等，均可参照锤上模锻件处理。

表3-3 模锻斜度

l_i/b_i \ h_i/b_i	≤1	>1~3	>3~4.5	>4.5~6.5	>6.5~8	>8
<1.5°	2°	3°	5°	6°	7°	10°
≥1.5°	2°	2°	3°	5°	6°	7°

3.4 变形工步、工步图设计及毛坯尺寸计算

曲柄压力机上不能进行拔长、滚挤等制坯工步，终锻前的体积分配要靠增加多副模具逐步过渡。有些锻件的模锻工步却比锤上模锻简单，甚至无须制坯。根据适于在曲柄压力机上模锻的锻件分类（见表3-1)，下面分述各类锻件的变形工步选择及工步图设计。

3.4.1 变形工步的选择

1. 第一类锻件变形工步的选择

第1组锻件的形状简单，各部分高度差别不大，轮廓线光滑过渡，很明显可直接进行毛坯终锻或镦粗后终锻（见图3-2a和图3-2b)。当锻件形状复杂，各部分高度差别大，内圆角半径较小时，若直接终锻，模膛深处充满困难，应增加预锻工步，即镦粗、预锻、终锻(见图3-2c)。

对于第三类1、第2组锻件，主要采用正挤压或反挤压成形杆部、不通孔，再镦粗、预锻和终锻（见图3-2d、图3-2e和图3-2g)。为便于下料，可采用直径较小的坯料，挤压前镦粗制坯（见图3-2f)。

2. 第二、第四类锻件变形工步选择

均可按锤上模锻方法确定制坯工步。

但当锻件要求拔长、滚挤制坯时，可采用如下措施：

1）将拔长或滚挤分解为若干工步，由多个模膛来完成。这种方法效率低，模具复杂，较少采用。

2）当拔长杆部截面均一，装模空间足够时，可用挤压取代拔长。

3）设备吨位允许时可采用“交错”或“纵排”方式直接模锻或简化制坯工步（见图3-2h、图3-2i和图3-2j)。

有些锻件具有复杂的组合外形。在大批生产时，可用辊锻、平锻制坯，再在压力机上终锻，或预锻、终锻（见图3-2k)。

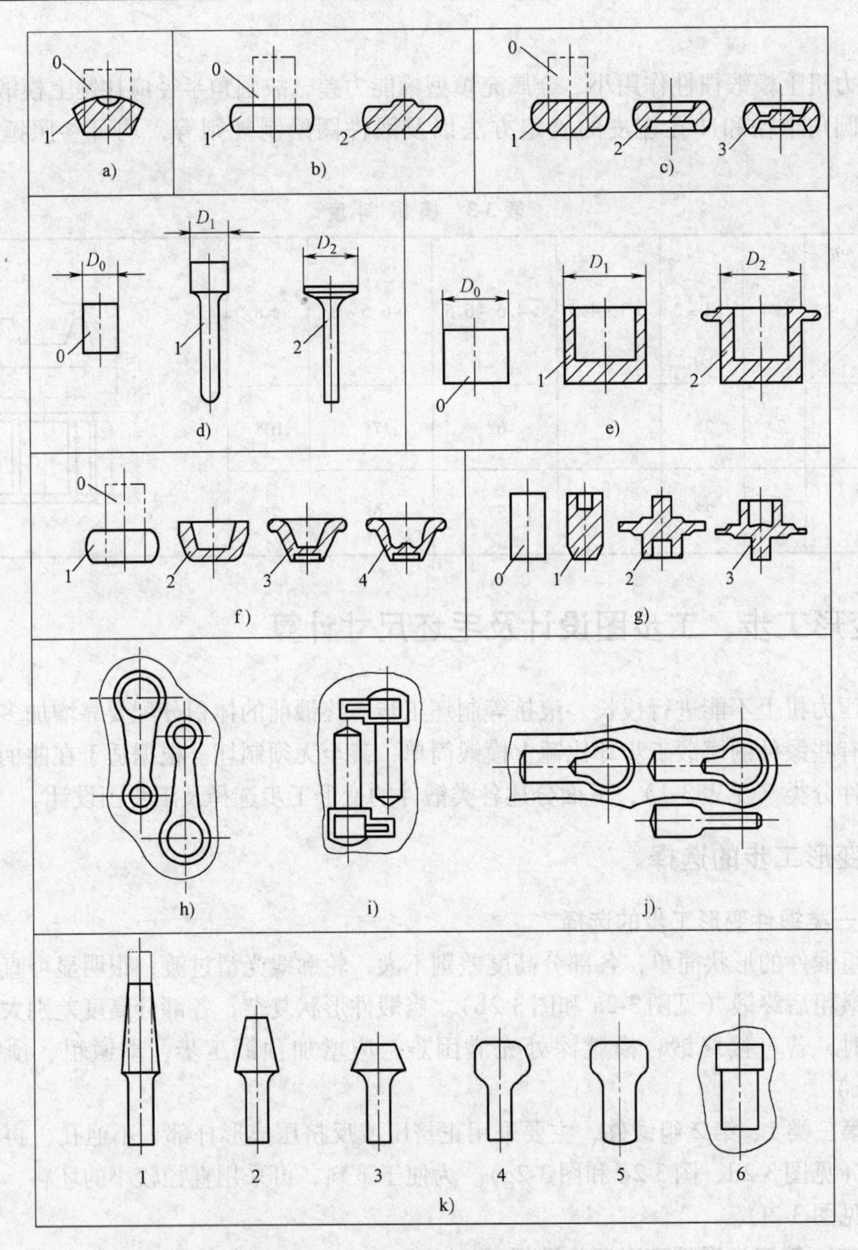

图 3-2　各类锻件模锻工步举例

注：图中数字为工步序号。

3.4.2　工步图的设计

工步图用来表示坯料在制坯和模锻过程中应具有的形状和尺寸。确定这些工步图的过程称为工步设计。制坯和模锻模膛根据工步图设计制造。

如前所述，曲柄压力机上最常用的变形工步是镦粗、压肩、弯曲、挤压、预锻和终锻。本节着重介绍终锻、预锻和镦粗工步的设计原则。

1. 终锻工步设计

终锻工步设计主要是设计热锻件图，确定飞边槽形式和冲孔连皮的形状、尺寸等。热锻件图的设计和锤上模锻相同，而飞边的形式及尺寸则有所不同。

压力机上终锻是以镦粗变形方式为主，锻件的高度尺寸由调节锻压机的行程来保证，而不是靠上下模面的靠合。为防止闷车，滑块在下死点时，上下分模面之间要有一定的间隙，用以调整模具闭合高度，并可减少机架弹性变形，保证锻件高度方向的尺寸精度。由于这两方面原因，要求曲柄压力机模锻采用较完善的制坯工步。因此，在压力机上模锻时，飞边的阻力作用也相对减小，主要是排泄和容纳多余金属。所以，飞边槽桥部及仓部高度比锤上模锻相应大一些，其结构形式及尺寸如图3-3及表3-4所示。当飞边槽仓部至模块边缘的距离小于20mm时，可将仓部直接开通至模块边缘。

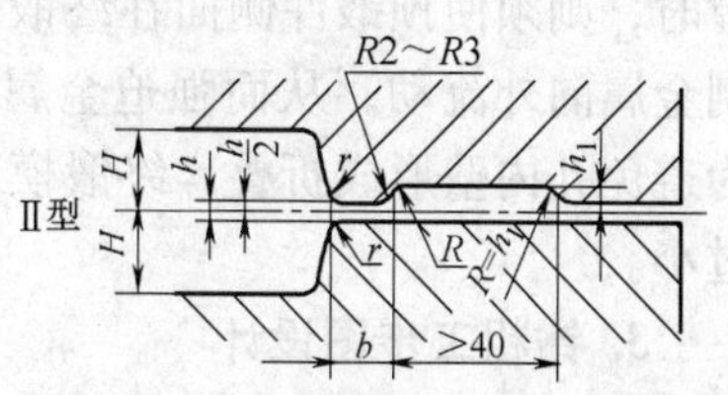

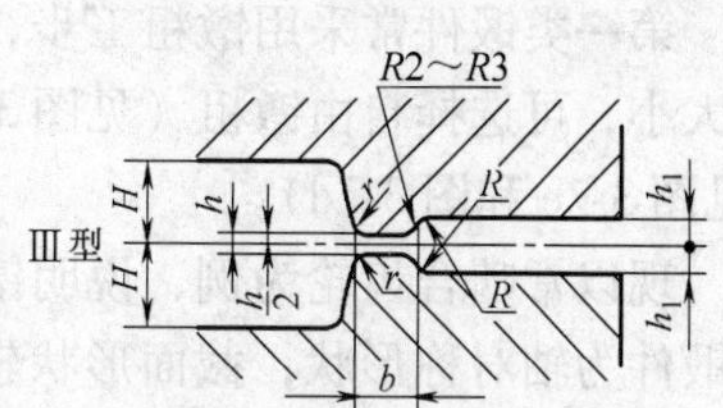

图3-3 飞边槽结构形式

2. 预锻工步图设计

预锻工步图根据终锻工步图设计，设计时必须注意以下几个问题：

1）为使金属在终锻时能以镦粗方式充满模膛，预锻件高度尺寸应比终锻件相应高度尺寸大2~5mm；而水平尺寸则应适当减小，并使预锻件横截面面积比终锻件相应截面面积大一些。

表3-4 飞边槽尺寸

锻压机吨位/kN	h/mm	b/mm	h_1/mm	r/mm	R/mm
≤6300	1.0~1.5	4~5	5	15	0.5~1.0
10000	1.5~2.0	4~6	6	15	1.0~1.5
16000	2.0~2.5	5~6	6	20	1.5~2.0
20000	2.5~3.0	6	6~8	20	2.0~3.0
25000	2.5~3.0	6	6~8	20	3.0
31500~40000	3.5~4.0	6~8	8	25	3.5~4.0

2）若终锻件的横截面呈圆形，则相应的预锻件横截面应为椭圆形，横截面的圆度误差为终锻件相应截面直径的4%~5%。

3）应严格控制预锻件各部分的体积，使终锻时多余金属能合理地流动，避免发生金属回流、折叠等缺陷。例如，对于齿轮的轮毂部分，预锻工步的金属体积可比终锻工步大1%~6%；对于需要冲孔的锻件，当孔径不大时，预锻件的内孔深度与终锻件相应内孔深度之差不大于5mm（见图3-4），否则终锻时内孔将有较多的金属沿径向流动，形成折叠。当孔径较大时，还必须将终锻模膛的连皮设计成图3-5所示的结构，以容纳多余的金属。

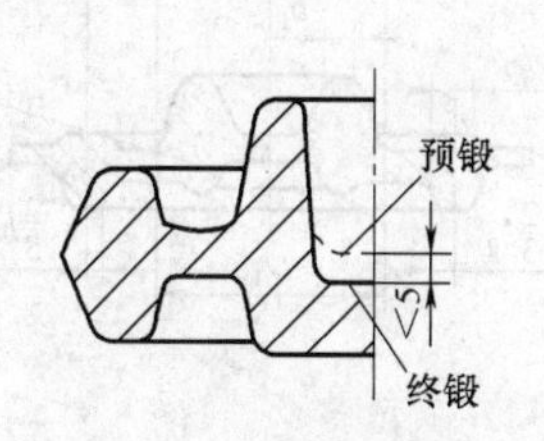

图3-4 齿轮件预锻冲孔

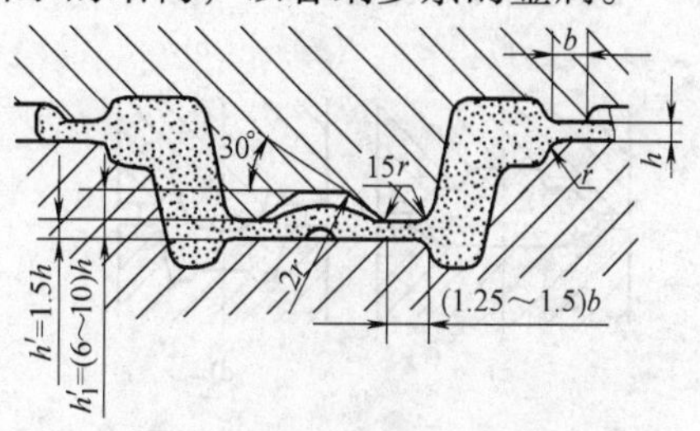

图3-5 终锻模膛连皮结构

4）应考虑预锻件在终锻模膛中的定位问题。为此，预锻工步图中某些部位的形状和尺寸应与终锻件基本吻合，以避免由于坯料放偏造成一部分充不满，而另一部分产生过多的模膛边。

5）预锻模膛一般不带飞边槽，但对一些外形复杂的锻件（叉形件、多拐曲轴件等），其预锻模膛的某些部位应考虑设置飞边槽，桥部高度比终锻飞边槽桥部高度大30%～60%，桥部宽度和仓部高度则可小些。

6）当终锻时金属不能以镦粗而主要靠压入方式充填模膛时，则须使预锻件侧面在终锻一开始就与模壁接触，以限制金属向外流动，从而强迫金属流向模膛深处（见图3-6）。为避免孔内壁形成折叠，终锻模膛中冲孔凸台端头圆角不宜过小。

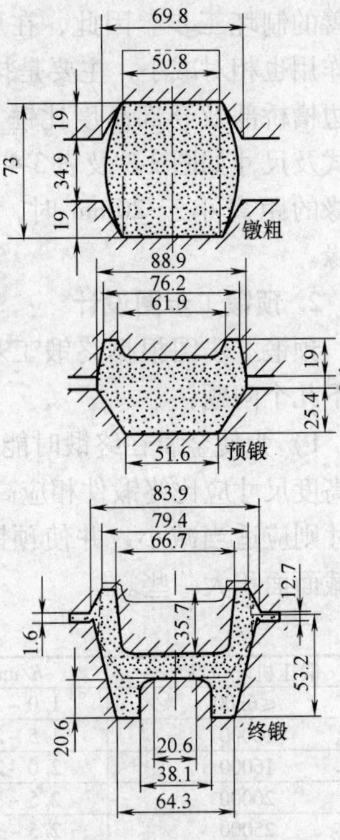

图3-6　压入成形预锻件设计

3. 镦粗工步图设计

第一类锻件常采用镦粗工步，按形状复杂程度和生产批量大小，可选择自由镦粗（见图3-7a和图3-7b）或成形镦粗（见图3-7c和图3-7d）。

现以常啮合齿轮为例，说明镦粗工步图的设计方法。齿轮锻件为轴对称形状，截面形状较复杂，预锻前常采用成形镦粗制坯，因此准确控制镦粗坯件的高度和直径是获得质量优良锻件的保证。镦粗后坯料的高度 H 可按齿轮轮毂部分的体积 V_D（见图3-8中打点部分）来计算，即

$$H = V'_D/(\pi D_1^2/4) \tag{3-1}$$

$$V'_D = (1.01 \sim 1.05)V_D$$

式中　D_1——轮毂部分直径。

当轮毂较高而 b_1 较小时，系数应取大值；如轮毂较低，圆角较大时，系数取小值。

当锻件的内孔为单向不通孔（见图3-9），而且深度较大，计算镦粗毛坯高度 H 时，不充满系数应取1.2～1.3，以保证轮毂顶端充满。

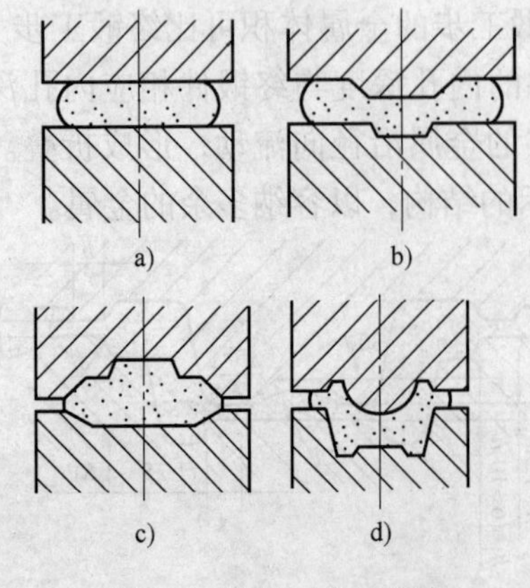

图3-7　镦粗工步的形式

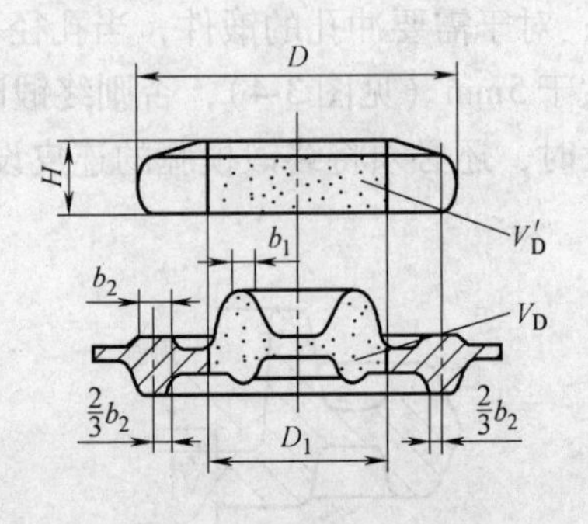

图3-8　镦粗坯料高度 H 的决定

镦粗后坯件的直径 D，应根据体积不变条件求出。不过最好要能使坯件覆盖轮缘宽度 b_2 的 2/3，并尽可能接近预锻模膛边缘。这样做的目的是为避免金属回流造成折叠，同时也便于在下道模膛中定位。

3.4.3　确定毛坯尺寸

1. 原毛坯的直径

1）当第一道工步是镦粗时，原坯料高度 H_0 与直径 D_0 之比应在 1.5～2.5 范围内。据此关系，毛坯直径为

$$D_0 = (0.9 \sim 0.5)\sqrt[3]{V_{坯}} \tag{3-2}$$

考虑到压力机镦粗制坯是在一次行程内完成的，为避免失稳和出现过大鼓肚，通常取

$$D_0 = (0.9 \sim 0.8)\sqrt[3]{V_{坯}}$$

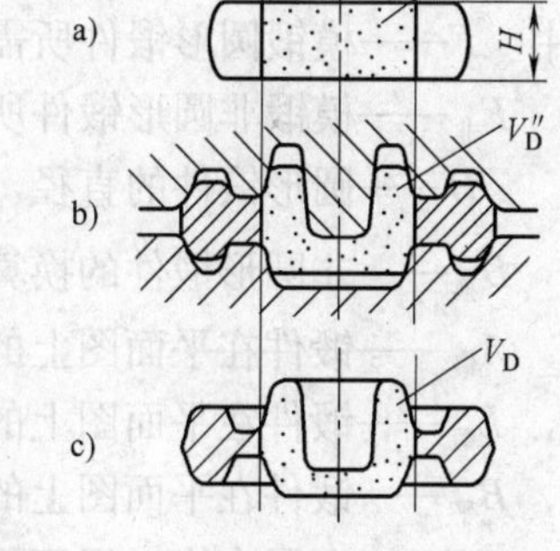

图 3-9　深孔偏于一边时镦粗坯料高度 H 的决定

其中 $V_{坯}$ 按类似锤上模锻的方法计算。若是毛坯的高径比超过 2.5，则需要按镦粗规则计算镦粗次数，而且必须在模膛内镦粗。

2）当第一道变形工步是正挤时，参照图 3-2d，原毛坯直径 D_0 应按以下关系选取：

$$D_0 = (0.8 \sim 0.9)D_1,\ D_1 \geqslant 0.7D_2 \tag{3-3}$$

如第一道工步是反挤，

$$D_0 = D_1 - (2 \sim 5)\text{mm},\ D_1 \approx D_2 \tag{3-4}$$

其他类锻件直径选择参考锤上模锻。

2. 原毛坯长度

根据原毛坯体积 $V_{坯}$ 和选定的标准直径 D_0 或边长 A_0，即可算出原毛坯长度 L_0（如留钳头，可适当加长 L_0）。

$$L_0 = V_{坯} \Big/ \left(\frac{\pi}{4}D_0^2\right) \tag{3-5}$$

$$L_0 = V_{坯} / A_0^2 \tag{3-6}$$

3.5　设备吨位的选择

通常，终锻和挤压所需变形力要比其他变形工步大，因此只考虑终锻变形力的计算。

1. 经验公式

$$F = (64 \sim 73)KA \tag{3-7}$$

式中　F——模锻所需压力（kN）；

K——钢种系数（参阅第 2 章表 2-15）；

A——锻件在平面图上包括飞边桥部在内的投影面积（cm^2）。

2. 理论-经验公式

当锻造平面图为圆形的锻件时

$$F = 8(1 - 0.001D)\left(1.1 + \frac{20}{D}\right)^2 R_m A_{锻} \tag{3-8}$$

当锻造平面图为非圆形的锻件时

$$F_{非} = 8(1 - 0.001D_{换})\left(1.1 + \frac{20}{D_{换}}\right)^2\left(1 + 0.1\sqrt{\frac{L_{锻}}{B_{平}}}\right)R_m A_{锻} \tag{3-9}$$

式中　F——模锻圆形锻件所需压力（N）；

$F_{非}$——模锻非圆形锻件所需压力（N）；

D——圆形锻件的直径（mm）；

$D_{换}$——非圆形锻件的换算直径（mm），$D_{换}=1.13\sqrt{A_{锻}}$；

$A_{锻}$——锻件在平面图上的投影面积（mm^2）；

$L_{锻}$——锻件在平面图上的最大长度（mm）；

$B_{平}$——锻件在平面图上的平均宽度（mm），$B_{平}=A_{锻}/L_{锻}$；

R_m——金属在终锻温度下的抗拉强度（MPa）。

当 $D>300$mm 时，式（3-8）、式（3-9）中（$1-0.001D$）就以 0.7 计算。

为计算方便起见，可将上述公式变换成曲线图形式（见图 3-10），使用时根据锻件直径 D 和材料在终锻温度下的 R_m，可迅速从图中得出模锻所需压力。

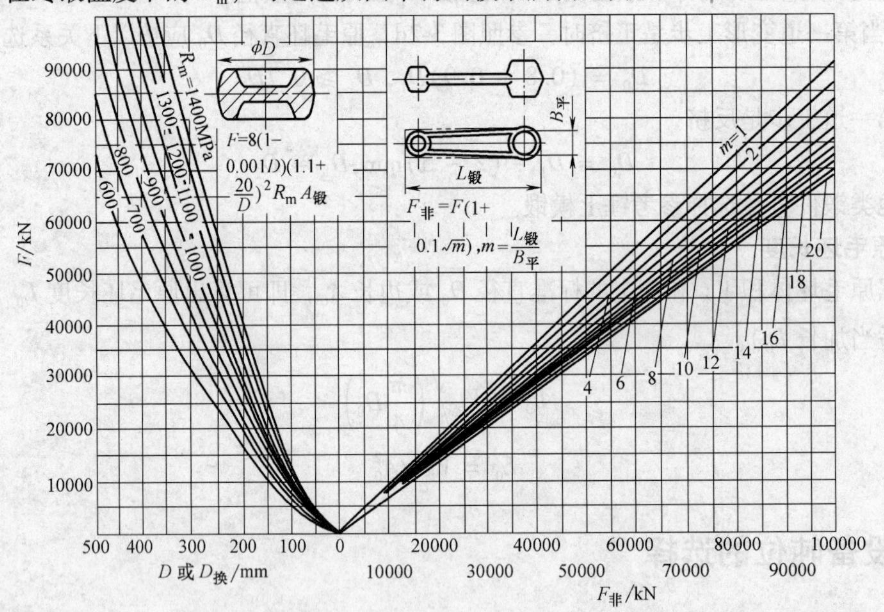

图 3-10　曲柄压力机上模锻时确定压力的曲线图

3.6　模膛的设计

3.6.1　终锻模膛

终锻模膛是用于模锻件最终成形的模膛。终锻模膛设计的主要内容是确定模膛本体的尺寸，选择飞边槽，设计钳口和排气孔，确定锁扣的形式和正确布置顶料杆等。

1. 模膛尺寸的确定

终锻模膛按热锻件图制造。锻压机上热锻件图的设计方法与锤锻模相同，即是将图上的所有尺寸计入收缩率而绘制的。对于钢锻件，收缩率一般为1%～1.5%。

对细长或扁薄的锻件，收缩率取为1.2%。

对于一些杆类件，模锻后还要进行校正或压印等后续工序的，应考虑这些后续工序使长度方向尺寸有少量增加，收缩率可取为1%～1.2%。

图3-11和图3-12所示分别为中间轴的冷、热锻件图。

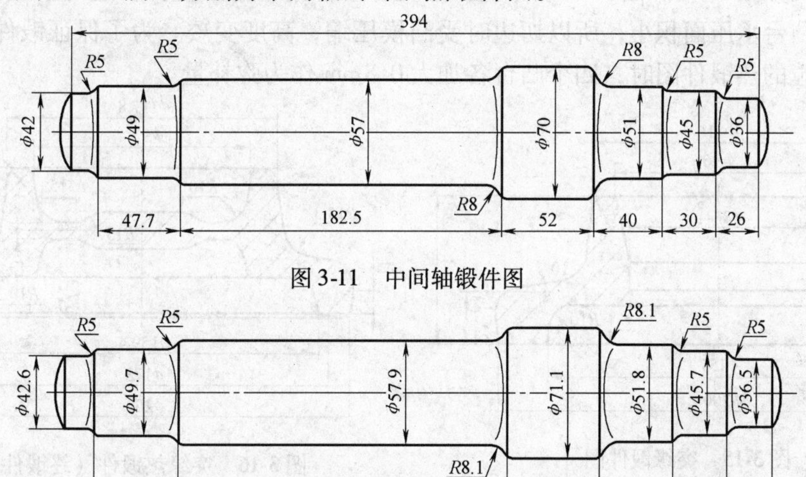

图3-11　中间轴锻件图

图3-12　中间轴热锻件图

图3-13和图3-14分别为操纵杆的冷、热锻件图。该件细长而扁薄，且锻后还进行冷校正，故其轴向收缩率取1%。

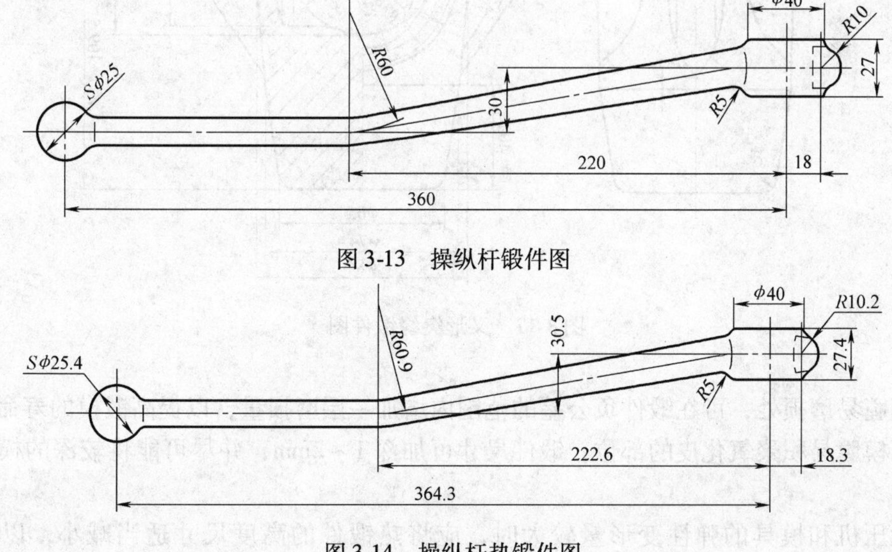

图3-13　操纵杆锻件图

图3-14　操纵杆热锻件图

设计热锻件图时除考虑收缩率外，还应考虑以下问题：

1）在切飞边和冲连皮时锻件可能产生的拉缩变形。

2）终锻模膛的局部磨损。

3）下模膛较深处易积聚氧化皮引起锻件“缺肉”，以及锻压机和模具的弹性变形等因素。

例如图 3-15 和图 3-16 所示的突缘锻件，切边时法兰部位产生翻边变形。因此，应在变形的反方向增加 1mm 的弥补量，即将 ϕ203mm 与 ϕ159. 4mm 处设计成锥形。切边时，此部位被拉平。又如图 3-17 和图 3-18 所示的叉形突缘锻件的四个凸台在切边时承受主要的切边压力，由于凸台承压面积小，所以切边时受凸模压缩，高度变矮。为了保证锻件最终尺寸，设计终锻模膛的热锻件图时，四个凸台各加大 0. 8mm 作为弥补量。

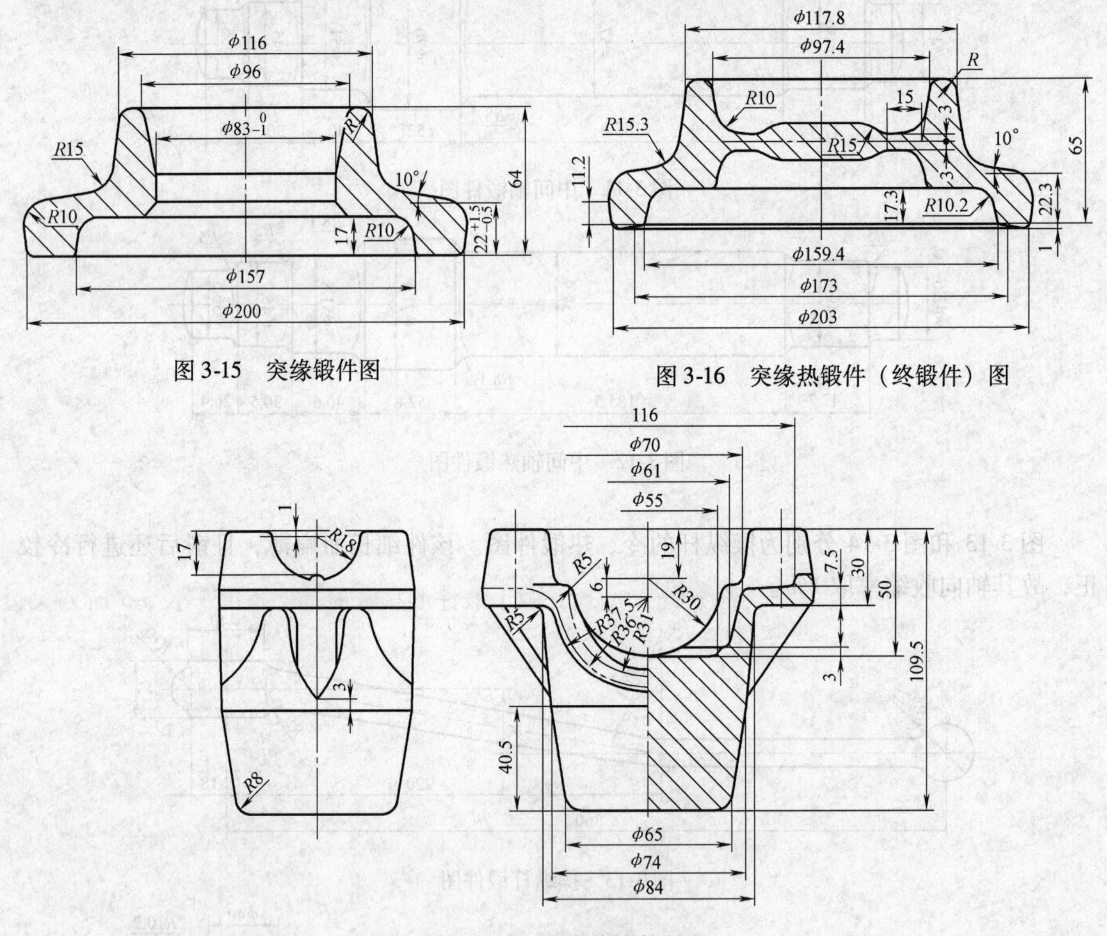

图 3-15 突缘锻件图

图 3-16 突缘热锻件（终锻件）图

图 3-17 叉形突缘锻件图

在模膛易磨损处，可在锻件负公差的范围内增加一层磨损量，以提高锻模的寿命。

在下模膛易积聚氧化皮的部位，锻件尺寸可加深 1 ~ 2mm，并尽可能将较深的模膛放在上模。

当锻压机和模具的弹性变形量较大时，应将热锻件的高度尺寸适当减小，以抵消其影响。

另外，在锻件图上应注明未注明的模锻斜度和圆角半径，尺寸注法一般规定按交点注。对于按切点注尺寸的最好有局部放大图。外形尺寸注在锻件最小部位（即模膛最深处），避免注在分模面上。因为分模面受多种因素影响，不宜作为测量的基准。

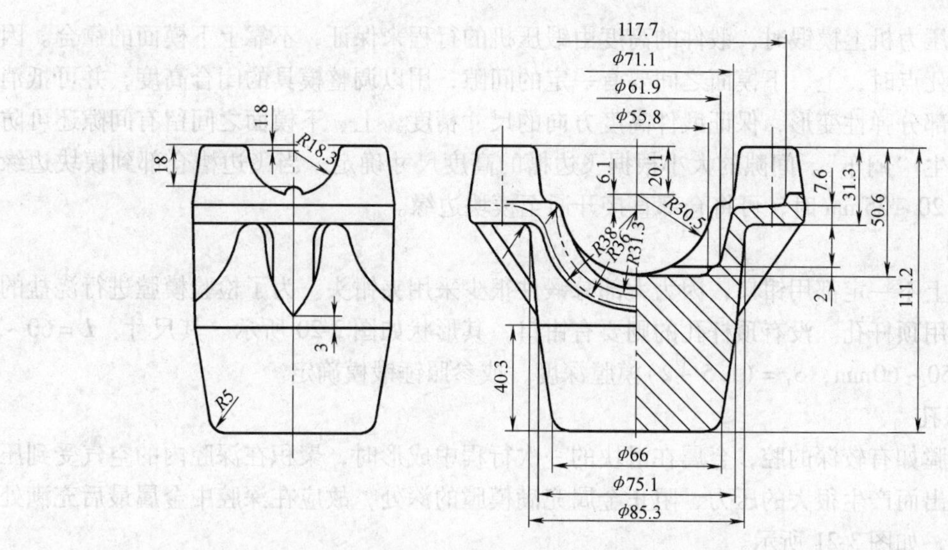

图3-18　叉形突缘锻件（终锻）图

2. 飞边槽的选定

锻压机上飞边槽的形式和锤上模锻相近，但没有承击面，飞边槽的尺寸可按设备吨位确定。

在锻压机上模锻由于采用了较完备的制坯工步，金属在终锻模膛内的变形主要是以镦粗方式进行，飞边的阻力作用不像锤上模锻显得那么重要，而较多地是起着排泄和容纳多余金属的作用。因此，飞边槽桥口及仓部比锤上的相应大一些，其结构形式及尺寸如图3-19及表3-5所示。形式Ⅰ使用得比较普遍，形式Ⅱ用于锻件形状较简单的情况。表3-5所列飞边槽尺寸适用于钢质模锻件，对一些特殊的锻件应作相应的变动。

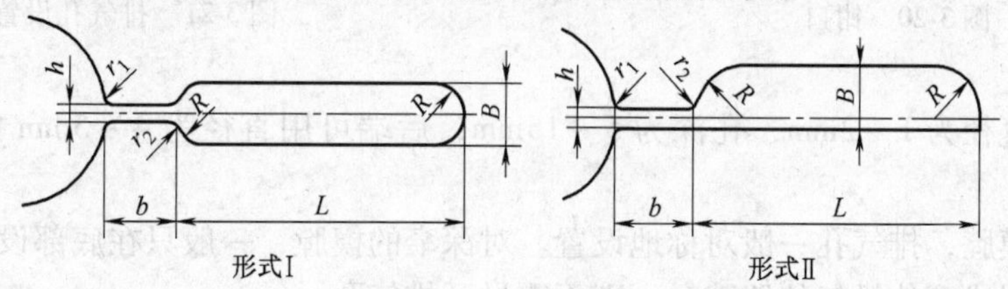

图3-19　飞边槽结构形式

表3-5　终锻飞边槽尺寸

设备吨位/kN	10000	16000	20000	25000	31500	40000	63000	80000	120000
h/mm	2	2	3	4	5	5	6	6	8
b/mm	10	10	10	12	15	15	20	20	24
B/mm	10	10	10	10	10	10	10	12	18
L/mm	40	40	40	50	50	50	60	60	60
r_1/mm	1	1	1.5	1.5	2	2	2.5	2.5	3
r_2/mm	2	2	2	2	3	3	4	4	4

热模锻压力机上模锻时，锻件的高度由锻压机的行程来保证，不靠上下模面的靠合。因而滑块在下死点时，上、下模面之间要有一定的间隙，用以调整模具的闭合高度，并可抵消锻压机的一部分弹性变形，保证锻件高度方向的尺寸精度。上、下模面之间留有间隙还可防止锻压机发生“闷车”。间隙的大小根据飞边槽的高度尺寸确定，当飞边槽仓部到模块边缘的距离小于20～25mm时，可将仓部直接开通至模块边缘。

3. 钳口

锻压机上不一定都用钳口，因为大部分锻件很少采用夹钳头。为了检验模膛进行浇盐的浇口可以利用顶杆孔。没有顶杆孔的则要有钳口，其形状如图3-20所示。其尺寸：$L=60\sim70$mm，$b=50\sim60$mm，$S_1=(1.5\sim2)$模膛深度，或参照锤锻模确定。

4. 排气孔

终锻模膛如有较深的腔，金属在滑块的一次行程中成形时，聚积在深腔内的空气受到压缩，无法逸出而产生很大的压力，阻止金属充满模膛的深处，故应在深腔中金属最后充满处开设排气孔，如图3-21所示。

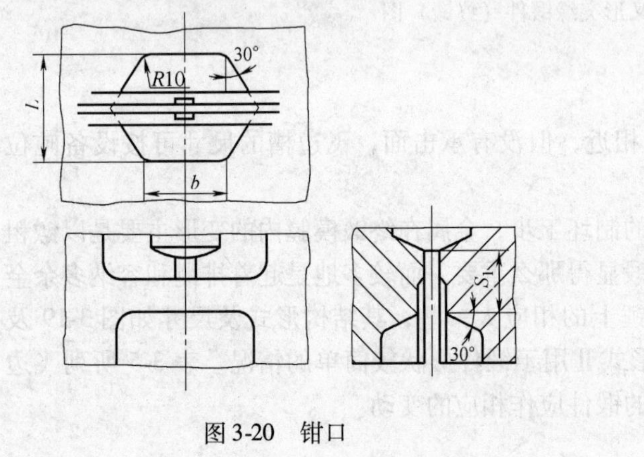

图3-20　钳口

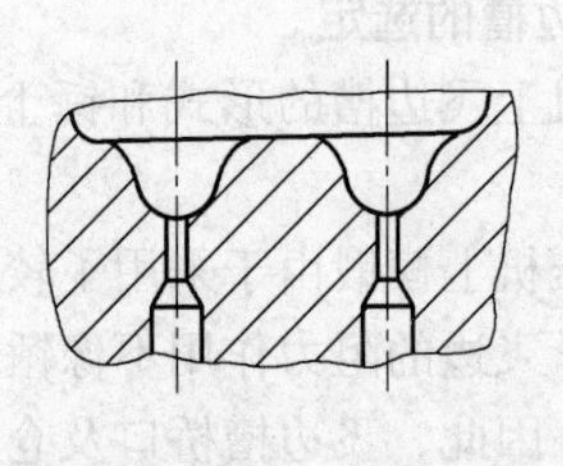

图3-21　排气孔设置

排气孔的直径为1～2mm，孔深为5～15mm，后端可用直径为4～5mm的通孔与通道连通。

对环形的模膛，排气孔一般对称地设置。对深窄的模膛，一般只在底部设置一个。如模膛底部有顶出器或其他排气的缝隙时，则不需另开排气孔。

3.6.2　预锻模膛

1. 预锻模膛设计

如前所述，锻压机是靠静压力使金属变形的，而且是在一次行程中完成金属变形，因此，锻压机上模锻的一般成形规律是：金属沿水平方向流动剧烈，向高度方向的流动相对缓慢些。这就使锻压机上模锻更容易产生充不满和折叠等缺陷。因此，设计预锻模膛时，除应参考锤上预锻模膛的设计原则外，还应考虑以下各点。

1）预锻模膛的高度尺寸比终锻工步图相应大2～5mm，而宽度尺寸适当减小，并使预锻件的横截面积稍大于终锻件相应的横截面积。

2）若终锻件的横截面呈圆形，则相应的预锻件横截面应为椭圆形，横截面的圆度误差为终锻件相应截面直径的4%～5%。

3）应严格控制预锻件各部分的体积，使终锻时多余金属能合理地流动，避免产生金属回流、折叠等缺陷。例如对于齿轮的轮毂部分，预锻工步的金属体积可比终锻工步大1%～6%。对于需要冲孔的锻件，当孔径不大时，预锻件的内孔深度与终锻件相应内孔深度之差不大于5mm（见图3-22），否则终锻时内孔将有较多的金属沿径向流动，形成折叠。当孔径较大时，还必须将终锻模膛设计成带凹仓的连皮结构，以容纳连皮处多余的金属。

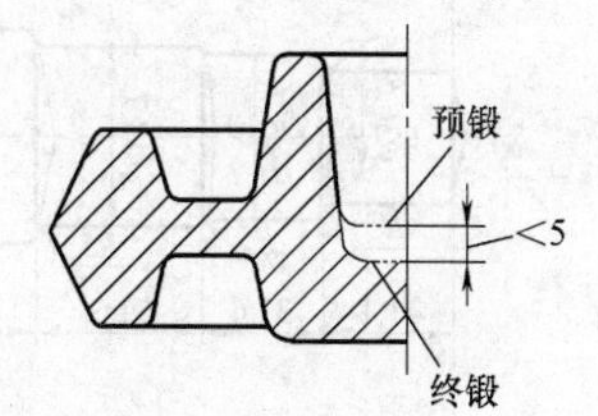

图3-22　预锻冲孔

4）应考虑预锻件在终锻槽中的定位问题。为此，预锻工步图中某些部位的形状和尺寸应与终锻件基本吻合。

5）当终锻时金属不能以镦粗而主要靠压入方式充填模膛时，预锻件的形状与终锻件应有显著差别，使预锻后坯件的侧面在终锻模膛中变形一开始就与模壁接触，以限制金属径向剧烈流动，而迫使其流向模膛深处（见图3-23）。

6）预锻件的圆角半径及模锻斜度设计原则与锻上模锻相同。

2. 预锻模膛设计实例

下面以一般直长轴锻件、圆形锻件、具有工字形截面的锻件以及叉形锻件等为例，介绍锻压机上预锻模膛的设计。

（1）直长轴件　图3-24和图3-25所示分别是第二轴锻件的终锻热锻件图和预锻热锻件图。

预锻件的总长度尺寸比终锻件小1～2mm。其中直径最大的台阶比终锻件小0.2～0.3mm，最外两端台阶各减小0.5～1mm，其余台阶可以与终锻件相同。预锻件的高度（模膛深度）尺寸比终锻件大，在图3-25中，高度尺寸大1.5mm，宽度比终锻件小0.2～0.5mm。

预锻件各个台阶之间过渡处的圆角半径 R 比终锻大20%～100%，视台阶的高度差而定。对于模膛底部的 r，预锻可以比终锻大1～2mm。

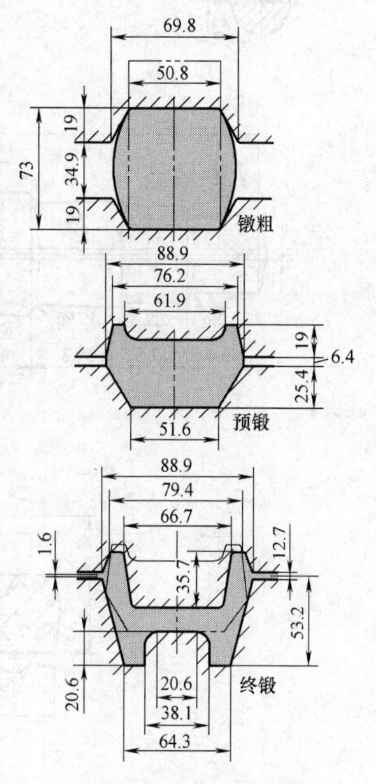

图3-23　预锻件在终锻膛中压入成形

对于多台阶锻件，由于预锻总免不了有错差，在终锻时，高台阶部分容易被刮下一层而形成折叠。因此，R 应取大一些。

（2）圆形件　图3-26和图3-27所示为圆形件终、预锻热锻件图。其尺寸关系如下：

$$d_1 = D_1 + 1\text{mm} \tag{3-10}$$

$$d_2 = D_2 - (0.5 \sim 1)\text{mm} \tag{3-11}$$

$$d_3 = D_3 - (0.01 \sim 0.02)D_3 \tag{3-12}$$

$$d_4 = D_4 - (1 \sim 2)\text{mm} \tag{3-13}$$

$$h_1 = H_1 + (0.5 \sim 1)\text{mm} \tag{3-14}$$

$$h_2 = H_2 - (1 \sim 2)\text{mm} \tag{3-15}$$

α、β、R、r 终、预锻件可采用相同的数值。

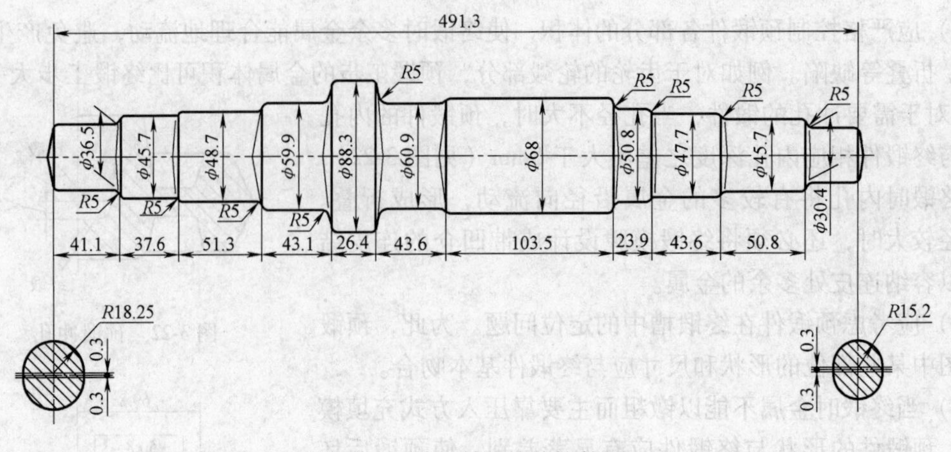

图 3-24　第二轴终锻热锻件图

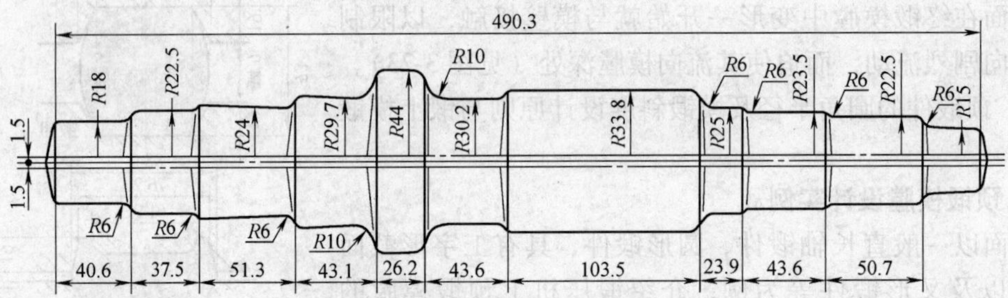

图 3-25　第二轴预锻热锻件图

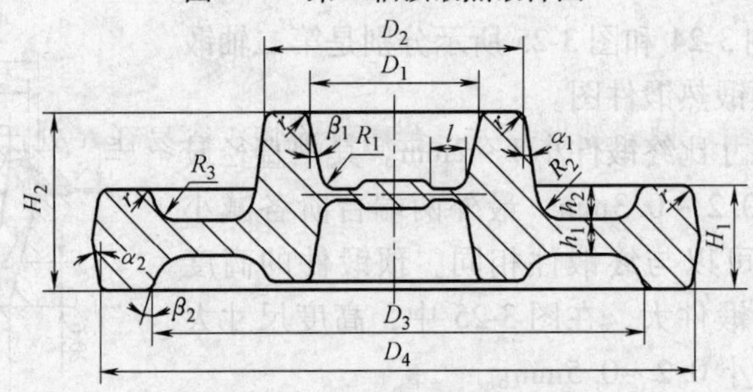

图 3-26　圆形件终锻锻件图

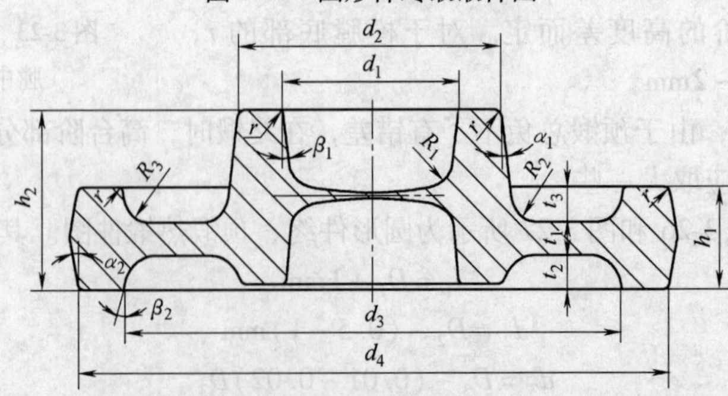

图 3-27　圆形件预锻锻件图

取 $d_3 < D_3$ 主要是由于在锻压机上预锻时，中部金属变形大，金属快速向飞边流出，在轮缘内侧的 r_1 处往往不易充满。当轮缘较深，而 D_3 较小时应取较大差值。

R_3 和 β_2 的大小，对在这个区域是否产生折叠有很大影响。当 $\beta_2>30°$ 和 R_3 的数值接近于 t_3 时，产生折叠的可能性小，β_2 的最佳值为45°。

（3）具有工字形截面的锻件　图3-28所示为工字形截面锻件预锻和终锻设计图，其尺寸关系如下：

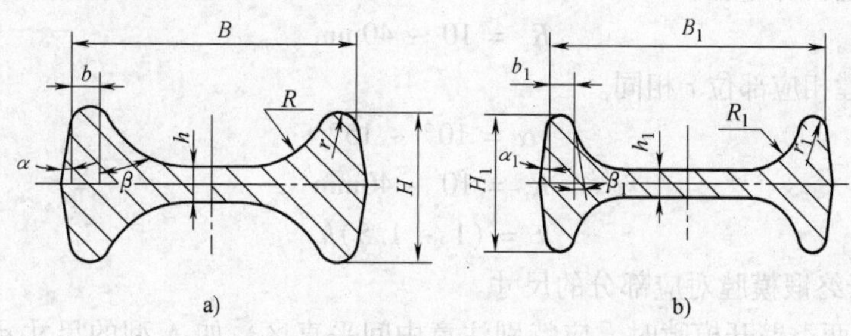

图3-28　工字形截面预锻、终锻设计图

a）预锻　b）终锻

$$B=B_1-(0\sim1)\text{mm} \tag{3-16}$$

$$H=(1.05\sim1.1)H_1 \tag{3-17}$$

$$h=(1.3\sim1.5)h_1 \tag{3-18}$$

$$b=b_1-0.5\text{mm} \tag{3-19}$$

$$R=(1.2\sim2)R_1 \tag{3-20}$$

$$r=r_1 \tag{3-21}$$

$$\alpha=\alpha_1 \tag{3-22}$$

$$\beta=(1.5\sim5)\beta_1 \tag{3-23}$$

β 和 R 的增大主要用于预锻变形量大、金属外流快、容易在 R 处产生折叠时，增大 β 和 R 可以减慢金属变形开始时向飞边流动的速度，防止终锻时产生返流折叠。

（4）具有叉形部分的锻件　图3-29所示为叉形锻件的预锻模膛设计，其关键是用劈料台预先将叉部劈开，当叉形开口较大时用A型，叉形开口较小时用B型，具体尺寸关系如下：

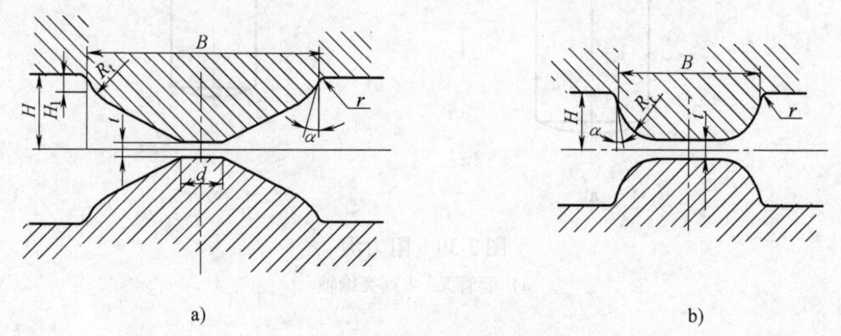

图3-29　劈料模膛的两种典型设计

a）A型　b）B型

$$H_1=\left(\frac{1}{4}\sim\frac{1}{3}H\right) \tag{3-24}$$

A型　$$\alpha=10°\sim15° \tag{3-25}$$

$$d = 0.25B < 30\text{mm} \tag{3-26}$$

$$t = (1 \sim 1.5)h \tag{3-27}$$

式中 B——终锻模膛内侧宽度；

h——飞边桥部厚度。

$$R_t = 10 \sim 40\text{mm} \tag{3-28}$$

r 与终锻模膛相应部位 r 相同。

B 型

$$\alpha = 10° \sim 15° \tag{3-29}$$

$$R_t = 10 \sim 40\text{mm} \tag{3-30}$$

$$t = (1 \sim 1.5)h \tag{3-31}$$

r、B 都等于终锻模膛对应部分的尺寸。

在设计上述两类劈开模膛时，应特别注意中间平直区，如 A 型的尺寸 d 或 B 型的内侧宽 B 减去 $2R_t$ 后所余宽度。如果这部分尺寸大，在分料时金属向两侧开始时流动太快太多。当飞边桥部作用增大时，将在 r 处引起严重的回流折叠而造成废品。

预锻时，为了增大对某一方向（例如叉形锻件的开口方向）金属流动的阻力，迫使金属充满模膛，常常在该方向上设置阻力沟（制动槽），如图 3-30 所示。锻压机上模锻时，在叉形锻件的开口方向，有时设置两条阻力沟。

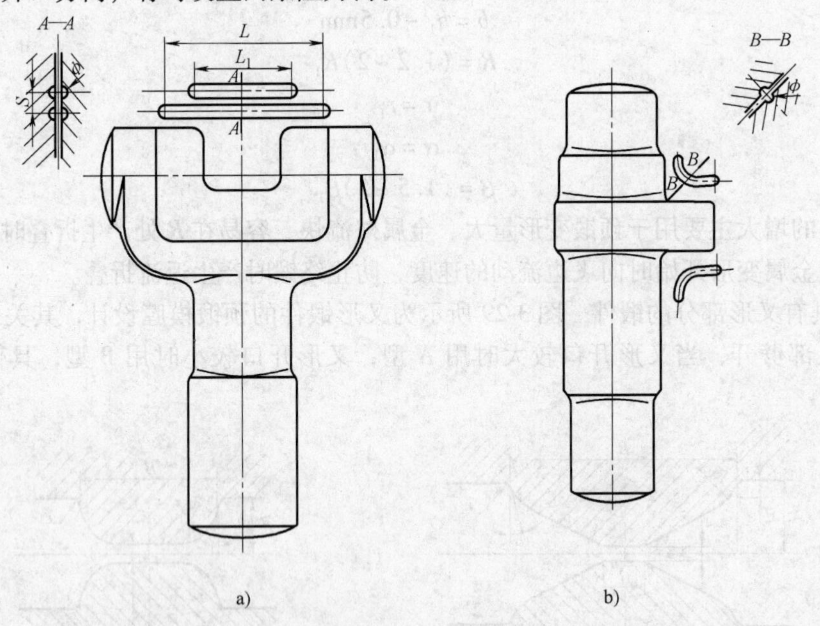

图 3-30 阻力沟

a）套管叉 b）突缘轴

在图 3-30a 中，第一条阻力沟长度应比叉口的内侧宽度大，距离模膛壁 10mm。第二条阻力沟长度为第一条阻力沟的 60% 为宜，与第一条阻力沟相距约 20mm。

阻力沟采用圆柱形。根据零件及坯料大小，阻力沟的断面尺寸采用 $\phi6 \sim \phi12$mm。

对于尺寸小的叉形件，为了解决金属沿叉口外流而不采用阻力沟。可以采用一模两件叉口相对排列的设计。因为这样金属不能沿叉口外流。两侧有模膛，正好利用劈料把金属分配到这些模膛中，这样还可以减少劈开模膛所需增大的坯料截面，节约材料，也能延长模具的寿命，其排列如图3-31所示。

3. 飞边槽和冲孔连皮的设计

（1）飞边槽的选定　预锻飞边槽的结构形状与终锻飞边槽相同。具体尺寸可按表3-6选定，对形状比较复杂的锻件，为了较好地充满模膛而必须增大金属外流的阻力时，桥口的宽度 b 应比表中的数据适当增大。例如第6章实例11套管叉的预锻模设计，叉形部分的桥部采用 ϕ190mm 的加大设计。

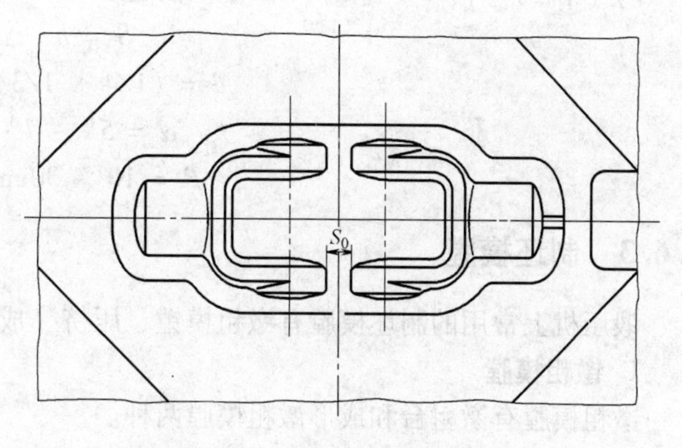

图3-31　一模两件叉形件设计

表3-6　预锻飞边槽尺寸

设备吨位/kN	10000	16000	20000	25000	31500	40000	63000	80000	120000
h/mm	3	3	4	5	6	6	7	9	9
b/mm	10	10	10	12	15	15	20	20	24
B/mm	10	10	10	10	10	10	10	12	18
L/mm	40	40	40	50	50	50	60	60	60
r_1/mm	1.5	1.5	2	2	3	3	3.5	3.5	4
r_2/mm	2	2	2	2	3	3	4	4	4

（2）冲孔连皮　预锻冲孔连皮按下述两种情况设计（见图3-32）。

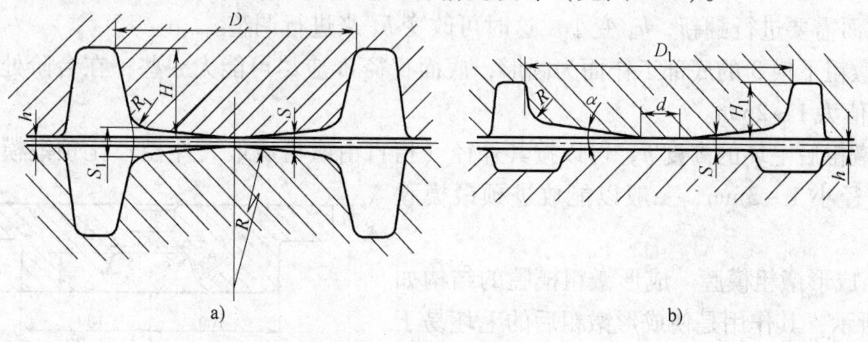

图3-32　预锻冲孔连皮

a）预锻连皮Ⅰ　b）预锻连皮Ⅱ

1）当 $D \leqslant 1.5H$ 时，采用Ⅰ型连皮

$$S = h \tag{3-32}$$

式中　h——飞边桥部厚度。

$$S_1 = (1.5 \sim 2)S \tag{3-33}$$

R_1 根据 S、S_1 作图选定　　　　$R_1 = 5 \sim 20\text{mm}$

2）当用于 $D_1 > 1.5H_1$ 时，采用Ⅱ型连皮

$$S = h \tag{3-34}$$

$$d = (1/4 \sim 1/3)D_1 \tag{3-35}$$

$$\alpha = 5° \sim 7° \tag{3-36}$$

$$R = 10 \sim 30\text{mm} \tag{3-37}$$

3.6.3　制坯模膛

锻压机上常用的制坯模膛有镦粗模镗、压挤（成形）模膛和弯曲模膛等。

1. 镦粗模膛

镦粗模膛有镦粗台和成形镦粗模膛两种。

（1）镦粗台　镦粗台的一般结构如图 3-33 所示。其上、下模的工作面是平面，用于对原毛坯进行镦粗，通常用于镦粗圆形件。设计要点如下：

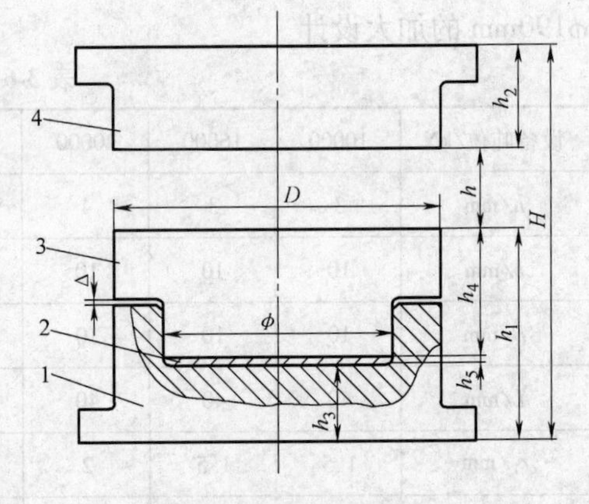

图 3-33　镦粗台

1—下模座　2—调整垫片　3—镦粗下模　4—镦粗上模

1）H 为模具的封闭高度。在每一种模架中 H 的大小是一定的。

2）h_1 是下模的高度，设计时应使 h_1 的高度比预锻模膛下模块的高度高出 5 ~ 10mm。以便将镦粗后坯料推到预锻模块上。

3）下模座 1 是不常更换件，因此 h_3 是一定的。在设计中为满足上述要求，要调节 h_4 或 h_2 来解决。镦粗上模 4 也可以是不常更换件。因此，主要调节镦粗下模 3 来得到。

4）调整垫片 2 是调节垫片。当镦粗下模 3 磨损后工作面需要进行翻新，h_4 变小。这时可改变 h_5 来进行调整。

5）镦粗下模 3 的底部工作面为圆形，底面直径 ϕ 应尽可能大一些，在台阶处应保持间隙 Δ，其值为 1 ~ 2mm。

6）镦粗后毛坯的高度 h，可以按其外径（指自由镦粗后最大外径）比预锻模膛在分模面上的直径小 1 ~ 3mm，一般以能放进预锻模膛即可。

（2）成形镦粗模膛　成形镦粗模膛的结构如图 3-34 所示，其作用是使成形镦粗后的毛坯易于在预锻模膛中定位或有利于金属成形。

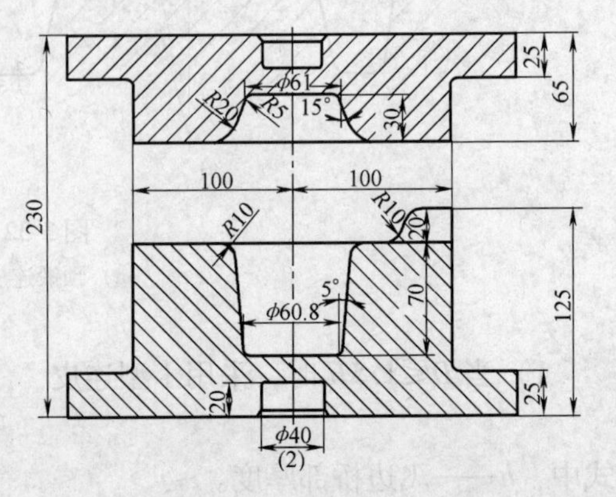

图 3-34　成形镦粗模膛

下模上端有一段 20mm 的凸起，是因为镦粗后毛坯易卡在下模，为便于把毛坯取出，该凸起可作为操作者夹钳的支点，既省力又方便。

2. 压挤（成形）模膛

压挤模膛与锤上模锻的滚压模膛相似，其主要作用是沿毛坯的纵向重新分配金属，以接近锻

件沿轴向的截面变化。压挤时，毛坯主要是被延伸，截面积减小，而在某些部位，如靠近长度方向的中部有一定的聚料作用。在一定情况下压挤可以代替辊锻。因此它在锻压机模锻中角得较多，压挤还有去除毛坯表面氧化皮的作用。

当聚料区段处于长轴形件中间部位，且聚料区段的长度较短时，压挤模膛的聚料作用较明显。图3-35所示为一个较为典型的例子。与图3-24第二轴热锻件图相比，该件模锻采用的毛坯直径为70mm。而最大截面直径为87mm，加上飞边直径约为90mm，而经压挤后毛坯能较好地满足成形要求。

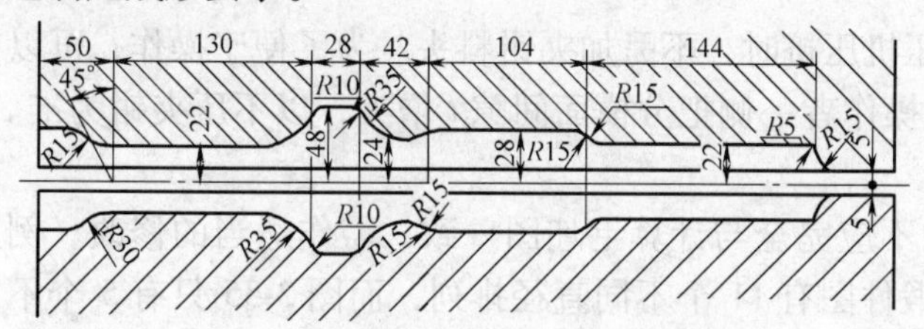

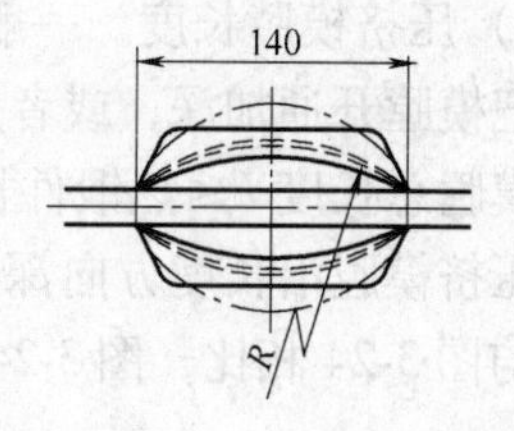

图3-35　第二轴压挤模

压挤模膛设计要点：

1）压挤模膛的设计依据是计算毛坯图。例如，图3-36所示为一个长轴件的计算毛坯（直径）图，图3-37所示为其压挤模膛图。在计算飞边体积时，一般按仓部充满50%计算。但对叉形劈开件，其叉口内侧应按仓部全部充满计算。对某些特殊部位也可按成形难易程度适当考虑飞边的充满百分比。

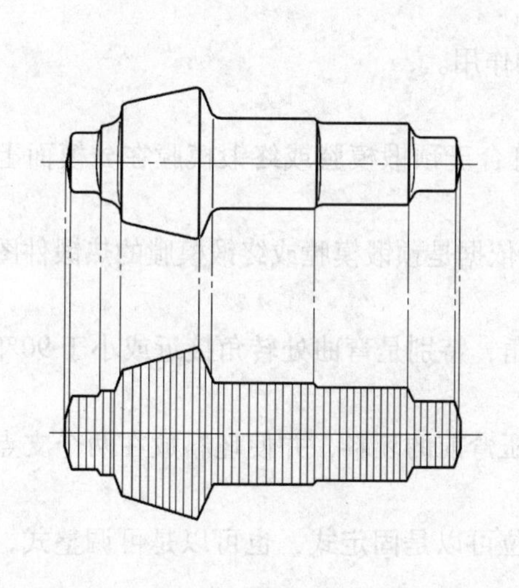
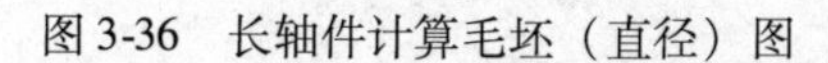

图3-36　长轴件计算毛坯（直径）图

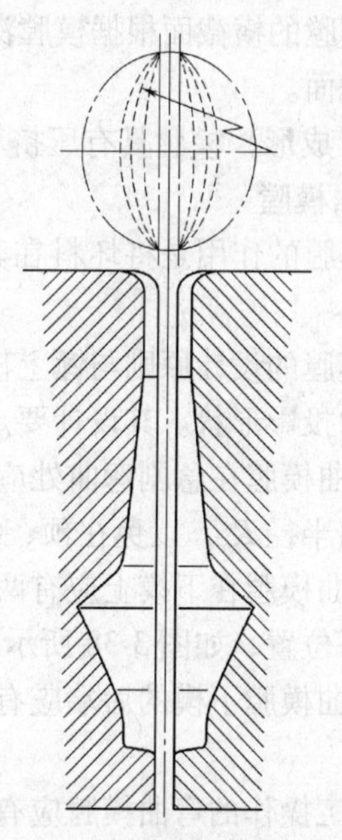

图3-37　压挤模膛图

2）模膛宽度 $B=(1.6\sim1.8)d$，d 为坯料直径。

3）模膛深度。对于受压缩产生延伸的区段：$h_1=(0.5\sim0.9)d$。h_1 不宜过小，因为一般压挤时，需要在同一模膛中进行1~3次，如一次压下量过大，翻转90°；再压时易引起缺陷。

对于要求聚料的区段：$h=(1.1\sim1.3)d$。

如前所述，当聚料区段处于零件中部附近，且聚料区段较短时，聚料作用较明显：当聚料区段长度与坯料直径的比值约为0.6时，坯料截面只要达到锻件最大截面的0.65倍就能满足聚料要求。但如聚料区段靠近锻件的一端时，则此比值应增大至0.85左右。如图3-24所示，最大直径为锻件中部（ϕ88.3mm×26.4mm），但坯料选用ϕ70mm。压挤模膛深为48mm×2（见图3-35）。

4）压挤模膛长度。一般锻压机压挤时，不另加夹钳料头。为了便于操作，可以在操作一侧把模膛开通加深，或者是在操作者一侧把分模面间隙t增大，以不压夹钳为准。因此，压挤模膛总长度$L\leqslant$热锻件长度。

压挤模膛沿长度方向深度并不应完全与计算毛坯图一致，需作适当的修改。例如，图3-35与图3-24相比，图3-24热锻件图有11个不同直径排列，而图3-35只有5个不同模膛深度。

5）压挤模膛在模膛深度变化的过渡区，过渡圆角R_n应尽量设计得大一些，特别是由小截面向聚料段大截面过渡圆角要加大，如可能时应设计成带斜度α的均匀变化的模膛深度。

过渡圆角加大，可以避免在预锻模膛中模锻时在过渡处产生折叠。

6）上、下压挤模分模面上的间隙t不应太小。一般为坯料直径的12%左右为宜。

在模膛尾部应设计成斜度$\beta=7°\sim10°$，分模面上不小于5mm。端面R_t不小于10mm。

压挤模膛的横截面根据模膛深度h、宽度B和间隙t的交点作圆。当截面变化小时，可采用矩形截面。

压挤（成形）模膛具有压挤和预锻两个模膛的作用。

3. 弯曲模膛

弯曲模膛的作用是将坯料在其内弯曲，使其符合于预锻模膛或终锻模膛在分模面上的形状。

弯曲模膛的设计原则与锤上模锻相似，其设计依据是预锻模膛或终锻模膛的热锻件图在分模面上的投影形状。其设计要点如下：

1）弯曲模膛在急剧弯曲处应设计成较大的圆角，特别是弯曲处转角接近或小于90°时，应加大转角半径R_n，以免在预、终锻时产生折叠。

2）弯曲模膛在下摸上应有两个支点，以支持压弯前的坯料，并使坯料放在两个支点上时处于水平位置，如图3-38所示。

3）弯曲模膛下模的后端应有坯料定位面，定位可以是固定式，也可以是可调整式，以后者较好。

4）手工操作的弯曲模膛应有夹钳口。

5）模膛尺寸：

①模膛深度：

$$h\leqslant(0.8\sim0.9)b_{锻} \tag{3-38}$$

式中　$b_{锻}$——锻件相应截面位置的宽度。

对于容易堆积氧化皮和模膛较深处，h应加大。

②模膛截面采用矩形。

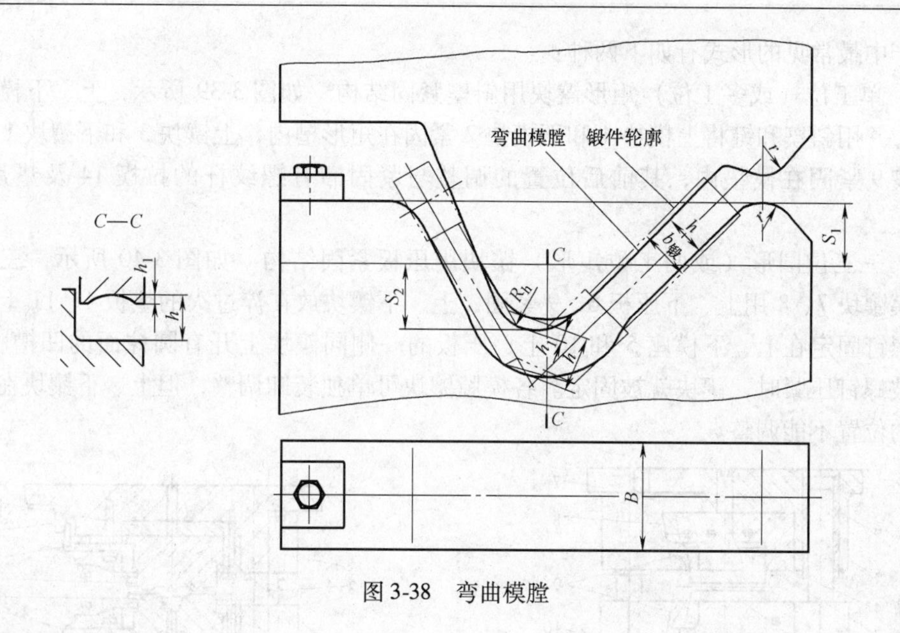

图3-38　弯曲模膛

③模膛宽度：

用型钢时：
$$B = A_{毛坯}/h_{min} + (10 \sim 20)\text{mm} \tag{3-39}$$

用预制坯时：
$$B = A_1/h_{min} + (10 \sim 20)\text{mm} \tag{3-40}$$

式中　A_1——h_{min}处相应坯料截面积（mm^2）。

使
$$B \geqslant A_{max}/h_2 + (10 \sim 20)\text{mm} \tag{3-41}$$

式中　A_{max}——坯料最大横截面积；

h_2——相应于最大截面积处的模膛深度。

为了更好地定位和防止压弯时坯料偏向一边，弯曲模膛的突出部分（或仅上模膛的突出部分）在宽度方向应做成弧形凹坑（见图3-38中的C—C截面），并使$h_1 = (0.1 \sim 0.2)h$，其中h为模膛相应部分的深度。

弯曲模膛凸出于分模线部分的高度应大致相等，即$S_1 = S_2$。

3.7　锻模的结构设计

3.7.1　锻模的结构形式

由于曲柄压力机滑块速度低，工作平稳，装有顶出装置，模锻时上、下模不压靠，锻模承受打击过程中的过剩能量少，不需考虑锻模的承击面，所以曲柄压力机上锻模采用模座（架），内安装带模膛镶块的组合式结构。模架通常由模座、导柱、导套、顶出机构、镶块紧固件、镶块垫板等零件组成。每次只需更换工步镶块，就可完成工步或锻件终锻成形。它最大的优点是更换镶块迅速，节约大量模具钢。

曲柄压力机用组合锻模结构根据工位数、镶块紧固方式和镶块形状可分为五种形式：单工位矩形镶块斜楔紧固结构、双工位矩形镶块压板紧固结构、三工位圆形镶块压板紧固结构、三工位圆形镶块压环或钢珠止动螺钉紧固结构和四工位矩形镶块十字键槽与平槽定位结构。生产中最常见的形式有如下两种：

（1）单工位（或多工位）矩形镶块用斜楔紧固结构　如图 3-39 所示，上、下模座开有矩形槽，并用斜楔和键将上模垫 4 和下模垫 2 紧固在矩形槽内，上镶块 3 和下镶块 1 则用一对斜拉楔 9 紧固在模垫内，其前后位置的调整与紧固靠有螺纹杆的拉楔 14 及垫片 12 来实现。

（2）三工位圆形（或两工位矩形）镶块用压板紧固结构　如图 3-40 所示，三个圆形上、下模镶块 7、8 用上、下压板 6、9 紧固，上、下镶块放在淬过火的垫板 4、11 上，后挡板 1 用螺钉固定在上、下模座 5 和 10 上，压板的一侧同镶块上开有圆柱面的凹槽相匹配。当压板被螺钉压紧时，镶块就被固定。各模膛镶块可单独装卸调整，但上、下镶块在前后水平方向的位置不能调整。

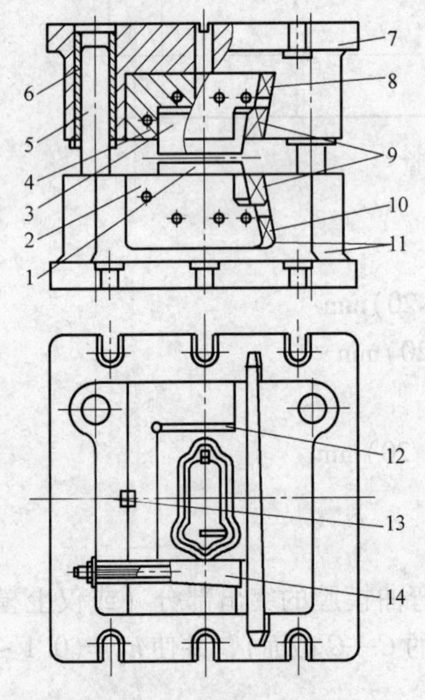

图 3-39　单模膛矩形镶块用斜楔紧固的锻模结构

1—下镶块　2—下模垫　3—上镶块　4—上模垫　5—导柱　6—导套　7—上模座　8、9、10、14—拉楔　11—下模座　12—垫片　13—键

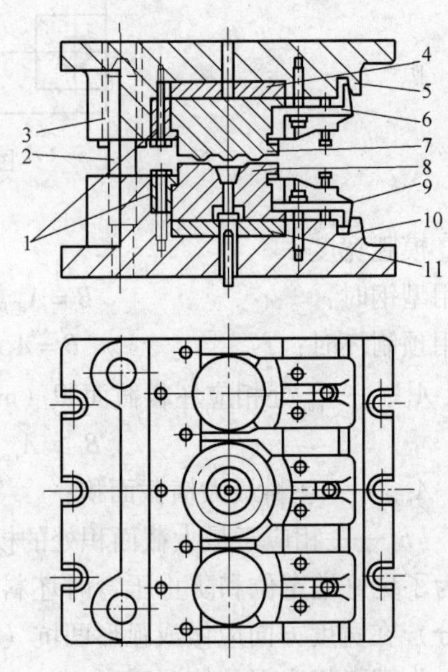

图 3-40　压板紧固式锻模结构

1—后挡板　2—导柱　3—导套　4—上垫板　5—上模座　6—上压板　7—上模镶块　8—下模镶块　9—下压板　10—下模座　11—下压板

3.7.2　模膛及镶块

1. 模膛

终锻模膛的形状和尺寸是根据热锻件图来确定的，设计原则与锤上模锻基本相同。但必须注意以下两点：

1）曲柄压力机上模锻时，金属充填上、下模能力差不多，不再要求像锤上模锻那样将形状复杂的一面放在上模；分模面也要根据锻件形状和压力机工作特点来确定，如旋转体形的长轴类锻件的分模面就不一定选在锻件最大尺寸面的中部，否则造成模具模膛不必要的复杂化。

2）终锻模膛中如有较深的腔，则应在金属最后充填部位设排气孔，如图 3-41 所示。这是因为曲柄压力机上模锻是在一次行程中成形，金属严密覆盖模膛，聚积在深腔中的空气不易排出。

2. 镶块的形式与尺寸

镶块的形式随锻件形状和镶块的紧固方式而定。

通常镶块有圆形和矩形两种。圆形镶块加工方便，节省材料，但不能调整水平方向的错移，仅适用于回转体锻件；矩形镶块主要用于长轴类锻件。

用压板固紧的镶块，其外形结构如图3-42a和图3-42b所示。圆形镶块部圆柱表面通常制出凸肩，每边宽5~10mm，供压板压紧用，底部或侧面根据需要开设防转键槽。矩形镶块前后两侧面的下部制成7°~10°的斜度，压板上也有相应斜度，二者匹配紧固。

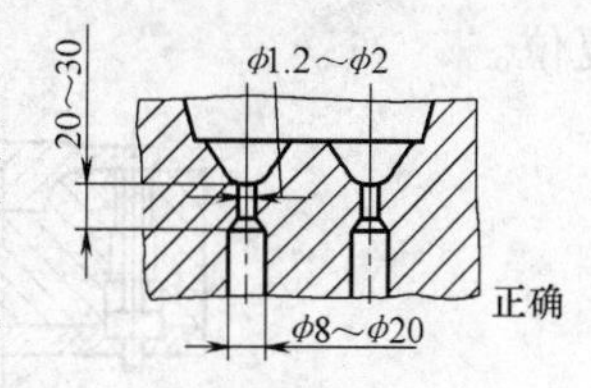

图3-41　排气孔

镦粗工步也常用带模柄的圆形镶块（见图3-42c），并用螺钉固紧于模座上。

镶块的平面尺寸决定于模膛尺寸及模壁厚度。模壁厚度 s_0（见图3-43）可按式（3-10）确定：

$$s_0 = (1 \sim 1.5)h \geqslant 40\text{mm} \tag{3-10}$$

其中，h 是型槽最深处的高度。镶块底部至型槽最深处厚度 t 应不小于$(0.6 \sim 0.5)h$，但上、下镶块在闭合状态的总高度应不大于$(0.3 \sim 0.4)H$，H 为模具闭合高度。

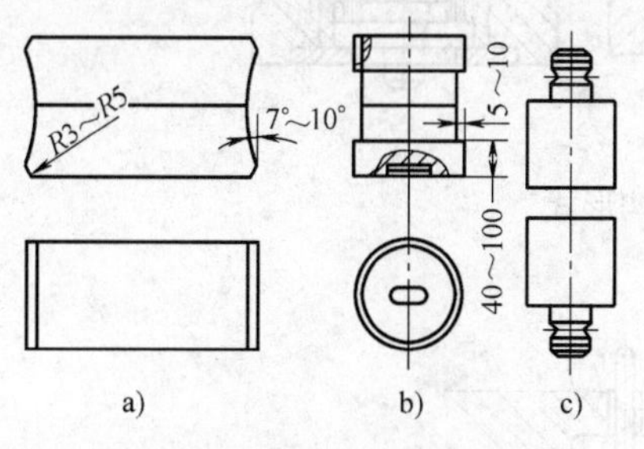

图3-42　镶块结构

a）矩形　b）圆形　c）带模柄

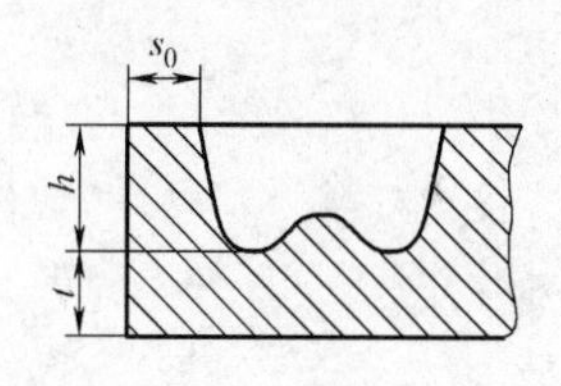

图3-43　镶块尺寸

3.7.3　顶件装置

设计顶件装置时主要解决顶杆的位置、顶件装置的具体结构形式以及顶杆的可靠性等问题。

顶件的位置视工件的形状尺寸而定，一般情况下顶出器应顶在飞边上（见图3-44a）；锻件孔径较大时，可顶在连皮上（见图3-44b）；连杆锻件，顶出器分别顶在大、小头部上（见图3-44c）；如果顶出器必须顶在锻件本体上，应尽可能顶在加工面上（见图3-44d、图3-44e和图3-44f）。

顶件装置的结构形式取决于锻压机顶杆数量、顶杆位置、顶出器的形状与数量。在最简单的情况下，顶件装置仅由顶出器和限位用的压圈及其螺钉所组成（见图3-44b、图3-44d和图3-44e）；当锻件孔径小，顶出器须从锻件环形截面进行顶件时，可采用如图3-44f所示环形顶件装置；当一个模膛或一副锻模中需用几个顶出器而压力机台面和滑块上只有一个顶杆时，则采用杠杆式顶件装置，如图 3-45 所示。

顶杆器必须有足够的刚度，因此直径不能太细；在留出足够的导向长度和顶件位移量的前提下，尽量缩短总长度；顶出器的导向部分与镶块间的单边间隙一般不应大于 0. 10mm，若间隙过大，变形金属可能挤入其间，急剧增加顶件力，甚至损坏顶件器；在锻件从模膛中顶出后，顶出器应能恢复到原来位置。对下模中的顶件器，如果不能依靠自身重力恢复原位时将影响毛坯定位，这时应在下顶件器中增设复位用弹簧。上模中的顶件器一般要靠弹簧复位。

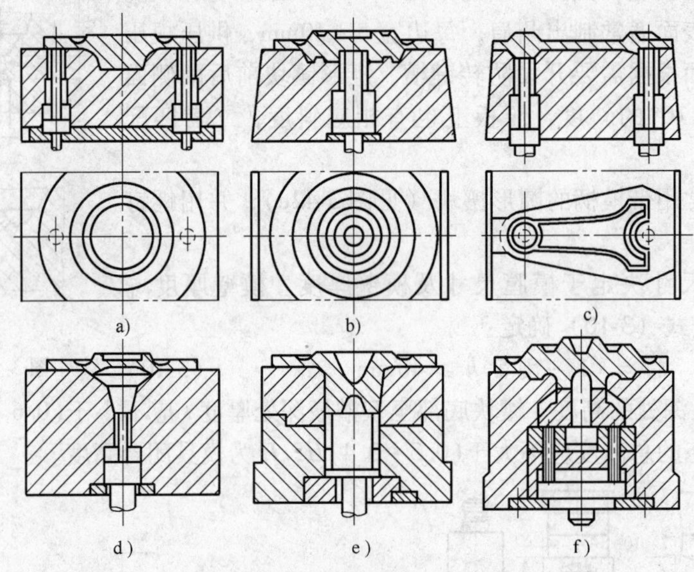

图 3-44　顶件装置结构形式

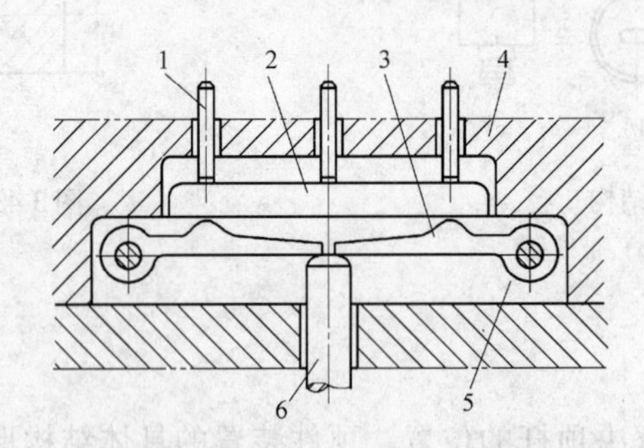

图 3-45　杠杆-横担式顶出机构

1—顶出器　2—托板　3—杠杆　4—下模　5—绕轴　6—顶杆

3. 7. 4　导向装置

压力机锻模一般不采用锁扣，而用导柱、导套（见图 3-46）进行导向。这种导向装置设在模座后面，具有通用性。大多数锻模采用双导柱，个别采用四导柱。导套、导柱分别与上、下模座过盈配合，导柱、导套之间应保证 0. 25 ~0. 5mm 间隙，并有润滑装置。导套下端有密封圈，以防氧化皮入内及润滑油漏出。

不同规格曲柄压力机锻模用导柱、导套的主要参数见表 3-7，读者可从中选择。

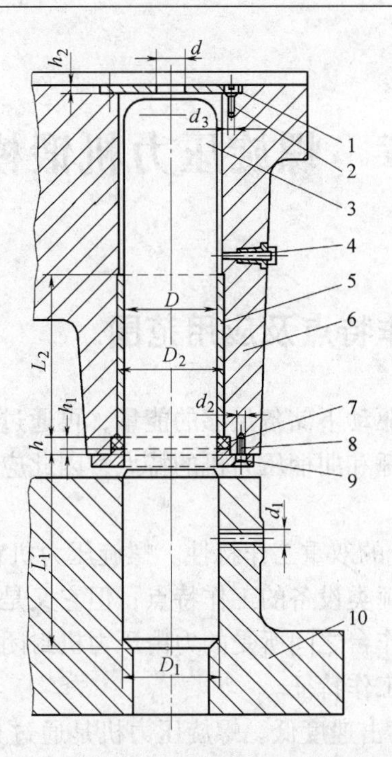

图3-46　曲柄压力机锻模的导柱-导套机构

1—封盖　2、8—螺钉　3—导柱　4—注油孔螺塞　5—导套
6—上模座体　7—毛毡密封圈　9—下盖　10—下模座体

表3-7　曲柄压力机锻模用导柱、导套的主要参数　　（单位：mm）

压力机吨位/kN	D 孔轴 H7h6	D_1 孔轴 H7r6	D_2 孔轴 H7p6	L_1 ≥	L_2	h	h_1	h_2	d	d_1	d_2	d_3
6300	65	65	80	100	125	13	5	7	20	M16	M8	M8
10000	90	90	110	140	170	17	8	9	25	M16	M10	M10
16000	110	110	130	170	200	20	11	9	30	M24	M10	M10
20000 ~ 25000	140	140	160	220	230	26	14	10	40	N24	M10	M10
31500 ~ 40000	180	180	210	300	300	31	17	10	50	M24	M12	M10

第4章　螺旋压力机锻模设计

4.1　螺旋压力机的工作特点及应用范围

螺旋压力机的飞轮在外力驱动下储备足够的能量，再通过螺杆传递给滑块来打击毛坯做功。由于螺旋压力机同时具有锤和曲柄压力机的特点，因此应用较为广泛。

1. 螺旋压力机的工作特点

1）具有锻锤和曲柄压力机的双重工作特性。螺旋压力机在工作过程中带有一定的冲击作用，滑块行程不固定，这是锤类设备的工作特点；但它又是通过螺旋副传递能量的，当坯料发生塑性变形时，滑块和工作台之间所受的力由压力机封闭框架所承受，并形成一个封闭式的力系，这一点是压力机的工作特征。

2）每分钟行程次数少，打击速度低。螺旋压力机是通过具有巨大惯性的飞轮的反复起动和制动，把螺杆的旋转运动变为滑块的往复直线运动。这种传动特点，使得打击速度和每分钟的打击次数受到一定的限制。

螺旋压力机和锤一样能在较高的储能点上以较快的速度释放能量，故金属获得的变形能比较大。相对于曲柄压力机而言，曲柄压力机是在较低速度范围内打击金属坯料，滑块速度在整个行程期间自始至终按其自身的运动规律变化，即使打击时也不会改变，而且能量释放速度很慢，是靠飞轮在额定范围内减速来释放其储能的20%～40%，变形金属获得的能量也就少。因而，曲柄压力机与螺旋压力机相比，要获得相等的能量，其结构必然庞大；而且在滑块到达下死点后，完全靠曲拐的带动，以它自身较低的速度作回转运动。因此，上、下模闭合时间长，模具温升也就高。

3）螺旋压力机中以摩擦压力机的传动效率最低，如双盘摩擦压力机的效率仅为10%～15%。因此这类设备的发展受到一系列的限制，多半为中小型设备。

2. 螺旋压力机上模锻的工艺特点

由于设备的上述特征，在螺旋压力机上模锻时，有如下工艺特点：

1）工艺用途广。表现在以下几点：

①螺旋压力机具有锤类设备和曲柄压力机类设备的双重特性，使金属坯料在一个模膛内可以进行多次打击变形，从而既可进行大变形工序，如镦粗或挤压，也可为小变形工序，如精压、压印等提供较大的变形力。因而，它能实现各种主要锻压工序。

②由于行程不固定，所以锻件精度不受设备自身弹性变形的影响。近年来，应用螺旋压力机进行精密模锻取得了不少经验和成果。

③由于每分钟打击次数少，打击速度较模锻锤低，因而金属变形过程中的再结晶现象进行得充分一些，这就比较适合于模锻一些再结晶速度较低的低塑性合金钢和有色金属材料。

④螺旋压力机打击速度低，金属再结晶软化现象实现得充分一些，所以模锻同样大小的锻件所需的变形力小，原因是加工硬化被软化抵消一部分。当然水压机的行程速度更低，按理

讲，需要的变形力更小；但不可忽视，水压机所需的变形时间长，金属坯料温降严重，金属变冷，变形抗力激增，所以需要的变形力增大。模锻水压机都向大吨位发展的原因也在于此。

2）螺旋压力机做螺旋运动的螺杆和做往复直线运动的滑块间为非刚性连接，所以承受偏心载荷的能力较差，在一般情况下，螺旋压力机只能进行单槽模锻。但在偏心载荷不大的情况下，也可以布排两个模膛，如在终锻模膛一边布排弯曲或镦粗、压扁模膛；对于细长锻件也可将终锻和预锻模膛布排在一个模块上。这时，两模膛中心线之间的距离应小于螺杆节圆直径的一半。

3）由于打击速度低，冲击作用小，虽可采用整体模，但多半采用组合式的镶块模。这样，便于模具标准化，从而缩短了制模周期，节省了模具钢，降低了成本。这对中小型工厂和小批量试制性生产的航空工厂具有特别重要的技术和经济意义。

4）螺旋压力机备有顶出装置，它不仅可以锻压或挤压带有长杆的进排气阀、长螺钉件；而且可以实现小模锻斜度和无模锻斜度，小余量和无余量的精密模锻工艺。

总之，各类锻压设备有其本身运动规律，锤头或滑块运动速度的大小将影响到金属的变形抗力、能量的传递与吸收、模具寿命和锻件精度与表面质量等。而螺旋压力机的滑块运动速度适中，兼有锤与压力机具备的优点，因此它仍然是主要锻压设备类型之一。20世纪60年代后期，在螺旋压力机的基础上，出现了液压螺旋锤。顾名思义，它具有螺旋运动和锤头直线往复运动的功能，并以液压来代替摩擦传动，从而保留了螺旋压力机的优点，克服了螺旋压力机传动效率低、打击次数少、不能承受偏心载荷的缺点。所以，许多国家近20年来大力发展液压螺旋压力机和电动螺旋压力机，已生产最大压力为40000～120000kN级的大型液压螺旋锤和电动螺旋锤。但是，液压螺旋锤需要更加昂贵的辅助装置，如高压泵蓄势器等。近年来，我国虽有研制和引进，但为数不多。

4.2　模锻件的分类

螺旋压力机通用性强，所生产的模锻件的品种多。按照锻件形状、模锻工艺方法和所用锻模的形式，螺旋压力机模锻件可分为四类，见表4-1。

表4-1　螺旋压力机模锻件的类型

类　别		锻件简图	说　明
1	顶杆		头部局部镦粗成形，杆部不变形。多采用开式模具，进行小飞边模锻
	齿轮		整体镦粗，挤压成形。多采用闭式模具，进行无飞边模锻
2	长轴		分直轴、弯轴、叉杆及带枝芽类杆件。采用开式模具，进行有飞边模锻

（续）

类别		锻件简图	说明
3	双向有凹腔的锻件	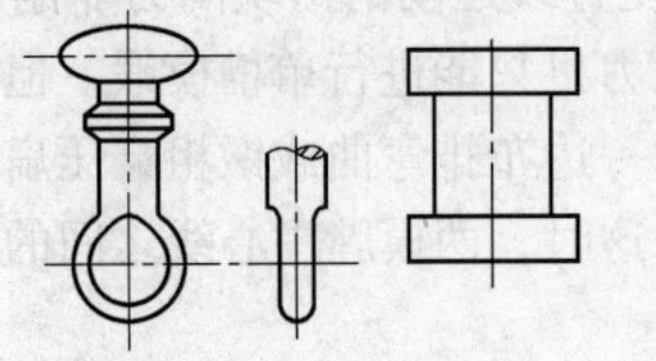	法兰、三通阀体等锻件。采用组合凹模成形两个方向的凹孔或凹腔
4	精密锻件	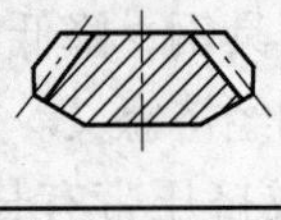	采用精度很高的闭式模具进行无飞边模锻。锻件精度高，少、无切削后即可直接使用

4.3　锻件图的制订

螺旋压力机滑块速度比锤头小，却又比曲柄压力机滑块大，因此金属毛坯在加压条件下与模具的接触时间长，比锤上长10～20倍，一般一火只能打2～3次。对于形状复杂的锻件，需要采用自由锻制坯或在专用设备（辊轧机、电镦机）上制坯。

1. 分模面

螺旋压力机通用性很强，不仅能实现有飞边模锻，也适用于小飞边、无飞边模锻。它能生产出的锻件品种较多。表4-2列出了螺旋压力机上模锻同一锻件采用不同工艺方案时分模面位置的选择。从表4-2中可以看出，在锤上模锻须轴向分模的锻件，在螺旋压力机上模锻时，其分模面要取决于是开式还是闭式模锻。这是由于螺旋压力机带有顶出机构，对轴对称的、局部成形的锻件可沿径向分模，从而简化模具，方便模具加工和切边模制造。

表4-2　锻件分模面位置选择

模锻工艺方法	锻件形状				
	1	2	3	4	5
开式模锻（有飞边模锻）	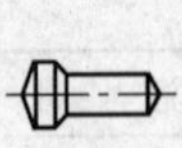		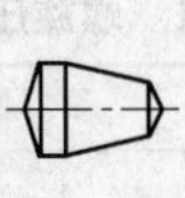	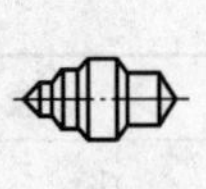	
闭式模锻（无飞边模锻）				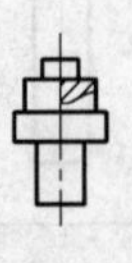	
说明	此为长杆形、可顶镦成形的锻件。无飞边模锻时，一般仅端部加热	平面图为圆形，或近似于圆形，可将分模面选在最大截面的一端，进行闭式模锻	锻件成形部分全部设在下模膛内，并能冲出深孔	锻件长度为其最大截面直径或边长的3倍以上，且有几个凸出部分	非回转体类锻件，也可以采用无飞边模锻

2. 机械加工余量和公差

由于螺旋压力机上多数是不带钳口的单模膛模锻，毛坯放入模膛前其表面氧化皮去除不净，模锻过程中也不易从模膛中吹去氧化皮，所以锻件表面粗糙度较锤上模锻高；复杂件要两火以上才能锻成，所以氧化皮厚，脱碳层深。因此，在一般情况下，螺旋压力机上模锻件的机械加工余量和公差比锤上模锻要大一些，见表4-3、表4-4。但若使用少无氧化加热炉加热，则可按锤上模锻余量及公差选用。

表4-3　锻件单边余量和高度方向公差值

螺旋压力机吨位/kN	<630	1000	1600	2500	3000~4000	6300	8000	>10000
余量/mm	0.8~1.0	1.2	1.5	1.8	2.0	2.2	2.5	2.8
允许误差/mm	<+0.4	+0.6	+0.8	+1.0	+1.2	+1.5	+2.0	+2.5

表4-4　锻件自由公差（水平方向）　（单位：mm）

锻件水平方向尺寸	3~6	6~18	18~50	50~120	120~260	260~500	500~1000
允许误差	±0.5	±0.7	±1.0	±1.4	±2.0	±2.5	±3.0

3. 模锻斜度和圆角半径

模锻斜度取决于是否采用顶出装置，同时也受锻件尺寸之比$\left(\frac{h}{d}、\frac{h}{b}、\cdots\cdots\right)$和材料种类影响，见表4-5。

表4-5　模锻斜度

斜度	外模锻斜度 α				内模锻斜度 β			
材质	有色金属		钢		有色金属		钢	
高度与直径或宽度之比	顶杆							
	有	无	有	无	有	无	有	无
≤1	0°30′	1°30′	1°	3°	1°	1°30′	1°30′	5°
>1~2	1°	3°	1°30′	5°	1°30′	3°	3°	7°
>2~4	1°30′	5°	3°	7°	2°	5°	5°	10°
>4	3°	7°	5°	10°	3°	7°	7°	12°

由于螺旋压力机是冲击载荷，金属流动惯性大，圆角半径可按锤上模锻或按表4-6选取。

4. 冲孔连皮和压凹

带有通孔的锻件，冲孔连皮按锤上模锻一样选取；不通孔的锻件，孔的尺寸按表4-7选取。

表 4-6　锻件圆角半径　　（单位：mm）

圆　角	凹圆角 R		凸圆角 r	
高度方向尺寸 h	材　质			
	有色金属	钢	有色金属	钢
≤5	0.8 ~ 1.0	1.0	0.5	0.8
>5 ~ 10	1.0	1.0 ~ 1.5	1.0	1.0 ~ 1.2
>10 ~ 15	1.5	2.0	1.2	1.5
>15 ~ 20	1.8 ~ 2.0	2.5	1.5	2.0
>20 ~ 30	2.2	2.5 ~ 3.0	1.8	2.0 ~ 2.5
>30 ~ 40	2.5	3.0 ~ 5.0	2.0	2.5 ~ 3.5
>40	>3.0	>5.0	>2.0	>3.5

表 4-7　孔 的 尺 寸

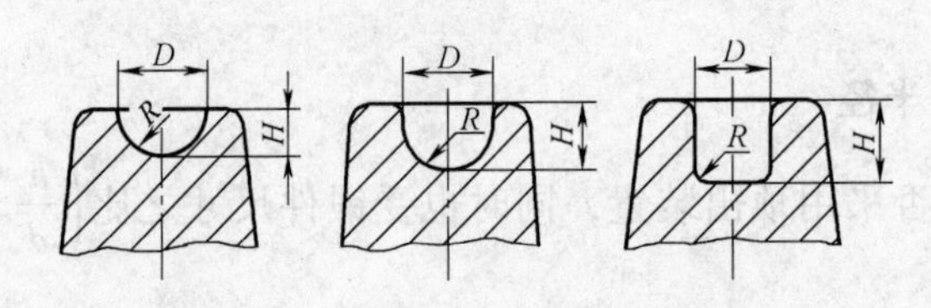

D/mm		H	R
钢	有色金属		
≤20	≤10	$(1/2)D$	$(1/2)D$
>20 ~ 50	>10 ~ 40	$(2/3)D$	$(1/2)D$
>50	>40	$<D$	$<(1/5)D$

4.4　模锻工步的选择

1. 第 1 类锻件

该类锻件有顶镦件和杯盘齿轮件两种，顶镦件的成形主要是对头部进行顶镦。顶镦件的杆部较长，但在顶镦过程中不产生塑性变形。顶镦工艺的主要问题是限制坯料变形部分长度和直径的比（见表 4-8），以免坯料在顶镦过程中产生纵向弯曲，形成折叠缺陷。由于螺旋压力机仅适合单模膛模锻，因此通常只用于可一次顶镦成形的锻件。头部过大，不符合一次顶镦成形条件的顶镦件则应选用两次以上的顶镦。中小批生产时，为了减少模具套数，简化模具结构，可选用较粗的毛坯，与其他制坯设备组成机组，采用先镦粗后拔杆或先拔杆后镦粗的工艺成形。

表 4-8　顶镦件一次行程顶镦成形的条件

	一次行程顶镦的条件	$l \leqslant 2.3d$	当 $d_1 > 1.5d$、$l_1 \geqslant d$ 时，$l \leqslant 2.5d$	当 $d_1 < 1.5d$、$l_1 \leqslant d$ 时，$l \leqslant 4.0d$
	适用的局部顶镦方式			

注：l——顶镦长度；d——顶镦直径。

杯盘齿轮类锻件多采用无飞边模锻。形状比较简单的实心锻件，带小孔、厚壁的环形锻件，可采用毛坯直接在终锻模膛中模锻成形的工艺（见图 4-1a）。对于形状较复杂，特别是带孔或小凸台的锻件，为便于成形并防止产生夹层缺陷，必须采用镦粗工步（见图 4-1b），预镦毛坯的直径应比锻件直径小 3～5mm。对于形状特别复杂的锻件，还要采用成形镦粗工步，如图 4-1c 所示。

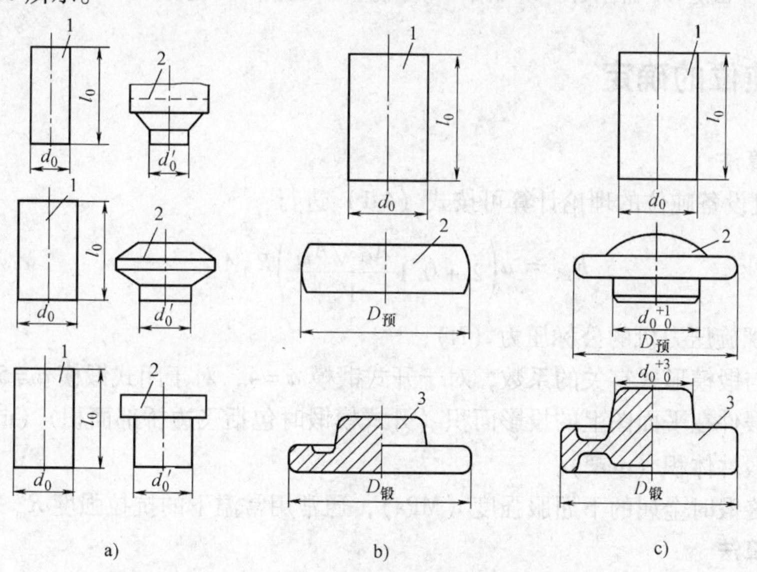

图 4-1　杯盘齿轮类锻件的模锻工艺过程

a）直接终锻成形的锻件　b）采用镦粗工步的锻件　c）采用成形镦粗工步的锻件

1—毛坯　2—预锻件　3—终锻件

2. 第 2 类锻件

该类锻件工艺设计的主要依据是计算毛坯直径图，工艺计算方法可参阅锤上模锻的相应内容。由于螺旋压力机仅适合单模膛模锻的特点，一般应用毛坯直接终锻成形。必要时，螺旋压力机也可进行弯曲、成形、卡压、压扁等单次打击的制坯工步，进行打击次数为 2～3

次的简单滚压制坯。若锻件截面面积相差较大，必须采用拔长—滚压或需要打击次数较多的滚压制坯工步时，可根据生产批量采用自由锻制坯、胎模锻制坯或使用辊锻机、仿形斜轧机、电镦机制坯，螺旋压力机上终锻成形的工艺方案。

3. 第3类锻件

该类锻件有两个方向的凸起或凹腔。为了保证锻件能从模膛中取出，凹模必须是组合的。该类锻件的锻造工艺差别很大，有些需要两次局部镦粗成形；有些带两向凸台的锻件，则需双向模锻，如图4-2所示。

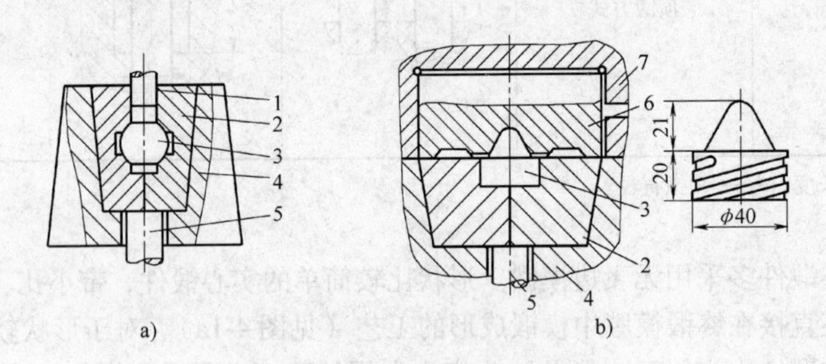

图4-2　双向有凹孔锻件的模锻

a）闭式模锻用模　b）开式模锻用模

1—凸模　2—组合凹模　3—锻件　4—下模座　5—顶杆　6—上模块　7—上模座

4.5　设备吨位的确定

1. 理论计算法

螺旋压力机设备吨位的理论计算可按式（4-1）进行：

$$F_{螺} = a\left(2 + 0.1\frac{A_{锻}\sqrt{A_{锻}}}{V_{锻}}\right)R_{eL}A_{锻} \tag{4-1}$$

式中　$F_{螺}$——螺旋压力机的公称压力（N）；

a——与锻模形式有关的系数，对于开式锻模 $a=4$，对于闭式锻模 $a=5$；

$A_{锻}$——锻件在平面图上的投影面积（开式模锻时包括飞边桥部面积）（mm^2）；

$V_{锻}$——锻件体积（mm^3）；

R_{eL}——终锻时金属的下屈服强度（MPa），通常用常温下的抗拉强度 R_m 来代替。

2. 经验计算法

螺旋压力机设备吨位的经验公式为

$$F_{螺} = kR_mA_{锻} \tag{4-2}$$

式中　$F_{螺}$——螺旋压力机的公称压力（N）；

$A_{锻}$——包括飞边在内的锻件在分模面上的投影面积（mm^2）；

k——系数（9.5～10），在模锻有色金属时应选用10；

R_m——终锻温度金属的抗拉强度（MPa）。

3. 查图法

确定螺旋压力机吨位的曲线如图4-3所示。

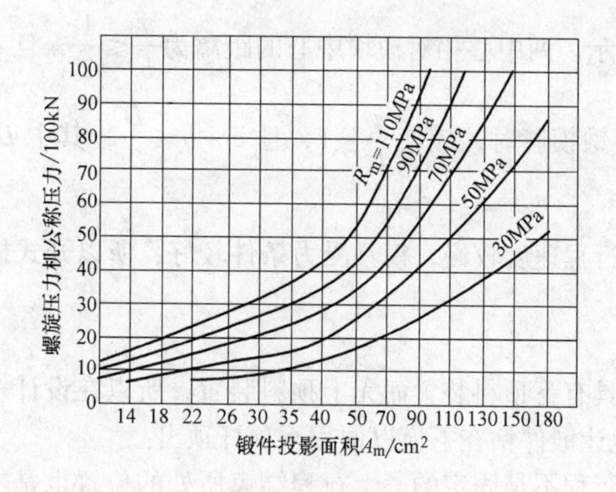

图 4-3　确定螺旋压力机吨位的曲线

4. 查表法

螺旋压力机上模锻件的最大尺寸范围见表 4-9。

表 4-9　螺旋压力机上模锻件的最大尺寸范围

公称压力/kN			700	1600	2500、3000	8000、10000
有飞边模锻	锻件投影面积/cm²	低碳钢	64	80	144	700
		中碳钢	55	64	125	700
		合金钢	40	50	86	500
	锻件直径/mm	低碳钢	90	100	135	300
		中碳钢	80	90	130	300
		合金钢	70	80	105	250
无飞边模锻	锻件投影面积/cm²	低碳钢	64	105	200	600
		中碳钢	55	90	165	420
		合金钢	40	50	85	370
	锻件直径/mm	低碳钢	90	115	160	270
		中碳钢	80	107	145	230
		合金钢	70	80	105	210

4.6　模膛和模块的设计

4.6.1　设计原则及技术要求

1）根据热锻件图进行模膛和模块设计。热锻件图是以冷锻件图为依据，将所有尺寸增加冷收缩值。热锻件图与冷锻件图在外形上一般完全相同，有时为保证锻件成形质量，允许在个别部位作适当修整。

2）当模块上只有一个模膛时，模膛中心和锻模模架中心与螺旋压力机主螺杆中心重合；当模块上设有预锻和终锻两个模膛时，应将终锻模膛中心和预锻模膛中心处置于模块中心的两侧，如图 4-4 所示。两中心相对模块中心的距离为$\frac{a}{b} \leqslant \frac{1}{2}$，且 $a+b \leqslant \frac{D}{2}$。

当同时设有两个终锻模膛时，应使$\frac{a}{b}=1$，且 $a+b \leqslant \frac{D}{2}$，其中 D 为螺旋压力机螺杆直径。

3）因螺旋压力机行程速度较慢，模具受力条件较好，所以开式模锻模块的承击面积一般可为锤上模锻的$\frac{1}{3}$。

4）螺旋压力机都具有下顶料装置而无上顶料装置，所以在设计模膛时，形状比较复杂的设置在下模，有意地让锻件粘在下模以便用下顶杆顶出。

5）螺旋压力机的行程不是固定的，上行程结束所处的位置也是不固定的，所以在锻模模块上设计的顶出器结构在保证强度的条件下应留有足够的空间，以防顶出器把整个模架顶出，如图 4-5 所示。一般采用图 4-5b 所示的顶料形式。

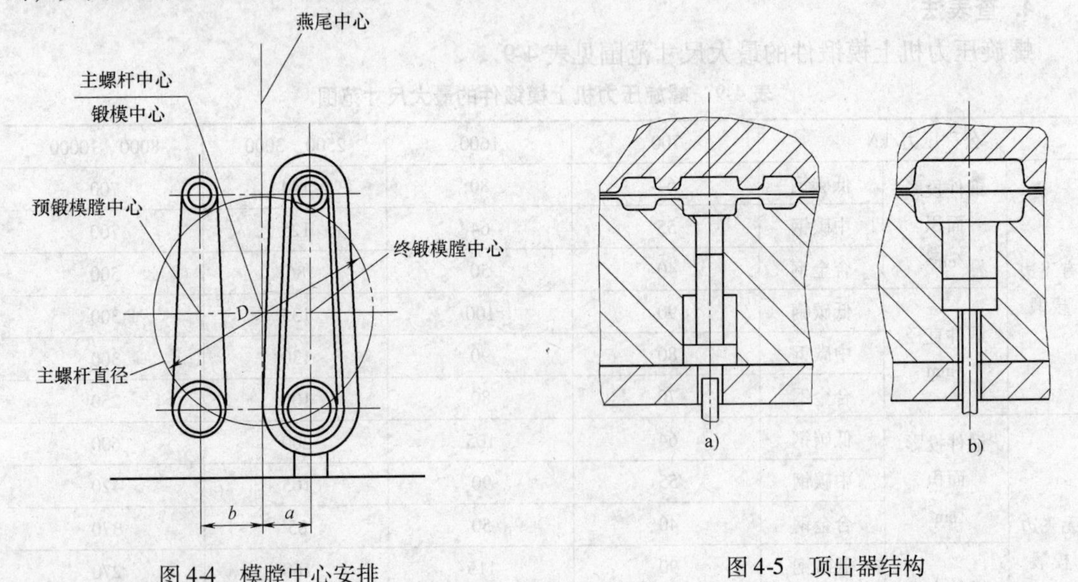

图 4-4 模膛中心安排　　图 4-5 顶出器结构

6）模膛及模块设计时要考虑锻模结构形式的选择，在保证强度的条件下，应力求结构简单，制造方便，生产周期短，力争达到最佳的经济效果。

7）对于模膛比较深、形状比较复杂、金属难于充满的部位，要设置排气孔。

8）锻模经过热处理后硬度须达到表 4-10 数值。

表 4-10 锻模硬度值

尺寸/mm	≤150	150 ~ 350	>350
硬度 HRC	44 ~ 48	42 ~ 46	40 ~ 44

4.6.2 开式锻模

螺旋压力机上开式锻模的设计步骤是先根据热锻件图进行模膛设计，然后再进行结构方面的设计。螺旋压力机上开式锻模的模膛设计除飞边槽尺寸及形式的选用与锤上锻模有些差别外，其余基本相同，故可参考第2章进行设计，这里侧重介绍锻模的结构设计。

1. 飞边槽的结构形式及尺寸的确定

飞边槽的基本形式如图4-6所示。与锤上模锻相比，飞边槽的桥部高度较大。若采用制坯工艺使金属体积分配合理和采用小飞边模锻时，可采用第Ⅱ类飞边槽形式；对一些小锻件模锻时，可采用第Ⅰ类飞边槽形式；对复杂形状的锻件和制坯后金属体积与锻件的体积相差较大时，可采用第Ⅲ类飞边槽形式。

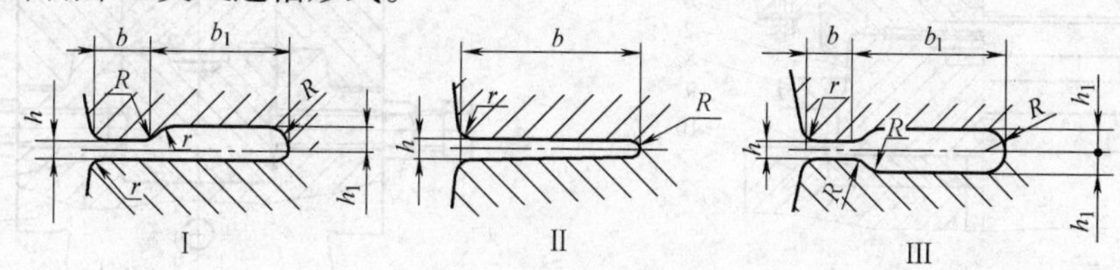

图4-6　飞边槽的形式

飞边槽尺寸可根据所选择的设备吨位来进行选择和确定，具体见表4-11和表4-12。

表4-11　钢锻件飞边槽尺寸　（单位：mm）

设备吨位/kN	h	h_1	b	b_1	r	R
≤1600	1.5	4	8	16	1.5	4
>1600~4000	2.5	4	10	20	2.0	4
>4000~6300	3.0	5	10	20	2.0	5
>6300~10000	3.5	6	12	25	2.5	6
>10000~25000	4.0	7	15	30	3.5	7

表4-12　有色金属锻件飞边槽尺寸　（单位：mm）

设备吨位/kN	h	h_1	b	b_1	r	R
≤1600	1.2	4	6	25	1.5	4
>1600~4000	1.5	4	8	30	2.0	4
>4000~6300	2.0	5	8	35	2.0	5
>6300~10000	2.5	6	10	35	2.5	6
>10000~25000	3.0	7	12	40	3.5	7

2. 模块的紧固形式

为了安全生产，正确选择模块紧固形式是非常重要的。螺旋压力机模锻常用的紧固方法有以下几种。

（1）用楔紧固　这种紧固方法与锤上锻模固定相同。模块上有燕尾，靠楔紧固在模座上，模座借助于T字形螺钉分别固定在螺旋压力机的滑块和工作台面上。这种紧固方法方便可靠，一般用于较大的模块。在批量小、供货周期短的情况，也可采用这种紧固方法。

（2）用压圈紧固（压板紧固）　如图4-7所示，这种紧固方法只适合圆形模块，紧固方便可靠，对于需用顶杆的圆形模具，多采用这种方法。

（3）用螺栓紧固　如图4-8和图4-9所示，模块可以是圆形的，也可以是矩形的，它的优点是结构简单，制造方便。图4-8的形式一般用于较小的模块，在锻造的过程中螺栓易松动，特别是脱模时松动更为严重。图 4-9 所示的形式在装、卸模块时都得把底板取下，操作较麻烦，因此这种形式的紧固方法很少采用。

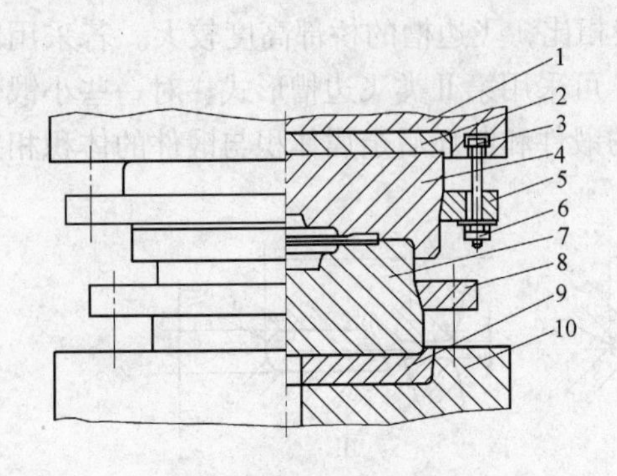

图 4-7　用压圈紧固模块形式

1—上底板　2—上垫块　3—紧固螺栓　4—上模块　5—上压圈　6—紧固螺母　7—下模块　8—下压圈　9—下垫块　10—下底板

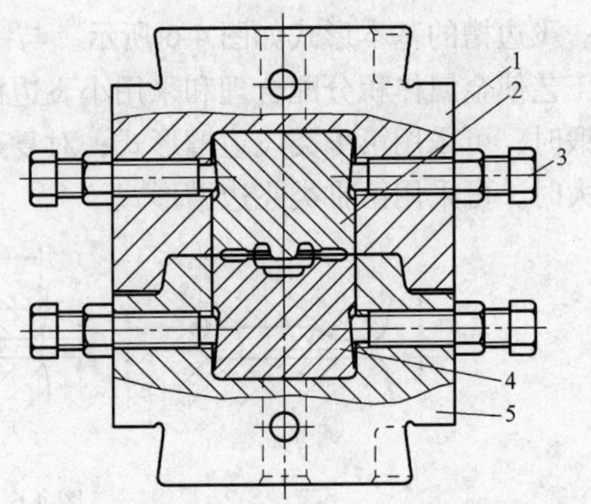

图 4-8　用螺钉紧固模块形式

1—上模套　2—上模块　3—螺钉　4—下模块　5—下模套

（4）焊接紧固（见图 4-10）　它是用焊接的方法将模块焊接在底板上。结构简单，但底板不能更换，一般不采用，只在急件或一次投产的锻件采用。

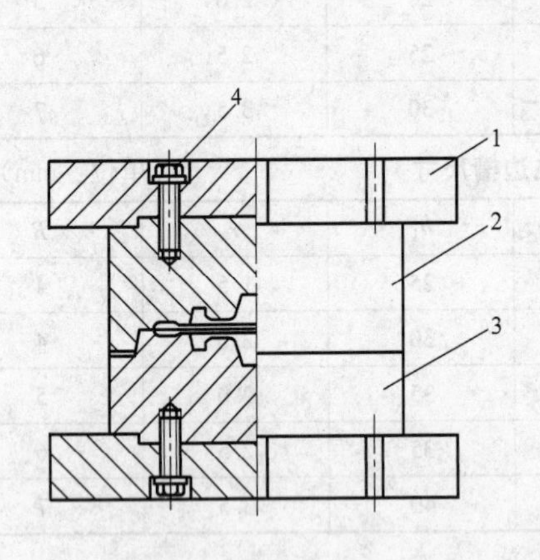

图 4-9　用螺钉紧固模块的形式

1—上底板　2—上模块　3—下模块　4—螺钉

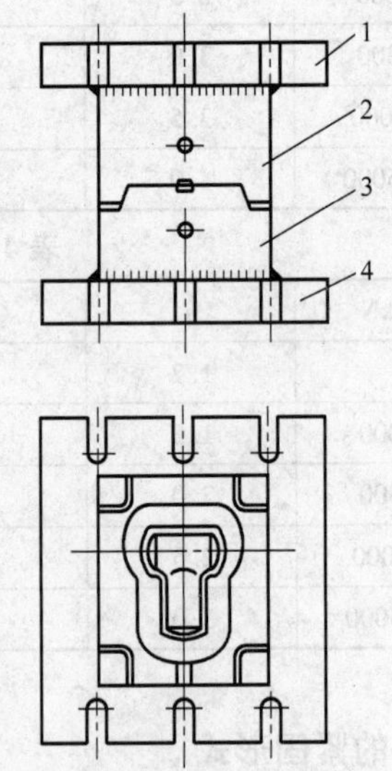

图 4-10　用焊接法紧固模块形式

1—上底板　2—上模块　3—下模块　4—下底板

3. 模膛的布排

从螺旋压力机工作特性及最大限度地减少锻模在使用中的错移量，延长主螺杆及导轨、锻模本身的使用寿命的观点出发，采用单模膛的锻造是最为合理的。但为了扩大螺旋压力机的应用范围，根据锻件本身的工艺特点以及提高设备的利用率往往也采用双模膛的锻造，一般是一个预锻模膛、一个终锻模膛或一个制坯模膛、一个终锻模膛，有时采用两个终锻模膛，多于两个模膛的情况是不可取的。

当锻模为单模膛时，模膛中心要与主螺杆中心重合，当模块上有两个模膛时，其布排方法见4.6.1节设计原则第2条。

4. 锁扣的设计

模件的分模面为曲面或锻模中心与模膛中心不重合时，在锻击过程中锻模往往受到锻造力的水平分力的作用，在这个分力的作用下使锻模错移。为避免锻模错移，必须设计专门平衡水平分力的结构，为调整锻模使上下模对准，也需设计这样的结构，以便导向。

导向、平衡水平分力可采用锁扣、导柱导套、导锁三种结构形式。

导柱导套的设计可按锻压机锻模的导柱导套设计，通常是用于组合式模架的上下底板上以及精密模锻和无飞边或小飞边的闭式模锻中。

螺旋压力机上锻模锁扣的形式与锤上锻模相同，即分为平衡锁扣（又称形状锁扣）和一般锁扣两类，各种形式锁扣的作用也相同。故这里主要介绍螺旋压力机上锻模锁扣的尺寸设计。

（1）平衡锁扣　平衡锁扣用于分模面有落差的锻件，其形式如图4-11所示，其尺寸按式（4-3）~式（4-5）确定：

$$H = h + (10 \sim 30)\text{mm} \tag{4-3}$$

$$b = (1.5 \sim 2)H \tag{4-4}$$

$$\alpha = 3^\circ \sim 5^\circ \tag{4-5}$$

（2）一般锁扣

1）圆形锁扣（见图4-12）。用于锻件在分模面上的投影为圆形的锻模。

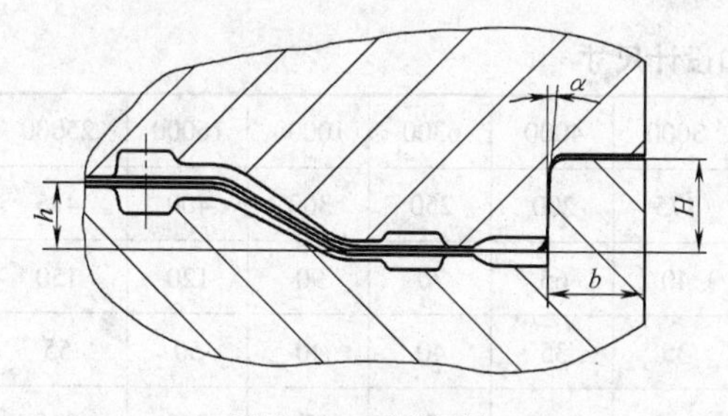

图4-11　平衡锁扣

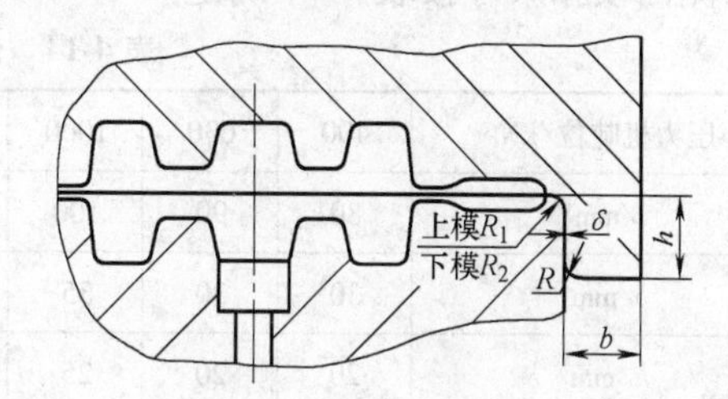

图4-12　圆形锁扣

设计要点如下：

①锁扣的凸部一般放在上模，其优点是易于取出锻件及清理氧化皮。

②为避免多余金属通过飞边仓部流入锁扣间隙，除工艺设计中力求坯料质量准确外，还需加大飞边仓部的宽度。

③为保证锻件达到技术条件要求，锁扣水平间隙δ的最大值不得超过该锻件所允许的错移量的一半。

④如果在实际生产中由于下模温度的升高比上模快出现卡模现象时，允许锁扣凸部放在下模，此时必须沿锻模中心线在凸锁扣上开一通槽，以排除氧化皮，容纳钳子取出锻件。其深度等于凸部高度，宽度视所用钳子的宽度而定。

圆形锁扣尺寸按表4-13确定。

2）侧面锁扣（见图4-13）。侧面锁扣和后面讲的角锁扣可放置在模块上，也可放置在模架的上下底板上。对于整体式模架，锁扣放置在模块上；对于组合式模架，锁扣放置在模架上下底板上。

表 4-13　圆形锁扣设计尺寸

压力机吨位/kN	400	630	1000	1600	3000	4000	6300	10000	16000	25000
h/mm	15	15	15	15	20	25	25	30	45	50
b/mm	15	15	15	15	20	25	25	30	45	50
R/mm	5	5	6	6	8	8	8	10	12	15
R_1/mm	5	5	6	6	8	8	8	10	12	15
R_2/mm	3.5	3.5	4.5	4.5	5.5	5.5	6.5	6.5	8	12

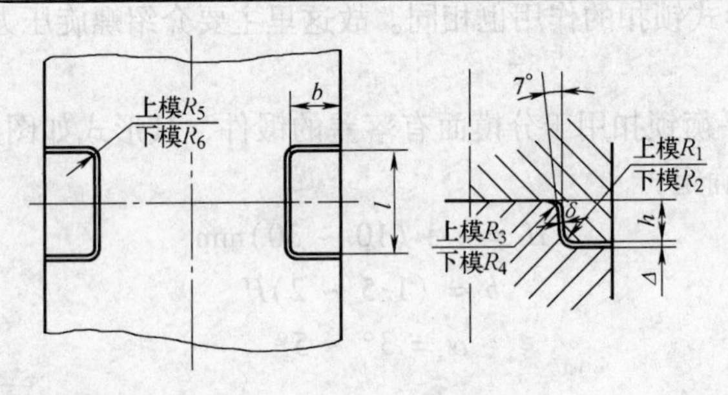

图 4-13　侧面锁扣

侧面锁扣尺寸按表 4-14 确定。

表 4-14　侧面锁扣设计尺寸

压力机吨位/kN	400	630	1000	1600	3000	4000	6300	10000	16000	25000
l/mm	80	90	100	130	175	200	250	300	400	475
b/mm	30	30	35	35	40	65	70	90	120	150
h/mm	20	20	25	25	35	35	40	40	50	55
Δ/mm	1	1	1	1	1.5	1.5	2	2	2.5	2.5
δ/mm	0.10	0.10	0.10	0.10	0.12	0.12	0.15	0.15	0.20	0.25
R_1/mm	4	4	4	4	5	6	8	10	12	15
R_2/mm	3.5	3.5	3.5	3.5	4	5	6	8	10	12
R_3/mm	3.5	3.5	3.5	3.5	4	5	6	8	10	12
R_4/mm	4	4	4	4	5	6	8	10	12	15
R_5/mm	4	4	4	4	5	6	8	10	12	15
R_6/mm	3.5	3.5	3.5	3.5	4	5	6	8	10	12

3）角锁扣（见图 4-14）：在角锁扣中锁扣的长 l 等于侧锁扣中锁扣长的一半。其余尺寸按表 4-14 确定。

在螺旋压力机上，导销也是一种常用的导向装置，其结构形式如图 4-15 所示。

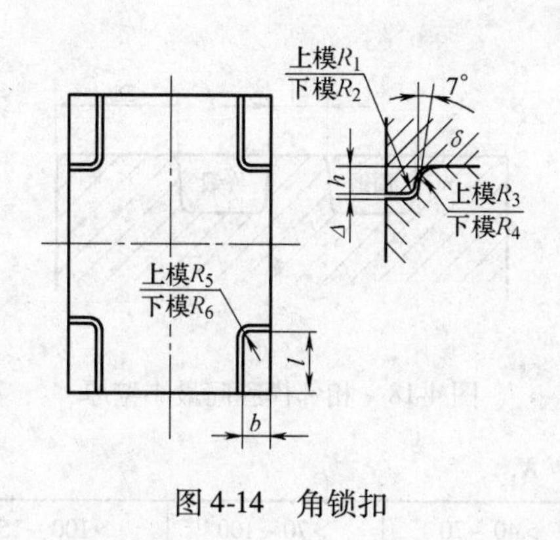

图4-14　角锁扣

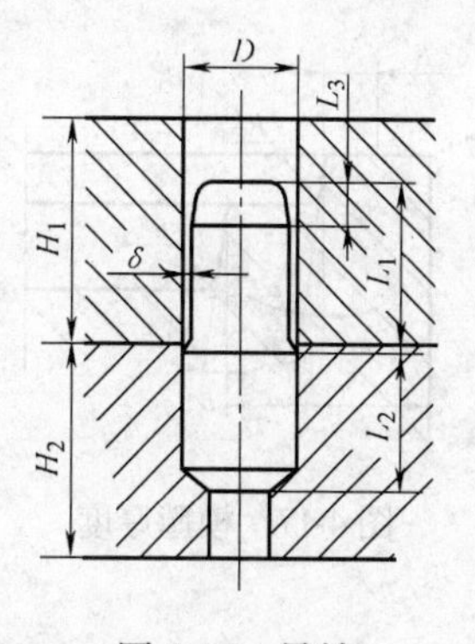

图4-15　导销

导销通常设置在下模。为便于加工，上下模销孔的直径相等。导销直径按表4-15确定。

表4-15　导 销 直 径

压力机吨位/kN	400	630	1000	1600	3000	4000	6300	10000	16000	25000
导销直径 D/mm	25	30	35	40	45	50	55	60	80	100

导销的长度应保证在开始模锻时进入上模导销孔15～20mm，并在上下模打靠时导销不露出上模导销孔。一般按式（4-6）～式（4-8）确定：

$$L_1 = (0.8 \sim 0.9)H_1 \quad (4\text{-}6)$$

$$L_2 = (0.6 \sim 0.7)H_2 \quad (4\text{-}7)$$

$$L_3 = 15 \sim 20\text{mm} \quad (4\text{-}8)$$

5. 模壁厚度的确定

（1）模锻模膛的最小外壁厚度 S_0　如图4-16所示，模锻模膛最小外壁厚度按式（4-9）确定：

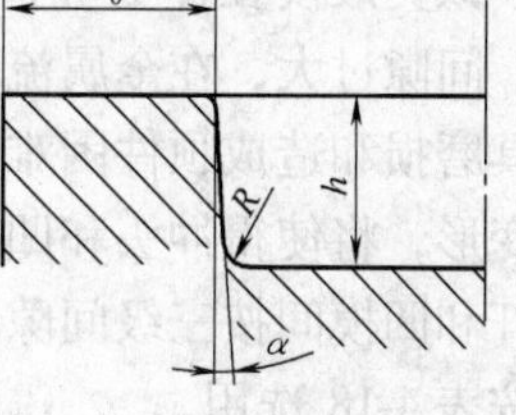

图4-16　模锻模膛外壁厚度

$$S_0 = Kh \quad (4\text{-}9)$$

式中　K——系数，按表4-16选用；

h——模膛深度。

表4-16　系　数　K

模膛深度 h/mm	<20	20～30	>30～40	>40～55	>55～70	>70～90	>90～120	>120
K	2	1.7	1.5	1.3	1.2	1.1	1.0	0.8

注：此表用于 $\alpha \geqslant 7°$，$R \geqslant 3$mm 的情况。当小于上述范围时，K 适当增大。

当模膛靠近外壁有不同深度 h'、h''时，则应分别计算出相应深度的最小壁厚 S'、S''，取其中较大值为最小壁厚 S_0（见图4-17）。

（2）相邻模膛间最小壁厚 S_1（见图4-18）　当设两个终锻模膛或一个预锻模膛、一个终锻模膛时，模膛间的最小壁厚 S_1 可按式（4-10）确定：

$$S_1 = K_1 h \quad (4\text{-}10)$$

式中　K_1——系数，可按表4-17选用。

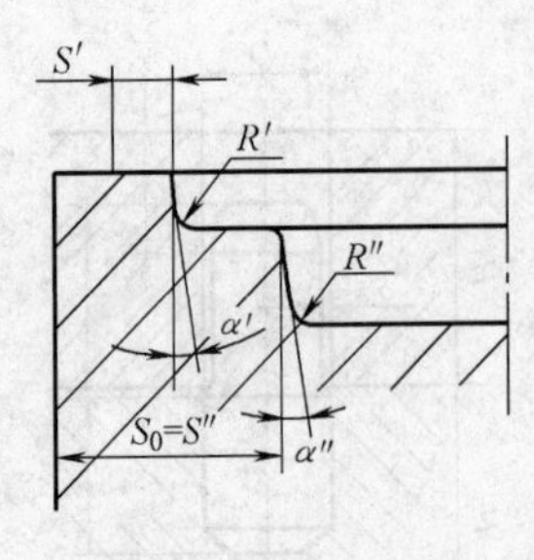

图 4-17　模膛厚度

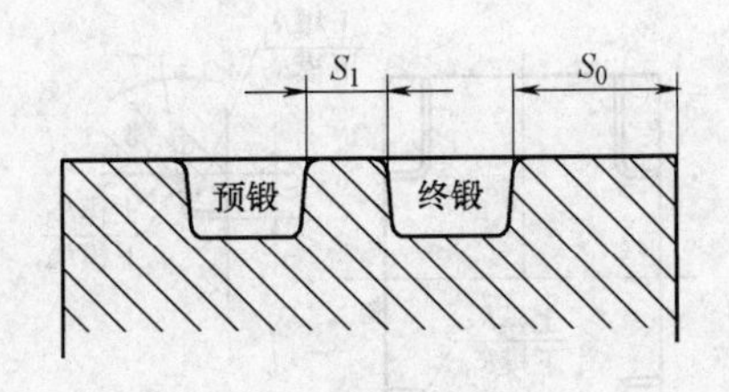

图 4-18　相邻模膛间最小壁厚

表 4-17　系　数　K_1

模膛深度 h/mm	<30	>30～40	>40～70	>70～100	>100～150
K_1	1.5	1.3	1.1	1.0	0.8

注：本表用于 $\alpha \geqslant 7°$、$R \geqslant 3$mm 的情况。当小于上述值时，K_1 应适当增大。

4.6.3　闭式锻模

闭式锻模较适用于成形特性为轴对称变形或近似轴对称变形的锻件，目前多用于短轴线类的回转体锻件。闭式锻模的结构如图 4-19 所示，其特点是：冲头和凹模间间隙的方向与模具运动的方向平行，在模锻过程中间隙的大小不变。

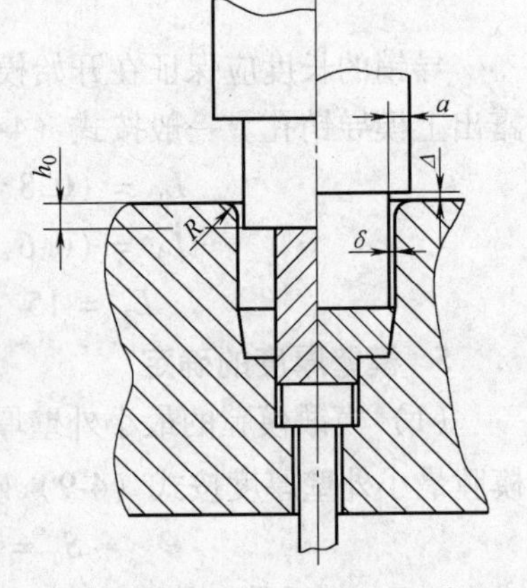

图 4-19　闭式锻模

该类锻模在冲头和凹模、顶杆和凹模间要有适当的间隙。间隙过大，在金属流动时，此处将产生纵向毛刺，加速模具磨损和造成顶件困难；间隙过小，因温度的影响和模具的变形，将使得冲头和凹模、顶杆和凹模间运动困难。通常顶杆和凹模间按三级间隙配合精度选用。冲头和凹模间的间隙按表 4-18 选用。

设计凹模和冲头时，应考虑多余能量的吸收问题。当模膛已基本充满，再进行打击时，滑块的动能几乎全部为模具和设备的弹性变形所吸收。坯料被压缩后，使模具内径撑大，模具承受很大的应力，因此在螺旋压力机上闭式模锻时，模具的尺寸不取决于所模锻零件的尺寸和材料，而取决于设备的吨位。螺旋压力机闭式模具凹模和空心冲头允许的最小纵截面面积见表 4-19 截面。

表 4-18　冲头和凹模间的间隙值　（单位：mm）

冲 头 直 径	间　隙　值	冲 头 直 径	间　隙　值
≤20	0.05	>60～120	0.10～0.15
>20～40	0.05～0.08	>120～200	0.15～0.20
>40～60	0.08～0.10	>200	0.20～0.30

闭式锻模通常采用的导向装置有两种形式：一种是导柱导套导向，另一种是凸凹模自身导向。

导柱导套导向的设计可按锻压机锻模的导柱导套设计。凸凹模自身导向的设计参照图 4-19 进行，图中的有关尺寸确定如下：

1）h_0 为凸模在开始模锻时进入凹模的深度，$h_0 \geqslant 15\text{mm}$。

2）Δ 为凸模肩部在模锻终了时与凹模的间隙，Δ 应等于锻件负公差的数值。

3）δ 为凸、凹模之间的间隙，按表4-18选用。

4）R 为凹模圆角，$R=\frac{1}{2}h_0$。

5）a 为凸模肩部厚度，$a \geqslant 15\text{mm}$。

表4-19　凹模和空心冲头允许的最小纵截面面积

设备吨位/kN		400	630	1000	1600	3000	4000	6300	10000	16000	25000
运动部分最大动能/J		1250	2500	5000	10000	20000	40000	80000	160000	280000	1000000
滑块最大行程/mm		240	270	310	360	420	500	600	700	700	800
凹模和空心冲头允许的最小纵截面面积/mm^2	R_m = 600MPa	670	1050	1700	2700	4100	6700	10500	17000	27000	41000
	R_m = 720MPa	550	870	1400	2200	3500	5500	8800	14000	22000	35000

4.6.4　精锻模

精锻模是用以获得精密模锻件的一种模具。

在设计螺旋压力机精锻模之前，应对零件的工艺性进行分析，根据精锻过程中变形的特点和金属流动的特征制订出精密模锻件的锻件图，然后再进行模膛及模块的设计。

1. 模膛尺寸

普通模锻的模膛尺寸是按热锻件图尺寸确定的，而对于精锻模模膛尺寸就不能仅考虑一个冷收缩率因素，而必须考虑模膛的磨损、毛坯体积的变化、模具温度、锻件温度、模具弹性变形等因素的影响，合理地确定模膛尺寸。

（1）模膛的磨损　在模膛的不同位置，由于变形中的金属流动情况和模膛各个部位所受到的压力不同和润滑程度的差异，其磨损程度也不相同。

对于精锻，模具磨损公差取值方法如下：

1）外长度、外宽度和外径尺寸的模膛磨损公差是用外长度、外宽度和外径尺寸乘以表4-20中相应的锻件材料系数获得。这个公差加在锻件外长度、外宽度和外径尺寸的正偏差上。

表4-20　计算模膛磨损公差的材料系数

锻件材料	系数	锻件材料	系数	锻件材料	系数
碳素钢	0.0034	耐热合金	0.0067	超硬铝合金	0.0059
低合金钢	0.0042	钛合金	0.0076	黄铜	0.0017
高铬马氏体和低碳高铬铁素体不锈耐热钢	0.0050	难熔合金	0.0101	铜	0.0017
镍铬奥氏体不锈钢	0.0059	锻铝合金	0.0034	镁合金	0.0050

2）内长度、内宽度和内径尺寸的模膛磨损公差按同样方法计算，但这个公差加在内长度、内宽度和孔径尺寸的负偏差上。

3）内外尺寸上单面模膛磨损公差均为计算总值的一半。模具磨损公差不能应用于中心线到中心线间的尺寸。

（2）毛坯体积的变化　在开式模锻中，因为有飞边槽可以容纳多余金属，毛坯体积的变化不会影响精锻件的尺寸，而精密模锻则不然，在螺旋压力机上精密模锻时，由于螺旋压力机具有行程不固定的特点，毛坯体积的变化则要引起模锻中高度的变化（模膛水平尺寸的变化忽略不计）。

毛坯体积允许偏差所引起精锻件高度尺寸 H 的最大偏差值由式（4-11）确定：

$$\Delta H_1 = \frac{\Delta V}{V}H \tag{4-11}$$

式中　V、ΔV——毛坯体积及其允许偏差（不形成飞边的情况下）（mm^3）。

对于圆轧材下料的圆柱形毛坯，应有

$$\Delta V \approx \frac{\pi}{2}d_{坯最小}^2[\Delta l + m(\Delta_1 + \Delta_2)] \tag{4-12}$$

$$l_{坯} = l_{坯公称} + \Delta l$$

$$d_{坯} = d_{坯公称}{}^{+\Delta_1}_{-\Delta_2}$$

式中　$l_{坯公称}$、$l_{坯}$——毛坯长度的公称尺寸和实际尺寸（mm）；

Δl——毛坯长度的对称偏差值（mm）；

$d_{坯公称}$、$d_{坯}$——毛坯直径的公称尺寸和实际尺寸（mm）；

Δ_1、Δ_2——毛坯直径的正、负偏差的绝对值（mm）；

$d_{坯最小}$——毛坯最小直径（mm）；

m——毛坯长径比，$m = \frac{l_{坯}}{d_{坯}} = \frac{l_{坯名义}}{d_{坯名义}}$。

根据公式与计算出的锻件高度变化范围，预先估计螺旋压力机精锻模的最大闭合量，这个闭合量在模膛设计时要充分考虑，一般模膛总高度公差取 ΔH_1 的一半。

（3）模具温度　模具温度的波动会引起模膛容积变化，模具温度高，模膛容积增大，获得的模锻尺寸相应也增大；反之模锻件尺寸减小。在精锻时模具实测温度与设计预定的模具温度总是有变化范围的，模膛尺寸发生变化，其波动值可按式（4-13）计算：

$$\Delta A_{模} = A_{模}\alpha_{模}\Delta t_{模} \tag{4-13}$$

式中　$\Delta A_{模}$——模膛 A 方向尺寸波动值（mm）；

$A_{模}$——在预定模具温度下 A 方向的公称模膛尺寸（mm）；

$\alpha_{模}$——模具材料的线胀系数；

$\Delta t_{模}$——模锻结束时模具温度对预定模具温度的波动值（℃）。

（4）锻件温度　模锻过程中毛坯的温度是不断发生变化的，结果终锻时的温度也与预定终锻温度有一个偏差，其波动值可按式（4-14）计算：

$$\Delta A_{锻} = A_{锻}\alpha_{锻}\Delta t_{锻} \tag{4-14}$$

式中　$\Delta A_{锻}$——锻件 A 方向尺寸波动值（mm）；

$A_{锻}$——在预定终锻温度下 A 方向的锻件尺寸（mm）；

$\alpha_{锻}$——锻件材料的线胀系数；

$\Delta t_{锻}$——模锻结束时锻件温度对预定终锻温度的波动值（℃）。

通常精锻模模膛尺寸（见图 4-20）可按式（4-15）确定，然后通过试锻加以修正。

模膛外径

$$A = A_{公称} + A_{公称}\alpha t - A_{公称}\alpha_{模} t_{模} - \Delta A_{弹} \tag{4-15}$$

式中　A——模膛外径（mm）；

$A_{公称}$——锻件相应外径的公称尺寸（mm）；

α——坯料的线胀系数（1/℃）；

t——终锻时锻件的温度（℃）；

$\alpha_{模}$——模具材料的线胀系数（1/℃）；

$t_{模}$——模具工作温度（℃）；

$\Delta A_{弹}$——模锻时模膛外径 A 的弹性变形绝对值（mm）。

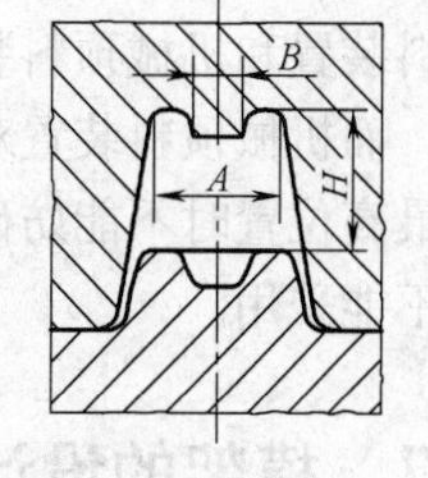

图4-20　模膛尺寸

冲头直径 B 按式（4-16）计算：

$$B = B_{公称} + B_{公称}\alpha t - B_{公称}\alpha_{模} t_{模} - \Delta B_{弹} \tag{4-16}$$

式中　B——冲头（模膛冲孔凸台）直径（mm）；

$B_{公称}$——锻件孔的公称直径（mm）；

$\Delta B_{弹}$——模锻时冲头直径 B 的弹性变形值（mm）。当直径变大时，$\Delta B_{弹}$ 为负值；当直径 B 减小时，$\Delta B_{弹}$ 为正值。

其余符号意义与式（4-15）相同。

高度 H 按式（4-17）计算：

$$H = H_{公称} + H_{公称}\alpha t - H_{公称}\alpha_{模} t_{模} \pm \Delta H_{坯}/2 \tag{4-17}$$

式中　H——模膛高度（mm）；

$H_{公称}$——锻件公称高度（mm）；

$\Delta H_{坯}$——毛坯体积变化而引起锻件高度波动值（按前面公式计算），当 $\Delta H_{坯}$ 为负值时，模膛高度应增大。

其余符号意义与式（4-15）相同。

有关模膛的磨损等因素，可在锻件公差中考虑。

2. 模膛尺寸精度和表面粗糙度

见本章4.7节。

3. 模膛布置

有深的凹穴和复杂形状模腔最好布置在上模，但必须考虑锻件的脱模，一般上模脱模斜度比下模膛大一级。当无法把有深的凹穴和复杂形状模膛布置在上模，而必须放置在下模时，必须考虑氧化皮、污物的排出问题。

在深的凹穴处及难于充满模膛处必须设计排气孔，一般孔径为1～3mm。

4. 模块（凹、凸模）**强度计算**

见表4-19。

5. 导向装置

精锻模导向采用导柱、导套形式的导向装置，其配合精度按二级精度 f7 配合，对要求比较低的精锻模可采用三级精度间隙配合。

当采用凸凹模自身导向时，其间隙按表4-18选取。

6. 模具的冷却与顶料装置

模锻过程中，锻模因毛坯的温度、变形释放的热量等因素的影响，使其本身的温度不断升高。特别是下模与锻件接触时间比较长，温度升高得较快，因此需要设计冷却装置，通常冷却装置是放在下模模块上，如图 4-21 所示。

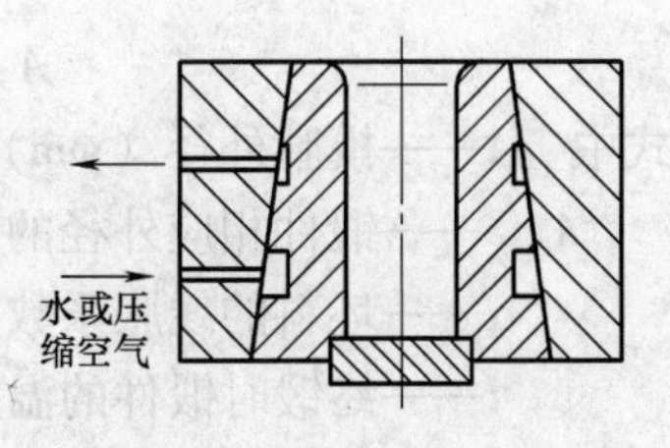

图 4-21 模具冷却装置

螺旋压力机的顶料装置有三种形式：液压顶料装置、气压顶料装置和机械顶料装置。前两种顶料装置对于精锻模最为合适，而机械顶料装置对精锻模使用有一定的影响，在顶料杆处于最高位置时不能妨碍坯料在下模中的正确安放和定位，否则就不能采用。

4.7 模架的设计

螺旋压力机具有蒸汽-空气模锻锤和曲柄压力机双重工作特性的特点，因而螺旋压力机模锻所用锻模结构既可采用锤上模锻锻模结构，也可采用曲柄压力机模锻锻模结构。

锻模是通过模架紧固在螺旋压力机的滑块底面和工作台面上的，因此正确地选择和设计模架是相当重要的。首先必须考虑在模锻生产过程中确保安全，并能保证产品质量；其次应考虑模架结构简单，易于调节，制造简单，装卸方便，容易保管，经久耐用，并有较高的综合经济效益。

4.7.1 模架的种类

模架是通用的，但由于各种锻件的形状特点及尺寸大小以及顶出器形式的不同，所以每台螺旋压力机必须设计一套或几套通用模架。

模架由上下模座、导向部分、顶出部分以及安装（紧固）调整镶块用的零件组成。模架的形式很多，根据螺旋压力机模锻工艺特点及国内外有关资料，模架可分为三大类。

1. 整体式锻模模架

（1）特点　该类模架具有以下特点：

1）结构简单，制造方便。

2）模具导向用的导锁设在模块上。

3）不仅适用于分模面为平面的锻件模锻，同时还适用于分模面为曲面的锻件模锻，错移力自身平衡。

4）安装、调整、拆卸方便。

5）易翻修。

（2）分类　整体式锻模模架按模块的形状可分为以下两类：

1）圆形模块模架适于模锻回转体锻件。

2）矩形模块模架适于模锻长轴类锻件。

2. 组合式（镶块式）**锻模模架**

（1）特点　此类模架不仅适用于大吨位螺旋压力机，也适用于中小吨位的螺旋压力机，而且锻件的批量越大越能显示出它的优越性，通常具有如下优点：

1）节约大量模具钢材料，锻件单件成本降低。

2）模具制造费用大大降低。

3）缩短了机加工周期，加工工时显著降低。

4）不更换模座就能更换模块，使锻造有效工时增加，从而提高了劳动生产率。

5）降低工人的劳动强度。

（2）分类　该类模架亦可根据所采用的模块形状分为以下两大类：

1）圆形镶块锻模模架。

2）矩形镶块锻模模架。

3. 精锻模模架

精锻模模架是精密模锻的工具，它的设计除受到精密锻件外形特点的影响外，还受到工艺、材料、温度、锻模模架主要零件的制造精度、锻造设备的精度和吨位等因素的影响。目前在螺旋压力机上进行的精密锻造的零件品种还不多，所以还未形成系列，一般可根据4.6.4节精锻模部分进行设计。

以上三大类模架的各种形式见表4-21。

表4-21　模 架 形 式

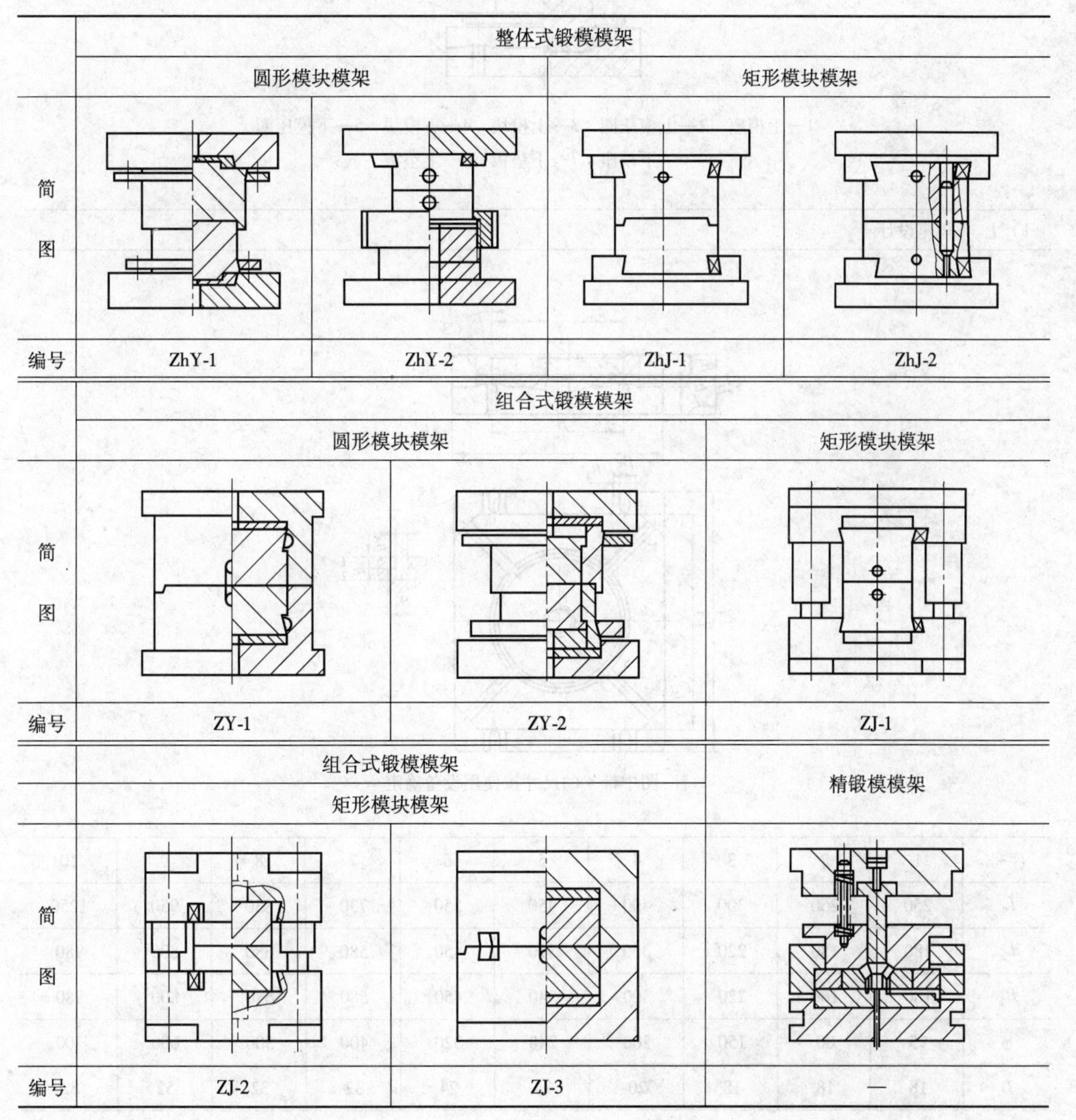

	整体式锻模模架			
	圆形模块模架		矩形模块模架	
简图				
编号	ZhY-1	ZhY-2	ZhJ-1	ZhJ-2

	组合式锻模模架		
	圆形模块模架		矩形模块模架
简图			
编号	ZY-1	ZY-2	ZJ-1

	组合式锻模模架 矩形模块模架		精锻模模架
简图			
编号	ZJ-2	ZJ-3	—

4.7.2　模架结构系列

1. 整体式模块

（1）圆形模块整体式锻模模架 A　圆形模块整体式锻模楔架 A 及其主要组件设计见表4-22。

表 4-22　圆形模块整体式锻模模架 A 及其主要组件设计　（单位：mm）

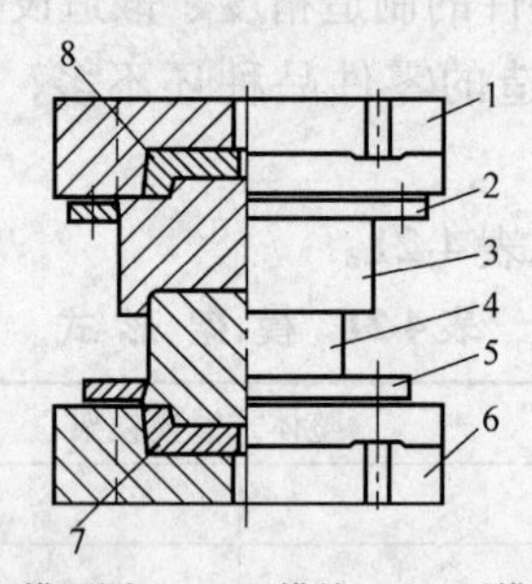

1—上模座　2—上模压圈　3—上模块　4—下模块　5—下模压圈　6—下模座　7—下垫板　8—上垫板

1）上、下模座设计

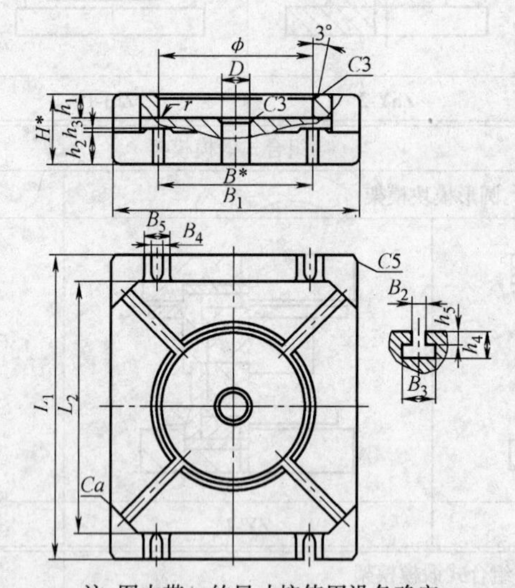

注：图中带＊的尺寸按使用设备确定

序号	1	2	3	4	5	6	7	8	9	10
L_1	250	250	300	400	450	550	730	830	950	1250
L_2	180	180	220	300	370	450	580	680	800	980
B_1	180	160	220	300	340	450	580	680	800	980
ϕ	95	80	150	200	240	320	400	500	600	700
D	18	18	18	20	24	24	32	32	52	82

（续）

1）上、下模座设计

序号	1	2	3	4	5	6	7	8	9	10
H	55	65	70	70	80	100	120	135	150	180
h_1	20	20	22	22	25	30	40	42	45	50
h_2	24	24	24	25	30	35	40	45	60	80
h_3	3	3	3	3	3	3	5	5	5	5
h_4	25	25	25	30	48	48	54	54	54	100
h_5	13	13	13	18	28	28	28	28	28	52
B_2	14	14	14	18	28	28	36	36	36	54
B_3	28	28	28	34	48	48	58	62	62	90
B_4	18	18	18	22	28	28	36	36	36	54
B_5	30	30	30	40	50	50	50	70	70	100
a	20	20	20	24	35	35	42	42	40	65
r	2.5	2.5	2.5	2.5	2.5	2.5	3	3	3	5

2）上、下模压圈设计

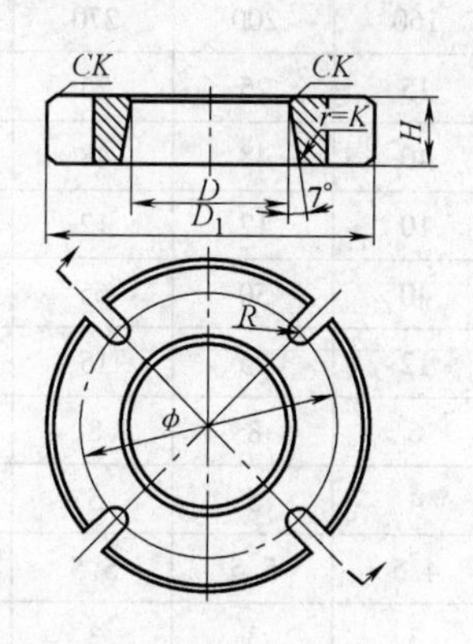

序号		1	2	3	4	5	6	7	8	9	10
D	上	100	95	140	190	240	310	400	480	590	700
	下	70	65	110	160	200	270	350	420	500	600
D_1	上	175	175	220	300	370	445	580	680	790	980
	下	150	150	210	265	330	410	535	630	720	880
ϕ	上	145	145	190	260	320	400	520	600	730	890
	下	125	125	175	230	285	365	465	565	655	785
H		20	20	22	30	36	36	46	50	60	80
R		7	7	7	9	14	14	18	18	18	27
K		3	3	3.5	4	4	5	6	8	8	10

（续）

3）上、下模块设计

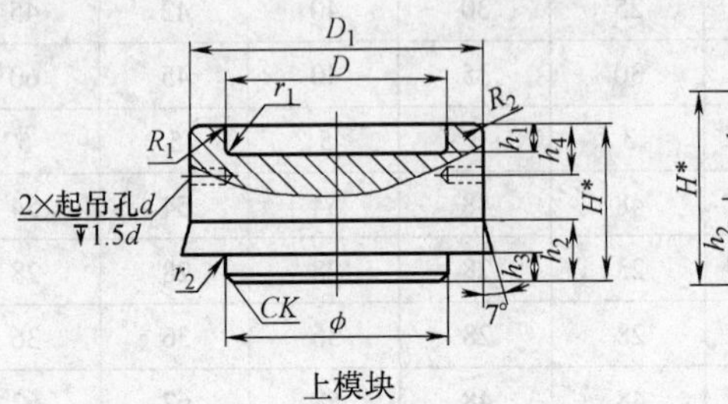

上模块

注：图中带＊的尺寸按使用设备确定

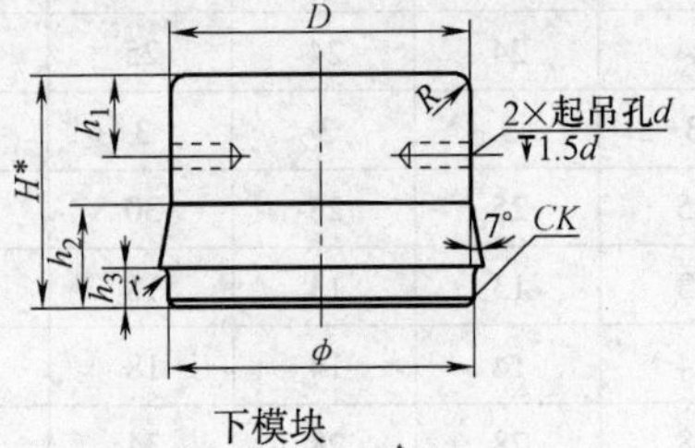

下模块

注：图中带＊的尺寸按使用设备确定

	序号	1	2	3	4	5	6	7	8	9	10
上模块尺寸	D	70	65	110	160	200	270	350	420	500	600
	D_1	100	95	140	190	240	310	400	480	590	700
	ϕ	70	65	110	160	200	270	350	420	500	600
	h_1	15	15	15	15	25	25	30	35	45	50
	h_2	28	28	32	40	48	48	58	62	72	95
	h_3	8	8	10	10	12	12	12	12	12	15
	h_4	30	35	40	40	50	65	72	90	110	130
	d	10	10	12	12	15	15	20	24	30	40
	R_1	5	5	6	6	8	8	8	10	12	15
	R_2	3	3	4	4	5	5	6	8	10	12
	r_1	3.5	3.5	4.5	4.5	5.5	5.5	6.5	6.5	8	12
	r_2	2	2.5	2.5	3	3	3	3.5	3.5	3.5	4
	K	1.5	1.5	1.5	2.5	3	3.5	3.5	3.5	3.5	4
下模块尺寸	序号	1	2	3	4	5	6	7	8	9	10
	D	70	65	110	160	200	270	350	420	500	600
	ϕ	70	65	110	160	200	270	350	420	500	600
	h_1	30	30	35	35	40	50	65	90	90	110
	h_2	28	28	32	40	48	48	58	62	72	95
	h_3	8	8	10	10	12	12	12	12	12	15
	R	5	5	6	6	8	8	8	10	12	15
	r	2	2.5	2.5	3	3	3	3.5	3.5	3.5	4
	K	1.5	1.5	1.5	2.5	3.5	3.5	3.5	3.5	4	5
	d	10	10	12	12	15	15	20	24	30	40

（续）

4）上、下垫板设计

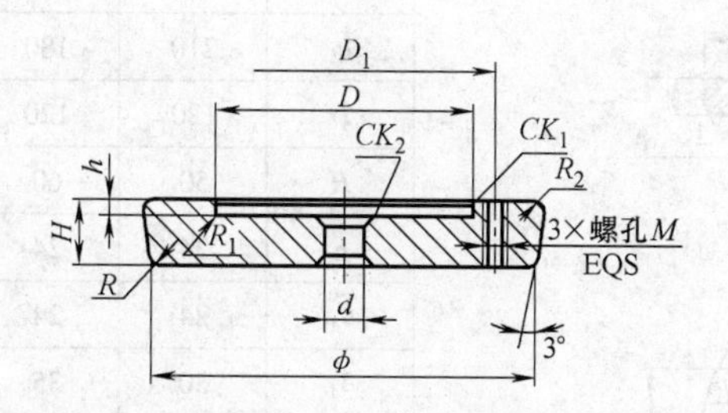

序号	1	2	3	4	5	6	7	8	9	10
ϕ	95	80	150	200	240	320	400	500	600	700
D	70	65	110	160	200	270	350	420	500	600
D_1	82.5	72.5	130	180	220	295	375	460	550	650
d	16	16	16	18	20	25	30	30	50	80
H	22	22	24	24	27	32	42	44	47	52
h	6	6	8	8	10	10	10	10	10	12
R	2	2.5	2.5	3	3	3.5	3.5	5	8	10
R_1	1.5	1.5	1.5	2	2.5	3	3	3	3.5	4
R_2	3	3	3	5	5	6	6	6	8	10
K_1	1.5	2	2	2.5	2.5	3	3.5	3.5	3.5	4
K_2	2	2.5	2.5	3	3	3	3.5	3.5	3.5	4
M	10	10	10	12	12	16	20	24	30	40

（2）圆形模块整体式锻模模架 B　圆形模块整体式锻模模架 B 及其主要组件设计见表4-23。

表4-23　圆形模块整体式锻模模架 B 及其主要组件设计　　（单位：mm）

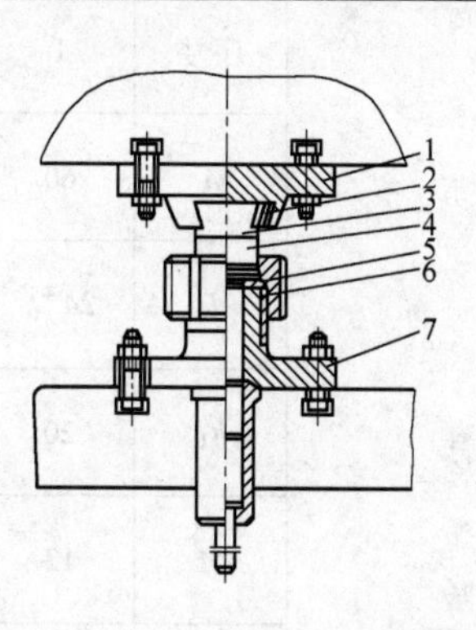

1—上模座　2—上斜楔　3—上模块　4—下模块　5—垫板　6—紧固螺母　7—下模座

（续）

1）上模座设计

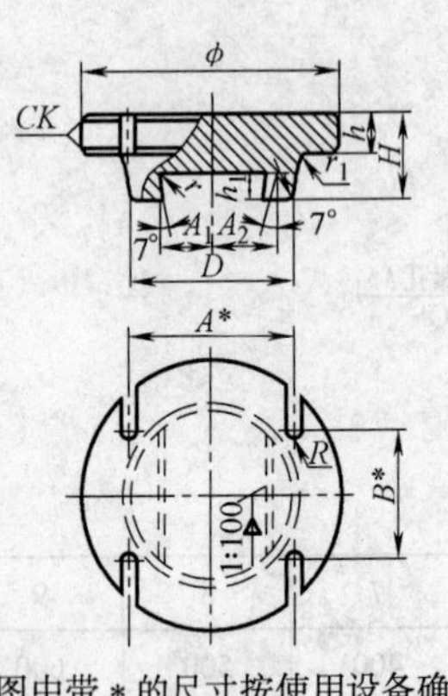

注：图中带＊的尺寸按使用设备确定

序号	1	2	3	4	5
ϕ	210	180	240	300	400
D	120	120	160	180	220
H	50	60	60	65	75
h	24	24	24	25	30
h_1	24	24	24	30	35
A_1	30	35	45	55	60
A_2	50	55	65	75	85
r	1.5	1.5	2	2	2
r_1	3	3	3	5	5
K	3	3	3	5	5

2）下模座设计

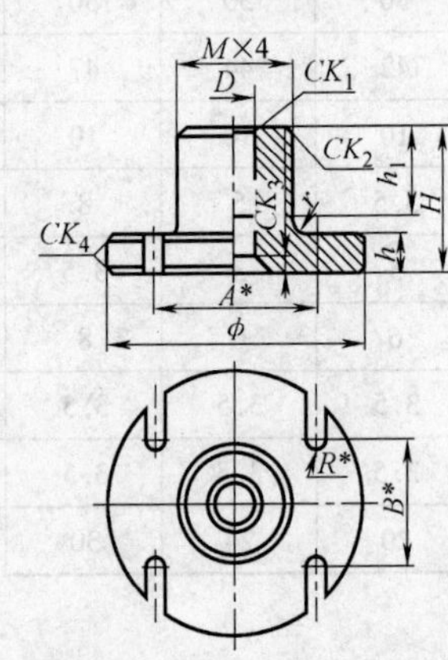

注：图中带＊的尺寸按使用设备确定

序号	1	2	3	4	5
ϕ	220	240	300	400	450
D	20	20	25	25	30
H	75	80	90	100	105
h	25	25	25	30	35
h_1	40	45	50	55	55
M	110	130	180	210	230
r	5	5	8	10	10
K_1	2	2	2.5	2.5	3
K_2	2.5	2.5	3	3	5
K_3	3	3	4	4	5
K_4	2.5	2.5	3	3	5

3）下模座设计

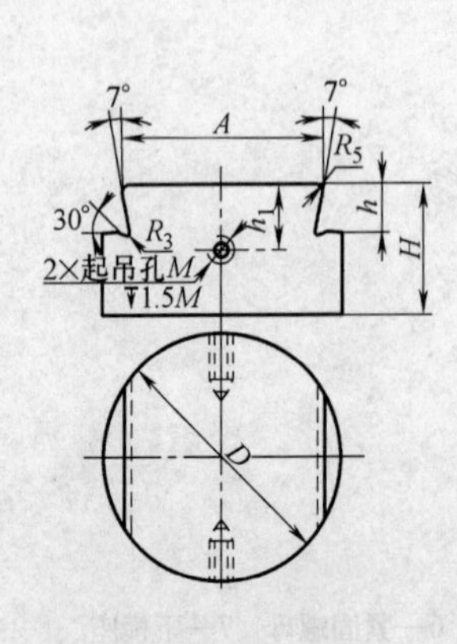

序号	1	2	3	4	5
A	60	70	90	110	120
h	24^{+1}_{0}	24^{+1}_{0}	24^{+1}_{0}	30^{+1}_{0}	35^{+1}_{0}
h_1	20	25	25	25	25
M	12	12	12	16	16
D	90	110	150	180	200

（续）

4）下模块设计

序号	1	2	3	4	5
D	90	110	160	190	200
ϕ	110_{-1}^{0}	130_{-1}^{0}	180_{-1}^{0}	210_{-1}^{0}	230_{-1}^{0}
h	10	12	12	15	20
K	2	2	2.5	2.5	2.5
r	2	2	2.5	2.5	2.5

5）垫板设计

序号	1	2	3	4	5
ϕ	100	120	170	200	220
H	6	8	15	15	20
D	15	15	20	20	25
K_1	2	2	2.5	3	3
K_2	3	3	3.5	4	5

6）紧固螺母设计

序号	1	2	3	4	5
ϕ	160	130	235	270	290
B	145	165	270	255	275
D	110	130	180	210	230
D_1	90	110	160	190	200
D_2	120	140	190	220	240
H	110	130	180	210	230
h	60	40	80	90	95
h_1	12	15	15	18	22
h_2	12	15	18	20	25
b	6	6	6	6	6
K_1	12	12	15	15	15
K_2	3	3	5	6	8
K_3	2.5	2.5	3	3	3.5

（3）矩形模块整体式锻模模架　矩形模块整体式锻模模架及其主要组件设计见表4-24。

表 4-24 矩形模块整体式锻模模架及其主要组件设计 (单位：mm)

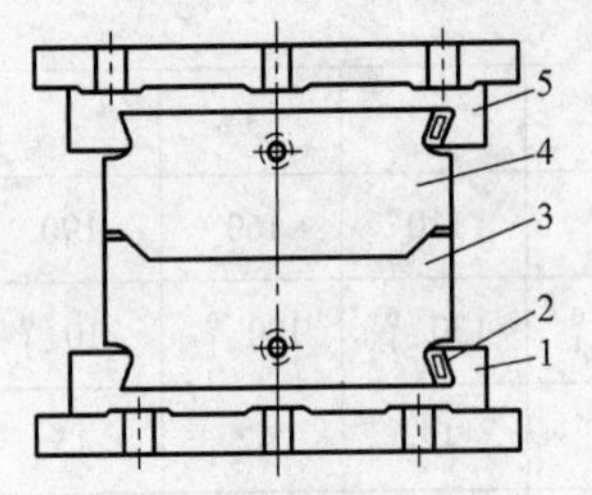

矩形模块模架(1)

1—下模座 2—斜楔 3—下模块 4—上模块 5—上模座

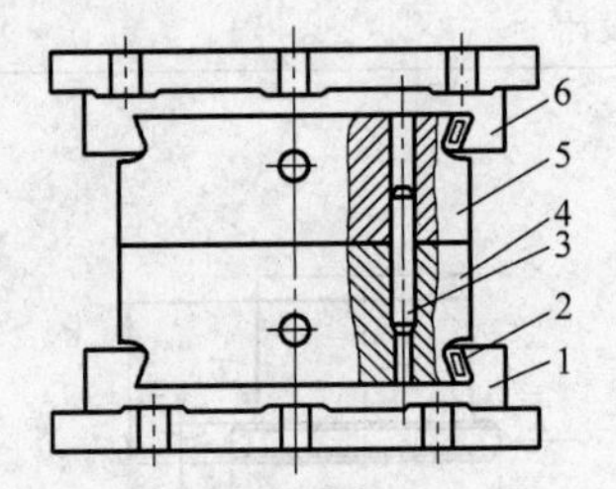

矩形模块模架(2)

1—下模座 2—斜楔 3—导销 4—下模块 5—上模块 6—上模座

1) 上、下模座设计

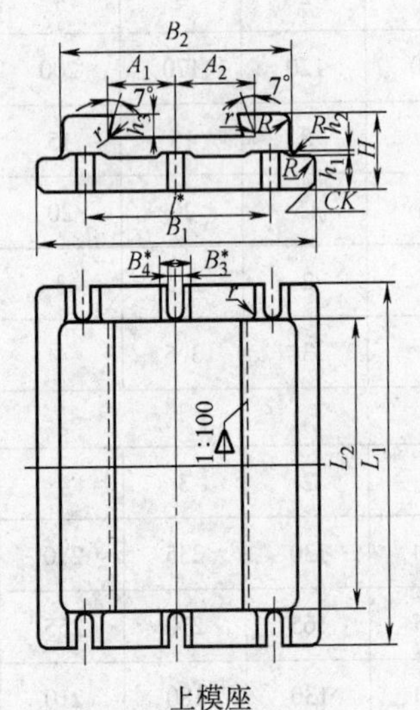

上模座

注：图中带＊的尺寸按使用设备确定

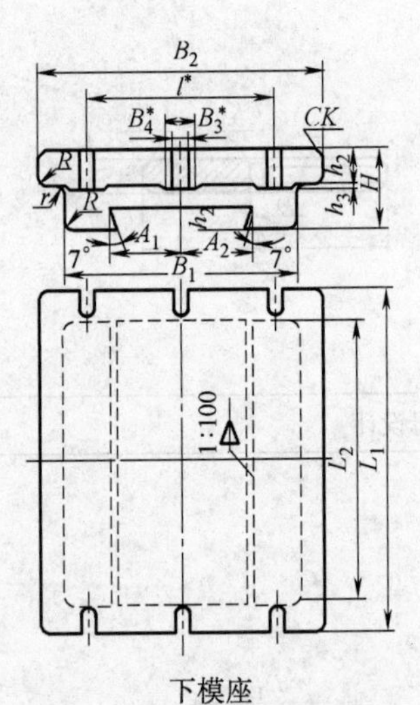

下模座

注：图中带＊的尺寸按使用设备确定

序号	1	2	3	4	5	6	7	8	9	10
L_1	230	250	300	400	420	500	650	800	1000	1200
L_2	160	180	230	300	350	400	520	650	800	950
B_1	180	160	210	300	350	400	520	650	800	950
B_2	180	160	210	280	340	380	500	630	780	920
A_1	40	35	55	65	75	90	130	180	240	300
A_2	60	55	75	85	100	120	160	215	280	350
H	60	60	65	70	85	105	135	145	175	185
h_1	25	25	25	30	35	35	40	45	50	80
h_2	3	3	3	3	4	4	5	5	6	6
h_3	24	24	24	24	35	35	45	45	60	60
R	5	5	6	8	8	8	8	10	10	10
r	1.5	1.5	1.5	1.5	2	2	2.5	2.5	3	3

（续）

2）上、下模块设计

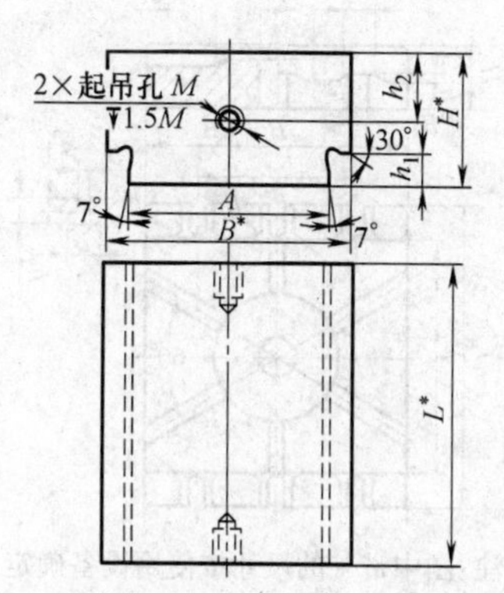

注:图中带＊的尺寸按使用设备确定

序号	1	2	3	4	5	6	7	8	9	10
A	80	70	110	130	150	180	250	340	480	600
h_1	25	25	25	25	36	36	46	46	62	62
h_2	35	40	50	60	70	90	90	100	100	130
M	12	12	12	12	16	16	20	24	32	36

注：矩形模块模架（2）采用导销导向，结构简单，制造方便，生产周期短，适用于生产小批量和精度要求不高的锻件。其主要零件设计与本表所列相同。其导销零件系列见表4-15，导销位置及个数根据锻件特点、模块尺寸大小而定，但应不妨碍模膛的布置，保证模膛的最小壁厚并便于操作。

2. 组合式模块

（1）圆形模块组合式锻模模架　圆形模块组合式锻模模架及其主要组件设计见表4-25。

表4-25　圆形模块组合式锻模模架及其主要组件设计　（单位：mm）

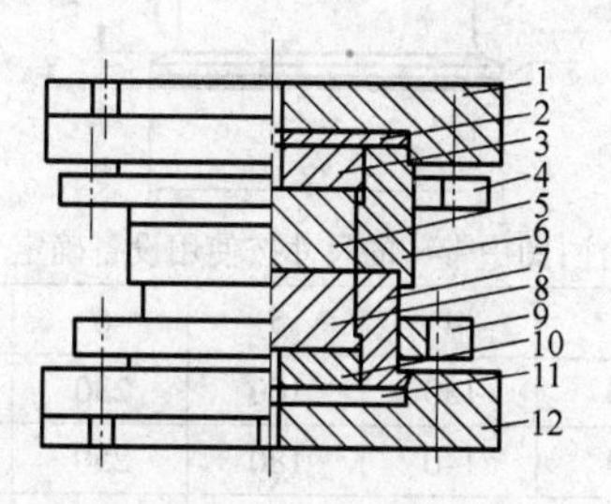

1—上模座　2—上垫板　3—上模垫块　4—上法兰　5—上模块　6—上模套
7—下模套　8—下模块　9—下法兰　10—下模垫块　11—下垫板　12—下模座

（续）

1）上、下模座设计

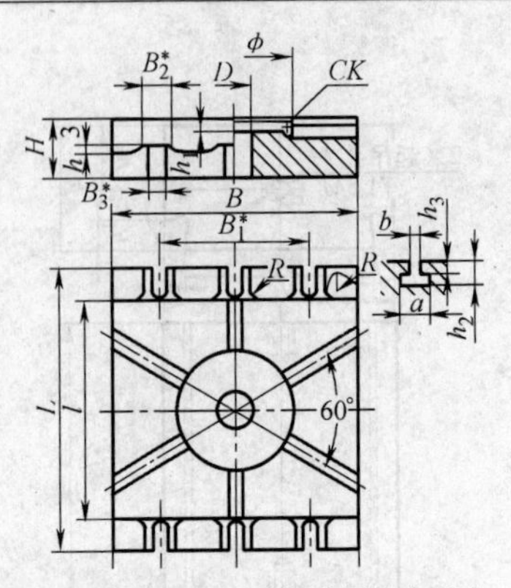

注:图中带＊的尺寸按使用设备确定

序号	1	2	3	4	5	6	7	8	9	10
L	250	250	300	400	450	550	730	800	950	1250
B	180	160	220	300	370	450	580	660	800	980
l	180	160	220	300	370	450	480	660	800	980
H	55	65	70	70	80	100	120	135	150	180
h	24	24	24	25	30	35	40	45	60	80
h_1	20	20	20	20	25	30	42	46	46	50
h_2	25	25	25	30	48	48	51	54	54	100
h_3	13	13	13	18	28	28	28	28	28	52
ϕ	90	70	115	167.4	207.4	278.4	361.3	432.3	514.7	619.6
D	18	18	18	20	24	24	32	32	52	82
a	28	28	28	34	48	48	62	62	62	90
b	14	14	14	18	28	28	36	36	36	54
R	5	5	5	6	6	6	8	8	10	10
K	2.5	2.5	3	3	3.5	3.5	4	4	5	5

2）上、下模块设计

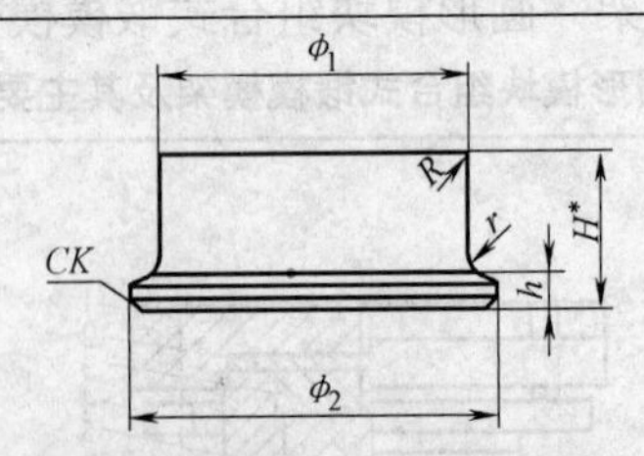

注:图中带＊的尺寸按使用设备确定

序号	1	2	3	4	5	6	7	8	9	10
ϕ_1	50	30	80	130	160	230	300	360	410	500
ϕ_2	55	35	90	140	180	250	320	380	430	520
h	15	15	15	15	20	20	25	25	30	40
K	1.5	1.5	2.5	2.5	3	3	3.5	3.5	3.5	3.5
R	1	1	1.5	1.5	2.5	2.5	3	3	3	3
r	0.5	0.5	1	1	1.5	1.5	2	2	2	2

（续）

3）法兰设计

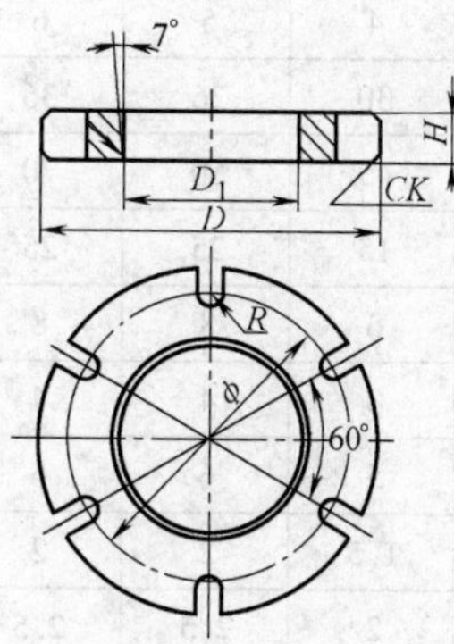

序号		1	2	3	4	5	6	7	8	9	10
D	上法兰	190	170	220	300	370	445	580	680	790	980
	下法兰	170	145	210	265	330	410	535	630	720	880
D_1	上法兰	115	95	140	190	240	310	400	480	590	700
	下法兰	85	65	110	160	200	270	350	420	500	600
ϕ	上法兰	165	145	190	260	320	400	520	600	730	890
	下法兰	135	110	175	230	285	365	465	565	655	785
H		20	20	22	30	36	36	46	50	60	80
R		14	14	14	18	28	28	36	36	36	54
$r=K$		3	3	3.5	4	4	5	6	8	8	10

4）上模套设计

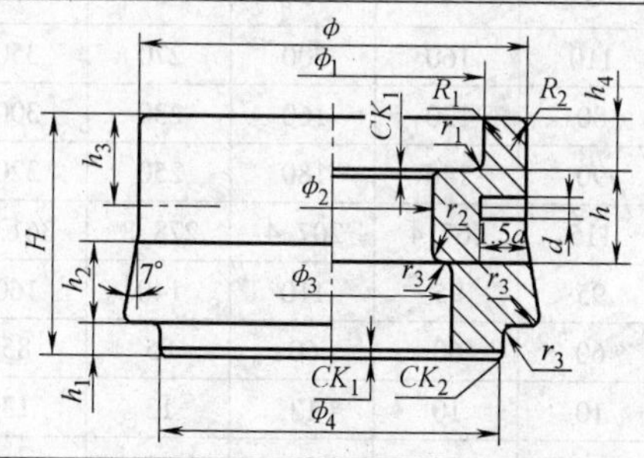

序号	1	2	3	4	5	6	7	8	9	10
ϕ	115	93	140	190	240	310	400	480	590	700
ϕ_1	85	65	110	160	200	270	350	420	500	600
ϕ_2	50	30	80	130	160	230	300	360	410	500
ϕ_3	55	35	90	140	180	250	320	380	430	520
ϕ_4	90	70	115	167.4	207.4	278.8	361.8	432.3	514.7	619.6
H	85	100	110	110	135	165	190	195	215	270
h	35	50	60	60	60	85	85	85	90	120
h_1	10	10	10	10	13	13	13	13	13	13

（续）

4）上模套设计

序号	1	2	3	4	5	6	7	8	9	10
h_2	20	20	22	30	36	36	46	50	60	80
h_3	30	40	45	45	50	70	80	80	90	100
h_4	15	15	15	15	25	25	30	35	45	50
R_1	5	5	6	6	8	8	8	10	12	15
R_2	2.5	2.5	3	3	4	4	4	5	6	8
r_1	3	3	5	5	6	6	6	8	10	12
r_2	0.5	0.5	1.5	1.5	2	2	2.5	2.5	2.5	2.5
r_3	1	1	2	2	2.5	2.5	3	3	3	3
d	10	10	12	12	15	15	20	24	30	40
K_1	1.5	1.5	1.5	1.5	2	2	2.5	2.5	3	3
K_2	3	3	3	3	5	5	8	8	10	10

5）下模套设计

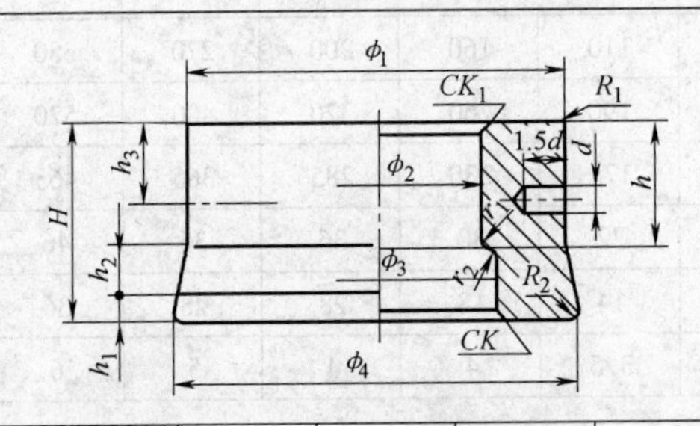

序号	1	2	3	4	5	6	7	8	9	10
ϕ_1	85	65	110	160	200	270	350	420	500	600
ϕ_2	50	30	80	130	160	230	300	360	410	500
ϕ_3	55	35	90	140	180	250	320	380	430	520
ϕ_4	90	70	115	167.4	207.4	278.8	361.3	432.3	514.7	619.6
H	70	85	95	95	110	140	160	160	170	220
h	35	50	60	60	60	85	85	85	90	120
h_1	10	10	10	10	13	13	13	13	13	13
h_2	20	20	22	30	30	36	46	50	60	80
h_3	25	30	35	35	40	60	65	65	70	90
d	10	10	12	12	15	15	20	24	30	40
R_1	5	5	6	6	8	8	8	10	12	15
R_2	2	2.5	2.5	3	3	3.5	3.5	3.5	3.5	5
r_1	0.5	0.5	1.5	1.5	2	2	2.5	2.5	2.5	2.5
r_2	1	1	2	2	2.5	2.5	3	3	3	3
K	1.5	1.5	1.5	1.5	2	2	2.5	2.5	3	3

（2）矩形模块组合式锻模模架　矩形模块组合式锻模模架及其主要组件设计见表4-26。

表4-26　矩形模块组合式锻模模架及其主要组件设计　（单位：mm）

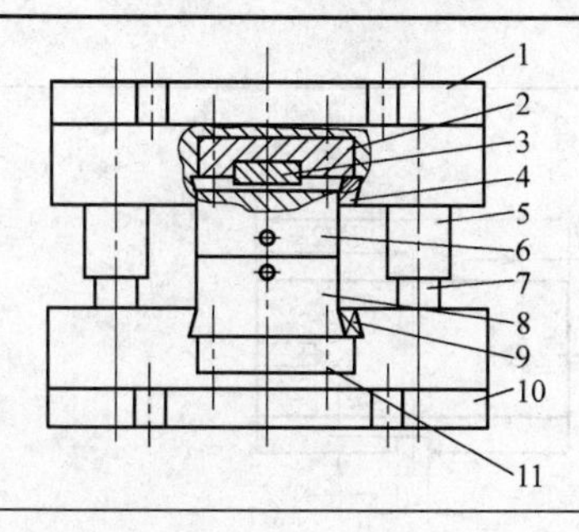

1—上模座　2—上垫板　3—定位块　4—上斜楔　5—导套　6—上模块　7—导柱　8—下模块　9—下斜楔　10—下模座　11—定位销

1）上、下模座设计

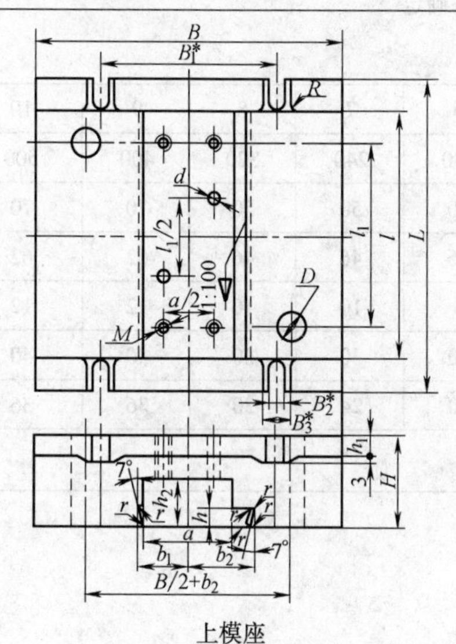

上模座

注：带＊号尺寸视模锻设备定

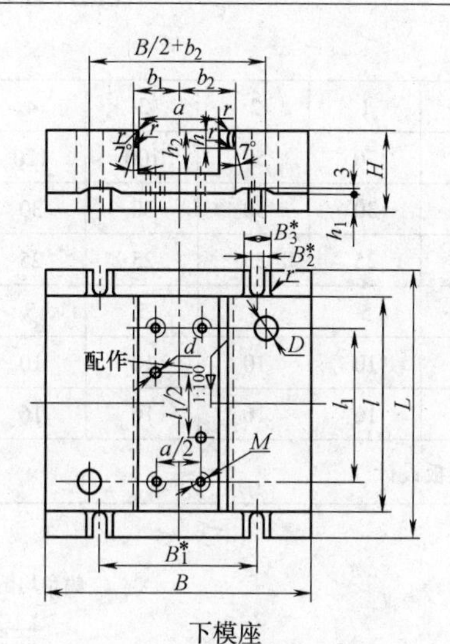

下模座

注：带＊号尺寸视模锻设备定

序号		1	2	3	4	5	6	7	8	9	10
L		250	250	330	420	500	600	720	840	980	1250
B		190	170	280	390	430	600	720	840	880	980
l		190	180	270	340	410	510	600	720	860	1100
l_1		120	120	200	240	310	390	430	510	620	800
H		70	75	85	85	110	125	150	165	195	220
D	上	35	35	45	50	60	70	85	120	150	180
	下	25	25	30	35	40	45	60	80	100	120
d		10	10	10	10	12	12	16	16	20	20
h		25	25	25	25	36	36	46	46	62	62
h_1		24	24	24	25	30	35	40	45	60	80
h_2		36	36	36	36	55	55	70	70	90	90
a		70	50	100	120	150	180	240	320	400	500
b_1		35	25	50	60	75	90	120	160	200	250
b_2		55	45	70	80	100	120	150	195	240	300
R		5	5	5	5	8	8	10	10	15	15
r		1.5	1.5	1.5	1.5	2	2	2.5	2.5	3	3
M		6	6	6	6	10	10	10	10	10	10

（续）

2）上、下模块设计

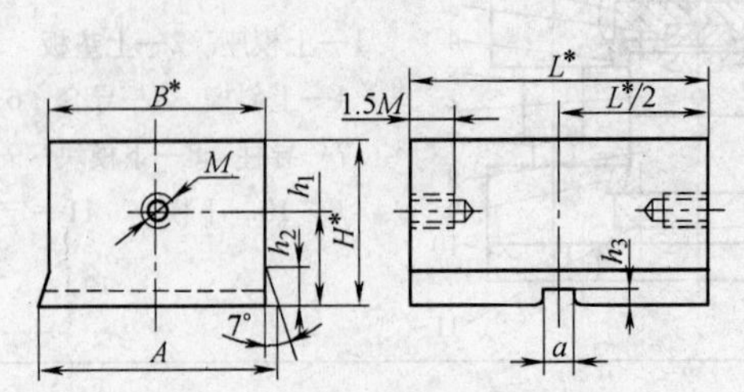

注：图中带 * 的尺寸按使用设备确定

序号	1	2	3	4	5	6	7	8	9	10
A	70	50	100	120	150	180	240	320	400	500
h_1	30	30	30	30	40	40	50	50	70	70
h_2	25	25	25	25	36	36	46	46	62	62
h_3	5	5	5	5	8	8	10	10	12	12
a	10	10	10	10	20	20	30	30	40	40
M	16	16	16	16	20	20	24	30	36	36

3）上、下垫板设计

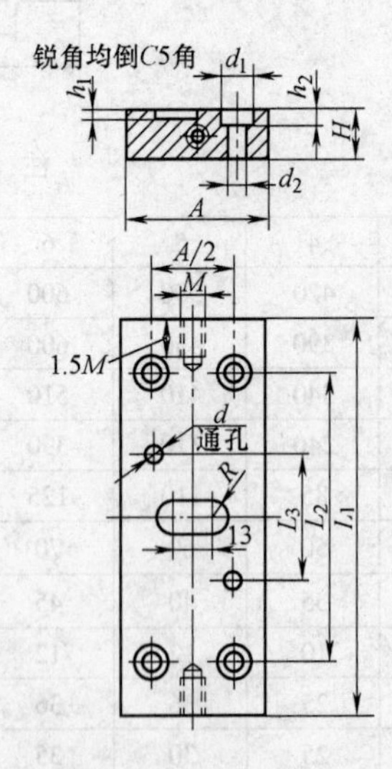

序号	1	2	3	4	5	6	7	8	9	10
L_1	190	180	270	340	410	510	600	720	860	1100
L_2	120	120	200	240	310	390	430	510	620	800
L_3	20	20	20	20	50	60	80	100	120	150
A	70	50	100	120	150	180	240	320	400	500

（续）

3）上、下垫板设计

序号	1	2	3	4	5	6	7	8	9	10
H	12	12	12	12	20	20	25	25	30	30
h_1	4	4	4	4	6	6	8	8	10	10
h_2	7	7	7	7	11	11	13	13	17	17
R	5	5	5	5	10	10	15	15	20	20
d	10	10	10	10	12	12	16	16	20	20
d_1	12	12	12	12	18	18	22	22	28	28
d_2	7	7	7	7	12	12	15	15	19	19
M	6	6	6	6	10	10	12	12	16	16

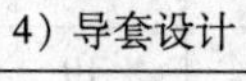

4）导套设计

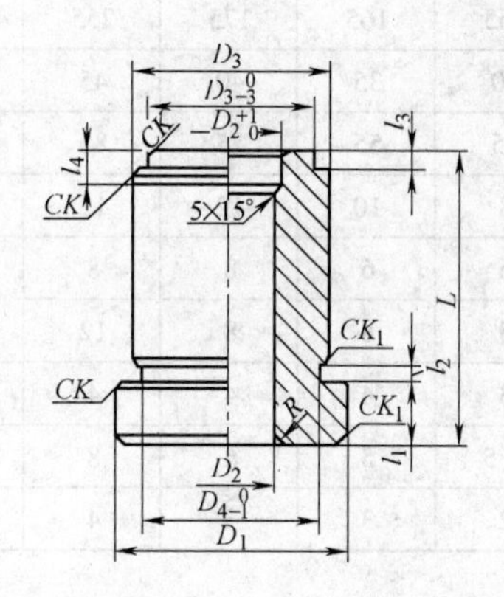

序号	1	2	3	4	5	6	7	8	9	10
D_1	40	40	60	65	75	85	105	140	170	200
D_2	25	25	30	35	40	45	60	80	100	120
D_3	35	35	45	50	60	70	85	120	150	180
L	110	140	150	150	165	215	255	265	295	365
l_1	50	75	80	80	75	120	135	135	135	185
l_2	2.5	2.5	2.5	3.5	3.5	5	5	5	5	5
l_3	3	3	4	4.5	4.5	5	6	8	8	12
l_4	10	10	12	12	12	12	15	20	20	30
R	3	3	3	3.5	3.5	4	5	5	8	10
K	1	1	1	1.5	1.5	2	2	2	2	2
K_1	1.5	1.5	1.5	3	3	3.5	3.5	3.5	3.5	3.5

（续）

5）导柱设计

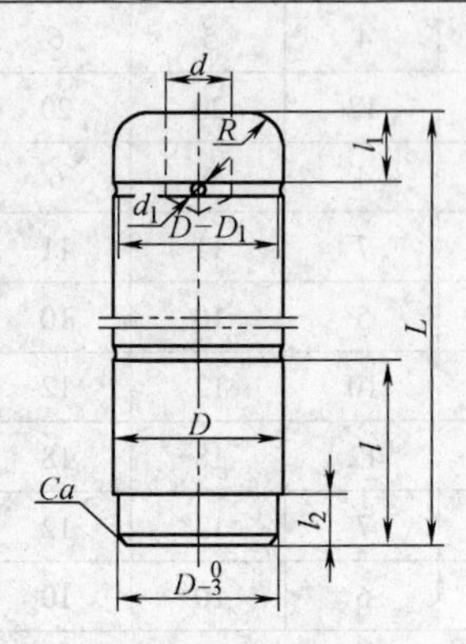

序号	1	2	3	4	5	6	7	8	9	10
L	115	150	165	165	175	255	280	290	300	425
D	25	25	30	35	40	45	60	80	100	120
l	48	50	55	55	75	85	100	110	130	150
l_1	8	8	8	10	12	12	20	25	30	40
l_2	5	5	6	6	8	8	10	10	15	15
d	5	5	5	8	8	12	12	15	20	25
d_1	3	3	3	4	4	4	5	5	6	6
R	3.5	3.5	3.5	5	6	8	10	15	20	25
a	2	2	2	3	3	4	4	5	5	6

（3）矩形、圆形模块通用组合式模架　矩形、圆形模块通用组合式模架及其主要组件设计见表4-27。

表4-27　矩形、圆形模块通用组合式模架及其主要组件设计　（单位：mm）

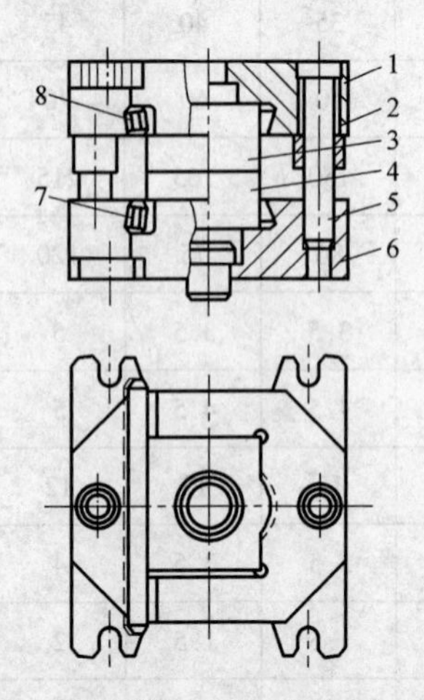

1—上模座　2—导套　3—上模块　4—下模块　5—导柱　6—下模座　7—上斜楔　8—下斜楔

（续）

1）上、下模座设计

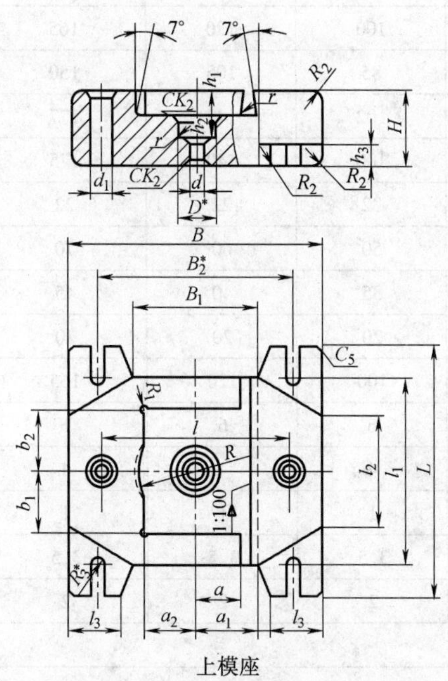

上模座

注:图中带＊的尺寸按使用设备确定

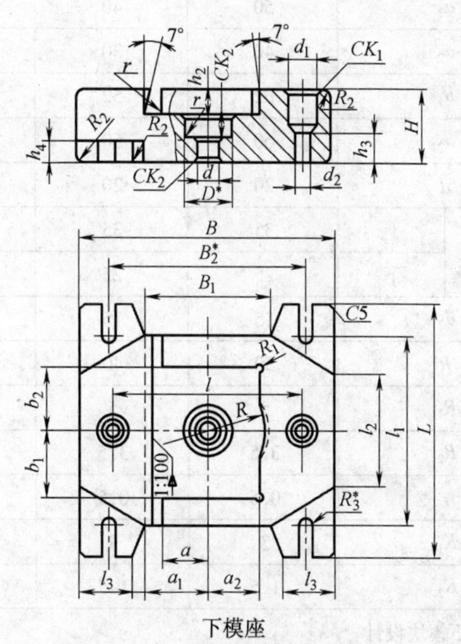

下模座

注:图中带＊的尺寸按使用设备确定

序　号	1	2	3	4	5	6
L	250	250	330	420	500	600
l	145	125	220	295	335	465
l_1	170	170	240	300	380	450
l_2	100	100	150	200	240	280
l_3	45	45	65	90	100	130
B	190	170	280	390	430	600
B_1	90	70	140	190	210	300
H	85	95	100	110	115	120
h_1	24	24	24	35	35	35
h_2	20	20	25	25	25	25
h_3	30	35	40	40	45	45
h_4	25	25	25	30	35	40
a	29	49	59	68	88	133

（续）

1）上、下模座设计

序号		1	2	3	4	5	6
a_1		50	40	80	100	120	165
a_2		40	30	70	85	105	150
b_1		62	52	87	102	142	177
b_2		60	50	85	100	140	175
d		20	20	20	22	22	22
d_1	上	35	35	45	50	60	70
	下	25	25	30	35	40	45
d_2		15	15	20	20	20	20
R		50	40	80	100	120	165
R_1		5	5	5	6	6	6
R_2		3.5	3.5	3.5	4	4	4
r		0.5	0.5	0.5	1	1	1
K_1		3	3	3	3.5	3.5	3.5
K_2		1.5	1.5	1.5	2	2	2

2）上、下模块设计

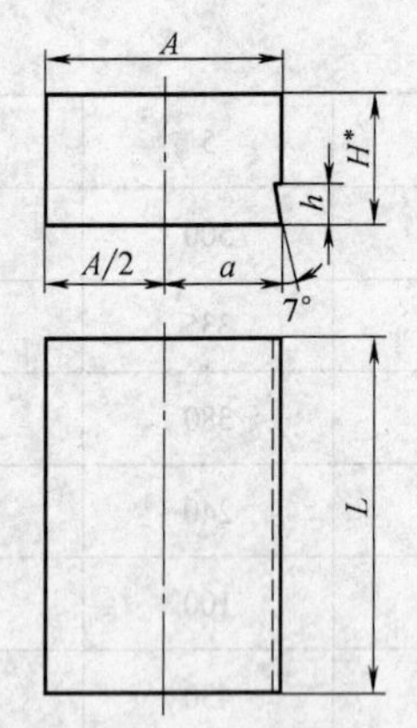

矩形上、下模块

注：图中带＊的尺寸按使用设备确定

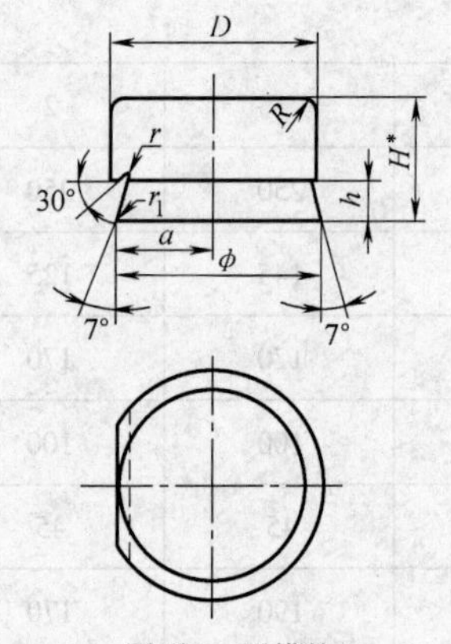

圆形上、下模块

注：图中带＊的尺寸按使用设备确定

	序号	1	2	3	4	5	6
矩形模块	A	80	60	140	170	210	300
	a	30	20	60	70	90	135
	h	25	25	25	36	36	36
	L	120	100	170	200	280	350

（续）

2）上、下模块设计

	序号	1	2	3	4	5	6
圆形模块	ϕ	100	80	160	200	240	330
	D	95	75	155	190	230	320
	a	30	20	60	65	110	135
	h	25	25	25	36	36	36
	R	0.5	0.5	0.5	1	1	1
	r	2	2	2	3	3	3
	r_1	1.5	1.5	1.5	2	2	2

3）导套、导柱设计

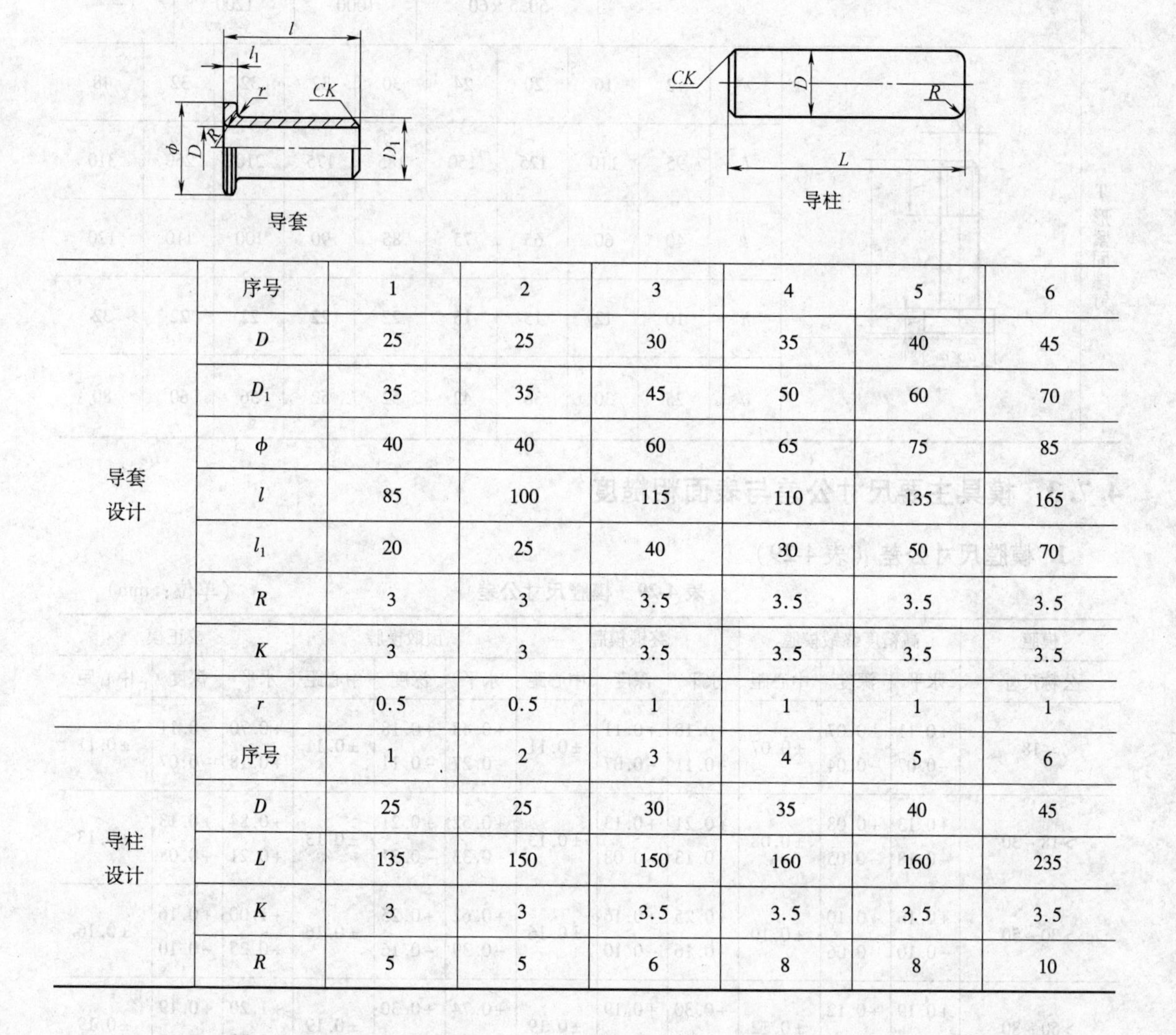

导套　　导柱

	序号	1	2	3	4	5	6
导套设计	D	25	25	30	35	40	45
	D_1	35	35	45	50	60	70
	ϕ	40	40	60	65	75	85
	l	85	100	115	110	135	165
	l_1	20	25	40	30	50	70
	R	3	3	3.5	3.5	3.5	3.5
	K	3	3	3.5	3.5	3.5	3.5
	r	0.5	0.5	1	1	1	1
导柱设计	序号	1	2	3	4	5	6
	D	25	25	30	35	40	45
	L	135	150	150	160	160	235
	K	3	3	3.5	3.5	3.5	3.5
	R	5	5	6	8	8	10

（4）斜楔和T形紧固螺钉　斜楔和T形紧固螺钉尺寸见表4-28。

表 4-28　斜楔和 T 形紧固螺钉尺寸　　（单位：mm）

斜楔

a）上斜楔　b）下斜楔

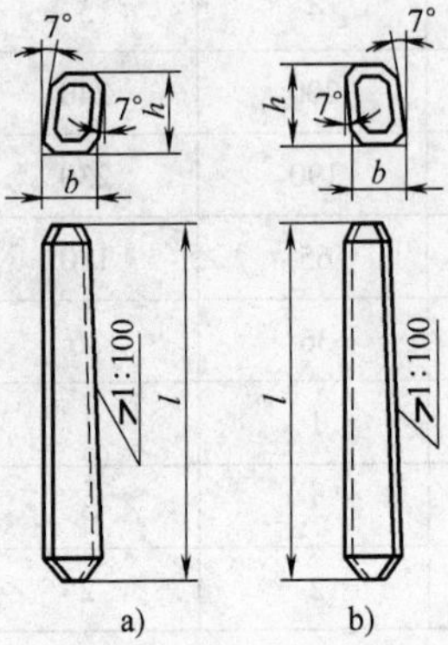

$b \times h$	l		
20.5×25	200	250	350
20.5×30	350	—	—
25.5×35	400	450	—
30.5×35	400	450	550
30.5×45	550	650	—
35.5×45	600	700	750
40.5×60	850	900	—
50.5×60	1000	1200	—

T 形紧固螺钉

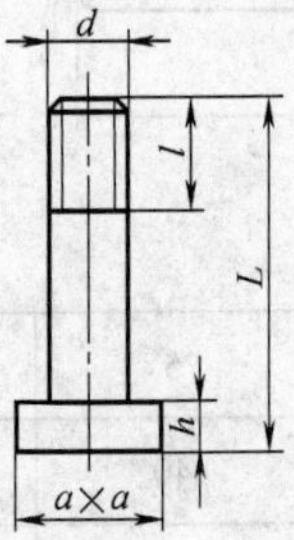

d	12	16	20	24	30	32	32	32	48
L	95	110	125	150	185	175	210	260	310
l	40	60	65	75	85	90	100	110	120
h	10	12	15	15	22	22	22	22	32
a	25	30	36	42	52	52	56	60	80

4.7.3　模具主要尺寸公差与表面粗糙度

1. 模膛尺寸公差（表 4-29）

表 4-29　模膛尺寸公差　　（单位：mm）

模膛	高精度终锻模膛			终锻模膛			预锻模膛			校正模		
公称尺寸	水平	深度	中心距	水平	深度	中心距	水平	深度	中心距	水平	深度	中心距
≤18	+0.11 −0.07	+0.07 −0.04	±0.07	+0.18 −0.11	+0.11 −0.07	±0.11	+0.43 −0.27	+0.18 −0.11	±0.11	+0.70 +0.18	+0.11 −0.07	±0.11
>18～30	+0.13 −0.18	+0.08 −0.05	±0.08	+0.21 −0.13	+0.13 −0.08	±0.13	+0.52 −0.33	+0.21 −0.31	±0.13	+0.84 +0.21	+0.13 +0.08	±0.13
>30～50	+0.16 −0.10	+0.10 −0.06	±0.10	+0.25 −0.16	+0.16 −0.10	±0.16	+0.62 −0.39	+0.25 −0.16	±0.16	+1.00 +0.25	+0.16 −0.10	±0.16
>50～80	+0.19 −0.12	+0.12 −0.07	±0.12	+0.30 −0.19	+0.19 −0.12	±0.19	+0.74 −0.46	+0.30 −0.19	±0.19	+1.20 +0.30	+0.19 −0.12	±0.19

（续）

模膛	高精度终锻模膛			终锻模膛			预锻模膛			校正模		
公称尺寸	水平	深度	中心距	水平	深度	中心距	水平	深度	中心距	水平	深度	中心距
>80～120	+0.22 −0.14	+0.14 −0.08	±0.14	+0.35 −0.22	+0.22 −0.14	±0.22	+0.87 −0.54	+0.35 −0.22	±0.22	+1.40 +0.35	+0.22 −0.14	±0.22
>120～180	+0.25 −0.16	+0.16 −0.10	±0.16	+0.40 −0.25	+0.25 −0.16	±0.25	+1.00 −0.63	+0.44 −0.25	±0.25	+1.60 +0.40	+0.25 −0.16	±0.25
>180～250	+0.29 −0.18	—	±0.18	+0.46 −0.29	—	±0.29	+1.15 −0.72	—	±0.29	+1.85 +0.46	—	±0.29
>250～315	+0.32 −0.21	—	±0.21	+0.52 −0.32	—	±0.32	+1.30 −0.81	—	±0.32	+2.10 +0.52	—	±0.32
>315～400	+0.36 −0.23	—	±0.23	+0.57 −0.36	—	±0.36	+1.40 −0.89	—	±0.36	+2.30 +0.57	—	±0.36
>400～500	+0.40 −0.25	—	±0.25	+0.63 −0.40	—	±0.40	+1.55 −0.97	—	±0.40	+2.50 +0.63	—	±0.40
>500～630	+0.44 −0.28	—	±0.28	+0.70 −0.44	—	±0.44	+1.75 −1.10	—	±0.44	+2.80 +0.70	—	±0.44
>630～800	+0.50 −0.32	—	±0.32	+0.80 −0.50	—	±0.50	+2.00 −1.25	—	±0.50	+3.20 +0.80	—	±0.50
>800～1000	+0.56 −0.36	—	±0.36	+0.90 −0.56	—	±0.56	+2.30 −1.40	—	±0.56	+3.60 +0.90	—	±0.56

注：1. 深度公差以分模面为准。

2. 模膛内凸出部位的尺寸公差数值按表中上下极限偏差的符号应对调。

3. 高精度终锻模膛系精密模锻用，即一级精度模锻件锻模用；终锻模膛为二级精度模锻件锻模用；对于三级精度模锻件终锻模膛用的公差为表中终锻模膛的1.3倍。

4. 水平尺寸——平行于锻模水平投影面的尺寸。

5. 深度尺寸——垂直于锻模水平投影面的尺寸。

6. 中心距——模膛中两个圆、半圆（或凹或凸）中心的距离。

2. 模膛的相对错移量公差（以检验面为基准）（表4-30）

表4-30　上下模模膛最大错移量　　（单位：mm）

模膛最大尺寸	终锻和校正模膛			预锻模膛
	一级精度	二级精度	三级精度	
≤100	0.12	0.16	0.20	0.40
>100～250	0.16	0.25	0.32	0.60
>250～500	0.20	0.30	0.40	0.80
>500	0.26	0.38	0.50	1.00

3. 飞边槽尺寸允许误差（表4-31）

表4-31　飞边槽尺寸允许误差　　（单位：mm）

飞边桥部高度	桥部高度	桥部宽度
1.2~1.5	±0.10	±0.20
>1.5~2.5	±0.15	±0.25
>2.5~3.5	±0.20	±0.30
>3.5~4.5	±0.25	±0.35

4. 锻模模块外形

1）支承面与水平分模面的平行度。

2）检验面间的垂直度。

3）燕尾两侧斜面的平行度，燕尾两侧面对纵向检验面的平行度。

4）锻模合模后，上、下支承面的平行度。

以上精度对于一级锻件，按GB/T 1184—1996的5级精度；二级锻件，按GB/T 1184—1996的7级精度；三级锻件，按GB/T 1184—1996的9级精度。

5）锻模合模后，上、下模分模面的不吻合间隙：

水平分模：一级锻件，小于0.08mm；二级锻件，小于0.10mm；三级锻件，小于0.12mm。

折线分模：一级锻件，小于0.15mm；二级锻件，小于0.18mm；三级锻件，小于0.20mm。

曲线分模：一级锻件，小于0.30mm；二级锻件，小于0.40mm；三级锻件，小于0.50mm。

5. 表面粗糙度

1）终锻模膛、校正模膛、预锻模为*Ra*0.8μm。

2）锻模分模面、飞边槽桥部为*Ra*1.6μm。

3）锻模检验面、锁扣面、燕尾斜面、支承面为*Ra*3.2μm。

第5章　切边、冲孔、校正及精压模设计

开式模锻件均带有飞边，某些带孔锻件还有连皮，通常采用冲切法去除飞边和连皮；锻件在切边、冲连皮、热处理和清理过程中若有较大变形，应进行校正；对于精度要求较高的锻件，则应进行精压。以上各工序对锻件的质量有很大影响，尽管模锻出来的锻件质量好，但若后续工序处理不当，仍会造成废品。后续工序在整个锻件生产过程中所占的时间远比模锻工序长。这些工序安排得合理与否，直接影响锻件的生产率和成本。下面分别介绍切边、冲连皮、校正、精压等主要内容。

5.1　切边与冲连皮

5.1.1　切边和冲连皮的方式及模具类型

切边和冲连皮通常在切边压力机上进行。图5-1所示为切边和冲连皮的示意图。切边模和冲连皮模主要由凸模（冲头）和凹模组成。切边时，锻件放在凹模孔口上，在凸模的推压下，锻件的飞边被凹模刃口剪切与锻件分离。由于凸、凹模之间存在间隙，因此在剪切过程中伴有弯曲和拉深的现象。通常切边凸模只起传递压力的作用，推压锻件；而凹模的刃口起剪切作用。但在特殊情况下，凸模与凹模需同时起剪切作用。冲连皮时，凹模起支承锻件的作用，而凸模起剪切作用。

切边和冲连皮分为热切与热冲和冷切与冷冲两种方式。热切和热冲与模锻工序在同一火次内进行，即模锻后立刻进行切边和冲连皮。冷切和冷冲则是在模锻以后集中在常温下进行。

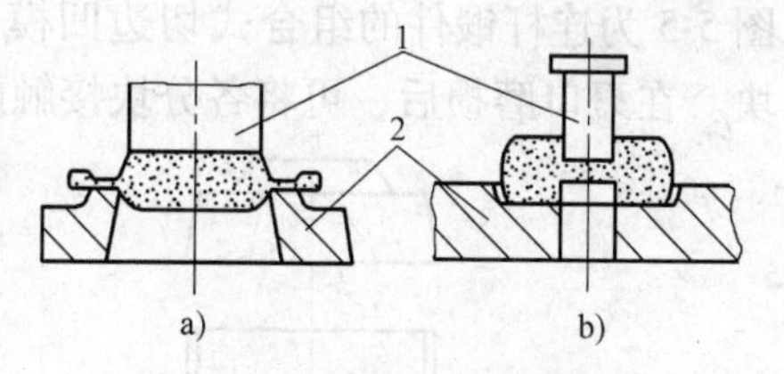

图5-1　切边和冲连皮

a）切边　b）冲连皮

1—凸模　2—凹模

热切、热冲时所需的冲切力比冷切、冷冲要小得多，约为后者的20%；同时，锻件在热态下具有较好的塑性，切边和冲连皮时，切口不易产生裂纹，但生产率较低（因热切、热冲是利用锻件余热，必须与模锻设备配合进行。通常模锻工时长，冲切工时短，故冲切生产率受到模锻生产率的限制）。冷切、冷冲的优点是劳动条件好，生产率高，冲切时锻件走样小，凸凹模的调整和修配比较方便；缺点是所需设备吨位大，锻件易产生裂纹。

模锻件的冲切方式，应根据锻件的材料性质、形状尺寸以及工序间的配合等因素综合分析确定。通常，对于大、中型锻件，高碳钢、高合金钢、镁合金锻件以及切边冲连皮后还须要进行热校正、热弯曲的锻件，应采用热切和热冲。碳质量分数低于0.45%的碳钢和低合金钢的小锻件以及有色合金锻件，可采用冷切和冷冲。

切边、冲连皮模分为简单模、级进模和复合模三种类型。简单模用来完成切边或冲连皮的单一工步操作（见图5-1）。级进模是在压力机的一次行程内同时进行两个工步的简单操

作，即第一个工步切边，第二个工步冲连皮（孔）（见图5-2）。复合模是压力机在一次行程中，同时完成一个锻件上的两个工步，即切边和冲连皮（见图5-3）。

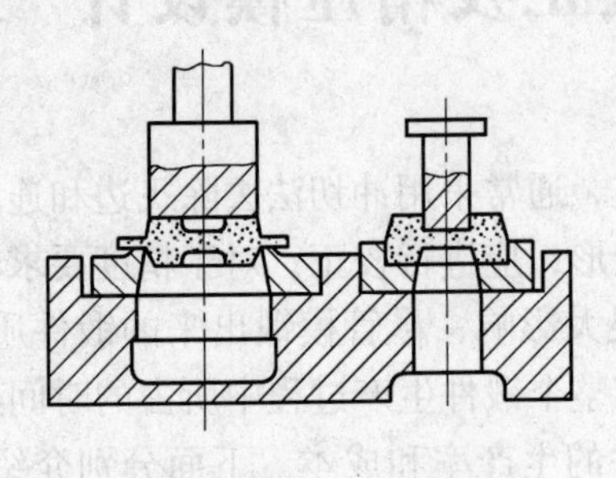

图5-2　切边-冲连皮级进模

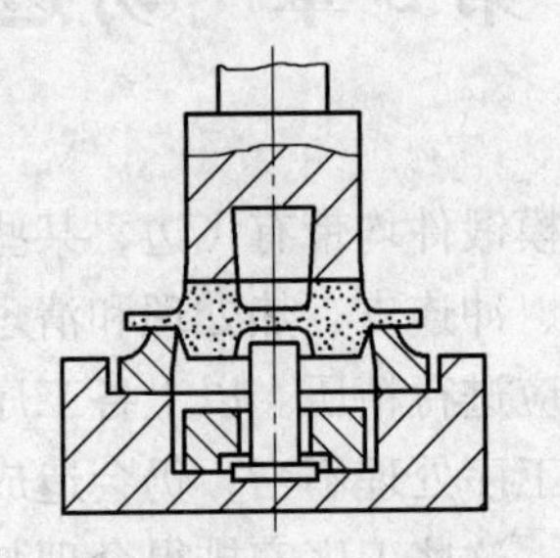

图5-3　切边-冲连皮复合模

选择模具结构类型主要依据生产批量和切边冲连皮方式等因素。锻件批量不大时，宜采用简单模；大批量生产时，提高劳动生产率具有特别重大的意义，应采用级进模或复合模。

5.1.2　切边模

切边模一般由切边凹模、切边凸模、模座、卸飞边装置等零件组成。

1. 切边凹模的结构及尺寸

切边凹模有整体式（见图5-4）和组合式（见图5-5）两种。整体式凹模适用于中小型锻件，特别是形状简单、对称的锻件。组合式凹模由两块以上的凹模组成，制造比较容易，热处理时不易碎裂，变形小，便于修磨、调整、更换，多用于大型锻件或形状复杂的锻件。图5-5为连杆锻件的组合式切边凹模，由三块组成。其叉形舌部单独分成一块，杆部为两块。在刃口磨损后，可将各分块接触面磨去一层，修整刃口即可重新使用。

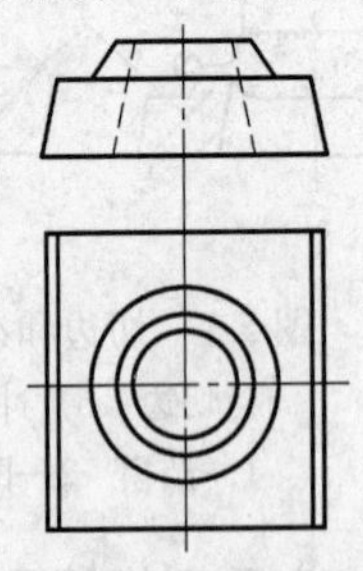

图5-4　整体式凹模

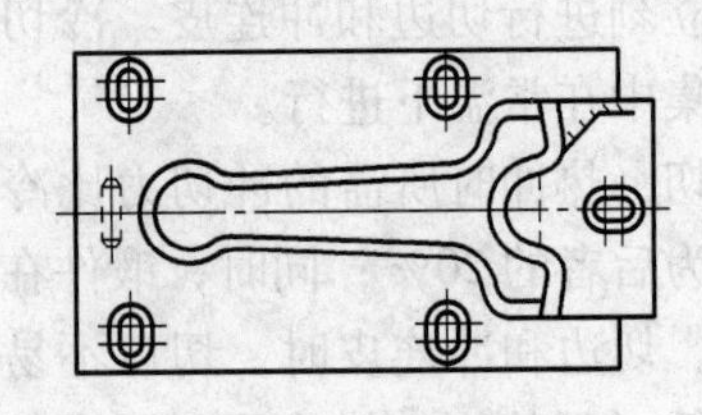

图5-5　组合式凹模

凹模的刃口一般有三种形式，如图5-6a、图5-6b和图5-6d所示。图5-6a所示为直刃口，在刃口磨损后，将顶面磨去一层即可使刃口恢复锋利，并且刃口的轮廓尺寸保持不变。直刃口维修虽方便，但由于剪切工作带增高，切边力较大，一般用于整体式凹模。图5-6b所示为斜刃口，切边省力，但易磨损，主要用于组合式凹模。刃口磨损后，轮廓尺寸扩大，可将分块凹模的接合面磨去一层，重新调整，或用堆焊方法修补，如图5-6c所示。堆焊刃口的凹模可用铸钢浇注而成，刃口用模具钢堆焊，可大为降低模具成本。图5-6d所示为对咬刃口，上、下模有对称的尖锐刃口，切边时飞边在上、下模刃口接触时被对咬切断，主要用于低塑性材料，如镁合金锻件的切边，其他场合极少采用。

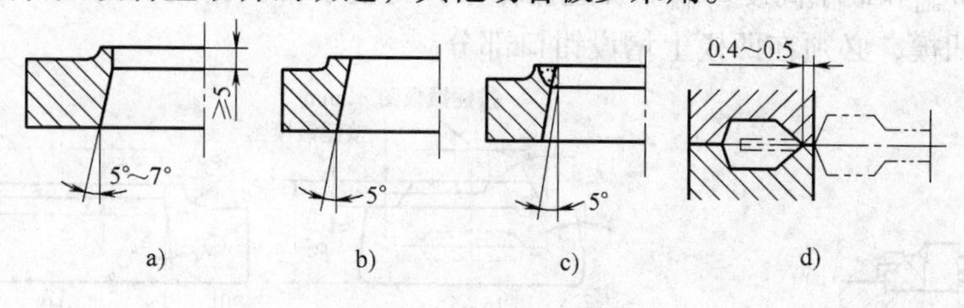

图 5-6　凹模刃口形式

前两种刃口形式，在刃口下部带有 5°斜度的通孔，称为落料孔，用以保证切边后锻件自由落下。为使锻件平稳地放在凹模孔口之上并减少刃口修复时的磨削工作量，通常将刃口顶面做成凸台形式。凸台宽度 L 应比飞边桥部宽度略小些，凸台高度 h 随飞边仓部深度而定，一般 $h = 10 \sim 15\text{mm}$。

切边凹模的刃口用来剪切锻件飞边，应制成锐角。刃口的轮廓线按锻件图上的轮廓线制造。若为热切应按热锻件图设计，并用铅件或低熔点合金件配制；若为冷切应按冷锻件图配制。如果凹模刃口与锻件配合过紧，则锻件放入凹模困难，切边时锻件上的一部分辅料会连同飞边一起切掉，影响锻件外观质量；若凹模与锻件间隙过大，则切边后锻件有较大毛刺，增加了打磨毛刺的工作量。

切边凹模多用楔铁或螺钉紧固在凹模底座上，如图 5-7 所示。楔铁紧固方式简单、牢固，一般用于整体凹模或由两块组成的凹模。螺钉紧固方法多用于三块以上的组合凹模，以便于调整凸、凹模之间的间隙。

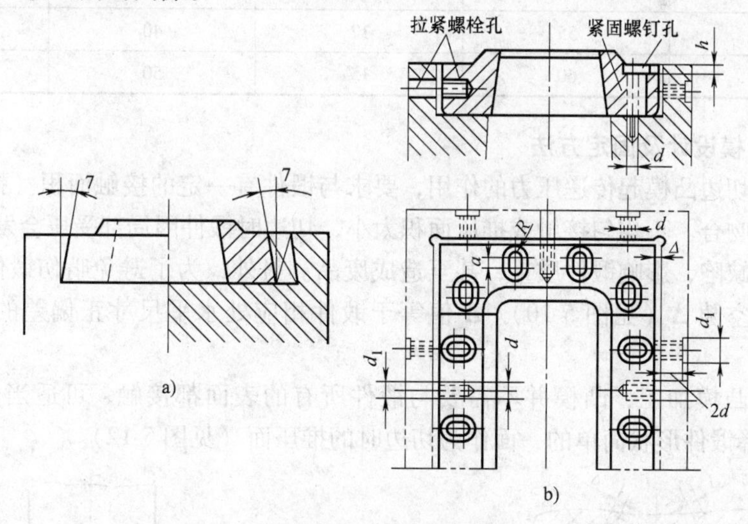

图 5-7　凹模紧固方法
a）用楔铁紧固　b）用螺钉紧固

带导柱导套的切边模，其凹模均采用螺钉固定，以调整凸、凹模之间的间隙。轮廓为圆形的小型锻件，也可用压板固定切边凹模（见图 5-8）。凸模与凹模之间的间隙靠移动模座来调整。根据凹模结构形式、刃口轮廓尺寸、固紧方式、凹模强度要求以及切边操作情况，即可确定凹模的外形尺寸。为了保证凹模有足够的强度，可按图5-9及表5-1确定凹模所允许的最小壁厚 B_{min} 和最小高度 H_{min}。切边操作中，为便于带夹钳料头的锻件或多件模锻的锻件平稳地放入凹模，必须在凹模上增设钳口部分。

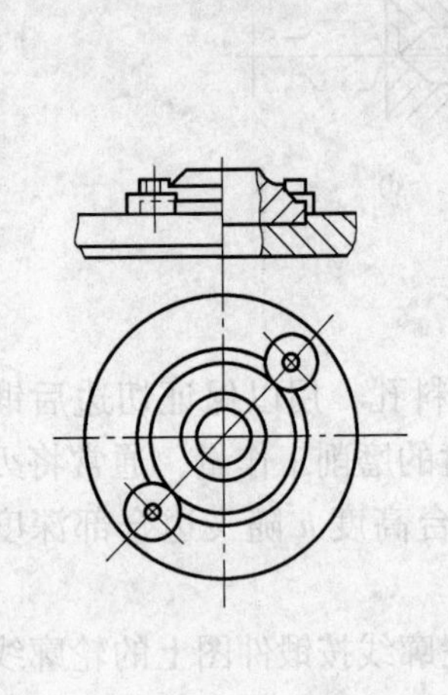

图5-8 用压板紧固的凹模

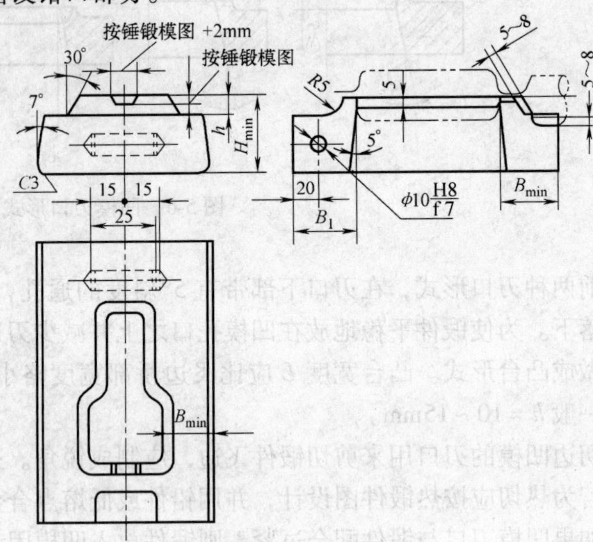

图5-9 切边凹模的结构

表5-1 切边凹模尺寸 （单位：mm）

飞边桥部厚度 $h_飞$	H_{min}	h	B_1	B_{min}
<1.6	50	10	35	30
2~3	55	12	40	35
>4	60	15	50	40

2. 切边凸模设计及固定方法

切边时，切边凸模起传递压力的作用，要求与锻件有一定的接触面积（推压面），而且其形状应基本吻合。不均匀接触或推压面积太小，切边时锻件因局部受压会发生弯曲、扭曲和表面压伤等缺陷，影响锻件质量，甚至造成废品。另外，为了避免啃伤锻件的过渡断面，应在该处留出空隙Δ（见图5-10）。Δ值等于锻件相应处水平尺寸正偏差的一半加0.3~0.5mm。

为了便于凸模加工，凸模并不需要与锻件所有的表面都接触，可适当简化（见图5-11），并应选择锻件形状简单的一面作为切边时的推压面（见图5-12）。

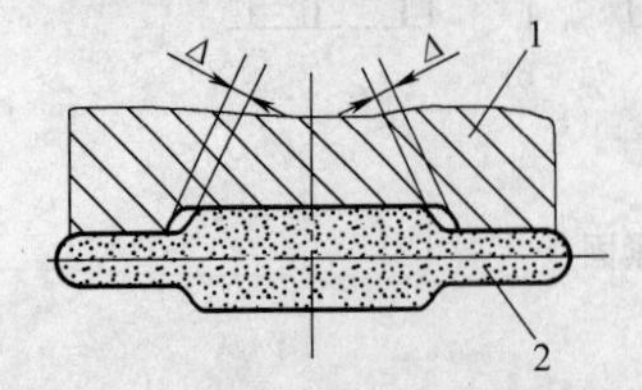

图5-10 切边凸模与锻件间的间隙
1—切边凸模 2—锻件

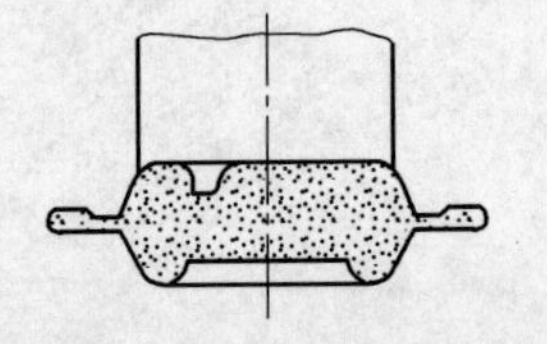

图5-11 简化凸模形状图

切边时，凸模一般进入凹模内，凸、凹模之间应有适当的间隙δ。间隙δ靠减小凸模轮廓尺寸保证。间隙δ过大，不利于凸凹模位置的对准，易产生偏心切边和不均匀的残留飞边；间隙δ过小，飞边不易从凸模上取下，而且凸凹模有互啃的危险。

切边凸凹模的作用不同，间隙δ也不同。当凹模起切刃作用时，间隙δ较大；凸、凹模同时起切刃作用时，间隙δ较小。对于凹模起切刃作用的凸、凹模间隙δ，根据锻件垂直于分模面的横截面形状和尺寸，按图5-13中的形式Ⅰ、形式Ⅱ及表5-2确定。当锻件模锻斜度大于15°时（见图5-13中的形式Ⅲ），间隙δ不宜太大，以免切边时造成锻件边缘向上卷起，并形成较大的残留毛刺，为此，凸模应按图示形式与锻件配合，并每边保持0.5mm左右的最小间隙。对于凸、凹模同时起切刃作用的凸、凹模间隙，可按式（5-1）计算：

$$\delta = kt \tag{5-1}$$

式中 δ——凸凹模单边间隙（mm）；

t——切边厚度（mm）；

k——材料系数，对于钢、钛合金、硬铝，$k=0.08\sim0.1$；对于铝、镁、铜合金，$k=0.04\sim0.06$。

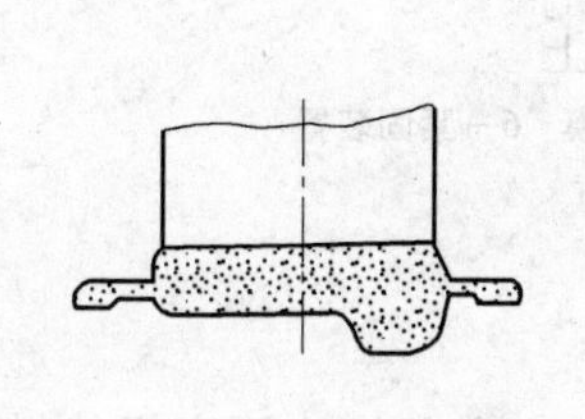

图5-12 锻件推压面的选取

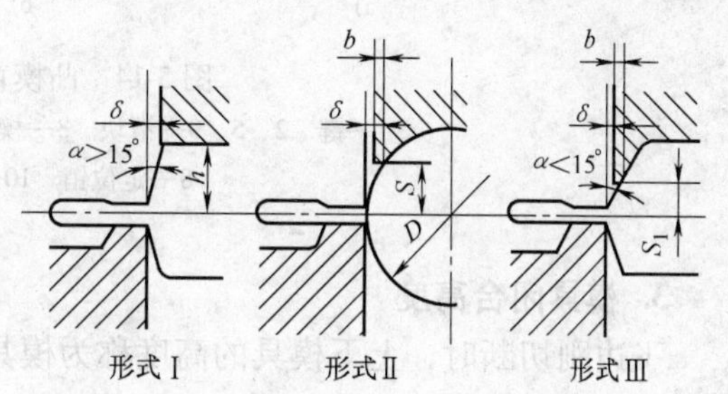

图5-13 切边凸凹模的间隙

表5-2 凸凹模的间隙尺寸 （单位：mm）

形式Ⅰ		形式Ⅱ	
h	δ	D	δ
≤5	0.3	<20	0.3
>5~10	0.5	20~30	0.5
>10~19	0.8	30~48	0.8
>19~24	1.0	48~59	1.0
>24~30	1.2	59~70	1.2
>30	1.5	>70	1.5

注：$S=0.2D+1\text{mm}$；$S_1=\dfrac{3.3-0.3\alpha}{\tan\alpha}$。

为了便于模具调整，沿整个轮廓线间隙按最小值取成一致，凸模下端不可有锐边，应从S和S_1高度处削平（见图5-13形式Ⅱ、Ⅲ）；S和S_1的大小可用作图法确定，凸模下端削平后的宽度b，对小尺寸锻件为1.5mm，中等尺寸锻件为2~3mm，大尺寸锻件为3~5mm。

凸模紧固方法主要有如下三种：

(1) 楔铁紧固　如图 5-14a 所示，用楔铁将凸模燕尾直接紧固在滑块上，前后用中心键定位，多用于大型锻件的切边。

(2) 直接紧固　如图 5-14b 所示，利用压力机上的紧固装置，直接将凸模尾柄紧固在滑块上，其特点是夹持方便，适于紧固中小型锻件的切边凸模。

(3) 压板紧固　如图 5-14c 所示，用压板、螺钉将凸模直接紧固在滑块上。此外，中小型锻件的切边凸模也常用键槽和螺钉或楔铁和燕尾固定在模座上，再将模座固定在压力机的滑块上。

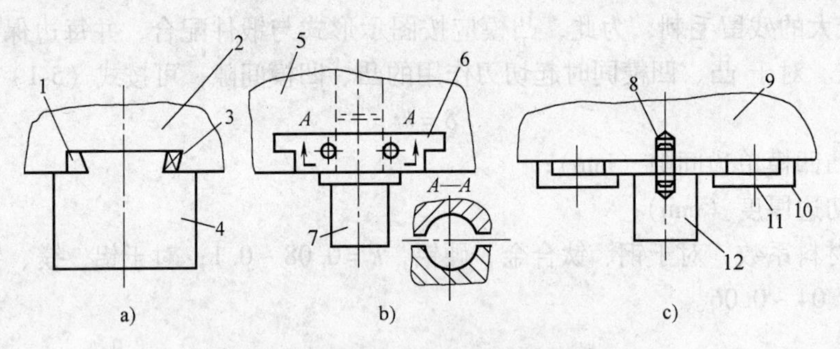

图 5-14　凸模直接紧固在滑块上

1—键　2、5、9—滑块　3—楔　4、7、12—凸模　6—紧固装置　8—定位销　10—压板　11—螺钉

3. 模具闭合高度

飞边刚切断时，上下模具的高度称为模具闭合高度 $H_{闭}$。它与切边压力机的封闭高度有关。闭合高度 $H_{闭}$ 应有一定的调节余地，其值在 H_{max} 与 H_{min} 之间，即

$$H_{min} - H_{垫} + (15 \sim 20)\,\mathrm{mm} \leqslant H_{闭} \leqslant H_{max} - H_{垫} - (15 \sim 20)\,\mathrm{mm} \tag{5-2}$$

式中诸符号意义如图 5-15 所示。

求出模具闭合高度后，即可确定凸模高度 $H_{凸}$，如图 5-16 所示。其中应考虑切边时的切移量 e，即凸模从接触锻件时起，到锻件被推出凹模刃口工作带，凸模下行的距离。这段距离实际为 $e + h_{飞}/2$，$h_{飞}$ 为飞边桥部高度，其值甚小，可忽略不计，近似将 e 看作切移量。为了切净锻件上的飞边，切移量应大于飞边桥部高度，通常 $e = (3 \sim 5) h_{飞}$。

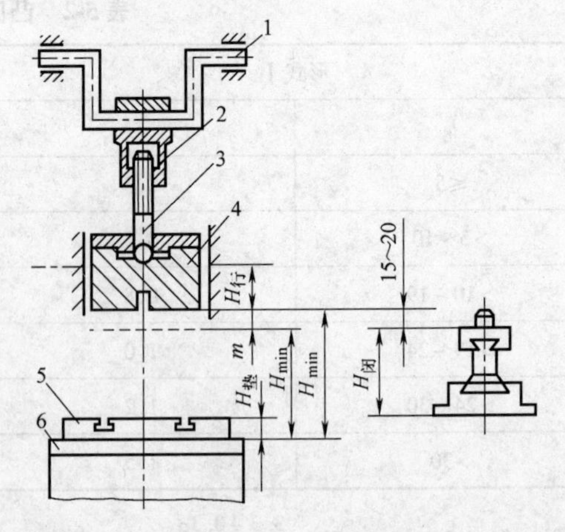

图 5-15　压力机封闭高度与模具闭合高度的关系

1—曲轴　2—连杆　3—螺杆　4—滑块　5—垫板　6—工作台

如图 5-16 所示，上模座高度 $H_{上}$、下模座高度 $H_{下}$ 事先已确定，因此凸模高度 $H_{凸}$ 可按以下两种情况计算确定：

1) 当凸模推压面靠近飞边，须要进入凹模刃口才能将飞边切净时（见图 5-16a），凸模高度为

$$H_{凸} = H_{闭} - (H_{上} + H_{凹} + H_{下}) + e \tag{5-3}$$

2）当推压面远离飞边（见图5-16b），即 h_n（推压面至锻件分模线距离）大于飞边桥部高度的6~8倍时，凸模不须进入凹模刃口便可将飞边切净，则凸模高度为

$$H_{凸}=H_{闭}-(H_{上}+H_{凹}+H_{下}+h_n)+e \tag{5-4}$$

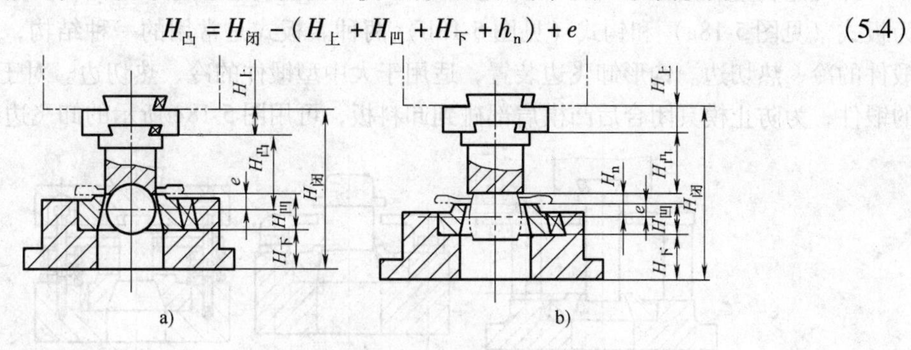

图5-16　凸模高度的计算

a）凸模伸入凹模　b）凸模不伸入凹模

4. 切边压力中心

欲使切边模合理工作，应使切边时金属抗剪切的合力点（即切边压力中心）与滑块的压力中心重合，否则模具容易错移，导致间隙不均匀、刃口碰损、导向机构磨损，甚至模具损坏。因而确定切边压力中心对保证切边模正常工作是非常重要的。

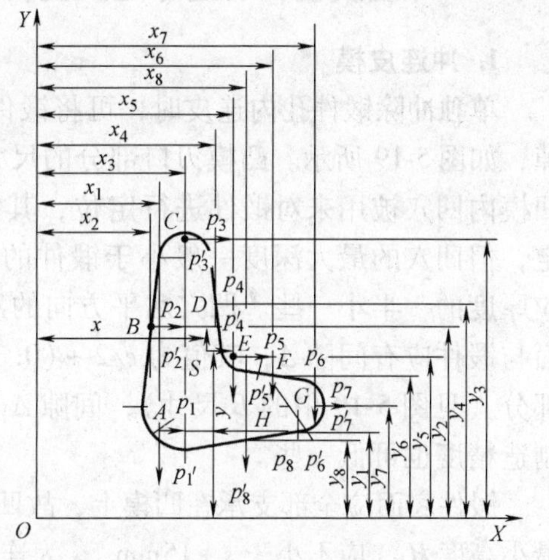

图5-17　用解析法求切边压力中心

平面图上形状对称的锻件，压力中心即为锻件几何图形的中心；非对称的锻件，压力中心应按剪切周长关系求解（实际上，生产中常将终锻模膛的模膛中心作为切边压力中心）。最常用的方法是解析法，具体步骤如下（见图5-17）：

在坐标系内作出锻件的外轮廓线平面图形，找出各自线段（直线或弧线）的重心位置 $A(x_1,y_1)$、$B(x_2,y_2)$、…、$N(x_n,y_n)$。过各自线段的重心，分别引出平行于 X 轴和 Y 轴的 p_1、p_2、p_3、…、p_n 和 p_1'、p_2'、p_3'、…、p_n'诸直线（分别代表各线段的剪切力），并使 $p_1=p_1'$、$p_2=p_2'$、$p_3=p_3'$、…、$p_n=p_n'$，其长度要与所代表的自然线段的长度成同一比例，或者等于各自线段的实长。然后根据各分力和的力矩等于分力矩和的原理，求出切边压力中心的坐标 $S(x,y)$，即

$$x=\frac{p_1'x_1+p_2'x_2+p_3'x_3+\cdots+p_n'x_n}{p_1'+p_2'+p_3'+\cdots+p_n'}$$

$$y=\frac{p_1y_1+p_2y_2+p_3y_3+\cdots+p_ny_n}{p_1+p_2+p_3+\cdots+p_n} \tag{5-5}$$

图5-17所示的锻件分模轮廓线为8个自然段，故 $n=8$。

5. 卸飞边装置

当凸、凹模之间的间隙较小，切边又需凸模进入凹模时，切边后飞边常常卡在凸模上不易卸除。所以当冷切边间隙 δ 小于0.5mm、热切边间隙 δ 小于1mm时，在切边模上应设置

卸飞边装置。

卸飞边装置有刚性的（见图 5-18a 和图 5-18b）和弹性的（见图 5-18c）两种，也可分为板式（见图 5-18a）和钩式（见图 5-18b）两种。板式是常用的一种结构，适用于中小型锻件的冷、热切边。钩形卸飞边装置，适用于大中型锻件的冷、热切边。对于高度尺寸较大的锻件，为防止模具闭合后凸模肩部碰到卸料板，可用图 5-18c 所示的卸飞边装置。

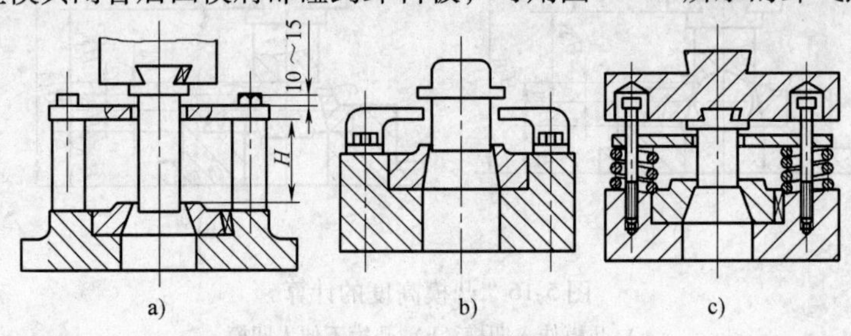

图 5-18　卸飞边装置

5.1.3　冲连皮模和切边冲连皮复合模

1. 冲连皮模

单独冲除锻件孔内连皮时，可将锻件放在凹模内，靠冲连皮凸模端面的刃口将连皮冲掉，如图 5-19 所示。凸模刃口部分的尺寸按锻件孔形尺寸确定。凹模起支承锻件的作用。凹模内凹穴被用来对锻件进行定位，其垂直方向的尺寸按锻件上相应部分的公称尺寸确定，但凹穴的最大深度一般小于锻件的高度。形状对称的锻件，凹穴的深度可比锻件相应厚度的一半小一些。凹穴水平方向的尺寸，在定位部分（见图 5-19 中的 C 尺寸）的侧面与锻件应有间隙 Δ，其值为 $e/2+(0.3\sim0.5)\text{mm}$，$e$ 为锻件在该处的正偏差。在非定位部分（见图 5-19 中的 B 尺寸），间隙 Δ_1 可比 Δ 大一些，取 $\Delta_1=\Delta+0.5\text{mm}$，而且该处的制造精度也可低一些。

锻件底面应全部支承在凹模上，故凹模孔径 d 应稍小于锻件底面的内孔直径。凹模孔的最小高度 $H_{最小}$ 应不小于 $s+15\text{mm}$，s 为连皮厚度。

若锻件靠近凹模的面没有压凹（见图 5-20），则凸凹模均起切刃作用，相当于板料冲孔。为此，凸、凹模的边缘均应做成尖锐的刃口；凸、凹模的间隙应小一些，详见表 5-3。

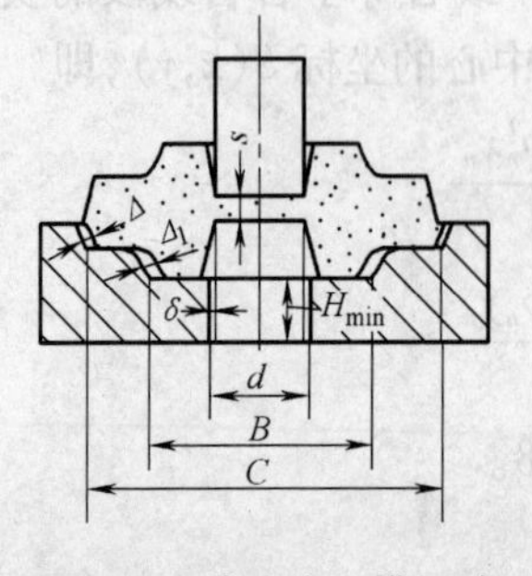

图 5-19　冲连皮凹模尺寸

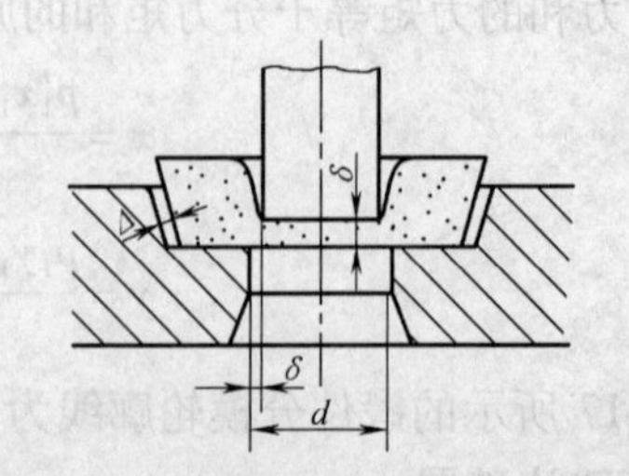

图 5-20　锻件一面无压凹时冲连皮模结构图

表5-3　凸凹模之间的间隙δ

连皮厚度 s/mm	每边间隙为连皮厚度的百分数(%)			
	热冲孔	冷冲孔		
		10、20钢	20、25、35钢	45钢以上
≤2.5	1.8~2	3.5~4	4~4.5	4.5~5
>2.5~5	2~2.5	4~4.5	4~5.5	5~6
>6~10	2.5~3	4.5~5.5	5.5~6.5	6~7
>10	3~4	5.5~7	6.5~8	7~9

冲连皮模也必须设置卸料装置，其设计原则与切边模相同。凸、凹模之间的间隙小于0.5mm时，冲连皮模上应设置导柱、导套。

2. 切边冲连皮复合模

切边冲连皮复合模的结构与工作过程如图5-21所示。压力机滑块处于最上位置时，拉杆5通过其头部将托架6拉住，使横梁15及顶件器12处于最高位置，此时将锻件放入凹模9并落于顶件器上；滑块下行时，拉杆与凸模7同时向下移动，托架、顶件器以及锻件靠自重同时向下移动；当锻件与凹模刃口接触时，与顶件器脱离；滑块继续下移，凸模与锻件接触并推压锻件，将飞边切除；随后锻件内孔连皮与冲头13接触，冲连皮完毕后锻件落在顶件器上。

滑块向上移动时，凸模与拉杆同时上移，在拉杆上移一段距离后，其头部又与托架接触，带动托架、横梁与顶件器一起上移，并将锻件顶出凹模。

在生产批量不大的情况下，可在一般的切边模上增加一个活动冲头，用来首先冲除内孔的连皮。

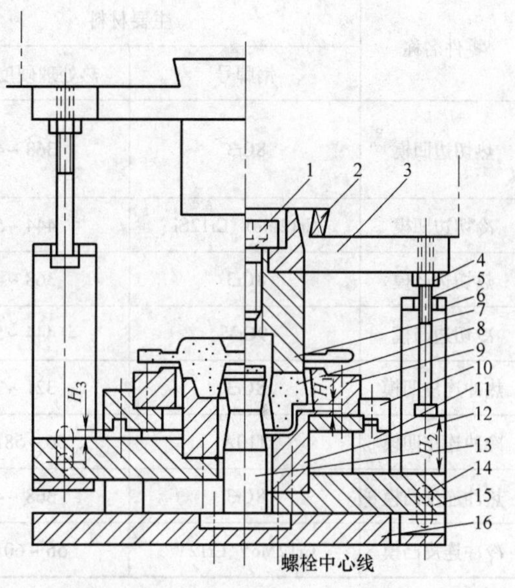

图5-21　切边冲连皮复合模

1、14—螺钉　2—楔　3—上模板　4—螺母　5—拉杆　6—托架　7—凸模　8—锻件　9—凹模　10—垫板　11—支撑板　12—顶件器　13—冲头　15—横梁　16—下模板

5.1.4　切边力和冲连皮力的计算

切边力和冲连皮力的数值可按式（5-6）计算：

$$F=\lambda\tau A \tag{5-6}$$

式中　F——切边力或冲连皮力（N）；

τ——材料的抗剪强度，通常取$\tau=0.8R_m$，R_m为金属在切边或冲连皮温度下的抗拉强度（MPa）；

A——剪切面积（mm^2），$A=LZ$，L 为锻件分模面的周长（mm），Z 为剪切厚度（mm），$Z=2.5t+B$，t 为飞边桥部或连皮厚度（mm），B 为锻件高度方向的正偏差（mm）；

λ——考虑到切边或冲连皮时锻件发生弯曲、拉伸、刃口变钝等现象，实际切边或冲连皮力增大所取的系数，一般取 $\lambda=1.5\sim2.0$。

整理式（5-6）得

$$F=0.8\lambda R_m L(2.5t+B) \tag{5-7}$$

5.1.5　切边、冲连皮模材料

切边、冲连皮模材料及其热处理硬度参考表5-4。

表5-4　切边、冲连皮模材料及热处理硬度

零件名称	主要材料		代用材料	
	钢牌号	热处理硬度　HBW	钢牌号	热处理硬度　HBW
热切边凹模	8Cr3	368～415	5CrNiMo、7Cr3、T8A、5CrNiSi	368～415
冷切边凹模	Cr12MoV、Cr12Si	444～514	T10A、T9A	444～514
热切边凸模	8Cr3	368～415	5CrNiMo、7Cr3、5CrNiSi	368～415
冷切边凸模	9CrV	444～514	8CrV	444～514
热冲连皮凹模	8Cr3	321～368	7Cr3、5CrNiSi	321～368
冷冲连皮凹模	T10A	56～58HRC	T9A	56～58HRC
热冲连皮凸模	8Cr3	368～415	3Cr2W8V、6CrW2Si	368～415
冷冲连皮凸模	Cr12MoV、Cr12V	56～60HRC	T10A、T9A	56～60HRC

5.2　校正

有些锻件，如细长轴类锻件、薄腹板高肋锻件、落差较大的锻件、厚度较薄的锻件、相邻断面差别较大的锻件和形状复杂的锻件等，在模锻、切边、冲连皮、热处理、清理以及运送的过程中，或由于冷却不均、局部受力、碰撞等原因往往产生弯曲、扭转、翘曲变形，造成锻件走样。如果锻件的这种变形超出了锻件图技术条件的允许范围，便要经过校正工序将锻件校直、校平。

校正可以在校正模内进行，也可以不用模具。如对某些长轴类锻件的校正，有时是直接将锻件支撑在液压机工作台的两块V形铁上，用装在液压机压头上的∧形铁对弯曲部分加压以进行校直。一般说来，锻件的校正多是在校正模内进行的。在模具内校正时，还可使锻件在高度方向上因欠压而增加的尺寸减小。

1. 校正的分类

校正分为热校正和冷校正两种。热校正通常与模锻同一火次，在切边和冲连皮之后进行。它可以利用模锻锤的终锻模膛进行重复打击，也可以在专用设备（螺旋压力机等）上的校正模中进行。热校正一般用于大型锻件、高合金钢锻件和容易在切边、冲连皮时变形的复杂形状锻件。冷校正作为模锻生产的最后工序，一般安排在热处理和清理工序之后进行。冷校正主要在夹板锤、螺旋压力机和曲柄压力机等设备上的校正模中进行，一般用于结构钢的中小型锻件和容易在冷切边、冷冲连皮、热处理和滚筒清理过程中产生变形的锻件。在某些情况下，为提高塑性，防止产生裂纹，锻件在冷校正前须进行退火或正火处理。

2. 校正模模膛设计

热校正模模膛根据热锻件图设计，冷校正模模膛根据冷锻件图设计。无论是热校正模模膛还是冷校正模模膛，都应力求形状简化、定位可靠、操作方便、制造简单。如图5-22所示，长轴类锻件只设计出杆部校正模膛。半圆形截面设计成圆形模膛（见图5-23）。

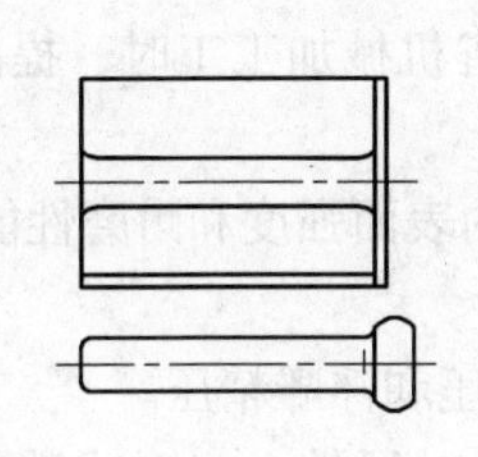

图5-22　杆形部分校正模膛

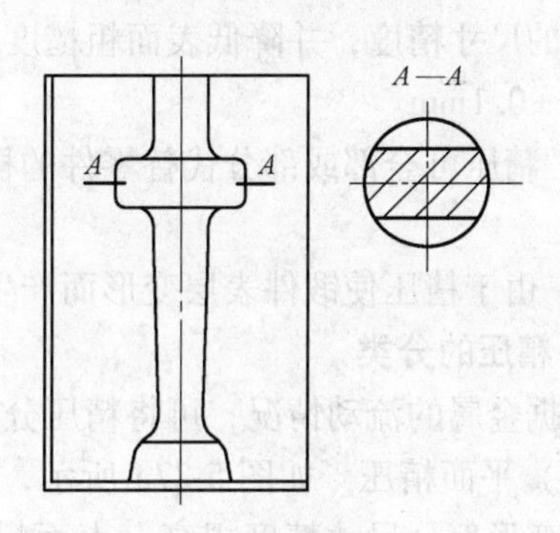

图5-23　圆弧形截面设计成圆形截面

校正模模膛的设计要点如下：

1）模膛水平方向的尺寸应适当放大。由于锻件在切边后留有毛刺，以及锻件在高度方向有欠压时，校正之后其水平尺寸有所增大。

2）模膛垂直方向尺寸应等于或小于锻件高度尺寸。通常小型锻件欠压量小，校正模模膛高度可等于锻件高度；而大中型锻件欠压量较大，校正模模膛高度应比锻件高度小一些，其差值可取为锻件高度尺寸的负偏差。如在曲柄压力机上校正时，在上下模之间即分模面上，应留有1～2mm间隙。

3）校正模模膛间壁厚按校正部分形状确定。校正部分为平面时，锻件四周与模膛之间留有空隙，其壁厚 s_0 与 s 按图5-24确定；校正部分为斜面时，模膛侧面与锻件接触，其壁厚按图5-25确定。锁扣部分与模膛的距离 s，一般取25～30mm（见图5-26）。

4）校正模模膛边缘应做成圆角（$R=3\sim5$mm），模膛表面粗糙度值 $Ra=0.8\mu m$。

5）校正模应留有足够的支承面。用螺旋压力机校正时，校正模上的支承面按10～13mm²/kN来确定。

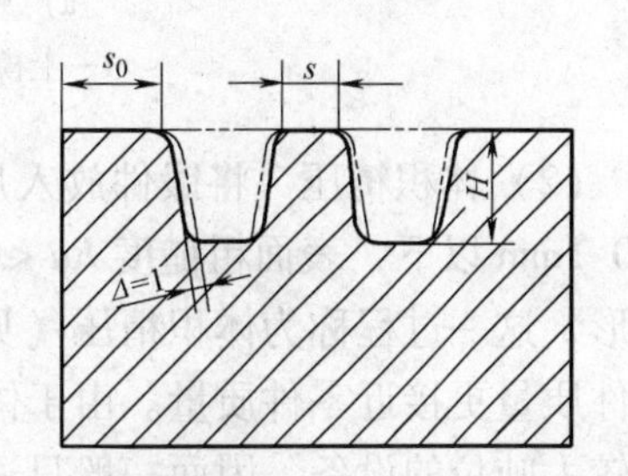

图5-24　平面校正时模膛间距与壁厚

注：$s_0 \geqslant H$，$s_0 \geqslant 30$mm；$s \geqslant H$，$s \geqslant 20$mm。

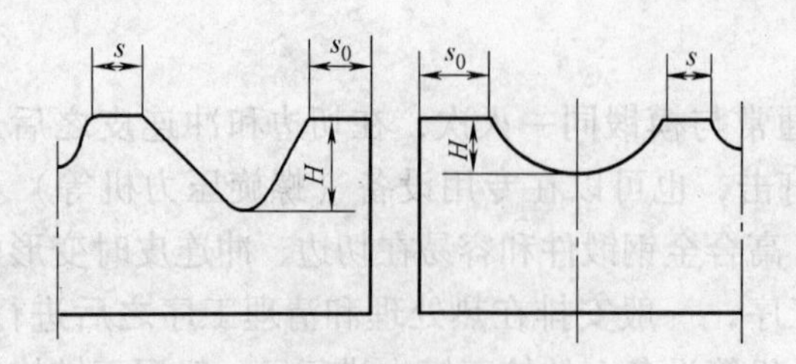

图 5-25　具有斜面的锻件校正时模膛间距与壁厚

注：$s_0 \geqslant 1.5H$，$s_0 \leqslant 40\text{mm}$；$s \geqslant H$，$s \geqslant 20\text{mm}$。

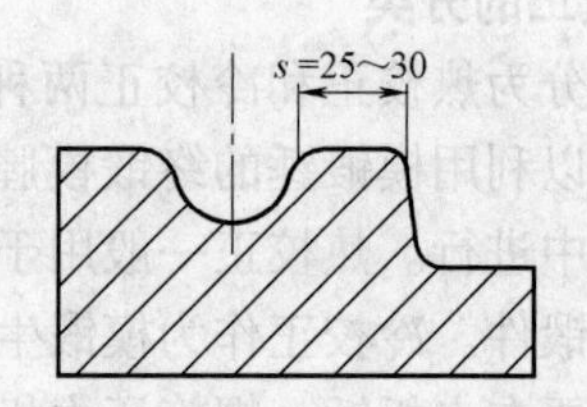

图 5-26　锁扣与模膛间距

5.3　精压

精压是为了提高锻件精度和降低锻件表面粗糙度值的一种锻造方法。其特点如下：

1）一般模锻件所能达到的合理尺寸精度，其允许偏差范围为 ±0.5mm。通过精压可提高锻件的尺寸精度，并降低表面粗糙度值，尺寸允许偏差可达到 ±0.25mm，经过多次精压可达到 ±0.1mm。

2）精压可全部或部分代替零件的机械加工，因而可节省机械加工工时，提高劳动生产率。

3）由于精压使锻件表层变形而产生硬化，可提高零件的表面强度和耐磨性能。

1. 精压的分类

根据金属的流动情况，可将精压分为平面精压、体积精压和浮雕精压。

（1）平面精压　如图 5-27a 所示，在两精压平板之间，对锻件上一对或数对平行面加压，使变形部分尺寸精度提高，表面粗糙度值降低。实质上，平面精压是平板间的自由镦粗。

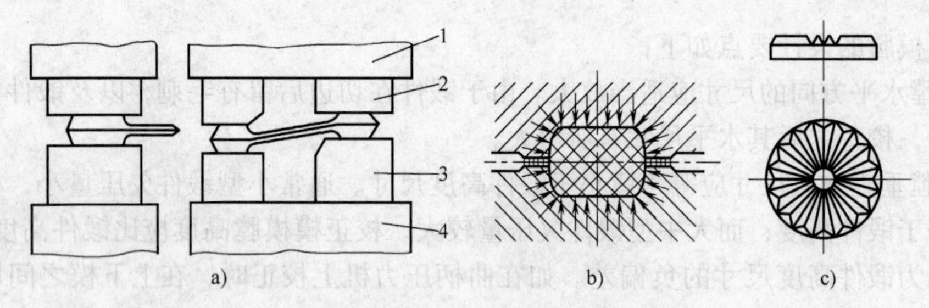

图 5-27　精压分类

a）平面精压　b）体积精压　c）浮雕精压

1—上模座　2—上平板　3—下平板　4—下模座

（2）体积精压　将锻件放入尺寸精度高、表面粗糙度值小的型槽内（尺寸允许偏差在 ±0.1mm 以下，表面粗糙度 $Ra < 0.2\mu\text{m}$）进行锻压，使其整个表面都受到压挤，产生少量变形，这一过程称为体积精压（见图 5-27b）。经体积精压后，锻件的全部尺寸变得更精确，锻件质量更接近零件质量。由于体积精压的变形抗力较大，模具寿命成为突出的问题，并需要较大吨位的设备，因而一般只适用于小型锻件，特别是有色金属锻件。

（3）浮雕精压　在日用品工业生产中，有一些工件表面须压挤出不深的花纹、标记、图案（如压硬币、徽章等），称为浮雕精压或浮雕压印，如图 5-27c 所示。浮雕精压属表面局部变形，工件的轮廓尺寸几乎不变化。

按精压时锻件所处温度的不同，又可分为热精压与冷精压两种。热精压是在接近于终锻温度下进行，温度若过高，金属表皮易于氧化，不利于获得高精度锻件，热精压通常用于变形量大的体积精压或塑性较差的锻件。冷精压是在常温下进行，精压前锻件需清理，这样可以获得较高的尺寸精度和较低的表面粗糙度值。冷精压时，变形量不宜过大，一般用于平面精压。当精压余量（即变形量）较大时，须进行多次精压，并在精压工序间增加退火工序，以消除冷作硬化，提高金属塑性。当精压余量过大时，最好先进行热体积精压，然后再进行冷态平面精压。

2. 精压平面的凸起及其预防措施

平面精压后，精压件平面中心有凸起现象（见图5-28）。凸起值$\left(f=\dfrac{H_{max}-H_{min}}{2}\right)$可达0.3～0.5mm，对精压件尺寸精度影响很大。产生凸起的原因主要是工件在平板间镦粗时，其受压面上应力分布不均匀（见图5-29），而且随着工件的高径比（H/D）的减小和外摩擦的增大，受压面中心的压应力与边缘的压应力之差也越大，这种应力分布的不均匀性，导致模板产生不均匀的弹性凹陷和弯曲。外力去除后，弹性变形部分回复，使精压工件中部产生凸起。工件硬度越高，变形程度越大，凸起越明显。

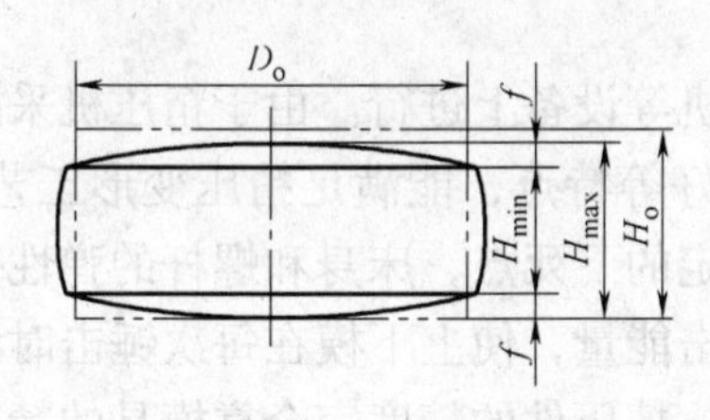

图5-28　精压平面的凸起现象

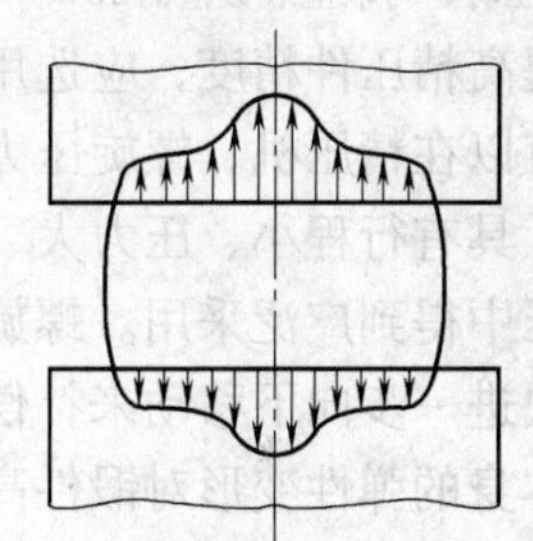
图5-29　精压面上的压应力分布

减小或预防凸起，应从以下几方面采取措施：

1）精压前对模锻件采取的措施：降低锻件的硬度（钢件采用退火或正火；铝件采用淬火，但须在时效前精压）；适当减小变形程度或在冷精压前先热精压一次（在热态下精压，一方面单位压力较小使平面凸起值减小；另一方面，由于减小了冷精压余量，也使凸起值减小）；带孔的零件，若孔径不大，模锻时则应压出浅穴，以减小精压面积；不带孔的锻件，其受压面事先做成凹面以抵消精压时的凸起等。

2）对精压模具采取的措施：选用淬透性高的材料（如Cr12MoV等）做精压模板，淬火后硬度一般为58～62HRC；改善模具结构、减小模具的零件数，以提高模具的刚度；采用止程块以减小模具的弹性弯曲；模具的施压面做成凸面；降低模板的表面粗糙度值等。

3）精压时采用良好的润滑：钢件在精压前进行磷化处理和润滑处理；铝件精压时可用蜂蜡或猪油做润滑。

综上所述，凡减小单位压力和单位摩擦力的措施，都会使凸起值减小。

3. 精压压力的确定

精压时所需压力主要与材料种类、精压温度和受力状态等有关，其值可按式（5-8）计算：

$$F = 10pA \tag{5-8}$$

式中　F——精压力（N）；

p——平均单位压力（MPa），按表 5-5 确定；

A——锻件精压时的投影面积（mm^2），如果有飞边存在，受压面积应包括飞边的投影面积。

表 5-5　不同材料精压时的平均单位压力

材　料	单位压力/MPa	
	平面精压	体积精压
2A11、2A50 及类似铝合金	1000～1200	1400～1700
10、15CrA、13Ni2A 及类似钢	1300～1600	1800～2200
25、12CrNi3A、12Cr2Ni4A、21Ni5A、13CrNiWA、18CrNiWA、38CrA、40CrVA	1800～2200	2500～3000
35、30CrMnSiA、20CrNi3A、37CrNi3A、38CrMoAlA、40CrNiMoA	2500～3000	3000～4000
铜、金和银		1400～2000

注：热精压时，可取上表数值的 50%～30%；曲面精压时，可取平面精压与体积精压的平均值。

为了提高精压件精度，应选用吨位较大的设备。

精压可以在精压机、螺旋压力机及普通曲柄压力机等设备上进行。由于精压机采用曲柄肘杆机构，具有行程小、压力大、保压时间长、刚度好等特点，能满足精压变形工艺要求，所以在精压中得到广泛采用。螺旋压力机滑块没有固定的下死点，床身和螺杆的弹性变形量可通过滑块进一步向下移动来补偿，只要有足够的打击能量，使上下模在每次锤击时都能打靠，设备本身的弹性变形对锻件高度尺寸公差无影响，精压件的精度完全靠模具的精度来保证。锻件厚度公差的调节，是靠上下模座间加放不同厚度的精密垫板（片）（见图 5-30）来解决的。当采用普通曲柄压力机精压时，考虑到设备弹性变形对锻件厚度公差的影响，最好选用吨位比计算值大 1～2 倍的设备。

4. 精压工序的安排

锻件的精压应安排在锻件热处理（正火或退火）之后进行；铝件的精压，当变形程度较小（小于 15%）时，由于冷作硬化程度不甚严重，可在淬火时效后进行；若变形程度较大时，最好在热处理前精压，或热处理前预精压一次，热处理后作最后冷精压，以减少精压变形量。

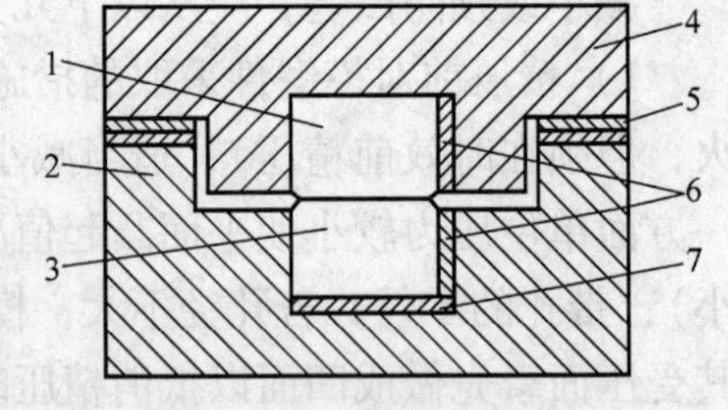

图 5-30　螺旋压力机上利用精密垫板来微调锻件的厚度

1—上模　2—下模座　3—下模　4—上模座　5—精密垫板　6—侧垫板　7—模块垫板

5. 精压件图和精压毛坯图

精压件图根据零件图绘制，用以表达精压后锻件形状尺寸与技术要求，并作为制造精压模具和检验精压件的依据。精压毛坯图即模压件图，是表达精压前模锻件形状尺寸与技术要求的，作为检验精压件毛坯和制造模锻模的依据，它是根据精压件图并考虑到精压时的精压余量和精压后水平方向尺寸的变化等因素而绘制的。如果平面精压只在模锻件的局部地方进行，大部分仍保持着锻件的外形尺寸和公差，则可在模锻件图上注明精压尺寸和要求，如图 5-31 所示，不必另绘制精压件图。

精压毛坯图的设计方法与普通模锻件设计基本相同，其主要特点在于要选定精压余量公差和计算精压前锻件尺寸（高度方向和水平方向）。精压余量的具体数值，须根据锻件材料、形状和尺寸以及精压后的精度和表面粗糙度等因素确定。余量太小，精压后达不到表面粗糙度；余量太大，会降低尺寸精度和增加水平尺寸，有时还可能引起形状的畸变。精压毛坯的精度一般分为高精度、普通精度和热平面精压三组。

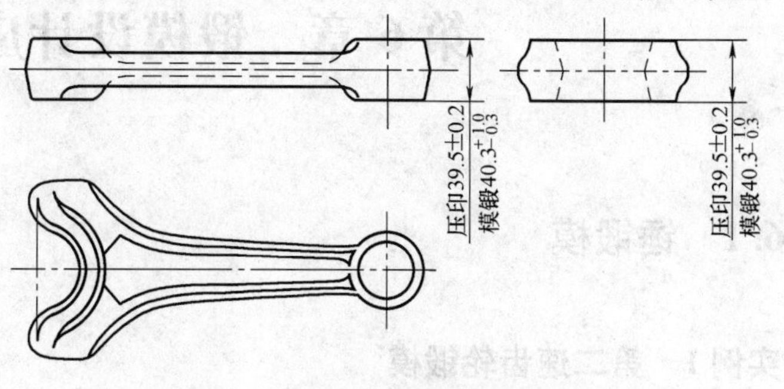

图5-31　精压尺寸和要求的标注

对于要求一般表面粗糙度（$Ra=1.0\sim1.6\mu m$）和精度（IT7）的零件，精压时可按表5-6选用其单面余量。

表5-6　平面精压的单面余量　（单位：mm）

精压厚度	≤10	11~20	21~30	31~40	41~60
铝合金	0.25	0.50	1.0	1.2	1.6
钢	0.30	0.80	1.2	1.5	1.8

为了减小精压余量波动，模锻件上需要精压的部分，其模锻公差应比非精压部分的公差小一些；精压毛坯中非精压部分的余量和公差仍按普通模锻件处理。

精压毛坯的尺寸，一般可按精压前后体积不变的原则来计算。例如，对于圆形件或方形件的平面精压，按精压前后体积不变原则可得如下近似计算公式：

$$d_0=d\sqrt{\frac{H}{H+\Delta H}} \tag{5-9}$$

式中　d_0——模锻件（精压前）直径或边长（mm）；

d——精压件直径或边长（mm）；

H——精压件高度（mm）；

ΔH——精压余量（双面）（mm）。

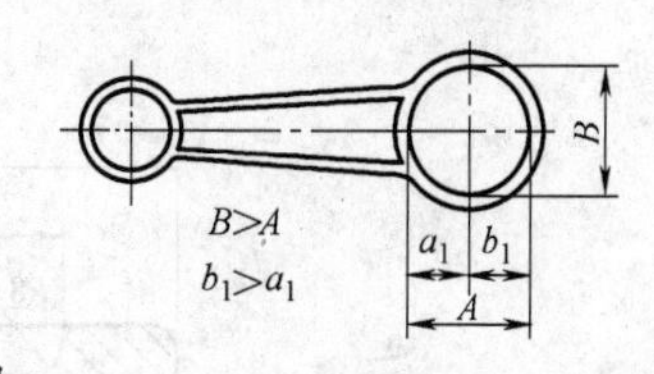

图5-32　摇杆零件精压时各向增宽的不均性

实际生产中，精压件往往是由若干基本几何图形所组成的复合体，精压过程中各部分形状相互牵制，使得变形复杂化而不能精确计算。如图5-32所示的摇臂零件，精压圆形头部时金属流动受杆部阻碍，结果$B>A$、$b_1>a_1$使精压面成为椭圆，所以在设计模锻件时，应从上述相反方向确定其尺寸。不过，其具体数值须根据经验或通过试验来确定。

在制造锻模时，型槽尺寸应按负偏差来划线制造，以便在模锻件试压发现问题时有修改的余地。

6. 精压模的结构

精压模的结构应力求简单，刚性要大，避免构件间的间隙和弹性变形。

第 6 章　锻模设计应用实例

6.1　锤锻模

实例 1　第二速齿轮锻模

（1）锻件名称及材料　第二速齿轮，20CrMnTi 钢。

（2）锻件图　如图 6-1a 所示。

（3）锻模图　如图 6-1b 所示。

（4）说明

1）该件是一种饼类锻件，毛坯尺寸为 ϕ80mm×179mm，在 3t 模锻锤上锻造。

2）这类锻件只要能够保证充满模膛，通常可以只采用镦粗及终锻，而不必采用预锻。

3）毛坯经镦粗后直径为 175mm，大约相当于锻件轮缘厚度一半处的直径，这个直径能保证不致产生折纹，并且在坯料置入终锻模膛时也易于观察是否放偏。镦粗后坯料的厚度，也能保证轮毂处的充满。

镦粗后，圆柱形毛坯周围的氧化皮即可脱落，而坯料两个端面上的氧化皮，则需将饼状的毛坯用夹钳立起来，轻轻压一下，即可脱落。

4）终锻模膛一般都设置于打击中心，由于设备状态有时并不理想，所以采用圆形锁扣来保证锻件不致产生过大的错差，锁扣是朝下凹的，一方面使镦粗后的毛坯容易翻入终锻，同时，在必要时还可利用锁扣按夹钳的支点来帮助锻件出模。

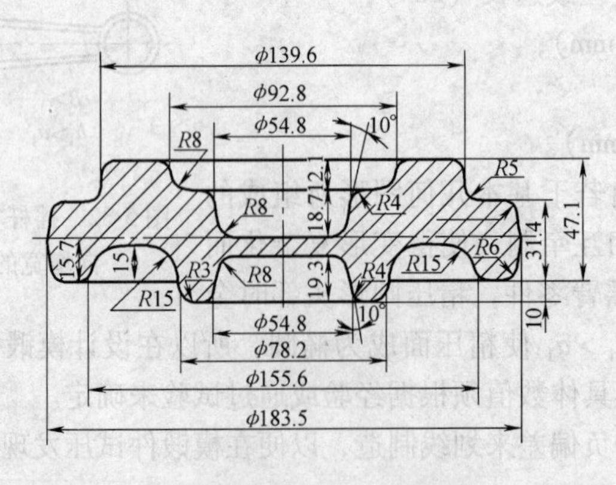

a)

图 6-1　第二速齿轮及其锻模

a）第二速齿轮锻件图

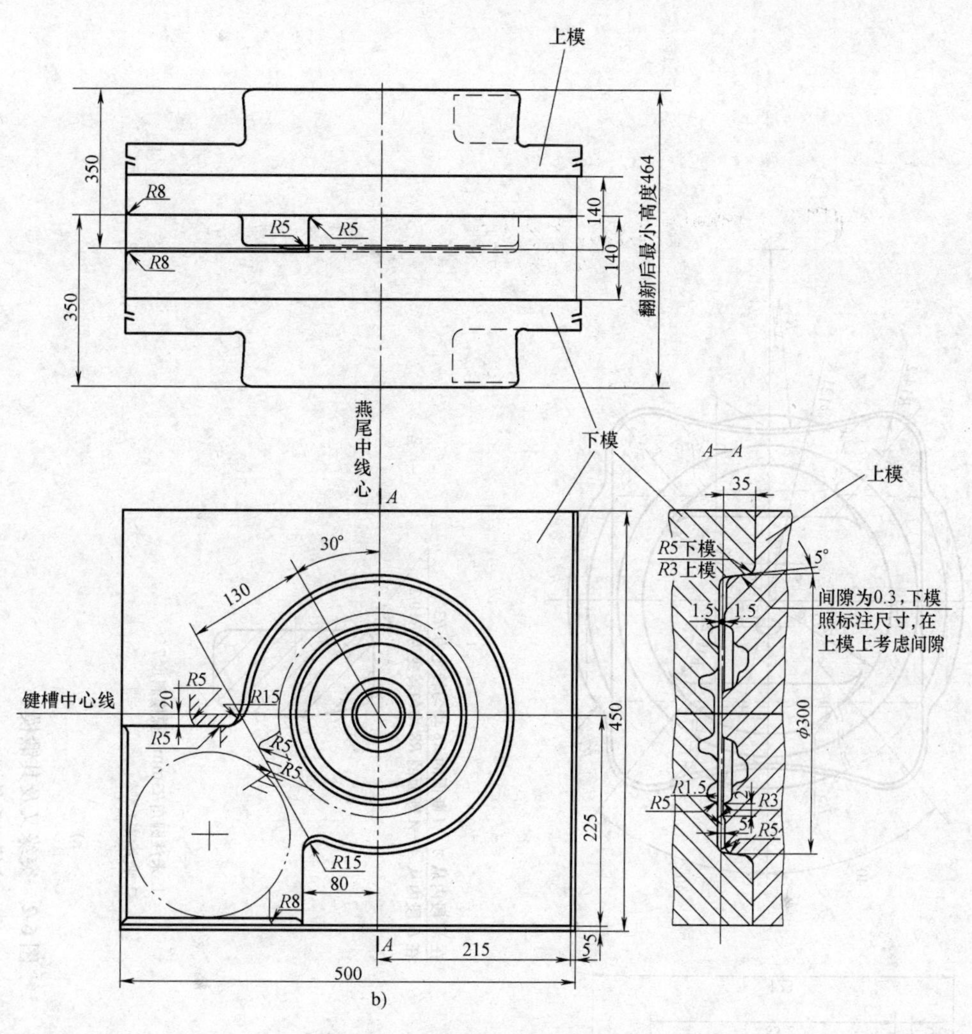

图 6-1　第二速齿轮及其锻模（续）

b）第二速齿轮锻模图

实例 2　突缘叉锻模

（1）锻件名称及材料　突缘叉，35 钢。

（2）锻件图　如图 6-2a 所示。

（3）锻模图　如图 6-2b 所示。

（4）说明

1）模锻工步为镦粗去氧化皮、卡压、终锻。

2）毛坯在卡压模膛经一次卡压后，不翻转，平移置入终锻模膛。卡压可使毛坯的截面积重新分配，使与叉尖对应的部分稍微增大，中间部分减小并展宽。此外，经过卡压的毛坯形状能比较容易稳定准确地置入终锻下模，毛坯端面上氧化皮也能在卡压时脱落。

3）锻件的叉尖部分置于上模，主要是对充满有利，同时清除模膛中的氧化皮也较方便。

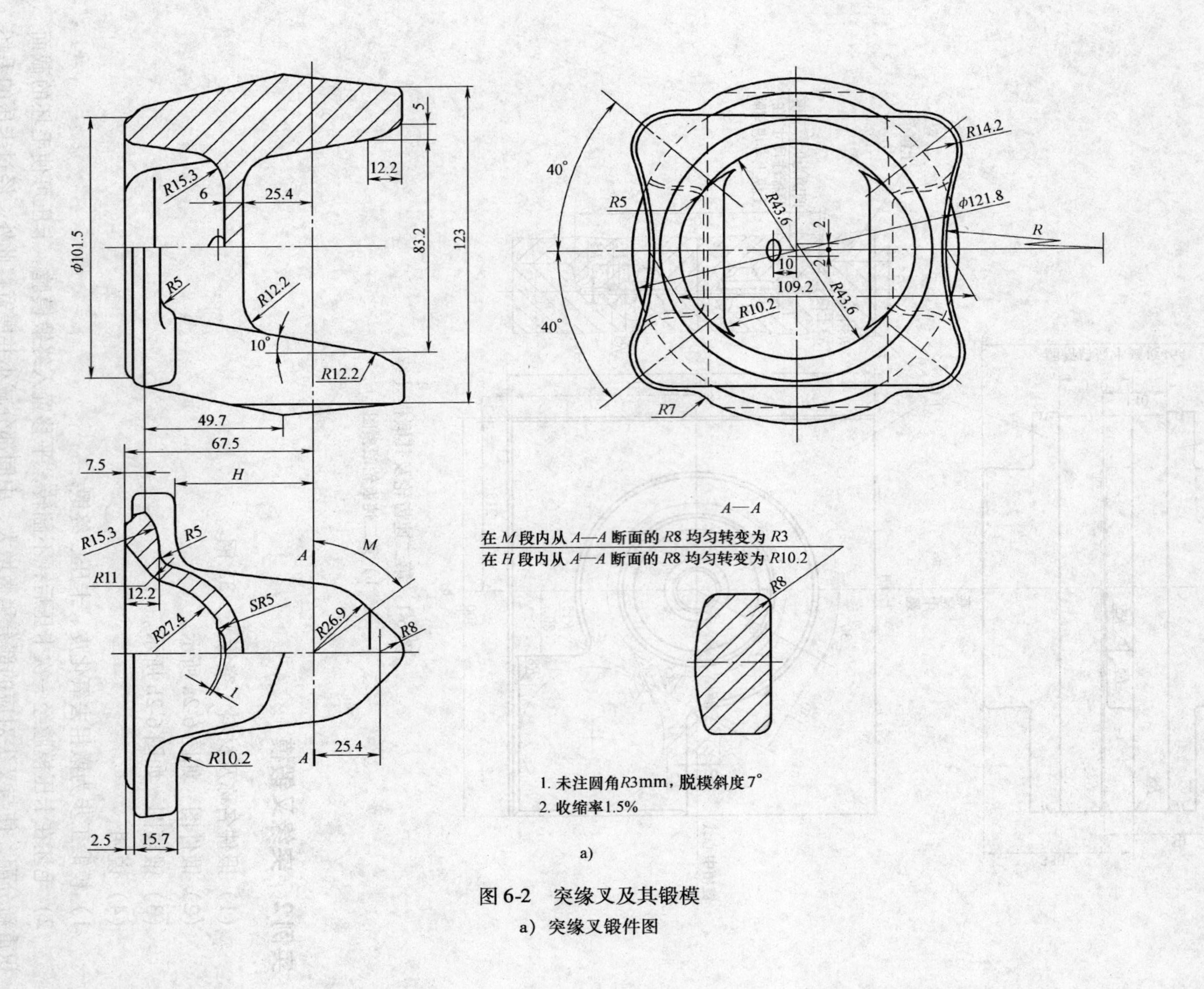

图6-2　突缘叉及其锻模

a）突缘叉锻件图

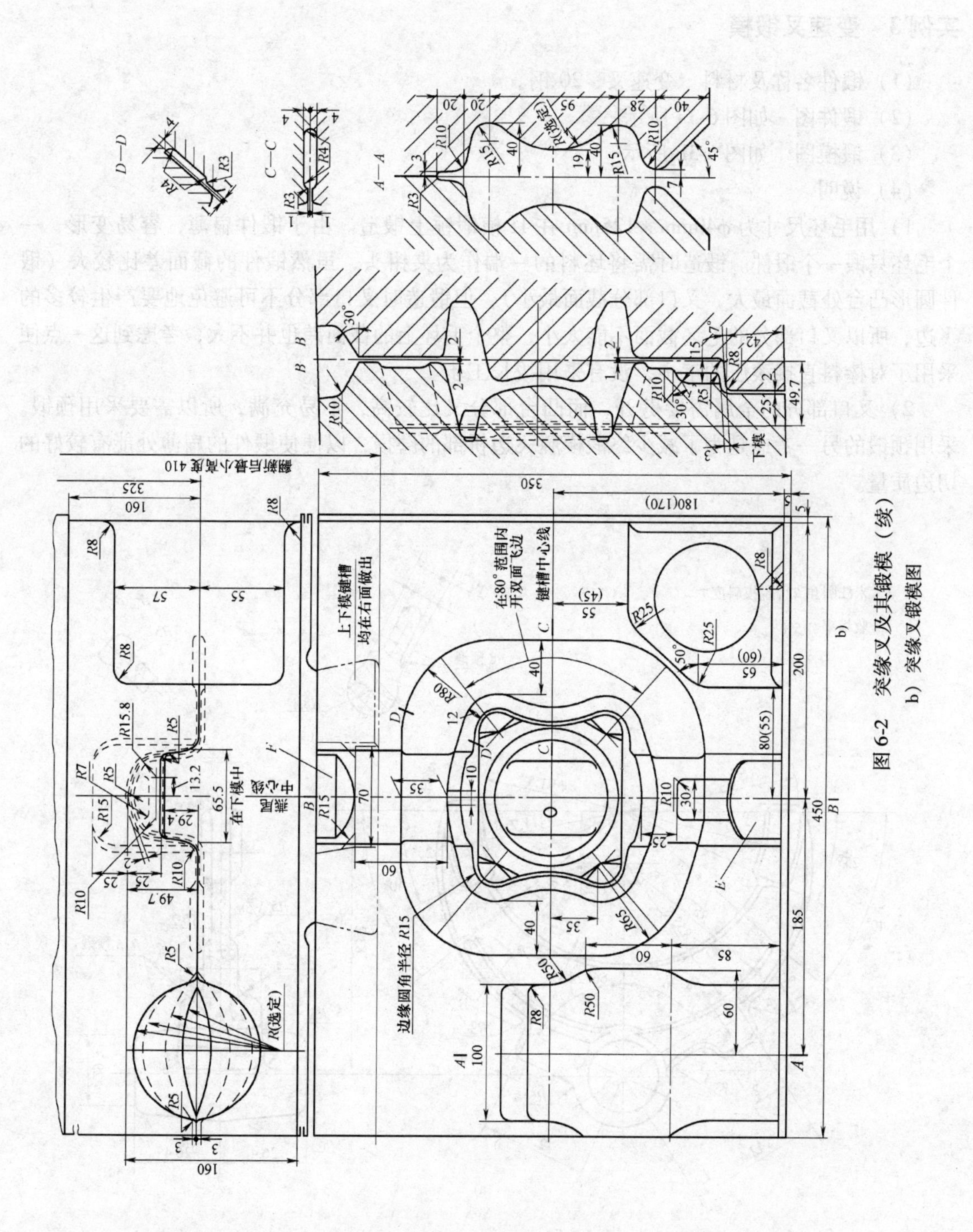

图6-2　突缘叉及其锻模（续）

b）突缘叉锻模图

4）F 处为浇注检查件的浇口，模具前面 E 处设计成封闭的，这是从安全角度考虑的，防止模锻时小片金属从这里飞出伤害操作者。

实例 3　变速叉锻模

（1）锻件名称及材料　变速叉，20 钢。

（2）锻件图　如图 6-3a 所示。

（3）锻模图　如图 6-3b 所示。

（4）说明

1）用毛坯尺寸为 ϕ40mm×125mm 在 1t 模锻锤上锻造。由于锻件扁薄，容易变形，一个毛坯只锻一个锻件。锻造时需将坯料的一端作为夹钳头，虽然锻件的截面差比较大（锻件圆形凸台处截面最大，叉口部分截面最小），但锻造时叉口部分不可避免地要产生较多的飞边，所以叉口部分的毛坯截面不能太小，整个毛坯上的截面差也并不大，考虑到这一点便采用了对棒料直接滚压的工步，没有采用拔长工步。

2）叉口部分的金属需要劈开，而凸台部分又比较高，不易充满，所以需要采用预锻。采用预锻的另一考虑是为了减少终锻模膛飞边桥部的磨损，以便使锻件的扁薄处能有较好的切边质量。

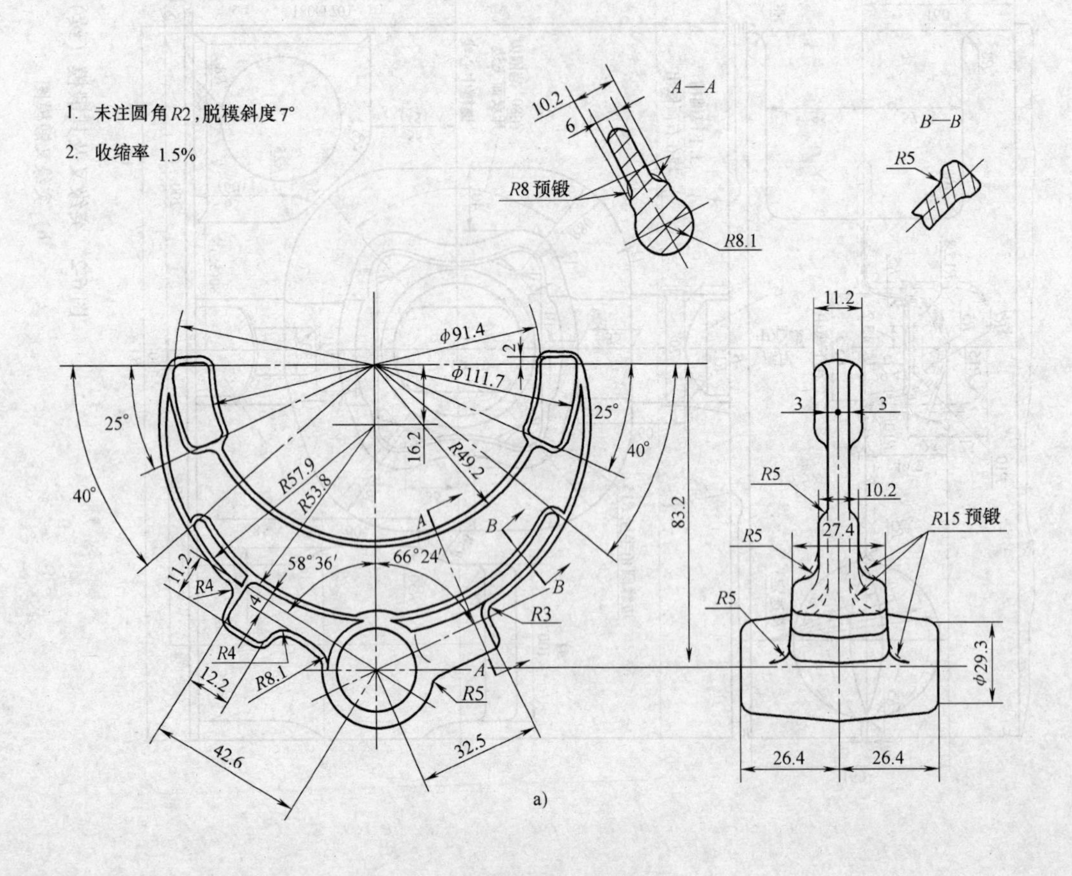

图 6-3　变速叉及其锻模

a）变速叉锻件图

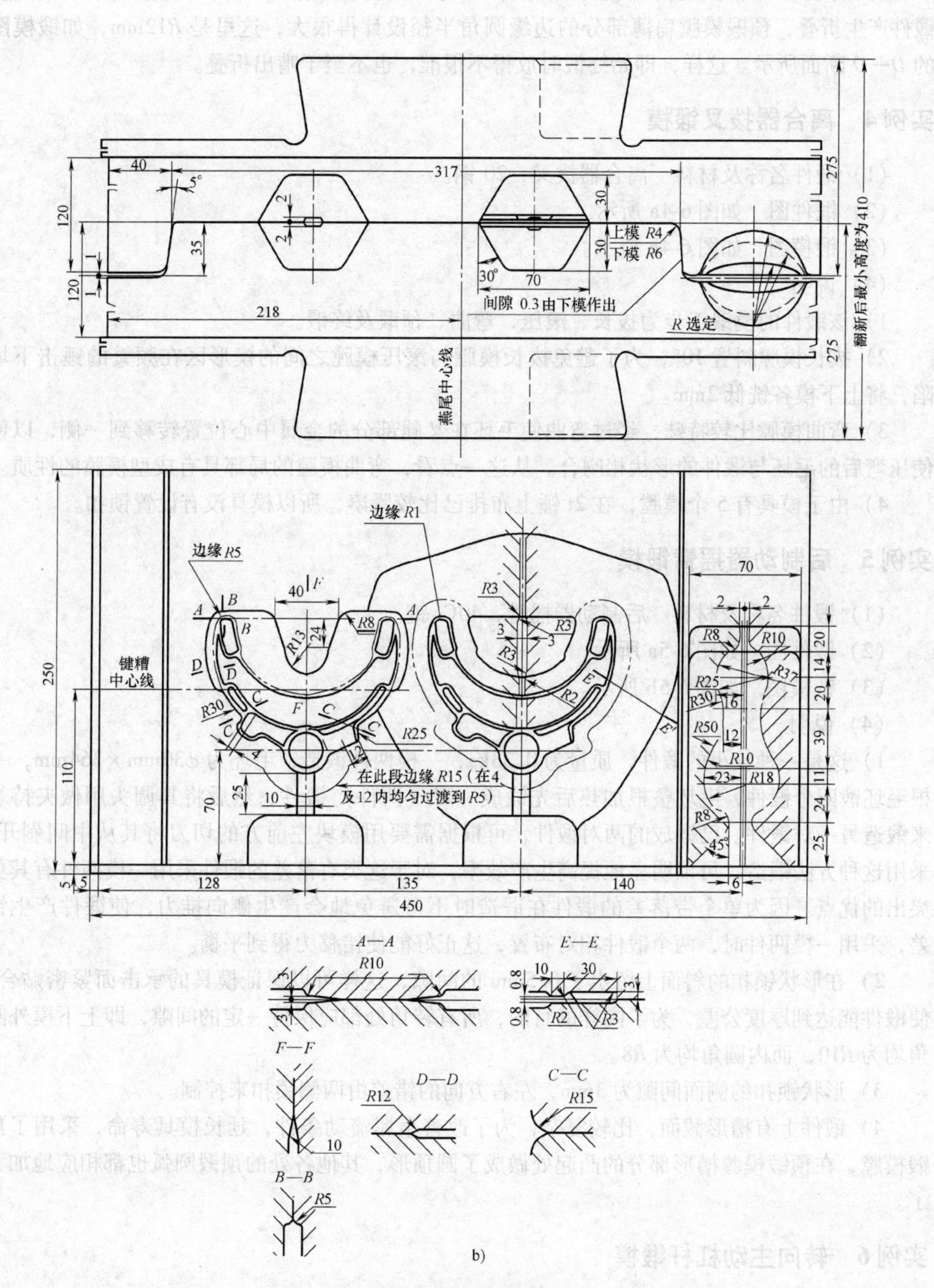

图6-3　变速叉及其锻模（续）

b）变速叉锻模图

3）由于叉口部分较薄，预锻后的坯料难以在终锻模膛里放准，为了防止由于放偏而使锻件产生折叠，预锻模膛扁薄部分的边缘圆角半径设计得很大，这里是 *R*12mm，如锻模图的 *D—D* 断面所示。这样，即始终锻时放得不很准，也不至于啃出折叠。

实例 4　离合器拨叉锻模

（1）锻件名称及材料　离合器拨叉，20 钢。

（2）锻件图　如图 6-4a 所示。

（3）锻模图　如图 6-4b 所示。

（4）说明

1）该锻件的模锻工步为拔长、滚压、弯曲、预锻及终锻。

2）拔长模膛斜置 10°，为了避免拔长模膛与滚压模膛之间的楔形区在频繁的锤击下塌陷，将上下模各铣低 2mm。

3）弯曲模膛比较特殊，经过弯曲使毛坯在叉腿部分的金属中心位置转移到一侧，以便使压弯后的毛坯与锻件的形状相吻合。从这一点看，弯曲模膛的局部具有成型模膛的性质。

4）由于模具有 5 个模膛，在 2t 锤上布排已比较紧凑，所以模具没有设置锁扣。

实例 5　后制动器摇臂锻模

（1）锻件名称及材料　后制动器摇臂，40Cr 钢。

（2）锻件图　如图 6-5a 所示。

（3）锻模图　如图 6-5b 所示。

（4）说明

1）这是一种较小的锻件，质量为 0.33kg，一模两件锻造，毛坯为 ϕ30mm × 364mm，一根毛坯锻四个锻件，毛坯整根加热后先锻成一对（两件）锻件，然后将其调头用做夹持端来锻造另一对锻件。已锻成的两对锻件，可根据需要用模块左前方的切刀将其从中间剁开。采用这种方法锻造，可以明显地提高生产效率，对于这类有落差的锻件采用一模两件有其更突出的优点。因为单个带落差的锻件在锻造时不可避免地会产生侧向推力，使锻件产生错差，采用一模两件时，两个锻件相对布置，这正好能使错移力得到平衡。

2）在形状锁扣的斜面上留出了 0.5mm 的间隙，这样可以保证模具的承击面紧密贴合，使锻件能达到厚度公差，为了同样的目的，所有转角处都应保持一定的间隙，即上下模外圆角均为 *R*10，而内圆角均为 *R*8。

3）形状锁扣的侧面间隙为 3mm，左右方向的错差由两侧锁扣来控制。

4）锻件上有槽形截面，比较复杂，为了改善金属流动条件，延长模具寿命，采用了预锻模膛，在预锻模膛槽形部分的凸起处做成了圆顶形，其他各处的预锻圆弧也都相应地加大了。

实例 6　转向主动杠杆锻模

（1）锻件名称及材料　转向主动杠杆，40 钢。

（2）锻件图　如图 6-6a 所示。

（3）锻模图　如图 6-6b 所示。

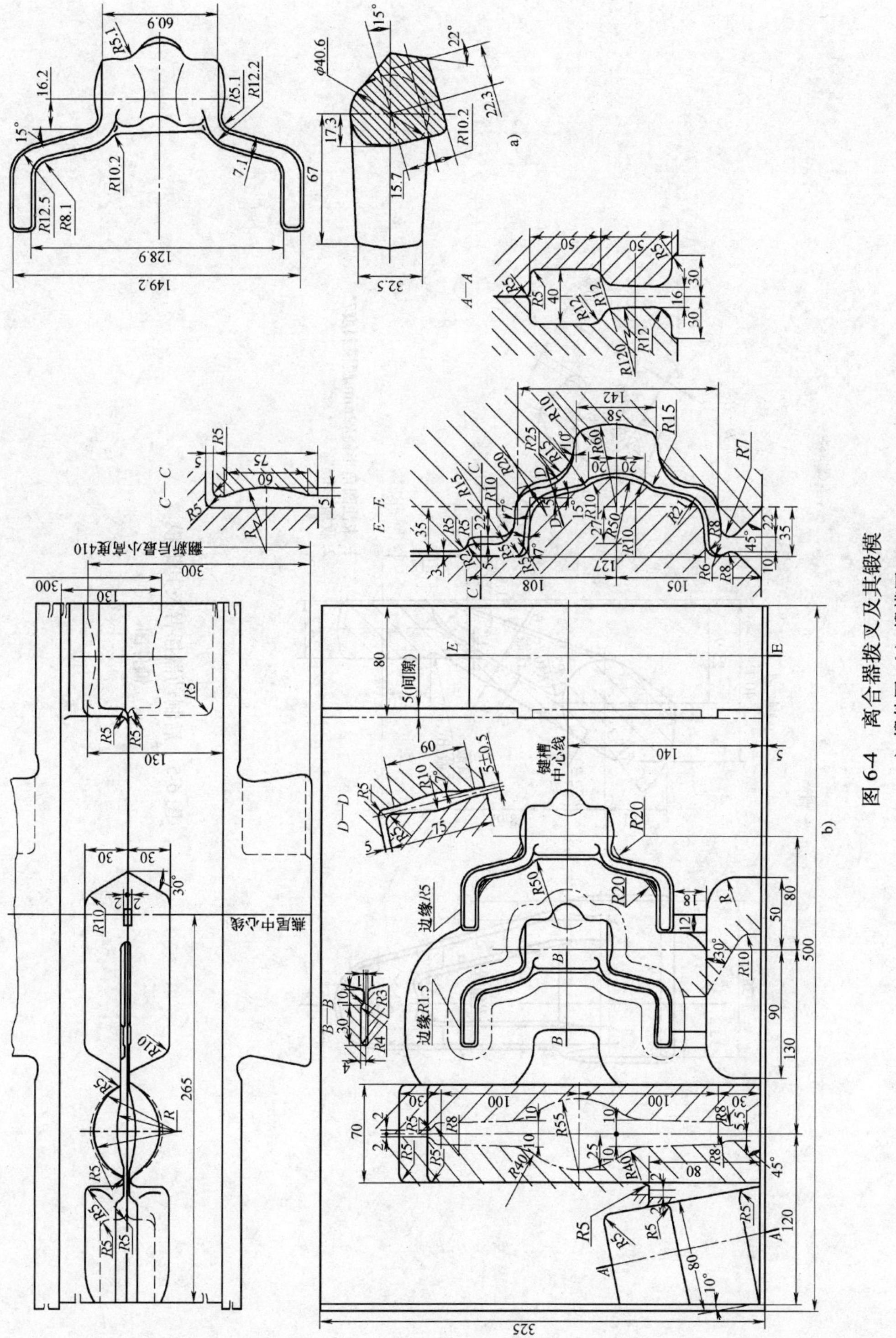

图6-4　离合器拨叉及其锻模

a）锻件图　b）锻模图

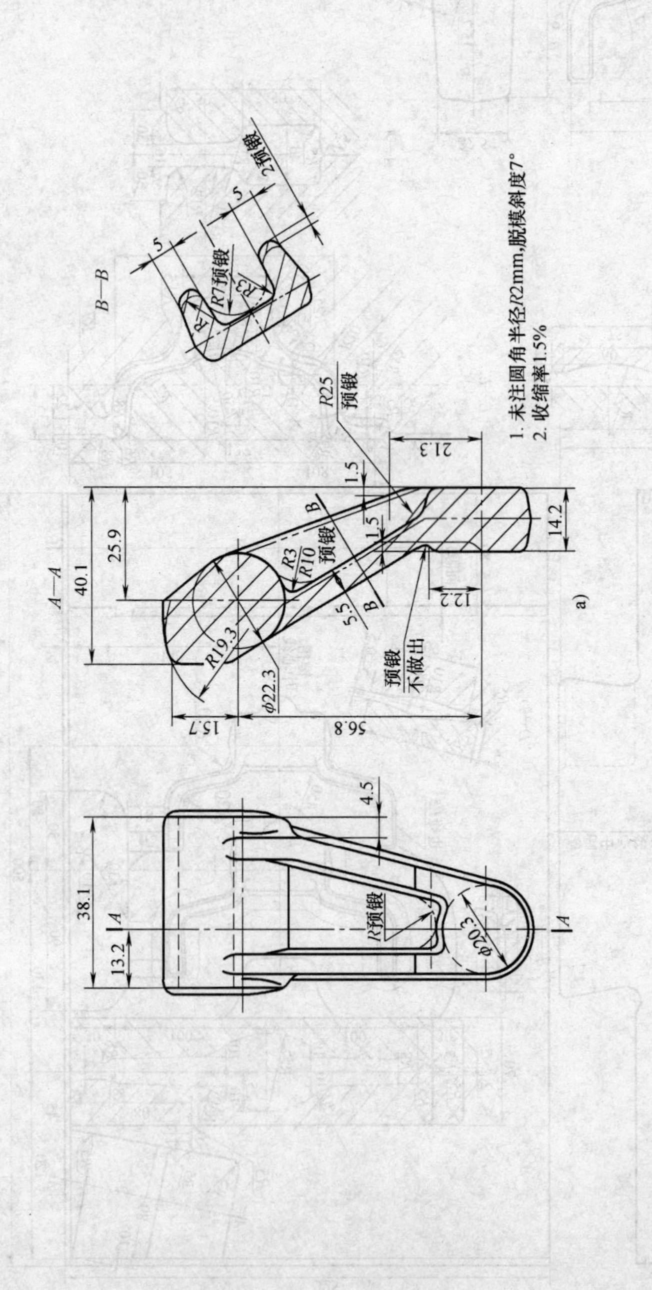

图 6-5　后制动器摇臂及其锻模

a）锻件图

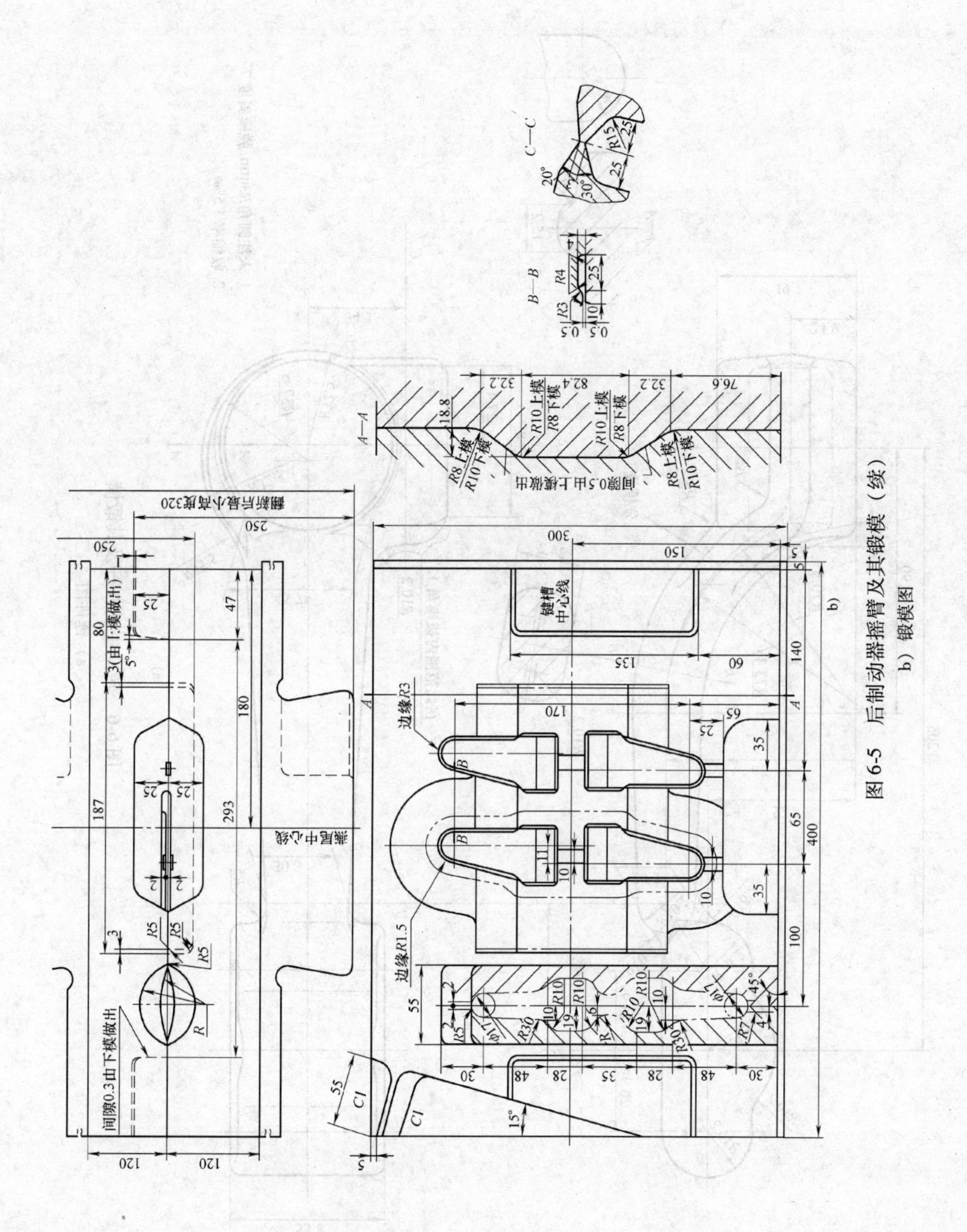

b）锻模图

图 6-5　后制动器摇臂及其锻模（续）

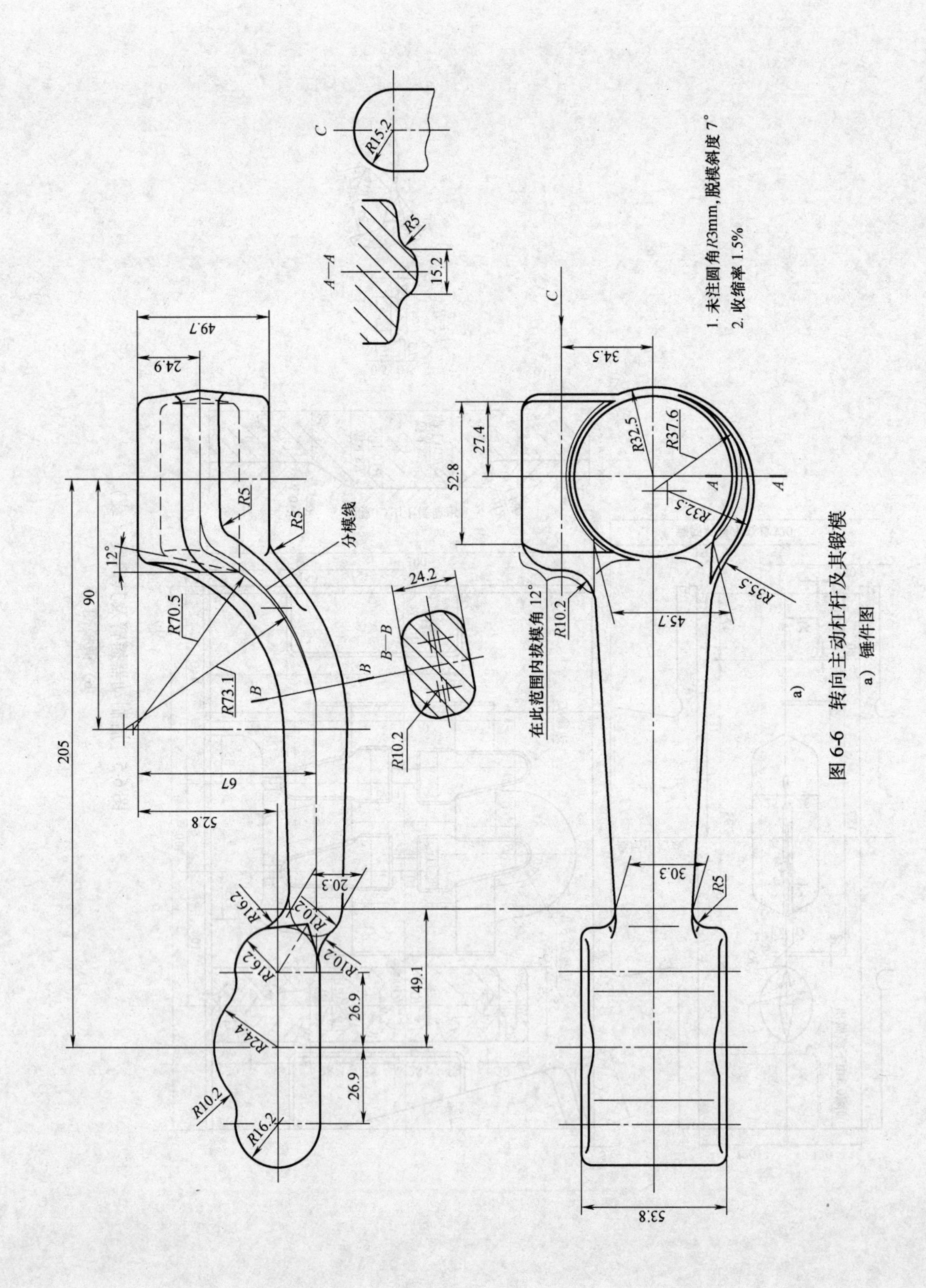

图 6-6　转向主动杠杆及其锻模

a）锤件图

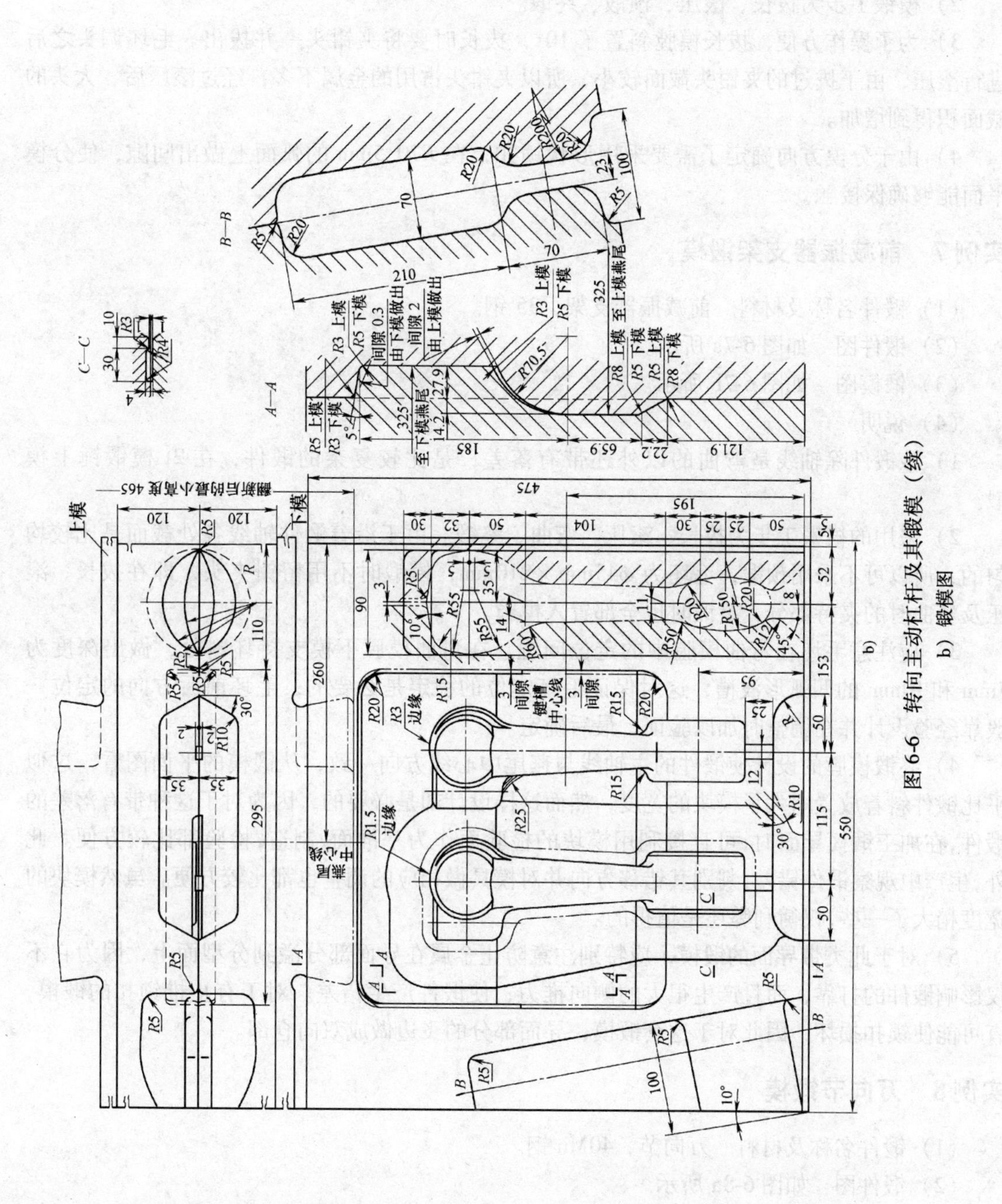

图 6-6 转向主动杠杆及其锻模（续）

b）锻模图

（4）说明

1）这个锻件的轴线是弯曲的，考虑充满和出模的方便，采取了如图 6-6b 所示的分模方向。

2）模锻工步为拔长、滚压、预锻、终锻。

3）为了操作方便，拔长模膛斜置了 10°，拔长时要将夹钳头一并拔出。毛坯调头之后进行滚压，由于拔过的夹钳头截面较小，所以夹钳头占用的金属不多，经过滚压后，大头的截面积得到增加。

4）由于分模方向确定了需要采用形状锁扣，在 $R70.5$mm 的弧面上做出间隙，使分模平面能够确保接触。

实例 7　前减振器支架锻模

（1）锻件名称及材料　前减振器支架，35 钢。

（2）锻件图　如图 6-7a 所示。

（3）锻模图　如图 6-7b 所示。

（4）说明

1）该锻件除轴线是弯曲的以外还带有落差，是比较复杂的锻件，在 2t 模锻锤上模锻。

2）采用的模锻工步为拔长、滚压、弯曲、终锻。由于沿着锻件轴线各处截面是比较均匀的，所以可不采用预锻，毛坯为 ϕ45mm × 210mm，模锻时不用留钳夹头，即在拔长、滚压及弯曲时的夹持部分，终锻时也全部置入模膛。

3）应注意毛坯在弯曲模膛中的定位问题。在弯曲模膛下模支持坯料处，做出深度为 7mm 和 10mm 的凹弧形浅槽，这对保证毛坯定位的稳定是必要的，毛坯前后方向的定位一般靠经验设计并在调整时加以验证，最后确定。

4）终锻模膛的设计使锻件的主轴线与燕尾中心线方向一致，从锻模的平面图看，这似乎比锻件斜着放置增大了模块的宽度，然而这样设计却是必要的，因为对于这种带有落差的锻件，在加工锻模导面时，可直接利用模块的检验面作为基准面，制造，检验都比较方便。此外，生产中观察锻件错差，判别其错移方向并对模具做相应的调整也都比较方便。虽然模块的宽度稍大了一些，权衡利弊还是值得的。

5）对于此类带导面的锻模，应特别注意防止金属在导面部分溢到分型面上，因为它不仅影响锻件的打靠，而且产生很大的侧向推力，使锻件产生错差。对于有止推锁扣的锻模，有可能使锁扣损坏，因此对于这套锻模，导面部分的飞边做成双向仓部。

实例 8　万向节锻模

（1）锻件名称及材料　万向节，40Mn 钢。

（2）锻件图　如图 6-8a 所示。

（3）锻模图　如图 6-8b 所示。

（4）说明

1）该锻件采用方毛坯 80mm × 155mm，在 3t 模模锤上模锻，模锻工步依次为镦粗并去氧化皮、拔长杆部、预锻和终锻。

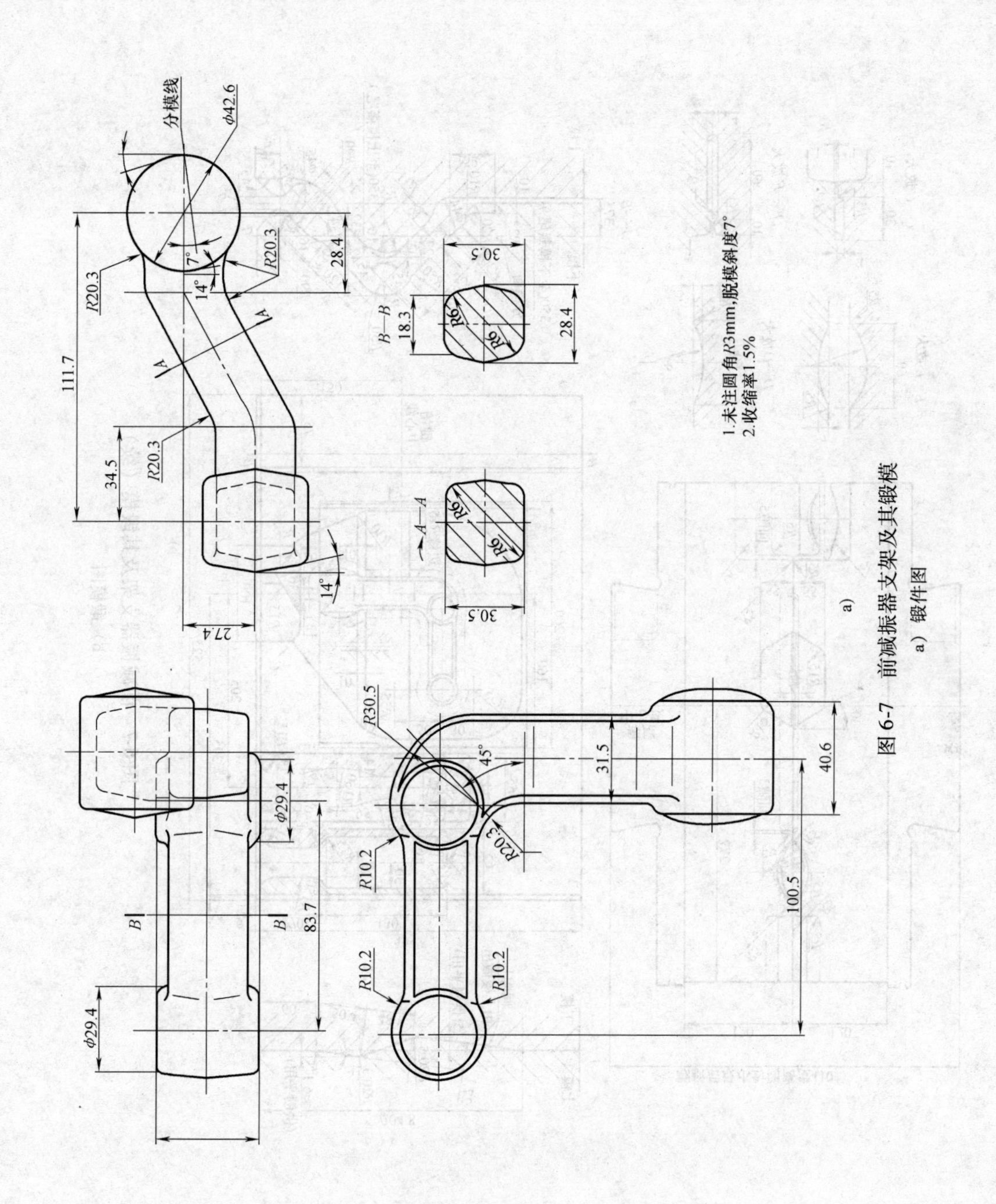

图6-7　前减振器支架及其锻模

a）锻件图

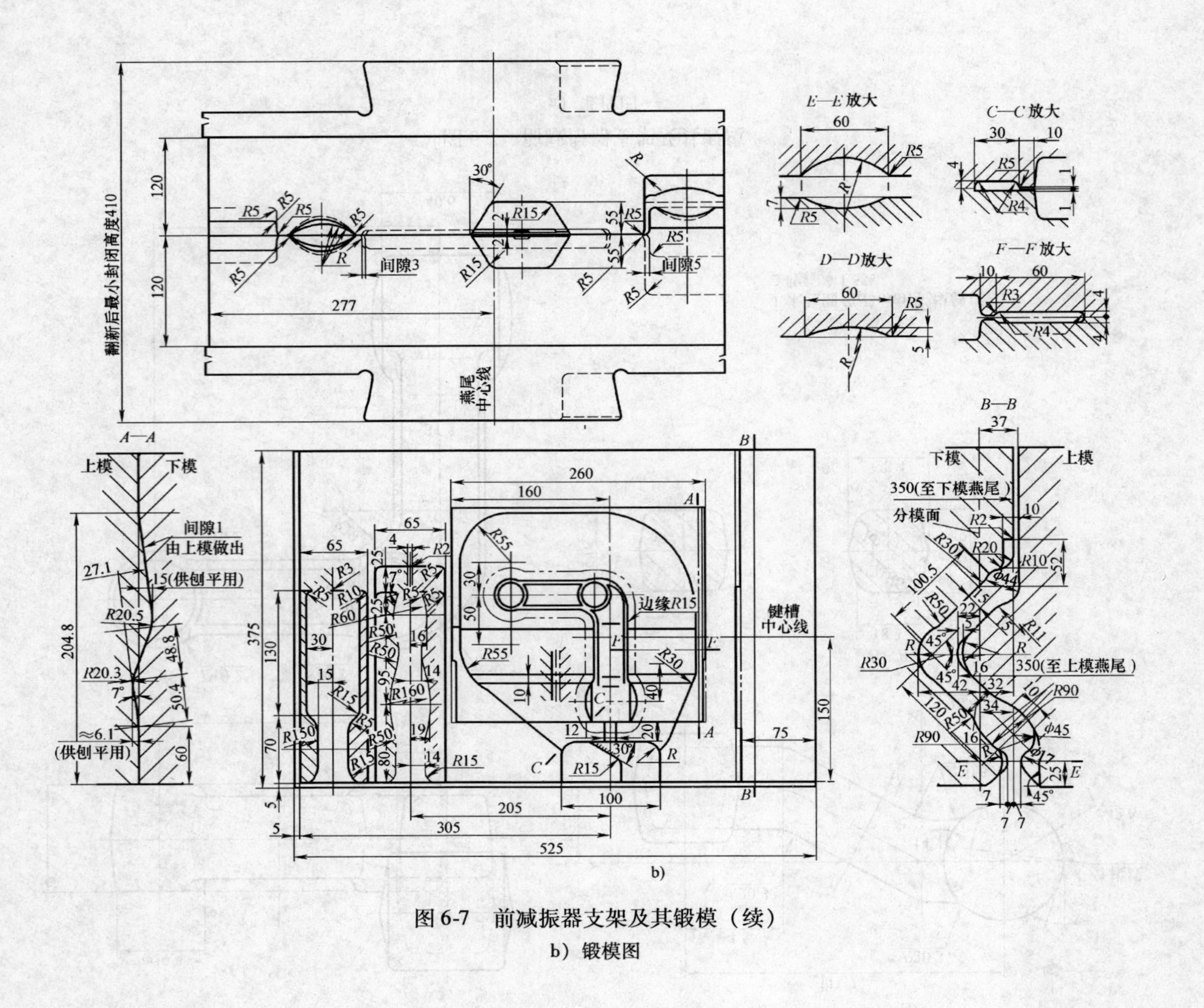

图 6-7　前减振器支架及其锻模（续）

b）锻模图

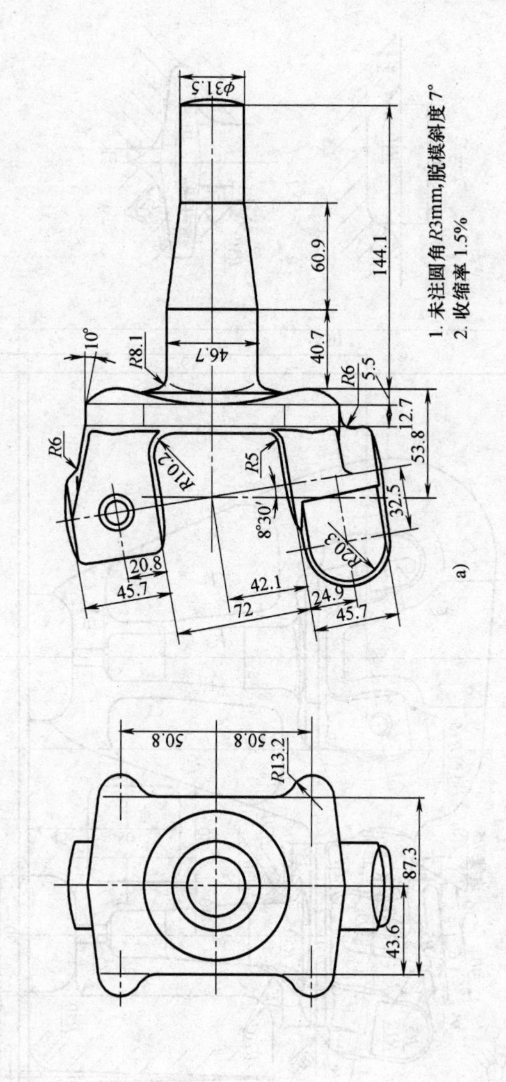

图 6-8　万向节及其锻模

a）锻件图

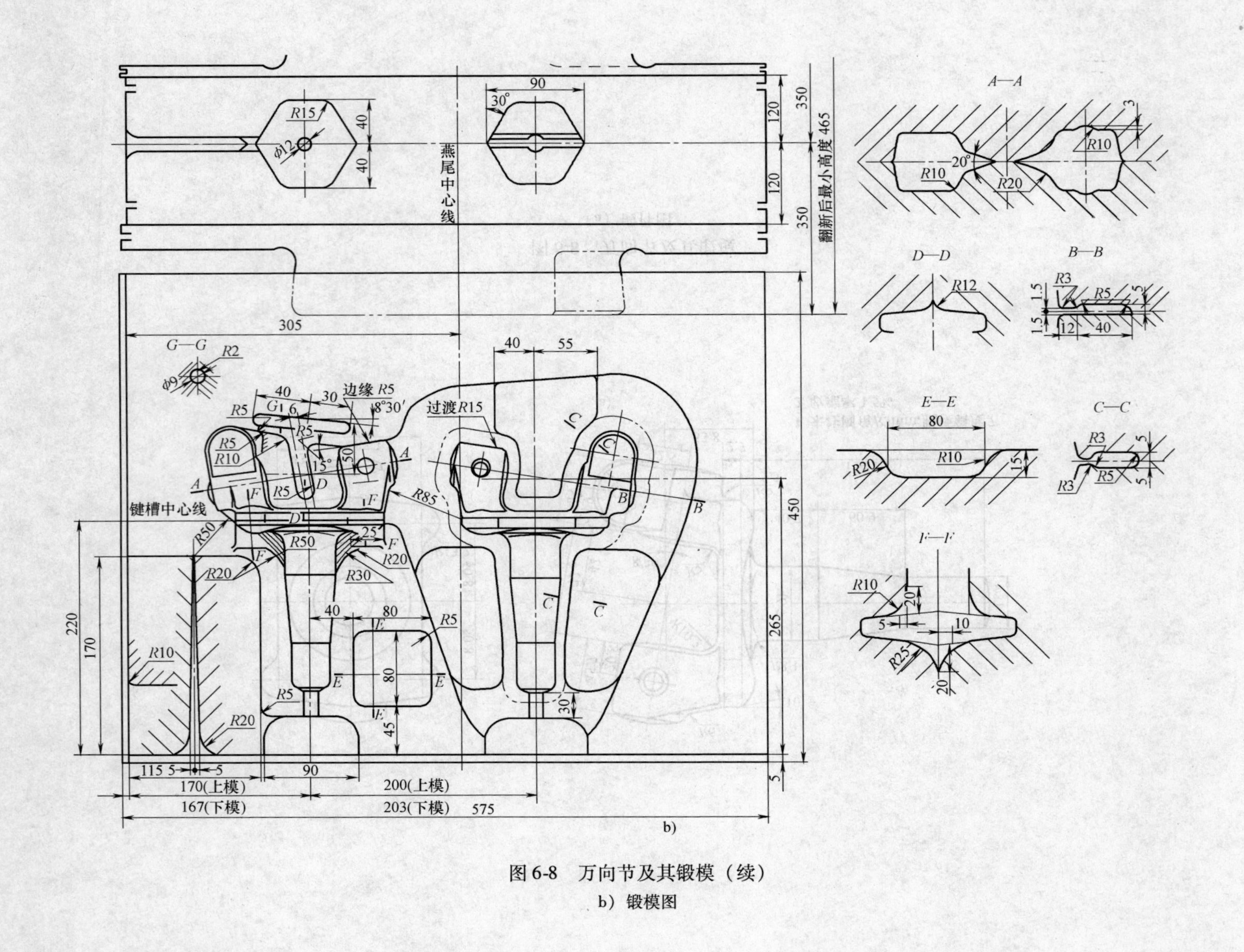

图 6-8　万向节及其锻模（续）

b）锻模图

镦粗在锻模中部的方形凹槽中进行，目的是去除氧化皮并增大毛坯的横截面积。

拔长在锻模左侧的拔长台进行，由于需要拔长的原毛坯部分很短。不能采用普通形式拔长模膛，拔长台的边缘圆弧较大，可以防止出现折叠。

预锻的叉口部分采用劈开台将坯料分到叉形两边，由于采用了方截面的坯料，就使劈料时容易定位，使分料均匀，通常预锻后要翻转180°进行终锻，其目的是使氧化皮能够去除得比较彻底，并使锻件的充满更为有利。

2）该锻件较难充满的地方是法兰部分的四个角，因为这四个角在模子上的深度大、宽度小，为了改善充满条件，预锻模膛相应地加大了圆弧，如锻模的断面 *F—F* 所示。

锻件上的飞边不会是均匀的，因此终锻模膛的飞边槽有的地方就采用双仓部，保证终锻时金属不至溢到分模面上，影响锻件厚度尺寸的精度。

预锻模膛与终锻模膛的间距约为47mm，大于相应模膛深度的1.5倍，因此强度是够的，预锻模膛与终锻模膛的中心距离203mm，终锻模膛中心至燕尾中心的距离为65mm，预锻模膛中心至燕尾中心的距离为138mm，两者之比值约为1:2。

3）由于预锻模膛中心距燕尾中心较远（但未超出燕尾），为了减少预锻后坯料的错差，设计锻模时，将上模预锻模膛预先错移3mm。

对于尺寸较大的此类转向节，用一副锻模来模锻就布排不下了，往往要在两台模锻锤上联合锻造。这时，在一副锻模上镦粗、拔长、预锻，在另一副锻模上进行终锻，由于终锻模只有一个模膛，模块比较宽裕，还可以增加两侧锁扣，这对减少锻件错差是有利的。

实例9　连杆及连杆盖锻模

（1）锻件名称及材料　连杆及连杆盖，40Cr钢。

（2）锻件图　如图6-9a所示。

（3）锻模图　如图6-9b所示。

（4）说明

1）该锻件将连杆及连杆盖合在一起锻造，这可以减少锻件品种，方便管理，而且对金属的成形也较为有利，连杆和连杆盖之间留有5mm的切口，这个数值的大小要与加工单位协商决定，锻件内孔余量为2mm，大小头平面经过压印后每边余量为0.75mm，机械加工时直接粗磨上、下平面。

这类锻件的工步一般采用拔长、滚压、预锻、终锻。采用预锻是为了改善金属流动条件，避免终锻时出折叠，有利于减少终锻的磨损、塌陷，延长模具寿命，保证锻件的重量。锻件所用坯料为 $\phi45\text{mm}\times200^{+3}_{-1}\text{mm}$，质量为2.5kg。通常这类锻件可以调头锻造，但是由于这个锻件的厚度公差很小，为了保证锻件的终锻温度一致，采用了单个锻造，因此材料的利用率比较低。

2）这套锻模的预锻模膛较为特殊，在模膛的四周开有类似于飞边槽的浅槽，上下模的深度各为1.2mm，通常的模膛由于少量的金属溢到分模面上以后形成一层金属垫，使锻坯截面变化很大，不能达到预定的厚度。由于工字形部分的预锻截面面积变化会导致终锻时产生折叠，因此控制预锻厚度，对于避免工字形部分出折叠是必要的。但是预锻的开槽会减少模具的承击面，所以预锻是否开槽要视工字形部分是否容易出折叠，并在经过试锻之后再做出决定。

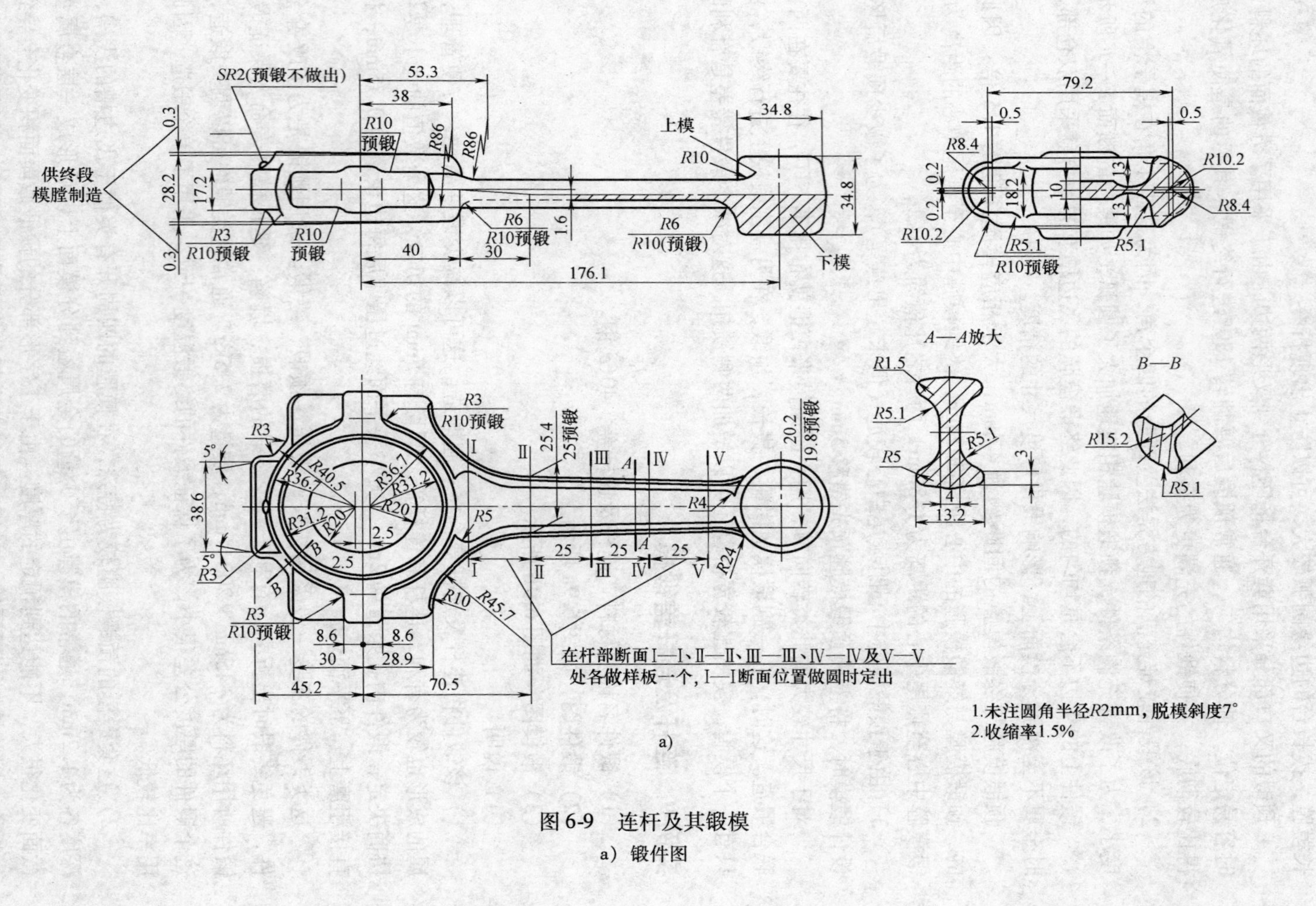

a)

图 6-9　连杆及其锻模

a）锻件图

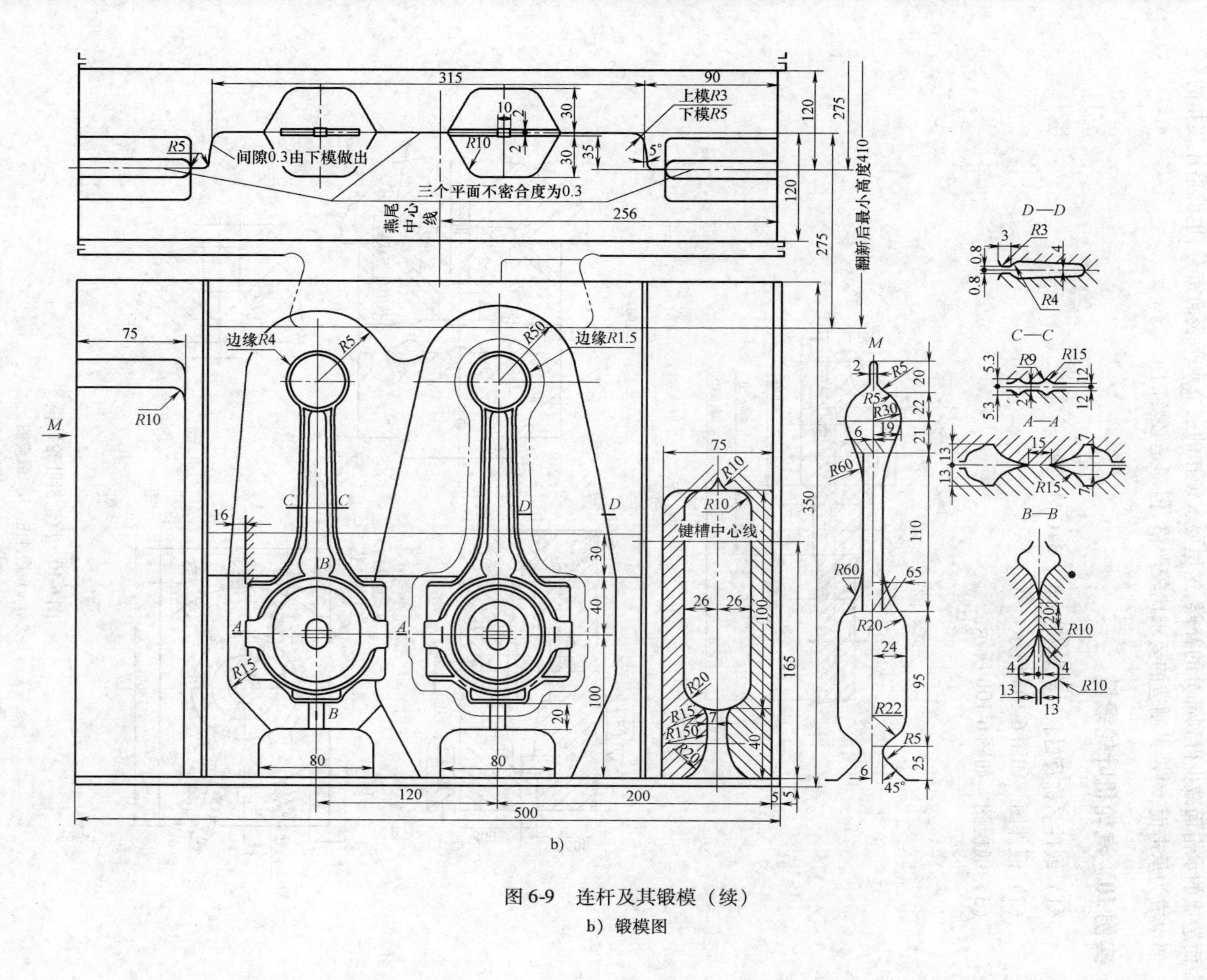

b）

图6-9　连杆及其锻模（续）

b）锻模图

3）在锻件大头边缘每边增厚 0.3mm，这是为了防止压印时边缘下塌而加的敷料。是否要加敷料，加多少，通常在模具调试之后酌情决定。

4）模具采用纵向锁扣，通常在锁扣的肩部应有 1～3mm 的间隙,但是为了使因预锻开槽而造成的承击面减少得到部分的补偿,这里要求锁扣的三个水平表面密合,也就是让锁扣的肩部也成为承击面,对模具制造的要求比较严格,但却是必要的。

实例 10　汽轮机叶轮锻模

（1）锻件名称及材料　汽轮机叶轮，34CrMo 钢。

（2）锻件图　如图 6-10a 所示。

（3）锻模图　如图 6-10b 所示。

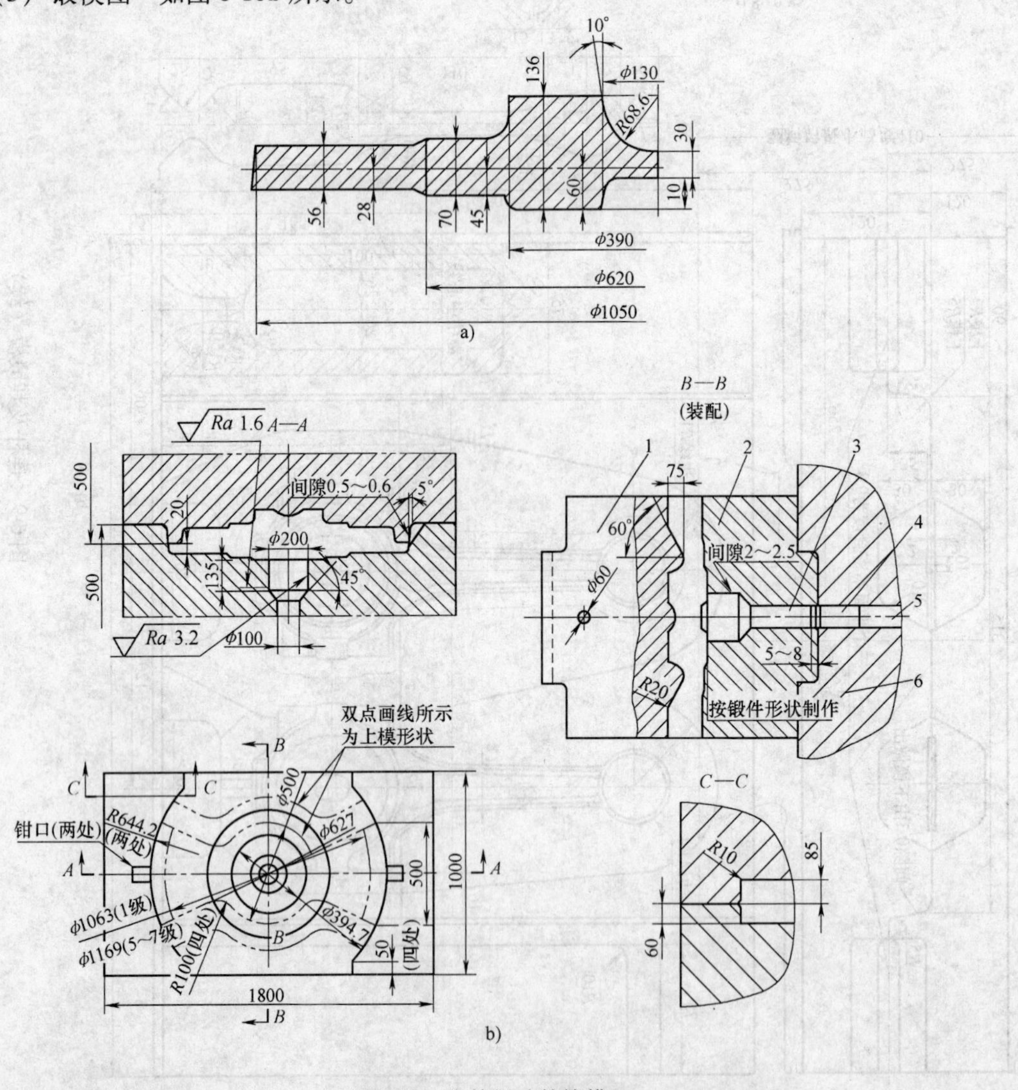

图 6-10　汽轮机叶轮锻模

a）锻件图　b）锻模图

1—上模　2—下模　3—顶杆　4—连接杆　5—顶出器　6—下模座

（4）说明

1）因受工厂锻锤的打击能量也不足，采取化整为零的方法，即采用绕锻件轴线旋转送进分步变形方法，以使坯料每次变形所需的能量在设备允许的范围内。

2）变形区以外的其余部位上模模膛全部开通，使此处金属不再参加变形，从而减小设备负荷。在下模变形区两边各有一个钳口，用以排除粘模及锻坯偏离模膛等问题。

3）顶杆以间隙配合装入下模，其上端面按此处锻件形状及尺寸设计，装配后使顶杆底面与模具燕尾面留有间隙，否则，顶杆45°斜面与模具不能很好贴合。

4）按照设备最小承击面≥5000cm^2 及最小闭合高度350mm（不含燕尾）选定模块尺寸为1800mm×1000mm×500mm，模具材料为5CrNiMo模具钢。

5）锻模中的连接杆用于将顶杆顶出时的传力作用，由于它不与热坯料直接接触，故不必用热模钢制造，可选45钢。

6.2　热模锻压力机锻模

实例11　套管叉锻模

（1）锻件名称及材料　套管叉，45钢。

（2）锻件图　如图6-11所示。

（3）终锻模图　如图6-12所示。

（4）预锻模图　如图6-13所示。

（5）制坯模图　如图6-14所示。

（6）说明

1）套管叉是典型的叉形锻件（见图6-11），杆部粗大，叉口开档为杆部直径的1.23倍。外侧为杆部直径的2倍，叉部向杆部过渡处截面小。其工艺特点如下：

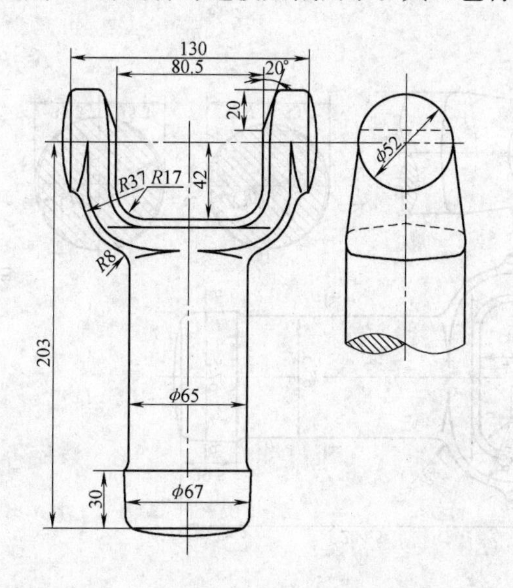

图6-11　套管叉锻件图

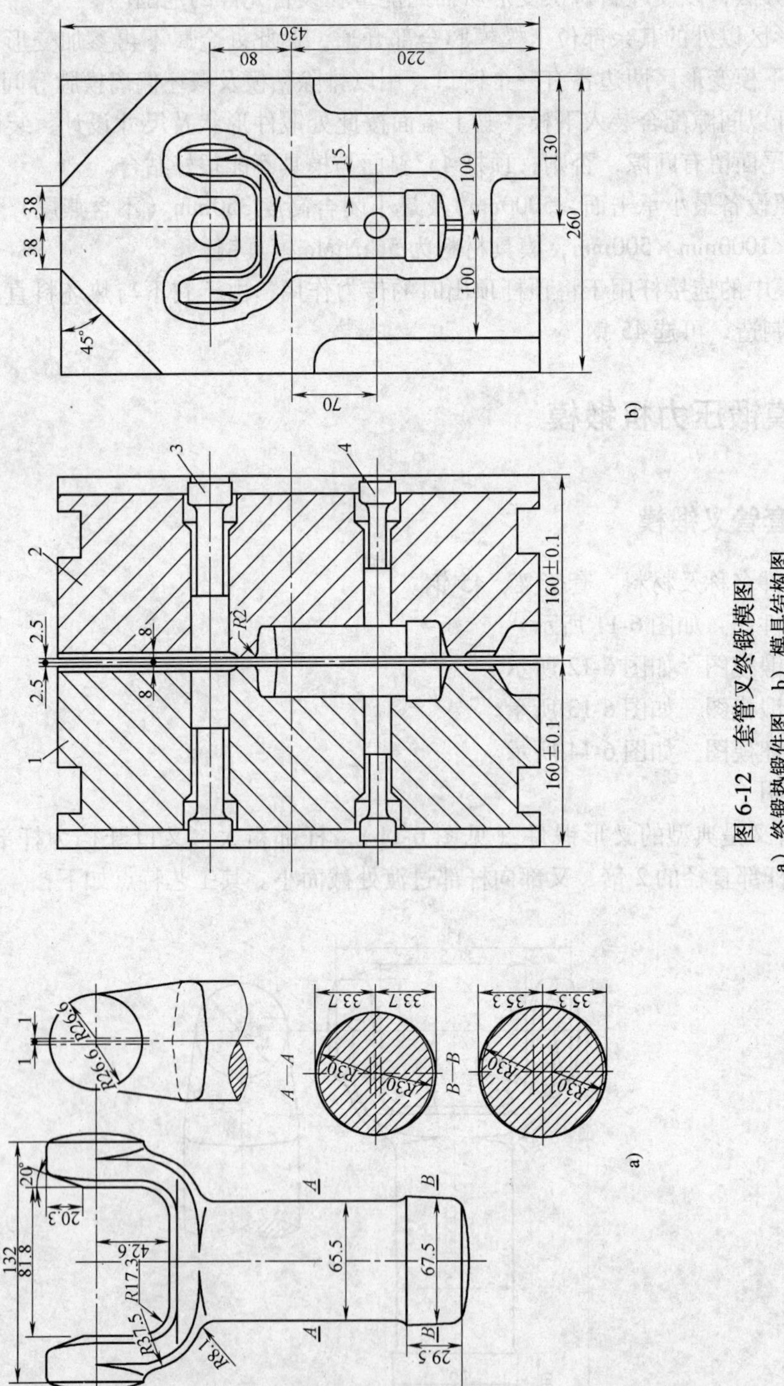

图 6-12　套管叉终锻模图

a）终锻热锻件图　b）模具结构图

1—上模　2—下模　3—顶杆　4—托板螺钉

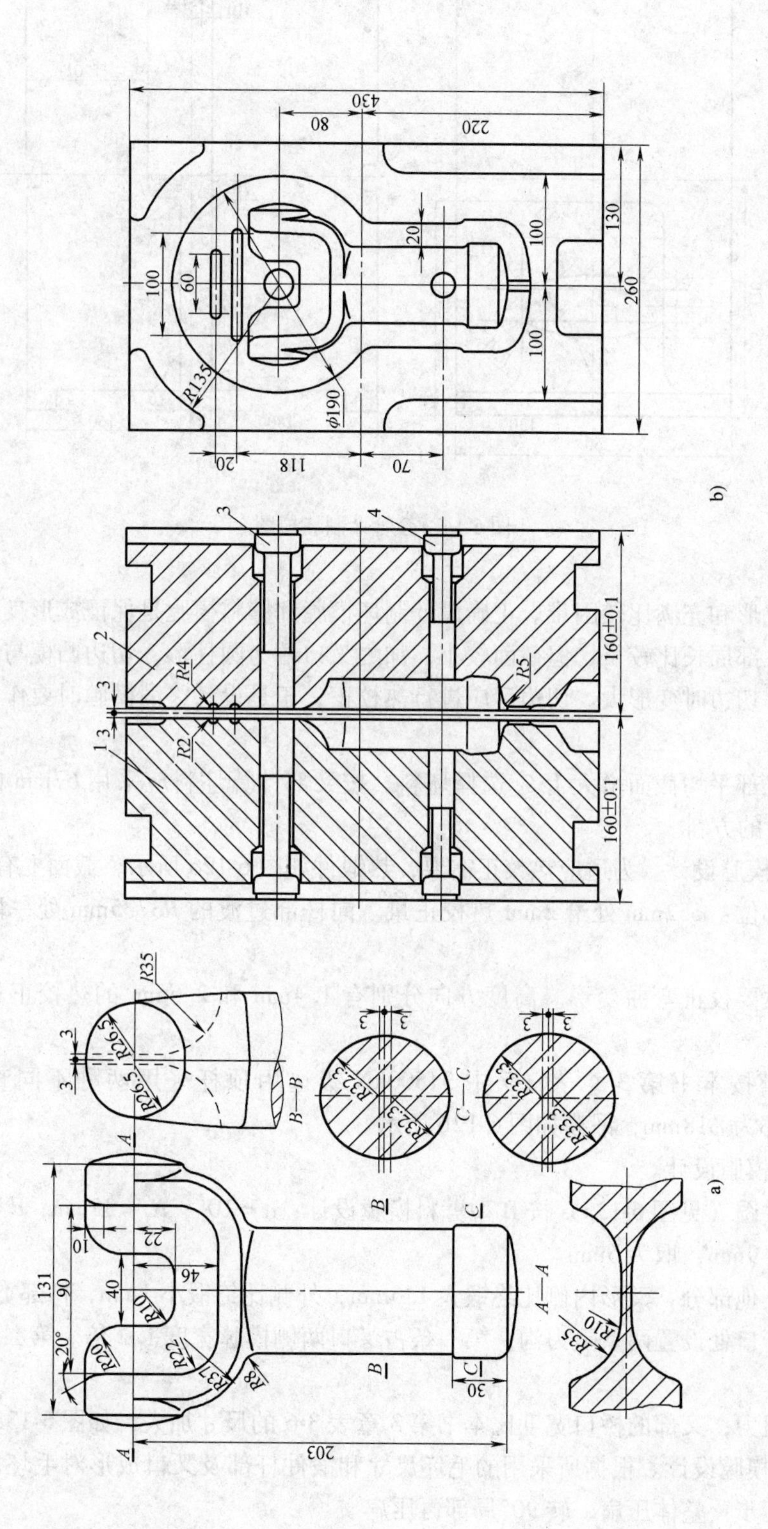

图 6-13　套管叉预锻模图

a）预锻热锻件图　b）模具结构图

1—上模　2—下模　3—顶杆　4—托板螺钉

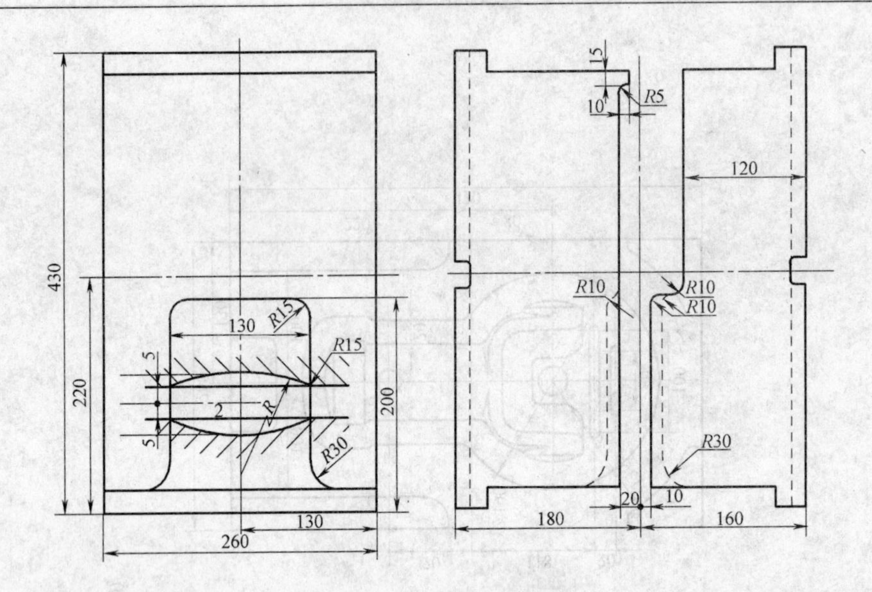

图 6-14　套管叉制坯模图

①叉部成形和充满比较困难。正确设计制坯模膛和劈料模膛是保证成形良好的关键。

②由于叉部周长比较长，但截面较小，加之叉口端为圆柱形，切边凸模与锻件接触面积较小等原因，切边时变形大。切边后应进行热校正，于是设计终锻模膛时要作相应变化，给出预校正量。

③应按叉部平均截面增大 13% 选择坯料。按叉部计算坯料应采用 67mm 的方料，但实际采用 85mm 的方料。

2）终锻模膛设计。为适应热校正需要，热锻件如图 6-12a 所示，截面上有几项改变。

①叉形部位：ϕ52mm 处给 2mm 热校正量。向杆部过渡的 R37.5mm 处一段也有相同热校正量。

②杆部主要校正弯曲变形。高度方向分别有 1.4mm 和 2.6mm 的热校正量，宽度减小 0.5mm。

③飞边槽按本书第 3 章表 3-5 中 31500kN 级选用顶杆采用两种不同直径：叉部为 ϕ30mm，杆部为 ϕ18mm，锻模如图 6-12b 所示。

3）预锻模膛设计。

①热锻件图（见图 6-13a）按 B 型劈料模膛设计：$\alpha=10°$；$R_t=35$mm；$d=40$mm；$t=(1\sim1.5)h=6\sim9$mm，取为 6mm。

②模膛其他部分：叉形内侧比终锻大 1.5mm，外侧比终锻小 1mm，杆部宽度小 0.9mm。

在叉形开口处设置两条阻力沟，第一条占叉口两侧模膛宽度 1.2 倍。第二条为第一条长度的 60%。

为增大阻力，叉部的桥口宽度比本书第 3 章表 3-6 的尺寸加大，如图 6-13b 所示。

4）制坯模膛设计。根据所采用的毛坯尺寸和锻件杆部及叉口成形对毛坯的要求。制坯时采用两个工步：整体压扁、转 90°局部再压扁。

图 6-14 所示为制坯模，将 85mm 的方坯料放在 1 处平面压扁。压至 60mm 高，坯料宽展

到100mm左右，然后拉出坯料，转90°在2处进行局部压扁，长度约为150mm。坯料压成T字形，转90°放到预锻模膛中，第一次压扁的平面覆盖住叉口模膛，第二次压扁部分放在杆部模膛内。由于杆部坯料较高，预锻时，金属沿纵向流动快，较易充满杆部末端。

第二次压扁模膛截面设计为圆弧形，使坯料转90°后两侧为鼓形，以便于在预锻模膛中定位。

实例12　万向节叉锻模

（1）锻件名称及材料　万向节叉，45钢。

（2）锻件图　如图6-15所示。

（3）终锻模图　如图6-16所示。

（4）预锻模图　如图6-17所示。

（5）镦粗模　如图6-18所示。

（6）说明

1）万向节叉也是叉形件（见图6-15），但其下端有一个ϕ70mm×53.5mm的锥形孔必须由模锻成形。所以该件不能沿叉形厚度的中间分模，分模线应为曲线。模锻时，坯料横放在叉口上，先弯曲变形，后靠压入变形充填模膛。

2）该件设计的主要点是充满ϕ87.5mm和ϕ52.8mm的两处最深处的模膛。因为在坯料受弯曲和压入时，不容易充填到模膛深处。因此，设计预锻模膛必须保证此处预锻时能储备足够金属，以便终锻时充满模膛。

3）终锻模膛设计。

①热锻件图设计。全部尺寸加1.5%的收缩率（见图6-16a）。

②模膛设计。如图6-16b所示，为了保证金属充满下模中ϕ88.3mm与ϕ71.1mm的环形区和上模中ϕ52.8mm的两个叉端的模膛。在这些部位必须设计排气孔。本例中排气孔孔径为2mm，深为15mm。排气孔道孔径为4mm，并在模块底部设计有横向排气道。

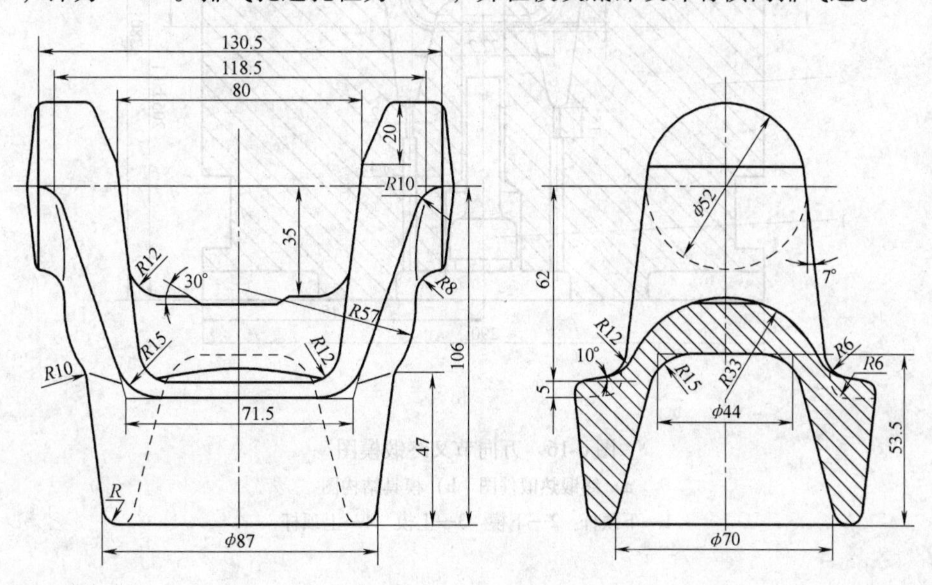

图6-15　万向节叉锻件图

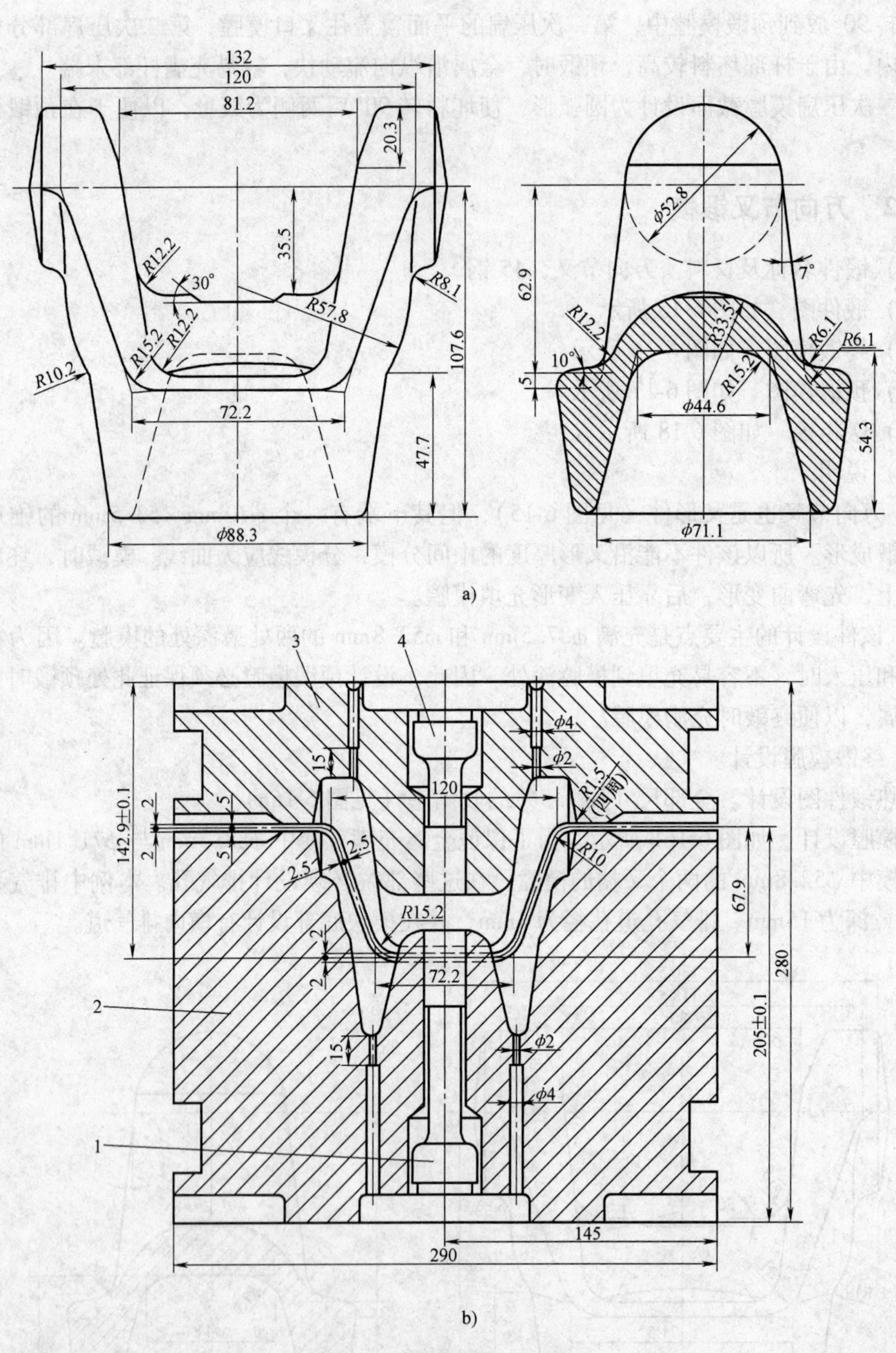

图 6-16 万向节叉终锻模图

a）终锻热锻件图 b）模具结构图

1—下顶杆 2—下模 3—上模 4—上顶杆

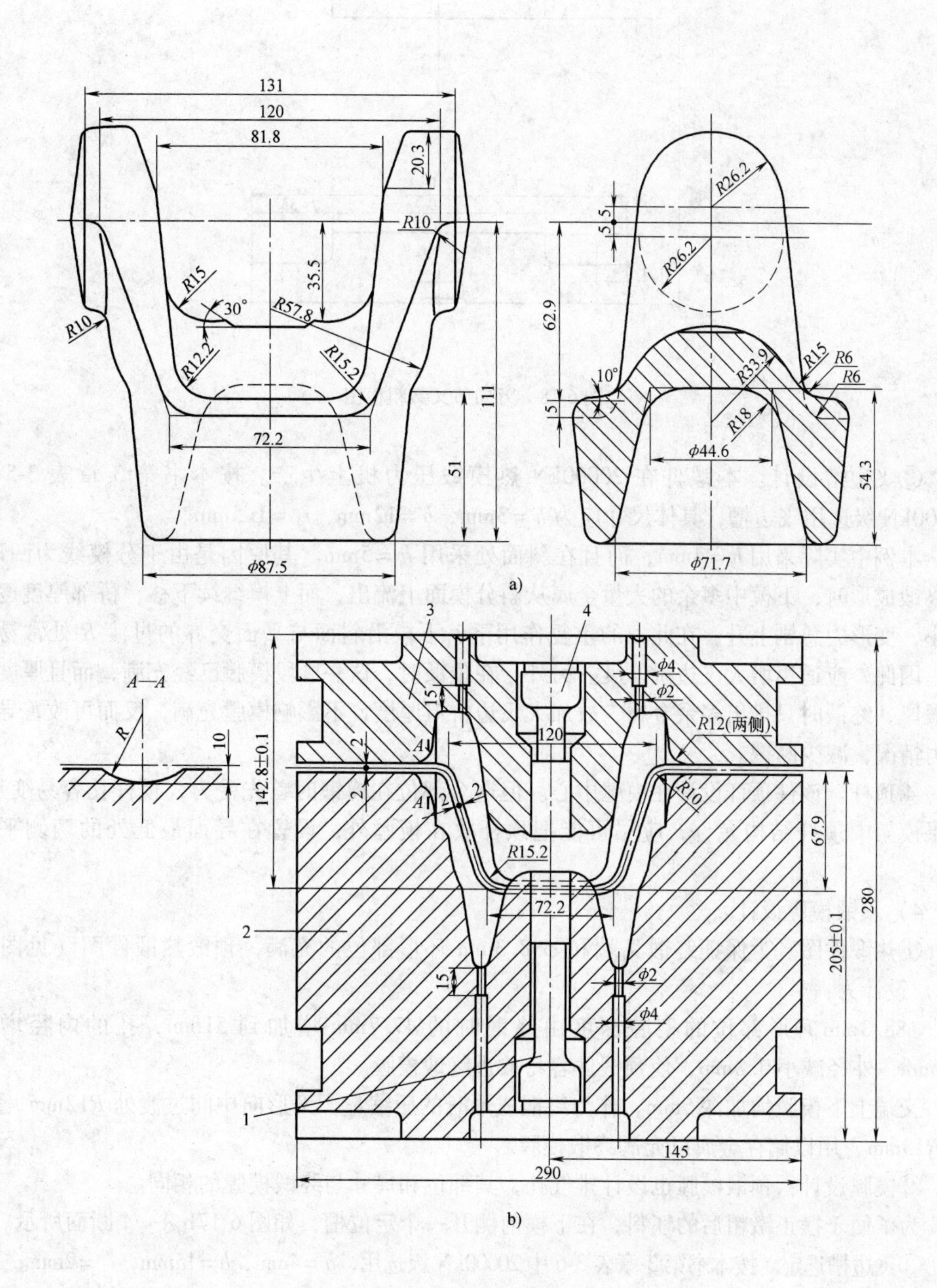

图 6-17　万向节叉预锻模图

a）预锻热锻件图　b）模具结构图

1—下顶杆　2—下模　3—上模　4—上顶杆

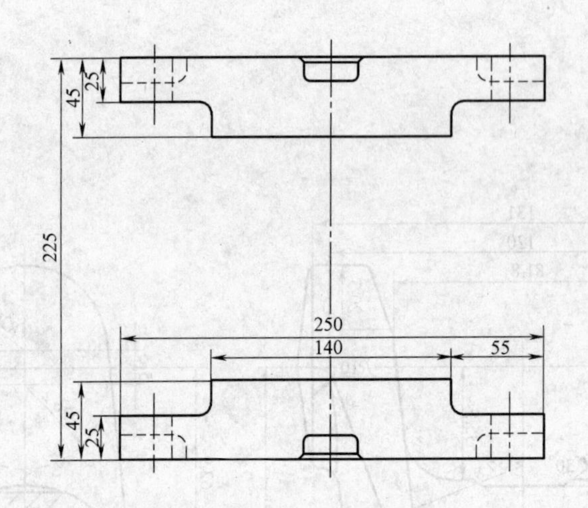

图 6-18　万向节叉镦粗模图

③飞边槽设计。本锻件在 20000kN 热模锻压力机上生产。按本书第 3 章表 3-5 中 20000kN 级选用飞边槽，具体尺寸应为 $h=3\mathrm{mm}$，$b=12\mathrm{mm}$，$r_1=1.5\mathrm{mm}$。

本例中实际采用 $h=4\mathrm{mm}$，而且在斜面处采用 $h=5\mathrm{mm}$。其原因是由于分模线为凹形，在终锻成形时，下模中多余的大量金属从斜分模面上流出，而上模继续下移，桥部厚度逐渐变小，变形力急剧上升，在此力的重复作用下，下模沿斜面与平面交界的过渡 R 处常易断裂。因此，应适当增大飞边桥厚度。另外，在预锻时，这一区段模膛已经充满，而且厚度比终锻厚，终锻时只排出多余金属，故加大飞边桥口厚度，不影响模膛充满，反而可改善导面受力情况，减少断裂。

④顶杆。该件顶杆设计在模膛中心。但这个部位在模锻时首先受力，顶杆孔容易变形。如果模架中顶杆结构允许，应尽可能把顶杆放在模膛外，设置在导面最低处的两侧平面区。

4）预锻模膛设计。

①热锻件图。为保证终锻叉端和 $\phi88.3\mathrm{mm}$ 环形部位的充满，预锻热锻件图（见图 6-17a）设计为：

$\phi88.3\mathrm{mm}$ 环形部位的型腔深度由终锻时的 47.7mm 增加到 51mm，孔的内径增大 0.6mm，外径减小 0.8mm，使预锻件容易放进终锻模膛。

叉端上下模膛均加深 5mm，作为终锻成形时的压缩量。叉形向中间过渡处 $R12\mathrm{mm}$ 增大到 $R15\mathrm{mm}$，用以储存金属以充满终锻模膛。

②模膛设计：预锻模膛也设计排气孔，其部位和尺寸与终锻模膛的相同。

为了便于摆正镦粗后的坯料，在下模前侧开一个定位槽，如图 6-17b A—A 断面所示。

③飞边槽选定。按本书第 3 章表 3-6 中 20000kN 级选用，$h=4\mathrm{mm}$，$b=15\mathrm{mm}$，$r_1=2\mathrm{mm}$。

为了增大飞边阻力，尽可能充满模膛，本例中不开飞边仓部。

为了解决叉端的充满，在叉形外侧分模面处 r_1 增大到 $R12\mathrm{mm}$。其余部位 $r_1=2\mathrm{mm}$。

5）镦粗模膛设计。本例中镦粗模膛（见图 6-18）的作用是去除坯料表面的氧化皮和将坯料压缩到一定高度，以符合放入预锻模膛的要求。即使镦粗后坯料略小于预锻模膛的最大尺寸（见图 6-17a），即小于 131mm 加上拔模角的尺寸。如镦粗后尺寸等于或略大于这个尺寸 2 ~ 3mm，模锻时将在两端面形成折叠。

实例 13　十字轴锻模

（1）锻件名称及材料　十字轴，20CrMnB 钢。

（2）锻件图　如图 6-19 所示。

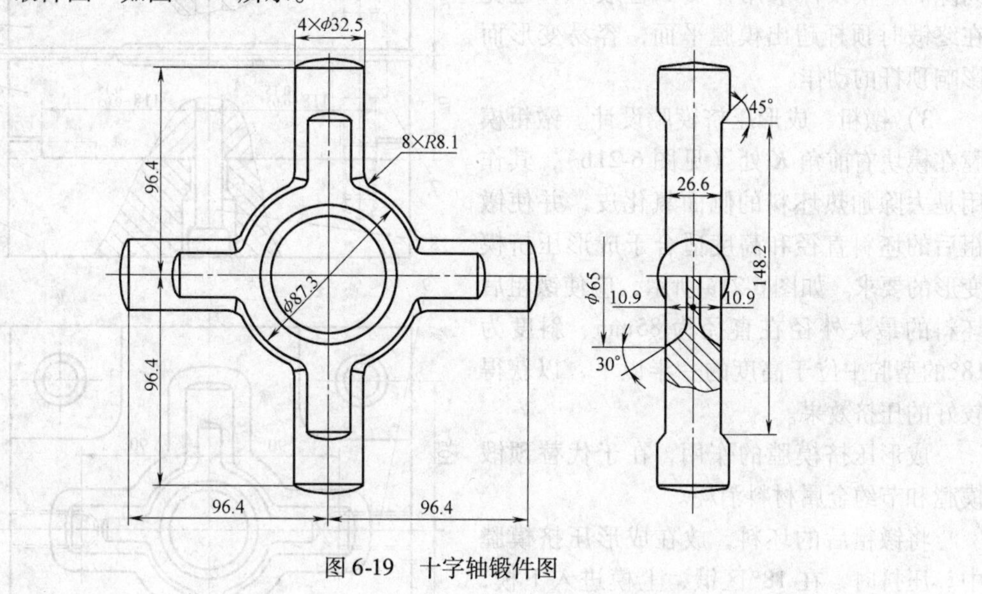

图 6-19　十字轴锻件图

（3）终锻模图　如图 6-20 所示。

（4）镦粗、成形压挤模图　如图 6-21 所示。

（5）说明

1）十字轴是具有四个长分枝的镦粗类锻件。四个分枝尺寸为 ϕ32mm × 52mm，中间有一个外径为 86mm、内孔径为 46mm 的环形。因此，如果采用一般镦粗件的设计，即采用镦粗、预锻、终锻三个工步，不仅材料浪费很大，而且四个分枝端头不易充满。该件采用镦粗、成形压挤和终锻三个工步。

2）终锻模膛及其模块设计

①热锻件图设计。按冷锻件图（见图 6-19）全部尺寸加 1.5% 的热收缩率，内孔连皮采用平连皮，连皮厚 s 取为 4.8mm，R 选用 10mm。

②模块结构。由于模膛较浅，最深处只 16.25mm，所以采用镦块结构。采用长形镶块。虽然锻件属镦粗类，但四个分枝要保证定向。所以左右采用槽形定位，使镶块不产生转动。保持十字分枝的方向一定。前后方向用平键（件 9）定位（见图 6-20）。

③镶块承压面强度校核：

该件在 20000kN 热模锻压力机上模锻，其承受压力为

$$p = F/A = (20000 \times 10^3/66080)\ \text{MPa} = 302\text{MPa}$$

接近允许的极限值。但由于该件的模膛较浅，故可以采用。

④飞边选用。按本书第 3 章表 3-5 中 20000kN 级选用，即 $h=3\text{mm}$，$b=12\text{mm}$，$B=10\text{mm}$，$r_1=1.5\text{mm}$。

⑤顶杆。由于模块封闭高度只有 280mm，因此模座高度小，不便于设计成两级顶杆。该件采用单级顶杆，为了便于调整，件 1 和件 4 模座中顶杆孔可以放大间隙。上模顶杆采用弹簧回位装置，避免在终锻时顶杆超出模膛平面，容易变形而影响顶杆的动作。

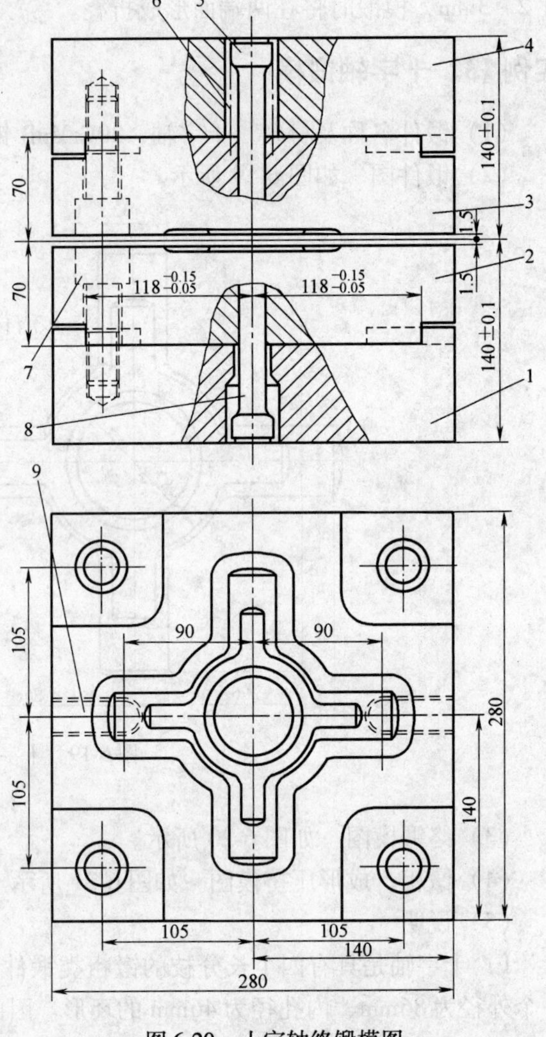

图 6-20　十字轴终锻模图

1—下模　2—下模镶块　3—上模镶块　4—上模座　5—上顶杆　6—回位弹簧　7—紧固螺钉　8—下顶杆　9—定位键

3）镦粗、成形压挤模膛设计。镦粗模膛在模块右前角 K 处（见图 6-21b），其作用是去除加热坯料的侧面氧化皮，并使镦粗后的坯料直径和高度适合于成形压挤模变形的要求。如图 6-21a 所示，应使镦粗后坯料的最大外径在直径为 85mm、斜度为 18°的型腔中位于高度的一半以下，以获得较好的压挤效果。

成形压挤模膛的作用，在于代替预锻模膛和节约金属材料消耗。

将镦粗后的坯料，放在成形压挤模膛中。压挤时，在 18°区锻，上模进入下模，此处间隙为 2mm。当金属被压挤流入这个间隙时，阻力迅速增大，迫使金属按最小阻力定律向四个开口的分枝流出。四个分枝的上模也进入下模，此处为 20°，间隙也为 2mm。金属流入这个间隙，阻力也迅速增大，同样迫使金属向四个分枝的开口处流出，这样形成一个四周在上模带有 18°～20°斜度飞边的十字形坯料，如图 6-21a 所示。把成形压挤后的坯料放到终锻模膛中，滑块下压时，由于四枝已挤出，锻件很快可以充满各个部位的模膛。

4）成形模膛设计原则如下：

①必须使产生斜飞边的坯料轮廓大于终锻件的最外轮廓线，这样可避免飞边压入终锻模膛形成折叠。

②四个分枝的长度应小于终锻模膛四枝长度，如图 6-21a 所示。

③为了减少金属流动阻力，四分枝模膛向外做成锥形，如图 6-21a 所示，在 85mm 范围外，由 30mm 加大到 37mm。

④为便于成形压挤件从模膛中取出，必须设计顶杆。

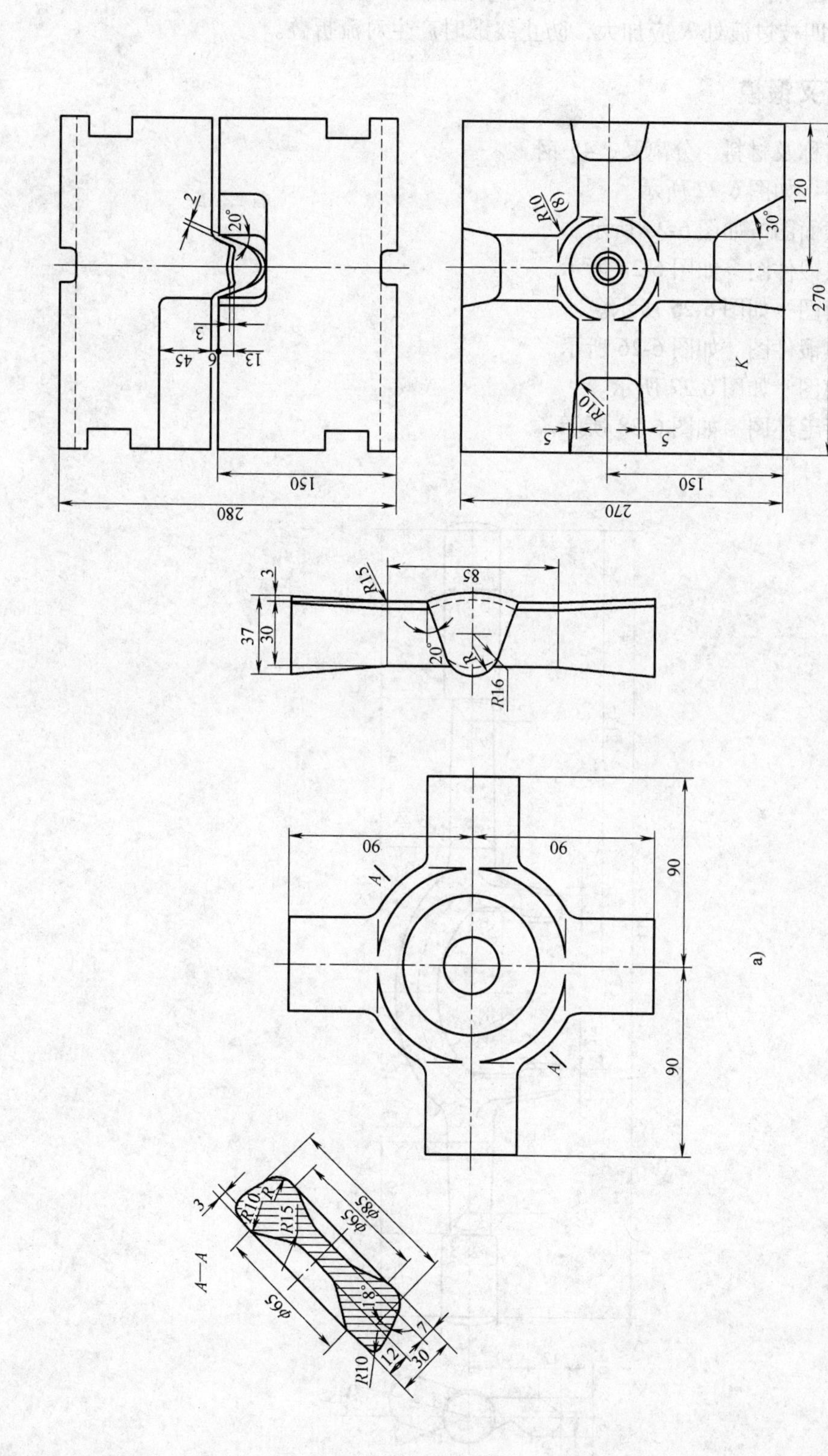

图6-21 十字轴镦粗、成形压挤模图

a）成形压挤锻件图 b）模具结构图

⑤为便于取出坯料，前端开一30°的斜面（见图6-21b），以便于用夹钳夹料。

⑥由中间向四枝过渡处 R 应加大，防止终锻时产生对流折叠。

实例14　分离叉锻模

（1）锻件名称及材料　分离叉，45钢。

（2）锻件图　如图6-22所示。

（3）计算截面图　如图6-23所示。

（4）终锻热锻件图　如图6-24所示。

（5）终锻模图　如图6-25所示。

（6）预锻热锻件图　如图6-26所示。

（7）预锻模图　如图6-27所示。

（8）辊锻后毛坯图　如图6-28所示。

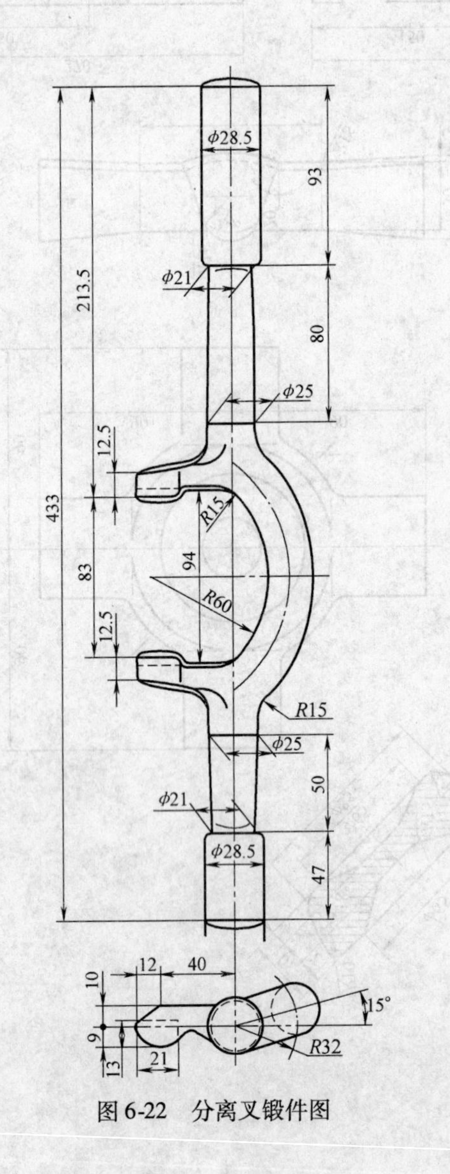

图6-22　分离叉锻件图

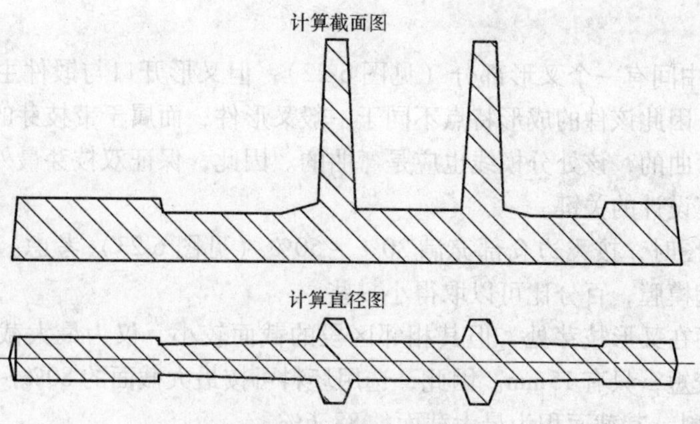

图6-23　分离叉计算截面图

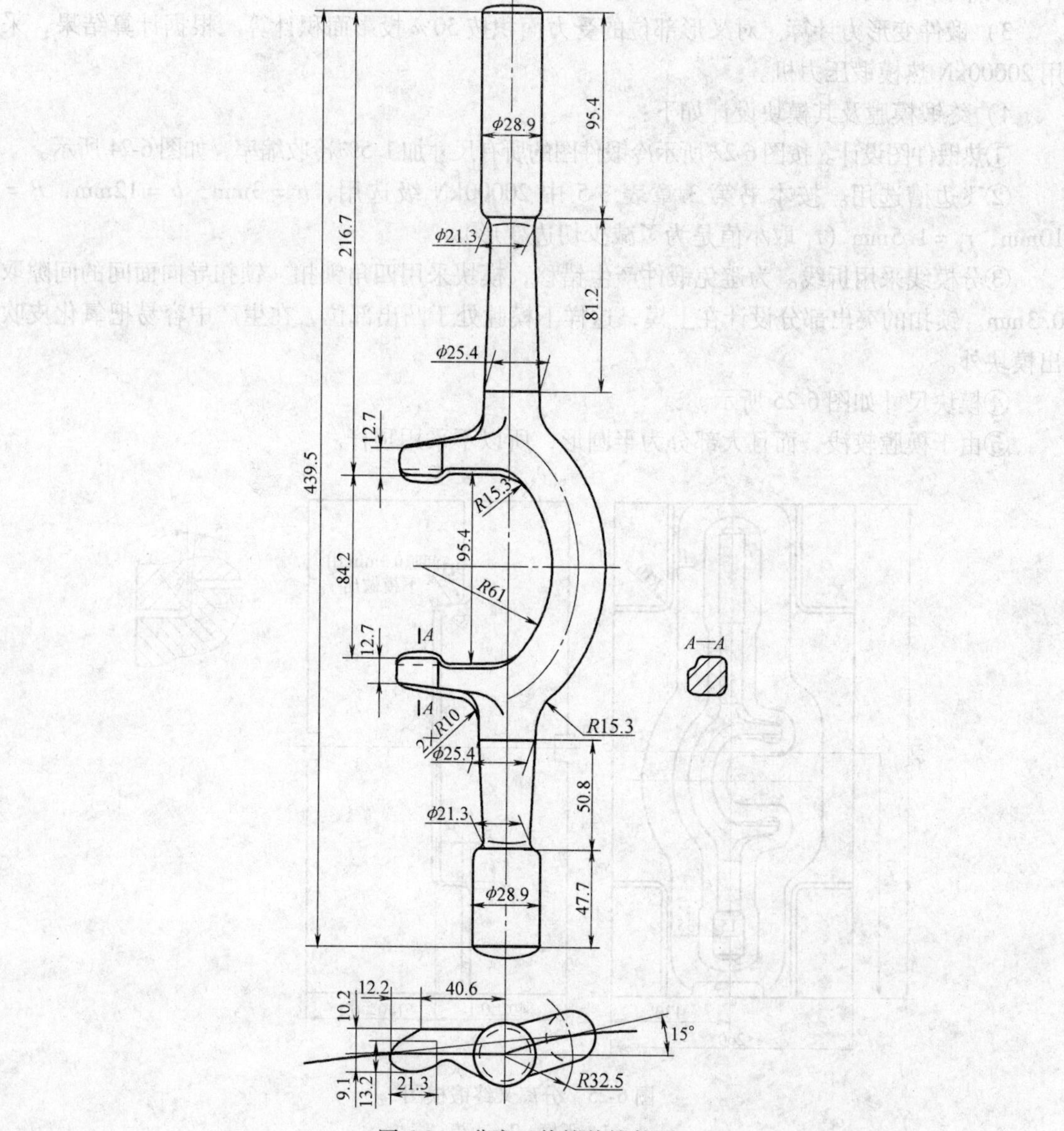

图6-24　分离叉终锻热锻件图

（9）说明

1）该件虽然中间有一个叉形部分（见图6-22），但叉形开口与锻件主轴线垂直，且两个枝芽相距较大，因此该件的成形特点不同于一般叉形件，而属于带枝芽的轴类件。该件在枝芽区段轴线是弯曲的，该处分模线也应是弯曲的。因此，保证双枝芽最外端模膛充满和防止错差是该件锻模设计的关键。

2）计算截面图时，按飞边仓部充满30%～50%（见图6-23）考虑。在两端回转体部分，金属较易充满模膛，百分比可以取得小一些。

由于最大截面在叉形枝芽处，但其相邻区段的截面较小，仅为最大截面的42.2%，而最大截面的区段较短，只有15mm。因此，选用坯料可按最大截面的80%～90%选取。本例采用ϕ50mm的棒料，其截面积为最大截面的88.6%。

该件最大截面积与最小截面积之比为2.4∶1，采用辊锻制坯。毛坯尺寸为ϕ50mm×250mm。

3）锻件变形力计算。对叉形部位的受力面积按50%投影面积计算。根据计算结果，采用20000kN热模锻压力机。

4）终锻模膛及其模块设计如下：

①热锻件图设计。按图6-22所示冷锻件图的所有尺寸加1.5%冷收缩率，如图6-24所示。

②飞边槽选用。按本书第3章表3-5中20000kN级选用，$h=3$mm，$b=12$mm，$B=10$mm，$r_1=1.5$mm（r_1取小值是为了减少切边变形）。

③分模线采用折线。为避免锻件产生错移，模块采用四角锁扣。锁扣导向面间的间隙取0.3mm。锁扣的突出部分设计在上模，这样下模膛处于凸出部位，在生产中容易把氧化皮吹出模块外。

④模块尺寸如图6-25所示。

⑤由于模膛较浅，而且大部分为半圆形，所以不采用顶杆。

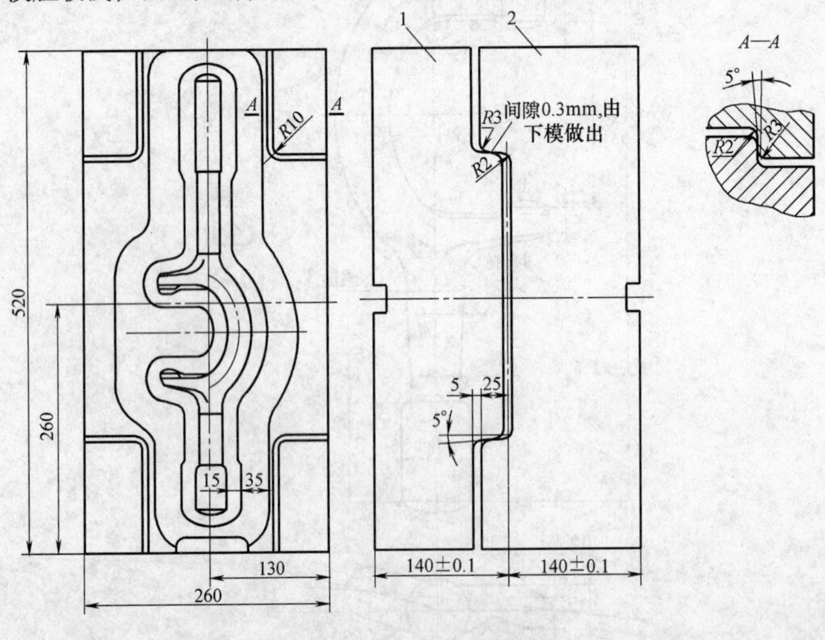

图6-25　分离叉终锻模图

1—下模　2—上模

⑥承压面校核。经计算模块底部承压面积 $A_{底}=116325\text{mm}^2$。

单位面积承受的压力为

$$p=F/A_{底}=(2000\times10^3/116325)\text{MPa}=171.9\text{MPa}$$

$p<300\text{MPa}$，符合要求。

5）预锻模膛设计如下：

①预锻热锻件图设计（见图 6-26）。为了简化模具制造，预锻分模改为平直线。

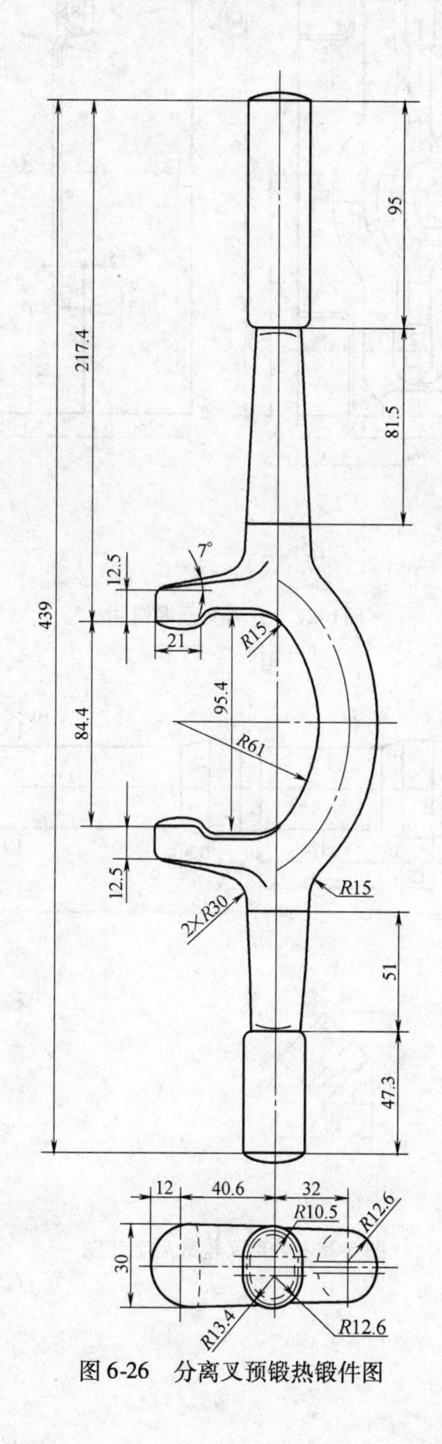

图 6-26　分离叉预锻热锻件图

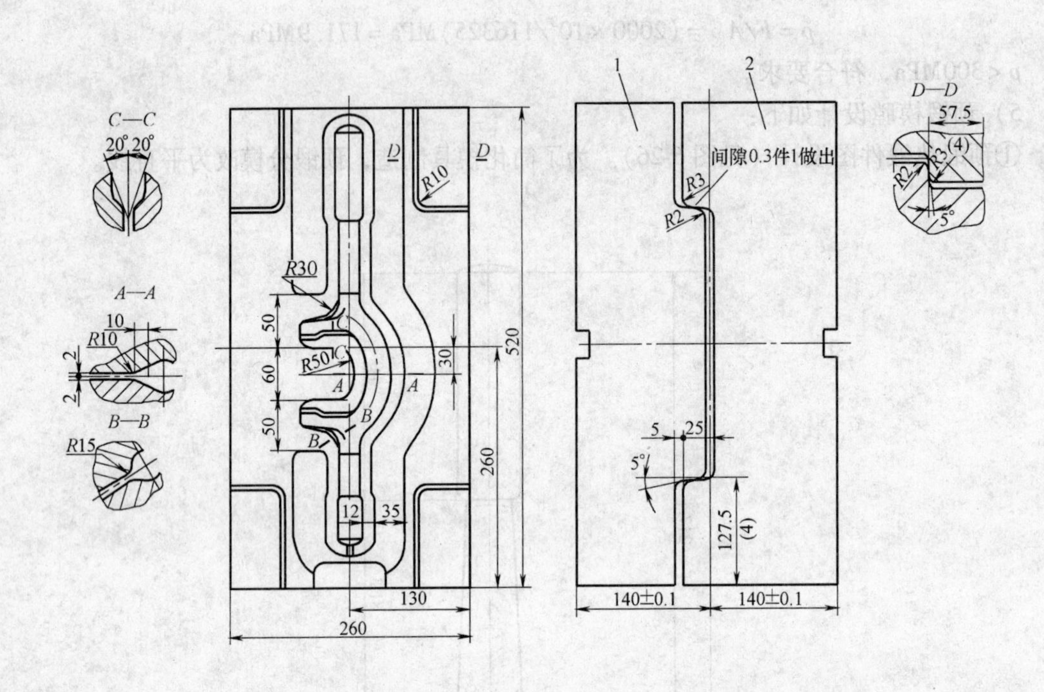

图 6-27　分离叉预锻模图

1—下模　2—上模

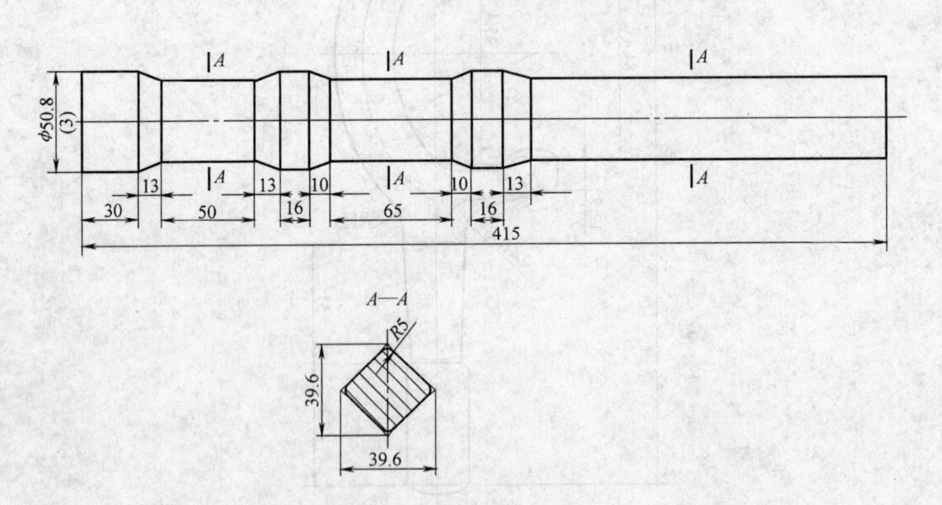

图 6-28　分离叉辊锻后毛坯图

为了使枝芽部位能较好地充满，该处模膛作了较大改变。终锻模膛的该部分是曲折的形状，预锻模膛设计为扩大加深的，减小了金属外流的阻力，以便在预锻时尽量多储存金属，保证最后充满终锻模膛。两端相应于终锻 $\phi28.9$mm 处，为了有利于金属流向两端，预锻模膛加深4mm。圆柱形半径减小1mm。这样，终锻时以镦粗方式成形，充满模膛较容易。

②模膛设计。由于枝芽部位变形较复杂，有水平错移力，且锻件又较长，所以预锻也设计四角锁扣，如图6-27所示。

在枝芽部位，在枝芽向杆部急剧过渡处，需要加大过渡转角（见图6-27）。终锻为 $R10$mm 处，预锻设计为 $R30$mm，并且向模膛作 $R15$mm 的大圆角过渡，如 $B—B$ 断面所示。

在中间区段，由于辊锻后坯料是直的，为把金属分向轴向弯曲的部分，采用 $A—A$ 断面形式，具有楔形面，可以把坯料向 $\phi25$mm 的模膛分流。

在枝芽侧面，也设计成20°的斜楔，起分料作用，如 $C—C$ 断面所示。

6）辊锻后的坯料图。在图6-28中，中间两段 $\phi50.8\text{mm}\times16\text{mm}$ 处为相应于枝芽的区段。在各自两侧过渡段为10mm和13mm，相当于预锻的分流区。头部 $\phi50.8\text{mm}\times30\text{mm}$ 处作为夹钳头。

实例15　倒档齿轮锻模

（1）锻件名称及材料　倒档齿轮，20MnTiB钢。

（2）锻件图　如图6-29所示。

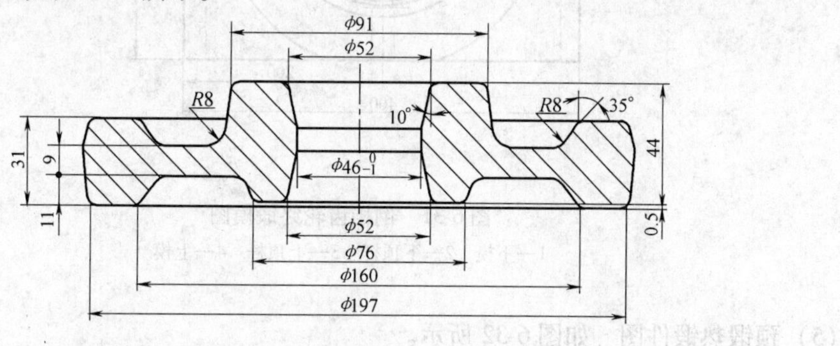

图6-29　倒档齿轮锻件图

（3）终锻热锻件图　如图6-30所示。

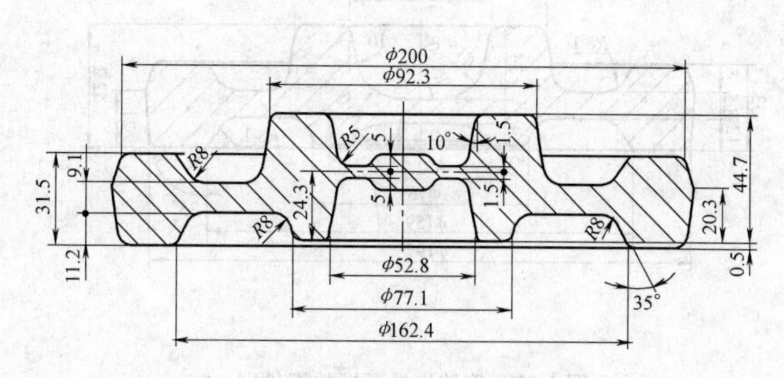

图6-30　倒档齿轮终锻热锻件图

（4）终锻模图　如图 6-31 所示。

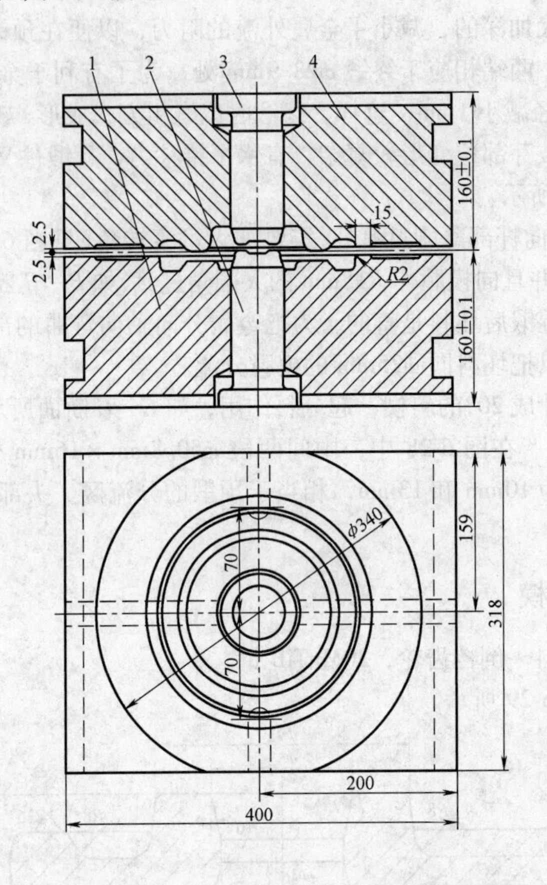

图 6-31　倒档齿轮终锻模图

1—下模　2—下顶杆　3—上顶杆　4—上模

（5）预锻热锻件图　如图 6-32 所示。

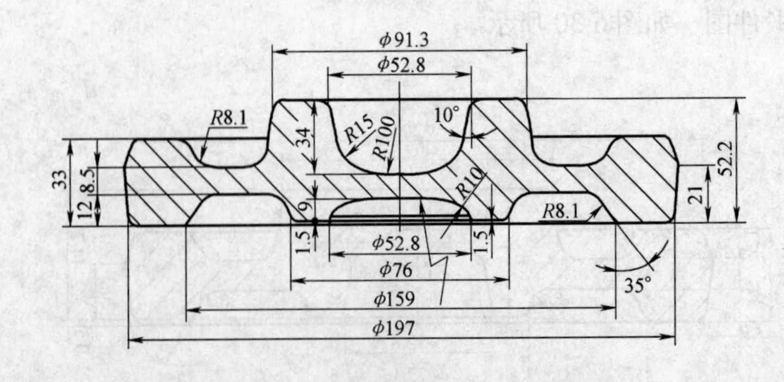

图 6-32　倒档齿轮预锻热锻件图

（6）预锻模图　如图 6-33 所示。

（7）镦粗模图　如图 6-34 所示。

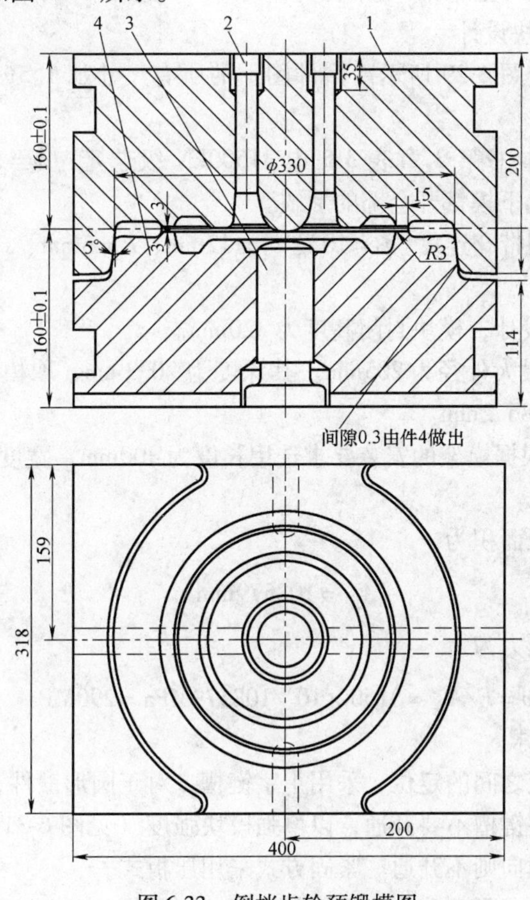

图 6-33　倒档齿轮预锻模图

1—下模　2—下顶杆　3—上顶杆　4—上模

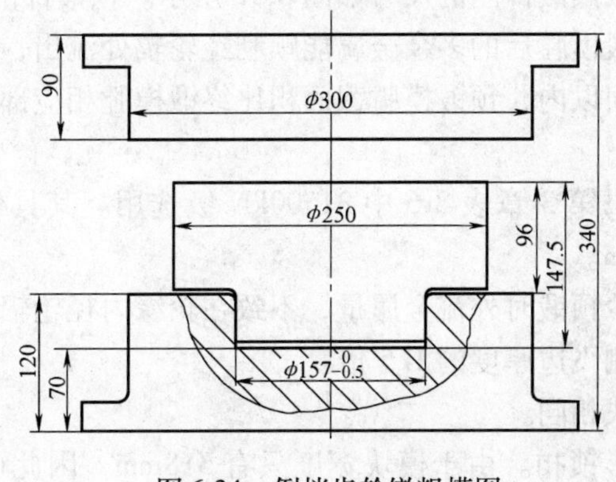

图 6-34　倒档齿轮镦粗模图

（8）说明

1）倒档齿轮是典型的镦粗类圆形件。由轮缘、轮辐和轮毂三部分组成，分模线与锻件轴线垂直，模膛打击中心就是锻件轴线。

2）锻件变形力计算。经计算，变形力为25125kN，选用31500kN热模锻压力机。

3）终锻模膛及其模块设计

①热锻件图设计。按图6-29所示冷锻件图上的所有尺寸加1.5%冷收缩率，如图6-30所示。

②飞边槽选用。按本书第3章表3-5中31500kN级选定：$h=5\text{mm}$，$b=15\text{mm}$，$L=50\text{mm}$，$r_1=2\text{mm}$。采用上下模都开仓部的形式。

③连皮的设计。采用带仓连皮，$\beta=10°$、$b_1=12\text{mm}$、$R=5\text{mm}$、$s=3\text{mm}$。

④模块尺寸的确定。

a. 模块尺寸按模架设计，模块封闭高度为320mm。

b. 模膛壁厚。模膛最大外径为205mm。其深度为20.3mm，取模膛壁厚为深度的2倍。模块最小尺寸应不小于286.2mm。

c. 模块平面尺寸，根据模架的安装要求选用长度为400mm，宽度为318mm。

d. 承压面校核：

经计算模块底部承压面积为

$$A_{底}=108579\text{mm}^2$$

单位面积上承受的压力为

$$p=F/A_{底}=3150\times10^3/108579\text{MPa}=290\text{MPa}$$

$p<300\text{MPa}$，符合要求。

模块底面与模架垫板之间的定位，采用十字键槽。对于圆形锻件，受力集中在中间。所以在可能的条件下，十字键槽不要开通，以增强模块强度（见图6-31）。纵向由于模架的顶杆结构所限是开通的，横向则不开通。紧固方式采用压板式。

⑤顶杆。把锻件内孔成形部分作为顶杆的一部分（见图6-31）。

4）预锻模膛及其模块设计如下：

①热锻件图设计。预锻热锻件图的尺寸如图6-32所示。预锻件的轮辐厚度比终锻件小，主要是使终锻时，充满轮毂模膛后的多余金属能顺利经轮辐处流出，不致在内孔产生折叠。

设计时，应使轮辐中间以内，预锻模膛截面积比终锻模膛相应部位截面积增大值不超过终锻截面积的4%。

②飞边槽选定。按本书第3章表3-6中31500kN级选用。其具体尺寸：$h=6\text{mm}$，$b=18\text{mm}$，$r_1=3\text{mm}$，$L=50\text{mm}$。

③连皮设计。为了减少预锻时外流金属量，不致在轮缘内径轮辐过渡处产生折叠。加大了连皮厚度，其厚度为外侧飞边厚度的1.5倍。

④模块尺寸与终锻模块相同。

⑤锁扣设计。采用圆形锁扣。由于模块宽度只有318mm，因此可以设计为非整圆的锁扣，如图6-33所示。

⑥顶杆。下模采用以整个内孔凸出部分作为顶杆一部分。上模采用顶轮毂的设计，如图6-33所示。

顶杆和孔之间有0.3～0.4mm的间隙。可作排气孔用。

5）镦粗模膛设计。镦粗模采用组合式结构（见图6-34）。这种结构便于调整镦粗坯料高度，只须在下模镶块和下模座之间增减调整垫片即可。

设计镦粗模膛，应使镦粗后的坯料最大外径比预锻模膛最大外径小1～2mm。本例取1mm，这样有利于充满模膛和减少错差。

实例16　磁极锻模

（1）锻件名称及材料　磁极，10钢。

（2）锻件图　如图6-35所示。

（3）终锻热锻件图　如图6-36所示。

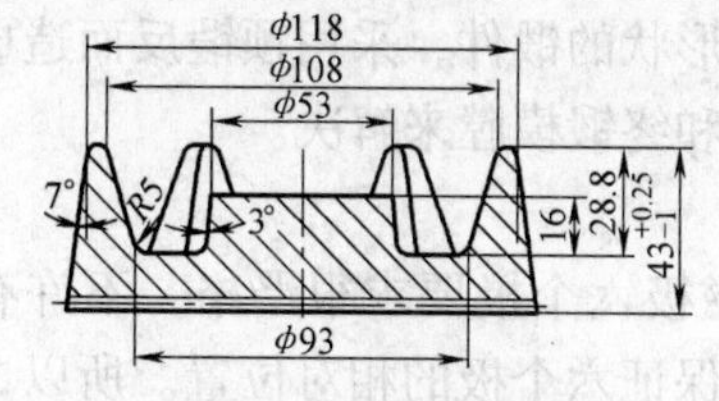

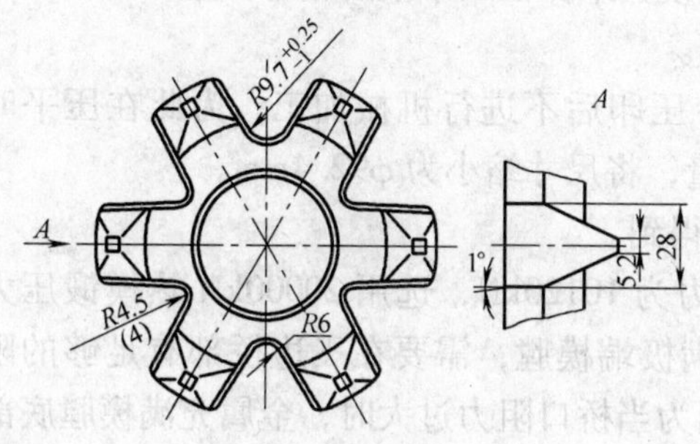

图6-35　磁极锻件图

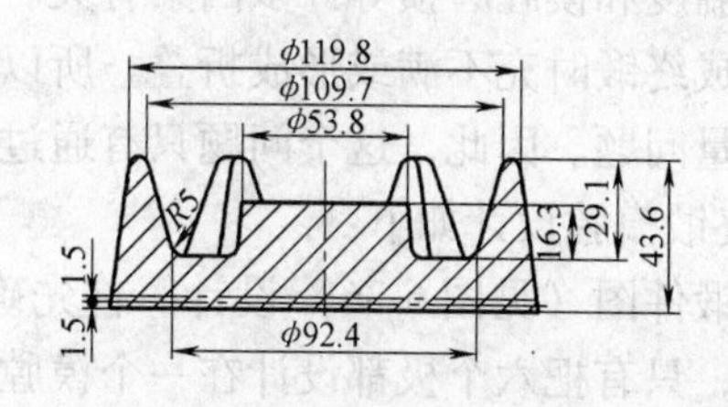

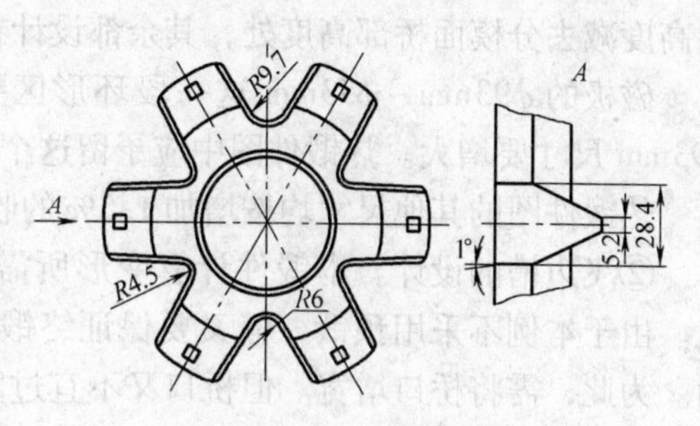

图6-36　磁极终锻热锻件图

（4）终锻模图　如图6-37所示。

（5）镦粗模图　如图6-38所示。

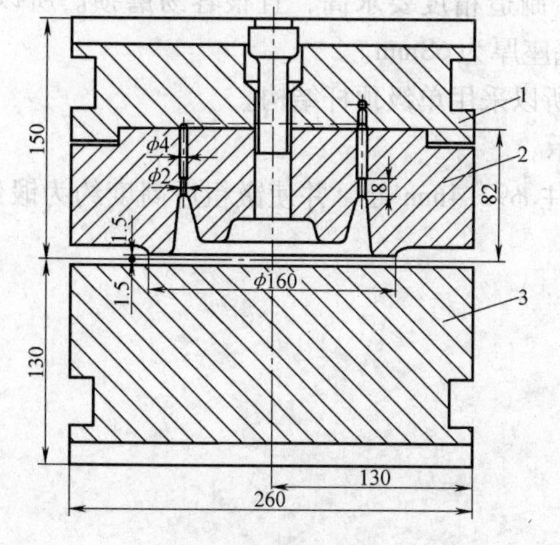

图6-37　磁极终锻模图

1—上模座　2—上模镶块　3—下模

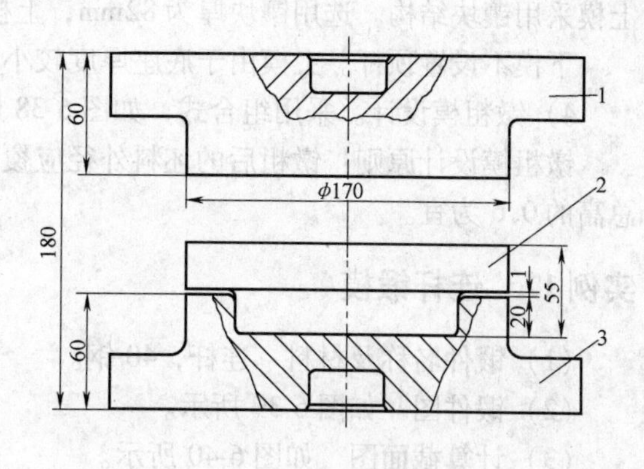

图6-38　磁极镦粗模图

1—镦粗上模　2—镦粗上模镶块　3—下模座

(6) 说明

1) 磁极是镦粗类锻件，但不属于圆形件。从图 6-35 可以看到，该件形状复杂，外周有六个极，极尖很细小，宽只有 5.2mm，而高为 28.8mm，属于高肋类锻件。要充满六个极的模膛是相当困难的。因为坯料要从中间沿径向流动，由 ϕ53mm 的凸台流过一个环形辐板区至 ϕ93mm 处，最后要充满到六个深而窄的六个极，就必须在飞边桥部有适当的阻力。在极的内侧 ϕ93mm 处的过渡处常易产生折叠，防止产生折叠是设计的关键。

2) 这类锻件，从充满模膛和模具寿命方面考虑，应该采用镦粗、预锻、终锻等模膛。但实践证明，预锻和终锻两个模膛很难配合得合适，因为预锻模膛中，金属充满的情况与坯料大小、温度和模膛磨损等许多因素有关。因此，放到终锻模膛中的预锻坯料很不一致，于是常常造成终锻时充不满或形成折叠。所以，对这样复杂形状的锻件，采用预锻反而造成一连串的质量问题。因此，这个问题只有通过正确设计镦粗和终锻模膛来解决。

3) 终锻模膛设计如下：

①热锻件图（见图 6-36）设计。首先确定分模线。磁极六个极要求很严格，不许有错差。因此，只有把六个极都设计在一个模膛内，由模具来保证六个极的相对位置。所以，按总高度减去分模面桥部高度处，其余都设计在上模。

磁极的 ϕ93mm ~ ϕ53mm 这一段环形区要求冷压印后不进行机械加工，为此在压平时 ϕ93mm 尺寸要增大。热锻件图中应予留这个增大量，将尺寸缩小为 ϕ92.4mm。

热锻件图的其他尺寸均按增加 1.5% 的收缩率得到。

②飞边槽的设计。本锻件计算变形所需变形力为 10120kN，选用 20000kN 热模锻压力机。由于本例不采用预锻，但又要保证终锻时充满极端模膛，需要在飞边桥部有足够的阻力。为此，需将桥口增宽。但桥口又不宜过宽，因为当桥口阻力过大时，金属充满模膛底部后，继续充入排气孔。当将锻件顶出模膛时，往往使这一段金属被拉断而残留在排气孔内，将排气孔堵塞，结果造成极尖充不满。因此，桥口尺寸应恰当进行设计。在本例中，取 h = 3mm、b = 15mm、r_1 = 1.5mm，比通常选用的桥口尺寸提高了一级。

③模块结构。如图 6-37 所示，由于下模工作面是一个平面，所以下模采用整体式。

模块封闭高度为 280mm。上模模膛比较深，制造精度要求高，且很容易磨损。所以，上模采用镶块结构。选用镶块厚为 82mm，上模底座厚为 68mm。

下模不设置顶杆。上模由于底座厚度较小，所以采用单级顶杆结构。

4) 镦粗模设计。采用组合式，如图 6-38 所示。

镦粗模设计原则：镦粗后的坯料外径应覆盖住 ϕ92.4mm 处，并使镦粗后高度约为锻件总高的 0.6 为宜。

实例 17 连杆锻模

(1) 锻件名称及材料 连杆，40 钢。

(2) 锻件图 如图 6-39 所示。

(3) 计算截面图 如图 6-40 所示。

(4) 辊锻毛坯图 如图 6-41 所示。

(5) 终锻热锻件图 如图 6-42 所示。

(6) 终锻模图 如图 6-43 所示。

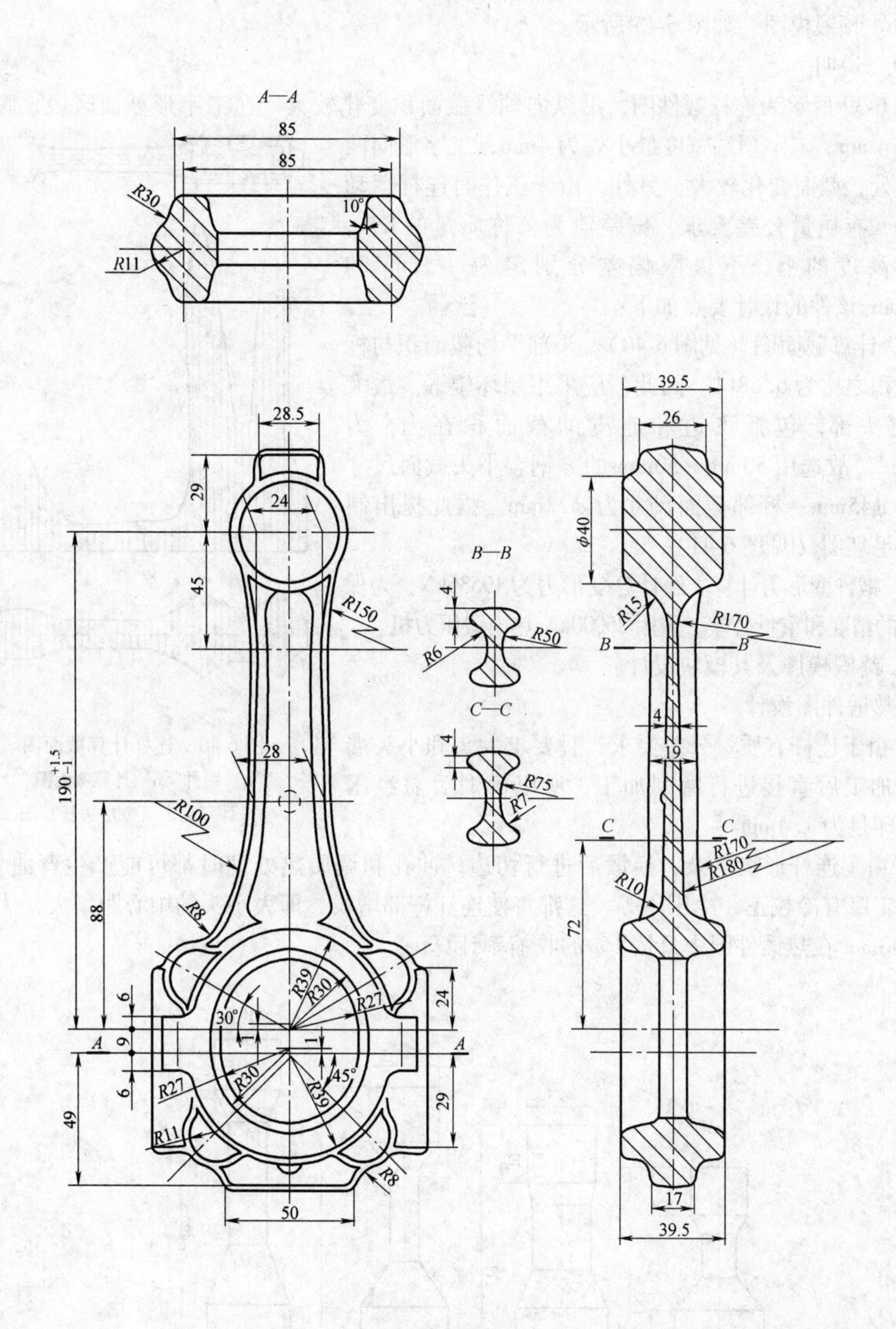
A—A
85
85
R30
10°
R11
39.5
26
28.5
29
24
φ40
45
R150
B—B
4
R6
R50
R15
R170
B
B
C—C
4
19
28
R75
R7
190$^{+1.5}_{-1}$
R100
C
C
R170
R180
R10
88
R8
72
R39
R30
R27
24
6
30°
1
1
A
9
A
6
R27
R30
45°
R39
29
49
R11
R8
50
17
39.5

图 6-39　连杆锻件图

（7）预锻热锻件图　如图 6-44 所示。

（8）预锻模图　如图 6-45 所示。

（9）说明

图 6-39 所示为连杆锻件图，沿纵向轴线截面积变化较大，在工字形截面区段，腹板厚度只有 4mm。工字顶端宽度最小处为 4mm，工字形向两头过渡处，截面变化较大。另外，由于工作时连杆运动速度高，有质量公差要求，偏差值为公称质量的 8%，因此，高度的上、下极限偏差分别定为 + 1mm 和 - 0. 3mm。该件的设计要点如下：

1）计算截面图（见图 6-40）。头部平均截面积与杆部截面积之比为 6. 68∶1。因此，应采用制坯辊锻。最大截面在头部，包括飞边和连皮的截面积在内，为 $2521mm^2$。故选用 50mm × 50mm 的方钢。小头截面尺寸相当于 ϕ45mm，杆部截面尺寸为 ϕ22mm。据此提出制坯辊锻毛坯图（见图 6-41）。

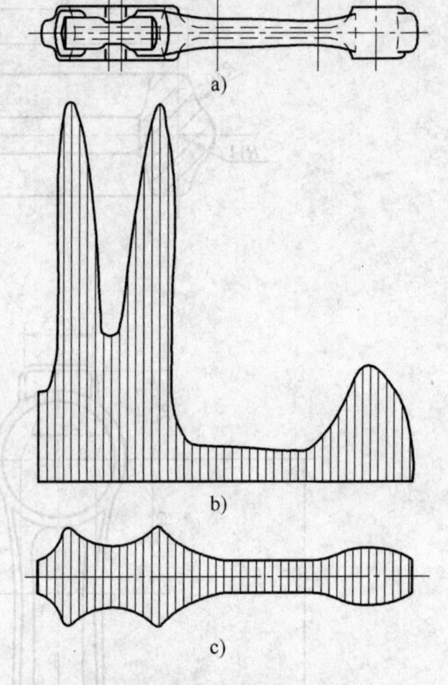

图 6-40　连杆计算截面图

a）锻件　b）计算截面图

c）计算毛坯（方形边长）图

2）锻件变形力计算。经计算变形力为 19536kN，为保证锻件的精度和重量公差，选用 25000kN 热模锻压力机。

3）终锻模膛及其模块设计。

①热锻件图设计。

a. 由于连杆有质量公差要求，且要求大头和小头端面压力加工后直接进行磨削加工，所以模锻后需经压印，压印量为 1. 4mm。

b. 由于连杆形状复杂，模锻后进行切边，冲孔和调质热处理时都可能产生弯曲变形。故后续工序有冷校正，冷压印等。这都将使连杆杆部增长。即大小头的中心距增大，为此中心距 190mm 在热锻件图中只按 1% 的收缩率计算。

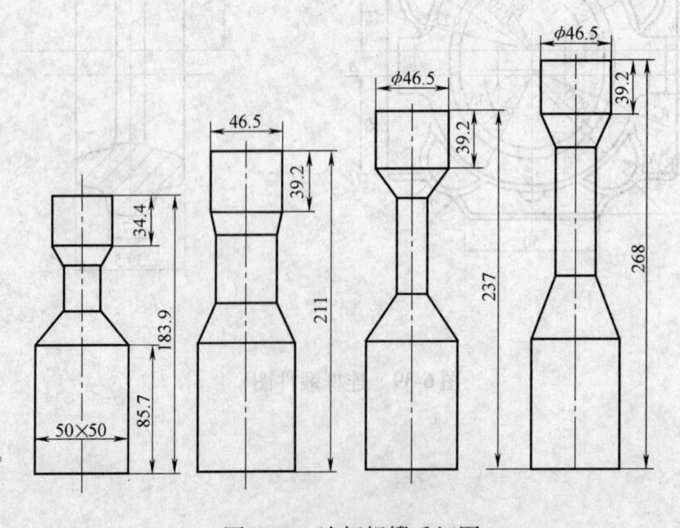

图 6-41　连杆辊锻毛坯图

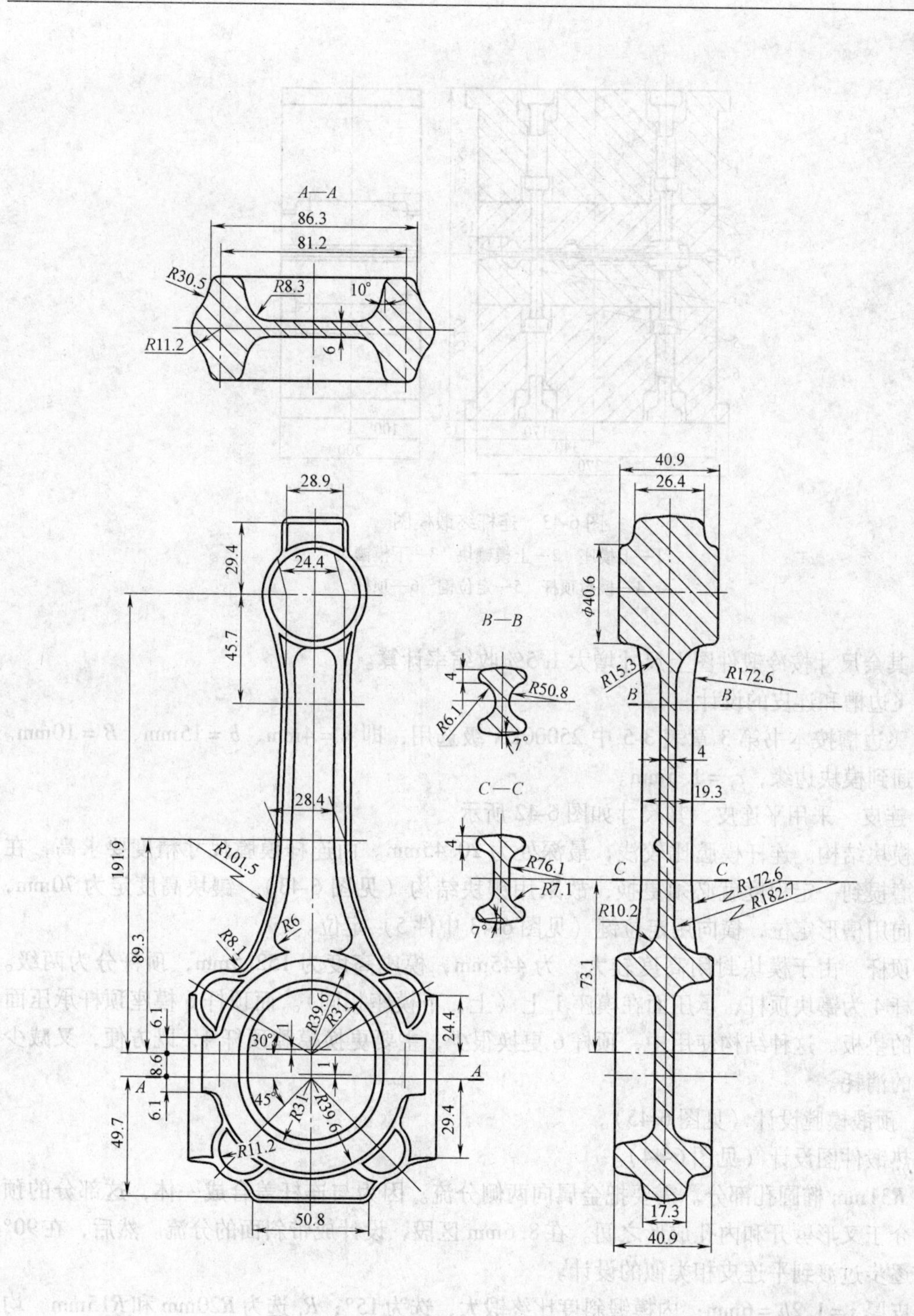

图6-42 连杆终锻热锻件图

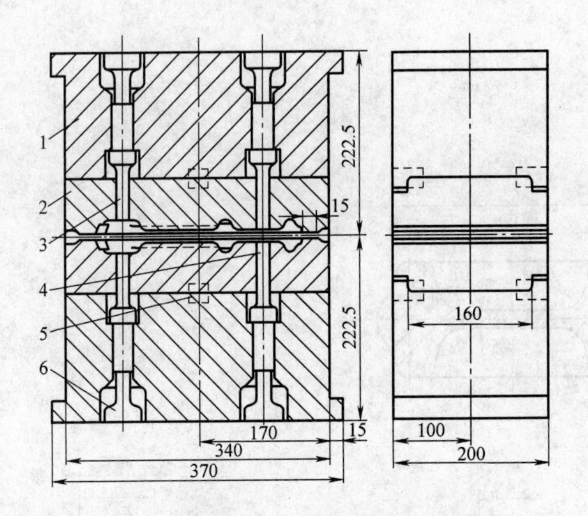

图 6-43　连杆终锻模图

1—上模座　2—上模镶块　3—下模镶块

4—模膛顶杆　5—定位键　6—顶杆

c. 其余尺寸按冷锻件图上尺寸增大 1.5% 收缩率计算。

②飞边槽和连皮的设计。

a. 飞边槽按本书第 3 章表 3-5 中 25000kN 级选用，即 $h=4$mm、$b=15$mm、$B=10$mm。仓部开通到模块边缘，$r_1=1.5$mm。

b. 连皮。采用平连皮，其尺寸如图 6-42 所示。

③模块结构。连杆模膛比较浅，最深处为 20.45mm。而连杆模膛尺寸精度要求高，在生产中磨损到一定程度就必须更换，故采用镶块结构（见图 6-43）。镶块高度定为 70mm，镶块纵向用槽形定位，横向用定位键（见图 6-43 中件 5）定位。

④顶杆。由于模块封闭高度较大，为 445mm，模座高度为 152.5mm，顶杆分为两级。模膛顶杆 4 为镶块顶杆，承压面在模座 1 上（上、下模座相同）。而顶杆 6 模座顶杆承压面为模架的垫板。这种结构使用中，顶杆 6 更换很少，主要更换模膛顶杆 4，既方便，又减少了顶杆的消耗。

4）预锻模膛设计（见图 6-45）。

①热锻件图设计（见图 6-44）。

a. $R31$mm 椭圆孔部分。需要把金属向两侧分流。因为与连杆盖合成一体，这部分的预锻设计介于叉形劈开和内孔成形之间。在 8.6mm 区段，设计成带斜面的分流。然后，在 90°范围内逐步过渡到平连皮相类似的设计。

连皮厚 $s=1.2h=6$mm；内模锻斜度比终锻大，选为 15°；R_t 选为 $R20$mm 和 $R15$mm，均匀过渡。

b. 工字形部分。由于辊锻后的坯料直接放入预锻模，坯料高度较高。开始变形时，飞边阻力小，金属外流快，容易产生返流折叠，其位置多在工字形内侧，所以应适当调节变形量。

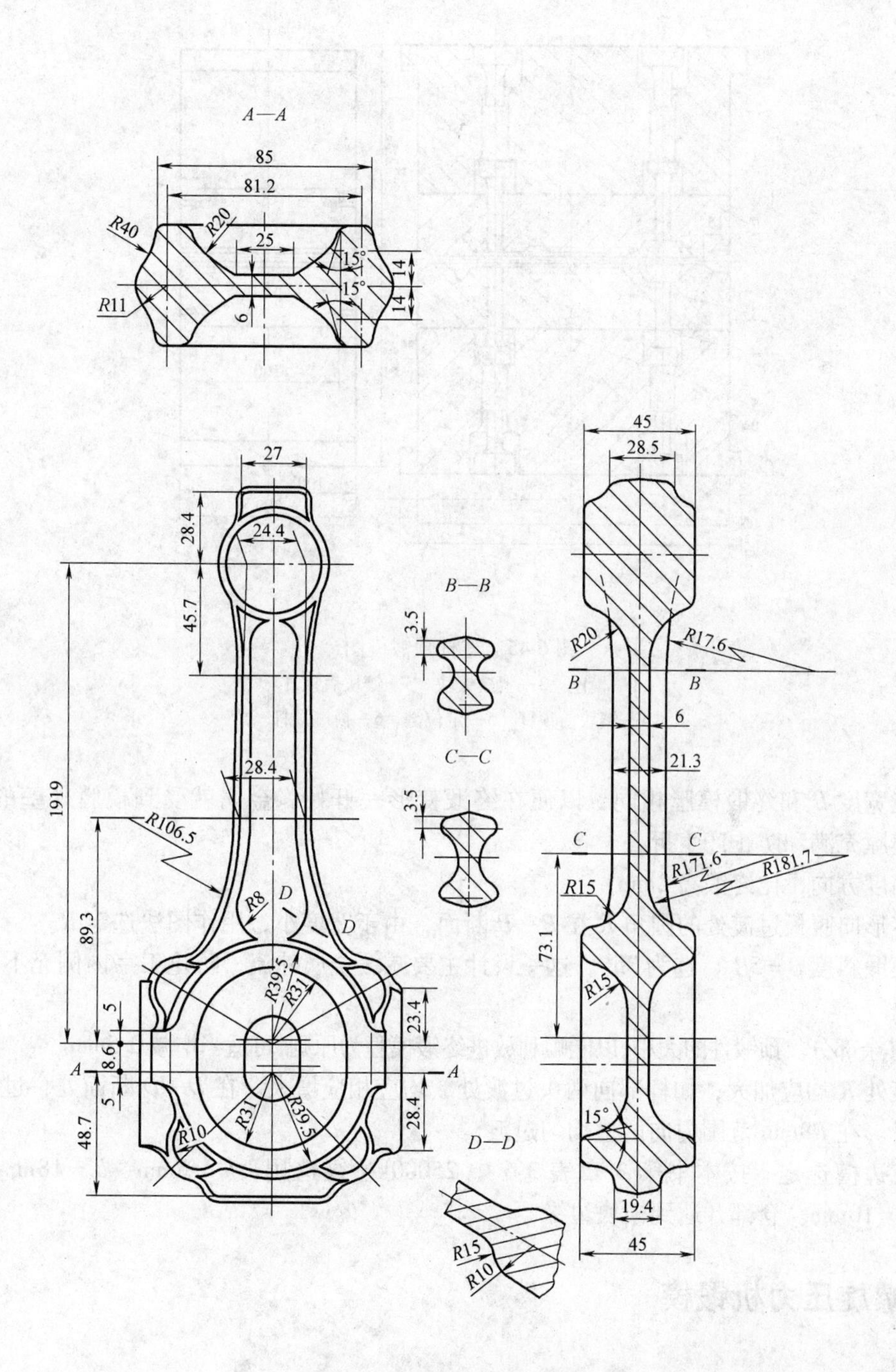

图6-44　连杆预锻热锻件图

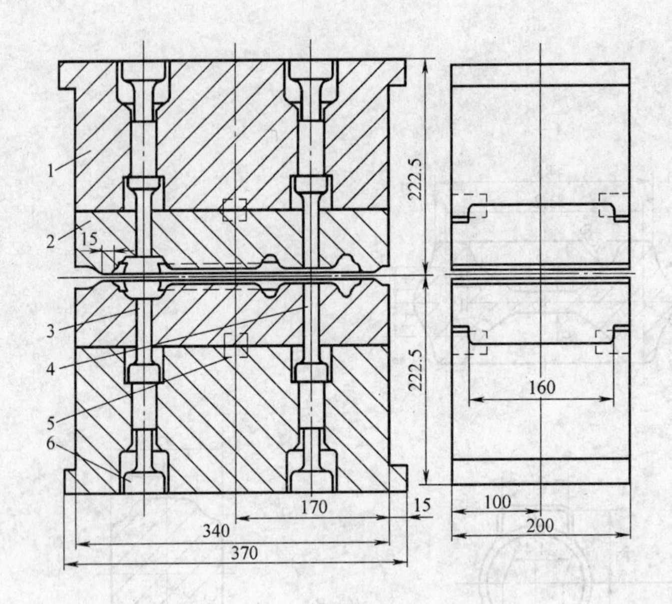

图 6-45 连杆预锻模图

1—模座 2—上模镶块 3—镶块后顶杆

4—镶块前顶杆 5—定位键 6—模座顶杆

模膛宽度 B 和终锻模膛相同，以便在终锻变形一开始，金属就受到模膛外壁的阻力。有利于模膛充满和防止产生折叠。

在高度方向，比终锻高 2mm。

工字形向腹板过渡处的圆角 R 在 B—B 断面，由于宽度小，用作图法选定 R。

内模锻斜度 $\beta = 5\beta_1$，选为 35°。这一设计主要减缓金属外流，防止工字内侧充不满引起返流折叠。

c. 其余部分。预锻件的大小,以能顺利放进终锻模膛为原则,可适当增减 0.5mm。

过渡处 R 均应加大，如杆部向两头过渡处，均应相应增大。在 D—D 断面处，过渡形状应较圆滑。在 R8mm 范围内向两边均匀过渡。

②飞边槽选定。按本书第 3 章表 3-6 中 25000kN 级选用，h = 6mm、b = 18mm、r_1 = 2mm、B = 10mm。仓部开通到模块边缘。

6.3 螺旋压力机锻模

实例 18 齿轮锻模

（1）锻件名称及材料 齿轮，45 钢。

（2）锻件图 如图 6-46 所示。

（3）锻模图 如图 6-47 所示。

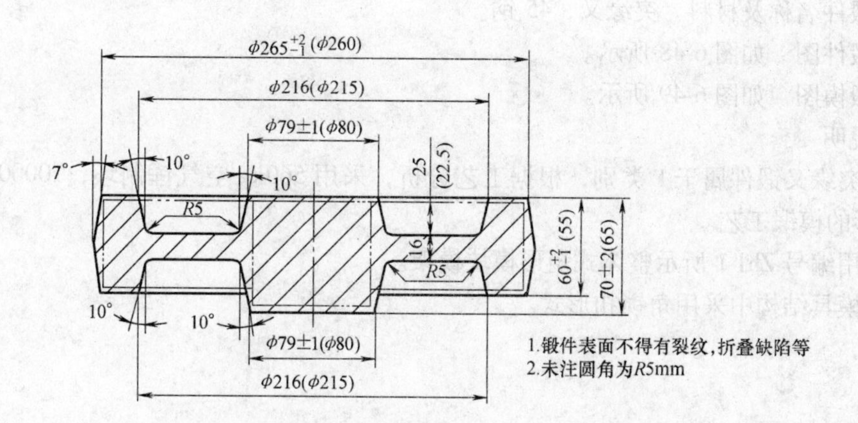

图6-46 齿轮锻件图

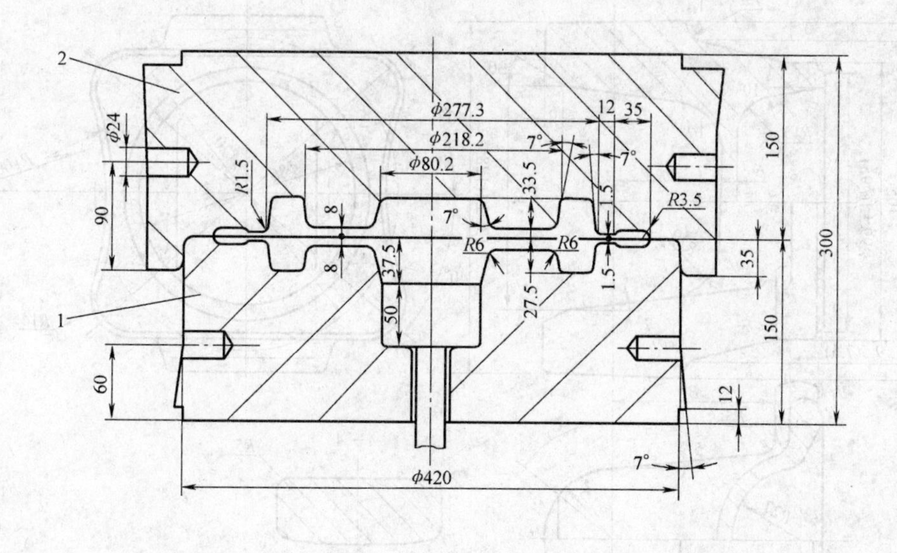

图6-47 齿轮锻模图
1—下模 2—上模

（4）说明

1）该齿轮锻件属于1类别，根据工艺分析采用750kg空气锤镦粗，10000kN螺旋压力机成形的模锻工艺。

2）采用编号ZhY-1所示整体圆形模块模架。

3）在模具结构中，采用圆形锁扣及下顶出器。

实例 19　突缘叉锻模

（1）锻件名称及材料　突缘叉，45 钢。

（2）锻件图　如图 6-48 所示。

（3）锻模图　如图 6-49 所示。

（4）说明

1）该突缘叉锻件属于 1 类别，根据工艺分析，采用 560kg 空气锤制坯，10000kN 螺旋压力机成形的模锻工艺。

2）采用编号 ZhJ-1 所示整体式矩形模块模架。

3）在模具结构中采用角锁扣形式。

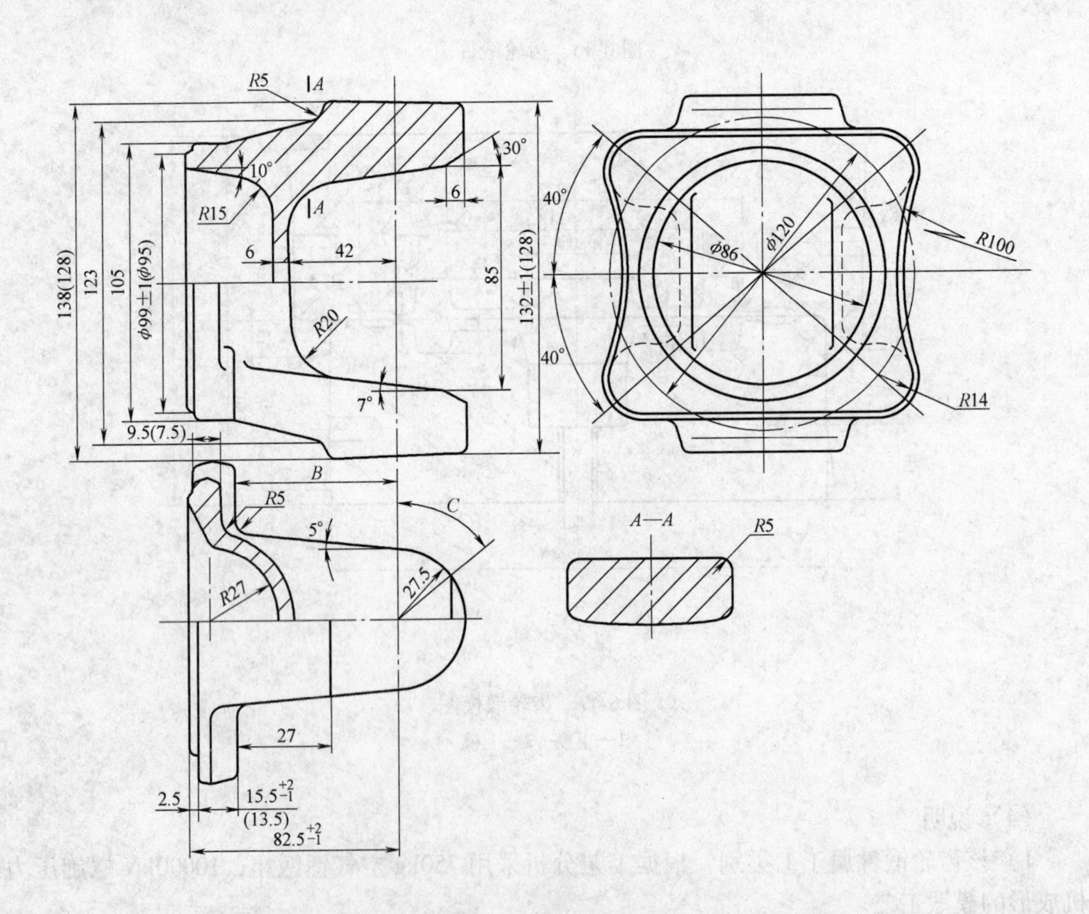

图 6-48　突缘叉锻件图

注：在 *B* 段内 *R*8mm 逐渐过渡到 *R*5mm，在 *C* 段内由 *R*5mm 逐渐过渡到 *R*3mm。

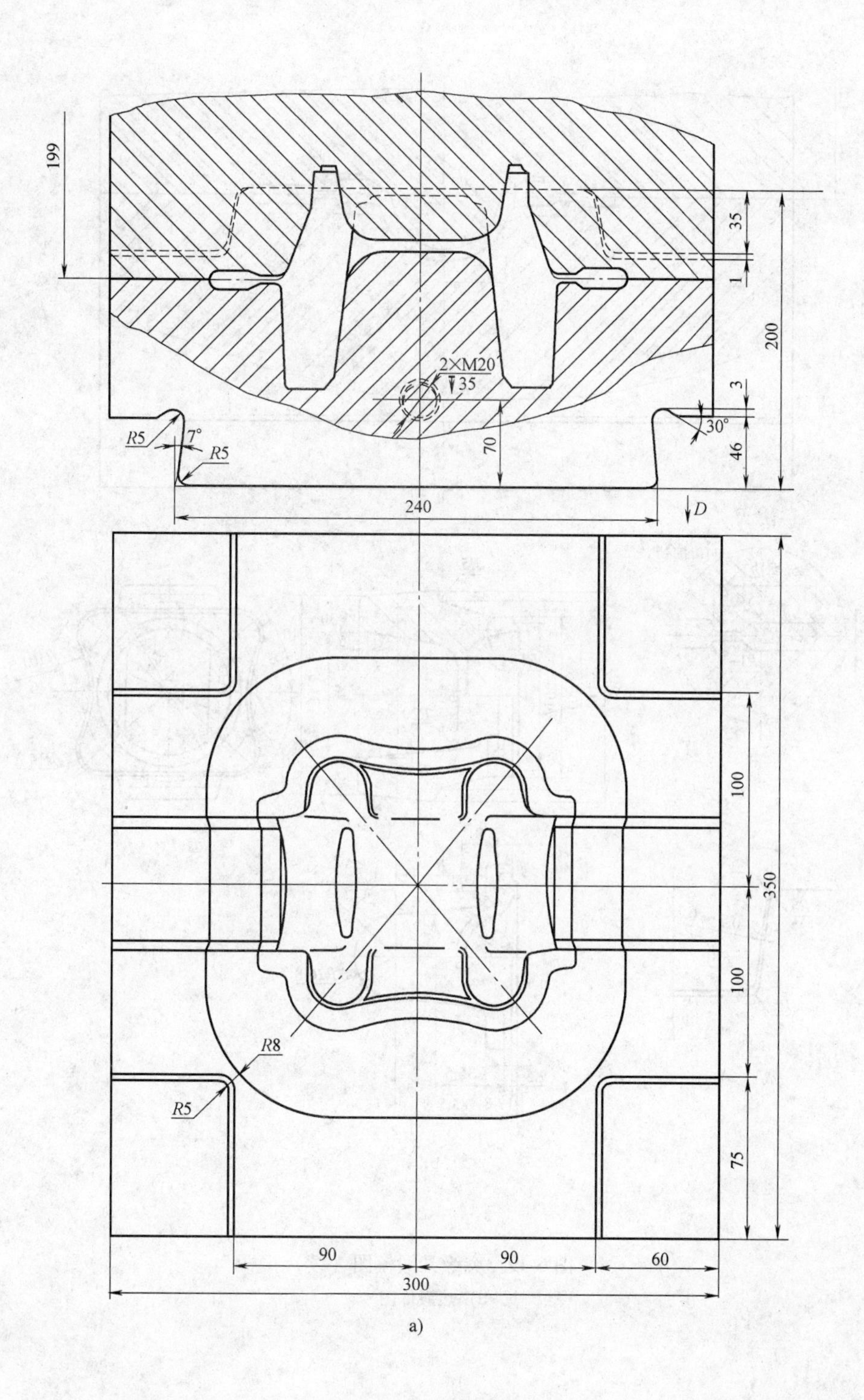

图6-49　突缘叉锻模图

a）模具结构图

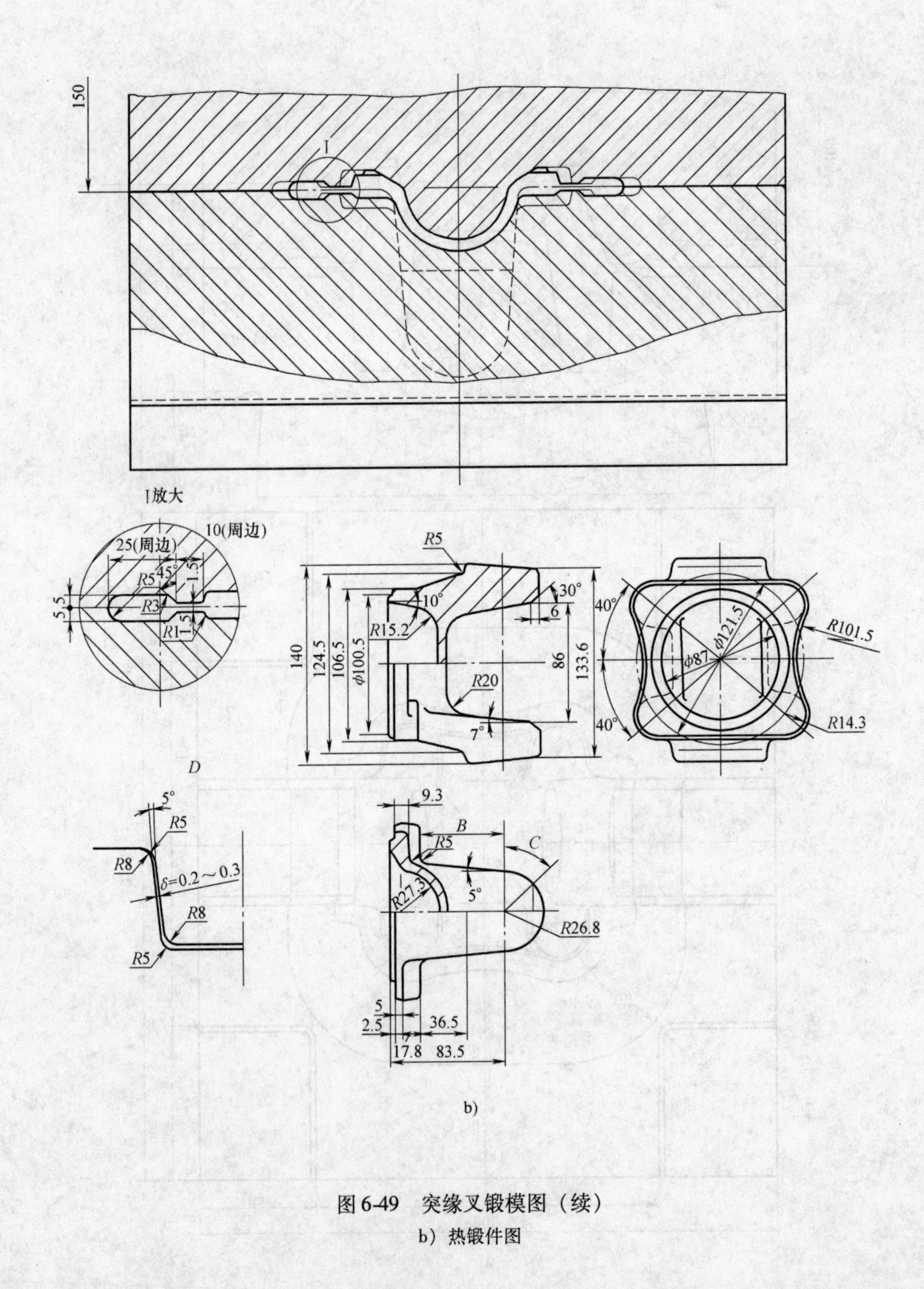

图 6-49　突缘叉锻模图（续）

b）热锻件图

实例20　前桥半轴突缘锻模

（1）锻件名称及材料　前桥半轴突缘，40Cr 钢。

（2）锻件图　如图 6-50 所示。

（3）镦头模图　如图 6-51 所示。

（4）终锻模图　如图 6-52 所示。

（5）说明

1）该前桥半轴突缘锻件属于 2 类别，毛坯尺寸为 ϕ60mm × 193mm。根据工艺分析，该件采用三火锻成，先在 150kg 空气锤上拔杆部，然后在 2500kN 螺旋压力机上镦头，最后在 4500kN 螺旋压力机上终锻成形。

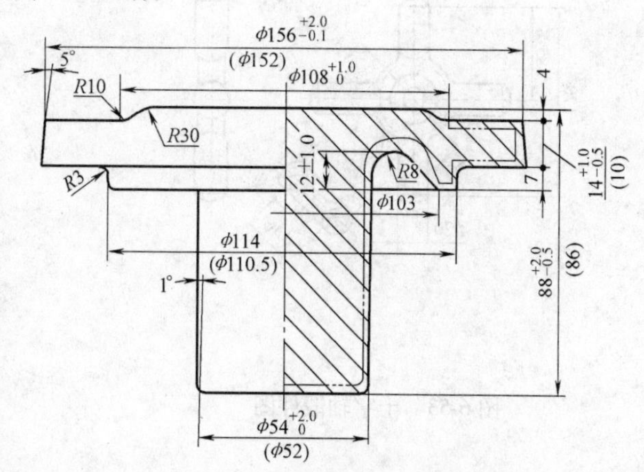

图 6-50　前桥半轴突缘锻件图

2）镦头模具采用编号 ZhY-2 所示整体圆形模块模架。

3）在终锻模图（见图 6-52）结构中，采用圆形锁扣及下顶出器。

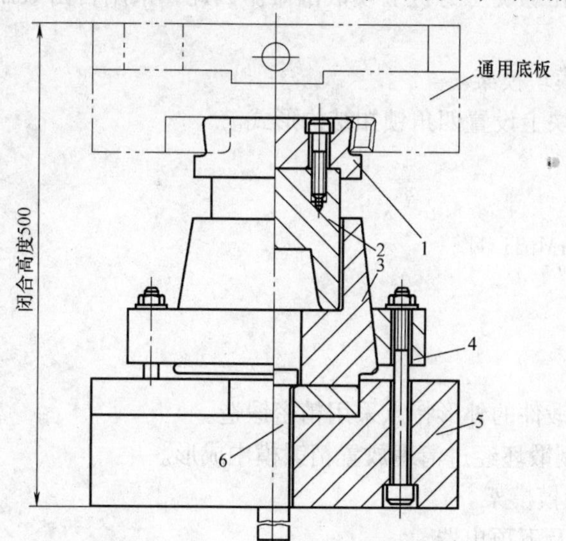

图 6-51　镦头模图

1—凸模固定座　2—凸模　3—凹模　4—压紧圈　5—底板　6—顶杆

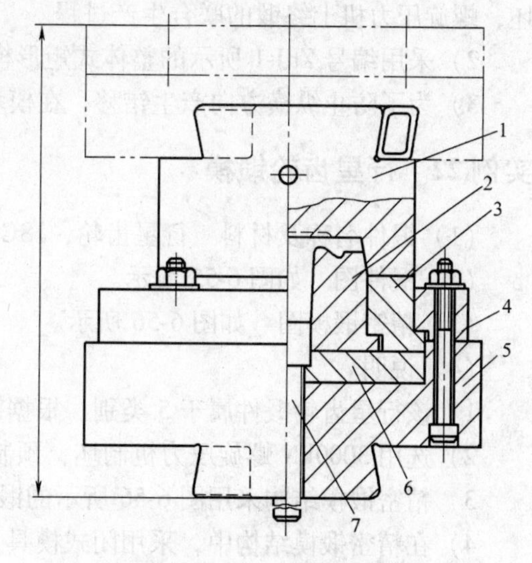

图 6-52　前桥半轴突缘终锻模图

1—上模　2—下模镶块　3—下模楔体　4—压圈　5—下模座　6—垫板　7—顶杆

实例21　十字轴锻模

（1）锻件名称及材料　十字轴，20Mn2TiB 钢。

（2）锻件图　如图 6-53 所示。

（3）终锻模图　如图 6-54 所示。

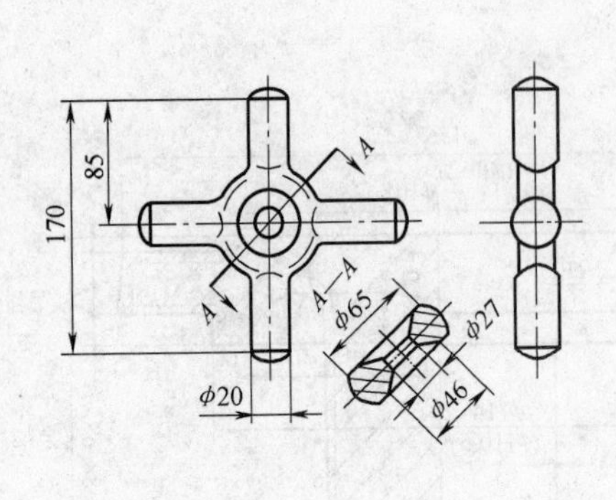

图 6-53　十字轴锻件图

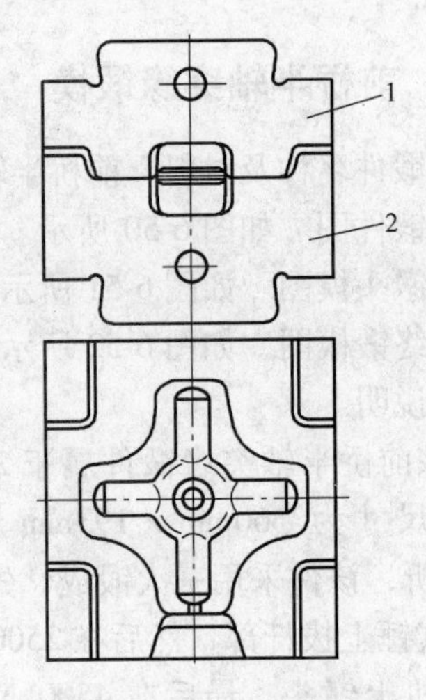

图 6-54　十字轴终锻模图
1—上模　2—下模

（4）说明

1）该十字轴锻件属带有枝芽的锻件，在螺旋压力机上模锻困难。因此，采用自由锻制坯，螺旋压力机上终锻的联合生产过程。

2）采用编号 ZhJ-1 所示的整体式矩形模块模架。

3）为了防止纵横方向产生错移，在模块上设置四角锁扣结构形式。

实例 22　行星齿轮锻模

（1）锻件名称及材料　行星齿轮，18CrMnTi 钢。

（2）锻件图　如图 6-55 所示。

（3）精密锻模图　如图 6-56 所示。

（4）说明

1）该行星齿轮锻件属于 5 类别。根据锻件的外形特点采用精密锻造。

2）选用 3000kN 螺旋压力机制坯，预制锻坯经过清理放置精锻模中成形。

3）精密锻模结构采用图 6-56 所示的锻模模架。

4）在精密锻模结构中，采用闭式模具及下顶出器。

实例 23　法兰盘锻模

（1）锻件名称及材料　法兰盘，HPb59-1 铅黄铜。

（2）锻件图　如图 6-57 所示。

（3）锻模图　如图 6-58 所示。

（4）说明

1）该法兰盘锻件属于 4 类别，形状比较简单，要求的精度和表面粗糙度不高。用 ϕ35mm×22.5mm 的圆毛坯插入下模中，在 1600kN 螺旋压力机上一火模锻而成。

2）由于下模设有顶出装置，模锻斜度仅取 30′。

3）整个锻模安装在具有导向装置的模座上，金属在最终成形阶段产生少量飞边。

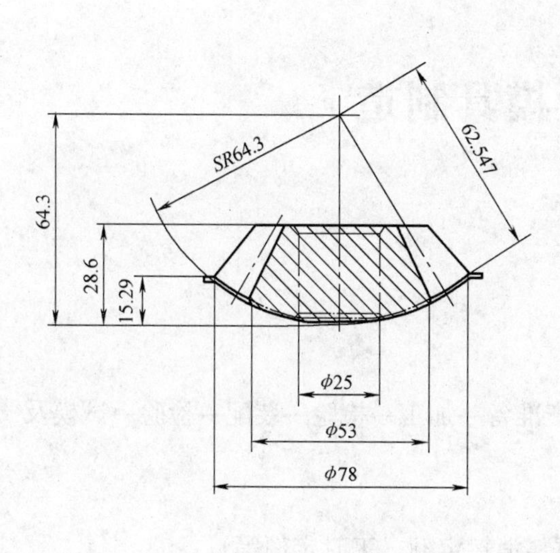

图 6-55　行星齿轮锻件图

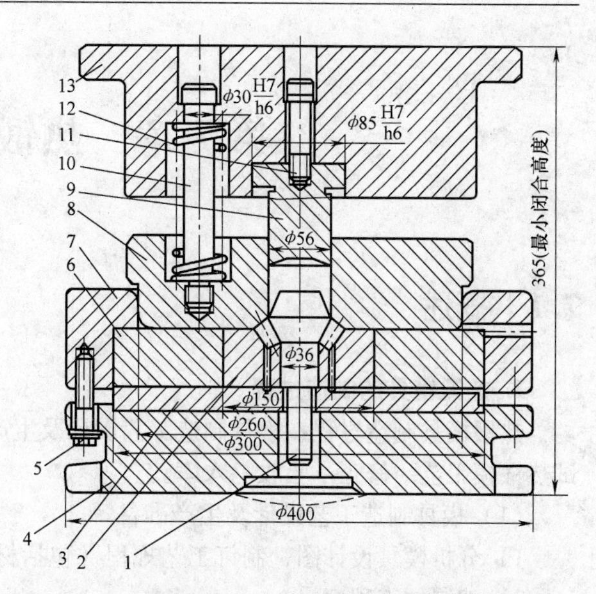

图 6-56　行星齿轮精密锻模图

1—顶杆　2—凹模　3—下模垫板　4—下模座　5—螺栓
6—应力圈　7—压紧套圈　8—导模　9—凸模　10—拉杆
11—内六角圆柱头螺钉　12—压缩弹簧　13—上模座

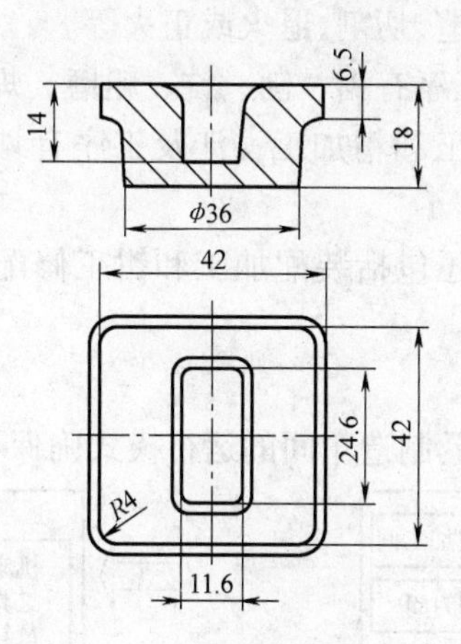

图 6-57　法兰盘锻件图

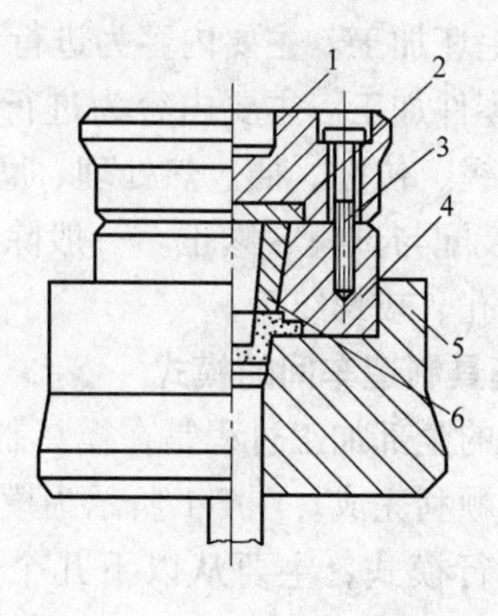

图 6-58　法兰盘锻模图

1—上模　2—垫板　3—螺钉
4—垫模　5—下模　6—镶套

第 7 章　热锻模具制造

7.1　概述

1. 热锻模具的制造过程

热锻模具制造过程：模具制造工艺设计及生产准备→加工→检验→装配→检验→试模及试热锻模工艺→修正→验收→入库。

（1）模具制造工艺设计及生产准备

1）分析模具设计图，制订工艺规程（包括材料消耗定额、工时定额等）。

2）编制加工程序。

3）设计制造模具所需的工具、夹具、刀具、量具等。

4）制订生产计划，制订并实施工具、材料、标准件、辅料、油料等采购计划。

（2）加工、装配、试模、修正

1）毛坯准备。主要内容为模具零件毛坯的锻造、铸造、切割、退火或正火等。

2）毛坯加工。主要内容为进行毛坯粗加工，涉及工序有锯、刨、铣、粗磨、焊接等。

3）零件加工。主要内容为进行模具零件的半精加工和精加工，涉及工序有划线、钻、车、铣、镗、仿刨、插、热处理、磨、电火花加工等。

4）装配与试模、修正。一般除装配和试模以外，还包括装配加工和钳工修配、研磨、抛光、钻孔、攻螺纹等。

2. 模具制造车间的模式

模具的全部加工过程是在模具制造车间完成的，模具制造车间的运行模式确保了模具工艺过程的顺利完成。图 7-1 所示为模具制造车间的运行模式，主要从以下几个方面加以考虑：

（1）基于仓库的运行机制　仓库中有以下几大模块：

1）机床、夹具、工具、量具、辅具。这个模块主要是直接参与切削加工的部分。

2）材料、辅料。材料即加工工件所需的材料，如各种模具钢等；辅料是在模具加工过程中所用的利于切削加工的材料以及维护模具零件的辅助材料，如冷却液、润滑油等。

3）标准件、常备件。标准件即模具标准化商品零件，可以直接用于模具或稍作

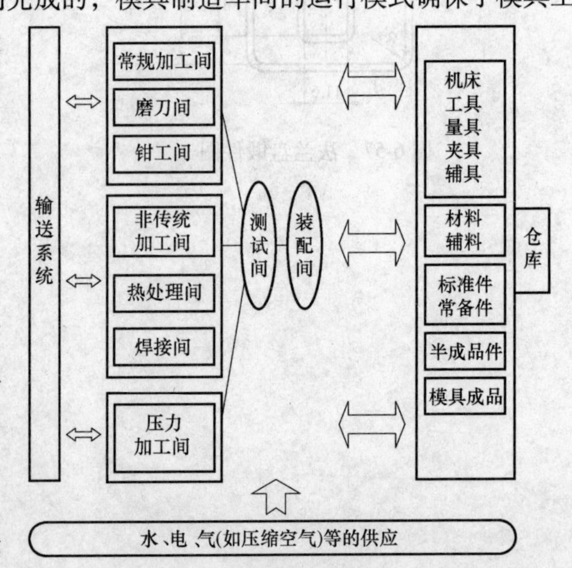

图 7-1　模具制造车间的模式

加工修改而用于模具；常备件是各个模具制造厂家根据具体情况而储备的一种“企业标准件”，在制造模具过程中可以直接用于模具。

4）半成品件。一套模具在制造过程中，将初始的一些加工结果或初始组装好的部件临时存入仓库，这就是半成品件。半成品件还不是一套完整的模具。

5）模具成品。即完全制造好的一套完整模具。

仓库为前台（加工场所）提供一切资源，前台的结果又回到仓库，并最终从仓库中发出模具成品到市场，而且前台除了制造出的模具成品外的一切设施，都要在最终归还到仓库中。有些是实际的归还，如工具等；有些则是虚拟的归还，如机床等。

（2）总工艺系统及子工艺系统　在模具制造的整个工艺过程中，可以将一道工序在一台加工机床上加工的系统，认为是一个子工艺系统，而该零件全部加工完成的工艺流程中所有子工艺系统总和看成一个总工艺系统（相当于一个“流水线”，即总工艺系统将各子工艺系统在空间上进行了有时间顺序的排列连线）。对于每个子工艺系统来说，其中均包含机床、夹具、工具、量具、辅具和被加工的工件等。

各子工艺系统之间有联系，如工件的输运机构等。对于模具车间常用的桥式起重机、叉车等，则相当于流水线中的物流机构。

在加工系统的保障中有水、电、气（如压缩空气，用于加工过程中一些需要气动的机构以及吹除削屑、清理工件等）。

对于每一个子工艺系统，有的自带测量系统，以确认是否满足加工要求。如果没有自带测量系统，则其均要在加工过程中与公用的测试间进行联系。

每一个子加工系统的结果，都是朝着最终完成模具装配这个方向。所以，可以认为在每个子工艺系统都对模具“装配”了一部分内容。在所有子加工系统都完成以后，再进行总装配，从而完成模具成品。

（3）模具制造方法

1）常规加工方法及钳工。主要是利用机械切除力进行加工，如锯削、刨削（插削、拉削）、铣削、车削、钻削（扩孔、铰孔、锪）、镗削、磨削、珩磨、多工种复合的机床上的加工（如组合机床、加工中心等的加工）等。

2）非传统制造方法及热处理、焊接。主要利用物理能、化学能，包括一些机械能等来进行加工。非传统制造方法包括常说的特种加工和基于特种加工技术的新的综合技术。前者有化学能主导的特种加工［化学加工、照相腐蚀、CVD、电化学加工（如电解加工、电镀、电铸等）等］、物理能主导的特种加工（电火花成形加工、电火花线切割加工、激光加工、等离子体加工、燃热加工、PVD等）和机械能主导特种加工（超声波加工、磨料流动加工等）。后者有快速原型/零件制造技术（激光光刻、选择性激光烧结、分层实体制造、3D Printing、BPM、FDM等）、表面工程（如表面清洁、表面光整、表面保护、表面改性等）和微细、纳米加工。

3）成形加工。成形加工就是用模具加工模具，主要利用材料的变形等来进行加工，如锻造、冷挤压、低压铸造、失蜡铸造、陶瓷型铸造、壳型铸造、环氧树脂浇注等。

（4）加工机理及工艺考虑　在各子工艺系统和总工艺系统中，进行切削加工的原理和切削工艺参数分析、系统静态和动态性能分析（如振动、刚性、误差等）、所能达到的工件质量（精度、表面质量）和生产率分析、总工艺系统的编排设计（即工艺流程设计原理，相当于各子工艺系统在总工艺系统中处于什么位置和阶段，如粗加工、半精加工、精加工阶段）等。

（5）加工方法在模具加工中的应用　选择加工方法应先分析加工模具零件的什么内容（如加工零件表面、加工零件结构等），以及各种加工方法的加工余量、加工精度及表面粗糙度（见表7-1）等。热锻模加工的内容分类及其所需加工方法如下：

1）平面加工。即加工所得形状为平面。对应的加工方法有锯、刨、插、铣、平面磨、电解磨等。

2）孔类加工。即加工所得形状为孔类（内形）。对应的加工方法有钻、扩孔、铰、镗、攻螺纹、内圆磨、珩磨、电火花、线切割等。

3）轴类加工。即加工所得形状为轴类（外形）。对应的加工方法有车、外圆磨、线切割等。

4）型面、曲面、立体加工。即加工所得形状为型面、曲面、空间立体。对应的加工方法有铣、成形磨削、电火花成形、线切割、电铸、电解、快速模型制造、铸造、冷挤压、低压铸造、精密铸造、环氧树脂浇注等。

5）表面处理及加工。即对模具零件表面进行加工及处理，包括表面光整、图案、文字、表面强化等。对应的加工方法有雕刻、研磨、抛光、电解抛光、CVD、化学镀、电镀、PVD、喷涂、超声波抛光等。

6）装配。即把模具零件组装成一个完整的模具。

7）材料性能处理。如热处理等。

表7-1　各种加工方法的加工余量、加工精度及表面粗糙度

加工方法		本道工序单面经济加工余量/mm	经济加工精度	表面粗糙度 Ra/μm
刨削	半精刨	0.8～1.5	IT10～IT12	6.3～12.5
	精刨	0.2～0.5	IT8～IT9	3.2～6.3
铣削	划线铣	1～3	1.6mm	1.6～6.3
	靠模铣	1～3	0.04mm	1.6～6.3
	粗铣	1～2.5	IT10～IT11	3.2～12.5
	精铣	0.5	IT7～IT9	1.6～3.2
	仿形雕刻	1～3	0.1mm	1.6～3.2
车削	靠模车	0.6～1	0.24mm	1.6～3.2
	成形车	0.6～1	0.1mm	1.6～3.2
	粗车	1	IT11～IT12	6.3～12.5
	半精车	0.6	IT8～IT10	1.6～6.3
	精车	0.4	IT6～IT7	0.8～1.6
	精细车、金刚车	0.15	IT5～IT6	0.1～0.8
钻削		—	IT11～IT14	6.3～12.5
扩	粗扩	1～2	IT12	6.3～12.5
	铸孔或冲孔后的一次扩孔	1～1.5	IT11～IT12	3.2～6.3
	细扩	0.1～0.5	IT9～IT10	1.6～6.3

（续）

加工方法		本道工序单面经济加工余量/mm	经济加工精度	表面粗糙度 Ra/μm
铰	粗铰	0.1~0.15	IT9	3.2~6.3
	精铰	0.05~0.1	IT7~IT8	0.8
	细铰	0.02~0.05	IT6~IT7	0.2~0.4
锪	无导向锪	—	IT11~IT12	3.2~12.5
	有导向锪	—	IT9~IT11	1.6~3.2
镗削	粗镗	1	IT11~IT12	6.3~12.5
	半精镗	0.5	IT8~IT10	1.6~6.3
	高速镗	0.05~0.1	IT8	0.4~0.8
	精镗	0.1~0.2	IT6~IT7	0.8~1.6
	细镗、金刚镗	0.05~0.1	IT6	0.2~0.8
磨削	粗磨	0.25~0.5	IT7~IT8	3.2~6.3
	半精磨	0.1~0.2	IT7	0.8~1.6
	精磨	0.05~0.1	IT6~IT7	0.2~0.8
	细磨、超精磨	0.005~0.05	IT5~IT6	0.025~0.1
	仿形磨	0.1~0.3	0.01mm	0.2~0.8
	成形磨	0.1~0.3	0.01mm	0.2~0.8
	坐标磨	0.1~0.3	0.01mm	0.2~0.8
珩磨		0.005~0.03	IT6	0.05~0.4
钳工划线		—	0.25~0.5mm	—
钳工研磨		0.002~0.015	IT5~IT6	0.025~0.05
钳工抛光	粗抛	0.05~0.15	—	0.2~0.8
	细抛、镜面抛	0.005~0.01	—	0.001~0.1
电火花成形加工		—	0.05~0.1mm	1.25~2.5
电火花线切割		—	0.005~0.01mm	1.25~2.5
电解成形加工		—	0.05~0.2mm	0.8~3.2
电解抛光		0.1~0.15	—	0.025~0.8
电解修磨		0.1~0.15	IT6~IT7	0.025~0.8
电解磨削		0.1~0.15	IT6~IT7	0.025~0.8
照相腐蚀		0.1~0.4	—	0.1~0.8
超声抛光		0.02~0.1	—	0.01~0.1
磨料流动抛光		0.02~0.1	—	0.01~0.1
锻造		—	IT15~IT16	—
冷挤压		—	IT7~IT8	0.08~0.32
低压铸造		—	IT11~IT15	—
失蜡铸造		—	IT8~IT13	1.6~6.3

（续）

加工方法	本道工序单面经济加工余量/mm	经济加工精度	表面粗糙度 Ra/μm
陶瓷型铸造	—	IT11 ~ IT13	3.2 ~ 6.3
壳型铸造	—	IT10 ~ IT13	3.2

注：经济加工余量是指本道工序比较合理、经济的加工余量。本道工序加工余量要视加工基本尺寸、工件材料、热处理状况、前道工序的加工结果等具体情况而定。所有工序加工余量的总和为此零件的总加工余量。本道工序后面的所有工序的加工余量总和为本道工序留给后续工序的加工余量。

3. 制订工艺规程的原则和步骤

（1）机械加工工艺规程的作用　机械加工工艺规程是规定产品或零部件制造工艺过程和操作方法等的工艺文件。

合理的机械加工工艺规程是在总结长期的生产实践和科学试验的基础上，依据科学理论和必要的工艺试验而制订的，并通过生产过程的实践不断得到改进和完善。机械加工工艺规程的作用主要有以下三个方面：

1）工艺规程是指导生产的技术文件。工艺规程是在实际生产经验和先进技术的基础上，依照科学的理论来制订的，对于保证产品质量和提高生产率是不可缺少的。

2）工艺规程是生产组织和管理的依据。工艺规程中规定了毛坯的设计、设备和工艺装备的占用、工人安排和工时定额等，所以企业的生产组织和管理者依据工艺规程来安排生产准备和生产规划。

3）工艺规程是加工检验的依据。工艺设计者制订工艺规程时必须在本单位的生产加工条件（如拥有的设备、人工技术水平、各种规章制度等）下，根据待生产模具的生产纲领、模具的装配图样、零件图样、交货期限等来具体确定工艺规程。工艺设计的目标应当是在保证模具质量的前提下，追求加工的高效率和低成本。优良的工艺设计具有生产上的经济性、技术上的先进性和工艺上的合理性等特点。因此，工艺规程是模具制造最主要的技术文件之一。

（2）制订机械加工工艺规程的步骤　制订机械加工工艺规程的原始资料主要是产品图样、生产纲领、现场加工设备及生产条件等，有了这些原始资料并由生产纲领确定了生产类型和生产组织形式之后，即可着手机械加工工艺规程的制订。其步骤如下：

1）零件图的研究与工艺分析。

2）确定毛坯的种类。

3）设计工艺过程。包括划分工艺过程的组成，选择定位基准，选择零件表面的加工方法，拟订零件的加工工艺路线。

4）工序设计。包括选择机床和工艺装备，确定加工余量，确定工序尺寸及其公差，确定切削用量及时间定额等。

5）填写工艺文件。

（3）工艺文件的格式及应用　工艺规程内容主要包括零件加工的工艺路线、各道工序的具体加工内容、切削用量、工时定额、所选用的设备与工艺装配及毛坯设计等。编制工艺规程时，应根据生产类型的不同来决定需要把工艺过程分析到什么程度。对于模具制造这种单件小批量生产一般只要定到工序就可以了。

工艺规程确定后，用表格的形式制成工艺文件，作为生产准备和加工的依据和技术指导文件。常见的有以下几种：

1）机械加工工艺过程卡片。用于单件小批生产，它的主要作用是概略地说明机械加工的工艺路线。实际生产中，工艺过程卡片内容的简繁程度也不一样，最简单的只列出各工序的名称和顺序，较详细的则附有主要工序的加工简图等。

2）机械加工工序卡片。大批量生产中，要求工艺文件更加完整和详细，每个零件的各加工工序都要有工序卡片。它是针对某一工序编制的，要画出该工序的工序图，以表示本工序完成后工件的形状、尺寸及其技术要求，还要表示出工件的装夹方式、刀具的形状及其位置等。工序卡片的格式和填写要求可参阅 JB/T 9165. 2—1998《工艺规格格式》。生产管理部门可以按零件将工序卡片汇装成册，以便随时查阅。

3）机械加工工艺（综合）卡片。主要用于成批生产，它比工艺过程卡片详细，比工序卡片简单且较灵活，是介于两者之间的一种格式。工艺卡片既要说明工艺路线，又要说明各工序的主要内容。

4. 机械加工工艺的基准选择

在制订零件加工工艺规程时，正确地选择工件的定位基准有着十分重要的意义。定位基准选择的好坏，不仅影响零件加工的位置精度，而且对零件各表面的加工顺序也有很大的影响。下面先介绍一些有关基准和定位的概念，然后再着重讨论定位基准选择的原则。

基准是用来确定生产对象上几何要素间的几何关系所依据的那些点、线、面。在模具零件的设计和加工过程中，按不同要求选择哪些点、线、面作为基准，是直接影响零件加工工艺性和各表面间尺寸、位置精度的主要因素之一。

基准按其作用不同，可分为设计基准和工艺基准两大类。

（1）设计基准　零件设计图样上所采用的基准，称为设计基准。这是设计人员从零件的工作条件、性能要求出发，适当考虑加工工艺性而选定的。

一个模具零件，在零件图样上可以有一个也可以有多个设计基准。图 7-2 中各外圆表面和内孔的设计基准是中心线，而轴向尺寸的设计基准是 $\phi40$mm 的端面。

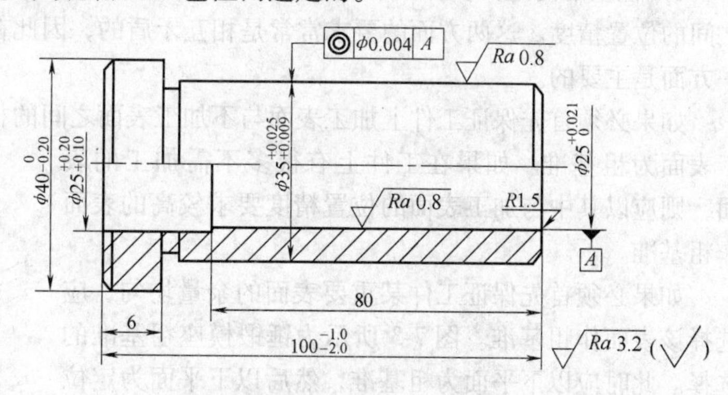

图 7-2　带头导套的基准选择

（2）工艺基准　零件在工艺过程中所采用的基准，称为工艺基准，包括工序基准、定位基准、测量基准和装配基准等。

1）工序基准。在工序图上，用来确定本工序所加工表面加工后的尺寸、位置的基准，称为工序基准。如图 7-2 所示，带头导套在芯棒上磨削 $\phi35$mm 外圆表面时，内孔即为该道工序的工序基准。

2）定位基准。加工时使工件在机床或夹具中占据一正确位置所用的基准，称为定位基准。如图 7-2 所示，带头导套在芯棒上磨削 $\phi35$mm 外圆表面时，内孔即为该道工序的定位基准。

3）测量基准。零件检验时，用以测量已加工表面尺寸及位置的基准，称为测量基准。如图 7-2 所示，当以内孔为基准（套在检验芯棒上）检验 ϕ35mm 外圆与内孔的同轴度时，内孔即为测量基准。

4）装配基准。装配时用以确定零件在部件或产品中的位置的基准，称为装配基准。如图 7-2 所示，零件 ϕ35mm 外圆表面即为装配基准。

（3）工艺基准的选择原则　工艺基准的选择对于保证加工精度，尤其是保证零件之间的位置精度至关重要。模具零件工艺基准的选择应注意以下几个原则：

1）基准重合原则。即工艺基准和设计基准尽量重合，避免基准的不重合引起误差。

2）基准统一原则。即同一零件上多个表面的加工选用统一的基准。例如，模板上孔的坐标一般以模板的右下角为基准。

3）基准对应原则。有装配关系或相互运动关系的零件基准的选取方式应一致，例如，同一套模具中，各模板的基准均以模板的右下角为基准，不要有的用右下角，有的用导柱孔中心。

4）基准传递与转换原则。坐标镗床镗孔时首先是以模板的右下角为基准，在镗第二个孔时则以第一个孔中心为基准，基准实际上作了传递与转换。同理，模板在粗加工时以中心线为基准四周均匀去除，而精加工时则要以模板的右下角为基准。

（4）定位基准的选择　设计基准已由零件图给定，而定位基准可以有多种不同的方案。正确地选择定位基准是设计工艺过程的一项重要内容。

在最初的工序中只能选择未经加工的毛坯表面（即铸造、锻造或轧制等表面）作为定位基准，这种表面称为粗基准。用加工过的表面作定位基准称为精基准。另外，为了满足工艺需要在工件上专门设计的定位面，称为辅助基准。

1）粗基准的选择。粗基准的选择影响各加工面的余量分配及不需加工表面与加工表面之间的位置精度。这两方面的要求常常是相互矛盾的，因此在选择粗基准时，必须先明确哪一方面是主要的。

如果必须首先保证工件上加工表面与不加工表面之间的相对位置要求，一般应选择不加工表面为粗基准。如果在工件上有很多不需加工的表面，则应以其中与加工表面的位置精度要求较高的表面作粗基准。

如果必须首先保证工件某重要表面的余量均匀，应选择该表面作粗基准。图 7-3 所示为锤锻模座粗基准的选择。此时应以下平面为粗基准，然后以下平面为定位基准，加工上表面与模座其他部位，这样可减少毛坯误差，使上、下平面主面基本平行，最后再以上平面为精基准加工下表面，这时下平面的加工余量就比较均匀，且比较小。

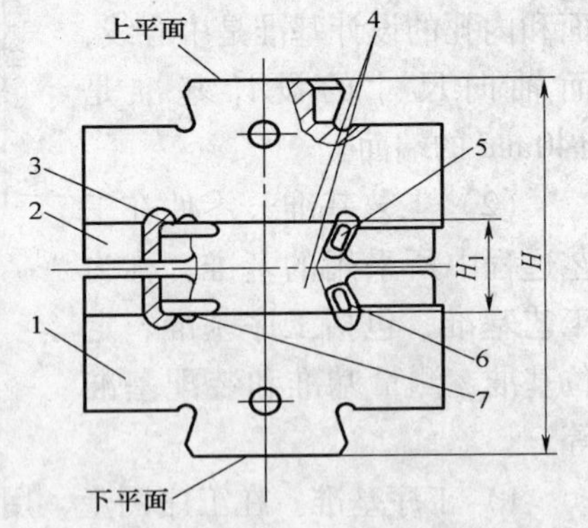

图 7-3　锤锻模座粗基准的选择
1—下模座　2—上模座　3—上键块
4—矩形镶块　5—上楔块
6—下楔块　7—下键块

粗基准的表面应尽量平整，没有浇口、冒口或飞边等，以便使工件定位可靠，夹紧方便。

粗基准一般只能使用一次，即不能重复使用，以免产生较大的位置误差。

2）精基准的选择。选择精基准应考虑如何保证加工精度和装夹准确方便，一般应遵循如下原则：

①应尽可能选用加工表面的设计基准作为精基准，避免基准不重合造成的定位误差。这一原则就是“基准重合”原则。如图7-2所示的导套，当精磨外圆时，从基准重合原则出发，应选择内孔表面（设计基准）为定位基准。

②当工件以某一组精基准定位，可以比较方便地加工其他各表面时，应尽可能在多数工序中采用同一组精基准定位，这就是“基准统一”原则。例如，导柱、复位杆、顶杆等轴类零件的大多数工序都采用顶尖孔为定位基准。

③当精加工和光整加工工序要求余量尽量小而均匀时，应选择加工表面本身作为精基准，而该加工表面与其他表面之间的位置精度则要求由先行工序保证，即遵循“自为基准”原则。

④为了获得均匀的加工余量或较高的位置精度，在选择精基准时，可遵循“互为基准”的原则。

⑤精基准的选择应使定位准确，夹紧可靠。为此，精基准的面积与被加工表面相比，应有较大的长度和宽度，以提高其位置精度。

5. 工件的安装方式

工件安装的好坏是模具加工中的一个重要问题，它不仅直接影响加工精度、工件安装的快慢，还影响生产率的高低。为了保证加工表面与其设计基准间的相对位置精度，工件在安装时应使加工表面的设计基准相对机床占据一正确的位置。如图7-2所示，为了保证加工表面 ϕ35mm 同轴度的要求，工件安装时必须使其设计标准（零件中心线）与机床主轴的轴心线重合。

在各种不同的机床上加工零件时，有各种不同的装夹方法，可以归纳为三种：直接装夹、找正装夹和夹具装夹。

（1）直接装夹　这种装夹方法是利用机床上的装夹面来对工件直接定位的，工件的定位基准面只要靠紧在机床的装夹面上并密切贴合，不需找正即可完成定位。此后，夹紧工件，使其在整个加工过程中不脱离这一位置，就能得到工件相对刀具及成形运动的正确位置，图7-4所示为这种装夹方法的示例。

在图7-4中，工件的加工表面 A 要求与工件的底面 B 平行，装夹时将工件的定位基准面 B 靠紧并吸牢在电磁工作台上即可。

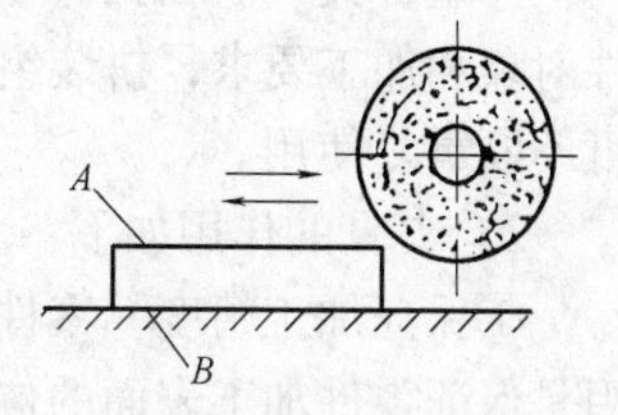

图7-4　直接装夹方法

（2）找正装夹　这种装夹方法是利用可调垫块、千斤顶、单动卡盘等工具，先将工件夹持在机床上，将划针或百分表安置在机床的相关部件上，然后使机床做慢速运动。这时划针或百分表在工件上划过的轨迹即代表着切削成形运动的位置。以目测法校正工件的正确位置，一边校验，一边找正，直至使工件处于要求的位置。

例如，在车床上加工一个与外圆表面具有一个偏心量为 e 的内孔，可采用单动卡盘和百分表调整工件的位置，使其外圆表面轴线与主轴回转轴线恰好相距一个偏心量 e，然后再夹紧工件加工。

（3）夹具装夹　夹具是根据工件某一工序的具体加工要求设计的，其上备有专用的定位元件和夹紧装置，被加工工件可以迅速而准确地装夹在夹具中。采用夹具装夹，是在机床上先安装好夹具，使夹具上的安装面与机床上的装夹面靠紧并固定，然后在夹具中装夹工件，使工件的定位基准面与夹具上定位元件的定位面靠紧并固定（见图7-5）。由于夹具上定位元件的定位面相对夹具的安装面有一定的位置精度要求，故利用夹具装夹就能保证工件相对刀具及成形运动的正确位置关系。

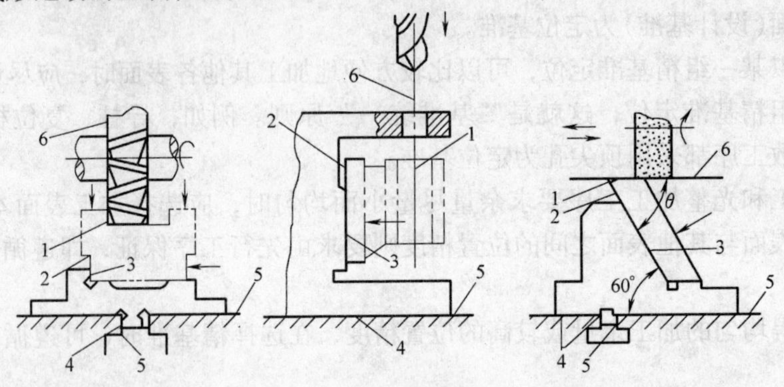

图7-5　工件、夹具和机床之间的位置关系

1—工件的加工面　2—工件的定位基准面　3—夹具上定位元件的定位面

4—夹具的安装面　5—机床的装夹面　6—刀具的切削成形面

1）夹具的分类。根据夹具的应用范围，大致可分为四类。

①通用夹具。指已标准化的、可用于加工同一类型、不同尺寸工件的夹具，如自定心卡盘或单动卡盘、平口钳、回转工作台、万能分度头、电磁吸盘、电火花机床主轴夹具等。通常这类夹具作为机床附件，由专门工厂制造供应。

②专用夹具。指专为某一工件的某道工序而设计制造的夹具。当产品变换或工序内容变动后，往往就无法再使用。因此，专用夹具适用于产品固定、工艺相对稳定、批量又大的加工过程。

③可调夹具。指当加工完一种工件后，经过调整或更换个别元件，即可加工另外一种工件的夹具。主要用于加工形状相似、尺寸相近的工件。

④组合夹具。在夹具零件、部件完全标准化的基础上，根据积木的原理，针对不同的工件对象和加工要求，拼装组合而成的夹具。使用完毕可拆散成各种元件，使用时重新组合，可不断重复使用。

2）夹具的作用如下：

①保证加工精度。零件的加工精度包括尺寸精度、形状精度和位置精度。夹具的最大功用是保证零件加工表面的位置精度。例如，在摇臂钻床上使用钻夹具加工孔系时，可保证达到0.1～0.2mm的中心距位置精度。而按划线找正法加工时，只能保证0.4～1mm的中心距位置精度，而且受到操作技术的影响，同批零件的质量也不稳定。

②提高劳动生产率和降低加工成本。使用夹具后，免除了每件都要找正、对刀等工作；加速工件的装卸，从而大大减少了有关工件安装的辅助时间。特别对那些机动时间较短而辅助时间长的中、小件加工意义更大。此外，用夹具安装还容易实现多件加工、多工位加工，可进一步缩短辅助时间，提高劳动生产率。

③扩大机床工艺范围。使用夹具还可改变或扩大原机床的功能，实现“一机多用”。例如，在车床上使用镗孔夹具，就可以代替镗床进行镗孔操作，解决了缺乏设备的困难。

7.2 常规加工方法

模具的常规加工方法与其他产品工件的常规加工方法类似。其常规加工方法有：锯削、刨削（插削、拉削）、铣削、车削、钻削（扩孔、铰锪）、镗削、磨削、珩磨、多工种复合的机床上的加工（如组合机床、加工中心等上的加工）等。

7.2.1 锯削

锯削就是在锯床上用锯刀来加工工件，常用作模具下料。例如，浙江三门机床厂生产的0712A型强力液压弓锯床，最大可锯削直径为210mm的工件。

7.2.2 车削加工

1. 车削运动及车削用量

车床按其结构和用途的不同可以分为卧式车床、立式车床、转塔车床、单轴和多轴自动和半自动车床、仿形车床、专门化车床、数控车床和车削中心等。各种车床加工精度差别较大，常用车床加工尺寸精度可达IT6～IT7，表面粗糙度值 Ra 为0.8～1.6μm，精密车床的加工精度更高，可以进行精密和超精密加工。

因为车床通用性强，所以在模具加工中，车床是常用的设备之一。车床可以车削模具零件上各种回转面（如内外圆柱面、圆锥面、回转曲面、环槽等）、端面和螺纹面等形面，还可以进行钻孔、扩孔、铰孔及滚花等加工。图7-6所示为车床的主要用途。

（1）车削运动及车削表面

1）车削运动（见图7-7）。在车床上，车削运动是由刀具和工件做相对运动而实现的。按其所起的作用，通常可分为以下两种。

①主运动。主运动是切除工件上多余金属，形成工件表面必不可少的基本运动。其特征是速度最高，消耗功率最多。车削时工件的旋转为主运动。切削加工时主运动只能有一个。

②进给运动。进给运动是使切削层间断或连续投入切削的一种附加运动。其特征是速度小，消耗功率少。车削时刀具的纵、横向移动为进给运动。切削加工时进给运动可能不止一个。

2）车削表面。在车削外圆时，工件上存在着三个不断变化着的表面（见图7-7）：待加工表面、已加工表面和过渡表面。

（2）车削用量（见图7-7） 在车削时，车削用量是切削速度 v_c、进给量 f 和背吃刀量 a_p 三个切削要素的总称。它们对加工质量、生产率及加工成本有很大影响。

1）切削速度 v_c。切削时，切削速度是指车刀切削刃与工件接触点上主运动的最大线速度，由式（7-1）决定：

$$v_c = \frac{\pi d n}{1000} \tag{7-1}$$

式中 v_c——切削速度（m/min）；

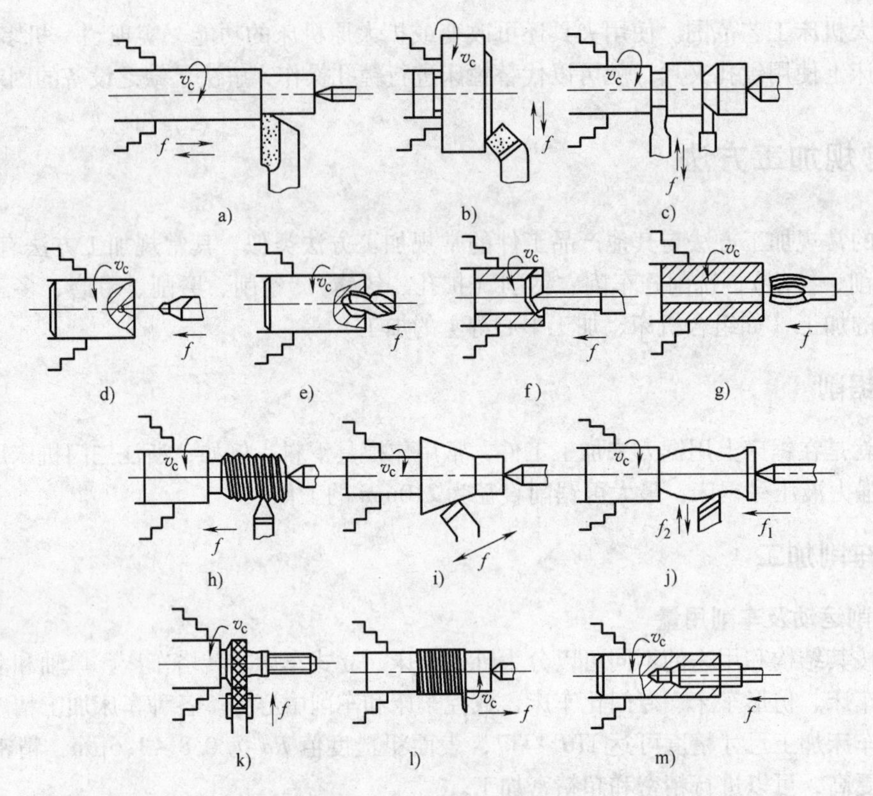

图 7-6　车床的主要用途

a）车外圆　b）车端面　c）切槽和切断　d）钻顶尖孔　e）钻孔　f）车内孔　g）铰孔　h）车螺纹　i）车圆锥　j）车成形面　k）滚花　l）绕弹簧　m）攻螺纹

d——切削部位工件最大直径（mm）；

n——主运动的转速（r/min）。

2）进给量 f。车削时，进给量是指工件旋转一周时，刀具沿进给方向的位移量，其单位为 mm/r。

3）背吃刀量 a_p。车削时，背吃刀量是指待加工表面与已加工表面之间的垂直距离，单位为 mm。车削外圆时由式（7-2）决定：

$$a_p = \frac{d_W - d_m}{2} \tag{7-2}$$

式中　a_p——背吃刀量（mm）；

d_W——工件待加工表面的直径（mm）；

d_m——工件已加工表面的直径（mm）。

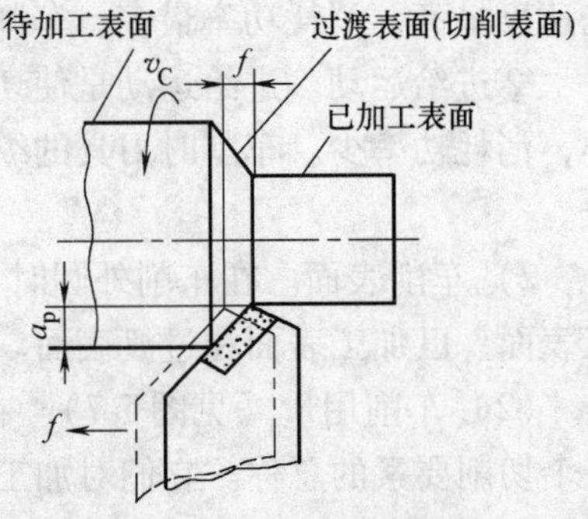

图 7-7　车削运动及车削用量

（3）车削用量的选择　刀具寿命直接影响生产率和加工成本。车削用量三要素中对刀具寿命影响最大的是切削速度，其次是进给量。所以在粗加工时应优先考虑用大的背吃刀量，其次考虑用大的进给量，最后选定合理的切削速度。半精加工和精加工时首先要保证加工精度和表面质量，同时要兼顾必要的刀具寿命和生产率，一般多选用较小的背吃刀量和进给量，在保证合理刀具寿命前提下确定合理的切削速度。

1）背吃刀量 a_p 的选择。背吃刀量的选择按零件的加工余量而定，在中等功率车床上，粗加工时可达 8～10mm，在保留后续加工余量的前提下，尽可能一次走刀切完。当采用不重磨刀具时，背吃刀量所形成的实际切削刃长度不宜超过总切削刃长度的2/3。

2）进给量 f 的选择。粗加工时进给量的选择按刀杆强度和刚度、刀片强度、机床功率和转矩许可的条件，选一个最大的值。精加工时，则在获得满意的表面粗糙度的前提下选一个较大值。

3）切削速度 v_c 的选择。在 a_p 和 f 已定的基础上，按选定的刀具寿命，通过查手册来确定 v_c。切削速度确定后，可以按工件最大部分直径 d_{max} 计算出车床主轴转速 n（单位为 r/min），即

$$n = 1000 \times \frac{v_c}{\pi d_{max}} \tag{7-3}$$

2. 刀具材料

刀具材料是决定刀具切削性能的根本因素，对于加工效率、加工质量、加工成本及刀具寿命影响很大。使用碳素工具钢作为刀具材料时，切削速度只有 10m/min 左右；使用高速钢刀具材料时，切削速度可提高到每分钟几十米；使用硬质合金钢材料时，切削速度可达每分钟 100 多米至几百米；当使用陶瓷刀具和超硬材料刀具时，切削速度可提高到每分钟 1000 多米。

（1）刀具材料应具备的性能

1）高硬度和高耐磨性。刀具材料硬度必须高于被加工材料硬度才能切下金属，这是刀具材料必备的基本要求，现有刀具材料硬度都在 60HRC 以上。刀具材料越硬，其耐磨性越好，但由于切削条件较复杂，材料的耐磨性还取决于它的化学成分和金相组织的稳定性。

2）足够的强度与冲击韧度。强度是指抵抗切削力的作用而不至于切削刃崩碎与刀杆折断应具备的性能。一般用抗弯强度来表示。

冲击韧度是指刀具材料在间断切削或有冲击的工作条件下保证不崩刃的能力，一般来说，硬度越高，冲击韧度越低，材料越脆。硬度和韧性是一对矛盾，在具体选用时要根据工件材料的性能和切削的特点来定。

3）高耐热性。耐热性又称热硬性，是衡量刀具材料的重要指标。它综合反映了刀具材料在高温下保持硬度、耐磨性、强度、抗氧化性、抗黏结和抗扩散的能力。

（2）常用刀具材料　常用刀具材料有工具钢、高速钢、硬质合金、陶瓷和超硬刀具材料，目前用得最多的是高速钢和硬质合金。常用刀具材料的牌号、性能及用途见表7-2。

1）高速钢。高速钢（又称锋钢、风钢、白钢）是以钨、铬、钒和钼为主要合金元素的高合金工具钢，有良好的综合性能。虽然高速钢的硬度、耐热性、耐磨性及允许的切削速度远不及硬质合金，但由于高速钢的抗弯强度、冲击韧度比硬质合金高，而且有切削加工方便、磨削容易、可以锻造及热处理等优点，所以常用来制造形状复杂的刀具，如钻头、丝锥、拉刀、铣刀、齿轮刀具和成形刀具等。又因为它容易刃磨成锋利的切削刃，所以常用来做低速精加工车刀及成形车刀。

表 7-2　常用刀具材料的牌号、性能及用途

材料种类		典型牌号	按 GB 分类类别	按 ISO 分类类别	硬度 HRC	抗弯强度 /GPa	冲击韧度 /(MJ/m²)	热导率 /[W/(m·K)]	耐热性 /℃	切削速度大致比值（相对高速钢）	应用范围
工具钢	碳素工具钢	T10A、T12A	—	—	60~65	2.16	—	≈41.87	200~250	0.32~0.4	只用于手动工具，如手动丝锥、板牙、铰刀、锯条、锉刀等
	合金工具钢	9SiCr、CrWMn	—	—	60~65	2.35	—	≈41.87	300~400	0.48~0.6	只用于手动或低速机动刀具，如丝锥、板牙、拉刀等
	高速钢	W18Cr4V	—	SI	63~73	1.96~4.41	0.098~0.558	16.75~25.1	600~700	1~1.2	用于各种刀具，特别是形状较复杂的刀具，如钻头、铣刀、拉刀、齿轮刀具等，切削各种黑色金属、有色金属和非金属
硬质合金	钨钴类	YG6X	K 类	K10	89~91.5HRA	1.08~2.16	0.019~0.059	75.4~87.9	800	3.2~4.8	用于连续切削铸铁、有色金属及其合金的粗车，间断切削的精车、半精车等
		Y8		K30							
	钨钛钴类	YT15	P 类	P10	89~92.5HRA	0.882~1.37	0.0029~0.0068	—	900	4~4.8	用于碳素钢及合金钢的粗加工和半精加工，碳素钢的精加工
		YT30		P01			—	20.9~62.8			用于碳素钢、合金钢和淬硬钢的精加工
	含有碳化物	YW1	M 类	M10	≈92HRA	≈1.47	—	—	1000~1100	6~10	用于耐热钢、高锰钢、不锈钢及高级合金钢等难加工材料的精加工，也适用于一般钢材和普通铸铁的精加工

（续）

材料种类		典型牌号	按GB分类类别	按ISO分类类别	硬度HRC	抗弯强度/GPa	冲击韧度/(MJ/m²)	热导率/[W/(m·K)]	耐热性/℃	切削速度大致比值(相对高速钢)	应用范围
硬质合金	钽、铌类	YW2	M类	M20	≈92HRA	≈1.47	—	—	1000~1100	6~10	用于耐热钢、高锰钢、不锈钢及高级合金钢等难加工材料的半精加工，也适合于一般钢材和普通铸铁及有色金属的半精加工
	碳化钛基类	YN05	P类	P61	92~93.3HRA	0.91	—	—	1100	6~10	用于碳素钢、铸钢和合金铸铁的高速精加工
		YN10		P05~P10		1.1					用于钢、合金钢、工具钢及淬硬钢的连续面精加工
陶瓷	氧化铝	AM	—	—	>91HRA	0.44~0.686	0.0094~0.0117	4.19~20.93	1200	8~12	用于高速、小进给量精车、半精车铸铁和调质钢
	氧化铝	T8	—	—	93~94HRA	0.54~0.64	0.0049~0.0117	4.19~20.93	1100	6~10	用于粗加工冷硬铸铁、淬硬合金钢
	碳化混合物	T1	—	—	92.5~93HRA	0.71~0.88					
超硬材料	立方碳化硼	—	—	—	8000~10000HV	≈0.294	—	75.55	1400~1500	—	用于精加工调制钢、淬硬钢、高速钢、高强度耐热钢及有色金属
	人造金刚石	—	—	—	9000HV	0.21~0.48		146.54	700~800	≈25	用于加工有色金属的高精度、低表面粗糙度值切削，*Ra* 值可达 0.04~0.12μm

高速钢可分为普通高速钢和高性能高速钢。普通高速钢，如 W18Cr4V，广泛用于制造各种复杂刀具。其切削速度一般不太高，切削普通钢材料时为 40 ~ 60m/min。高性能高速钢，如 W12Cr4V4Mo，是在普通高速钢中再增加一些碳含量、钒含量并添加钴、铝等元素冶炼而成的。它的寿命为普通高速钢的 1.5 ~ 3 倍。

粉末冶金高速钢是 20 世纪 70 年代投入市场的一种高速钢，其强度和韧性分别提高 30% ~ 60% 和 80% ~ 90%，寿命可提高 2 ~ 3 倍。

2）硬质合金。按 GB/T 18376.1—2008，切削工具用硬质合金牌号按使用领域的不同分成 P、M、K、N、S、H 六类。其中，P 类用于长切屑材料的加工，如钢、铸钢、长切削可锻铸铁等的加工；M 类用于不锈钢、铸钢、锰钢、可锻铸铁、合金钢、合金铸铁等的加工；K 类用于短切屑材料的加工，如铸铁、冷硬铸铁、短切屑可锻铸铁、灰铸铁等的加工；N 类用于有色金属、非金属材料的加工，如铝、镁、塑料、木材等的加工；S 类用于耐热和优质合金材料的加工，如耐热钢，含镍、钴、钛的各类合金材料的加工；H 类用于硬切削材料的加工，如淬硬钢、冷硬铸铁等材料的加工。

（3）涂层刀具　涂层刀具是在一些韧性较好的硬质合金或高速钢刀具基体上，涂覆一层耐磨性高的难熔化金属化合物而获得的。它有效地解决了刀具材料中硬度耐磨与强度、韧性之间的矛盾。常用的涂层材料有 TiC、TiN 和 Al_2O_3 等。

在高速钢基体上刀具涂层多为 TiN，常用物理气相沉积法（PVD 法）涂覆，一般用于钻头、丝锥、铣刀、滚刀等复杂刀具上，涂层厚度为几微米，涂层硬度可达 80HRC，相当于一般硬质合金的硬度，寿命可提高 2 ~ 5 倍，切削速度可提高 20% ~ 40%。

硬质合金的涂层是在韧性较好的硬质合金基体上，涂覆一层几微米至几十微米厚的高耐磨难熔化的金属化合物，一般采用化学气相沉积法（CVD 法）。

但涂层刀具不适宜加工高温合金、钛合金和非金属材料，也不适宜粗加工有夹砂、硬皮的铸、锻件。

（4）其他刀具材料　目前使用的刀具材料还有陶瓷、金刚石和立方氮化硼。

陶瓷比硬质合金刀具有更高的硬度、耐磨性、耐热性、化学稳定性和抗黏结性，切削速度可比硬质合金提高 2 ~ 5 倍；但陶瓷的抗弯强度较低，冲击韧度差。

金刚石可分为天然和人造的两类，是目前已知的最硬物质，硬度可达 10000HV。

人造金刚石又可分为人造聚晶金刚石和金刚石复合刀片。金刚石热稳定性较低，切削温度超过 700 ~ 800℃时，就会完全失去其硬度。

立方氮化硼可分为整体聚晶立方氮化硼和立方氮化硼复合刀片，后者是在硬质合金基体上烧结一层厚度为 0.05mm 的立方氮化硼。立方氮化硼硬度可高达 8000 ~ 9000HV，仅次于金刚石，耐磨性和耐热性都很高，热稳定性可高达 1400℃，但抗弯强度较低。

3. 车削精度和车削经济精度

（1）车削精度　车削零件主要由旋转表面和端面组成，车削精度可分为尺寸精度、形状精度和位置精度三部分。

1）尺寸精度。尺寸精度是指尺寸的准确程度，零件的尺寸精度是由尺寸公差来保证的，公差小则精度高；公差大则精度低。GB/T 1800.2—2009 规定标准公差可分为 20 个等级，以 IT01、IT02、IT1、IT2、…、IT18 表示。IT01 公差最小，精度最高；IT18 公差最大，精度最低。

车削时一般零件的尺寸精度为IT7～IT12，精细车时可达IT5～IT6。

为了测量和使用上的需要，不同尺寸精度等级应有相应的表面粗糙度。

车削时尺寸公差等级和相应的表面粗糙度见表7-3。

表7-3　常用车削精度与相应表面粗糙度

加工类别	加工精度	相应表面粗糙度 $Ra/\mu m$	表面特征
粗车	IT12	50～25	可见明显刀痕
	IT11	12.5	可见刀痕
半精车	IT10	6.3	可见加工痕迹
	IT9	3.2	微见加工痕迹
精车	IT8	1.6	不见加工痕迹
	IT7	0.8	可辨加工痕迹方向
精细车	IT6	0.4	微辨加工痕迹方向
	IT5	0.2	不辨加工痕迹方向

2）形状精度。形状精度是指零件上被测要素相对于理想形状的准确度，由形状公差来控制。GB/T 1182—2008 规定了六项形状公差，常用的为直线度、平面度、圆柱度和圆度。

形状精度主要和机床本身精度有关，如车床主轴在高速旋转时，旋转轴线有跳动就会使零件的圆度变差；又如车床纵横滑板导轨不直或磨损，则会造成圆柱度、直线度变差。因此，要求加工形状精度高的零件，一定要在精度较高的机床上加工。当然，操作方法不当也会影响形状精度，如在车外圆时用锉刀或砂布修饰外表面后，就容易使圆度或圆柱度变差。

3）位置精度。零件的位置精度是指零件上被测要素相对于基准之间的位置准确度。GB/T 1182—2008 规定了八项位置公差，常用的有平行度、垂直度、同轴度或圆跳动等。

位置精度主要和工件装夹加工顺序安排及操作人员技术水平有关，如车外圆时多次装夹有可能使被加工外圆表面同轴度变差。

(2) 车削经济精度　经济精度是指正常条件下，所能达到的加工精度。

切削加工中，用同一种加工方法加工一个零件时，随着加工条件的变化（如改变切削用量），得到零件的加工精度也不同，可能获得相邻的几级加工精度。而较高的加工精度，往往是靠降低生产率和提高加工费用而获得的。图7-8所示为加工误差与加工成本的关系曲线。图7-9所示为加工费用与表面粗糙度的关系曲线。

由图7-8和图7-9可知，某一种加工方法所能达到的精度都有一定的极限，超出极限时加工就变得很不经济。图7-8的 *B* 区域和图7-9的 *A* 区域为加工最经济区，一般精车后所能达到的经济精度为IT7～IT8级，表面粗糙度值 *Ra* 为0.8～1.6μm。

当零件表面粗糙度值要求越小时，加工费用就越大，这是因为同一台机床达到较小表面粗糙度值时，就要进行多次切削加工，加工次数越多，加工费用就越高。

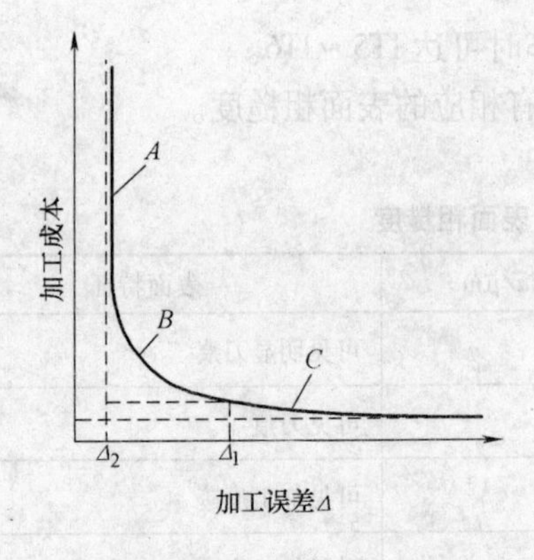

图 7-8 误差与加工成本的关系曲线

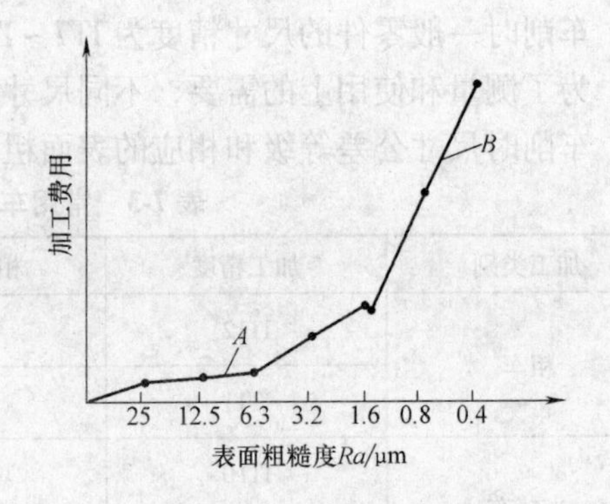

图 7-9 加工费用与表面粗糙度的关系曲线

4. 车削加工路线

在模具加工中，车床是常用的设备之一。主要用于回转体类零件或回转体类型腔、凹模的加工，有时也用于平面的粗加工。模具加工常采用的加工路线：粗车→半精车→精车或粗车→半精车→精车→研磨。对尺寸精度和表面质量要求较高的零件在精车之后再安排研磨，根据实际情况选定合适的加工路线。

（1）回转体类零件车削　主要用于导柱、导套、顶杆等回转体类零件热处理前的粗加工，成形零件的回转曲面型腔、型芯、凸模和凹模等零件的粗、精加工。对要求具有较高的尺寸精度、表面质量和耐磨性的零件，如导柱、导套、顶杆、凸模和凹模等，需在半精车后再热处理，最后在磨床上磨削；但对拉杆等零件，车削可以直接作为成形加工。毛坯为棒料的零件，一般先加工中心孔，然后以中心孔作为定位基准。

（2）回转曲面型腔车削　型腔车削加工中，除内形表面为圆柱、圆锥表面可以应用普通的内孔车刀进行车削外，对于球形面、半圆面或圆弧面的车削加工，为了保证尺寸、形状和精度的要求，一般都采用样板车刀进行最后的成形车削。

图 7-10 所示为一个多段台阶内孔的对拼式曲面型腔。车削时，用销钉定位，通过螺钉或焊接将型腔板两部分连接在一起。走刀过程中，要控制刀架在 X、Y 两个方向上的运动，可以使用定程挡块实现。

此类曲面还可以在仿形车床上加工，即应用与曲面截面形状相同的靠模仿形车削。图 7-11 所示为仿形车削。靠模 2 上有与型腔曲面形状相同的沟槽。车削时床鞍纵向移动，小滑板和车刀在滚子 3 和连接板 4 的作用下随靠模 2 做横向进给，由此完成仿形车削。这种方式适合于精度要求不高的、需要侧向分模的模具型腔的加工。

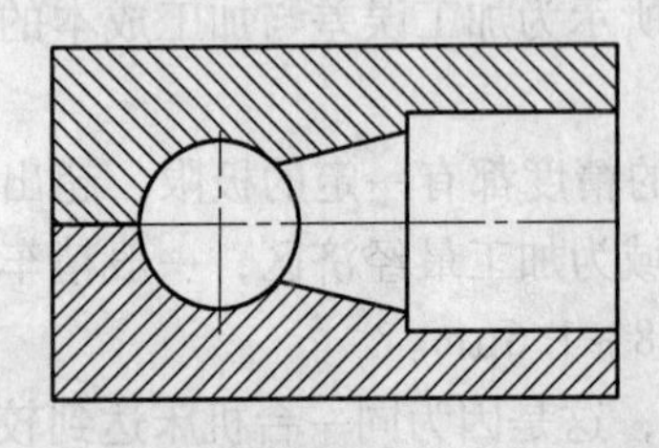

图 7-10 对拼式曲面型腔

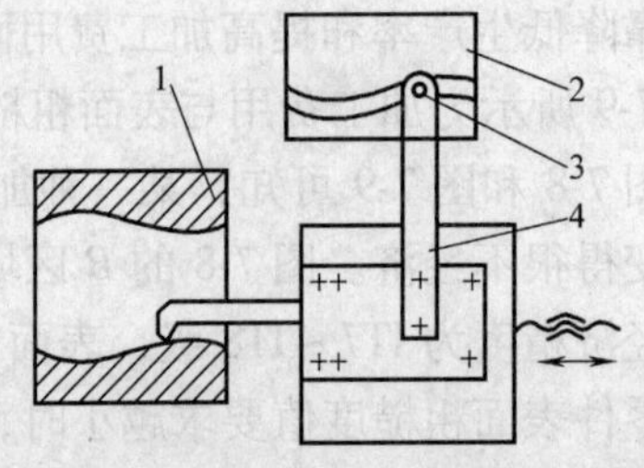

图 7-11 仿形车削

1—工件 2—靠模 3—滚子 4—连接板

7.2.3　铣削加工

1. 铣削运动及铣削用量

铣削是一种应用范围极广的加工方法。在铣床上可以对平面、斜面、沟槽、台阶、成形面等表面进行铣削加工。如图7-12所示为铣削加工常见的加工方式。铣床加工时，多齿铣刀连续切削，切削量可以较大，所以加工效率高。铣床加工成形的经济精度为IT10，表面粗糙度值 Ra 为3.2μm；用作精加工时，尺寸精度可达IT8，表面粗糙度值 Ra 为1.6μm。

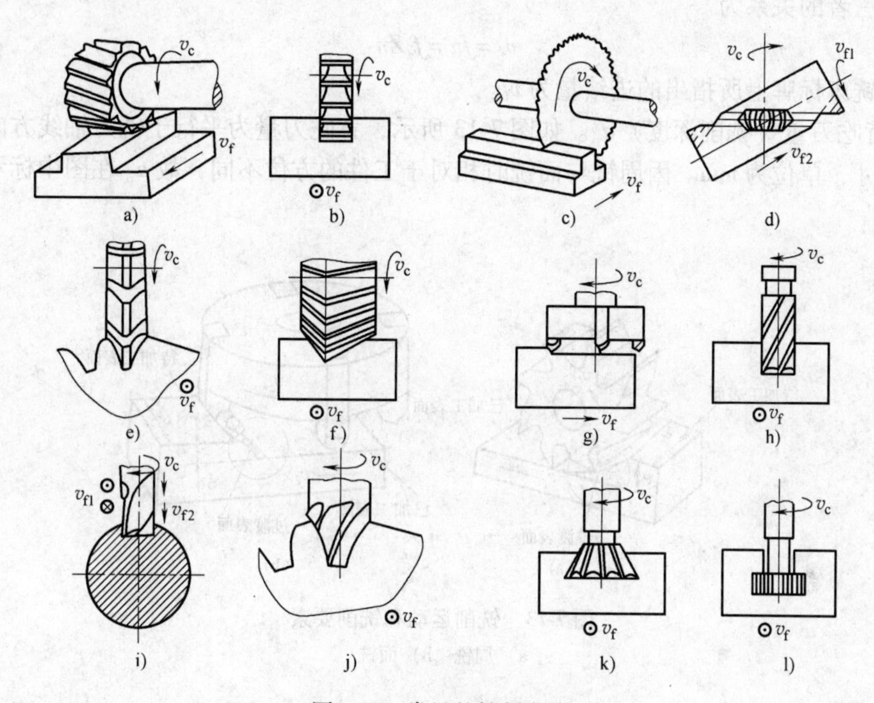

图7-12　常见的铣削方式

a）圆柱铣刀铣平面　b）三面刃铣刀铣直槽　c）锯片铣刀切断　d）成形铣刀铣螺旋槽　e）模数铣刀铣齿轮　f）角度铣刀铣角度　g）端铣刀铣平面　h）立铣刀铣直槽　i）键槽铣刀铣键槽　j）指状模数铣刀铣齿轮　k）燕尾槽铣刀铣燕尾槽　l）T形槽铣刀铣T形槽

（1）铣削运动　由图7-12可知，不论哪一种铣削方式，为完成铣削过程必须要有以下运动：

1）铣刀的旋转——主运动。

2）工件随工作台缓慢的直线移动——进给运动。

（2）铣削用量　铣削时的铣削用量由铣削速度 v_c、进给量 f、背吃刀量 a_p 和侧吃刀量 a_e 四个要素组成。

1）铣削速度 v_c。铣削速度即铣刀最大直径处的线速度，可由式（7-4）计算：

$$v_c = \frac{\pi d_0 n}{1000} \tag{7-4}$$

式中　v_c——铣削速度（m/min）；

d_0——铣刀直径（mm）；

n——铣刀转速（r/min）。

2）进给量 f。铣削时，工件在进给运动方向上相对刀具的移动量即为铣削时的进给量。由于铣刀为多刃刀具，计算时按单位时间不同，有以下三种度量方法：

①每齿进给量 f_z（mm/齿）。

②每转进给量 f（mm/r）。

③每分钟进给量 v_f（mm/min）。又称进给速度。

上述三者的关系为

$$v_f = fn = f_z Zn \tag{7-5}$$

一般铣床标牌上所指出的进给量为 v_f。

3）背吃刀量（铣削深度）a_p。如图 7-13 所示，背吃刀量为平行于铣刀轴线方向测量的切削层尺寸，单位为 mm。因周铣与面铣时相对于工件的方位不同，故 a_p 在图中标示也有所不同。

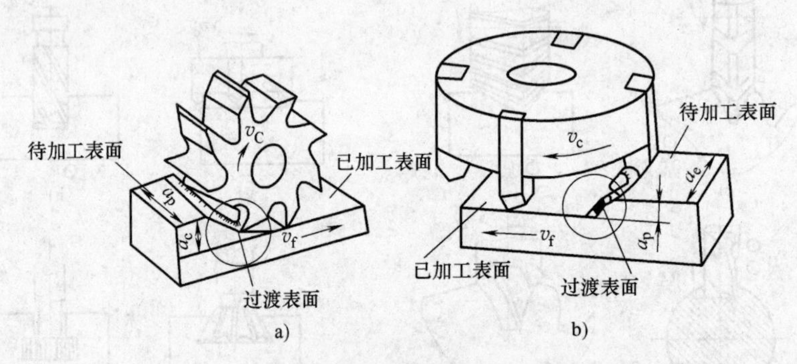

图 7-13　铣削运动和铣削要素

a）周铣　b）面铣

4）侧吃刀量（铣削宽度）a_e。它是垂直于铣刀轴线方向测量的切削层尺寸，单位为 mm，如图 7-13 所示。

2. 常用铣床附件

铣床的主要类型有卧式升降台铣床、立式升降台铣床、龙门铣床、万能工具铣床、刻模铣床、仿形铣床等。除其自身的结构特点外，铣床加工功能的实现主要是依靠附件。

常用铣床附件指万能分度头、万能铣头、平口钳、回转工作台等，如图 7-14 所示。

（1）万能分度头　万能分度头是一种分度的装置，由底座、转动体、主轴、顶尖和分度盘等构成。主轴装在转动体内，并可随转动体在垂直平面内扳动成水平、垂直或倾斜位置，可以完成铣六方、齿轮、花键等工作。

（2）万能铣头　万能铣头是一种扩大卧式铣床加工范围的附件，利用它可以在卧式铣床上进行立铣工作。使用时卸下卧式铣床横梁、刀杆，装上万能铣头，根据加工需要，其主轴在空间可以转成任意方向。

（3）平口钳　平口钳主要用于装夹工件。装夹时，工件的被加工面要高出钳口，并需找正工件的装夹位置。

（4）回转工作台　回转工作台也是主要用于装夹工件。利用回转工作台可以加工斜面、圆弧面和不规则曲面。加工圆弧面时，使工件的圆弧中心与回转工作台中心重合，并根据工件的实际形状确定主轴中心与回转工作台中心的位置关系。加工过程中控制回转工作台的转动，由此加工出圆弧面。

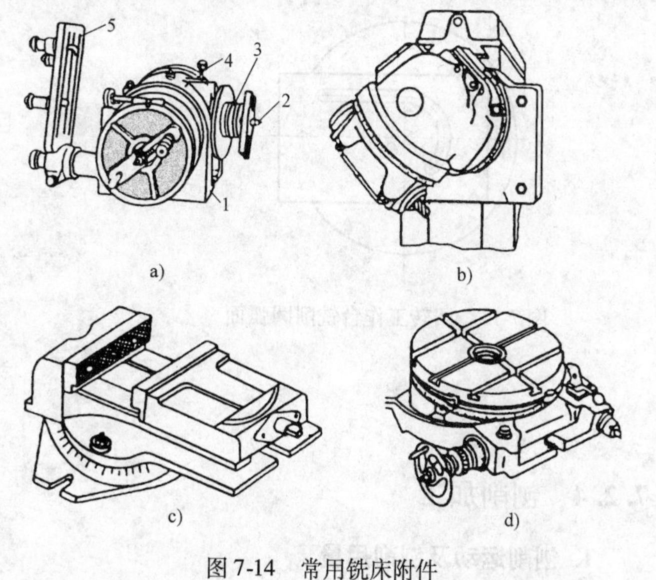

图7-14　常用铣床附件

a）万能分度头　b）万能铣头　c）平口钳　d）回转工作台

1—底座　2—顶尖　3—主轴　4—转动体　5—分度盘

3. 铣削加工种类

（1）平面铣削　平面铣削在模具中应用最为广泛，模具中的上、下模板及垫板类零件，在精磨前均需通过铣削来去除较大的加工余量；铣削还用于模板上的安装模膛镶块的方槽、滑块的导滑槽、各种孔的止口等部分的精加工和镶块、压板、锁紧块热处理前的加工。

（2）孔系加工　直接用立铣工作台的纵、横走刀来控制平面孔系的坐标尺寸，所达到的孔距精度远高于划线钻孔的加工精度，可以满足模具上低精度的孔系要求。对于坐标精度要求高时，可用量块和千分表来控制铣床工作台的纵、横向移动距离，加工的孔距精度一般为±0.01mm。

（3）镗削加工　卧式和立式铣床也可以代替镗床进行一些加工，如斜导柱孔系的加工，一般是在模具相关部分装配好后，在铣床上一次加工完成。

加工斜孔时可将工件水平装夹，而把立铣头倾斜一角度，或用正弦夹具、斜垫铁装夹工件。加工斜孔前，用立铣刀切去斜面余量，然后用中心钻确定斜孔中心，最后加工到所需尺寸。

（4）成形面铣削　成形铣削可以加工圆弧面、不规则形面及复杂空间曲面等各种成形面。模具中常用的加工工艺方法有下面介绍的两种。

1）立铣。利用回转工作台可以加工圆弧面和不规则曲面。安装时使工件的圆弧中心与回转工作台中心重合，并根据工件的实际形状确定主轴中心与回转工作台中心的位置关系。加工过程中控制回转工作台的转动，由此加工出圆弧面。如图7-15所示。图中圆弧槽的加工需要严格控制回转工作台的转动角度θ和直线段与圆弧段的平滑连接。这种方法一般用于加工回转体上的分浇道，还可以用来加工多型腔模具，从而很好地保证上下模具型腔的同心和减小各型腔之间的形状、尺寸误差。

2）仿形铣削。仿形铣削是以预先制成的靠模来控制铣刀轨迹运动的铣削方法。靠模具有与型腔相同的形状。加工时，仿形头在靠模上做靠模运动，铣刀同步做仿形运动。仿形铣削主要使用圆头立铣刀，加工的工件表面质量差，而且影响加工质量的因素非常复杂，所以仿形铣削常用于粗加工或精度要求不高的型腔加工。仿形铣床有卧式和立式仿形铣床，都可以在X、Y、Z三个方向相互配合完成运动。

（5）雕刻加工　如图7-16所示，工件和模板分别安装在制件工作台和靠模工作台上。

通过缩放机构在工件上缩小雕刻出模板上的字、花纹、图案等。

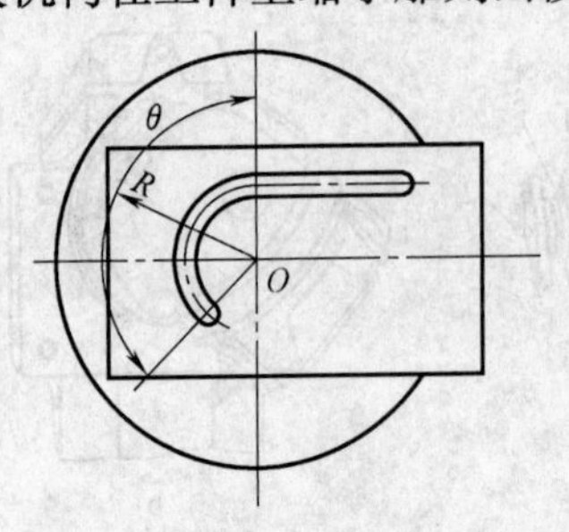

图 7-15　回转工作台铣削圆弧面

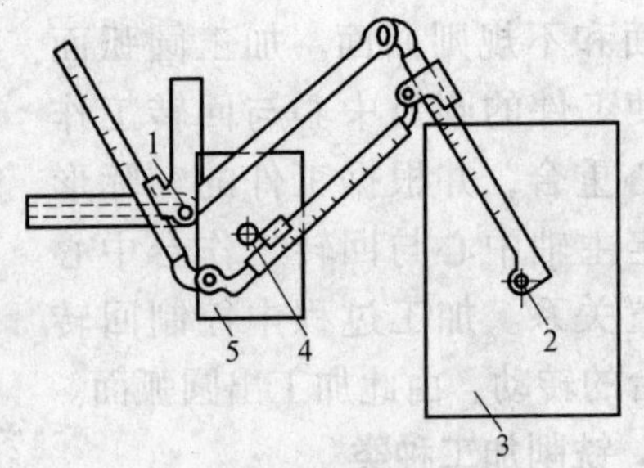

图 7-16　刻模铣床示意图

1—支点　2—触头　3—靠模工作台

4—刻刀　5—制件工作台

7.2.4　刨削加工

1. 刨削运动及刨削用量

刨削加工主要用来加工水平面、垂直面、斜面、台阶、燕尾槽、直角沟槽、T 形槽、V 形槽等（见图 7-17）。刨削类机床有牛头刨床、龙门刨床和插床等。刨削加工精度可达 IT8 ~ IT9，表面粗糙度值 Ra 为 1.6 ~6.3μm。

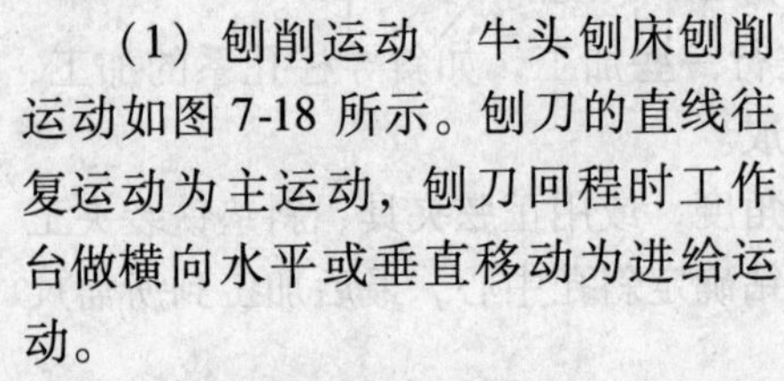

（1）刨削运动　牛头刨床刨削运动如图 7-18 所示。刨刀的直线往复运动为主运动，刨刀回程时工作台做横向水平或垂直移动为进给运动。

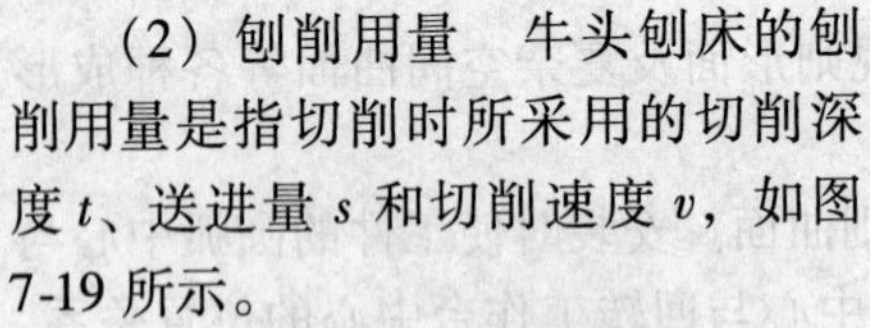

（2）刨削用量　牛头刨床的刨削用量是指切削时所采用的切削深度 t、送进量 s 和切削速度 v，如图 7-19 所示。

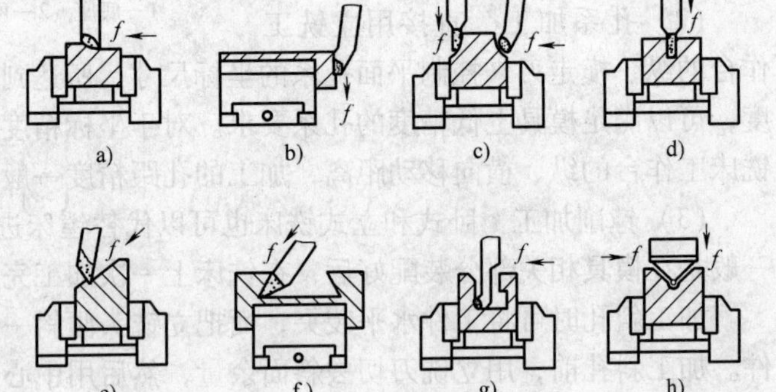

图 7-17　刨削加工范围

a）刨平面　b）刨垂直面　c）刨台阶　d）刨直角沟机理

e）刨斜面　f）刨燕尾形工件　g）刨 T 形槽　h）刨 V 形槽

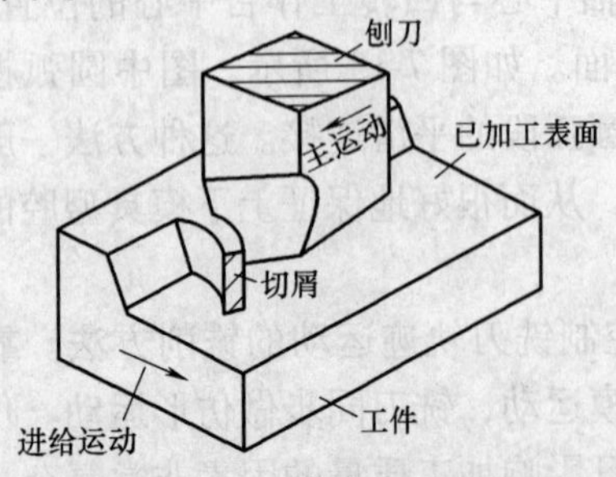

图 7-18　牛头刨床的刨削运动

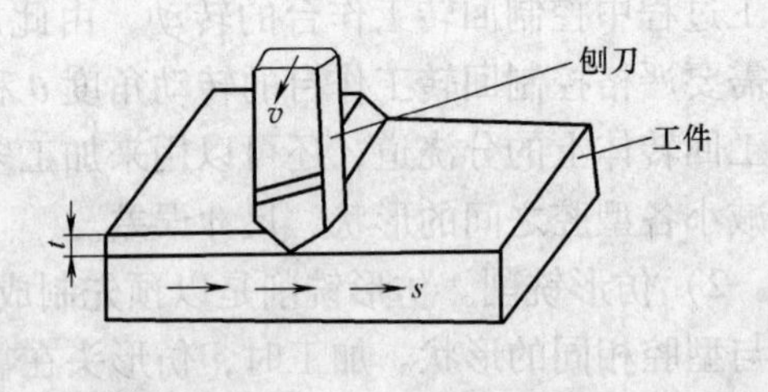

图 7-19　牛头刨床的刨削用量

1）切削深度。切削深度是工件已加工表面和待加工表面之间的垂直距离，用 t 表示，单位为mm。

2）送进量。送进量是刨刀每往复一次，工件移动的距离，用 s 表示，单位为mm/往复行程。

3）切削速度。切削速度是工件和刨刀在切削时的相对速度，用 v 表示，单位为m/min。一般 v 为17～50m/min。其计算公式为

$$v = \frac{2Ln}{1000} \tag{7-6}$$

式中　L——行程长度（mm）；

n——滑枕每分钟的往复行程次数。

牛头刨床结构简单，调整方便，操作灵活。刨刀简单，刃磨安装方便。因此，刨削的通用性良好，牛头刨床在单件生产及修配工作中被广泛使用。

2. 刨刀的种类及其应用

刨刀的几何参数与车刀相似，但刀杆的横截面比车刀大，切削时可承受较大的冲击力。为增加刀尖强度，一般应将刨刀的刀尖磨成小圆弧并选刃倾角为负值。

刨刀的种类很多，按加工形式和用途的不同，有各种不同的刨刀，如平面刨刀、偏刀、角度偏刀、切刀、弯切刀及成形刀等。平面刨刀用来加工水平表面；偏刀用来加工垂直表面或斜面；切刀用来加工槽或切断工件；角度偏刀用来加工具有相互成一定角度的表面；成形刀用来加工成形表面。常见刨刀的形状及应用如图7-20所示。

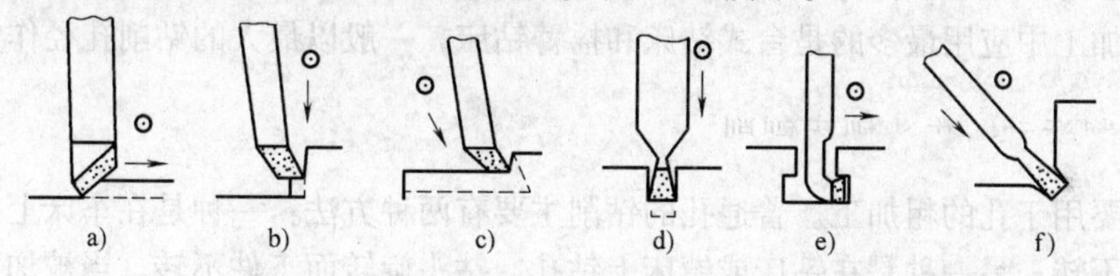

图7-20　常见刨刀的形状及应用

a）平面刨刀　b）偏刀　c）角度偏刀　d）切刀　e）弯切刀　f）成形刀

以上几种刨刀，按其形状和结构一般还可以分为左偏刀和右偏刀、整体刨刀和组合刨刀等。此外，刨刀又有粗刨刀和精刨刀之分。

在刨床上工件的装夹方法主要用平口钳装夹和压板、螺栓装夹。

3. 刨削加工种类

由于一般只用一把刀具切削，返回行程又不工作，刨刀切入和切出会产生冲击和振动，限制了切削速度的提高，故刨削的生产率较低，但加工狭而长的表面生产率则较高。同时，由于刨削刀具简单，加工调整灵活，故在单件生产及修配工作中仍广泛应用。

（1）平面刨削　平面刨削主要用于模板类零件的表面加工，加工路线有以下几种：

1）粗刨→半精刨→精刨。

2）粗刨→半精刨→精刨→刮研。

3）粗刨→半精刨→精磨。

以上的工艺方案可根据模板的精度要求，结合企业的生产条件、技术状况等具体情况进行选择。

（2）成形刨削　刨削在加工等截面的异形零件具有比较突出的优势。因此，用刨床加工模具成形零件，如凸模、型芯等，具有较好的经济效果，目前仍被广泛使用。

刨削加工凸模前，模具零件需要在非加工端面进行划线或粘贴样板，作为刨削时的依据。划线必须线条明显、清晰、准确。最好能点样冲，以免加工中造成线条不清。加工过程中，每次切削深度和送进量不要太大，零件夹紧要牢固。对刨削零件要以量具和样板配合检验。对于精度要求高的零件，刨削后应留有精加工余量。一般粗刨后单边余量为 0.2mm 左右，精刨后单边余量为 0.02mm 左右。

7.2.5　钻削加工

钻削加工是一种在实体工件上加工孔的加工方法，包括对已有的孔进行扩孔、铰孔、锪孔及攻螺纹等二次加工，主要在钻床上进行。孔加工的切削条件比加工外圆面时差，刀具受孔径的限制，只能使用定值刀具。加工时，排屑困难，散热慢，切削液不易进入切削区，钻头易钝化。所以，钻孔能达到的尺寸公差等级为 IT11 ~ IT12 级，表面粗糙度值 Ra 为 12.5 ~ 50μm。对精度要求高的孔，还应进行扩孔、铰孔等工序。

钻床加工孔时，刀具绕自身轴线旋转，即机床的主运动，同时刀具沿轴线进给。由于常用钻床的孔中心定位精度、尺寸精度和表面质量都不高，所以钻削加工属于粗加工，用于精度要求不高的孔加工，或孔的粗加工。钳工加工中钻床是必不可少的设备之一。常见的钻床有立式钻床、卧式钻床、摇臂钻床、台式钻床、坐标镗钻床、深孔钻床、中心孔钻床和钻铣床等。模具加工中应用最多的是台式钻床和摇臂钻床，一般以最大的钻削孔径作为机床的主要参数。

1. 钻孔

钻孔主要用于孔的粗加工。普通孔的钻削主要有两种方法：一种是在车床上钻孔，工件旋转而钻头不转；另一种是在钻床或镗床上钻孔，钻头旋转而工件不转。当被加工孔与外圆有同轴度要求时可在车床上钻孔，更多的模具零件孔是在钻床或镗床加工的。

麻花钻是钻孔的常用刀具，一般由高速钢制成，经热处理后其工作部分硬度达 62HRC 以上。钻孔时，按工件的大小、形状、数量和钻孔直径，选用适当的夹持方法和夹具，钻较硬的材料和大孔时，切削速度要小；钻小孔时，切削速度要大些；遇大于 ϕ30mm 的孔径应分两次钻出，先钻出 0.6 ~ 0.8 倍孔径的小孔，再钻至要求的孔径。进给速度要均匀，快慢适中。钻不通孔要做好深度标记，钻通孔时当孔将钻通时，应减慢进给量，以免卡钻，甚至折断钻头。钻削时切削条件差，刀具不易散热，排屑不畅，故需加注切削液进行冷却和润滑减摩。钻深孔时，必须不时地退出钻头，以排屑、冷却，注入切削液。

在模具加工中钻床主要用于孔的预加工（如导柱导套孔、型腔孔、螺纹底孔、各种零件的线切割穿丝孔等），也用于对一些孔的成形加工（如推杆过孔、螺钉过孔、水道孔等）。另外，对于拉杆孔系，为保证拉杆正常工作，设计时要求的精度较高，应用坐标镗孔将增加加工成本。可以把相关模板固定在一起，并通过导柱定位，对孔系一起加工。这种加工孔系的方法虽不能达到孔系间距的要求，但可以保证相关模板孔中心相互重合，不影响其使用功能且制造上很容易实现。

2. 扩孔

扩孔是用扩孔钻对已经钻出的孔进一步加工，以提高孔的加工精度的加工方法。扩孔钻结构与麻花钻相似，但齿数较多，有3～4齿，导向性好；中心处没有切削刃，消除了横刃影响，改善了切削条件；切削余量较小，容屑槽小，使钻芯增大，刚度好，切削时可采用较大的切削用量。故扩孔的加工质量和生产率都高于钻孔。

扩孔可作为孔的最终加工，但通常作为镗孔、铰孔或磨孔前的预加工。扩孔能达到的公差等级为IT9～IT10，表面粗糙度值 *Ra* 为3.2～6.3μm。

3. 锪孔

在原有孔的孔口表面需要加工成圆柱形沉孔、锥形沉孔或凸台端面时，可用锪钻锪孔，如图7-21所示。

锪孔常用于螺钉过孔和弹簧过孔的加工。在实际生产中，往往以立铣刀或端部磨平的麻花钻代替锪钻。

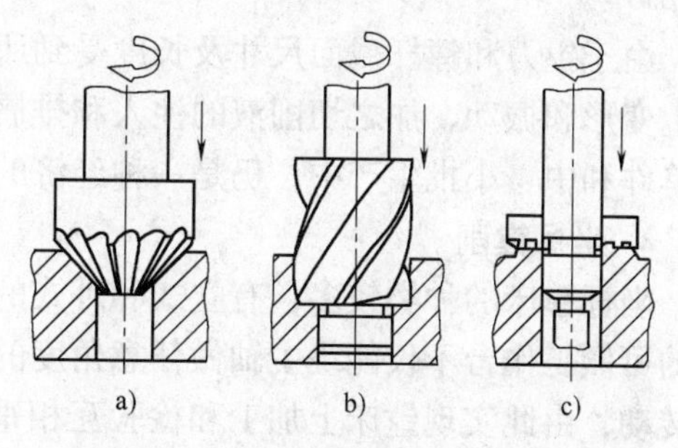

图7-21　锪孔
a）锪锥形沉孔　b）锪圆柱形沉孔　c）锪凸台端面

4. 铰孔

铰孔是中小孔径的半精加工和精加工方法之一，是用铰刀在工件孔壁上切除微金属层的加工方法。铰刀刚度和导向性好，刀齿数多，所以铰孔相对于扩孔在加工的尺寸精度和表面质量上又有所提高。铰孔的加工精度主要不是取决于机床的精度，而在于铰刀的精度、安装方式和加工余量等因素。机铰精度达IT7～IT8，表面粗糙度值 *Ra* 为0.2～1.6μm；手铰精度达IT6～IT7，表面粗糙度值 *Ra* 为0.2～0.4μm。由于手铰切削速度低，切削力小，热量低，不产生积屑瘤，无机床振动等影响，所以加工质量比机铰高。

当工件孔径小于25mm时，钻孔后可直接铰孔；工件孔径大于25mm时，钻孔后需扩孔，然后再铰孔。

铰孔时，首先应合理选择铰削用量，铰削用量包括铰削余量、切削速度（机铰时）和进给量。应根据所加工孔的尺寸公差等级、表面粗糙度要求，以及孔径大小、材料硬度和铰刀类型等合理选择，如用标准高速钢铰刀铰孔，孔径大于50mm，精度要达到IT7，铰削余量取小于等于0.4mm为宜，需要再精铰的，留精铰余量0.1～0.2mm。手铰时，铰刀应缓缓进给，均匀平稳。机铰时，以标准高速钢铰刀加工铸铁，切削速度应小于等于10m/min，进给量为0.8mm/r左右；加工钢件，切削速度应小于等于8m/min，进给量为0.4mm/r左右。

手铰是间歇作业，应变换每次铰刀停歇的位置，以消除刀痕。铰刀不能反转，以防止细切屑擦伤孔壁和刀齿。

用高速钢铰刀加工钢件时，用乳化液或切削油；加工铸铁件时，用清洗性好、渗透性较好的煤油为宜。

铰孔常用于推杆孔、浇口套和点浇口的锥浇道等的加工和镗削的最后一道工序。

7.2.6　镗削加工

1. 镗削加工方法

镗孔是一种应用非常广泛的孔及孔系加工方法。它可用于孔的粗加工、半精加工和精加工，可以用于加工通孔和不通孔。对工件材料的适用范围也很广，一般有色金属、灰铸铁和结构钢等都可以镗削。镗孔可以在各种镗床上进行，也可以在卧式车床、立式或转塔车床、铣床和数控机床、加工中心上进行。与其他孔加工方法相比，镗孔的一个突出优点是，可以用一种镗刀加工一定范围内各种不同直径的孔。在数控机床出现以前，对于直径很大的孔，它几乎是可供选择的唯一方法。此外，镗孔可以修正上一工序所产生的孔的位置误差。

镗孔的加工精度一般为IT7～IT9，表面粗糙度值 Ra 一般为0.8～6.3μm。如在坐标镗床、金刚石镗床等高精度机床上镗孔，加工精度可达IT7以上，表面粗糙度值 Ra 一般为0.8～1.6μm，用超硬刀具材料对铜、铝及其合金进行精密镗削时，表面粗糙度值 Ra 可达0.2μm。

由于镗刀和镗杆截面尺寸及长度受到所镗孔径、深度的限制，所以镗刀的刚性差，容易产生变形和振动，加之切削液的注入和排屑困难、观察和测量的不便，所以生产率较低，但在单件和中、小批生产中，仍是一种经济的应用广泛的加工方法。

2. 坐标镗削

坐标镗床的种类较多，有立式和卧式的，有单柱和双柱的，有光学、数显和数控的。镗床的可倾工作台不仅能绕主轴做任意角度的分度转动，还可以绕辅助回转轴做0°～90°的倾斜转动，由此实现镗床上加工和检验互相垂直孔、径向分布孔、斜孔和斜面上的孔。此外，坐标镗铣床还可以加工复杂的型腔。光学坐标镗床定位精度可达0.002～0.004mm，可倾工作台的分度精度有10′和12′两种。在模具加工中，坐标镗床和坐标镗铣床是应用非常广泛的设备。

坐标镗床主要用于模具零件中加工对孔距有一定精度要求的孔，也可做准确的样板划线、微量铣削、中心距测量和其他直线性尺寸的检验工作。因此，在冷挤压成形模具的制造中得到广泛的应用。

（1）加工前的准备

1）模板的放置。将模板进行预加工，并将基准面精度加工到0.01mm以上，然后将模板放置在镗床恒温室一段时间，以减少模板受环境温度的影响产生的尺寸变化。

2）确定基准。在坐标镗削加工中，根据工件形状特点，定位基准主要有以下几种：

①工件表面上的划线。

②圆形件上已加工的外圆或孔。

③矩形件或不规则外形件的已加工孔。

④矩形件或不规则外形件的已加工的相互垂直的面。

3）找正。对外圆、内孔和矩形工件的找正方法主要有以下几种：

①用百分表找正外圆柱面。

②用百分表找正内孔。

③用标准槽块找正矩形工件侧基准面。

④用量块辅助找正矩形工件侧基准面。

⑤用专用槽块找正矩形工件侧基准面。

根据以上基准找正方法可以看出，一般对圆形工件的基准找正是使工件的轴心线和机床主轴轴心线相重合；对矩形工件的基准找正是使工件的侧基面与机床主轴轴心线对齐，并与工作台坐标方向平行。

4）确定原始点位置和坐标值的转换。原始点可以选择相互垂直的两基准线（面）的交点（线），也可以利用寻边器或光学显微镜来确定，还可以用中心找正器找出已加工好孔的中心作为原始点。

此后，通常需要对工件已知尺寸按照已确定的原始点进行坐标值的转换计算。对模板孔的镗削，需根据模板图样计算出需要加工的各孔的坐标值并记录。

（2）镗孔加工　镗孔加工的一般顺序为孔中心定位→钻定心孔→钻孔→扩孔→半精镗→精铰或精镗。

为消除镗孔锥度以保证孔的尺寸精度和形状精度，一般将铰孔作为精加工（终加工）。对于孔径小于8mm、尺寸精度高于IT7、表面粗糙度值 Ra 小于1.6μm的小孔加工，由于无法选用镗刀和铰刀，可以用精钻代替镗孔。

在应用坐标镗加工时，要特别注意基准的转换和传递的问题，机床的精度只能保证孔与孔间的位置精度，但不能保证孔与基准间的位置精度，这个概念不要混淆。一般在坐标镗削加工后，即以其加工出的孔为基准，进行后续的精加工。

坐标镗削的加工精度和加工生产率与工件材料、刀具材料及镗削用量有着直接关系。坐标镗床加工孔的切削用量见表7-4；坐标镗床加工孔的精度和表面粗糙度见表7-5。

表7-4　坐标镗床加工孔的切削用量

加工方式	刀具材料	镗削深度/mm	进给量/(mm/r)	镗削速度/(m/min)			
				软钢	中硬钢	铸铁	铜合金
钻孔	高速钢	—	0.08~0.15	20~25	12~18	14~20	60~80
扩孔	高速钢	2~5	0.1~0.2	22~28	15~18	20~24	60~90
半精镗	高速钢	0.1~0.8	0.1~0.3	18~25	15~18	18~22	30~60
	硬质合金	0.1~0.8	0.08~0.25	50~70	40~50	50~70	150~200
精钻、精铰	高速钢	0.05~0.1	0.08~0.2	6~8	5~7	6~8	8~10
精镗	高速钢	0.05~0.2	0.02~0.08	25~28	18~20	22~25	30~60
	硬质合金	0.05~0.2	0.02~0.06	70~80	60~65	70~80	150~200

表7-5　坐标镗床加工孔的精度和表面粗糙度

加工步骤	孔距精度（机床坐标精度的倍数）	孔径精度	表面粗糙度 Ra/μm	适应孔径/mm
钻中心孔→钻→精钻	1.5~3	IT7	1.6~3.2	<8
钻→扩→精钻	1.5~3	IT7	1.6~3.2	<8
钻中心孔→钻→精铰	1.5~3	IT7	1.6~3.2	<20
钻→扩→精铰	1.5~3	IT7	1.6~3.2	<20
钻→半精镗→精钻	1.2~2	IT7	1.6~3.2	<8
钻→半精镗→精铰	1.2~2	IT7	0.8~1.6	<20
钻→半精镗→精镗	1.2~2	IT6~IT7	0.8~1.6	—

7.2.7　磨削加工

磨削加工是零件精加工的主要方法。磨削时可采用砂轮、磨石、磨头、砂带等作磨具，而最常用的磨具是用磨料和黏结剂做成的砂轮。通常磨削能达到的经济精度为IT5~IT7，表

面粗糙度值 Ra 一般为0.2～0.8μm。

磨削的加工范围很广，不仅可以加工内外圆柱面、内外圆锥面和平面，还可以加工螺纹、花键轴、曲轴、齿轮、叶片等特殊的成形表面。图7-22所示为常见的磨削方法。

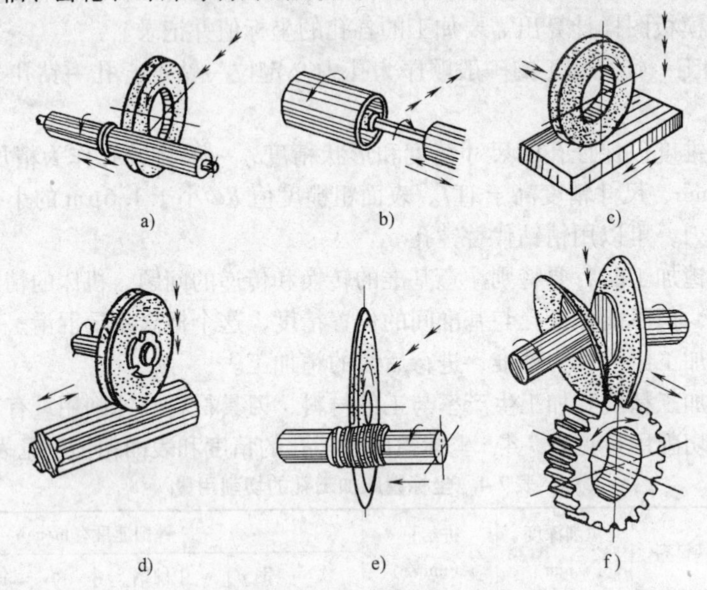

图7-22　常见的磨削方法

a）外圆磨削　b）内圆磨削　c）平面磨削

d）花键磨削　e）螺纹磨削　f）齿形磨削

从本质上看，磨削加工是一种切削加工，但与车削、铣削、刨削加工相比，又有所不同。其特点如下：

1）磨削属多刀、多刃切削。磨削用的砂轮是由许多细小而且极硬的磨粒黏结而成的，在砂轮表面上杂乱地布满很多棱形多角的磨粒，每一磨粒就相当于一个切削刃，所以磨削加工实质上是一种多刀、多刃切削的高速切削。图7-23所示为磨粒切削示意图。

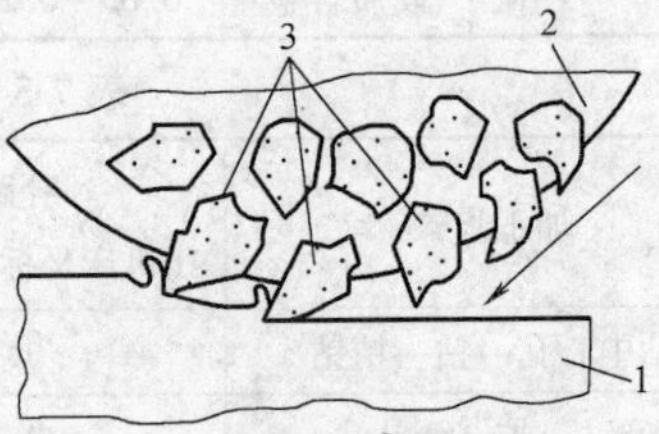

2）磨削属微刃切削。磨削属于微刃切削，切削厚度极薄，每一磨粒切削厚度可小到数微米，故可获得很高的加工精度和低的表面粗糙度值。

图7-23　磨粒切削示意图

1—工件　2—砂轮　3—磨粒

3）磨削速度大。一般砂轮的圆周速度达2000～3000m/min，目前的高速磨削砂轮线速度已达到60～250m/s。故磨削时温度很高，磨削时的瞬时温度可达800～1000℃。因此，磨削时一般都使用切削液。

4）加工范围广。磨粒硬度很高，因此磨削不仅可以加工碳钢、铸铁等常用金属材料，还能加工一般金属难以加工的高硬度、高脆性材料，如淬火钢、硬质合金等。但磨削不宜加工硬度低而塑性很好的有色金属材料。

1. 砂轮的特性及选用

（1）砂轮特性　砂轮是由磨料和结合剂经压坯、干燥、烧结而成的多孔体。砂轮磨粒暴露在表面部分的尖角即为切削刃。结合剂的作用是将众多磨粒结合在一起，并使砂轮具有一定的形状和强度，气孔在磨削中主要起容纳切屑和磨削液，以及散发磨削液的作用。砂轮特性包括磨料、粒度、结合剂、硬度、组织、形状和尺寸六大要素。

1）磨料。磨料是砂轮的主要成分，它直接担负切削工作，应具有很高的硬度和锋利的棱角，并要有良好的耐热性和一定的韧性。常用的磨料有氧化物系、碳化物系和高硬度磨料系三种，其代号、性能及应用见表7-6。

表7-6 常用磨料的代号、性能及应用

系 列	磨料名称	代 号	特 性	适用范围
氧化物系 Al_2O_3	棕色刚玉	A	硬度较好、韧性较好	磨削碳钢、合金钢、可锻铸铁、硬青铜
	白色刚玉	WA		磨削淬硬钢、高速钢
碳化物系 SiC	黑色碳化硅	C	硬度高、韧性差、导热性较好	磨削铸铁、黄铜、铝及非金属等
	绿色碳化硅	GC		磨削硬质合金、玻璃、玉石、陶瓷等
高硬磨料系 C、BN	人造金刚石	SD	硬度很高	磨削硬质合金、宝石、玻璃、硅片等
	立方氮化硼	CBN		磨削高温合金、不锈钢、高速钢等

2）粒度。粒度用来表示磨料颗粒的大小。一般直径较大的砂粒称为磨粒，其粒度用磨粒所能通过的筛网号表示。直径极小的砂粒称为微粉，其粒度用磨料自身的实际尺寸表示。粒度对磨削生产率和加工表面的表面粗糙度有很大的影响。一般粗磨或磨软材料是选用粗磨粒；精磨或磨硬而脆的材料选用细磨粒。常用磨粒的粒度、尺寸及应用范围见表7-7。

表7-7 常用磨料的粒度、尺寸及应用范围（摘自GB/T 2481.1—1998和GB/T 2481.2—2009）

粒 度	应用范围	粒 度	应用范围
F20、F24、F30	荒磨钢锭，打磨铸件毛刺，切断钢坯等	F100、F150	半精磨、精磨、珩磨、成形磨、工具磨等
F40、F46、F60	磨内圆、外圆和平面，无心磨，刀具刃磨等	F280、F320、F360、F400	精磨、超精磨、珩磨、螺纹磨、镜面磨等
F70、F80、F90	半精磨、精磨内外圆和平面，无心磨和工具磨等	F500或更细	精磨、超精磨、镜面磨、研磨、抛光等

3）结合剂。结合剂的作用是将磨粒黏结在一起，并使砂轮具有所需要的形状、强度、耐冲击性、耐热性等。黏结越牢固，磨削过程中磨粒就越不易脱落。常用结合剂分无机和有机两大类，无机结合剂主要有陶瓷结合剂，这种结合剂制造的砂轮只能在速度小于35m/s时使用；有机结合剂主要有树脂结合剂和橡胶结合剂。砂轮结合剂的种类、性能及应用见表7-8。

表7-8 砂轮结合剂的种类、性能及应用

名称	代号	性 能	应用范围
陶瓷结合剂	V	耐热，耐水，耐油，耐酸碱，气孔率大，强度高，韧性及弹性差	应用范围最广，除切断砂轮外，大多数砂轮都采用陶瓷、结合剂

（续）

名称	代号	性　能	应用范围
树脂结合剂	B	强度高，弹性好，抗冲击，有抛光作用，耐热性、耐蚀性差	制造高速砂轮、薄砂轮
橡胶结合剂	R	强度和弹性更好，有极好的抛光作用，但耐热性更差，不耐酸	制造无心磨床导轮、薄砂轮、抛光砂轮

4）硬度。硬度是指砂轮表面上的磨粒在磨削力的作用下脱落的难易程度。磨粒容易脱落，则砂轮的硬度低，称为软砂轮；磨粒难脱落，则砂轮的硬度就高，称为硬砂轮。砂轮的硬度主要取决于结合剂的黏结能力及含量，与磨粒本身的硬度无关。砂轮的硬度等级与代号见表7-9。

选择砂轮的硬度主要根据工件材料特性和磨削条件来决定。一般磨削软材料时应选用硬砂轮，磨削硬材料时应选用软砂轮，成形磨削和精密磨削也应选用硬砂轮。

表7-9　砂轮的硬度等级与代号

硬度等级															
硬度等级	大级	超软	软			中软		中		中硬			硬		超硬
	小级	超软	软$_1$	软$_2$	软$_3$	中软$_1$	中软$_2$	中$_1$	中$_2$	中硬$_1$	中硬$_2$	中硬$_3$	硬$_1$	硬$_2$	超硬
代号		D、E、F	G	H	J	K	L	M	N	P	Q	R	S	T	Y

5）组织。砂轮的组织是指磨粒和结合剂疏密程度，它反映了磨粒、结合剂、气孔三者之间的体积比例关系。按照GB/T 2484—2006的规定，砂轮组织分为紧密、中等和疏松三大类15级，见表7-10。

表7-10　砂轮的组织与代号

组织号	0	1	2	3	4	5	6	7	8	9	10	11	12	13	14
磨粒率（%）	62	60	58	56	54	52	50	48	46	44	42	40	38	36	34
疏密程度	紧密					中等						疏松			

砂轮的组织对磨削生产率和工件表面质量有直接影响。一般的磨削加工广泛使用中等组织的砂轮；成形磨削和精密磨削则采用紧密组织的砂轮；而平面端磨、内圆磨削等接触面积较大的磨削及磨削薄壁零件、有色金属、树脂等软材料时应选用疏松组织的砂轮。

6）砂轮的形状和尺寸。为了适应不同形状和尺寸的工件，砂轮也需要做出不同的形状和尺寸。常用砂轮的形状、代号及用途见表7-11。

表7-11　常用砂轮的形状、代号及用途

砂轮名称	代　号	简　图	主要用途
平形砂轮	P		平面磨、内外圆磨、成形磨、无心磨、刃磨等
双斜边形砂轮	PSX		磨削齿轮和螺纹

（续）

砂轮名称	代　号	简　　图	主要用途
双面凹砂轮	PSA		外圆磨、平面磨、刃磨刀具、无心磨
薄片砂轮	PB		切断和开槽等
筒形砂轮	N		立轴端面磨
杯形砂轮	B		磨削刀具、工具、模具形面、内外圆磨
碗形砂轮	BW		刀具角度刃磨、模具形面磨削
碟形砂轮	D		用于磨铣刀、铰刀、拉刀等，大尺寸的用于磨齿轮端面

（2）砂轮的选用　选用砂轮时，应综合考虑工件的形状、材料性质及磨床条件等各因素，见表7-12。在考虑尺寸大小时，应尽可能把外径选得大些，以提高砂轮的圆周速度，有利于提高磨削生产率、降低表面粗糙度值；磨内圆时，砂轮的外径取工件孔径的2/3左右，有利于提高磨具的刚度；但应特别注意的是不能使砂轮工作时的线速度超过所标志的数值。

表7-12　砂轮的选用

磨削条件	粒度		硬度		组织		结合剂		
	粗	细	软	硬	松	紧	V	B	R
外圆磨削				●			●		
内圆磨削			●				●		
平面磨削			●				●		
无心磨削				●			●		
荒磨、打磨毛刺	●		●					●	●
精密磨削		●		●		●	●	●	
高精密磨削		●		●		●	●	●	
超精密磨削		●		●		●	●	●	
镜面磨削		●	●			●		●	
高速磨削		●		●					
磨削软金属	●			●		●			
磨韧性、延展性大的材料	●				●			●	
磨硬脆材料		●	●						
磨削薄壁材料	●		●		●			●	

（续）

磨削条件	粒度		硬度		组织		结合剂		
	粗	细	软	硬	松	紧	V	B	R
干磨	●		●						
湿磨		●		●					
成形磨削		●		●		●	●		
磨热敏性材料	●				●				
刀具刃磨			●						
钢材切断			●					●	●

注：“●”表示选用。

2. 磨削运动与磨削用量

磨削时砂轮与工件的切削运动也分为主运动和进给运动，主运动是砂轮的高速旋转；进给运动一般为圆周进给运动（即工件的旋转运动）、纵向进给运动（即工作台带动工件所做的纵向直线往复运动）和径向进给运动（即砂轮沿工件径向的移动）。描述这四个运动的参数即为磨削用量。常用磨削用量的定义、计算及选用见表 7-13。

表 7-13　常用磨削用量的定义、计算及选用

磨削用量	定义及计算	选用原则
砂轮圆周速度 v_s/(m/s)	砂轮外圆的线速度 $v_s=\frac{\pi d_s n_s}{1000\times60}$	一般陶瓷结合剂砂轮 $v_s\leqslant35$m/s；特殊陶瓷结合剂砂轮 $v_s\leqslant50$m/s
工件圆周速度 v_w/(m/s)	被磨削工件外圆处的线速度 $v_w=\frac{\pi d_W n_W}{1000\times60}$	一般 $v_w=\left(\frac{1}{80}\sim\frac{1}{160}\right)\times60$m/s，粗磨时取大值，精磨时取小值
纵向进给量 f_a/mm	工件每转一圈沿本身轴向的移动量	一般取 $f_a=(0.3\sim0.6)B$，B 为砂轮宽度，粗磨时取大值，精磨时取小值
径向进给量 f_r/mm	工作台一次往复行程内，砂轮相对工件的径向移动量	粗磨时取 $f_r=0.01\sim0.06$mm；精磨时取 $f_r=0.005\sim0.02$mm

3. 平面与外圆磨削加工

（1）平面磨削　平面磨床的主轴分为立轴和卧轴两种，工作台也分为矩形工作台和圆形工作台两种，分别称为卧轴矩台磨床和立轴圆台平面磨床。与其他磨床不同的是工作台上装有电磁吸盘，用于直接吸住工件。

平面的磨削方式有周磨法和端磨法。磨削时主运动为砂轮的高速旋转，进给运动为工件随工作台做直线往复运动、圆周运动以及磨头做间隙运动。周磨法的磨削用量：①磨钢件的砂轮外圆的线速度：粗磨 22～25m/s，精磨 25～30m/s；②纵向进给量一般选用 1～12m/min；③径向进给量（垂直进给量）：粗磨 0.015～0.05mm，精磨 0.005～0.01mm。

平面磨削尺寸精度为 IT5～IT6，两平面平行度误差小于 100∶0.01，表面粗糙度值 Ra 为

0.2~0.8μm，精密磨削时 Ra 为0.01~0.1μm。

平面磨削作为模具零件的终加工工序，一般安排在精铣、精刨和热处理之后。磨削模板时，直接用电磁吸盘将工件装夹；对于小尺寸零件，常用精密平口钳、导磁角铁或正弦夹具等装夹工件。

磨削平行平面时，两平面互相作为加工基准，交替进行粗磨、精磨和1~2次光整。磨削垂直平面时，先磨削与之垂直的两个平行平面，然后以此为基准进行磨削。除了模板面的磨削外，模具中与分模面配合精度有关的零件都需要磨削，以满足平面度和平行度的要求。

（2）外圆磨削　外圆磨削是指磨削工件的外圆柱面、外圆锥面等。外圆磨削可以在外圆磨床上进行，也可以在无心磨床上进行。某些外圆磨床还具备有磨削内圆的内圆磨头附件，用于磨削内圆柱面和内圆锥面。凡带有内圆磨头的外圆磨床，习惯上称为万能外圆磨床。

外圆磨削方法分为纵向磨削法、横向磨削法、混合磨削法和深磨法等。外圆磨削的磨削用量如下：

1）砂轮外圆的线速度。陶瓷结合剂砂轮小于等于35m/s，树脂结合剂砂轮大于50m/s。

2）工件线速度。一般选用13~20m/min，淬硬钢大于等于26m/min。

3）径向进给量。粗磨0.02~0.05mm，精磨0.005~0.015mm。

4）纵向进给量。粗磨时取0.5~0.8砂轮宽度，精磨时取0.2~0.3砂轮宽度。

外圆磨削的精度可达IT5~IT6，表面粗糙度值 Ra 一般为0.2~0.8μm，精磨时 Ra 可达0.01~0.16μm。

在外圆磨床上磨削外圆时，工件主要有以下几种装夹方法：前后顶尖装夹，但与车削不同的是两顶尖均为固定顶尖，具有装夹方便、加工精度高的特点，适用于装夹长径比大的工件，如导柱、复位杆等；用自定心卡盘或单动卡盘装夹，适用于装夹长径比小的工件，如凸模、顶块、型芯等；用卡盘和顶尖装夹较长的工件；用反顶尖装夹，磨削细长小尺寸轴类工件，如小凸模、小型芯等；配用芯棒装夹，磨削有内外圆同轴度要求的套类工件，如凹模嵌件、导套等。

外圆磨削主要用于圆柱形型腔型芯、凸凹模、导柱、导套等具有一定硬度和表面粗糙度要求的零件精加工。

4. 成形磨削加工

（1）成形磨削方法　在模具制造中，利用成形磨削的方法加工凸模、凹模拼块、凸凹模及电火花加工用的电极是目前最常用的一种工艺方法。这是因为成形磨削后的零件精度高，质量好，并且加工速度快，减少了热处理后的变形。

形状复杂的模具零件，一般都是由若干平面、斜面和圆弧面所组成的。成形磨削的原理，即是把零件的轮廓分解成若干直线和圆弧，然后按照一定的顺序逐段磨削，使其连接圆滑、光整，并达到图样的技术要求。

成形磨削的方法主要有两种，如图7-24所示。

1）成形砂轮磨削法。利用修正砂轮夹具把砂轮修正成与工件形面完全吻合的反形面，然后再用此砂轮对工件进行磨削，使其获得所需的形状，如图7-24a所示。适用于磨削小圆弧、小尖角和槽等无法用分段磨削的工件。利用成形砂轮对工件进行磨削是一种简便有效的方法，可使磨削生产率高，但砂轮消耗较大。修整砂轮的专用夹具主要有砂轮角度修整夹具、砂轮圆弧修整夹具、砂轮万能修整夹具和靠模修整夹具等几种。

2）夹具磨削法。将工件按一定的条件装夹在专用夹具上，在加工过程中，通过夹具的调节使工件固定或不断改变位置，从而使工件获得所需的形状，如图 7-24b 所示。利用夹具法对工件进行磨削其加工精度很高，甚至可以使零件具有互换性。

成形磨削的专用夹具主要有磨平面及斜面夹具、分度磨削夹具、万能夹具及磨大圆弧夹具等几种。

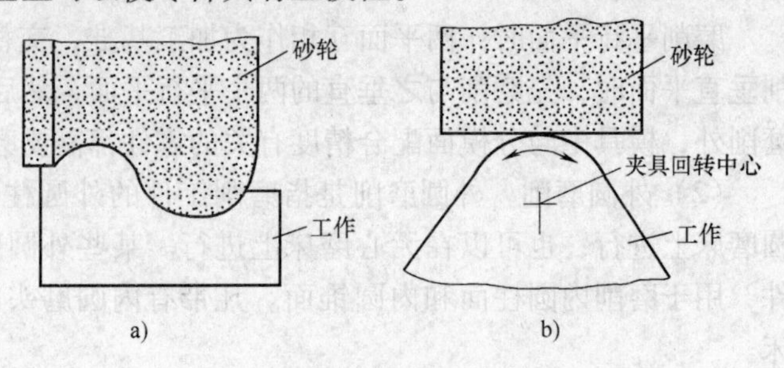

图 7-24　成形磨削的两种方法
a）成形砂轮磨削法　b）夹具磨削法

上述两种磨削方法，虽然各有特点，但在加工模具零件时，为了保证零件质量，提高生产率，降低成本，往往需要两者联合使用。并且，将专用夹具与成形砂轮配合使用时，常可磨削出形状复杂的工件。

成形磨削所使用的设备可以是特殊专用磨床，如成形磨床，也可以是一般平面磨床。由于设备条件的限制，利用一般平面磨床并借助专用夹具及成形砂轮进行成形磨削的方法，在模具零件的制造过程中占有很重要的地位。

在成形磨削的专用机床中，除成形磨床外，生产中还常用一些数控成形磨床、光学曲线磨床、工具曲线磨床、缩放尺曲线磨床等精密磨削专用设备。

（2）成形磨削常用机床

1）平面磨床。在平面磨床上借助于成形磨削专用夹具进行成形磨削时，模具零件及夹具安装在模具的磁性吸盘上，夹具的基面或轴心线必须校正与磨床纵向导轨平行。当磨削平面时，工件及夹具随工作台做纵向直线运动，磨头在高速旋转的同时做间歇的横向直线运动，从而磨出光洁的平面；当磨削圆弧时，工件及夹具相对于磨头只做纵向运动，在磨头高速旋转的同时，通过夹具的旋转部件带动工件的转动，从而磨出光滑的圆弧；当采用成形砂轮磨削工件成形表面时，首先调整好工件及夹具相对于磨头的轴向位置，然后通过工件及夹具随工作台的纵向直线运动、磨头的高速旋转，并用切入法对工件进行成形切削。在上述的磨削中，砂轮沿立柱上的导轨做垂直进给。

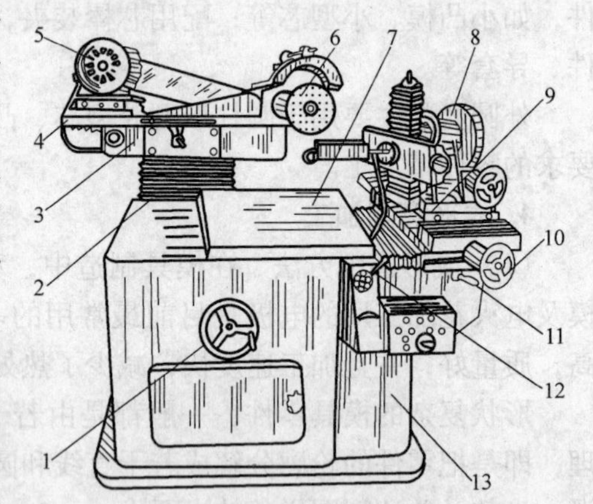

图 7-25　成形磨床
1—手轮　2—垂直导轨　3—纵向导轨
4—磨头架　5—电动机　6—砂轮
7—测量平台　8—万能夹具
9—夹具工作台　10—手轮
11、12—手把　13—床身

2）成形磨床。图 7-25 所示为模具专用成形磨床。砂轮 6 由装在磨头架 4 上的电动机 5 带动做高速旋转运动，磨头架装在精密的纵向导轨 3 上，通过液压传动实现纵向往复运动，此运动用手把 12 操纵；转动手轮 1 可使磨头架沿垂直导轨 2 上下运动，即砂轮做垂直进给运动，此运动除手动外，还可机动，以使砂轮迅速接近工件或快速退出；夹具工作台具有纵向和横向滑板，滑板上固定着万能夹具 8，它可在床身 13 右端精密导轨上做调整运动，只有机动；转动手轮10可使万能夹具做横向移动。床身中间是测量平台7，它是放置测量工具，以及校正工件位置、测量工件尺寸用的；有时，修正成形砂轮用的夹具也放在此测量平台上。

在成形磨床上进行成形磨削时，工件装在万能夹具上，夹具可以调节在不同的位置。通过夹具的使用能磨削出平面、斜面和圆弧面。必要时配合成形砂轮，则可加工出更为复杂的曲面。

3）光学曲线磨床。图7-26所示为M9017A型光学曲线磨床，它是由光学投影仪与曲线磨床相结合的磨床。在这种机床上可以磨削平面、圆弧面和非圆弧形的复杂曲面，特别适合单件或小批生产中复杂曲面零件的磨削。

光学曲线磨床的磨削方法为仿形磨削法。其操作过程是：把所需磨削的零件的曲面放大50倍绘制在描图样上，然后将描图样夹在光学曲线磨床的投影屏幕1上，再将工件装夹在工作台4上，并用手柄3、5、6调整工件的加工位置。在透射照明的照射下，使被加工工件及砂轮通过放大镜放大50倍后，投影到屏幕上。为了在屏幕上得到浓黑的工件轮廓的影像，可通过转动手柄调节工作台升降运动来实现。由于工件在磨削前留有加工余量，故其外形超出屏幕上放大图样的曲线。磨削时只需根据屏幕上放大图样的曲线，相应移动砂轮架2，使砂轮磨削掉由工件投影到屏幕上的影像覆盖放大图样上曲线的多余部分，这样就磨削出较理想的曲线来。

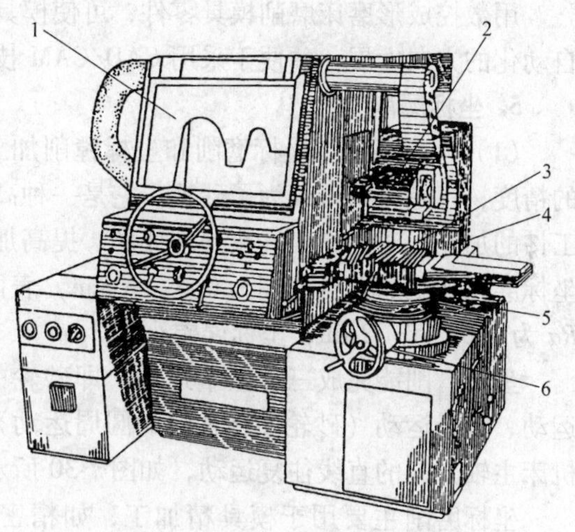

图7-26　M9017A型光学曲线磨床

1—投影屏幕　2—砂轮架

3、5、6—手柄　4—工作台

光学曲线磨削表面粗糙度值 *Ra* 可达0.4μm以下，加工误差在3～5μm以内。采用陶瓷砂轮磨削，最小圆角半径可达3μm，一般砂轮也可磨出0.1mm的圆角半径。

4）数控成形磨床。数控成形磨床是以平面磨床为基础，工作台做纵向往复直线运动和横向进给运动，砂轮除了旋转运动外，还可做垂直进给运动。数控成形磨床的特点是对砂轮的垂直进给和工作台的横向进给运动采用了数控。在机床工作台纵向往复直线运动的同时，由计算机数控（CNC）控制砂轮架的垂直进给和工作台的横向进给，使砂轮沿着工件的轮廓轨迹自动对工件进行磨削。为适应凹形曲线的磨削，砂轮应修整成圆形和V形，如图7-27所示。

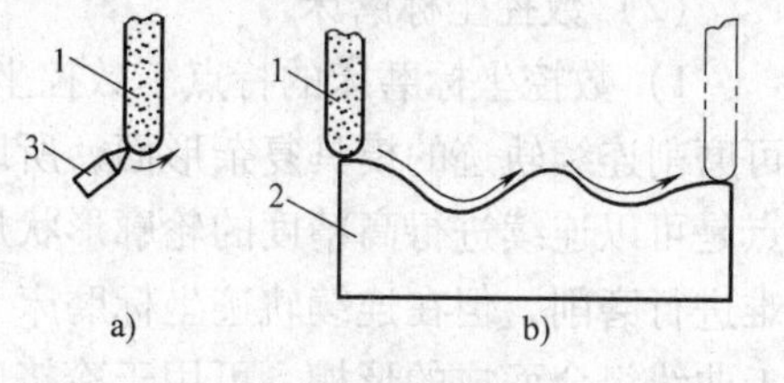

图7-27　数控成形磨削（一）

a）修整成形砂轮　b）磨削工件

1—砂轮　2—工件　3—金刚刀

在数控成形磨床上也可使用成形砂轮磨削法，即用计算机来控制修整砂轮，然后用此成形砂轮磨削工件。磨削时，工件做纵向往复直线运动，砂轮高速旋转并垂直进给，如图7-28所示。

除以上两种方法外，还可以把这两种方法结合在一起，用来磨削具有多个相同形面的工件。图7-29所示为复合磨削。

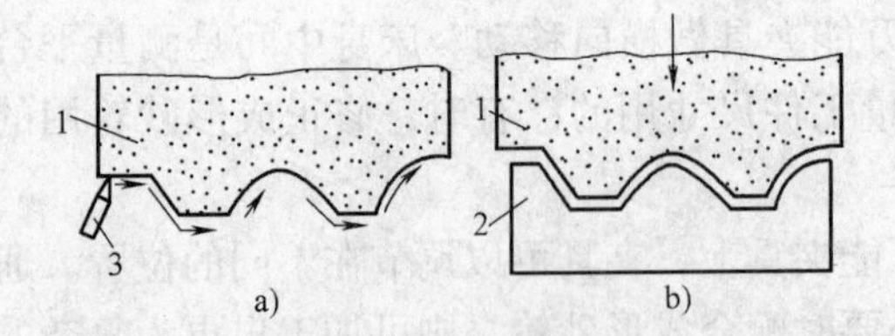

图 7-28　数控成形磨削（二）

a）修整成形砂轮　b）磨削工件

1—砂轮　2—工件　3—金刚刀

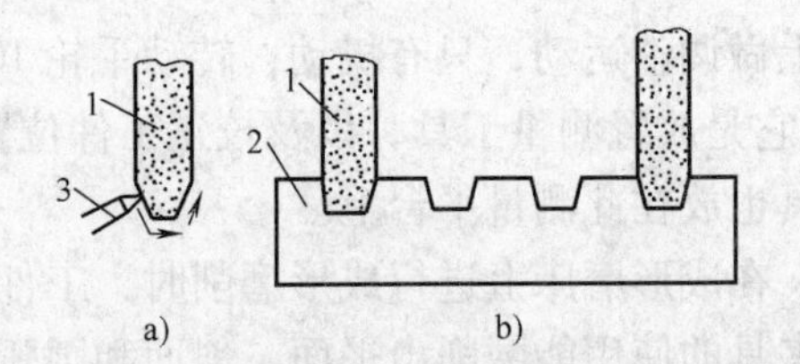

图 7-29　复合磨削

a）修整成形砂轮　b）磨削工件

1—砂轮　2—工件　3—金刚刀

用数控成形磨床磨削模具零件，可使模具制造朝着高精度、高质量、高效率、低成本和自动化的方向发展，并便于采用 CAD/CAM 技术设计与制造模具。

5. 坐标磨削

（1）坐标磨床　坐标磨削和坐标镗削加工一样，是按准确的坐标位置来保证加工尺寸的精度，只是将镗刀改为了砂轮。它是一种高精度的加工方法，主要用于淬火工件、高硬度工件的加工。对消除工件热处理变形、提高加工精度尤为重要。坐标磨削的适用范围较大，坐标磨床加工的孔径范围为 0.4 ~ 90mm，表面粗糙度值 *Ra* 为 0.08 ~ 0.32μm，坐标误差小于 3μm。

坐标磨削能完成三种基本运动，即砂轮的高速自动运动、行星运动（砂轮回转轴线的圆周运动）及砂轮沿机床主轴方向的直线往复运动，如图 7-30 所示。

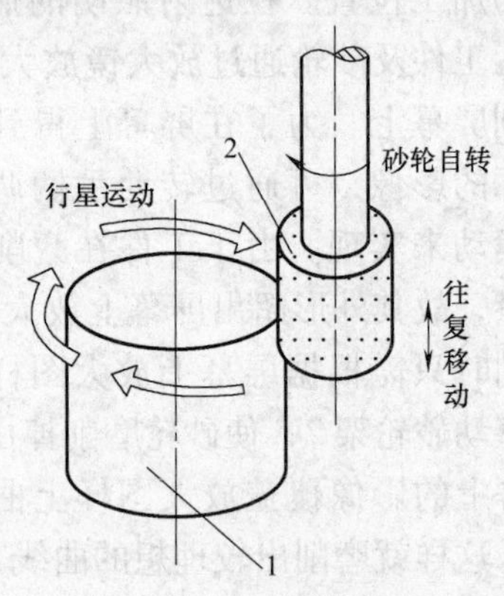

图 7-30　坐标磨削的基本运动

1—工件　2—砂轮

坐标磨削主要用于模具精加工，如精密间距的孔、精密型孔、轮廓等。在坐标磨床上，可以完成内孔磨削、外圆磨削、锥孔磨削（需要专门机构）、直线磨削等。

坐标磨床有手动和数控连续轨迹两种。前者用手动点定位，无论是加工内轮廓还是外轮廓，都要把工作台移动或转动到正确的坐标位置，然后由主轴带动高速磨头旋转，进行磨削；数控连续轨迹坐标磨削是由计算机控制坐标磨床，使工作台根据数控系统的加工指令进行移动或转动。

（2）数控坐标磨床

1）数控坐标磨床的特点。数控坐标磨床由于设置了 CNC 系统和交直流伺服驱动多轴，可磨削连续轨迹的模具复杂形面，所以也称之为连续轨迹坐标磨床。连续轨迹坐标磨床的特点是可以连续进行高精度的轮廓形状加工。例如，凸轮形状的凸模，如果没有专用磨床，很难进行磨削，但在连续轨迹坐标磨床上就可以进行高精度加工。连续轨迹坐标磨床还可以加工曲线组合而成的形槽，可用于冷挤压模等高精度零件的加工。其主要特点归纳如下：

①在不受操作者熟练程度影响的条件下，可进行最高精度的轮廓形状加工，并保证凸、凹模的间隙均匀。

②可连续不断地进行加工，缩短加工时间。

③可进行无人化运行。

2）数控坐标磨削的方式如下：

①圆周面磨削，即利用砂轮的圆周面进行磨削，是最常见的磨削方式。

②端面磨削，即利用砂轮的端面进行磨削。由于热量及切屑不易排除，为了改善磨削条件，需将砂轮的底端面修成凹陷状。

3）数控坐标磨削在模具加工中的主要应用如下：

①成形孔（包括沉孔）磨削（见图 7-31 和图 7-32）。砂轮修成所需形状，加工时工件固定不动，主轴高速旋转着做行星运动并逐渐向下走刀，这种运动方式也叫径向连续切入，径向是指砂轮沿着工件的孔的半径方向做少量的进给，连续切入是指砂轮不断地向下走刀。

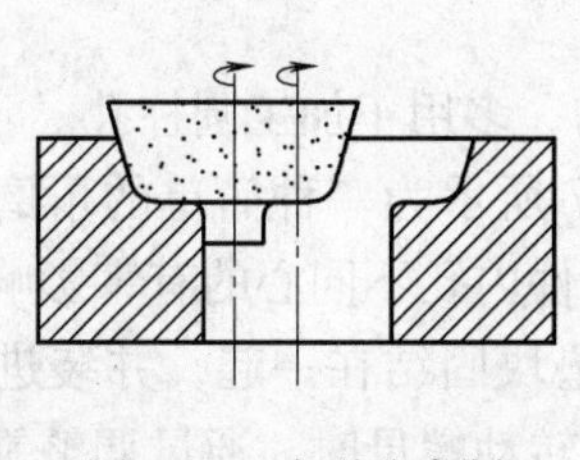

图 7-31　成形孔磨削

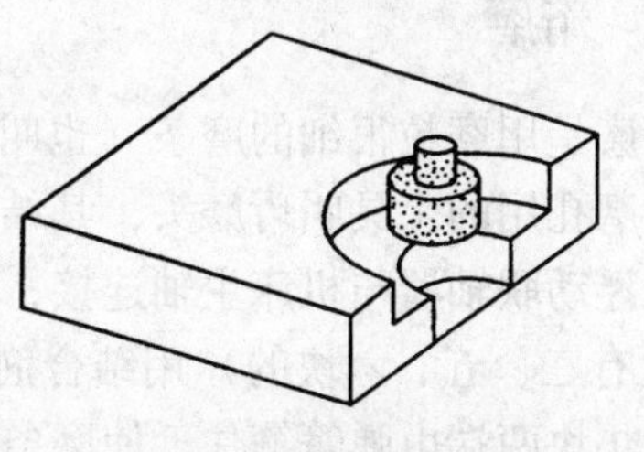

图 7-32　沉孔磨削

②内腔底面磨削（见图 7-33）。采用碗形砂轮，主轴高速旋转着在水平面内走刀，在轴向做少量的进给。

③凹球面磨削（见图 7-34）。砂轮修成成形所需形状，主轴与凹球面的轴线成 45°交叉，砂轮的底棱边与凹球面的最低点相切。

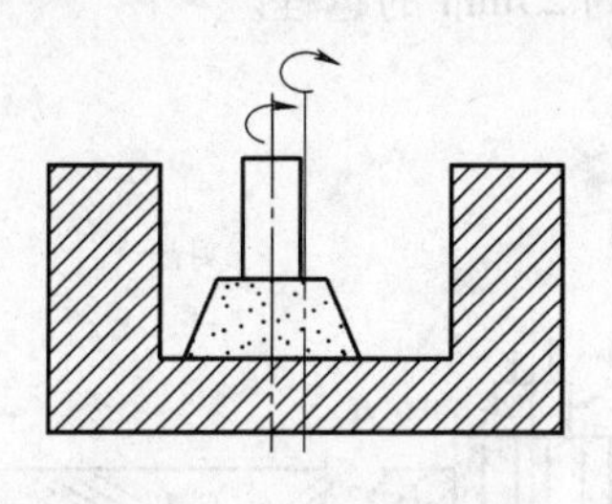

图 7-33　内腔底面磨削

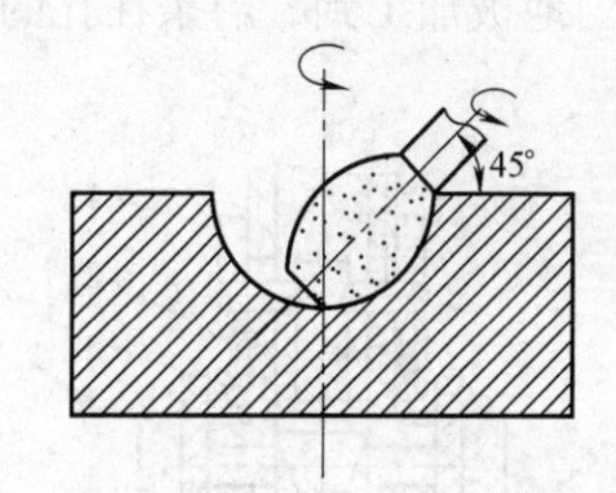

图 7-34　凹球面磨削

④二维轮廓磨削（见图 7-35）。采用圆柱或成形砂轮，工件在 *X*—*Y* 平面做插补运动，主轴逐渐向下走刀。

⑤三维轮廓磨削（见图 7-36）。采用圆柱或成形砂轮，砂轮运动方式与数控铣削相同。

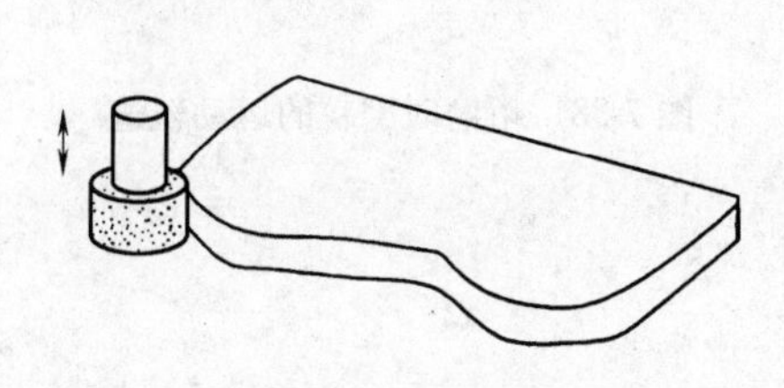

图 7-35　二维轮廓磨削

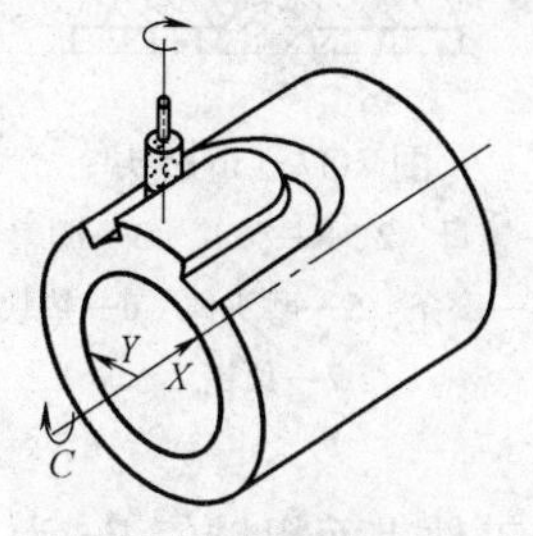

图 7-36　三维轮廓磨削

4）数控坐标磨削的工艺特点如下：

①基准选择。必须是用校表方法能精确找到的位置。

②磨削余量。单边余量为 0.05～0.3mm。视前道工序可保证的几何公差和热处理情况而定。

③进给量。径向连续切入时为 0.1～1mm/min；轮廓磨削时，始磨为 0.03～0.1mm/次，终磨为 0.004～0.01mm/次。视工件材料和砂轮性能而定。

④进给速度为 10～30mm/min，视工件材料和砂轮性能而定。

7.2.8　珩磨

珩磨是用磨粒很细的磨条（也叫磨石）来进行加工的，多用于加工圆柱孔。

珩磨孔用的工具叫珩磨头，其结构有很多种，图 7-37 所示为一种简单的珩磨头。磨头体通过浮动联轴器与机床主轴连接，以消除机床主轴和工件内孔不同心的有害影响。四块磨条（也有三、五、六块的）用结合剂（或机械方法）与垫块固结在一起，并装进磨头体的槽中。垫块两端由弹簧箍住，使磨条保持在磨头体上。当转动螺母时，通过调整锥和顶销使磨条张开以调整磨头的工作尺寸及磨条的工作压力。这种珩磨头难以保证磨条对孔壁的工作压力调整得准确，原因是磨条的磨损、孔径的增大，以及磨条对孔壁的压力也不能保持恒定。因此，在珩磨过程中，需要经常停车转动螺母来调整工作压力，从而降低了生产率。在成批大量生产中，广泛采用气动、液动调节工作压力的珩磨头。珩磨头工作时有两种运动的结果，磨条上的每颗磨粒在工件孔壁磨出左右螺旋形的交叉痕迹（见图 7-38）。为使整个工件表面均匀地被加工到，磨条在孔的两端都要露出一段约 25mm 的越程。

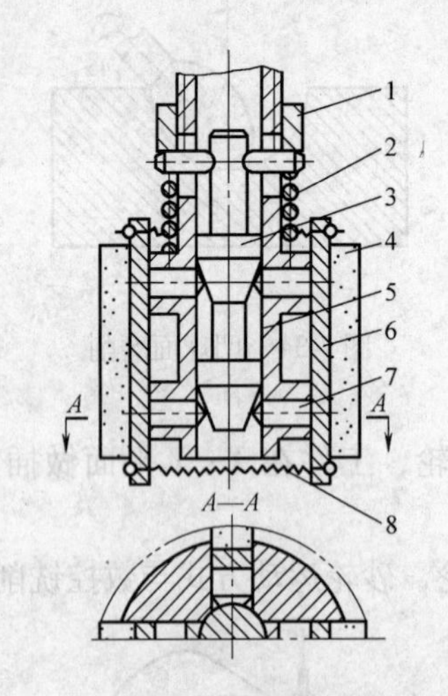

图 7-37　珩磨头

1—螺母　2、8—弹簧　3—调整锥　4—磨条　5—磨头体　6—垫块　7—顶销

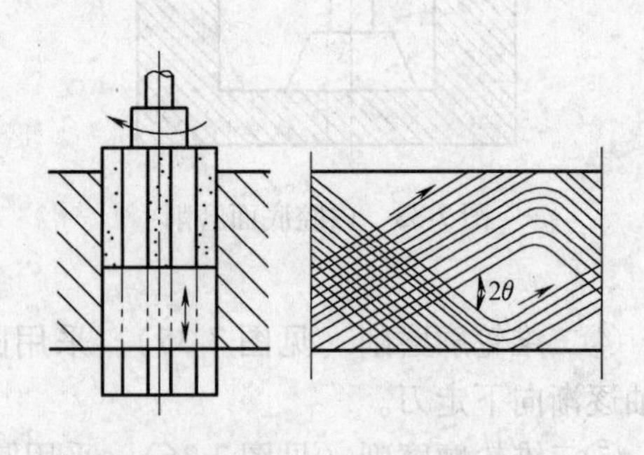

图 7-38　珩磨时磨粒的运动轨迹

珩磨的工件表面粗糙值 Ra 为 0.05～0.4μm，尺寸精度为 IT6，圆度或圆柱度误差可控制在 0.003～0.005mm。珩磨加工余量见表 7-14。

表7-14　珩磨加工余量

被加工孔的直径/mm	直径上的余量/mm	
	铸　铁	钢
24～125	0.02～0.10	0.10～0.04
>125～250	0.06～0.15	0.02～0.05
>250	0.10～0.20	0.04～0.06

7.3　特种加工

7.3.1　电火花成形加工

1. 电火花加工系统

电火花加工是在电火花机床上对工件进行的一种放电加工。图7-39所示为电火花加工的示意图。

电火花加工机床一般由三部分组成：机床主机、脉冲电源及工作液循环系统，如图7-40所示。

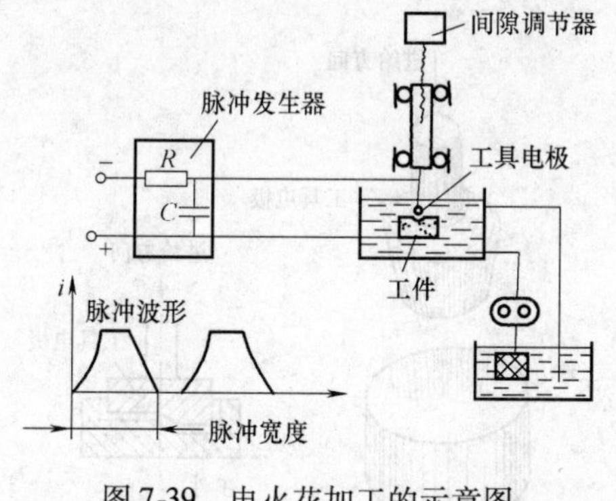

图7-39　电火花加工的示意图

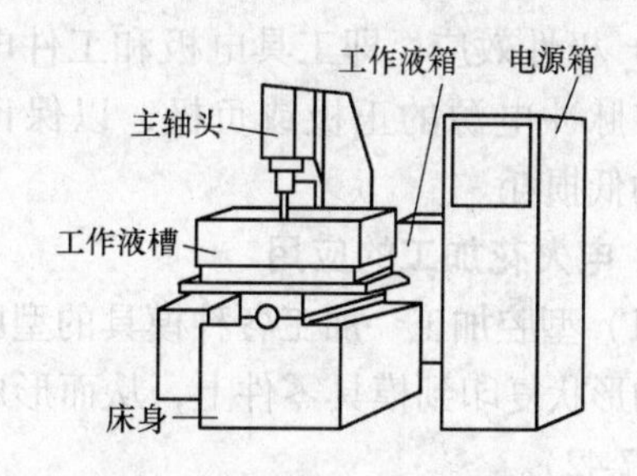

图7-40　电火花加工机床的组成

2. 电火花加工的原理

电火花加工时，脉冲电源的一极接工具电极，另一极接工件电极。两极浸入绝缘的工作液（煤油或矿物油）中，工具电极由放电间隙自动调节器控制，向工件移近。当两极间达到一定距离时，极间最近点处的液体介质被击穿，形成放电通道。由于通道截面很小，放电时间极短，电流密度很高，能量高度集中，在放电区产生高温，致使工件的局部金属熔化和汽化，并被抛出工件表面，形成一个小凹坑。第二个脉冲又在另一最近点处击穿液体介质，重复上述过程。如此循环下去，工具电极的轮廓和截面形状将复印在工件上，形成所需的加工表面。工具电极也会因放电而产生损耗。电蚀过程如图7-41所示。

3. 电火花加工的条件

如上所述，利用电火花放电对工件进行电蚀加工时，必须具备下列条件：

1）必须采用脉冲电源，以便形成极短的脉冲（1ms）放电，才能使能量集中于微小的区域，而来不及传递到周围材料中去。如果形成连续放电，便会像电焊一样出现电弧，工件

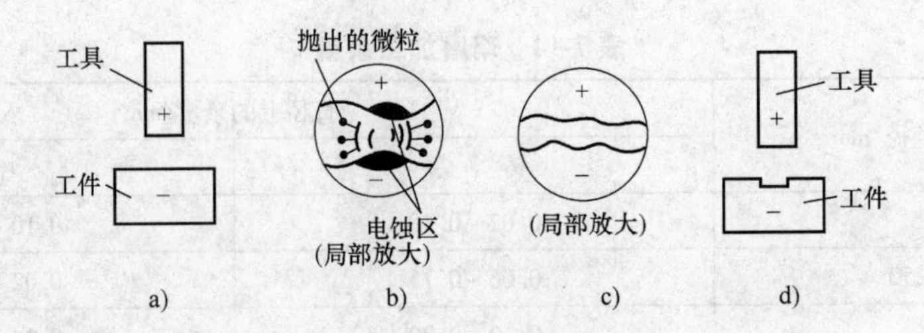

图 7-41　电蚀过程

a）工具电极在自动调节器带动下向工件电极靠近　b）两极最近点处液体介质被电离产生火花放电，局部金属熔化、汽化并被抛离　c）多次脉冲放电后，加工表面形成无数个小凹坑　d）工具电极的轮廓和截面形状复印在工件上

表面会被烧成不规则形状。

2）工具电极与工件电极之间必须保持一定的间隙。间隙过大，工作电压击不穿液体介质；间隙过小，形成短路接触，极间电压接近于零，两种情况都无法形成火花放电。为此，工具电极的进给速度应与电蚀的速度相适应。

3）火花放电必须在绝缘的液体介质中进行，否则不能击穿液体介质而形成放电通道，也不能排除悬浮的金属微粒和冷却电极表面。

4）极性效应，即工具电极和工件电极分别接在脉冲电源的正极或负极，以保证工具电极的低损耗。

4. 电火花加工的应用

（1）型腔加工　加工各种模具的型腔，将电极的形状复印到模具零件上，从而形成型腔（见图 7-42）。

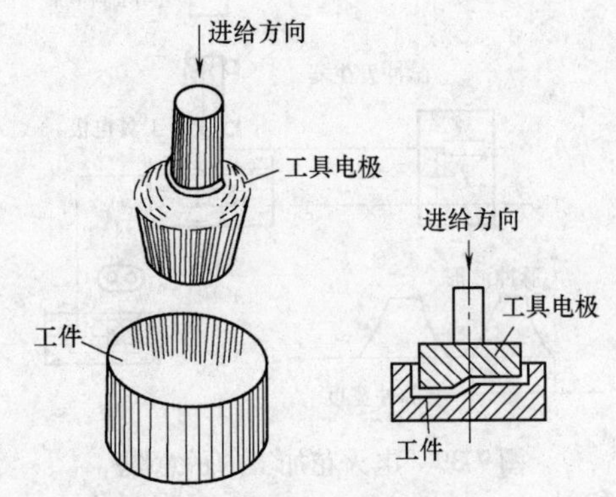

图 7-42　电火花加工模具型腔

（2）穿孔加工　各种截面形状的型孔（圆孔、方孔、异形孔）、曲线孔（弯孔、螺旋孔）和微小孔（$<\phi 0.1$mm）等均可用电火花穿孔加工（见图 7-43）。

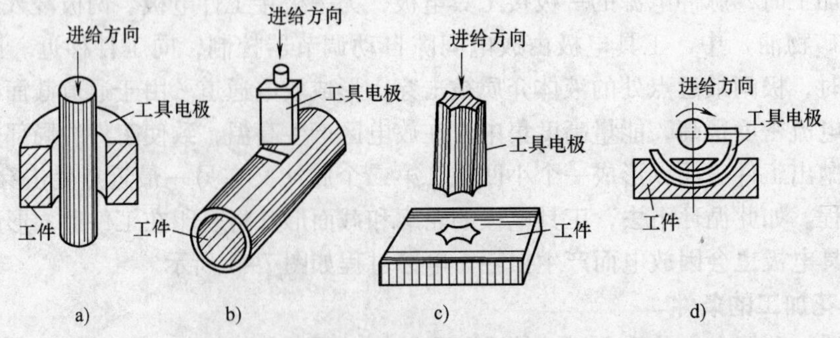

图 7-43　电火花穿孔加工

a）直孔　b）直槽　c）异形孔　d）弯孔

（3）其他加工　电火花磨削加工和雕刻花纹等，如图 7-44 和图 7-45 所示。

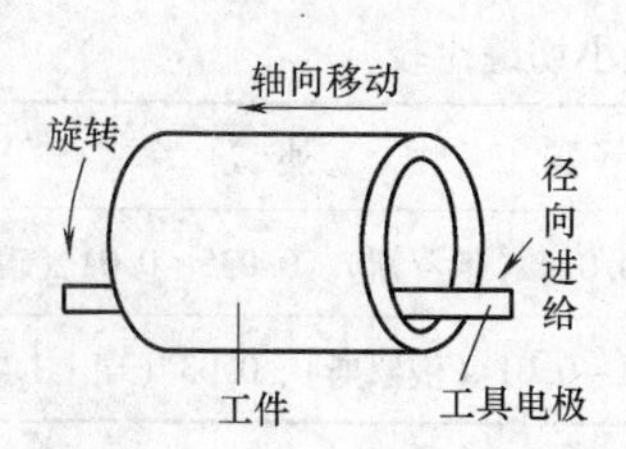

图7-44　电火花内圆磨削

注：磨削小孔，工件旋转，并做轴向移动和径向进给。

图7-45　电火花雕刻花纹

7.3.2　电火花线切割加工

电火花线切割加工是在电火花线切割机床上对工件进行切割加工。其加工系统示意图如图7-46所示。

其加工原理与电火花成形加工相同，与电火花成形加工相比较主要有以下特点：

1）不需要制造成形电极，工件材料的预加工量少。

2）能方便地加工复杂形状的工件、小孔和窄缝等。

3）加工电流较小，属中、精加工范畴，所以采用正极性加工，即脉冲电源正极接工件，负极接电极丝。加工时基本是一次成形中途无须更换电规准。

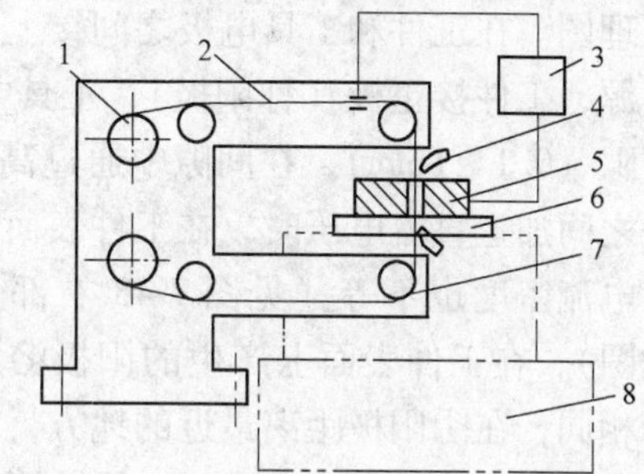

图7-46　电火花线切割加工系统示意图
1—储丝筒　2—丝线　3—脉冲电源　4—工作液　5—工件　6—工作台　7—导向轮　8—床身

4）只对工件进行轮廓图形加工，余料仍可利用。

5）由于采用移动的长电极丝进行加工，单位长度电极丝损耗较小，所以当切割工件的周边长度不长时，对加工精度影响较小。

6）自动化程度高，操作方便，加工周期短，成本低，较安全。

7）单向走丝线切割机上的自动化穿丝装置，能自动地实现多个形状的加工。

8）单向走丝线切割机由于*X*—*Y*工作台以每一脉冲0.25μm的速度驱动，而且使用激光测长仪测量机床的误差和进行修正，因而可以进行高精度尺寸的加工。

国内外电火花线切割最高加工精度和最佳表面粗糙度比较见表7-15。

表7-15　国内外电火花线切割最高加工精度和最佳表面粗糙度比较

项　目	国　内	国　外
加工精度/mm	±0.005	0.002~0.005（瑞士五次切割）、0.001~0.020（俄罗斯微精切割）
表面粗糙度 *Ra*/μm	0.4（v_{wi}≥13mm²/min）、0.8（v_{wi}≥20mm²/min）	0.2（v_{wi}≥10mm²/min）（瑞士）、0.1~0.05（v_{wi}≥0.03~0.30mm²/min）（俄罗斯）

注：v_{wi}为切割速度。

国内外电火花线切割加工最小切缝比较见表7-16。

表7-16　国内外电火花线切割加工最小切缝比较

项　目	国　内	国　外
最小切缝宽度/mm	0.07～0.09	0.0045～0.014（俄罗斯）、0.035～0.04（瑞士）
电极丝直径 d/mm	0.05～0.07	0.03～0.01（俄罗斯）、0.03（瑞士）

电火花线切割加工可以用来切割各种异形曲线（见图7-47）。

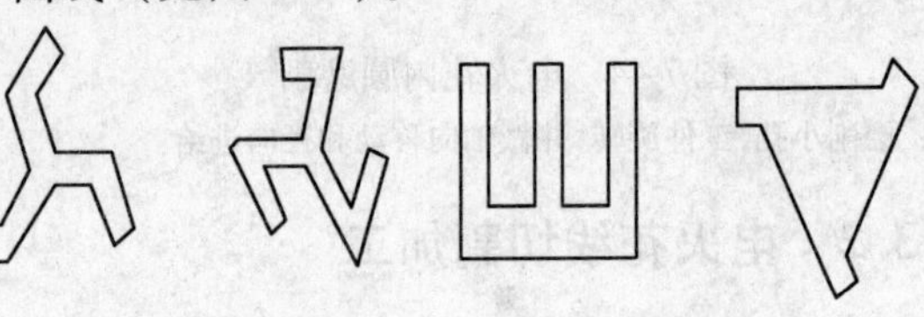
图7-47　电火花线切割加工的异形曲线

7.3.3　电解成形加工

电解成形加工是利用金属在外电场作用下的阳极溶解，使工件加工成形的一种加工方法。图7-48所示为电解成形加工的原理图。在工件和工具电极之间接上直流电源，工件接正极（称阳极），工具电极接负极（称阴极），在工件和工具之间保持较小的间隙（0.1～1mm），在间隙中通过高速流动（可达75m/s）的电解液，当电源给阳极和阴极之间加上直流电压时，在工件表面不断产生阳极溶解。由于阴极和阳极之间各点距离不等，电流密度也不等（见图7-48右部上面的曲线图），在工件表面上产生的阳极溶解速度也不相同，在阴阳极距离最近的地方，电流密度最大，阳极溶解速度也最快，随着阴极的不断进给，电解产物不断被电解液冲走，最终工件型面与阴极表面达到基本吻合（见图7-48右部下面的曲线图）。

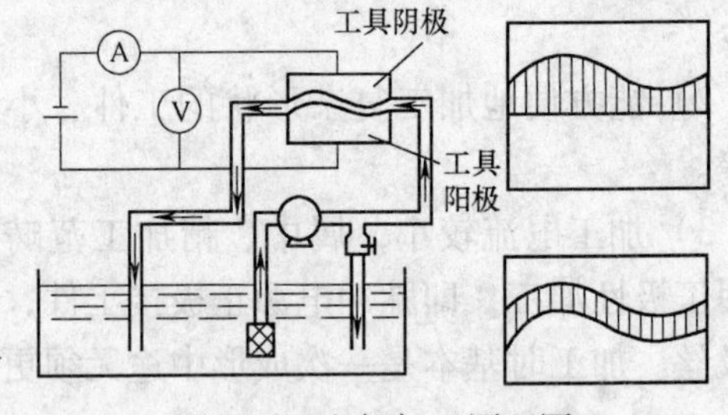

图7-48　电解加工原理图

型腔电解加工的主要特点如下：

1）生产率高。电解加工型腔比电火花加工效率高4倍以上，比切削加工成形效率高几倍至十几倍。

2）表面粗糙度值低，Ra=0.8～3.2μm。

3）工具阴极不损耗，阴极可以长期使用。

4）不受材料硬度限制，可以在模具淬火后加工。

5）尺寸精度可达±0.2mm。

6）电解液（主要是氯化钠）对设备和工艺装备有腐蚀作用。

7）设备投资和占地面积较大。

7.3.4　电解抛光

1. 基本原理

电解抛光实际上是利用电化学阳极溶解的原理对金属表面进行抛光的一种方法。如图7-49所示，阳极为要进行抛光的工件，阴极为用铅板制成的与工件加工面相似形状的工具电极，与工件形成一定的电解间隙。当电解液中通以直流电时，阳极表面发生电化学溶解，工件表面被一层溶化的阳极金属和电解液所组成的黏膜所覆盖，其黏度很高，电导率很低。工件表面的高低不平，凹入部分的黏膜较厚，电阻较大，而凸起部分的黏膜较薄，电阻较小。因此，凸起部分的电流密度比凹入部分的大，溶解得快，经过一段时间后，就逐渐将不平的金属表面蚀平，从而得到与机械抛光相同的效果。

2. 电解抛光的特点

1）电火花加工后的型腔表面，经电解抛光后，其表面粗糙度值 Ra 可由 1.2 ~ 2.5μm 降低到 0.4 ~ 0.8μm。

2）效率高。当加工余量为 0.1 ~ 0.15mm 时，电解抛光的时间仅需 10 ~ 15min。

3）对于表面粗糙度要求不太高的模具，经电解抛光后即可使用。对表面粗糙度要求高的模具，经电火花加工后，用电解抛光去除硬化层和减小表面粗糙度值，再进行手工抛光，可大大缩短模具制造周期。

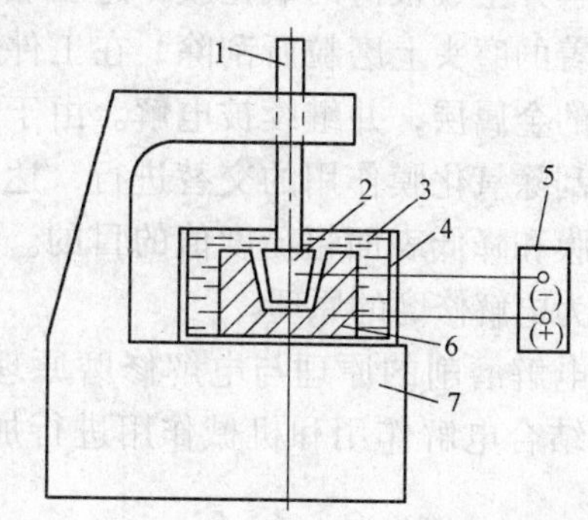

图 7-49 电解抛光示意图

1—主轴头 2—阴极 3—电解液 4—电解液槽 5—电源 6—阳极（工件） 7—床身

4）电解抛光不能消除原始表面的波纹。因此要求在电解抛光前，型腔应无波纹。另外，抛光质量还取决于工件材料组织的均匀性和纯度。经电解抛光后，金属结构的缺陷往往会更明显地暴露出来。

5）由于表层金属产生溶解，工件尺寸将略有改变，故对尺寸精度要求高的工件不宜采用。

3. 电解抛光工艺过程

电火花加工后的型腔→制造阴极→电解抛光前的预处理（化学脱脂、清洗）→电解抛光→后处理（清洗、钝化、干燥处理）。

1）电解抛光设备分为电源和机床两部分，如图 7-49 所示。直流电源常用晶闸管整流，电压为 0 ~ 50V，电流视工件大小而定，一般以电流密度为 80 ~ 100A/dm² 来计算电源的总电流。工具电极的上下运动，由伺服电动机控制。工作台上有纵横滑板，电解槽由塑料制成，电解液设有恒温控制装置。

2）工具电极由电解铅制成。电极与加工表面应保持 5 ~ 10mm 的电解间隙。对于较复杂的型腔，可将电解铅加热熔化后直接浇注在模具型腔内，冷却后取出再用手工加工使之均匀缩小 5 ~ 10mm。经实验证实，阴极的形状和电解间隙之间不存在严格的关系。

3）作为模具材料电解抛光的电解液，推荐的配方（质量分数）为 H_3PO_4 65%、H_2SO_4 15%、CrO_3 6%、H_2O 14%。阳极电流密度为 35 ~ 40A/dm²，电解液温度为 65 ~ 75℃。

配置完后，电解液必须进行预处理。处理方法有以下两种：

第一种：把电解液在 110 ~ 120℃ 温度下加热 2 ~ 3h。

第二种：采用铅板作阳极进行通电处理。阳极电流密度选用 25 ~ 30A/dm²，处理到 5A · h/L。

7.3.5 电解修磨与电解磨削

电解修磨加工是通过阳极溶解作用对金属进行腐蚀。工件为阳极，修磨工具即磨头为阳极，两极由一低压直流电源供电，两极间通以电解液。为了防止两电极接触时形成短路，在磨头表面覆上一层起绝缘作用的金刚石磨粒。通电后，电解液在两极间流动时，工件表面被溶解并生成很薄的氧化膜，这层氧化膜被移动着的磨头上磨粒所刮除，在工件表面露出新的金属层，并继续被电解。由于电解作用和刮除氧化膜作用的交替进行，达到去除氧化膜和降低表面粗糙度值的目的。图7-50所示为电解修磨的原理。

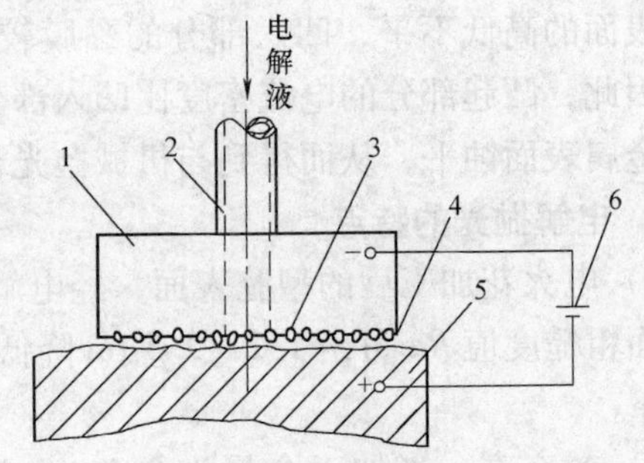

图7-50 电解修磨原理图

1—修磨工具（阴极） 2—电解液管 3—磨料
4—电解液 5—工件（阳极） 6—电源

电解磨削的原理与电解修磨原理一样，都是结合电解作用和机械作用进行加工的。

7.4 数控加工技术

数控机床是一种以数字信号控制机床运动及其加工过程的设备，简称为NC（Numerical Contrd）机床。它是随着计算机技术的发展，为解决多品种、单件小批量机械加工自动化问题而出现的。使用计算机代替数控机床专门的控制装置的数控机床称为计算机控制数控机床（Computer Numerical Control，CNC）。随着数控机床的进一步发展，产生了带有刀库和自动换刀装置的数控机床，即加工中心（Machining Center，MC）。工件在加工中心上一次装夹以后，能连续进行车、铣、钻、镗等多道工序加工。近年出现的直接数控技术（Direct Numerical Control，DNC），是指用一台或多台计算机对多台数控机床实施综合控制。数控机床由于加工精度高、柔性好，在模具制造中应用日益广泛。

数控机床种类繁多，分类标准也不统一。按控制方式可以分为开环控制数控机床、半闭环控制和闭环控制机床。按机械运动轨迹分为点位控制机床、直线控制机床和轮廓控制机床。根据数控机床的控制联动坐标数的不同，有两坐标联动数控机床、三坐标联动数控机床和多坐标联动数控机床。在模具加工中常用的数控机床有数控铣床、数控电火花加工机床和加工中心等。

7.4.1 数控加工技术概述

1. 数控加工特点

1）加工过程柔性好，适宜多品种、单件小批量加工和产品开发试制，对不同的复杂工件只需要重新编制加工程序，对机床的调整很少，加工适应性强。

2）加工自动化程度高，减轻工人的劳动强度。

3）加工零件的一致性好、质量稳定、加工精度高。机床的制造精度高、刚性好。加工时工序集中，一次装夹，不需要钳工划线。数控机床的定位精度和重复定位精度高，依照数控机床的不同档次，一般定位精度可达±0.005mm，重复定位精度可达±0.002mm。

4）可实现多坐标联动，加工其他设备难以加工的数学模型描述的复杂曲线或曲面轮廓。

5）应用计算机编制加工程序，便于实现模具的计算机辅助制造（CAM）。

6）设备昂贵，投资大，对工人技术水平要求高。

正是由于这些特点，数控机床近年来广泛应用于模具加工。

2. 数控加工的工艺过程

数控加工基本过程可以概括为：首先分析零件图样，进行数控加工工艺性审查，然后按设计要求和加工条件制订数控加工工艺，并在此基础上编写加工程序，最后由数控机床加工零件，如图7-51所示。

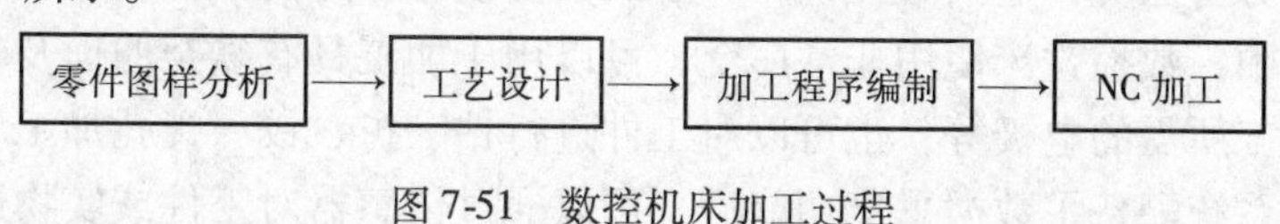

图7-51　数控机床加工过程

数控加工与普通加工的最大差别在于控制方式上，所以两者的加工工艺设计存在很大的差别。在传统加工中，操作内容及其参数多数是由现场工人把握的，或者是由靠模、凸轮等硬控制实现的；而数控加工的自动化程度高，自适应性差，加工过程的所有控制内容都严格地写入加工程序，因此数控工艺设计必须十分严格、明确和具体，并在加工代码中实现。数控加工工艺设计的质量不仅影响加工效率和质量，工艺设计不当甚至可能导致加工事故。

数控加工工艺设计的主要内容和步骤包括：

1）工艺分析。对零件图样进行工艺性分析，审查数控加工的可行性和经济性；确定数控加工的加工对象和加工内容，在此基础上把零件的几何模型转化为工艺模型。

2）工艺规划。根据所得到的工艺数据和加工条件，安排加工工艺路线和加工顺序，划分工序；进一步安排加工工序，选择定位方案和加工基准，选择刀具、夹具等工装设备，确定对刀点与换刀点、切削量等加工参数，选择测量方法。

3）编写数控加工工艺技术文件。数控加工的工艺文件作为加工过程的参考说明和产品验收依据，包括数控加工工序卡、数控加工程序说明卡和走刀路线图等。

3. 数控编程

数控机床加工零件之前首先需要编制加工程序。工艺设计完成之后，按照数控系统规定的指令和程序格式及工艺设计过程所得到的全部工艺过程、工艺参数，编写加工程序。然后把加工程序通过一定的介质传给NC机床，由NC机床完成工件的加工。程序编制属于工艺规划内容，是在工艺分析和几何计算的基础上完成的。编程方法有手工编程和自动编程。

1）早期的加工程序大多是采用手工编制的，是以数控指令编写的加工程序。在手工编程中，工艺处理和几何计算都由人工完成。几何计算包括刀具轨迹计算、几何元素关系运算（如交点、切点、圆弧圆心等求解）、曲线、曲面逼近等。手工编程工作量大，对技术人员要求较高。主要用于处理一些不很复杂的零件加工程序。

2）自动编程是借助于计算机来编制加工程序，所以又称为计算机辅助编程。自动编程方法有数控语言编程和图形编程两种形式。数控语言编程编写的程序称为源程序，与手工编写的加工代码不同，源程序不能直接控制数控机床，而是由几何定义语句、工艺参数语句和运动语句组成。数控源程序需要经过编译和后置处理转换成机床的控制指令。最有代表性的编程语言是美国开发的APT，后来各国相继开发了多种数控语言，如EXAPT、HAPT及我国的ZCK、SKC等。

7.4.2 常用的数控加工方式

1. 数控铣削

数控铣床有两轴（两坐标联动）数控铣床、两轴半数控铣床和多轴数控铣床等。两轴数控铣床常用于加工平面类零件：两轴半数控铣床一般用于粗加工和二维轮廓的精加工；三轴及三轴以上的数控铣床称为多轴数控铣床，可以用于加工复杂的三维零件。按结构形式不同数控铣床可以分为三类：立式数控铣床、卧式数控铣床和龙门数控铣床。

在模具加工中，数控铣床使用非常广泛，可以用于加工具有复杂曲面及轮廓的型腔、型芯以及电火花加工所需的电极等，也可以对工件进行钻、扩、铰、镗孔加工和攻螺纹等。

另外，数控系统配备了数据采集功能后，可以通过传感器对工件或实物进行测量和采集所需的数据。有些系统能对实物进行扫描并自动处理扫描数据，然后生成数控加工程序，这在反求工程中具有重要的应用。

2. 加工中心加工

加工中心按结构形式分为立式加工中心、卧式加工中心和龙门加工中心等；按功能分为以镗为主的加工中心、以铣削为主的加工中心和高速铣削加工中心等。

加工中心主轴转速高，进给速度快，一次装夹后通过自动换刀完成多个表面的自动加工，自动处理切屑，而且具有复合加工功能，所以加工效率高；另一方面，加工中心具有很高的定位精度和重复定位精度，可以达到很高的加工质量并具有较高的加工质量稳定性。

（1）适合用加工中心加工的零件　加工中心是机电一体化的高技术设备，投资大、运行成本高，所以选用适合的加工对象对取得良好的经济效益很重要。下列工件适于在加工中心上加工：

1）多工序集约型工件，即一次安装后需要对多表面进行加工，或需要用多把刀具进行加工的工件。

2）复杂、精度要求高的单件小批量工件。

3）成组加工、重复生产型的工件。

4）形状复杂的工件，如具有复杂形状或异形曲面的模具、航空零件等。

（2）在模具加工中的应用　加工中心的这些特点非常适合于具有复杂型腔曲面模具单件生产。在模具加工中应用广泛，表现为以下几个方面：

1）模板类零件的孔系加工。

2）石墨电极加工中心，用于石墨电极的加工。

3）模具型腔、型芯面的加工。

4）文字、图案雕刻。

7.4.3 模具 CAM 技术

广义地说，模具 CAM（计算机辅助制造）是利用计算机对模具制造全过程的规划、管理和控制。一般模具 CAM 技术包括计算机辅助编程、数控加工、计算机辅助工艺过程设计（CAPP）、模具辅助生产管理等。这里 CAM 仅指计算机辅助编程。

模具 CAM 系统充分利用 CAD 中已经建立的零件几何信息，通过人工或自动输入工艺信息，由软件系统生成 NC 代码，并对加工过程进行动态仿真，最后在 NC 机床上完成零件的加工。现在的CAM软件大多具有如下特点与功能：

1）从CAD中获得零件的几何信息。CAM系统通过人机交互的方式或自动提取CAD信息，这点既不同于手工编程的人工计算，又不需要用数控语言的语句来描述零件。多数系统都能把CAD与CAM很好的集成。

2）数控加工的前置处理，即把零件模型转换成加工所需的工艺模型。

3）生成各种加工方法的刀具轨迹，选择刀具、工艺参数，计算切削时间等。

4）根据刀具轨迹文件生成数控机床的数控程序。

5）对加工过程进行仿真，预先检验加工过程。

6）编辑管理NC程序，实现CAM软件与NC设备的通信。

目前，国内比较著名的CAM软件有北航海尔的CAXA系列、广州红地公司的金银花系列，国外的有英国Delcam公司的PowerMILL、以色列Cimatron公司的Cimatron、法国Dassault公司的CATIA、美国CNC Software公司的MasterCAM、德国（Siemens PLM Seftware公司的UG、美国PTC公司的Pro/ENGINEER和Solidworks公司的SolidWorks等软件。

7.4.4 高速切削技术

高速加工（High Speed Machine，主要指高速切削加工）是指使用超硬材料刀具，在高转速、高进给速度下提高加工效率和加工质量的现代加工技术。由于这种加工方法可以高效率地加工出高精度及高表面质量的零件，因此在模具加工中得到广泛的应用。

1. 高速切削的定义

目前，高速切削没有一个统一的定义。对于不同的加工方式、不同的工件材料，高速切削的速度是不同的。通常高速切削的切削速度是指比常规切削速度高出5~10倍。一般认为主轴转速达到8000r/min以上、最大进给速度在30m/min以上的切削加工定义为高速加工。

2. 高速切削的应用

高速切削时，刀具高速旋转，而轴向、径向切入量小，大量的切削热量被高速离去的切屑带走，因此切削温度及切削力会减少，刀具的磨损小，也使得加工精度进一步地提高。在高速加工中加入高压的切削液或压缩空气，不仅可以冷却，而且可以将切屑排除加工表面，避免刀具的损坏。因而，高速加工具有加工效率高、加工质量高、刀具磨损小的特点。

现在，各种商业化高速机床已经进入市场，应用于飞机、汽车及模具制造。

模具型腔一般是形状复杂的自由曲面、材料硬度高。常规的加工方法是粗切削加工后进行热处理，然后进行磨削或电火花放电精加工，最后手工打磨、抛光，这样使得加工周期很长。高速切削加工可以达到模具加工的精度要求，减少甚至取消了手工加工。而且采用新型刀具材料（如PCD、CBN、金属陶瓷等），高速切削可以加工硬度达到60HRC，甚至硬度更高的工件材料，可以加工淬硬后的模具。高速铣削加工在模具制造中具有高效、高精度以及可加工高硬材料的优点，在模具加工中得到广泛的应用。高速切削加工技术引进模具，主要应用于以下几个方面：

1）淬硬模具型腔的直接加工。由于高速切削采用极高的切削速度和超硬刀具，可直接加工淬硬材料，因此高速切削可以在某些情况下取代电火花型腔加工。与电火花加工相比，加工质量和加工效率都不逊色，甚至更优，而且省略了电极的制造。

2）电火花加工用电极的制造。应用高速切削技术加工电极可以获得很高的表面质量和精度，并且提高电火花的加工效率。

3）快速模具的制造。由于高速切削技术具有很高的加工效率，可以实现由模具型腔的三维实体模型到满足设计要求的模具的快速转化，真正实现快速制模。

7.5　快速制模技术

随着科学技术的进步，市场竞争日趋激烈，产品更新换代周期越来越短，因此缩短新产品的开发周期，降低开发成本，是每个制造厂商面临的亟待解决的问题。于是，对模具快速制造的要求便应运而生。

快速制模技术包括传统的快速制模技术（如低熔点合金模具、电铸模具等）和以快速成形技术（Rapid Protoryping，PR）为基础的快速制模技术。

7.5.1　快速成形技术的基本原理与特点

快速成形技术的具体工艺方法很多，但其基本原理都是一致的，即以材料添加法为基本方法，将三维 CAD 模型快速（相对机加工而言）转变为由具体物质构成的三维实体原型。首先在 CAD 造型系统中获得一个三维 CAD 模型，或通过测量仪器测取实体的形状尺寸，转化为 CAD 模型，再对模型数据进行处理，沿某一方向进行平面“分层”离散化，然后通过专用的 CAM 系统（成形机）对胚料分层成形加工，并堆积成原型。

快速成形技术开辟了不用任何刀具而迅速制造各类零件的途径，并为用常规方法不能或难于制造的零件或模型提供了一种新的制造手段。它在航天航空，汽车外形设计、轻工产品设计、人体器官制造、建筑美工设计、模具设计制造等技术领域已展现出良好的应用前景。归纳起来，快速成形技术有如下应用特点：

1）由于快速成形技术采用将三维形体转化为二维平面分层制造机理，对工件的几何构成复杂性不敏感，因而能制造复杂的零件，充分体现设计细节，并能直接制造复合材料零件。

2）快速制造模具

①能借助电铸、电弧喷涂等技术，由零件制造金属模具。

②将快速制造的原型当作消失模（也可通过原型翻制制造消失模的母模，用于批量制造消失模），进行精密铸造。

③快速制造高精度的复杂母模，进一步浇铸金属件。

④通过原型制造石墨电极，然后由石墨电极加工出模具型腔。

⑤直接加工出陶瓷型壳进行精密铸造。

3）在新产品开发中的应用，通过原型（物理模型），设计者可以很快地评估一次设计的可行性并充分表达其构思。

①外形设计。虽然 CAD 造型系统能从各个方向观察产品的设计模型，但无论如何也比不上由 RP 所得原型的直观性和可视性，对复杂形体尤其如此。制造商可用概念成形的样件作为产品销售的宣传工具，即采用 RP 原型，可以迅速地让用户对其开发的新产品进行比较评价，确定最优外观。

②检验设计质量。以模具制造为例，传统的方法是根据几何造型在数控机床上开模，这

对昂贵的复杂模具而言，风险太大，设计上的任何不慎，就可能造成不可挽回的损失。采用RPM技术，可在开模前精确地制造出将要挤压成形的零件，设计上的各种细微问题和错误都能在模型上一目了然，大大减少了盲目开模的风险。RP制造的模型又可作为数控仿形铣床的靠模。

③功能检测。利用原型快速进行不同设计的功能测试，优化产品设计。如风扇等的设计，可获得最佳扇叶曲面、最低噪声的结构。

4）快速成形过程是高度自动化，长时间连续进行的，操作简单，可以做到昼夜无人看管，一次开机，可自动完成整个工件的加工。

5）快速成形技术的制造过程不需要工装模具的投入，其成本只与成形机的运行费、材料费及操作者工资有关，与产品的批量无关，很适宜于单件、小批量及特殊、新试制品的制造。

6）快速造型中的反向工程具有广泛的应用。激光三维扫描仪、自动断层扫描仪等多种测量设备能迅速高精度地测量物体内外轮廓，并将其转化成CAD模型数据，进行RP加工。

7.5.2　快速成形的典型方法

1. 光固化立体成形

光固化立体成形(Stereo Lithography Apparatus,SLA)的工作原理如图7-52所示。在液槽中盛满液态光敏树脂,该树脂可在紫外线照射下快速固化。开始时,可升降的工作台处于液面下一个截面层(CAD模型离散化合的截面层)厚的高度,聚焦后的激光束,在计算机的控制下,在截面轮廓范围内,对液态树脂逐点进行扫描,使被扫描区域的树脂固化,从而得到该截面轮廓的塑料薄片。然后,升降机构带动工作台下降一层薄片的高度,已固化的塑料薄片就被一层新的液态树脂覆盖,以便进行第二层激光扫描固化,新固化的一层牢固地黏结在前一层上,如此重复直到整个模型成形完毕。一般截面薄片的厚度为0.07～0.4mm。

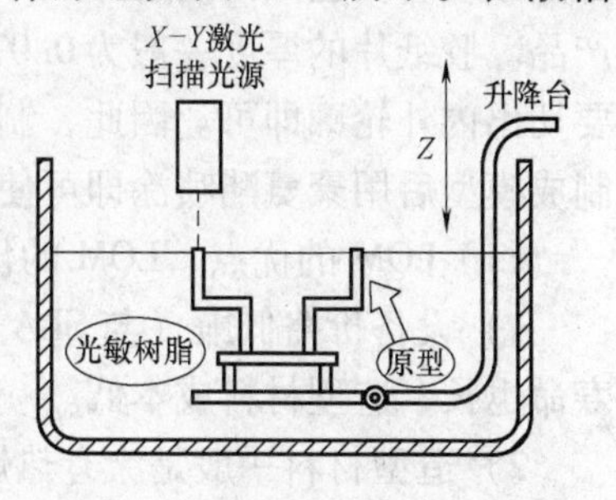

图7-52　光固化立体成形示意图

工件从液槽中取出后还要进行后固化，工作台上升到容器上部，排掉剩余树脂，从SLA机取走工作台和工件，用溶剂清除多余树脂，然后将工件放入后固化装置，经过一段时间紫外线曝光后，工件完全固化。固化时间由零件的几何形状、尺寸和树脂特性确定，大多数零件的固化时间不小于30min。从工作台上取下工件，去掉支撑结构，进行打光、电镀、喷漆或着色即成。

紫外线可以由HeCd激光器或者UV argon-ion激光器产生。激光的扫描速度可由计算机自动调整，以使不同的固化深度有足够的曝光量。*X—Y*扫描仪的反射镜控制激光束的最终落点，并可提供矢量扫描方式。

SLA是第一种投入商业应用的RPM技术，其优点是技术日臻成熟，能制造精细的零件，尺寸精度较高，可确保工件的尺寸精度在0.1mm以内；表面质量好，工件的最上层表面很光滑；可直接制造塑料件，产品为透明体。不足之处有：设备昂贵，运行费用很高；可选的材料种类有限，必须是光敏树脂；工件成形过程中不可避免地使聚合物收缩产生内部应力，从而引起工件翘曲和其他变形；需要设计工件的支撑结构，确保在成形过程中工件的每一结构部位都能可靠定位。

2. 叠层实体制造

叠层实体制造（Laminated Object Manufacturing，LOM）是近年来发展起来的又一种快速成形技术，它通过对原料纸进行层合与激光切割来形成零件，如图7-53所示。LOM工艺先将单面涂有热熔胶的胶纸带通过加热辊加热加压，与先前已形成的实体黏结（层合）在一起。此时，位于其上方的激光器按照分层CAD模型所获得的数据，将一层纸切割成所制零件的内外轮廓。轮廓以外不需要的区域，则用激光切割成小方块（废料），这些小方块在成形过程中可以起支撑和固定作用。该层切割完后，工作台下降一个纸厚的高度，然后新的一层纸再平铺在刚成形的面上，通过热压装置将它与下面已切割层黏合在一起，激光束再次进行切割。经过多次循环工作，最后形成由许多小废料块包围的三维原型零件。然后取出原型，将多余的废料块剔除，就可以获得三维产品。胶纸片的厚度一般为0.07～0.15mm。由于LOM工艺无须激光扫描整个模型截面，只要切出内外轮廓即可。因此，制模的时间取决于零件的尺寸和复杂程度，成形速度比较快，制成模型后用聚氨酯喷涂即可使用。

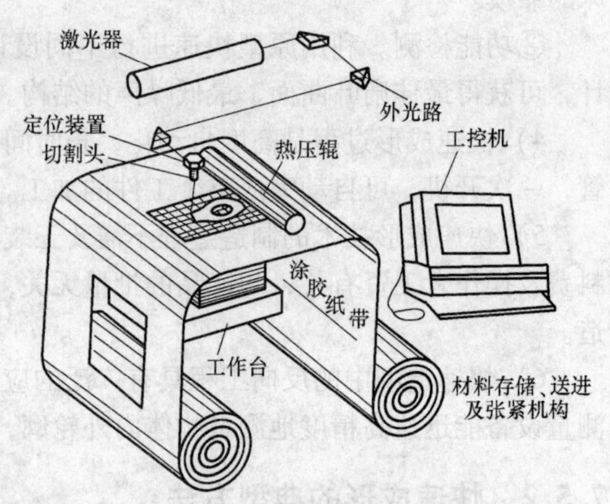

图7-53　叠层实体制造原理图

（1）LOM的优点　LOM的优点如下：

1）设备价格低廉（与SLA相比），采用小功率CO_2激光器，不仅成本低廉，而且使用寿命也长，造型材料成本低。

2）造型材料一般是涂有热熔树脂及添加剂的纸，制造过程中无相变，精度高，几乎不存在收缩和翘曲变形，原型强度和刚度高，几何尺寸稳定性好，可用常规木材加工的方法对表面进行抛光。

3）采用SLA方法制造原型，需对整个截面扫描才能使树脂固化，而LOM方法只需切割截面轮廓，成形速度快，原型制造时间短。

4）无须设计和构建支撑结构。

5）能制造大尺寸零件，工业应用面广。

6）代替蜡材，烧制时不膨胀，便于熔模铸造。

（2）LOM的缺点　该方法也存在以下一些不足：

1）可供应用的原材料种类较少，尽管可选用若干原材料，如纸、塑料、陶土以及合成材料，但目前常用的只是纸，其他箔材尚在研制中。

2）纸质零件很容易吸潮，必须立即进行后处理和上漆。

3）难以制造精细形状的零件，即仅限于结构简单的零件。

4）由于难以去除里面的废料，该工艺不宜制造内部结构复杂的零件。

3. 选择性激光烧结

选择性激光烧结（Selected Laser Sintering，SLS）采用CO_2激光器对粉末材料（塑料粉、陶瓷与黏结剂的混合粉、金属与黏结剂的混合粉等）进行选择性烧结，是一种由离散点一层层堆积成三维实体的工艺方法，如图7-54所示。

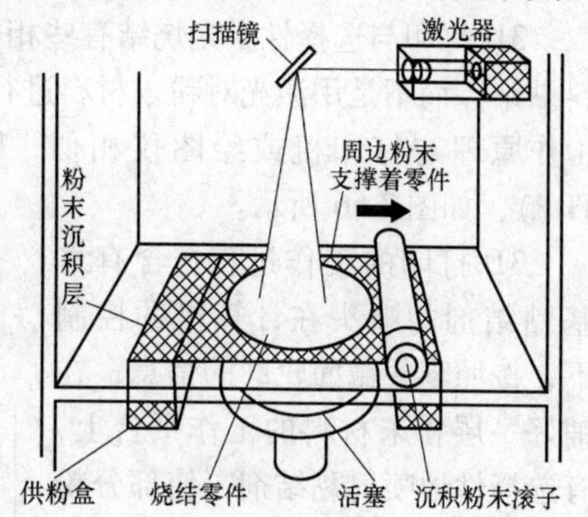

图7-54　选择性激光烧结原理图

选择性激光烧结在开始加工之前，先将充有氮气的工作室升温，并保持在粉末的熔点以下。成形时，送料筒上升，铺粉滚筒移动，先在工作台上均匀地铺上一层很薄的（100～200μm）粉末材料，然后激光束在计算机的控制下按照CAD模型离散后的截面轮廓对工件实体部分所在的粉末进行烧结，使粉末熔化继而形成一层固体轮廓。一层烧结完成后，工作台下降一层截面的高度，再铺上一层粉末进行烧结，如此循环，直至整个工件完成为止。最后经过5～10h的冷却，即可从粉末缸中取出零件。未经烧结的粉末能承托正在烧结的工件，当烧结工序完成后，取出零件，未经烧结的粉末基本可自动脱落（必要时可用低压压缩空气清理），并重复利用。

SLS与其他快速成形工艺相比，能制造很硬的零件；可以采用多种原料，如绝大多数工程用塑料、蜡、金属和陶瓷等；无须设计和构建支撑结构。

SLS的缺点是预热和冷却时间长，总的成形周期长；零件表面粗糙度的高低受粉末颗粒及激光点大小的限制；零件的表面一般是多孔性的，后处理较为复杂。

选择性激光烧结工艺适合成形中小型零件，零件的翘曲变形比液态光固化立体成形工艺要小，适合于产品设计的可视化表现和制造功能测试零件。由于它可采用各种不同成分金属粉末进行烧结，进行渗铜后置处理，因而其制成的产品具有与金属零件相近的力学性能，故可用于制造EDM电极、金属模具及小批量零件生产。

4. 熔丝堆积成形

熔丝堆积成形（Fused Deposition Modeling，FDM）工艺是一种不依靠激光作为成形能源，而将各种丝材加热熔化的成形方法，如图7-55所示。

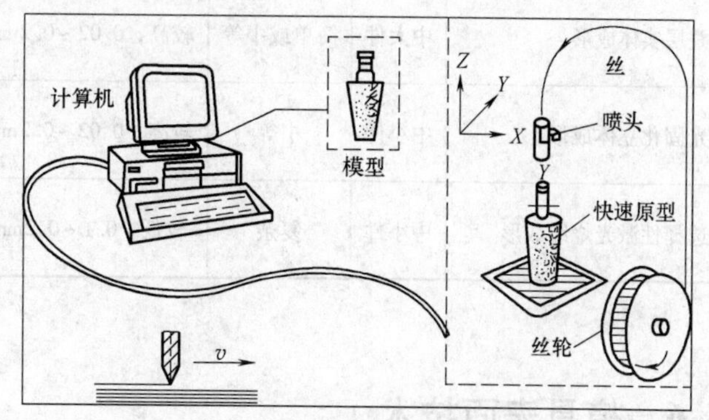

图7-55　熔丝堆积成形原理图

熔丝堆积成形的原理：加热喷头在计算机的控制下，根据产品零件的截面轮廓信息做 X—Y 平面运动，热塑性丝材由供丝机构送至喷头，并在喷头中被加热至略高于其熔点，呈半流动状态，从喷头中挤压出来，很快凝固后形成一层薄片轮廓。一层截面成形完成后，工作台下降一层高度，再进行下一层的熔覆，一层叠一层，最后形成整体。每层厚度范围在0.025～0.762mm。

FDM可快速制造瓶状或中空零件，工艺相对简单，费用较低；不足之处是精度较低，难以制造复杂的零件，且与截面垂直的方向强度小。

5. 3D 打印

3D 打印与选择性激光烧结有些相似，不同之处在于它的成形方法是用黏结剂将粉末材料黏结，而不是用激光对粉末材料进行烧结，在成形过程中没有能量的直接介入。由于它的工作原理与打印机或绘图仪相似，因此通常称为 3D 打印（Three Dimensional Printing, TDP），如图 7-56 所示。

3D 打印的工作过程：含有水基黏结剂的喷头在计算机的控制下，按照零件截面轮廓的信息，在铺好一层粉末材料的工作平台上，有选择性地喷射黏结剂，使部分粉末黏结在一起，形成截面轮廓。一层粉末成形完成后，工作台下降一个截面层高度，再铺上一层粉末，进行下一层轮廓的黏结，如此循环，最终形成三维产品的原型。为提高原型零件的强度，可用浸蜡、树脂或特种黏结剂作进一步的固化。

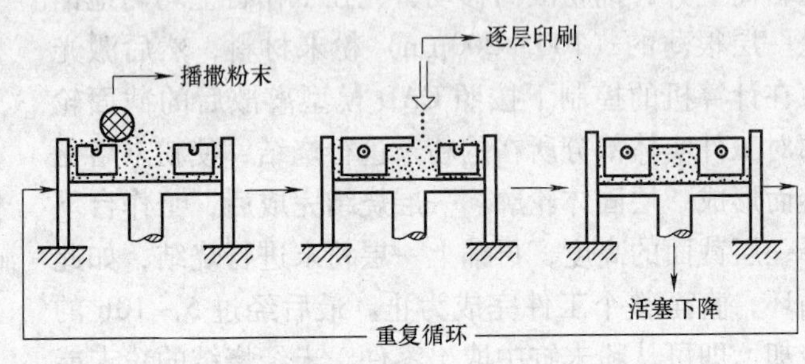

图 7-56　3D 打印原理图

3D 打印具有设备简单,粉末材料价格较便宜,制造成本低和成形速度快(高度方向可达 25 ~50mm/h)等优点,但 3D 打印制成的零件尺寸精度较低(0. 1 ~ 0. 2mm),强度较低。3D 打印法适用的材料范围很广,甚至可以制造陶瓷模,主要问题是制件的表面质量较差。

四种快速成形方法的特点及常用材料见表 7-17。

表 7-17　四种快速成形方法的特点及常用材料

成形方法	零　件			成形速度	制造成本	常用材料
	大　小	复杂程度	精　度			
熔丝堆积成形	中小件	中等	较低，0. 2 ~ 0. 2mm	较慢	较低	石蜡、塑料、低熔点金属等
叠层实体成形	中大件	简单或中等	较高，0. 02 ~ 0. 2mm	快	低	低、金属箱、塑料薄膜等
光固化立体成形	中小件	中等	较高，0. 02 ~ 0. 2mm	较快	较高	热固性光敏树脂等
选择性激光烧结成形	中小件	复杂	较低，0. 1 ~ 0. 2mm	较慢	较低	石蜡、塑料、金属、陶瓷等粉末

7. 6　模具表面技术

模具表面技术包括表面强化、表面修复、型腔表面光整加工技术和表面纹饰加工技术。

模具表面技术的应用越来越广泛，其作用主要如下：

1）提高模具型腔表面硬度、耐磨性、耐蚀性和抗高温氧化性能，大幅度提高模具的使用寿命。

2）提高脱模能力，从而提高生产率。

3）用于模具型面的修复。

4）用于模具型腔表面的纹饰加工，以提高塑件的档次和附加值。

7.6.1　表面强化技术

可用于模具制造的表面强化和修复技术包括表面淬火技术、热扩渗技术、堆焊技术和电镀硬铬技术、电火花表面强化技术、激光表面强化技术、物理气相沉积技术（PVD）、化学气相沉积技术（CVD）、离子注入技术、热喷涂技术、热喷焊技术、复合电镀技术、复合电刷镀技术和化学镀技术等。

1. 热扩渗技术

热扩渗技术又称化学热处理技术，是指用加热扩散的方式把C、N、Si、B、Al、V、Ti、W、Nb、S等一元或多元非金属或金属元素渗入模具的表面，从而形成表面合金层的工艺。其突出特点是扩渗层与基材之间是靠形成合金来结合的，具有很高的结合强度。模具表面强化中常用的扩渗元素有碳和氮。

渗碳具有渗速快、渗层深、渗层硬度梯度与成分梯度可方便控制、成本低等特点，能有效地提高材料的室温表面硬度、耐磨性和疲劳强度等。渗氮的硬度高（950～1200HV），耐磨性、疲劳强度、热硬性及抗咬合性均优于渗碳层。由于渗氮温度低（一般为480～600℃），工件变形很小，尤其适用于一些精密模具的表面强化。

2. 气相沉积技术

气相沉积技术是一种利用气相物质中的某些化学、物理过程，将高熔点、高硬度金属及其碳化物、氮化物、硼化物、硅化物和氧化物等性能特殊的稳定化合物沉积在模具工作零件表面上，形成与基体材料结合力很强的硬质沉积层，从而使模具表面获得优异力学性能的技术。根据沉积层形成机理的不同，气相沉积分为物理气相沉积、化学气相沉积、等离子体化学气相沉积三大类。

（1）物理气相沉积（PVD）　在真空条件下，以各种物理方法产生的原子或分子沉积在基材上，形成薄膜或沉积层的过程称为物理气相沉积。PVD法主要特点是沉积温度低于600℃，它可在工具钢和模具钢的高温回火温度以下进行表面处理，故变形小，最适合用于精密模具。但是PVD法不适于沉积深孔及窄的沟槽，此外不能对有氧化腐蚀、变质层的零件进行沉积。按照沉积时物理机制的差别分为真空蒸镀（VE）、真空溅射（VS）和离子镀（IP）三种类型。其中，采用多弧离子镀膜方法镀覆TiN、TiC耐磨层技术已在模具表面强化方面取得了广泛的生产应用。

（2）化学气相沉积（CVD）　化学气相沉积是采用含有膜层中各元素的挥发性化合物或单质蒸气在热基体表面产生气相化学反应，反应产物形成沉积层的一种表面技术。其特点是CVD处理沉积层的组织中存在扩散层过渡区，沉积层与基体的结合力强，模具不会产生剥落、崩块等问题。对于深孔型及复杂型腔的模具，使用CVD处理较PVD处理更易形成沉积层。但是，由于CVD法是在800～1200℃的高温下进行，工件易变形，出现脱碳现象，易形成残留奥氏体，性能下降；经CVD处理的模具一般还需要在真空炉中重新淬火。

（3）等离子体化学气相沉积（PCVD）　等离子体化学气相沉积技术是在化学气相沉积和物理气相沉积基础上发展起来的，兼有CVD的良好绕镀性及PVD的低温成膜的优点。在模具上用 PCVD 法沉积 NiCN、TiCN、TiC 等结合力高，模具使用性能良好，可以提高模具使用寿命。PCVD 可适用于形状复杂的精密模具表面强化，而且还可以用于表面修复。

3. 电镀与化学镀

（1）电镀　利用电镀技术，在模具表面镀覆一层具有特殊性能的金属材料（常用 Ni 或 Cr），可以提高模具的耐磨性、耐蚀性和表面硬度。这种表面处理技术工艺简单、成本低。镀 Ni 层硬度为 150～600HV，镀 Cr 层硬度为 400～1200HV。

近年来，为了提高复合镀层的耐磨性，采取了如下措施：采用合金镀层，包括 Ni-Co、Ni-Mn、Ni-Fe、Ni-P 镀层等，代替单金属镀层，能够较大幅度地提高模具表面的硬度。

（2）化学镀　化学镀的均镀能力强，由于没有外电源、电流密度的影响，镀层可在形状复杂的模具型腔基材表面均匀沉积。特别是化学镀 Ni-P 层，其硬度可达 1000HV，已接近一些硬质合金的硬度，而且具有相当高的耐磨性和耐蚀性。化学镀 Ni-P 比电镀 Cr 对 PVC 腐蚀模具现象具有更好的防护作用。

4. 激光表面强化技术

激光能量密度极高，对材料表面进行加热时，加热速度极快，整个基体的温度在加热过程中基本不受影响。这样对工件的形状、性能等也不会产生影响。激光材料表面强化技术主要有激光相变硬化（LTH）、激光表面合金化（LSA）、激光表面熔覆（LSC）三种。例如，利用激光表面熔覆（LSC）技术，在聚乙烯造粒模具上熔覆 Co-WC 或 Ni 基合金涂层等，可以降低模具型腔表面粗糙度值，减小型腔的磨损。

7.6.2　光整加工技术

模具常用的光整加工工艺方法有刮削、研磨和抛光，目前主要还是由钳工手工来操作。各种光整加工方法不受工件的大小和形状的限制，加工的精度高，表面可以达到镜面要求。当一般的机床无法满足加工要求时，都要进行光整加工，但是光整加工效率低，劳动强度大。表 7-18 给出了三种光整加工方法的比较。

1. 刮削

刮削是用刮刀去除工件表面金属薄层。刮削时，将工件与校准工具或与之配合的工件涂上一层显示剂，经过对研，使工件凸起的部位显出来，然后用刮刀进行微量去除。刮削主要是利用刮刀的机械切除作用，同时还有刮刀的推挤和压光作用。刮削不受加工对象和装夹的限制，刃具磨损和夹具误差都不影响加工精度。通过刮削可以获得很高的尺寸精度、形状和位置精度以及接触精度。

表 7-18　光整加工工艺

加工方法	精度与加工余量	加工设备与用具	应用范围
刮削	尺寸精度 IT4～IT6 表面粗糙度 *Ra* 为 0.2～1.6μm 加工层厚 0.05～0.4mm	校准工具：校准平板、校准直尺、角度直尺、专用校准型板、芯棒、显示剂、刮刀	分模面、锁紧面、型孔加工
研磨	尺寸精度 0.001～0.005mm 表面粗糙度 *Ra* 为 0.012～1.6μm 加工层厚 0.005～0.03mm	研具：研磨平板、研磨环、研磨棒 研磨剂：氧化物、碳化物或金刚石磨料、有机油、油脂酸等	导柱、导套、滑块、导滑槽等加工

（续）

加工方法	精度与加工余量	加工设备与用具	应用范围
抛光	尺寸精度小于1μm 表面粗糙度 *Ra* 为0.008～0.025μm 加工层厚0.1～0.5μm（公差范围内）	手持抛光机、磨石、砂纸、抛光膏	模具模膛、型芯等加工

2. 研磨

研磨是用研磨工具和研磨剂从工件上研除一层极薄表面金属，从而对工件进行光整加工的。研磨过程包含了物理和化学作用。由于研具和工件之间的相对运动，使磨粒在工件表面产生微量切除，即研磨的物理作用。化学作用是由于研磨液中的氧化铬、硬脂酸等与空气接触后在工件表面形成容易脱落的氧化膜，研磨时氧化膜不断地脱落，又不断地形成，如此反复，加快了研磨切除。

3. 抛光

模具抛光是模具加工的一道重要工序，其目的是加工表面质量要求很高的模具型腔表面，从而保证塑件能顺利地脱模且具有优良的表面质量，或为另一工序例如蚀刻或镀层做准备。抛光与研磨的原理相同，是一种超精研磨。抛光的方法有机械抛光、电解抛光、超声波抛光、脱体挤拉抛光及复合抛光等。机械抛光和砂光是通过手工或抛光机床利用砂轮抛头、砂纸、磨石等来抛光模具型腔的。模具表面抛光不单受抛光设备和工艺技术的影响，还受模具材料镜面度的影响，也就是说，抛光本身受模具材料的制约。例如，用T10A工具钢制作挤压模具型腔时，抛光至 *Ra* 为0.2μm时，肉眼可见明显的缺陷，继续抛下去只能增加光亮度，而表面粗糙度值已不能降低，故生产表面质量要求高的制件的模具需要选用专门的抛光性能符合要求的模具材料，即镜面钢材。

7.7 零件加工检测

零件加工检测是零件精度和模具产品质量的根本保证和基础，模具零件的检测内容和检测手段视不同的生产条件和生产规模而有所不同。

由于模具加工属于单件生产，加工工序多，零件形面复杂，其质量检测与常规的检测略有不同。同时，对于模具型腔的硬度、耐蚀性和纹饰加工等要求难以通过一般的检测方法实现，只能通过一定的加工方法和工艺措施来保证。有时候模具零件的检测结果并不能仅按合格与否来评价，如型腔表面的抛光通常说明的是抛光质量的优劣。这是模具零件检测与普通零件检测相区别的地方。

1. 模具零件检测内容

模具零件的检测内容主要是几何量的检测，包括尺寸公差、形状公差、位置公差、方向公差、表面粗糙度及螺纹型芯、型腔的公差等。

尺寸公差要求是为了保证零件的尺寸准确性的，配合尺寸公差要求是为了保证零件的互换性、运动副的配合精度、配合间隙及偏差的。尺寸公差有两种：线性尺寸公差和角（锥）度公差。位置公差和方向公差要求是为了保证模具的精度和工作性能。形状公差是针对单一要素而言的，包括直线度、平面度、圆度、圆柱度、线轮廓度和面轮廓度等。位置公差和方向公差是针对关联要素而言的，包括平行度、垂直度、倾斜度、同轴度、位置度和对称度等。表面粗糙度是表征工件表面微观形貌误差的指标。螺纹检测包括单一内容检测（如螺距、牙型角、中径等）和综合检测。

（1）模板类零件　这类零件主要影响模具的闭合精度和运动精度，也是加工和装配过程中重要的基准面，需要重点检测上下平面的表面粗糙度、平行度、平面度、与侧面的垂直度，孔系的圆柱度、垂直度、孔径尺寸及孔间距尺寸等。

（2）模膛类零件　这类零件直接关系到塑件的尺寸精度，是模具加工的核心部分，也是需要重点检测的内容。对模膛类零件的检测几乎包括了尺寸公差、形状公差、位置公差、方向公差、表面粗糙度及螺纹型芯、模膛的公差等全部内容，同时还有脱模斜度及表面质量检测的要求，如对抛光质量的评价和镀层是否脱落的判断。

（3）结构件类零件　这类零件中具有导向和运动功能的零件，如导柱、导套、顶杆等，对表面质量要求较高。导柱检测的指标有各台阶轴段的同轴度、圆柱度、径向尺寸等。导套主要是检测其内外圆柱面的同轴度、圆柱度和径向尺寸。顶杆对滑动配合表面的平行度、平面度、锁紧斜面的角度等具有较高的精度要求。对拉杆主要检测轴向功能尺寸的一致性，对压板主要检测平行度、垂直度、功能尺寸的一致性。对于顶杆、复位杆等外购件主要从进货渠道来保证质量，可以对径向尺寸、硬度进行监测。

（4）标准件类零件　标准件类零件的检验需要专门的设备，在一般企业很难进行，但螺钉的过早疲劳、复位弹簧的过早失效，都有可能对模具造成损坏。所以应该选用一些质量好、信誉高的知名企业的产品，以避免出现类似问题。

2. 常用检测方法

检测方法和仪器设备的选用一般应符合以下原则：

1）根据实际的生产条件和生产规模选用。模具生产一般是单件小批量生产，所选用的量具多是通用量具。实际选用还需要根据车间的检测能力确定量具。

2）根据检测对象，确定量具的测量范围及其不确定度。例如，测量 $\phi30_{-0.01}^{\ 0}$ mm 轴时，选用 0～150mm、分度值为 0.02mm 的游标卡尺就不能满足测量要求，因为它的示值误差大于 0.02mm。

3）测量的方便性和经济性。例如，模具的型腔面，检测表面粗糙度时只需视检或样板检测即可，若选用专门的表面粗糙度检测仪势必带来操作上的烦琐和成本的增加。

7.8　模具零件加工的应用实例

锻模是用于生产模锻件的重要工具。因其制造成本较高，又多用于大批生产，所以要求它具有较高的寿命。锻模的寿命是指锻打第一个模锻件开始，至不能再锻出合格的模锻件为止，所能生产的模锻件数量。

各类热锻模具的结构组成、功能特点与毛坯成形工艺条件要求不同，其加工工艺与技术要求也不一样，所选用的模具材料差别也很大。

7.8.1　锤锻模的加工

锻模制造的技术要求根据锻件的精度要求及生产批量，以及工厂的设备条件、技术水平等来确定。

1. 模块的技术要求

1）齿轮类锻件的模块，其纤维方向应与键槽中心线方向一致（见图7-57a），其余锻件的模块纤维方向应与燕尾中心线方向一致（见图7-57b）。当受到模块规格限制不能满足这一要求时，也允许在水平面内改变纤维方向90°，但绝不允许纤维方向垂直于燕尾支承面（见图7-57c）。

2）燕尾支承面、分模面的平面度误差均不大于0.02mm。

3）燕尾支承面与分模面的平行度误差，合模后上下燕尾支承面间的平行度误差均不大于规定的数值。

4）纵向与横向基准面间的垂直度公差为100∶0.03；燕尾侧面与纵向基准面的平行度不大于规定的数值。

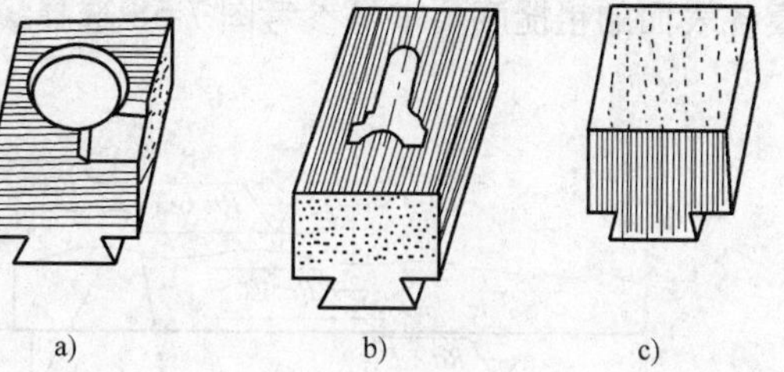

图7-57　模块纤维方向
a）正确　b）正确　c）错误

5）由横向基准面到键槽中心线距离的允许误差在±0.2mm以内；合模后由横向基准面到键槽中心线的距离，上下模相差不大于0.4mm。

2. 模膛加工精度的要求

1）模膛各部分允许偏差在图样中未注明的均按表7-19选定。

表7-19　锤锻模模膛制造允许偏差　（单位：mm）

模膛尺寸	终锻模膛		预锻模膛		制坯模膛		
	深度	长、宽	深度	长、宽	深度	长度	宽度
≤20	+0.10 -0.05	+0.2 -0.1	+0.2 -0.1	+0.4 -0.2	±0.5	±0.8	—
>20～50	+0.1 -0.1	+0.3 -0.1	+0.2 -0.1	+0.5 -0.2	±0.6	±1.0	+3.0 -1.0
>50～80	+0.2 -0.1	+0.3 -0.2	+0.3 -0.2	+0.5 -0.3	±0.8	±1.2	+3.0 -1.5
>80～160	+0.3 -0.2	+0.4 -0.2	+0.4 -0.2	+0.6 -0.3	+1.0	±1.5	+4.0 -2.0
>160～260	—	+0.5 -0.3	—	+0.6 -0.4	—	±1.8	+5.0 -2.0
>260～360	—	+0.6 -0.3	—	+0.7 -0.4	—	±2.0	—
>360～500	—	+0.7 -0.4	—	+0.8 -0.4	—	±2.5	—
>500	—	+0.8 -0.4	—	+0.8 -0.5	—	±3.0	—

注：深度尺寸公差按单块锻模规定。

2）将上下模检验角对齐后，模膛错移量不应超过表7-20规定的数值。

表7-20　分模面上允许的错移量　（单位：mm）

设　备	终锻模膛	预锻模膛	制坯模膛
1t模锻锤	0.1	0.2	1.0
2t模锻锤	0.15	0.3	1.0
3t模锻锤	0.2	0.4	2.0
5t模锻锤	0.25	0.5	2.0

3. 锻模加工的粗糙度要求

预锻模膛、分模面、燕尾支承面等部分经过精铣、精刨或磨后，使其表面粗糙度值达 $Ra1.6\mu m$；终锻模膛及飞边槽桥部还需加以抛光，使表面粗糙度值达 $Ra0.8\mu m$；飞边槽仓部、起重孔及钳口槽等非工作表面，用钻或铣削加工表面粗糙度值达到 $Ra12.5\mu m$ 即可。锻模各表面的粗糙度要求可参考图 7-58 选择。

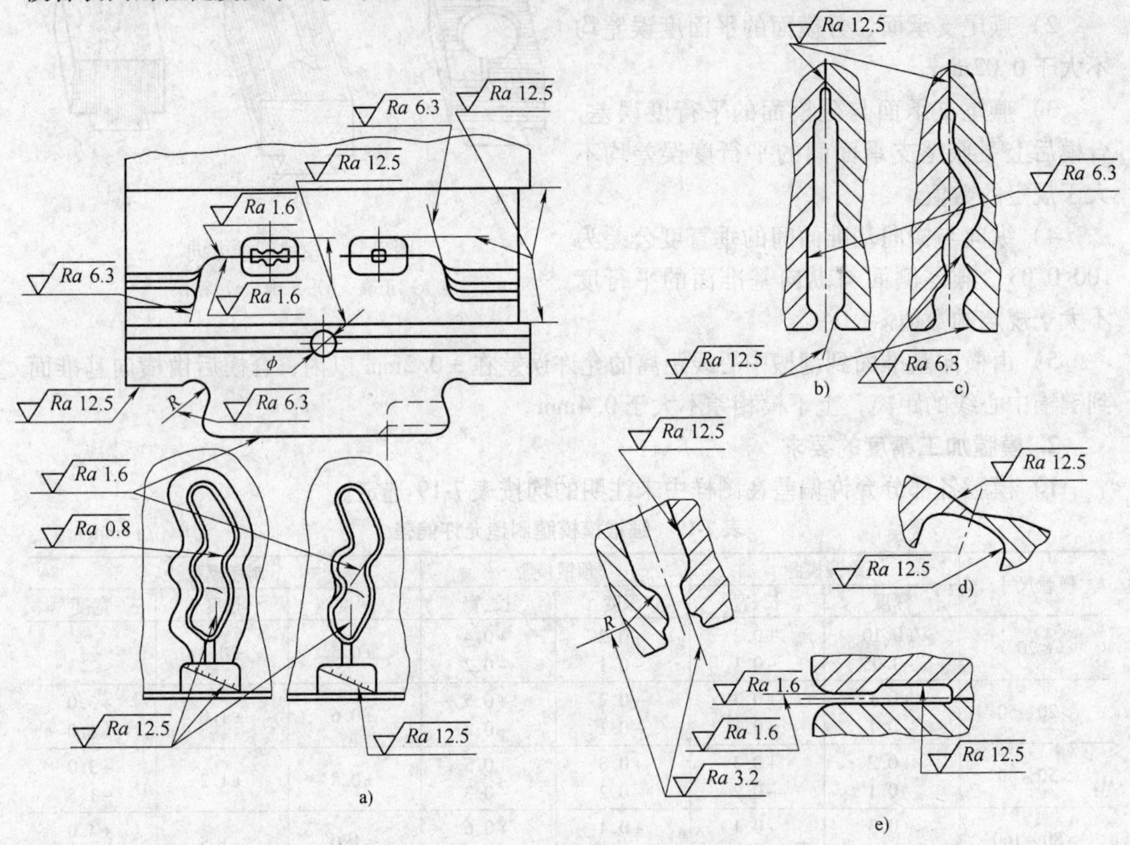

图 7-58 锤锻模的表面粗糙度

a）拔长模膛 b）滚压模膛 c）弯曲模膛 d）切断模膛 e）飞边槽

4. 锻模硬度要求

锻模经过热处理后，应在分模面上检查其工作部分的硬度，并在燕尾支承面上检查燕尾部分的硬度。一般锻模的硬度要求是以锻锤的吨位来确定的、具体数值可参考表 7-21。

表 7-21 锤锻模的硬度要求

设备及模具	工作部分		燕尾部分	
	硬度 HBW	d/mm	硬度 HBW	d/mm
1t、2t 模锻锤用锻模	360 ~ 413	3.01 ~ 3.21	302 ~ 341	3.30 ~ 3.50
3t 模锻锤用锻模	341 ~ 385	3.11 ~ 3.30	283 ~ 318	3.41 ~ 3.61
5t 模锻锤用锻模	318 ~ 360	3.21 ~ 3.41	283 ~ 318	3.41 ~ 3.61

注：表中的压痕直径 d 是在负荷为 30000N、球径为 10mm 时的试验值。

7.8.2　锻模的加工要点

1. 样板设计与制造

样板是与模具某一切面或某一表面（或其投影）相吻合的板状检测工具，其主要作用是对模具几何形状和尺寸进行检测和控制。

（1）样板的分类和用途　样板主要按工作特性进行分类，其用途见表7-22。

表7-22　样板分类和用途

分类		说　明	用　途
专用样板	全形样板	模具呈工作位置时，按锻件在分模面上的垂直投影的形状所制的样板	主要用于平面分模模具的划线和修型；切边模的粗加工，可缩短生产周期
	截面样板	反映某一截面形状或其某一局部形状的样板	一般供钳工修型、靠模加工和检验某截面的形状
	立体样板	按锻件图制造的、具有主体型面且又符合样板要求的样板。可以是整体的，也可以是局部的	测量模膛立体型面，翻制截面样板或加工靠板
	检验样板	形状与样板反切，精度比一般样板高1～2级	用于批量生产或精度要求较高的模具
通用样板		锻模典型结构，不同模具通用样板，如燕尾、锁扣、键槽等	对不同模具相同结构要素的检测与控制

注：1. 根据模具图分析结构特点、技术要求、模具加工方案。
2. 确定测量位置和样板定位基准。
3. 明确样板使用方法和要求。
4. 计算工艺尺寸和尺寸偏差。
5. 绘制样板图并编号，同时在模具图上标注。
6. 确定样板加工方案，编写工艺规程。

（2）样板设计　样板的设计是在编制模具工艺规程时进行的。

样板设计的基本原则：在能测量模具的全部尺寸（能用通用量具测量的除外）和能满足制模过程中各工序需要的前提下，样板数量尽可能少。

锻模样板的基本要求如下：

1）制造公差。一般取模膛尺寸偏差的2/5～1/5，且凹型面取负值，凸型面取正值。

2）表面粗糙度：

①精锻模样板的表面粗糙度值 Ra 为0.63～0.2μm。

②制坯模膛和自由锻胎模模膛样板的表面粗糙度值 Ra 为2.5～1.6μm。

③普通锻模样板的表面粗糙度值 Ra 为1.25～0.4μm。

3）材料要求：

①一般不需要热处理，中小样板料厚1～2mm，大型样板料厚2～5mm。

②批量生产模具样板需热处理，中小型样板料厚3～5mm，大型样板料厚5～8mm。

③样板表面可进行适当的防锈处理，如涂（喷）漆、发蓝、镀锌或镀铬等。

（3）样板的加工方法（表7-23）

表7-23　样板加工方法

加工方法	加工过程	适用场合
按图板对线法	材料磨平后划图板线及样板线，按线加工、印记、修形，修形采用与图板对比的方法，最后按要求可进行热处理或表面处理	精度不高的普通锻模，且料厚 $\delta\leq$ 3mm

（续）

加工方法	加 工 过 程	适用场合
按放大图加工法	材料磨平后划样板线，同时划放大图板线，按线加工、印记、修形，修形时采用投影放大对线法，其余与按图板对线法相同	精度较高的锻模样板，料厚 $\delta \leq 3$mm
数控线切割加工法	材料扳平后，淬火或不热处理，磨平，线切割加工样板，留 0.01 ~ 0.05mm 的研磨余量，最后由钳工研磨	精密样板加工
光学曲线磨加工法	材料磨平后划线粗加工（铣和刨），钳工修正后留 0.1 ~ 0.3mm 余量，打印，钻孔，需要时进行热处理，校平，磨平后工作面符合放大图	较厚的精密样板加工

2. 锻模外形的加工

锻模外形加工一般都采用常规的加工方法。锻模外形加工的主要结构要素包括支承面和基准面、分模面、锁扣、燕尾、键槽等。加工过程为先粗加工，留精加工余量，热处理后进行精加工、打磨、修光。

大型模具的加工要使用大型设备如龙门铣、龙门刨等。

锁扣是锻模特有的，常用的有圆形锁扣和角形锁扣两类。锻模锁扣加工方法见表 7-24。

表 7-24　锻模锁扣加工方法

类型	加 工 方 法	尺寸测量
圆形锁扣	粗车时凸圆角车成锐角，根部车大圆角，热处理后精车外圆、凹圆角和凸圆角到精度尺寸	加工中用游标卡尺测量，用样板精修尺寸，根据图样要求，透光值小于最大间隙为合格
角形锁扣	用铣床或刨床进行粗加工，对复杂曲面、分模面、锁扣等结构特殊的用仿形铣加工，先用直柄铣刀铣，后用锥铣刀加工到工序尺寸，热处理后进行修正，先修凹锁配凸锁，一般只要求修对锁扣角度和两定位面互相垂直即可	用间隙规测量合模后的配合间隙

3. 模膛加工

锻模模膛加工一般先粗加工，留精加工余量，热处理后进行精加工或钳工修正。常用模膛加工方法见表 7-25。

表 7-25　常用模膛加工方法

加工方法	说　明	适用场合
立铣加工	划线粗铣大部分余量，再用圆形球头沿划线粗铣，最后再精铣，小型模具留修磨余量，大型模具留精铣余量，热处理后再精铣修正。铣削顺序：先深后浅。尺寸控制方法：水平靠线，垂直深度靠样板	形状不太复杂，精度要求较低的锻模或设备条件较差的工厂
仿形铣加工	划线，做靠模，中小型模具精铣留修光余量，大型模具留精铣余量，热处理后精铣，修磨。粗铣用大直径球头刀，精铣用圆头刀。小于等于槽底圆角尺寸，斜角小于等于脱模角。仿形销应与刀具形状相同，质量大小不超过规定质量	形状较复杂、无窄槽模具的加工

（续）

加工方法		说　明	适用场合
电火花加工		要求电极损耗小，蚀除量大，采取相应的排屑方法，由于加工表面（几十微米）极硬，内应力极大，且有明显的脆裂倾向，必须除去。电火花加工后进行一次回火处理，消除应力，方便钳工精修。对大型模具加工余量较大时，在电火花加工前可进行适当的切削加工，以减少加工余量，提高效率	形状较复杂、分模面为平面的精度较高的模具加工
线切割		毛坯加工后热处理，切割通孔型腔或定位孔	加工样板、冲切模、镶块孔等
电解加工		电解加工用的工具电极为钢制，并可利用废旧模具反拷再加钳工修正制成。电解加工工艺参数不易确定。电解加工效率高，尺寸精度高，表面粗糙度值低	适合加工较陡的模膛，且变化曲率不大，批量较大
压力加工	热反印法	将模块加热到锻造温度后，用准备好的模芯压入模块，模块退火后刨分模面、铣飞边槽。淬火后修整打光。模芯可用零件修磨而得，形状复杂精度较高的另做模芯。一般热压时除上下对压外还要压四个侧面，型面粗加工后再压一次，以消除分模处圆角	适合于小批量生产或新产品试制。方法简便，周期短、成本低
	开式冷挤压	冲头直接挤压坯料，坯料四周不受限制，挤压后型面需加工	适合精度要求不高或深度较浅的多型模膛，或分模面为平面的模膛
	闭式冷挤压	挤压时坯料外加钢套限制金属流向，保证模块金属与冲头吻合。模膛轮廓清晰，表面粗糙度值很低	适合于单模膛精度要求较高的场合
精密铸造		可制造难加工材料模具，制模周期短、材料利用率和回收率高，便于模具复制，精度较高。几种精铸锻模典型工艺见表7-26	用于大型精密模具批量生产及难加工材料锻模的制造

4. 精铸锻模典型工艺

精铸锻模的典型工艺见表7-26。

表7-26　精铸锻模典型工艺

工序及特点	木模-陶瓷型	熔模-陶瓷型	熔模-壳型		电渣重熔精铸
模型准备	根据锻模尺寸制造木模或金属模样	根据锻模尺寸设计和制造熔模（蜡模）			按锻模几何形状设计制造金属结晶器
造型材料或熔渣准备	耐火材料：石英砂、刚玉砂或铝矾土中任一种 黏结剂：硅酸乙酯、硅溶胶或水玻璃中任一种 催化剂：碱性氧化物 Al_2O_3 或 CaO		耐火材料：刚玉粉 黏结剂：硅酸乙酯 催化剂：盐酸	耐火材料：石英砂 黏结剂：树脂 催化剂：乌洛托品	二元或三元渣组成：Al_2O_3、CaF_2、CaO
制备砂套或准备电极	用普通铸钢造型材料，按一般造型工艺方法制作砂套		—		锻制或铸造自耗电极

（续）

工序及特点	木模-陶瓷型	熔模-陶瓷型	熔模-壳型		电渣重熔精铸
制模	1）陶瓷型型料配制 2）灌浆 3）起模 4）喷烧 5）焙烧 6）合箱 7）浇注 8）清理		1）配制涂料 2）制壳 3）熔烧 4）浇注 5）清理	1）混砂 2）制壳:清理型板→型板预热→喷涂分模剂→制壳→顶壳 3）合箱 4）浇注 5）清理	1）引入液体熔渣或引弧化渣 2）重熔金属电极铸模 3）脱模缓冷
热处理	铸件退火				
特点	陶瓷型化学稳定性好，变形小，表面粗糙		表面光洁、精度高、效率高、经济性好，适于大批量生产小型锻模		设备简单，生产周期短，金属纯度高，组织致密，适于大批量生产小型锻模
	适于单件小批量生产大中型锻模	适于生产大批量中小型锻模			

7.8.3　锻模制造程序及工艺过程

1. 锻模制造的程序

锻模制造的程序一般如下：

1）熟悉图样后，首先制订出加工工艺过程。

2）进行一些工艺准备工作，如用薄钢板做出模膛截面形状不同的样板，制作仿形铣床用的靠模或电火花加工用的电极，选定模块等。

3）根据实际情况安排生产。

锻模的加工工艺过程大致包括模块的预加工、模膛的加工、热处理以及精整加工等阶段。对一副锻模的加工，可将钻起重孔，钳工划线，铣或刨基准面、燕尾、分模面等的加工视为锻模的预加工，然后进行模膛的加工。模膛形状一般都比较复杂，模膛的加工是锻模加工中要解决的主要问题。根据模膛的形状、尺寸及生产技术条件，模膛加工可用机械加工、电加工或压力加工等方法来完成。热处理后，进行精整加工，如精磨平面、抛光模膛及检验等。

锻模的热处理对模具质量影响很大。槽块毛坯在机械加工前需经退火处理，目的是降低硬度，消除残余内应力，改善切削性能并为以后的淬火处理在组织上做好准备。至于淬火与回火处理，在加工工艺过程中的安排主要有两种不同的方式：一种方式是机械加工基本完成，模膛也加工出来后再进行淬火（这样可以使模膛得到较高的硬度，但可能由于淬火引起变形，模膛需进行修正和抛光，耗费的劳动量多，因此这种方式常用于中小型锻模或淬火变形较小的钢材制造的模具）；另一种方式是将锻模的预加工完成后便进行淬火，模膛加工则在淬火处理后进行（这样可以避免热处理变形的影响，但因淬火后硬度高，切削加工有困难，这可以用电加工来解决）。对于较深模膛，由于模块淬硬层深度的关系，如果在热处理后加工模膛，则其表面硬度会受影响，但这对大型锻模来说，因其硬度要求稍低，同时，考虑到淬火变形过大将难以修正，故对大型锻模或用淬火变形较大的钢材制造的模具，常采用后面这一方式安排加工。

2. 锤锻模机械加工的工艺过程

现以一连杆锤锻模（见图7-59）为例，说明锻模制造的机械加工工艺过程。

毛坯采用锻件，模块经锻造后进行退火处理，其机械加工工艺过程如下：

1）钳工划线，在模块上划出起重孔、分模面、燕尾及纵横向基准面。

2）钻起重孔，根据模块的大小每块钻2~6个起重孔3。

3）刨分模面、燕尾及基准面，模块一般是在龙门刨床或龙门铣床上成对加工的，可先将分模面4预加工，然后翻面刨或铣燕尾达到尺寸要求，并完成纵向基准面9的加工，最后将模块旋转90°，把横向基准面2及打印用的槽11加工好。

4）磨分模面，在平面磨床上分别把上下模块的分模面4磨好。

5）钳工划线，划出各模膛的轮廓线、钳口、键槽尺寸线，并打印好模具号码。

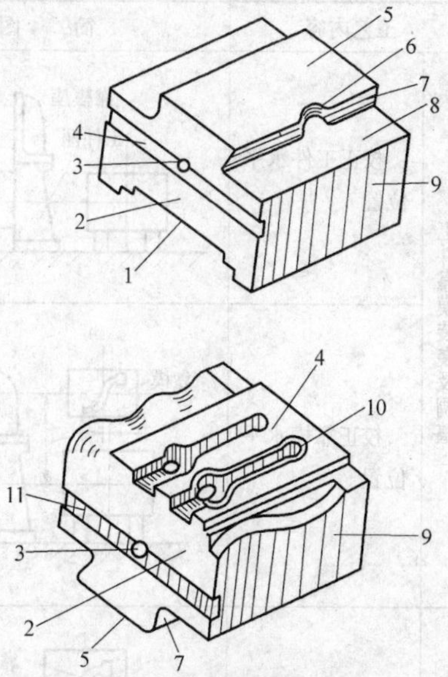

图7-59　连杆锤锻模的加工工艺过程

1、4—分模面　2—横向基准面　3—起重孔　5—燕尾支承面　6—键槽　7—燕尾　8—燕尾肩部平面　9—纵向基准面　10—飞边槽　11—打印用的槽

6）加工模膛，可用仿形铣床或电加工来完成，如在仿形铣床上加工，可先加工好预锻及终锻模膛，留出0.1~0.5mm的余量，然后加工拔长模膛及滚挤模膛达到尺寸要求。有时为了减轻仿形铣床的加工量，可先在立式铣床上粗铣模膛，然后再在仿形铣床上进行精铣。如用电加工则可直接加工到所要求的尺寸。

7）钳工修整模膛，主要是修刮机械加工时难以加工到的狭窄沟槽、边角及小圆弧等部位。将锐角磨圆，可防止淬火中出现裂纹。然后进行初步的校样检验。

8）铣钳口、键槽及飞边槽等部分到所要求的尺寸。

9）热处理，进行淬火、回火处理，使模膛的工作面及燕尾部分达到要求的硬度。

10）精加工模膛，用风动砂轮打磨模膛，用样板检验各模膛，并合模浇样检查制件，再修整模膛使之达到要求。

11）修磨飞边槽桥部及主模膛周边倒角，并抛光各模膛表面。

12）平磨燕尾支承面及分模面。

整副锻模的加工到此即告完成。

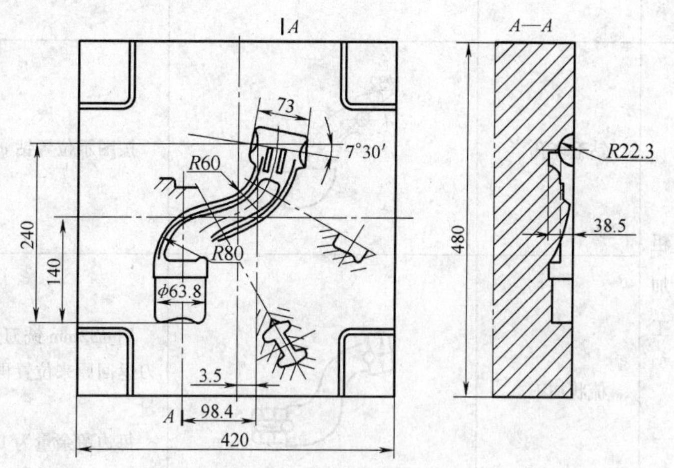

图7-60　弯形拉杆锤锻模

3. 锤锻模加工实例

图 7-60 所示为弯形拉杆锤锻模，采用仿形铣削加工模膛，见表 7-27。

表 7-27　锻模型腔仿形铣削过程

工艺内容		简　图	说　明
工件靠模装夹及调整	校正工件水平位置	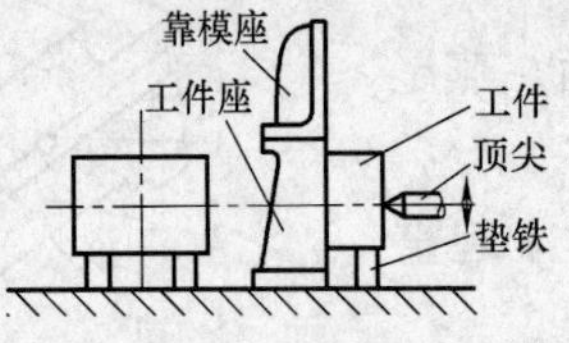	工件用平行垫铁初步定位于工件座的中央，用压板初步压紧 在主轴上装顶尖，调整主轴的上、下位置，使顶尖对准工件中心线 移动工作台，用顶尖校正工件的水平位置，将工件紧固
	校正靠模水平位置	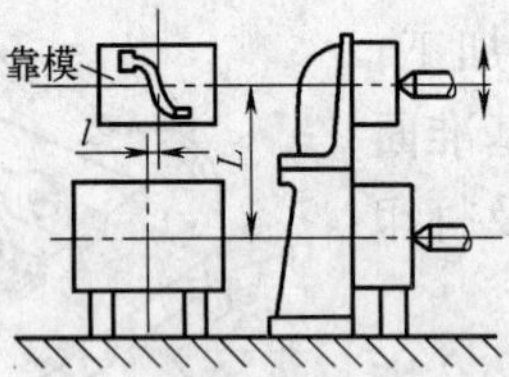	初步安装靠模于靠模座上，使靠模与工件的中心距离在机床的允许调节范围内 在靠模仪触头轴内安装顶尖，调整靠模仪垂直滑板，使顶尖与靠模中心线对准 移动工作台，用顶尖校正靠模的水平位置加以紧固
工件靠模装夹及调整	调整靠模销与铣刀相对位置	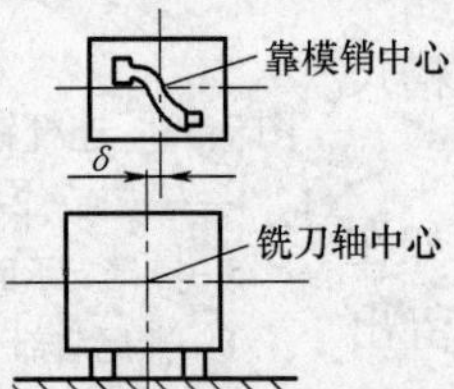	工件与靠模安装后，中心位置在水平方向的偏差为 δ（此值应小于靠模仪滑板水平方向的可调范围值） 移动机床工作台，使铣刀轴中心对准工件中心，然后调整靠模仪水平滑板，使靠模销轴轴线对准靠模中心，以保证两轴中心偏差值为 δ
	安装靠模销与铣刀，调整深度位置	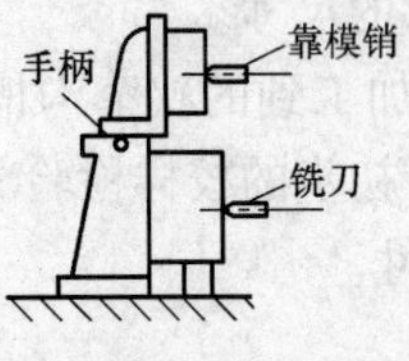	装上靠模销及 ϕ32mm 铣刀，分别与靠模及工件接触，通过手柄依靠齿轮、齿条调整两者的深度相对位置 在以后的加工中，每换一次铣刀和靠模销，都需要进行一次调整
粗加工	钻毛坯孔	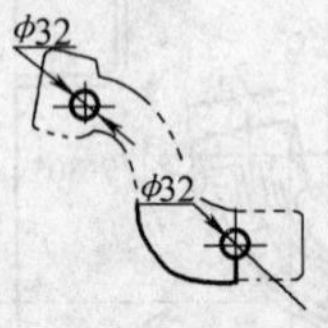	按图示位置钻 ϕ32mm 毛坯沉孔
	梳状加工	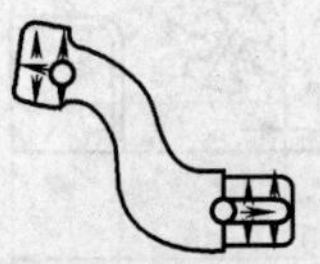	用 ϕ32mm 铣刀进入 ϕ32mm 孔内，按水平方向铣完深槽，铣刀返回原来位置再进入槽内按垂直分行开始周期进给切除余量 每边留余量为 1mm

（续）

工艺内容		简图	说明
粗加工	粗铣整个模膛		用 ϕ20mm 圆头铣刀，每边留余量0.25mm 仿形加工整个模膛，周期进给量4～6mm，手动行程控制
	粗加工凹槽及底部		用 ϕ32mm 圆头铣刀粗加工，周期进给量为2.5mm 换用 R2.5mm（此尺寸根据靠模销能进入凹槽为准）圆头锥度铣刀加工凹槽底部及模膛底脚，周期进给量为1mm 加工凹槽时可采用轮廓仿形形式
精加工	精铣整个模膛		用 R2.5mm 圆头锥度铣刀精铣 根据模膛形状分四个区域采用不同的周期进给方向 周期进给量取0.6mm，侧壁与工作台轴线成角度时，周期进给量应减小，取0.3mm
	补铣底脚圆角		精铣时模膛壁部底脚铣削的周期进给方向与壁部垂直 为减小底脚表面粗糙度，改变周期进给方向进给补铣

7.8.4 热模锻压力机锻模的加工

1. 上、下模座

锻模模架由导向装置与支承零件组成，其作用是把模具的其他零件连接起来，并保证模具的工作部分在工作时有正确的相对位置。尽管各种模架结构不同，但它们的支承零件（如模座、垫板）都是平面零件，在工艺上主要都需要进行平面及孔系加工。模架中导向装置的导套和导柱都是机械加工中常见的套类和轴类零件，都需要进行内、外圆柱表面的加工。

（1）模座加工技术要求　模座加工后应满足的技术要求是模座的上、下平面应保持平行，不同尺寸模座的平行度公差见表7-28。模座上的导柱、导套孔必须与基准面垂直，其垂直度公差见表7-29。模座上的未标注公差尺寸按IT14级精度加工；模座上、下工作面精磨后的表面粗糙度值 Ra 为0.4～1.6μm，其余面的表面粗糙度值 Ra 为3.2～6.3μm，四周非安装面可按非加工表面处理。

表 7-28　模座上、下平面的平行度公差

基本尺寸/mm	模架精度等级		基本尺寸/mm	模架精度等级	
	0Ⅰ、Ⅰ	0Ⅱ、Ⅱ		0Ⅰ、Ⅰ	0Ⅱ、Ⅱ
	平行度公差/mm			平行度公差/mm	
>40～63	0.008	0.012	>250～400	0.020	0.030
>63～100	0.010	0.015	>400～630	0.025	0.040
>100～160	0.012	0.020	>630～1000	0.030	0.050
>160～250	0.015	0.025	>1000～1600	0.040	0.060

注：精密导向模架的模座采用0Ⅰ、Ⅰ级，其他模座和板采用0Ⅱ、Ⅱ级。

表 7-29　模座上的导柱导套孔与平面的垂直度公差

基本尺寸/mm	模架精度等级		基本尺寸/mm	模架精度等级	
	0Ⅰ、Ⅰ	0Ⅱ、Ⅱ		0Ⅰ、Ⅰ	0Ⅱ、Ⅱ
	垂直度公差/mm			垂直度公差/mm	
>40～63	0.008	0.012	>100～160	0.012	0.020
>63～100	0.010	0.015	>160～250	0.025	0.040

(2) 模座的加工原则　对模座主要进行的是平面加工和孔系加工，在加工过程中为了保证技术要求和加工方便，一般应遵循先面后孔的加工原则，即先加工平面，然后再以平面定位加工孔系。模座的毛坯经过刨削或铣削加工后，再对平面进行磨削，这样可以提高模座平面的平面度和上、下平面的平行度，同时易于保证孔轴线与模座上下平面的垂直度要求。

上、下模座孔可根据加工要求和现场的生产条件，在镗床、铣床或摇臂钻等机床上采用坐标法或利用引导装置进行加工。生产批量较大时可以在专用镗床上进行加工。为了使导柱、导套的孔中心距尺寸一致，在镗孔时经常将上下模座重叠在一起，一次装夹同时镗出导柱和导套的安装孔。

(3) 上、下模座的加工　图7-61、图7-62所示分别为后导柱的上、下模座。为保证模架的装配要求，使模架工作时上模座沿导柱上、下移动平稳，无滞阻现象，加工后应保证模座的上、下平面保持平行，对于不同尺寸的模座其平行度公差见表7-28；上、下模座上导柱、导套安装孔的孔间距离用保持一致；孔的轴心线应与模座的上、下平面垂直，其垂直度公差见表7-29。

上、下模座采用锻钢或铸钢做毛坯，基本工艺过程如下：

1）毛坯。铸造（或锻造）后的毛坯应留有适当的切削加工余量，并不允许有夹渣、裂纹和过大的缩孔、过烧现象等缺陷。

2）热处理。进行退火处理消除内应力及降低硬度，以利于后续工序的切削加工。

3）钳工划线。根据上、下模座的尺寸要求进行划线。

4）铣或刨削。铣或刨削毛坯前后、左右及上下平面，表面粗糙度值 Ra 为12.5μm，上、下平面各留0.15～0.20mm的单面磨削余量。

5）钻削。钻顶杆孔、螺钉孔、导套孔、导柱孔，表面粗糙度值 Ra 为3.2μm，导套孔和导柱孔各留镗孔余量2mm。

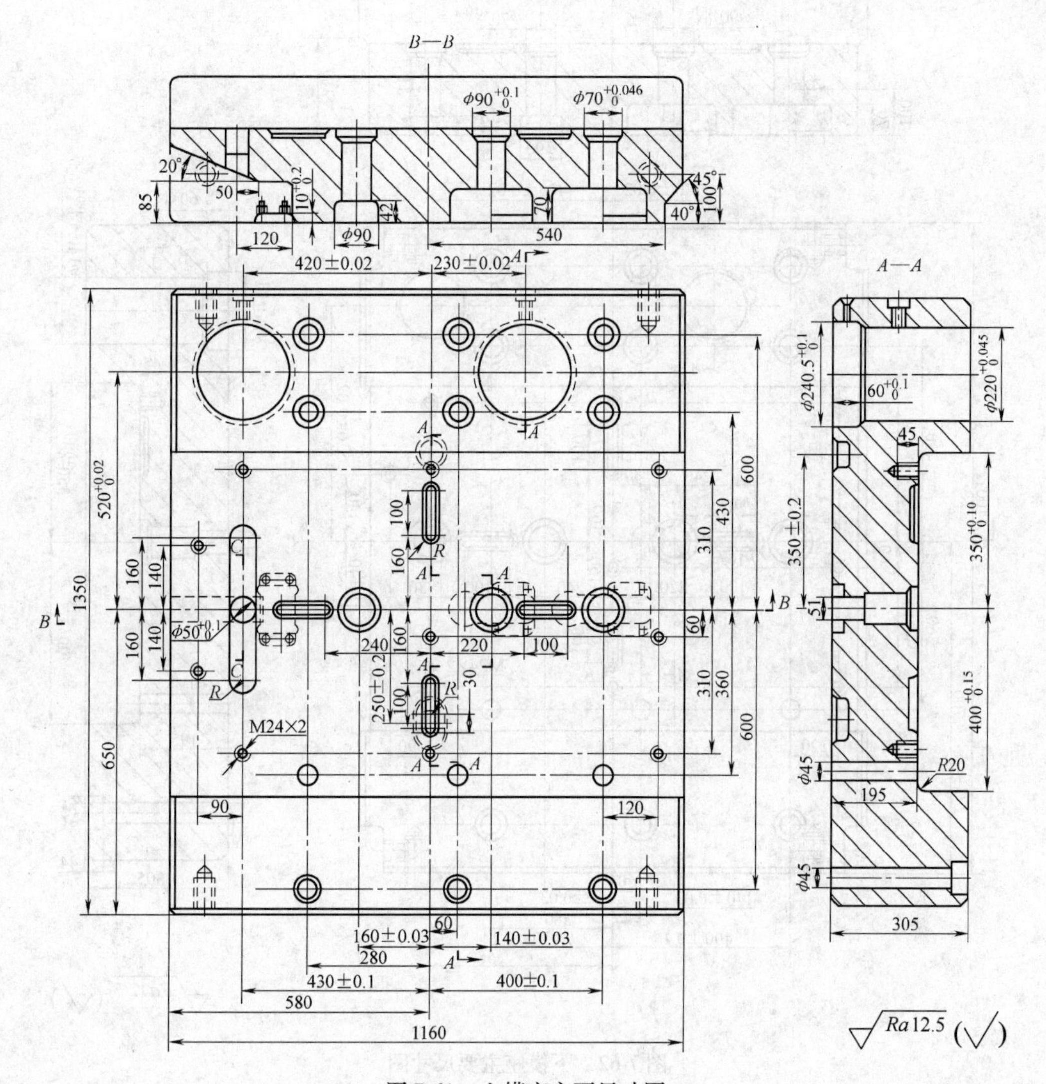

图7-61　上模座主要尺寸图

6）磨削。磨削上、下平面，表面粗糙度值 Ra 为1.6μm。模座上下平面的平行度公差为0.06mm。

7）镗削。镗削导柱孔和导套孔，表面粗糙度值 Ra 为1.6μm。在镗孔时，上下模座的导套和导柱孔应配对加工，应保持同轴，而孔的中心线与上下模座平面保持垂直并达到孔径尺寸要求。模座上的导柱导套孔与平面的垂直度公差为0.04mm。

8）检验。按图样要求进行检验。

2. 导向机构

模具导向机构零件是指在组成模具的零件中，能够对模具零件的运动方向和位置起着导向和定位作用的零件。因此，模具导向机构零件质量的优劣，对模具的制造精度、使用寿命和成形制件的质量有着非常重要的作用。

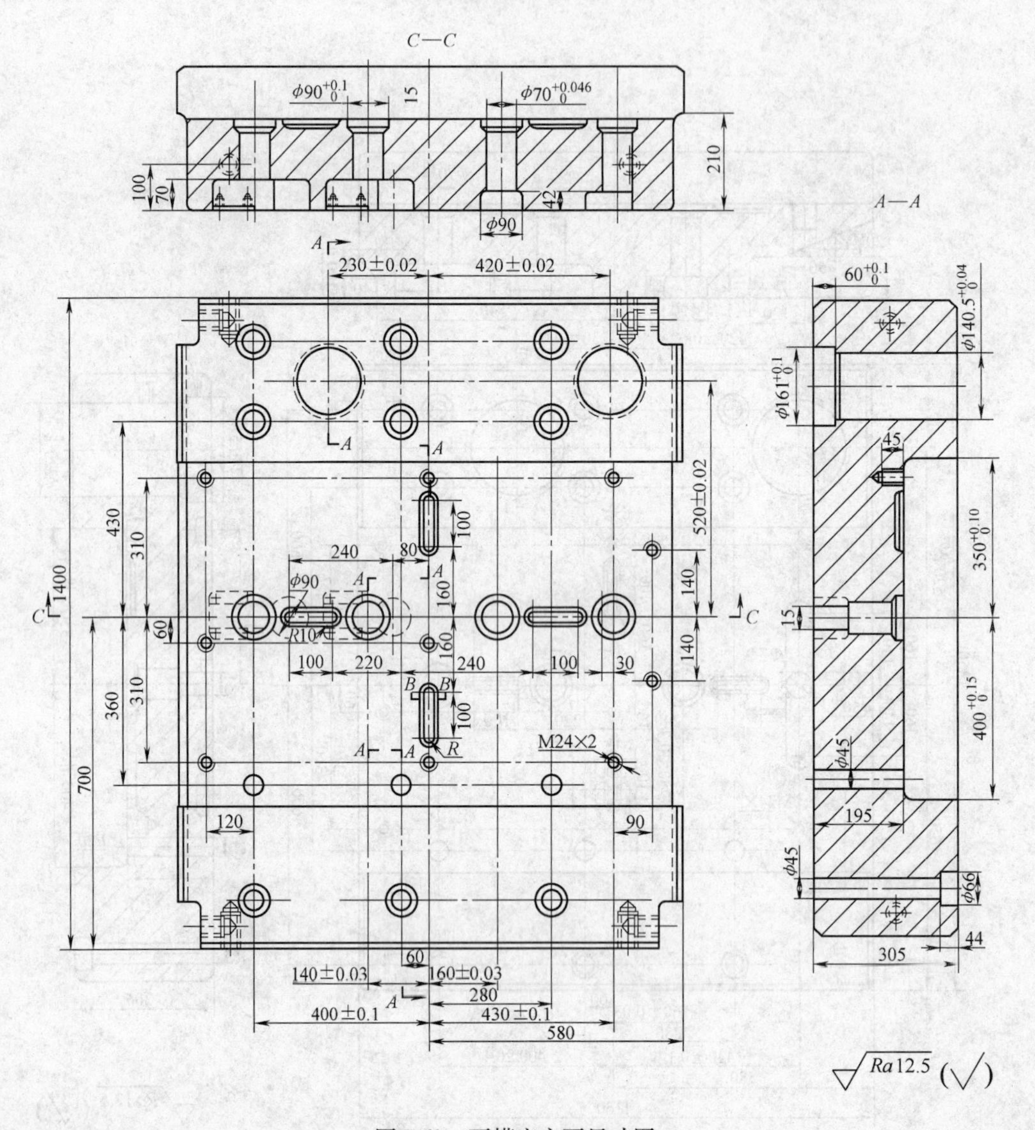

图 7-62　下模座主要尺寸图

模具运动零件的导向，是借助导向机构零件之间精密的尺寸配合和相对的位置精度，来保证运动零件的相对位置和运动过程中的平稳性的，所以导向机构零件的配合表面都必须进行精密加工，而且要有较好的耐磨性。一般导向机构零件配合表面的精度可达 IT6，表面粗糙度值 Ra 为 0. 4 ~0. 8μm。

导向机构零件的形状比较简单。一般采用普通机床进行粗加工和半精加工后再进行热处理，最后用磨床进行精加工，消除热处理引起的变形，提高配合表面的尺寸精度，减小表面粗糙度值。对于配合要求精度高的导向机构零件，还要对配合表面进行研磨，才能达到要求的精度和表面粗糙度。

虽然导向机构零件的形状比较简单，加工制造过程中不需要复杂的工艺和设备及特殊的制造技术，但也需采取合理的加工方法和工艺方案，才能保证导向零件的制造质量，提高模具的制造精度。

（1）导柱　图7-63所示为导柱尺寸的加工图，材料为20钢。

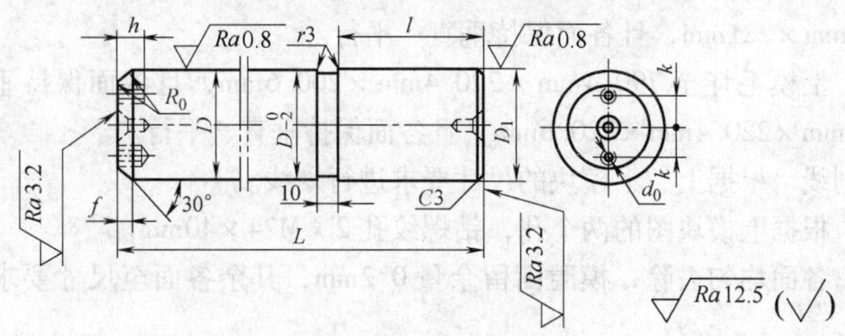

图7-63　导柱尺寸

导柱是各类模具中应用最广泛的导向机构零件之一。导柱与导套一起构成导向运动副，应当保证运动平稳、准确。所以，对导柱的各段台阶轴的同轴度、圆柱度提出了较高的要求，同时，要求导柱的工作部位轴径尺寸满足配合要求，工作表面具有耐磨性。通常，要求导柱外圆柱面硬度达到58~62HRC，尺寸精度达到IT5~IT6，表面粗糙度值 *Ra* 达到0.4~0.8μm。

在机械加工的过程中，除保证导柱配合表面的尺寸和形状精度外，还要保证各配合表面之间的同轴度要求。导柱的配合表面是容易磨损的表面。所以，在精加工之前要安排热处理工序，以达到要求的硬度。

加工工艺：粗车外圆柱面、端面→钻两端中心定位孔→外圆柱面留0.5mm左右磨削余量→热处理→修研中心孔→磨导柱的工作部分，使其表面粗糙度和尺寸精度达到要求。

（2）导套　在机械加工过程中，除保证导套配合表面尺寸和形状精度外，还要保证内外圆柱配合面的同轴度要求。导套装配在模座上，以减少导柱和导向孔滑动部分的磨损。因此，导套内圆柱面应当具有很好的耐磨性，根据不同的材料采取淬火或渗碳，以提高表面硬度。内外圆柱面的同轴度及其圆柱度一般不低于IT6，还要控制工作部位的径向尺寸，硬度为50~55HRC，表面粗糙度值 *Ra* 为0.4~0.8μm。

导套零件如图7-64所示。导套的加工表面主要是内外圆柱面和端面。加工工艺为：下料→车外圆、内孔→车外圆倒角→铣油槽→热处理→磨削内外圆→研磨内孔→检验。

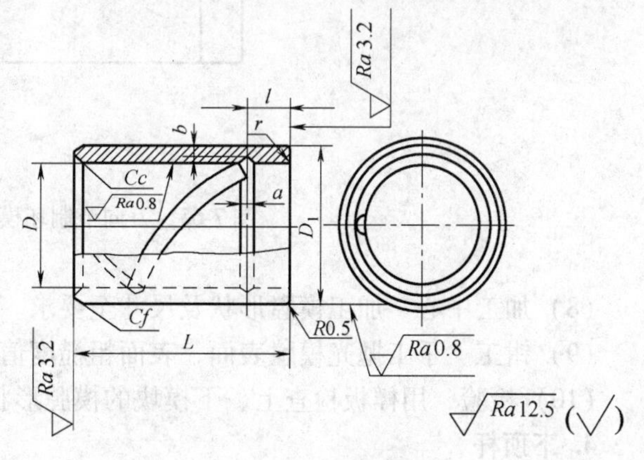

图7-64　导套尺寸

3. 上、下模块

图7-65所示为万向节制坯模上、下模块，材料为5CrMnMo模具钢。

（1）毛坯　锻造后的毛坯应留有适当的切削加工余量，并不允许有裂纹、过烧现象等缺陷。

上模毛坯尺寸 >795mm×225mm×205mm；下模毛坯尺寸 >795mm×225mm×225mm。

（2）热处理　进行退火处理消除内应力并降低硬度，以利于后续工序的切削加工。

（3）铣削　上模毛坯至 791mm × 221mm × 201mm，且各面保持垂直、平行；下模毛坯至 791mm × 221mm × 221mm，且各面保持垂直、平行。

（4）磨削　上模毛坯至 790. 4mm × 220. 4mm × 200. 6mm，且各面保持垂直、平行；下模毛坯至 790. 4mm × 220. 4mm × 220. 6mm，且各面保持垂直、平行。

（5）钳工划线　根据上、下模块的尺寸要求进行划线。

（6）钻削　根据上模块图的两个孔，钻螺纹孔 2 × M24 × 40mm。

（7）磨削　各面均匀去除，模膛面留余量 0. 2mm，其余各面至尺寸要求，表面粗糙度值 *Ra* 为 3. 2μm。

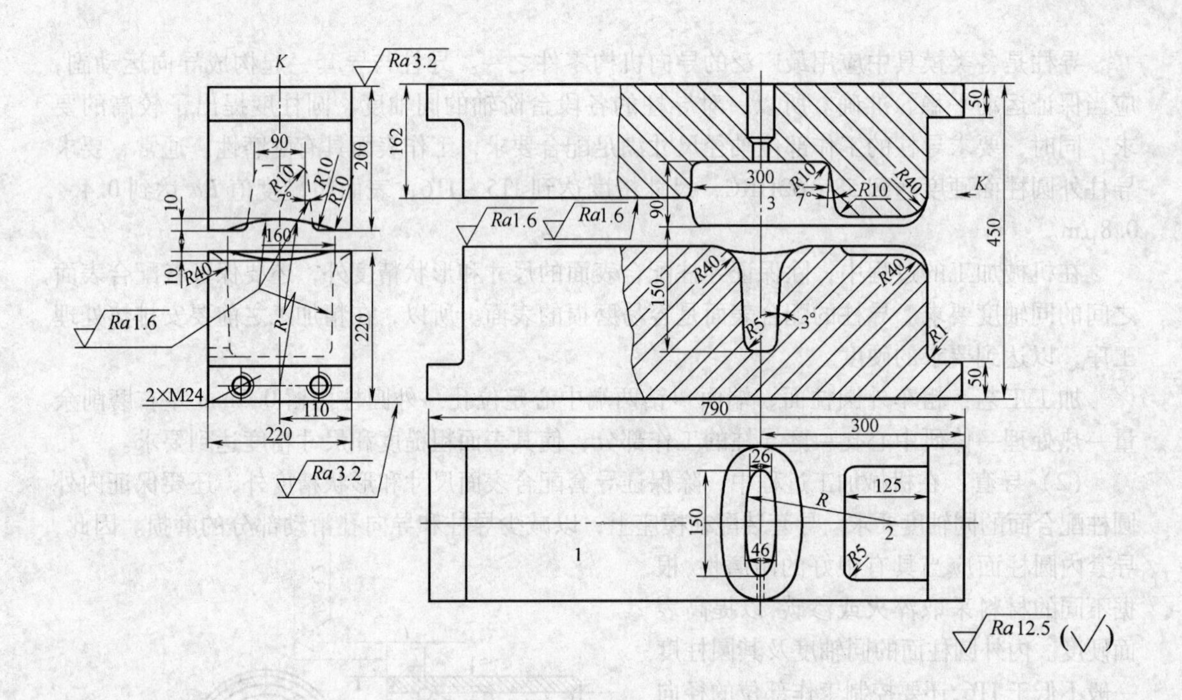

图 7-65　万向节制坯模上、下模块

（8）加工中心　加工模膛形状及尺寸至要求。

（9）钳工　手工抛光模膛表面，表面粗糙度值 *Ra* 为 1. 6μm。

（10）检验　用样板检查上、下模块的模膛形状及尺寸。

4. 下顶杆

图 7-66 所示为倒车齿轮预锻模下顶杆，材料为 3Cr2W8V 模具钢。

（1）下料　锯床下圆棒料，尺寸为 ϕ86mm × 145mm。

（2）车削　车端面至长度 142mm，钻中心孔，掉头车端面，长度至 140mm，钻中心孔。

（3）车外圆　粗车外圆柱面至尺寸 ϕ53. 2mm × 142mm，调头，车至 ϕ52mm × 20mm，ϕ84mm × 20mm。

（4）热处理　保证表面硬度为 48 ~ 52HRC。

（5）车削　精车端面 *R*100mm，外圆柱面至 ϕ52. 9mm × 140mm。

（6）磨削　磨端面、外圆柱面，留研磨余量0.01mm。

（7）研磨　研磨端面、外圆柱面至尺寸、抛光端面模膛。

（8）检验　用样板检查端面模膛及检测下顶杆的配合尺寸。

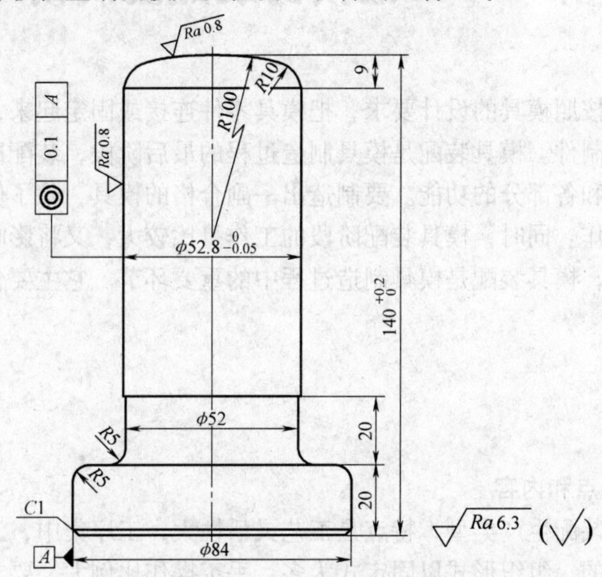

图7-66　倒档齿轮预锻模下顶杆

第 8 章　锻模的装配及试模

锻模的装配就是按照模具的设计要求，把模具零件连接或固定起来，并使其达到装配要求，保证加工出合格制件。模具装配是模具制造过程的最后阶段，装配质量的好坏将影响模具的精度、使用寿命和各部分的功能。要制造出一副合格的模具，除了保证零件的加工精度外还必须做好装配工作。同时，模具装配阶段的工作量比较大，又将影响模具的生产制造周期和生产成本。因此，模具装配是模具制造过程中的重要环节。它主要包括检验、装配、调整和试模等工作。

8.1　概述

1. 模具装配的特点和内容

模具装配属单件装配生产类型，特点是工艺灵活性大，工序集中，工艺文件要求高，设备、工具尽量选通用的。组织形式以固定式为多，手工操作比例大，要求工人有较高的技术水平和多方面的工艺知识。

模具装配过程是按照模具技术要求和各零件间的相互关系，将合格的零件按一定的顺序连接固定为组件、部件，直至装配成合格的模具。它可以分为组件装配和总装配等。

模具装配的内容有选择装配基准、组件装配、调整、修配、总装、研磨抛光、检验和试锻等，通过装配达到模具的各项指标和技术要求。模具装配和试锻也将考核制件的成形工艺、模具设计方案和模具制造工艺编制等工作的正确性和合理性。在模具装配阶段发现的各种技术质量问题，必须采取有效措施妥善解决，以满足试锻成形的需要。

模具装配工艺规程是指导模具装配的技术文件，也是制订模具生产计划和进行生产技术准备的依据。模具装配工艺规程的制定根据模具种类和复杂程度，各企业的生产组织形式和习惯做法视具体情况可简可繁。模具装配工艺规程包括模具零件和组件的装配顺序、装配基准的确定、装配工艺方法和技术要求、装配工序的划分以及关键工序的详细说明、必备的工具和设备、检验方法和验收条件等。

2. 模具装配的精度要求

模具装配精度包括以下几个方面的内容：

（1）相关零件的位置精度　例如上、下模之间的位置精度，凸模与导模之间的位置精度，凸凹形锁扣的位置精度，键槽紧固的位置精度等。

（2）相关零件的运动精度　包括直线运动精度及传动精度。例如导柱和导套之间的配合状态，顶杆和卸料装置的运动是否灵活可靠，进料装置的送料精度等。

（3）相关零件的配合精度　相互配合零件的间隙是否符合技术要求。

（4）相关零件的接触精度　例如模具分模面的接触状态如何（平行度），凸凹形锁扣的间隙大小是否符合技术要求，组合模膛镶块间成形面的吻合一致性等。

3. 模具装配的工艺方法

锻模装配的工艺方法常采用调整装配法，它是用一个可调整位置的零件来调整它在锻造设备中的位置来达到装配精度，或增加一个定尺寸零件（如垫片、垫块等）来达到装配精度的一种方法。

按所采用零件的作用调整装配法有如下两种：

（1）可动调整装配法　可动调整装配法是在装配时用改变调整件的位置来表达到装配精度的方法。例如，图 8-1 所示为用压板与螺钉调整热模锻压力机锻模中上、下模块的模膛对准。此法不用拆卸零件，操作方便，应用广泛。

（2）固定调整装配法　固定调整装配法是在装配过程中选用合适的调整件，达到装配精度的方法。例如，图 8-2 所示的螺旋压力机锻模高度位置的调整，可通过更换调整垫块 5 达到装配精度的要求。调整垫块可制造成不同厚度，装配时根据预装配时对制件底厚的测量结果，选择一个适当厚度的调整垫块进行装配，达到所要求的高度位置。

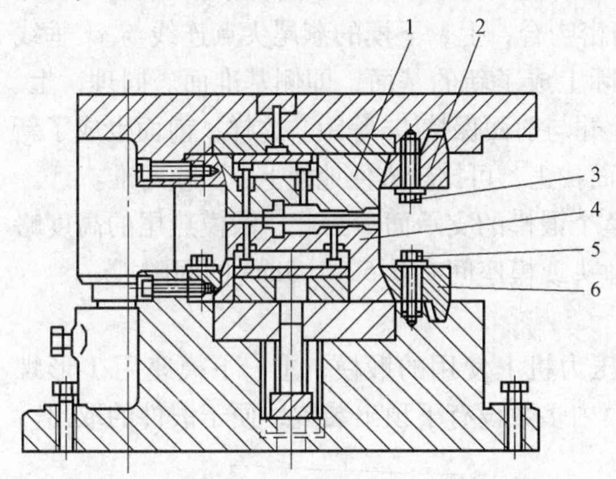

图 8-1　热模锻压力机锻模的调整

1—上模块　2—上压板　3、5—螺钉　4—下模块　6—下压板

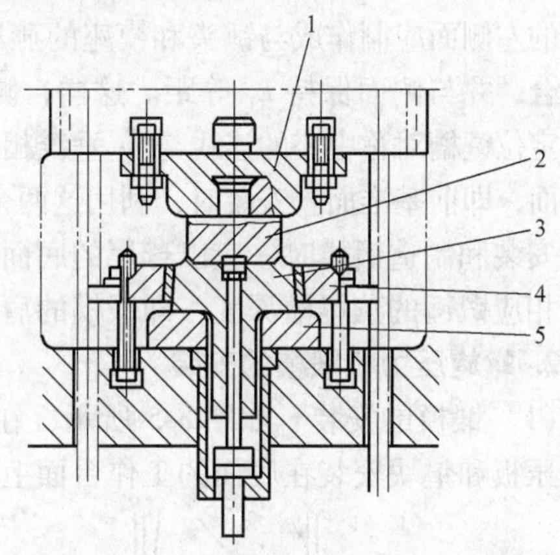

图 8-2　螺旋压力机锻模的调整

1—上模座　2—上模　3—下模　4—固定圈　5—调整垫块

调整装配法的优点如下：

1）能获得很高的装配精度。

2）零件可按经济精度要求确定加工公差。

8.2　锻模的安装与紧固

1. 锤锻模的安装与紧固

和其他模具一样，锻模亦有上、下模之分。如图 8-3 所示，上、下模分别用斜楔、键和调整垫片固定在模锻锤锤头和模（砧）座的燕尾槽内，防止左右移动主要靠调整楔 1 和卡垫片 2，防止前后移动主要靠定位键块 4 和小垫片 3。这种固定安装方法可避免松动，调整、安装比较方便。

对于上、下模有成形部分时，模具在锤上的安装还要注意上、下模正确地对准。如前所述，由于上、下模是用燕尾槽和定位键固定在锤上的，所以整个模具必须以燕尾槽和定位槽为

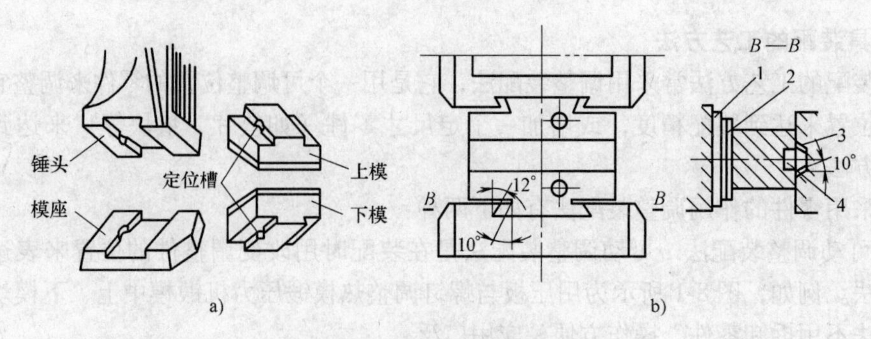

图 8-3　锻模的紧固

a）装配前　b）装配后

1—楔　2—卡垫片　3—小垫片　4—定位键块

基准来制造模膛。这个基准也是作为在锤上装模时，上、下模对准的基准面，如图 8-4 所示。模具的左侧面应制作成与锤头和模座的燕尾槽精密吻合，上、下模的燕尾尖点连线与 xx 垂线相重合，并与侧面保持 L_1 等距。这样，侧面实际上成了新的基面，即侧基准面。同理，上、下模定位键槽对称中心的连线与 yy 垂线相重合，并与前面保持 L_2 等距。这样，前面也成了新的基面，即前基准面。安装时，利用这两个基准面找正，可比较方便地使上、下模对准。

安装和制造锻模时，应以燕尾的底面作为整个锻模的支承面。为此，锻模燕尾的高度略大于相应锻锤的燕尾槽深度，即锻模的肩部与锤头或模座间有 0. 5 ~ 1. 5mm 的间隙。

2. 螺旋压力机锻模的安装

（1）锻模的安装　如图 8-5 所示，在螺旋压力机上使用的锻模，上、下模座用 T 形螺栓、压板和垫块安装在底面的工作台面上。锻模内多数设有下顶出装置，便于锻件的取出。

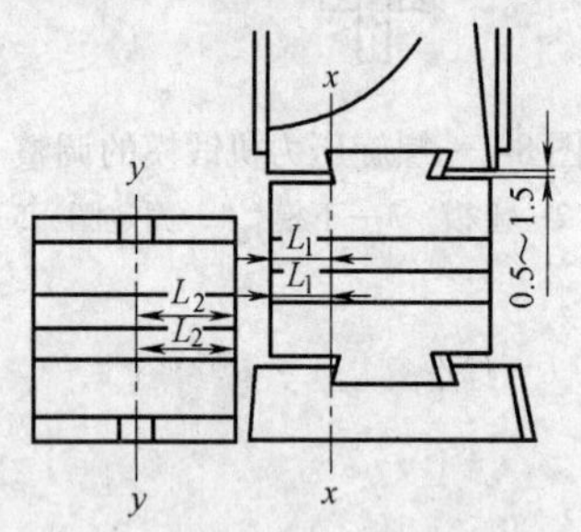

图 8-4　基准面和定位燕尾的关系

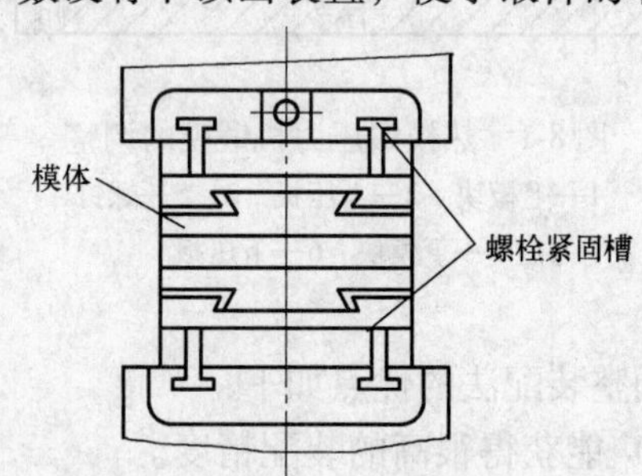

图 8-5　螺旋压力机锻模的安装

安装后的锻模，必须做到牢固可靠，严防在锻造时模具产生位移和松动。

（2）锻模装配的技术要求

1）装配好的锻模，其闭合高度应符合设计要求。

2）导柱和导套装配后，其中心线应分别垂直于下模座底平面和上模座底平面，其垂直度应符合设计要求。

3）上模座上平面应和下模座的底面平行，其平行度误差应符合设计要求。

4）装入模架的每一对导柱和导套的配合间隙（或过盈量）应符合设计要求。

5）装配好的模架，其上模座沿导柱移动应平稳，无阻滞现象。

6）凸模和凹模的配合应符合设计要求。

7）定位装置应保证定位正确可靠。

8）卸料及顶件装置活动灵活、正确。

9）模具应在生产条件下进行试验，锻造的制件应符合设计要求。

（3）装配实例　图8-6所示为行星齿轮精锻模具，其装配过程实际包括组件装配、下模部分装配、上模部分装配和总装配。行星齿轮精锻模具分为上模和下模两个部分，上模部分由上模座13、压缩弹簧12、内六角圆柱头螺钉11、拉杆10、凸模9和导模8等零件组成。下模部分由下模座1、顶杆2、螺钉3、下模块4、凹模5、应力圈6和压紧套圈7等零件组成。

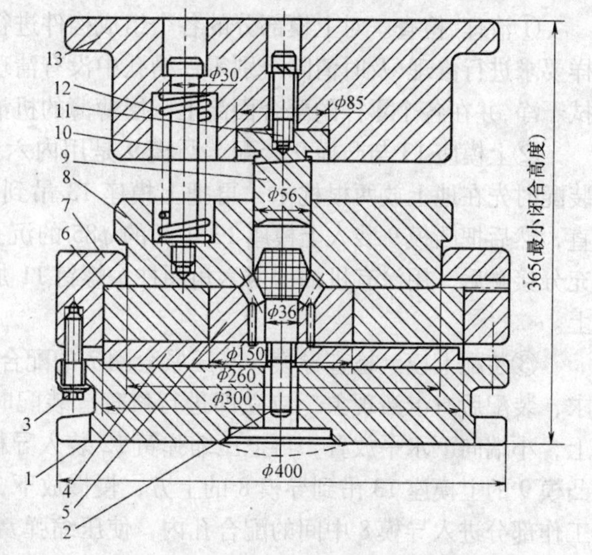

图8-6　行星齿轮螺旋压力机精锻模具

1—下模座　2—顶杆　3—螺钉　4—下模块　5—凹模　6—应力圈　7—压紧套圈　8—导模　9—凸模　10—拉杆　11—内六角圆柱头螺钉　12—压缩弹簧　13—上模座

1）组合凹模的装配。组合凹模由凹模5和应力圈6两个零件构成。

①清理、检查。检查凹模5的型腔和压装配合面的表面粗糙度是否达到设计要求，若表面粗糙度值偏高则应对其进行抛光处理；检查其型腔内的棱边是否按图样要求倒圆，若未达到图样要求则应重新进行倒圆处理；检查型腔和排气孔内有无杂物，如有杂物应立即清理干净。零件检查合格后将其擦拭干净，并在其表面涂上一层薄薄的机油备用。

检查应力圈6的锥孔面表面粗糙度是否达到图样要求，若表面粗糙度值偏高，则应进行抛光处理；检查零件上的棱边是否按图样要求倒圆，若没有倒圆则应进行倒圆处理。零件检查合格后将其擦拭干净，并在表面涂上一层薄薄的机油备用。

②压装。把支承环放在压力机工作台中间，再把应力圈6放在支承环上，应力圈的锥孔大端向上，然后将装配面涂油后的凹模5型腔面向下放入应力圈6的锥孔内，并保证凹模5的中轴线与应力圈6的端面垂直后开始压装。压装完成后，磨平组合凹模底面。

2）下模部分的装配。下模部分由下模座1、顶杆2、螺钉3、下模块4、组合凹模（即凹模5和应力圈6的组合件）和压紧套圈7等构成。

①清理、检查。对下模部分的各个组成构件进行清理检查，对个别零件的不合格处，按图样要求进行修理，及时清除个别零件槽孔中没有清理干净的杂物和铁屑；检查完毕后把零件擦拭干净，并在各个零件的配合面（包括螺纹连接件）涂上一层薄薄的机油后备用。

②装配。将两根同样大小的枕木放在地面上，把下模座1吊到枕木上放好，再把下模块4装入下模座1上端的沉孔内，下模块4上带气槽的面向上，用铜棒敲击下模块4的上端面，使其与下模座1的沉孔端面充分接触；把组合凹模放在下模块4上面，使组合凹模的排气孔与下模块4上的排气槽对正，再把压紧套圈7盖在组合凹模上，并套在下模块4的外圆上，以保证组合凹模与下模块4和下模座1之间有一个相对不变的位置关系；然后用螺钉3把压紧套圈7、组合凹模、下模块4固定在下模座1上。拧紧螺钉3时，要按一定的顺序进

行，并做到分次逐步拧紧，否则会使被连接件产生松紧不匀和不规则的变形。最后装入顶杆2，并检查顶杆2的活动情况，若有卡滞现象则需进行修配。至此，下模部分装配完毕。

3）上模部分装配。上模部分由上模座13、压缩弹簧12、内六角圆柱头螺钉11、拉杆10、凸模9和导模8等零件构成。

①清理、检查。对上模部分的各个组成构件进行清理和检查，对个别零件的不合格处按图样要求进行修理，及时清除个别零件槽孔中没有清理干净的杂物和铁屑；检查完毕后把零件擦拭干净，并在各个零件的配合面涂上一层薄薄的机油后备用。

②上模座13与凸模9装配。凸模9是用内六角圆柱头螺钉11固定在上模座13上的，装配时先在地上放两根枕木，再把上模座13吊到枕木上，并使上模座13的端面与枕木垂直，然后把凸模9装入上模座13中间的$\phi85$的沉孔内，并用铜棒敲击凸模9使其配合端面充分接触后，用涂有机油的内六角圆柱头螺钉11加上弹簧垫圈后将凸模9固定在上模座13上。

③装配上模。检查导模8与压紧套圈7的配合尺寸是否符合设计要求，如不符合设计要求，装配后有卡滞现象，应立即进行修理。装配时在地上放两根枕木，把导模8吊到枕木上，小端向下水平放置，再把压缩弹簧12装入导模8大端面的弹簧沉孔内，然后把固定有凸模9的上模座13吊到导模8的上方，慢慢放下，与此同时用手移动上模座13使凸模9的工作部分进入导模8中间的配合孔内，使压缩弹簧进入上模座13的弹簧沉孔内，最后用涂有机油的拉杆10把固定有凸模9的上模座13、压缩弹簧12和导模8连接在一起构成模具的上模部分。

4）合模。将装配好的上模部分与装配好的下模部分合模，即将装配好的上模部分吊到装配好的下模部分上方，慢慢放下，与此同时用手移动上模部分，使上模部分的导模8的小端装进下模部分的压紧套圈7中间的导向孔内后，这套行星齿轮精锻模具的装配过程即告结束。这套模具进入试模阶段。

3. 热模锻压力机锻模的安装

热模锻压力机锻模一般是装在模座里，模座上设有导向部分，以保证锻模配合精度。安装模座时，应保证滑块导向和模座导向的一致性和协调性，以防止导向部分的偏向磨损和导柱折断。在模锻过程中，还应经常检查模座导向部分是否配合正常，并及时进行调整，防止模座因受振动或偏心载荷而发生窜动。

8.3　锻模的检验、试模与调整

热锻模装配后，必须通过试模对制件的质量和模具的性能进行综合考查与检测。对试模中出现的各种问题，应全面、认真地分析，找出其产生的原因，并对热锻模进行适当的调整与修正，以得到合格的制件。

1. 热锻模试模与调整的目的

热锻模的试模与调整简称调试。调试的主要目的有如下几点。

（1）鉴定制件和模具的质量　在模具生产中，试模的主要目的是确保制件的质量和模具的使用性能。制件从设计到批量生产需经过产品设计、模具设计、模具零件加工、模具组装等多个环节，任何一环节的失误都可能导致模具性能不佳或制件不合格。因此，热锻模组装后，必须在生产条件下进行试模并根据试模后制出的成品，按制件设计图，检查其质量和尺寸是否符合图样规定，模具动作是否合理可靠。根据试模时出现的问题，分析产生的原因，并设法加以修正，使模具不仅能生产出合格的零件，而且能安全稳定地投入生产。

（2）确定成形制件的毛坯形状、尺寸及用料标准　热锻模经过试模制出合格样品后，可在试模中掌握模具的使用性能、制件的成形条件、方法及规律，从而可对模具能成批生产制件时的工艺规程制订提供可靠的依据。

（3）确定工艺设计、模具设计中的某些设计尺寸　在热锻模生产中，有些形状复杂或精度要求较高的冷挤压制件，很难在设计时精确地计算出变形前的毛坯尺寸和形状。为了能得到较准确的毛坯形状、尺寸及用料标准，只有通过反复地调试模具后，使之制出合格的零件才能确定。

2. 热锻模的调整要点

1）热锻模的上、下模导向（导柱与导套，上、下模锁扣）要有良好的配合，即应保证上、下模的工作零件导入深度适中，不能太深与太浅，所组成的模膛应以能锻出合格的零件为准。制件的外形尺寸是依靠调节压力机连杆长度或增减垫板厚度来实现的。

2）在精密锻模中，凸、凹模间隙要均匀。对于有导向零件的锻模，其调整比较方便，只要保证导向件运动顺利而无发涩现象即可保证间隙值；对于无导向的锻模可以用透光及塞尺测试等方法在压力机上调整，直到上、下模的凸、凹模互相对中，且间隙均匀后，用螺钉将锻模紧固在压力机上，进行试模。

3）顶杆系统的调整主要包括顶件器是否工作灵活；顶杆刚度是否足够；顶杆的运动行程是否足够；顶杆是否能顺利顶出制件。若发现故障，应进行调整，必要时可更换。

3. 锻模的检验

锻模的检验项目及检验方法见表8-1。

表8-1　锻模的检验项目及检验方法

序号	检验项目	检 验 方 法
1	锻模模块几何形状的检验	1）锻模模块外形尺寸及基准面、分模面间的相对位置，可用万能量具进行测量，其尺寸精度及几何公差应符合图样和专用技术条件的规定 2）将上、下模合上，检验角对齐，检查曲线分模面局部不密合程度和锁扣间隙的大小
2	锻模模膛尺寸的检验	1）将检验合格的样板放在模具指定的位置线上，其基准面应与模具分模面紧靠。检查样板型面与模具型面的透光间隙，应小于模膛相应尺寸偏差的3/5 2）锻模模膛的某些部位，如圆柱面、圆锥面等，可用标准研具进行着色检查 3）由于锻模样板不能完全反映模膛的全部尺寸和形状，可通过浇注样件（铅样或低熔点合金）作进一步检验。样件用万能量具测量或划线检查，以确定锻模模膛错移量和全部几何尺寸是否符合图样要求
3	精密锻模的检验	1）用三坐标测量仪检验。首先应按图样尺寸及图样已给出的坐标点，换算出各测量点的坐标值。然后用三坐标测量仪对模具各测量点进行测量。对实际测量数据与理论数据的差值，根据尺寸公差判断是否合格 2）用光学跟踪仪检验。首先用数控绘图仪，根据图样尺寸绘制模具不同截面上的放大图（放大倍数可根据模具精度选择，一般选用10～20倍）。然后在仪器上对模具模膛每一截面进行检验

（续）

序号	检验项目	检 验 方 法
4	锻模模膛表面粗糙度的检验	1）比较判别法。当模具模膛表面纹路深度小于或等于标准块纹路深度时，即合格 2）用计量仪器进行测量
5	模具热处理检验	1）不允许有裂纹、碰伤、腐蚀和严重氧化等缺陷 2）用硬度计检查模具硬度应符合图样要求
6	检查设备状况	1）检查锻压设备动作运行状况 2）检查锻压设备能力，不能偏大和偏小 3）检查安全、防护设施
7	锻模的安装	1）锻模在锻压机上的装夹要紧固牢固 2）上、下模的基面应相互平行，并与运动方向垂直、错移量应减小到最小范围 3）燕尾支承面应与锻模分模面平行 4）上、下模的分模面应相互平行 5）燕尾的支承面与基面不允许存在间隙 6）锤头与导轨的间隙，在保证正常作业的情况下应取最小值
8	锻模的预热	1）锻模的预热可以预防锻模破裂，一般预热温度为150～350℃ 2）预热方法：对于小胎模可在炉口烘烤；对于比较大的胎模或固定在设备上的模具，可把加热到1000～1100℃的钢块放在上、下模之间烘烤，或者用煤气、油喷嘴喷火预热
9	选择润滑剂	在试模前应选用合理的润滑剂，如重柴油、润滑油、盐水、二硫化钼等对锻模在使用中润滑，以减少摩擦，便于金属充满模膛，和易于将锻件从模膛内取出，延长模具使用寿命
10	清除坯件氧化皮	氧化皮对锻件质量及模具寿命影响很大。因此，试锻前必须尽量减少氧化皮并在坯件入模前去净

4. 试模缺陷及修整

锻模在试模时，产生的缺陷及调整方法见表8-2。

表8-2　锻模试模缺陷及调整方法

试模缺陷	简　图	产生原因	调整方法
锻件在高度方向上尺寸偏差太大（欠压）	Δh	1）加热或锻造温度不合适 2）设备吨位不足 3）操作工艺不合理 4）模具飞边槽过小或飞边槽阻力太大 5）模膛尺寸过小	1）合理选择锻压温度，不使终锻温度过低 2）选择足够吨位的模锻设备 3）控制好锤击轻重及锤击次数 4）调整、修磨飞边槽尺寸，使之合适 5）加大模锻的模膛尺寸

（续）

试模缺陷	简　图	产生原因	调整方法
锻件局部未充满，尺寸不合图样要求	凹坑	1）模锻设备吨位太小 2）毛坯体积小 3）锻压温度偏低 4）氧化皮太多 5）飞边槽过大或阻力太小 6）模膛内有气体 7）模膛尺寸加工不精密 8）润滑不均匀 9）氧化皮没清除干净	1）选择足够吨位的模锻设备 2）加大毛坯尺寸 3）提高锻压温度 4）控制加热时间，减少氧化皮损失 5）修整飞边槽尺寸，加大阻力 6）在模膛内增设出气孔 7）修整模膛，使之符合精度要求 8）试模时，润滑剂涂抹应均匀，不使过多的润滑剂残留在模膛内 9）终锻前把氧化皮清洗干净
锻件在冲孔的边缘龟裂或裂纹	裂纹	1）毛坯加热温度过低 2）凹模加热温度不足 3）冲头与凹模设计制造不合理，配合不合适 4）变形量大	1）把毛坯加热到足够的温度 2）把凹模加热到规定的温度 3）重新调整凸、凹模配合间隙 4）全两次锻压，减少变形量
锻件沿分模面的上、下部位产生错移		1）设备精度不够 2）锻模精度低，上、下模错移最大，导向精度差 3）锻模的紧固螺钉松动	1）调换设备 2）重新组装锻模，使之达到精度要求 3）拧紧螺钉，使模具稳固
锻件表面不光滑，表面产生凹穴	凹坑	1）毛坯表面质量差，有严重的凹穴 2）加热温度与加热时间不当，氧化皮太多 3）模膛表面不光洁，粗糙	1）更换毛坯 2）控制加热温度及加热时间，不使表面产生过多的氧化皮 3）抛光模膛表面
锻件有裂纹	裂纹	1）毛坯本身质量较差，有裂纹 2）毛坯断面尺寸形状，体积不合适 3）模膛有锐角形成锻件裂纹	1）更换毛坯 2）正确设计拔长液压、变曲、预锻模膛，避免终锻时，在模膛产生对流形成折纹 3）修整模膛减少锐角为过渡圆角
锻件局部金属偏多	Δh	1）模具上、下模膛偏移，装配后不在同一中心轴线上 2）模具导向精度低 3）毛坯加热不均	1）重新装配及调整模具 2）调整模具导向系统，提高导向精度 3）合理控制加热时间及方法
锻件中心轴线产生裂纹	中心裂纹	1）加热时间太短，毛坯中心温度过低 2）锻压工艺不合理	1）延长毛坯加热时间，使坯件充分烧透 2）改进工艺，如在型砧内拔长。若在平砧上拔长，则应先将大圆断面毛坯锻压成矩形，再将矩形拔长到一定尺寸，然后压成八角形，最后压成圆形截面

第9章　专用锻造工艺

为了满足锻件大批量生产的要求，宜采用专用锻造工艺，如高速锤锻造、径向锻造、等温锻造、多向模锻等。

9.1　高速锤锻造

9.1.1　高速锤的工作原理和主要特点

高速锤的动作原理是以高压气体（通常采用14MPa的空气或氮气）作介质，借助于一种触发机构，使高压气体突然膨胀，以推动锤头系统和框架系统做高速相对运动而产生悬空打击。高速锤的结构如图9-1所示。冲头、锤头、锤杆组成向下打击部分；高压缸、床身、凹模组成向上打击部分。

高速锤在打击之前，回程缸先把锤头顶起，然后锤杆下部的高压缸内充入高压气体，将锤头悬挂住。打击时先引入高压油启动打击阀，向高压缸上部引入高压气体，锤头开始向下运动，随后高压气体在高压缸上部急剧膨胀，推动锤头高速向下运动；同时，高压缸带动床身系统向上运动，完成打击动作。锤击之后，回程缸将缸头顶起，顶出机构顶出锻件。

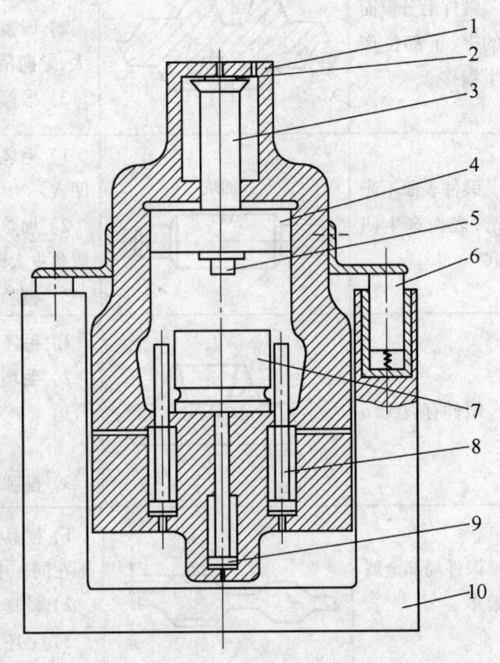

图9-1　高速锤的结构

1—高压缸　2—端面密封圈　3—锤杆　4—锤头　5—冲头　6—支承缸　7—凹模　8—回程缸　9—顶出缸　10—机座

高速锤的主要特点如下：

1）打击速度快，可用于锻造精密、形状复杂（如高肋薄壁）的锻件，更适用于锻造难以成形的高强度贵重金属，是一种进行少、无切削加工工艺的新设备。

2）设备轻小、投资少。高速锤锤头和锤体作为锤的一部分参加打击，没有下砧座，因此设备本身轻，高度小，其质量只为一般模锻锤的1/5~1/10，投资也就相应减小。

3）悬空对打振动小，对地基无特殊要求。高速锤是悬空对打，打击能量主要被工件吸收，没有打击力或振动传给地面，又有支承缸的减振作用，对其他设备不产生振动干扰。它可直接安装在一般混凝土地基上，不要挖深坑，可省去大量钢材、水泥、木材等。与一般锤比较可节省大量地基费用，对厂房要求低。

9.1.2 高速锤锻造工艺

在高速锤上可以模锻形状复杂、薄壁和高肋的锻件，如叶片、涡轮、轮盘、壳体、突缘、接头、齿轮及轴件等。目前，在高速锤上已生产的锻件有数百种之多。

1. 锻造工艺特性

由于高速锤锻造时变形速度快，它将带来以下特性：

（1）充填性能好　高速锤的打击速度一般为12~20m/s，金属材料在极短的变形时间内完成变形，其变形时间为0.001~0.002s，这样可近似认为金属在变形过程那一瞬间，无热量散失或热量散失很小，金属在变形过程中有较高的塑性及较低的抗力，因此金属流动性好，从而表现出良好的充填性。例如，爪形罩锻件（见图9-2）用一块尺寸为94mm×94mm×25mm的扁钢可以在高速锤上一次锻成，其四角肋的厚度为8mm，高度为50mm。这种形状复杂、薄壁、高肋的锻件在普通锻压设备上很难甚至不可能进行锻造，但在高速锤上能进行生产。

图9-2　爪形罩锻件
a）坯料　b）锻件

（2）惯性力大　高速变形与低速变形的不同点之一，就是金属在变形过程中产生的惯性作用不同。在液压机、曲柄压力机上变形时，由于速度较低（0.03~1.5m/s），这种惯性作用可以忽略不计。而在高速锤上变形时，在锻件上要产生很大的径向及轴向的惯性力，使锻件受到有利有弊的各种影响。下面对镦粗和挤压这两种变形方式在高速变形时的惯性作用进行简要的分析。

1）镦粗变形时的惯性作用。高速自由镦粗变形时，金属在径向上的惯性流动有利于金属变形，尤其当毛坯直径尺寸大大超过其高度尺寸时，这种现象就更为显著。

当原始尺寸为$d \times h$的毛坯在平砧下压缩dh时，则在半径方向的增量应为dr（见图9-3）。由于毛坯在塑性变形前后的体积相等，则

$$\pi r^2 \mathrm{d}h = [\pi(r+\mathrm{d}r)^2 - \pi r^2](h - \mathrm{d}h)$$

于是

$$\mathrm{d}r = \frac{1}{2}\frac{r}{h}\mathrm{d}h$$

也就是说，金属在径向与轴向的流速比例应是

$$v_r = \frac{1}{2}\frac{r}{h}v_h \qquad (9\text{-}1)$$

式中　v_r与v_h——金属在径向与高度方向的流动速度。

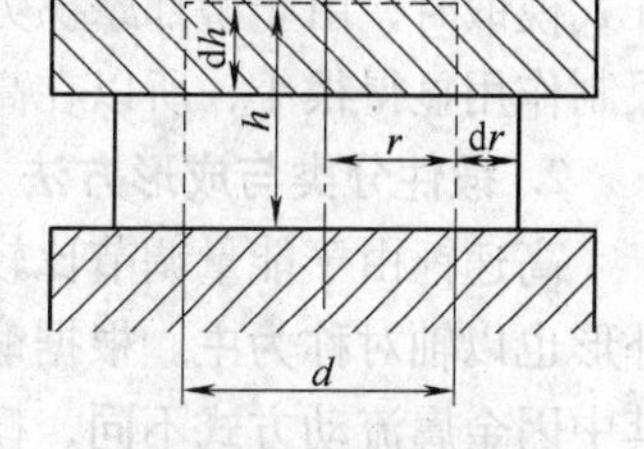

图9-3　镦粗时坯料在轴向与径向尺寸的增量变化

若毛坯很扁薄，也就是$r \gg h$，这样当高速打击时，金属在径向会由于流速高而引起惯性流动，有利于金属变形。例如，在30kJ高速锤上能将加热至锻造温度的镍铬耐热合金从ϕ50mm×20mm一次打击镦至ϕ100mm×5mm，压缩比达75%；重新加热后再镦至ϕ158mm×2mm，压缩比为60%。前后两次打击都没有出现任何裂纹。其他如铝合金（2A50，7A04）、钛合金（TC6）、结构钢（45、18CrMnTi、30CrMnSi）、不锈钢（06Cr18Ni11Ti）等

的压缩比都能达到95%以上。并且随着高度减低、径向惯性力增加，使最终单位变形力有所降低。这与低速镦粗的时单位变形力随着 r/h 比值的增加而上升的情况恰相反。这种高速镦粗时的金属流动特点为锻造径向成形的大面积薄辐板类的齿轮、叶轮等锻件创造了有利的条件。

2）挤压变形时的惯性作用。高速挤压变形时的惯性作用与镦粗变形时不同，它往往使挤压件受到破坏。为了预防这种不利情况，在设计正挤压件时，应预先计算金属在挤压时的流动速度，使它小于许可的临界速度，避免产生惯性断裂。

假设挤压筒的截面积为 A_0，而挤出口的面积为 A（见图9-4），则毛坯每下降 Δl，被挤压金属长度 ΔL 将为

$$\Delta L = \frac{A_0}{A}\Delta l$$

于是，流速比

$$v/v_0 = A_0/A = \lambda \tag{9-2}$$

λ为挤压比，当其数值很大时，即使打击速度不高，而被挤出金属的流速同样会达到不能忽略惯性作用的数值。试验证明，已挤出金属会受到本身质量产生的惯性力的拉伸，当拉伸引起的内应力超过材料的屈服强度时就会出现缩颈现象，达到抗拉强度时会发生断裂，即一般所称的“惯性断裂”。

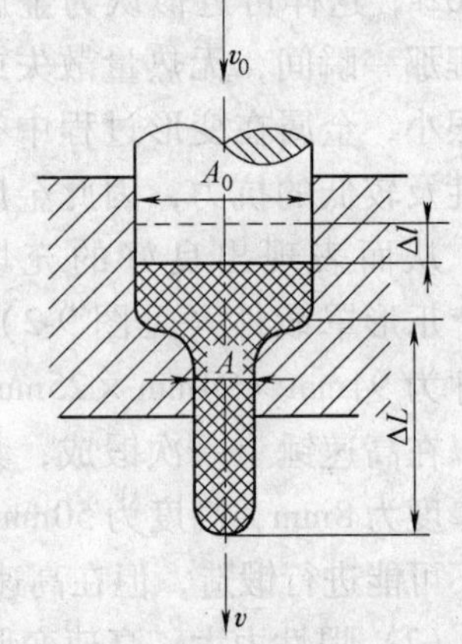

图9-4　坯料挤压时的尺寸变化

(3) 热效应大　高速成形时，变形时间短，变形产生的热量来不及外传而引起变形区金属温度迅速上升，也就是说热效应显著。热效应能降低变形抗力，对锻造易散热的锻件（如具有薄肋板件、薄的叶片和带齿形的圆柱齿轮）充满有利。但热效应也可能引起材料的过热和过烧，因此确定锻造温度时应取得略低些（可低50～150°C，材料的比热容小时取大值，变形抗力高时取大值）。

(4) 摩擦因数小　在高速变形时，金属与模具之间的相对滑移速度主要取决于高速锤的打击速度，打击速度越高，金属与模具之间的相对滑移速度也就越高，而且相应的摩擦因数也就越小，这样使金属变形比较均匀，附加应力小，对低塑性材料的锻造较为有利。但在开式模锻时，由于桥部摩擦力的下降及金属径向外流惯性力的影响，飞边对金属外流所起的限制作用显得很小，所以在高速锤上多用闭式模锻。

2. 锻件分类与成形方法

高速锤由于能量调节比较困难，打击频率又低，所以多作为工件的终锻成形使用，且其外形也以轴对称为主。根据锻件成形的主要变形方法，大致可分为模锻件及挤压件两大类。其中因金属流动方式不同，模锻又分开式与闭式两种，而挤压分正挤、反挤与径向挤三种，其成形方法及典型例子可见表9-1。

表9-1　高速锤上锻造成形方法及典型锻件举例

成形方法		变形图示	典型锻件
模锻法	开式		

（续）

成形方法			变形图示	典型锻件
模锻法	闭式		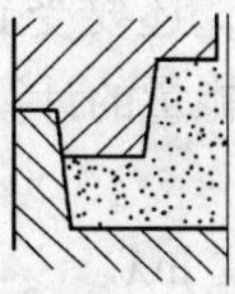	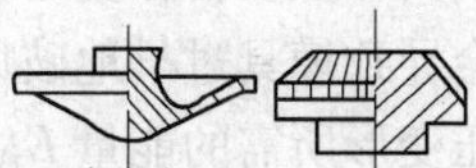
挤压法	正挤压	等截面	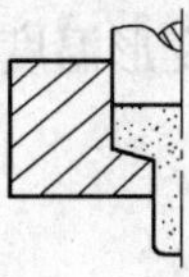	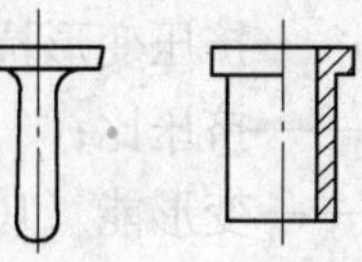
		变截面	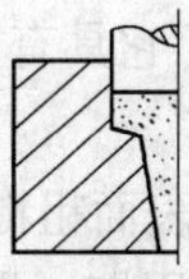	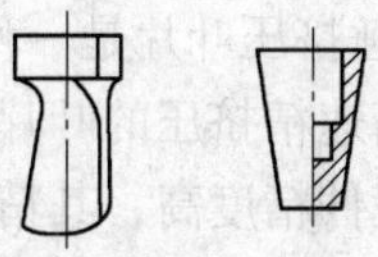
	反挤压		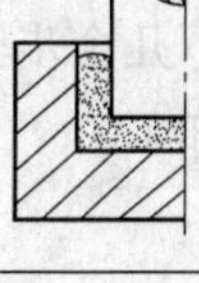	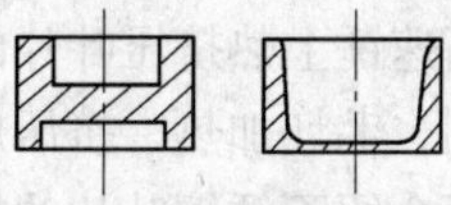
	径向挤压		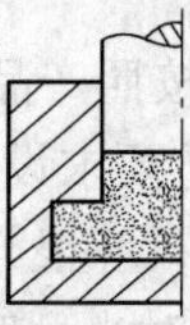	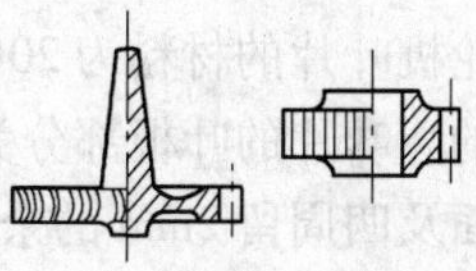

高速锤上模锻以闭式为主，因为开式锻造金属有较大的径向惯性流动，而成形又在单次打击中完成，飞边无法起到制造阻力的作用，所以只有当锻件形状比较简单且金属主要充填方向与飞边方向甚至一致时才能采用开式。

必须指出，挤压是高速锤模锻中用得比较广泛的一种工艺方法。

高速镦粗时金属在径向的惯性流动为实现径向挤压提供了有利的条件，一般齿形、侧面带肋件都可用这种方式成形，如钛合金涡轮的周缘有很多叶片（见图9-5）。用一般机加工方法很难完成，现在采用组合镶块凹模，用高速锤一次打击，在径向同时挤出所需的叶片。这样不仅大大地节省了工时，由于叶片和涡轮盘为一整体，零件质量就有很大提高。

图9-5 带叶片的整体转子

3. 变形能量计算

高速锤的模锻能力用打击能量来表示，例如20kJ、100kJ、150kJ等。在锻造过程中，高速锤的打击能量消耗于毛坯的塑性变形以及模具、设备本身的弹性变形。

毛坯变形结束后，高速锤的打击能量最好由毛坯变形所消耗殆尽。如果设备的打击能量低于毛坯成形所需的变形能量，则锻件不满；如果设备的打击能量高于毛坯成形所需的变形能量，模具以及设备除受毛坯成形力的作用以外，还要受到剩余能量所引起冲击力的作用，这样就会导致模具过早地破坏。所以，毛坯变形能量的计算是很重要的。

挤压变形所需的能量 $E_{挤}$ 按式（9-3）计算：

$$E_{挤} = V_{挤} K_{挤} \ln\lambda \tag{9-3}$$

式中　$V_{挤}$——被挤部分的金属体积（m^3）；

$K_{挤}$——挤压变形抗力，与金属化学成分及变形温度有关（$10kN/m^2$）；

λ——挤压比；

$E_{挤}$——变形能（10kJ）。

9.1.3　叶片挤压工艺举例

高速锤挤压叶片是一种先进的叶片成形工艺。它具有如下优点：

1）高速精挤压的叶片，其力学性能较高。

2）锻件精度高，其精度可达 0.05mm 左右，表面粗糙度值 $Ra < 3.2\mu m$。

3）大大减少了叶片的生产工序，缩短了生产周期，提高了劳动生产率。

4）节约了大量的材料，提高了材料的利用率。

在高速锤上热挤压叶片的一般工艺过程有以下几个步骤：毛坯准备、毛坯预热、涂玻璃粉保护剂、毛坯加热、挤压成形、热处理、机械加工。

下面介绍不锈钢叶片的挤压工艺。

1. 制订锻件图

汽轮机叶片的材料为 20Cr13。叶片锻件图是按照产品零件图和高速锤锻造的工艺特点来制订的。叶片的叶根部分为纵树形，按挤压工艺要求设计成矩形，然后由机械加工成形。叶根底面及四周留 2mm 的余量。为便于金属流动，叶根与叶身的连接部分应设计成圆滑过渡。叶身型面部分留 0.15～0.2mm 的抛光余量。对小型叶片（叶身长度小于 50mm）其型面可不留余量，因挤压时两块可分凹模受力后会有 0.1～0.2mm 的张开量，自然形成抛光余量。各处圆角半径尽可能大些，以防止应力集中造成模具破坏。

对于较大尺寸的叶片，除了考虑余量之外，还需考虑金属热收缩率，一般取 1.1～1.4%。在长度方向应比零件尺寸放长一些，一般可放长 5～10mm，以便即使有尖角部分充不满的叶片也能使用。

按上述考虑，锻件图如图 9-6 所示。

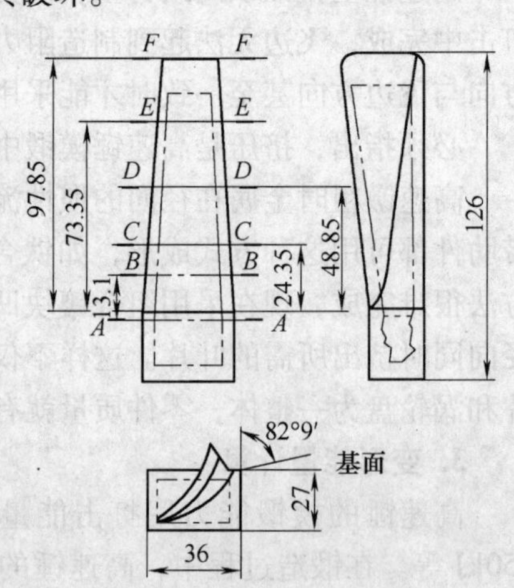

图 9-6　叶片锻件图

坯料的截面尺寸应与叶根部分相适应，长度按变形前后体积不变的条件进行计算，求得坯料尺寸为 27mm ×36mm ×65mm。

2. 模具设计

图 9-7 所示为汽轮机叶片挤压模具总图。叶片具有较大的扭角，为了脱模方便，应设计在两块可分凹模 5 内成形。分模面选择必需合理以易于取出叶片及模具加

工。活动冲头6与两块可分凹模5组成挤压型槽，位于下模内套4内，并以6°锥面相配合。斜度太小不易顶出，接触面也嫌不够；斜度太大，模具会反跳。所以多在5°30′~6°30′进行选择。为了改善承击条件防止模具开裂，圆锥配合的接触面应大于80%。冲头及凹模材料采用4Cr5W2VSi热变形模具钢。

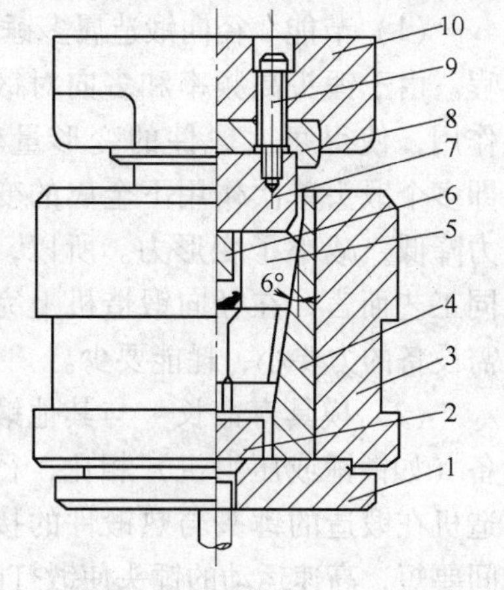

图9-7　挤压叶片模具结构图

1—下模板　2—垫板　3—下模外套　4—下模内套　5—两块可分凹模　6—活动冲头　7—上冲头　8—垫板　9—螺钉　10—上模板

活动冲头6直接放于毛坯上，由上冲头7进行打击。

为了提高模具寿命，两块可分凹模应具有足够的精度和表面粗糙度。此外，凹、凸模的热处理硬度应该适当。为了不使冲头镦粗变形，硬度可以略为高些。例如，凹模硬度取47~50HRC，冲头硬度为52~54HRC。

当毛坯直接在玻璃熔液内加热时，表面黏附比较多的玻璃液体，为了便于多余润滑剂及时挤出，可在冲头的四周开以小槽。

模具在挤压前要预热透，挤压时温升不能太高，需要时可多准备几副模具轮流使用。这样既能控制模具的温度又使清理准备工作得以充分进行，对提高模具寿命也有积极的作用。

3. 润滑

润滑在塑性变形过程中起着极为重要的作用，不仅使叶片挤压时减少变形能量，提高锻件表面质量，同时对内部组织与性能也有很大影响，这对于耐热合金更为明显。

挤压坯料表面多喷涂玻璃润滑剂，因为这种润滑剂的摩擦因数与热导率都很低，并随着温度升高能从固态逐步过渡到塑性状态，能与金属一起产生流动，使在金属与模具之间形成一层分离薄膜，这样能同时起到润滑、保温、防止氧化的作用，使模具寿命得到提高。某些工厂使用的玻璃润滑剂成分（质量分数）为：42% SiO_2、6% B_2O_3、3.8% CaO、42% BaO、4.6% ZnO、1.6% MoO_3。

为了进一步提高润滑的效果，可在模具表面再涂以二硫化钼油剂（或在其中增添胶状石墨与铝粉）。使用时将这种润滑剂预热至80~100°C，然后喷涂在模具型槽的表面上即可。

9.2　径向锻造

9.2.1　概述

1. 径向锻造的艺实质

径向锻造是在自由锻型砧拔长的基础上发展起来的，其方式是利用坯料周围的多个锤头对其进行对称的、高频的同步锻打，如图9-8所示。锻造圆截面工件时，坯料和锤头间既有相对的轴向运动，又有相对的旋转运动；锻造非圆截面工件时，坯料只做轴向移动。

径向锻造主要用于锻造截面为圆形、方形或多边形的实心轴、内孔形状复杂或细长的空心轴。

2. 径向锻造的工艺特点

（1）节能　径向锻造属多锤头高频率锻造工艺，是坯料螺旋运动中得到延伸的工艺过程。由于锤头高频率和多向对锻件的作用，使得每次锻件的变形量较小，即多个锻头单次作用下金属的变形抗力降低，减小了变形力。所以，就相同工艺而言，在径向锻造机上完成所需设备的力要小，耗能要少。

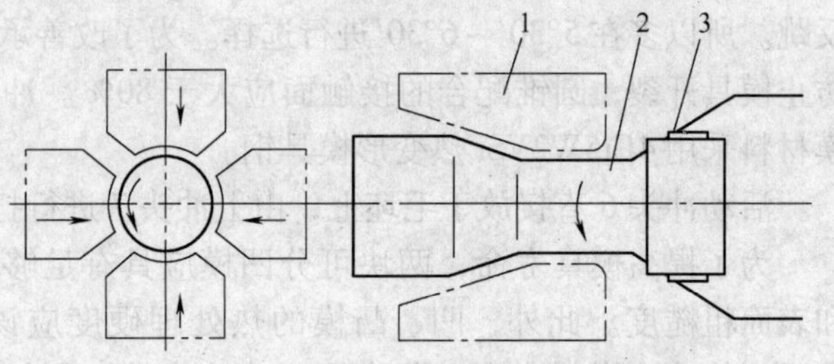

图 9-8　径向锻造示意图

1—锤头　2—坯料　3—夹爪

（2）模具寿命长　与其他锻造设备（如锻锤或压力机）相比，径向锻造机在锻造的锤头与热锻件的接触时间要短，高速运动的锤头使锻打区周围的空气流有利于模具寿命的提高。

（3）锻打振动小　由于锤头相对较小且相对运动，径向锻造机在锻打时振动较小，故不需要建立庞大的基础，工人劳动环境好。

（4）锻件质量好　由于径向锻造机的锻打过程是锻件的多方向同时受压，锻件宽度方向不发生变形，避免了心部产生裂纹，最适宜于高合金及超高合金轴类件锻造。

（5）锻件精度高　同样是棒料，径向锻造机的锻制件要比轧钢机轧制件的公差小一半左右。

（6）便于实现自动化　现代化结构的径向锻造机配有机械化、自动化装置，用以控制工艺过程，可实现多台设备一人控制。

3. 径向锻造的主要用途

（1）用于难熔金属材料的锻造　径向锻造机采用多个锤头，沿坯料径向几个方向同时锻打，使金属坯料在变形时处于多向压应力状态，有利于提高金属的塑性。因此，径向锻造机不仅适用于一般金属材料的锻造，而且也适用于高强度、低塑性的高合金钢锻造，尤其适用于难熔金属如钨、钼、铌等及其合金材料的开坯和锻造。

（2）用于热锻、温锻及冷锻　径向锻造的工作特性，使得无论是热锻、温锻还是冷锻，锻件表面质量和内部组织都较好。所以径向锻造广泛用于锻制机床、火车、汽车、飞机上的实心台阶轴、锥度轴、空心轴，以及各种形状的轴类件。采用芯棒或无芯棒可进行旋转体空心零件的锻造，如各种气瓶、炮弹、火箭喷管等缩颈、缩口的零件。图 9-9 所示为部分典型径向锻造件。

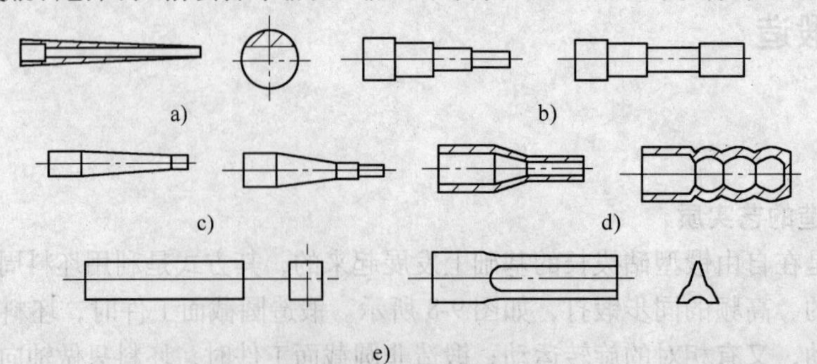

图 9-9　典型径向锻造件

a）带内形的管　b）实心台阶轴　c）实心锥度轴　d）空心管　e）实心异形轴

(3) 可用于模锻件制坯　径向锻造机除可锻造轴类零件外，还可为模锻件制坯，如叶片精密模锻件的生产就采用径向锻造机制坯，然后在模锻机上模锻。此工艺的锻件精度高，只留精加工余量，且材料利用率高，生产率高。

(4) 可对钢锭开坯　一般钢锭的开坯都是在液压机或锻锤上进行的，径向锻造机的另一用途就是用来对钢锭开坯，这是一种专用径向锻造机。

9.2.2　径向锻造的工艺设计

径向锻造时，可采用热锻、温锻、冷锻三种方式。热锻钢的始锻温度比常规模锻低100~200°C，常取900~1000°C；对于高强度钢可取1100°C。温锻的始锻温度为200~700°C。

1. 锻件设计

(1) 锻件分类　径向锻造的锻件按形状可分为五类，见表9-2。

表9-2　径向锻造锻件分类表

类　别	名　称	简　图
Ⅰ	实心台阶轴	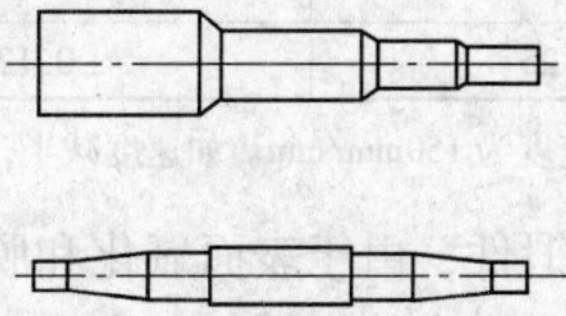
Ⅱ	实心锥形轴	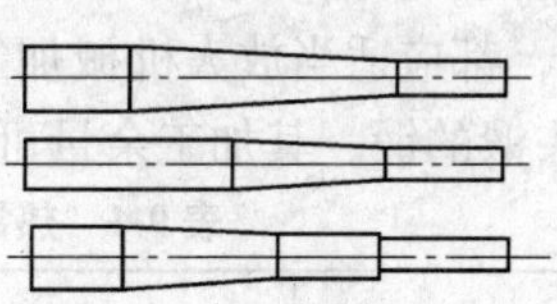
Ⅲ	实心异形轴	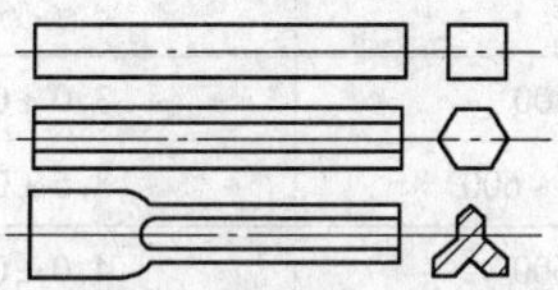
Ⅳ	空心薄壁轴	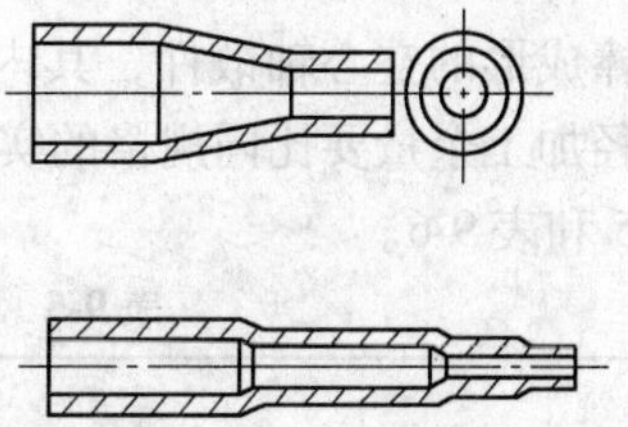
Ⅴ	带内形的空心轴	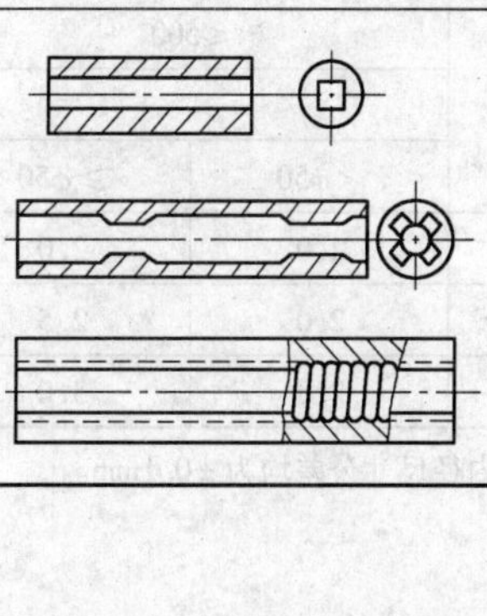

（2）锻件尺寸的确定　锻件外形尺寸（包括留有机械加工余量及合理的工艺附加部分），如锻件最大直径、最大长度、台阶数、相邻台阶的最小直径差、台阶最短尺寸和锻件大小直径差等都应按设备技术参数的规定范围确定。

采用整体芯棒的直孔形空心轴类锻件，应留有内壁斜度。空心轴内孔为台阶形的锻件，从大端到小端应设计成递减直径的形状。若锻肚形空心轴，可采用调头锻造或更换芯棒锻造。

（3）加工余量和公差　径向锻造生产的锻件尺寸精度较高，冷锻件和温锻件多数可达到少、无切削加工的水平。只要根据产品零件的加工要求，适当留磨削加工余量即可。径向冷锻棒（管）的外径公差见表 9-3。

表 9-3　径向冷锻棒（管）的外径公差　（单位：mm）

外　径	尺寸公差	外　径	尺寸公差
1.6	±0.025	50~75	±0.18
3.2	±0.050	75~110	±0.25
6.3	±0.075	>110	±0.38
13~25	±0.125		

注：送进速度为 150mm/min。如速度减半，尺寸公差也减半。

对于热锻件，由于表面氧化和脱碳以及锻造过程和锻后热处理可能产生的轴线弯曲等原因，必须留有一定的机械加工余量。带凹挡的细长件、相邻台阶直径差大的零件和氧化脱碳严重的锻件，都应适当放大机械加工余量。热锻实心轴的径向机械加工余量和公差见表 9-4。需要调头锻的锻，其加工余量可按表 9-4 的数值再增大 0.5mm 选取。

表 9-4　热锻实心轴的径向机械加工余量和公差　（单位：mm）

锻件长度	锻件最大直径		
	≤φ60	>φ60~φ90	>φ90
≤300	3.0±0.3	$3.5^{+0.3}_{-0.4}$	$4.0^{+0.3}_{-0.5}$
>300~600	3.5±0.3	$4.0^{+0.3}_{-0.4}$	$4.5^{+0.3}_{-0.5}$
>600	4.0±0.3	$4.5^{+0.3}_{-0.4}$	$5.0^{+0.3}_{-0.5}$

用芯棒成形的空心轴锻件，其内径加工余量可以小些，但考虑毛坯壁厚尺寸波动的影响，其外径加工余量要比同规格的实心轴稍大一些。热锻空心轴的径向机械加工余量和公差列于表 9-5 和表 9-6。

表 9-5　热锻空心轴内径机械加工余量　（单位：mm）

毛壁厚度	锻件长度					
	≤500		>500~800		>800	
	锻件内径					
	<φ50	≥φ50	<φ50	≥φ50	<φ50	≥φ50
≤10	2.0	2.0	2.5	3.0	3.5	4.0
>10~20	2.0	2.5	3.0	3.5	4.0	4.5
>20	2.5	3.0	3.5	4.0	4.5	5.0

注：表中内径尺寸公差均为 ±0.1mm。

表9-6　热锻空心轴外径机械加工余量和公差　（单位：mm）

壁　厚	锻件最大长度					
	≤500		>500～800		>800	
	锻件外径					
	$<\phi80$	$\geqslant\phi80$	$<\phi80$	$\geqslant\phi80$	$<\phi80$	$\geqslant\phi80$
≤10	$4.0^{+0.3}_{-0.4}$	$4.5^{+0.3}_{-0.4}$	$5.5^{+0.4}_{-0.5}$	$5.0^{+0.4}_{-0.5}$	$5.5^{+0.5}_{-0.6}$	$6.0^{+0.5}_{-0.6}$
>10～20	$4.5^{+0.3}_{-0.4}$	$4.5^{+0.3}_{-0.4}$	$5.0^{+0.4}_{-0.5}$	$5.5^{+0.4}_{-0.5}$	$6.0^{+0.5}_{-0.6}$	$6.5^{+0.5}_{-0.6}$
>20	$4.5^{+0.3}_{-0.4}$	$5.0^{+0.3}_{-0.4}$	$5.5^{+0.4}_{-0.5}$	$6.0^{+0.4}_{-0.5}$	$6.5^{+0.5}_{-0.6}$	$6.5^{+0.5}_{-0.6}$

对于轴向加工余量，一般只在直径大的一段两侧共留4～6mm，其他直径小的各段按公称尺寸顺延，对于两侧经过锻造而呈现棱角清晰的凸阶取4mm；一侧经过锻造，另一侧为原毛坯（下料有马蹄形）或锻造而棱角不清的台阶取6mm。对带凹挡件，因小直径两边的大直径段均已留有轴向加工余量，所以小直径段的锻件轴向尺寸为该段公称尺寸减去大直径段两侧的加工余量，如图9-10所示。

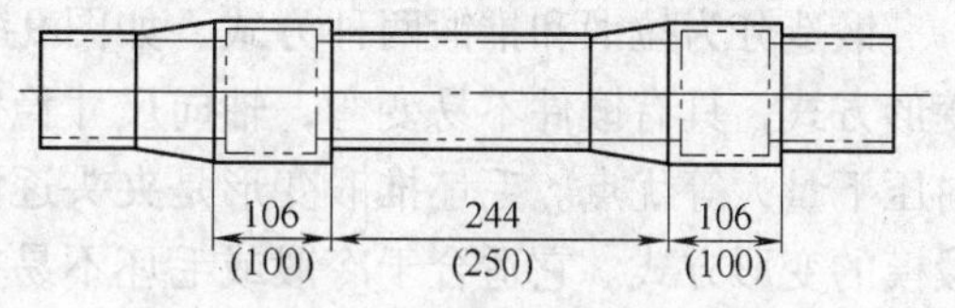

图9-10　凹挡件轴向加工余量

此外，还应考虑夹持部分、尾部料头、工艺辅料等。夹持部分通常可作为锻件的一部分，一般认为夹持部分的长度不应小于夹持直径的一半。尾部料夹一般可取10～20mm。对特殊要求的锻件，需附带力学性能试验用试样，在尾部应留有试样长度。

（4）绘制锻件图　根据零件的尺寸和已经确定的加工余量、工艺辅料以及夹头等，便可绘制锻件图。如锻件带有检验试样，在锻件图上应注明其位置和尺寸。在图上无法表示的某些条件，可写出对锻件的技术要求。

2. 毛坯的选用

选择实心锻件的毛坯，除特殊要求一定的锻造比外，一般毛坯直径等于或略大于锻件的最大直径。空心件应使用管坯。用芯棒锻造时，为使芯棒能自由进入，管坯的内径应比芯棒最大直径大1～2mm，管坯的壁厚可根据锻件最大尺寸，适当考虑减径时断面积减小和壁厚略有增加的规律来选取。选用内径较大的管坯有利于锻造时氧化皮自动脱落，可得到光滑的内表面。当无芯棒锻造时，管坯的外径与壁厚之比小于30较理想。确定毛坯体积所考虑的其他因素与常规锻造工艺相同。

3. 变形工艺程序的确定

径向锻造时夹头和锻模进给动作构成了程序自动控制的循环过程。确定毛坯变形工艺程序实际上就是确定夹头和锻模进给的动作程序，即通常所说的工作循环。锻轴类件都是逐段变形的，编制径向锻造工艺顺序时，应使毛坯按顺序变形以减少空行程。工作循环示意图以箭头表示（见图9-11），变形过程用实箭头表示，毛坯不变形而夹头或锻模仍做进给动作的过程用空箭头表示，垂直于轴线的箭头，表示锻模做径向进给，平行于轴线的箭头表示夹头做轴向进给。

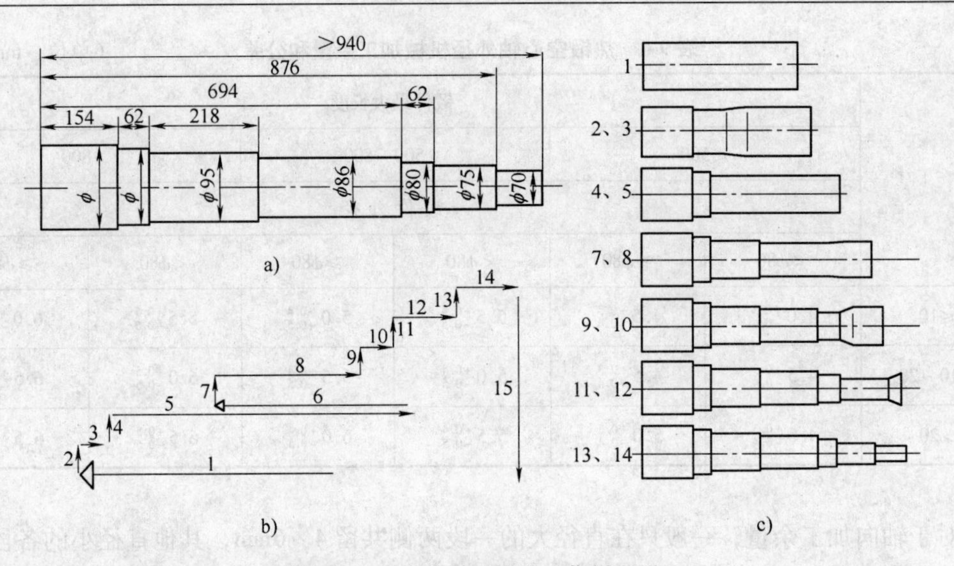

图 9-11　车床主轴的锻造工作循环图

a）车床主轴　b）工作循环　c）工步图

锻造分为拉锻和推锻两种方式，如图 9-12 所示。毛坯拉锻变形是夹头逐渐远离锻模的变形方式，具有锻件不易变弯，轴向尺寸稳定和径向压下量大等优点。毛坯推锻变形是夹头逐渐靠近锻模的变形方式。它适合于冷锻或毛坯不易夹紧以及小径向压下量的情况。

推锻和拉锻混合使用可减少工步，减轻拉锻的负担。在开始锻造时，采用小径向压下量的推锻可自行清理氧化皮。

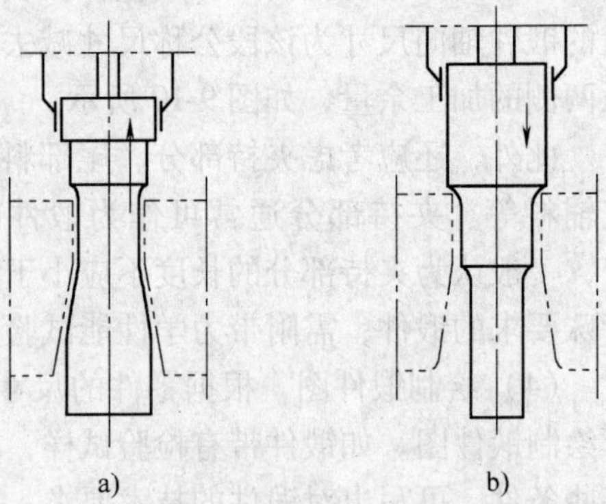

a)　b)

图 9-12　夹头相对锻模的运动方式

a）拉锻　b）推锻

9.2.3　径向锻造的模具设计

径向锻造的模具主要有锻模、夹头、芯棒等。

1. 锻模设计

（1）锻模的外形结构　径向锻造用的锻模一般有二锻模、三锻模和四锻模几种形式，如图 9-13 所示。其中以四锻模居多。根据锻件的形状，可以采用不同的锻模结构形式，如图 9-13e 所示为通用的锻模结构，既可以锻造圆形件，也要以锻造方形件。若锻造矩形件，则采用如图 9-13f 所示的锻模结构形式。

（2）锻模厚度　根据要求的最小锻造直径来确定锻模厚度 δ（见图 9-14），其计算式为

$$\delta = s_1 - \frac{d_{\min}}{2} \tag{9-4}$$

式中　$d_{\min}$——要求的最小锻造直径（mm）；

s_1——固定锻模的基面到圆弧中心的距离（mm）。

（3）锻模的楔角　为了保证锻模在任何位置都不发生互相碰撞，四个锻模的楔角 β 取 90°（图 9-15），三锻模的取 120°。同时，必须保证在锻模进到最小位置时，相邻锻模侧面间隙 z 不小于 1mm。

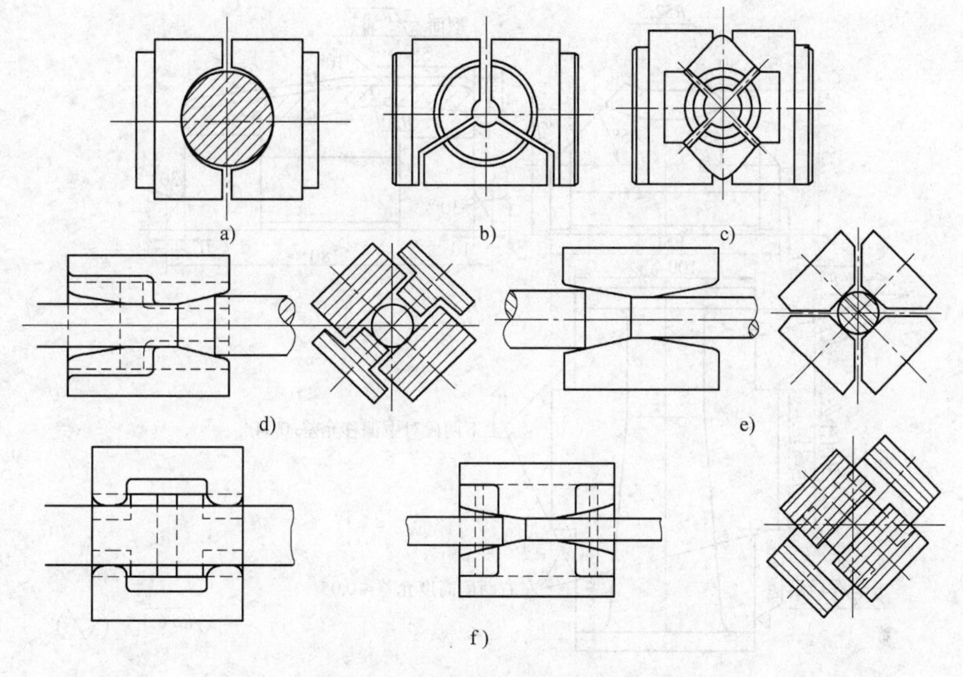

图9-13　径向锻造的锻模形式

a）二锻模　b）三锻模　c）四锻模　d）方、圆形件锻造　e）圆形件锻造　f）矩形件锻造

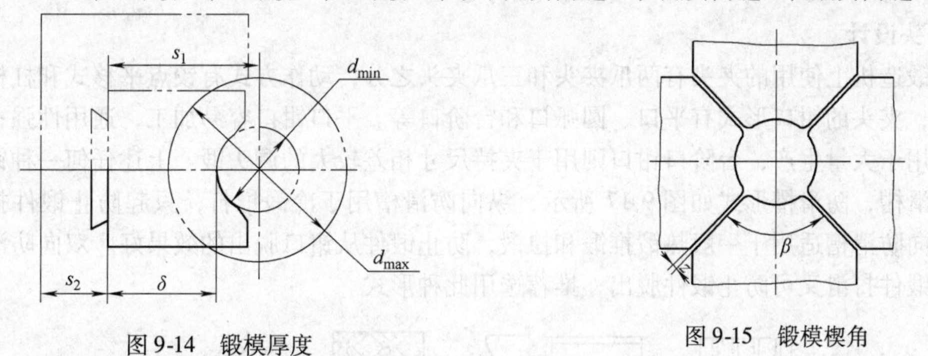

图9-14　锻模厚度

注：s_2 为固定锻模的基面到模座底面的距离。

图9-15　锻模楔角

（4）锻模的尺寸公差和表面粗糙度　锻模安装部位的具体形状和要求，需按设备的要求进行设计，通常一组锻模的厚度允许偏差为±0.02mm，同组锻模工作型面的最后精加工，应在专用夹具中同时加工，以减少工作型面尺寸和几何形状的差异。工作型面的表面粗糙度值 $Ra \leqslant 0.4\mu m$。对于热锻，这一表面粗糙度值可减轻由于粘住氧化皮而使锻件表面打出螺旋形凹坑的现象。对于冷锻，则可增大锻件表面粗糙度值。图9-16所示为通用锻模的典型结构举例。

（5）锻模材料　锻模在锻击过程中，承受着高频率的锻打载荷，热锻时表面温度可高达500～600°C，因此材料要有足够的强度、硬度、韧性和耐热性。热锻用的锻模材料可选用3Cr2W8、5CrMnMo和4Cr5W2VSi等模具钢。除用整体模具钢外，还可采用一般结构钢作基体，工作表面堆焊5～8mm的合金焊条。焊条的选用：对5CrMnMo、5CrNiMo锻模采用D397焊条；对3Cr2W8、4Cr5W2VSi锻模采用D337焊条。其硬度应比一般锻模稍高一些，可为44～50HRC。

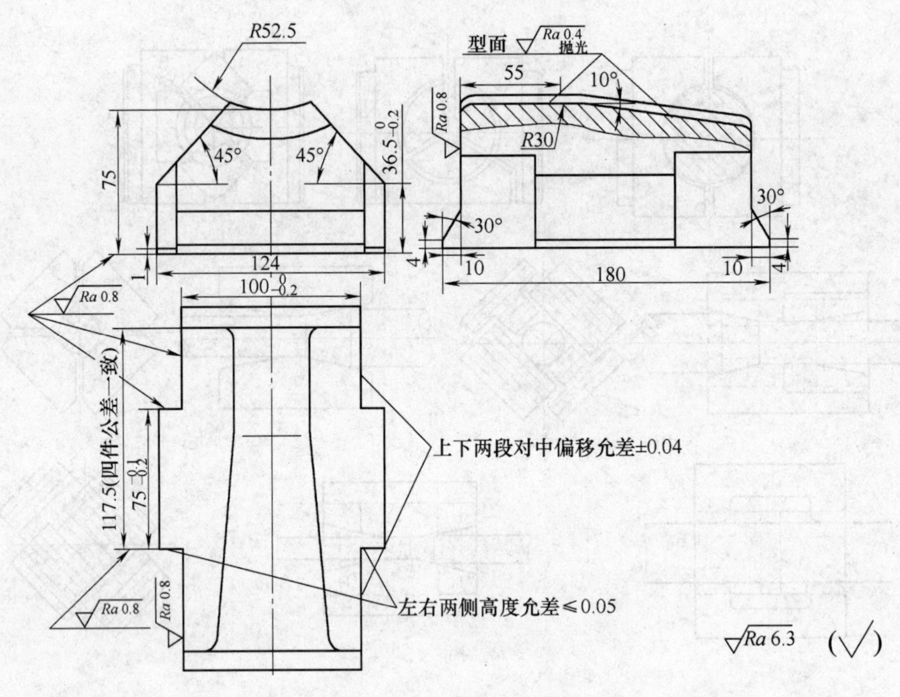

图 9-16　径向锻造用锻模

2. 夹头设计

径向锻造机上使用的夹头有两爪夹头和三爪夹头之分，动作方式有铰点平移式和杠杆摆动式两种，夹头的钳口形式有平口、圆弧口和台阶口等。平口钳口容易加工，通用性强；圆弧口钳口用于大量生产；台阶口钳口则用于夹持尺寸相差较大的调头锻。上述任何一种钳口都应有防滑槽，防滑槽形式如图 9-17 所示，纵向防滑槽用于冷锻推打，只起防止锻件打滑作用。横向防滑槽适用于一般热锻推锻和拉锻，防止锻件从钳口脱出的效果好。双向防滑槽既可防止锻件打滑又可防止锻件脱出，推荐选用此种形式。

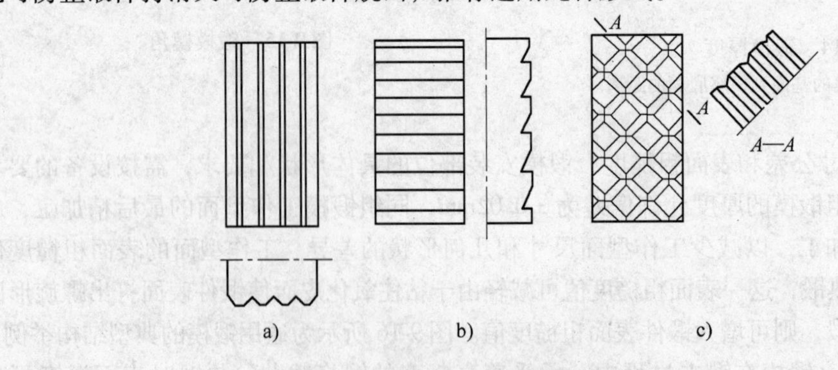

图 9-17　钳口防滑槽形式

a）纵向　b）横向　c）双向

热锻时，钳口长时间与热金属接触，温度很高，可达 700°C 左右。因此，钳口的材料必须有足够的热硬性，硬度要求在 40HRC 以上。材料一般可选用 3Cr2W8V、W18Cr4V。冷锻钳口材料可选用 T10、9SiCr、9Mn2V 等，硬度为 56～60HRC。

3. 芯棒设计

（1）芯棒的种类　锻空心轴的芯棒可分为整体式芯棒和组合式芯棒两种。整体式芯棒又分为长芯棒和短芯棒，还可分为通水冷却的热锻用空心芯棒和不通水冷却的冷锻芯棒。整体长芯棒主要用于锻造内孔有台阶的空心轴，不宜太长。短芯棒的长度一般比锻模接触毛坯的最大长度长出20～50mm，主要用于锻造等内径的空心轴和锻造较长的空心轴。组合式芯棒用在有双卡头的卧式锻机上，锻造两端直径大、中间直径小的空心轴，锻后芯棒从两端脱出。

（2）芯棒的设计要点

1）为了便于脱出芯棒，整体芯棒只能设计成直径递减的，凡是内孔为等直径的锻件，芯棒均应有一定锥度。热锻用整体芯棒，锥度取1∶250～1∶500；推锻用短芯棒，锥度为1∶1000。冷锻短芯棒推锻时，锥度可取1∶5000。

2）热锻用整体芯棒的直径和长度尺寸，应考虑热锻件的收缩，收缩率取0.5%～0.8%。冷锻薄壁件或经过调质处理的毛坯时，锻件内孔尺寸比芯棒尺寸要略大些。所以，芯棒尺寸应比锻件公称尺寸小些。

3）根据锻件内孔形状设计芯棒，应考虑金属流动的特点，为了防止金属在急剧的转角和过渡处充不满，应简化内孔形状。

4）热锻用的芯棒必须在中心轴线上留有用于通水冷却的孔。芯棒直径大，可加工成不通孔或钻通后将尾部焊死，采用循环水冷却。依据锻件大小和长短来选用冷却水压力，可为20～100MPa。在立式径向锻造机上，直径较小的芯棒可钻成通孔，冷却水直接流出。

（3）芯棒的材料　芯棒的表面承受冲击载荷、高温和金属的剧烈摩擦，内部又通水冷却，工作条件差。因此，芯棒材料必须有足够的强度和抗冷热交变疲劳破坏的性能。通常热锻用芯棒用3Cr2W8V、5CrMnMo、4Cr5W2VSi制造，硬度为46～50HRC；冷锻用芯棒用Cr12MoV、W18Cr4V。形状简单、尺寸较大的冷锻芯棒也可用CrWMn、GCr15制造，硬度为60～62HRC。

热锻用的芯棒表面粗糙度值 $Ra \leqslant 0.4\mu m$；冷锻芯棒表面粗糙度值为0.2～0.1μm。

（4）润滑剂　无论是冷锻还是热锻，芯棒均应采用相应的润滑剂润滑。热锻用石墨粉和二硫化钼的混合油作为润滑剂涂在芯棒上。冷锻时，毛坯内孔涂一层用易挥发液体（如酒精或硝基稀释剂）稀释的二硫化钼，液体挥发后，在毛坯内孔形成一层二硫化钼的薄膜。冷锻时还需用油或水对锻件进行冷却。

9.3　等温锻造

9.3.1　概述

1. 等温锻造的工艺实质

等温锻造是针对传统热变形的不足而逐步发展起来的一种材料加工新工艺。

等温锻造与常规锻造不同，在于它解决了毛坯与模具之间的温度差影响，使热毛坯在被加热到锻造温度的恒温模中，以较低的应变速率成形。从而解决了在常规锻造时由于变形金属表面激冷造成的流动阻力和变形抗力的增加，以及变形金属内部变形不均匀而引起的组织性能的差异，使得变形抗力降低到常规模锻时的1/10～1/5，实现了在现有设备上完成较大的锻件的成形，也使复杂程度较高的锻件精度成形成为可能。这项技术也是目前国际上实现净形（net-shape）或近净形（near-net-shape）技术的重要方法之一。

等温锻造这一术语通常指的是毛坯成形的工艺条件，它不包括毛坯在变形过程产生热效应引起的温升所造成的温差。由于热效应与金属成形的应变速率有关，所以在考虑到这一影响时，一般在等温成形条件下，尽可能选用运动速度低的设备，如液压机等。

为使等温锻用模具易加热、保温和便于使用维护，综合国外的设计和使用经验，获得的等温锻装置的一般构造如图9-18所示。

2. 等温成形的特点

等温成形由于克服了常规热变形过程中坯料温度变化的问题，因此具有如下一些特点。

（1）降低了材料的变形抗力　在等温成形过程中，由于坯料与模具的温度基本一致，因此坯料的变形温度不会降低，在变形速度较低的情况下，材料软化过程进行得比较充分，使材料的变形抗力降低。此外，也可以使用具有一系列优良的工艺和使用性能的玻璃润滑剂，进一步降低变形抗力，可选用占用空间小，节约能源的低功率设备。

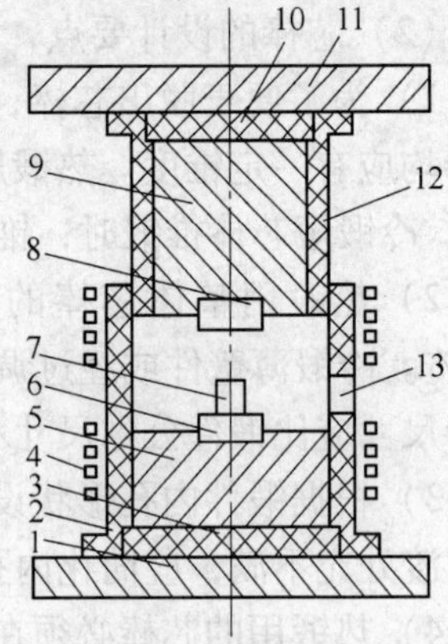

图9-18　等温模锻用的模具装备

1、11—垫板　2、12—隔热罩　3、10—隔热垫板　4—感应加热器　5、9—模座　6—下模　7—毛坯　8—上模　13—装卸料口

（2）提高了材料的塑性流动能力　等温成形的突出特点之一是可提高材料的塑性流动能力。由于等温成形时坯料温度不会降低，而且变形速度是比较低的，从而延长了材料的变形时间，可使材料的软化过程充分进行，提高材料的塑性流动能力，并使缺陷得到消除。这就使形状复杂，具有窄肋、薄腹制品的成形成为可能，也为成形低塑性的难变形材料提供了有效的手段。

（3）成形件尺寸的精度高，表面质量好，组织均匀，性能优良　等温成形时，由于坯料变形温度基本保持恒定，可以使材料在较低的变形温度下进行成形加工，而且可以采用一火次成形。等温成形时的坯料加热温度比常规热变形低100～400°C，加热时间缩短$\frac{1}{2}$～$\frac{2}{3}$，从而减少了氧化、脱碳等缺陷，提高了产品的表现质量。由于坯料内温度分布比较均匀，在良好的润滑条件下，可使坯料的变形均匀，因而产生组织比较均匀，可以得到最佳的使用性能。此外，由于材料变形抗力低，变形温度波动小，从而减少了模具的弹性变形，有利于制品几何尺寸的稳定与控制。当采用较低的变形速度进行成形时，由于材料的软化过程比较充分，故成形件内部残余应力小，从而使成形件在冷却以及热处理过程中的变形减小，提高了制品的尺寸精度。

（4）模具使用寿命长　虽然等温成形，尤其是等温模锻时所用模具材料及加工费用较高，加工精度的要求也较高，但是在等温成形过程中，用于模具是在准静载荷、低压力、无交变热应力条件下进行工作的，并且可以使用一系列具有优良的工艺和使用性能和润滑剂，因此模具的使用寿命比常规热变形模具高。等温成形零件通常采用一道工序进行成形，只需要一套模具，而常规热变形一般需要多道工序，需要多套模具。因此，总体来说，采用等温成形可提高模具使用寿命，降低模具成本。

（5）材料利用率高　等温成形可以通过减少加工余量和提高产品尺寸精度来减少金属的消耗。例如，生产同一涡轮发动机零件，等温锻造所用的原料只有常规热模锻的1/3左右。

3. 等温成形的适用范围

根据等温成形的特点以及常规热变形的不足，等温成形的适用范围主要包括以下几个方面。

（1）低塑性材料的成形　采用等温成形方法，可以成形用常规变形方法不能加工的低塑性、难变形材料。例如钛合金、高温合金及许多高合金钢，其变形温度范围比较窄，采用等温条件下的变形显得非常重要。采用等温成形方法，在变形温度为900°C，应变速率为5×10^{-3}/s的无润滑条件下，可将钴铬钨钼合金单向压缩至60%，坯料未产生裂纹；在变形温度为900°C，应变速率为2×10^{-2}/s的条件下，可将灰铸铁单向压缩至53%，坯料未产生裂纹。目前，等温成形工艺已广泛地应用到合金钢、钛合金、铝合金、金属间化合物、复合材料，以及粉末材料成形加工方面。随着材料科学的发展，等温成形工艺将在新型、难变形材料制备与加工方面发挥重要的作用。

（2）优质或贵重材料的成形　随着宇航工业的发展，对结构材料的要求也越来越高。为了提高飞行器以及各种现代控制器件的功能，需要采用优质或贵重的材料，如钛及钛合金、铜及铜合金，以及高温合金、复合材料等。采用常规热变形方法成形这些优质或贵重的材料，通常需要加大加工余量，使材料成本和机械加工成本大为提高，造成不必要的浪费。例如某些飞机用钛合金零件，由于形状复杂，对产品质量的要求非常高，材料的利用率仅为5%~15%，大部分材料均因机械加工而成为废钢。同时，由于钛合金的机械加工难度较大，机械加工费用和工具费用比其他材料高出5~10倍。而采用等温成形工艺，可以成形小脱模斜度或无脱模斜度的锻件，以及有明显阶梯截面、过渡半径较小的锻件，从而大大减小加工余量，节约材料，降低成本。例如，采和等温成形方法制造的带叶片的盘形件，成形后不需要进行切削加工，与常规热变形方法相比，节约材料50%以上。

（3）形状复杂的高精度零件的成形　采用等温成形方法，可以成形具有高窄肋、薄腹板，以及形状复杂的高尺寸精度的结构零件，而这些零件采用常规的塑性加工方法进行成形往往是非常困难的，甚至是不可能的。等温成形技术使以往以机械加工为主要制造方法的铆接与螺钉紧固的组合件，被大型整体结构件所代替提供了可能性，为降低成本、减轻构件质量提供了有效的手段，对航空、航天器的设计与制造产生巨大的影响。

（4）采用低压力成形大型结构零件　等温条件可以扩大材料成形的工艺参数范围，例如，通过降低应变速率，可以使材料在较低的变形温度下具有较高的塑性，从而降低成形压力。例如，在缺少所需要的大功率设备时，降低应变速率，利用坯料在模具中的保压，可以实现大型结构零件的成形。

9.3.2　等温锻件及其模具设计

1. 等温锻件设计

等温锻件设计与其成形时采用的工艺方法和模具结构有密切的关系，因此在锻件设计时应同时考虑其所采用的工艺方法，如是开式模锻还是闭式模锻，是带余量锻造还是无余量锻造，是整体式模具还是组合式模具等。

锻件图设计应考虑如下几方面。

（1）锻件分模位置的选择　应尽量采用平面分模。采用开式模锻时，与常规开式模锻分模相同；采用闭式模锻时，多采用组合模具，考虑锻后易取出锻件，则应采用多向平面分模或曲线分模等，如图 9-19 所示。

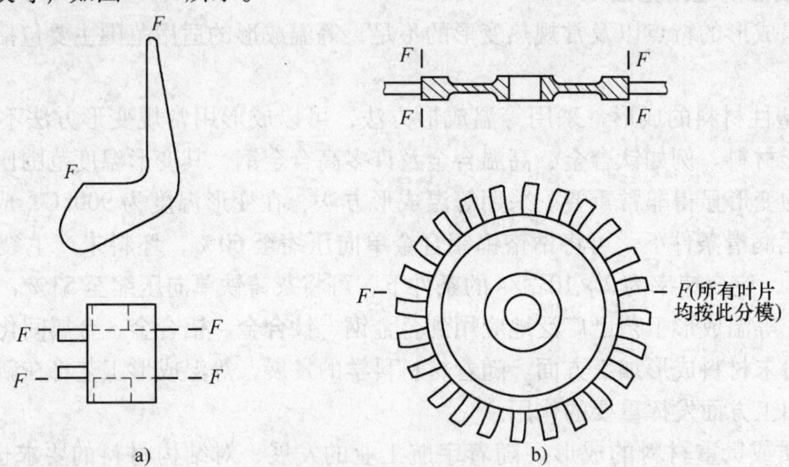

图 9-19　锻件分模
a）护板接头　b）整体涡轮

（2）模锻斜度的确定　开式模锻时，模锻斜度选取按标准中推荐值选用，有顶出装置时选小值。闭式模锻时，在分模面上的侧壁外斜度 α 为 0，在其他部位一般取 30′~3°，内斜度 β 可取 30′~1°30′。由于闭式模锻多采用组合镶块模，模具材料的收缩率大于锻件材料的收缩率，镶块与锻件从模座中取出后，在大气中同时降温，镶块易从锻件中取出，如图 9-20 所示。

（3）圆角半径的确定　圆角半径是影响金属流动和模具使用寿命的主要因素之一。在等温锻时，由于多向分模和多镶块结构，锻件上的凸圆角在分模面上时可分为 0，在其他部位时与常规锻相同或略小；凹圆角不应太小，这主要考虑等温锻时毛坯在模具中以压入成形为主，大圆角利于金属流动和避免缺陷产生，如图 9-21 所示。

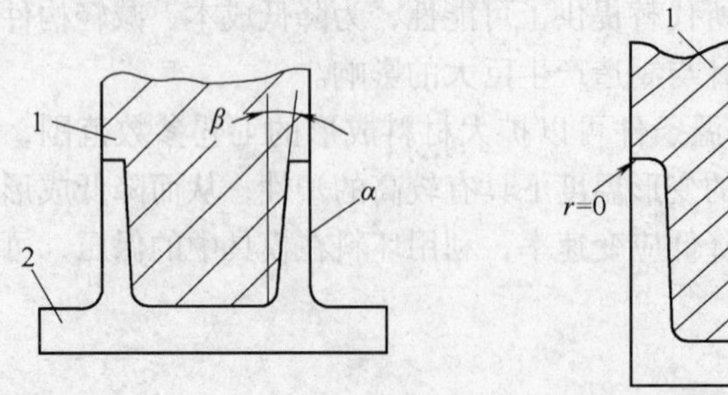

图 9-20　锻件与镶块关系
1—镶块　2—锻件

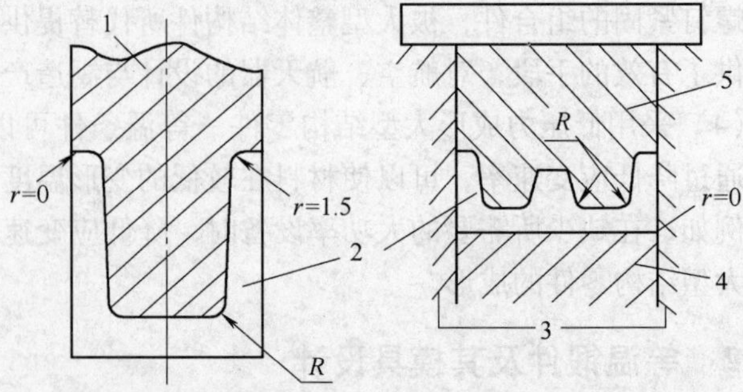

图 9-21　锻件圆角与分模位置间的关系
1—模块　2—锻件　3—模具体　4—下模芯　5—上压模

（4）余量与公差的确定　等温锻主要用于有色金属的成形，成形时必须采用润滑与防护，成形后锻件表面需经何种处理与加工，决定着锻件余量是否加放、加放多少，以及尺寸公差的选择等，一般分为三种情况：

①普通余量等温锻件。这类锻件主要考虑锻件表面大部分需要机械加工，应依据锻件尺寸大小选用相应的余量值，见表9-7。

表9-7 有色金属锻件的机械加工余量

锻件最大尺寸/mm	材料					
	钛合金			铝、镁和铜合金		
	表面加工粗糙度 Ra/μm					
	12.5	1.6	0.8	12.5	1.6	0.8
	单边余量/mm					
≤100	1.25	1.75	2.00	1.25	1.75	2.00
>100~160	1.50	2.00	2.25	1.50	2.00	2.25
>160~250	1.75	2.25	2.50	1.75	2.25	2.50
>250~360	2.00	2.50	2.75	2.00	2.50	2.75
>360~500	2.50	3.00	3.25	2.25	2.75	3.00
>500~630	3.00	3.25	3.50	2.50	3.00	3.25
>630~800	3.25	3.50	3.75	2.75	3.00	3.25
>800~1000	3.50	4.00	4.25	3.00	3.25	3.50
>1000~1250	4.00	4.50	4.75	3.50	3.75	4.00
>1250~1600	4.50	5.00	5.50	4.00	4.25	4.50
>1600~2000	5.00	5.50	6.00	4.50	5.00	5.50
>2000~2500	6.00	6.50	7.00	5.00	6.00	6.50

②小余量等温锻件。这类锻件余量大小是与普通锻件余量相比较而言的，其目的是尽可能地减少加工余量，使锻件更接近零件外形尺寸，一般为普通锻件余量的1/2左右。

③无余量等温锻件。这类锻件绝大部分表面为净锻表面，不需机械加工，只需进行表面处理后便可投入使用，少部分的基准面或装配面处按小余量加放。铝、镁合金净锻表面余量为0；钛合金依锻后化学洗削量的要求，一般取0.3~0.5mm（单面）。

等温锻件尺寸受锻件的冷却收缩、模具制造误差、模具磨损、模具弹性变形和塑性变形以及工艺各因素的影响，其实际尺寸与理论值存在一定的差异。这种差异是不可避免的，因此为了控制实际尺寸不超过某一范围，通常用尺寸公差给予限制。目前，国内等温锻件尺寸公差没有统一标准，设计时可参照企业标准。铝、镁合金等温锻件尺寸允许偏差见表9-8。

表9-8 铝、镁合金等温锻件尺寸允许偏差

锻件精度等级	正负双向尺寸允许偏差值	适用范围
Ⅰ	+(IT13~IT13.5) -(IT12~IT12.5)	无余量锻件
Ⅱ	+(IT14~IT14.5) -(IT13~IT13.5)	小余量锻件
Ⅲ	+(IT14.5~IT15) -(IT13.5~IT14)	普通余量锻件

2. 等温锻模具设计

等温锻模具结构较为复杂。铝、镁合金等温锻模具的投资成本与其常规锻模相比略高一些，但那些形状复杂的等温锻件的总加工成本并不比常规锻时高，有时还低于后者。而钛合金的等温锻模，因其所用模具材料费用较高，加上加热、保温、控温、气体保护等装置的费用，其模具总费用比常规锻时高一个数量级。所以，在设计、制造和使用时应充分考虑等温锻模的使用寿命和使用效率，尽量降低锻件制造成本。因此，选择等温锻工艺及模具设计应遵循以下原则：

1）选择那些形状复杂，在常规锻时不易成形，或需多火次成形的锻件，以及组织、性能要求十分严格的锻件作为等温锻件。

2）应根据锻件结构、尺寸及后续加工要求和设备安模空间来确定选择开式或闭式模锻方法。

3）模具总体设计应能满足等温锻工艺要求，结构合理，便于使用和维护。

4）锻模工件部分应有专门的加热、保温、控温等装置，并能达到等温锻成形所需的温度。

5）除特殊锻件需专用模具外，模具应设计为通用型。

6）应合理选用模具各部分所用材料，以保证模具零件在不同温度下有可靠的使用性能。

7）等温锻造模具温度高，为防止热量散失和过多地传导给设备，应在模座和底板之间设置绝热层，上下底板还应开水槽通水冷却。同时，还应注意电绝缘，以保证设备正常工作和生产人员安全。

8）应考虑导向和定位问题。因等温锻模具被放置在加热炉中，不能发现模具是否错移，应在模架和模块上考虑导向装置，向外导向装置应协调一致。同时，毛坯放进模具中应设计定位块，以免坯料放偏。

9.3.3 等温模锻的应用实例

1. 起落架轮毂

起落架轮毂锻件（见图9-22）是供飞机起飞、着陆及停机用的重要结构件，其形状复杂，以壁薄、肋高为成形特征，投影面积大。过去，在国外通常采用一组模膛模锻的方法。在国内则应用自由锻坯机械加工的方法生产。一直存在着成形困难、设备吨位大及材料的利用率低等问题。

由于起落架轮毂的力学性能要求较高，选用一种锻造铝合金2A14，在模锻成形时锻造压力因受其壁厚的减薄及肋高的增加而显著增大，所以必须采用较大吨位的压力机来进行。

为了改变上述不足之处，应采用等温模锻成形，它既可达到产品的尺寸精度及力学性能要求，又可减少机械加工工时，提高材料利用率，从而达到降低成本的目的。

锻造铝合金起落架轮毂等温模锻成形的工艺参数见表9-9。

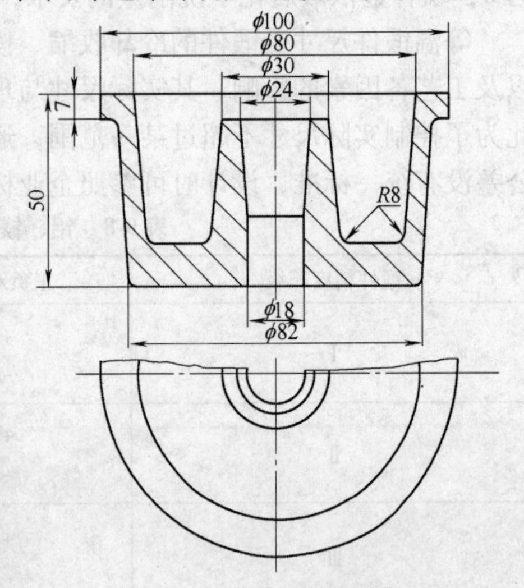

图9-22　起落架轮毂锻件

表9-9 锻造铝合金起落架轮毂等温模锻成形的工艺参数

变形温度/°C	变速速度/(mm/s)	最大压力/kN	保压时间/s	润滑剂	加热方式
340~460	≈10	20000	400~600	水基超细石墨	电阻加热

等温模锻成形用的模具，必须满足在模锻过程中保证模具和毛坯的温度一致，因此其模具的设计要点如下：

1）模具加热装置和温度监控装置。

2）模具和压力机之间的绝缘问题。

3）模具和压力机之间的绝热问题。

4）模具工作零件都要考虑在制造、安装温度（室温）及模锻工作温度下（440°C）是否符合其工作要求。图9-23所示为起落架轮毂等温模锻成形的模具结构。

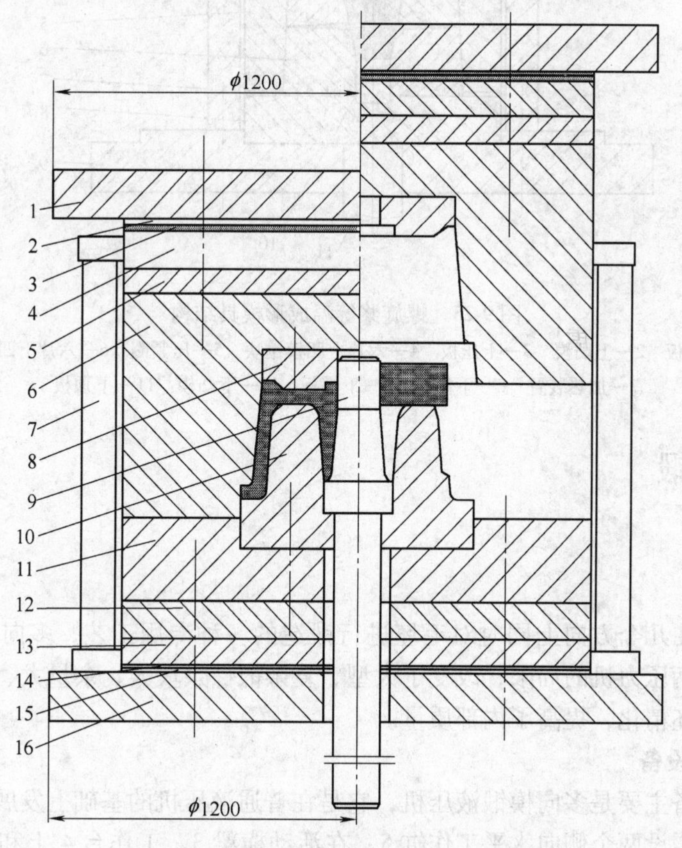

图9-23 起落架轮毂等温成形模具结构

1—上模板 2—上绝缘板 3—上隔热板 4—上电热体底板 5—上电热体盖板 6—上模 7—加热炉 8—上模镶块 9—顶杆 10—下模 11—下模座 12—下电热体盖板 13—下电热体底板 14—下隔热板 15—下绝缘板 16—下模板

2. 螺旋桨

螺旋桨锻件（见图9-24）是舰艇推进器的关键零件，不仅要有高的力学性能，而且外形复杂，主轴上的六个桨叶在径向上呈发射形，且扭成倾斜角度50°，从叶根部分厚度4mm

逐渐减薄到叶顶部分厚度 1.5mm。这样的零件形状除了采用高速锤成形方法之外，还可采用等温成形。前者需要高速锤设备，后者要设计专用的等温成形模具。在投资方面，后者比前者节省。

图 9-24 螺旋桨锻件（TC4 钛合金）

根据螺旋桨的几何特征，模具的分模面必须在桨叶的轮廓线上。这样，凹模就要用组合镶块的结构，等温成形后的锻件才能脱模。由于桨叶是由螺旋面组成的，故分模面也为与之相应的空间曲面。图 9-25 所示为螺旋桨等温成形的模具结构。

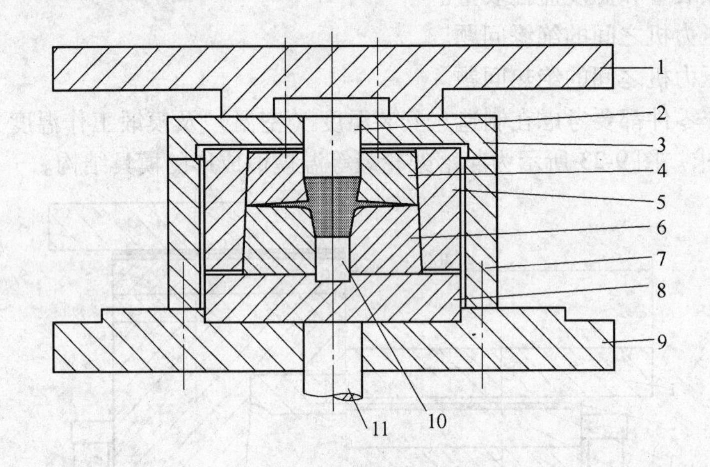

图 9-25 螺旋桨等温成形模具结构

1—上模板 2—上凸模 3—上压板 4—六片上凹模镶块 5—压紧圈 6—六片下凹模镶块 7—加热装置 8—下垫板 9—下模板 10—下凸模 11—下顶板

9.4 多向模锻

9.4.1 概述

多向模锻是在几个方向上同时对毛坯进行锻造的一种专用工艺，多向模锻突破了模锻锤、水压机、曲柄压力机的局限，改变了大型、复杂锻件余块大、余量大、公差大等一系列缺点，实现了毛坯精化，提高了内部质量。

1. 多向模锻设备

多向模锻设备主要是多向模锻液压机，它是在普通液压机的基础上发展起来的。在普通液压机的基础上增设两个侧向水平工作缸 5。在活动横梁 3、工作台 4 上和水平侧向工作缸上各装一块模块（或冲头），最多能装四块模块（或冲头），并由模块和冲头组成一副具有封闭模膛的模具，这种水压机称为四工位多向模锻水压机（见图 9-26）。除四工位多向模锻水压机外，还有由一台普通液压机与四个水平工作缸组成的专用水压机，称为六工位多向模锻水压机。国内外多向模锻水压机的主要技术规格见附录 B 的表 B-5。

2. 多向模锻的工艺实质

多向模锻是在具有多分模面的模膛内进行，如图 9-27 所示。当毛坯放在工位上时，上下两块模块闭合进行锻造，使毛坯初步成形，得到凸肩。然后安装在水平工作缸上的冲头从左右压入，在上下两个模块形成的模膛中，将已初步成形的锻坯冲出所需的孔。锻成后，冲头先拔出，然后上、下模块分开，取出锻件。

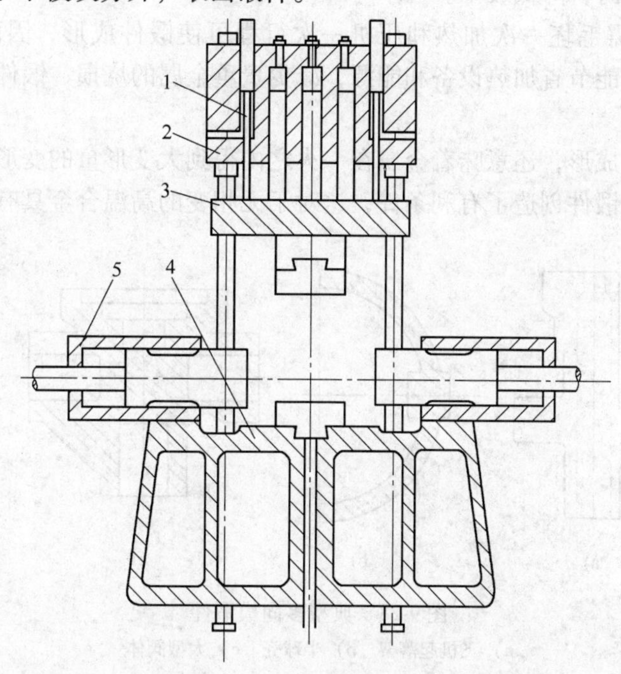

图 9-26　四工位模锻水压机

1—拉杆　2—上横梁　3—活动横梁　4—工作台　5—侧向水平工作缸

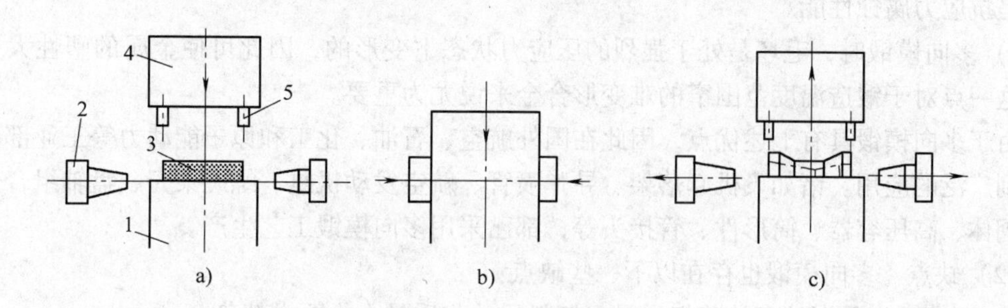

图 9-27　多向模锻过程

a）放上毛坯　b）闭合模具及多向加压　c）开启模具（上模回升，左右冲头退出）

1—下模　2—冲头　3—毛坯　4—上模　5—导柱

3. 多向模锻件的典型锻件

多向模锻件的形状可以是各种各样的（见图 9-28）。图 9-28a 所示为飞机起落架，它是一空心的钛合金锻件；图 9-28b 所示为镍基合金的半球壳状锻件；图 9-28c 所示为大型阀体多向模锻件。

4. 多向模锻的优缺点

（1）优点　多向模锻实质上是一种以挤压为主的挤压和模锻综合成形工艺。其主要优点如下：

1）与普通模锻相比，多向模锻可以锻出形状更为复杂，尺寸更精确的无飞边、无模锻斜度的中空锻件，使锻件最大限度地接近成品零件形状尺寸。从而可显著提高材料的利用率，减少机械加工工时，降低成本。

2）多向模锻只需毛坯一次加热和压机一次行程可使锻件成形，因而可以减少模锻工序，提高生产率，并能节省加热设备和能源，减少贵重金属的烧损、锻件表面的脱碳及合金元素的贫化。

一次加热和一次成形，还意味着金属在一火之内得到大变形量的变形，也为获得晶粒细小均匀和组织致密的锻件创造了有利条件，这对于无相变的高温合金具有重要意义。

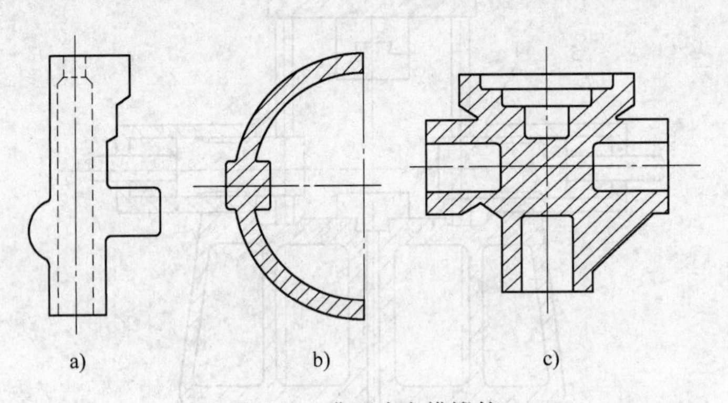

图 9-28　典型多向模锻件

a）飞机起落架　b）半球壳　c）大型阀体

3）由于多向模锻不产生飞边，从而可避免锻件流线末端外露，提高锻件的力学性能，尤其是抗应力腐蚀性能。

4）多向模锻时，毛坯是处于强烈的压应力状态下变形的，因此可使金属的塑性大为提高，这一点对于锻造温度范围窄的难变形合金来说尤为重要。

由于多向模锻具有上述优点，因此在国外航空、石油、化工和原子能动力等工业部门中已得到广泛的应用。诸如飞机起落架、导弹喷管、航空发动机匣、螺旋桨壳、盘轴组合件及高压阀体、高压容器、筒形件、管接头等，都已采用多向模锻工艺生产。

（2）缺点　多向模锻也存在以下一些缺点：

1）要求毛坯具有较高的剪切质量，坯料尺寸与质量大小要求精确。

2）毛坯加热后应尽量避免氧化皮，要求对毛坯进行少无氧化加热或设置去氧化皮的装置。

3）要求使用刚性好、精度高的专用设备，或在通用设备上附加专用的模锻装置。

9.4.2　多向模锻的模具结构

1. 模具结构的类型

多向模锻模具结构的基本形式有垂直分模结构、水平分模结构和联合分模结构三种。此外，根据锻件形状的需要和设备构造的具体情况，也可设计特殊结构形式的模具。

（1）垂直分模结构　垂直分模的模具结构如图 9-29 所示。它由凹模、冲头、推杆、上压板、底板、导销、定位块等组成。分模面与水平面相垂直。其工作原理：压力机的两个水平柱塞通过水平夹座夹持住推杆 6，推动左右两块凹模 4 沿底板 8 滑移，推杆是用销杆 5 和半模连接的。半模滑移的终点由安装在底板中心的定位块 7 使其定位。定位块的形状与底板结构有关，当底板有燕尾槽且两块凹模有燕尾时，定位块可以为圆柱形。当底板没有燕尾槽时，定位块需要设计成倒锥形。在上压板2中安装冲头3和垫板1，用四个螺钉固定在活动横梁上。此外，在两块凹模之中还装有导销，以防上模具错移。

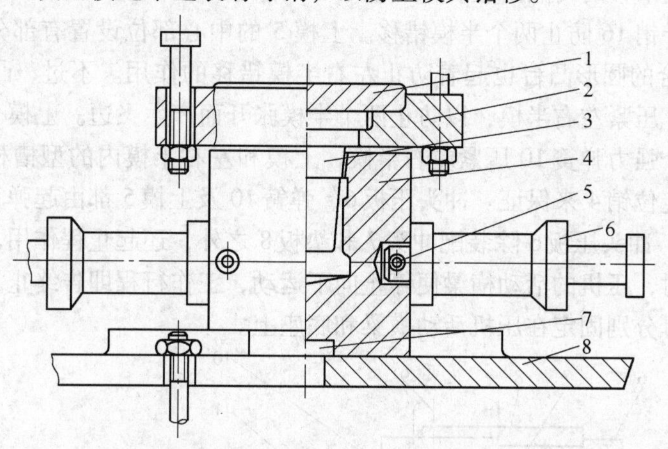

图9-29　垂直分模模具结构

1—垫板　2—上压板　3—冲头　4—右凹模　5—销杆　6—推杆　7—定位块　8—底板

（2）水平分模结构　水平分模的模具结构如图9-30所示。它一般由凹模、冲头、导销、垫板和压板等组成。分模面与水平面平行。其工作原理：上凹模3和下凹模6分别由上压板4和下压板7用螺钉固定在上模座1和下模座9上。上、下凹模之间设有导销装置，以防止模具错移。水平冲头5安装在压机水平柱塞的夹座上。水平冲头的数量根据设备具有的水平工作柱塞的数量和锻件成形的需要而定。多向模锻压机大多数有两个水平工作柱塞，因此，水平分模结构的模具采用两个水平冲头为多。根据锻件成形的需要，也有采用单冲头的，如图9-31所示，右边为冲头5，左边为推杆9，这就是水平分模单向挤压。

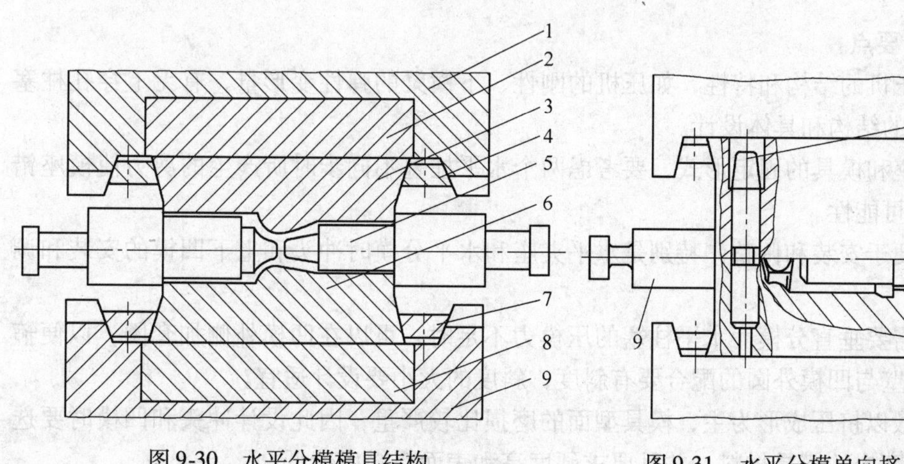

图9-30　水平分模模具结构

1—上模座　2—上垫板　3—上凹模　4—上压板　5—冲头　6—下凹模　7—下压板　8—下垫板　9—下模座

图9-31　水平分模单向挤压模具结构

1—上模座　2—导销　3—上压板　4—上凹模　5—冲头　6—下凹模　7—下压板　8—下模座　9—推杆

（3）联合分模结构　联合分模的模具结构如图 9-32 所示。其工作原理：压机的两个水平柱塞连接推杆 2，推动左右半模 3 沿底板 15 上的燕尾槽向中心滑移，推杆是用销杆 12 和半模连接的。半模滑移的终点由埋装在底板中心的圆柱形定位块 1 控制。定位块除了起定位作用外，还帮助导销 16 防止两个半模错移。上模 5 的中心部位设置有部分型槽，它与左右半模用 3°斜度配合的圆形凸台也起着防止左右半模错移的作用。不过，凸台的主要作用还是帮助水平推杆 2 压紧左右半模，以防止两个半模张开而产生飞边。上模 5 借助于安装在冲头压板 6 上的四个强力弹簧 10 压紧左右半模，上模和左右半模内的型槽相对位置依赖于压装在左右半模的定位销 4 来保证。冲头压板 6、弹簧 10 及上模 5 都由起弹簧芯轴作用的拉杆 9 和螺母 11 连接。冲头压板 6 除装配冲头 7 和垫板 8 之外，还起止程作用，当它的下平面压紧上模的上平面时，压机的活动横梁便停止向下运动，工作行程即告终止。整套模具的上下部分用螺栓、螺母分别固定在压机活动横梁和底座上。

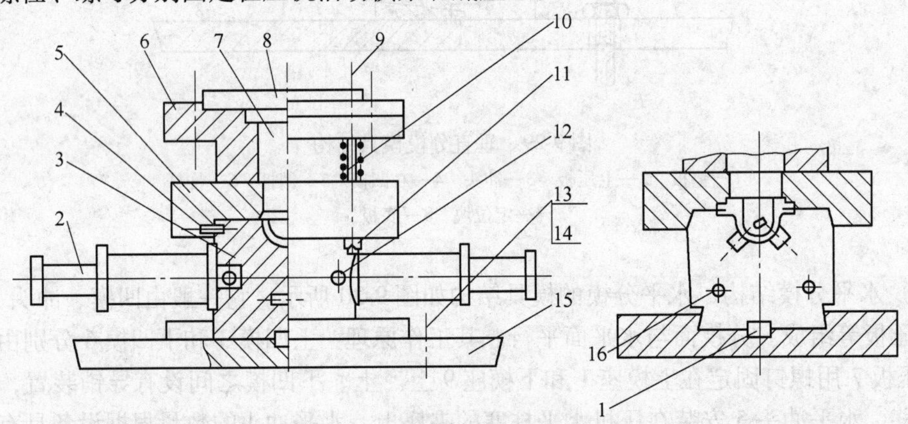

图 9-32　联合分模模具结构

1—定位块　2—推杆　3—左右半模　4—定位销　5—上模　6—冲头压板　7—冲头　8—垫板　9—弹簧拉杆　10—弹簧　11—拉杆螺母　12—销杆　13—螺栓　14—螺母　15—底板　16—导销

2. 模具设计要点

1）要考虑压机的结构和特性，如压机的刚性、下横梁的弹性变形量、有无上穿孔柱塞等以便确定模具的结构和具体设计。

2）对于模座和模具的固定形式，要考虑两个水平柱塞不同步时所产生的剪力使模座错移和模具损坏的可能性。

3）模具要便于安装和调整，特别是水平夹座和水平分模时冲头和上下凹模的安装和调整。

4）当锻件需要垂直分模而水平柱塞的压模力不足时，可以在凹模外侧加套圈，以便箍紧凹模。套圈内壁与凹模外圆的配合要有斜度，斜度的大小要设计适宜。

5）多向模锻以挤压成形为主，模具型面的磨损比较严重，因此设计冲头和凹模时要选用热硬性好、耐磨损的模具材料。并且要求硬度高和表面粗糙度值低。

6）凹模设计如下：

①对于外形比较简单的筒形件，设计凹模时，在拔出冲头方向的凹模型槽端部要设计承剪面，以防止拔出冲头时锻件也被拔出模体之外。图 9-33a 所示的设计是错误的，其结果是

在拔出冲头时将锻件的两个凸耳拉弯变形（见图9-33b）。正确的设计应如图9-23c所示，将导向部分的孔径减小，在型槽上端设计了承剪面。

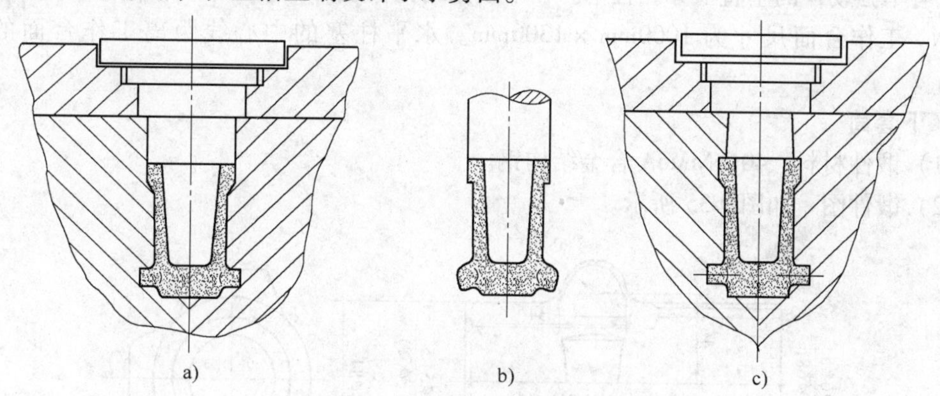

图9-33　凹模模膛的正确设计

a）设计不正确　b）被拉坏的锻件　c）正确的设计

②对于型槽位置的安排要考虑张模力和压模力中心的重合或相互接近，否则将会使凹模张开而产生飞边。例如一个水平分模的外筒件，其张模力的中心并不是锻件在分模面上投影面积的中心（见图9-34）。此时，应将型槽位置向右移动，使张模力中心与压模力中心重合。又如另一个垂直分模外筒件，当其张模力中心低于水平推杆作用力的中心（即压模力中心）时，凹模的下部就张模而产生飞边。当型槽位置向上移动一段距离后，就没有产生张模现象。

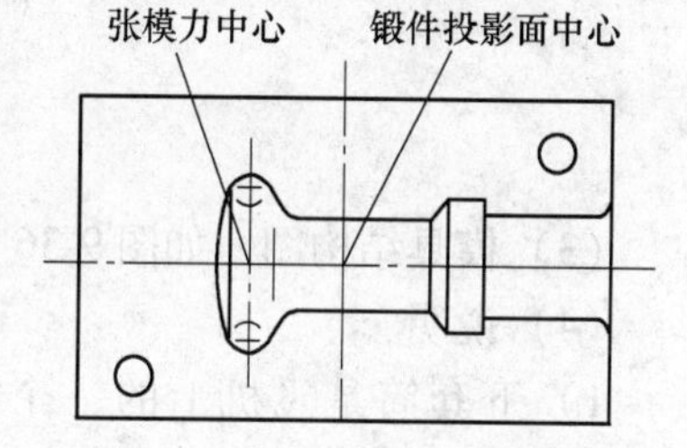

图9-34　凹模张模力中心示意图

③为了防止凹模之间产生错移，要设计导销装置。

④为了保证冲头顺利进入凹模并与模膛保持同心，必须在凹模型槽的端部设有导孔。导孔与冲头导向部分的间隙不宜过大，否则变形金属将会有一部分被挤入间隙之中，形成纵向飞边。

7）冲头设计。在多向模锻中，冲头是用于挤压金属成形锻件的。冲头的外形取决于锻件内腔或端部的形状。对于有深孔的锻件，冲头一般应该有微小的斜度（0°30′~1°30′）。

冲头端部的形状对金属流动和锻件成形有很大影响，按其端部形状的不同，可分为平冲头、锥形冲头的球形冲头等。设计时应根据锻件孔腔和成形的需要来选择，也可设计成平冲头与锥形冲头或球形冲头相结合的形状。

对于水平分模的冲头，其装夹部分（柄部）要具有足够的强度。对于垂直分模的冲头，其装夹部分的转接圆角不能设计得太小。

8）推杆设计。垂直分模或联合分模时，要注意两个水平推杆的压模效果。因此，推杆应设计得短粗一些。短了可以减少弹性变形，以增加刚性。粗了（直径大）既可增加刚性，又可增大端面与凹模的接触面积，使之能稳固地压紧凹模。

9.4.3　多向模锻的应用实例

下面列举两个锻件的模具实例，所用设备为8000kN多向模锻水压机。该压机为三梁四柱结构。在上横梁有三个垂直工作柱塞，垂直压力可分为3200kN、6400kN和9600kN三级。但是没有单独动作的垂直上穿孔柱塞。在下横梁的两侧装有两个水平工作柱塞，其压力各为4600kN。工作台面尺寸为1000mm × 1300mm。水平柱塞的中心线距离工作台面的高度150mm。

1. 下套筒

（1）锻件材料　40CrNiMoA合金结构钢。

（2）锻件图　如图9-35所示。

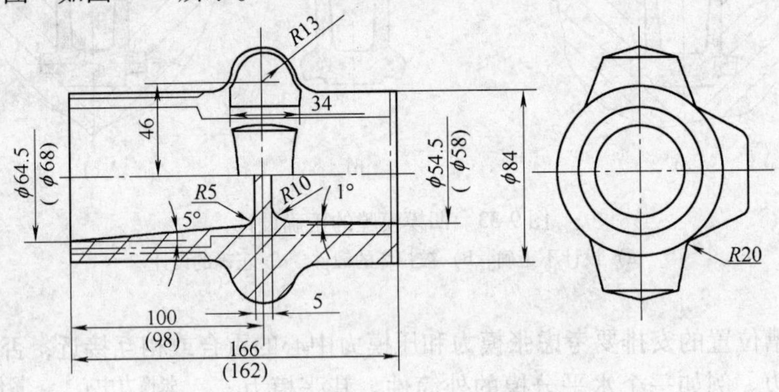

图9-35　下套筒锻件图

（3）模具结构图　如图9-36所示。

（4）说明

1）下套筒是飞机上的一个零件，锻件图如图9-35所示。该锻件为一通孔型构件，但两端孔径不一，因此采用水平分模两向挤压工艺。其模具结构为水平分模结构，如图9-36所示。

2）模膛位置的安排。经过分析，模膛的张模力中心在锻件三个凸耳的中心线上，因此将模膛的位置向左移动，使三个凸耳的中心线尽量靠近模具的中心线，使两者之间相距接近。

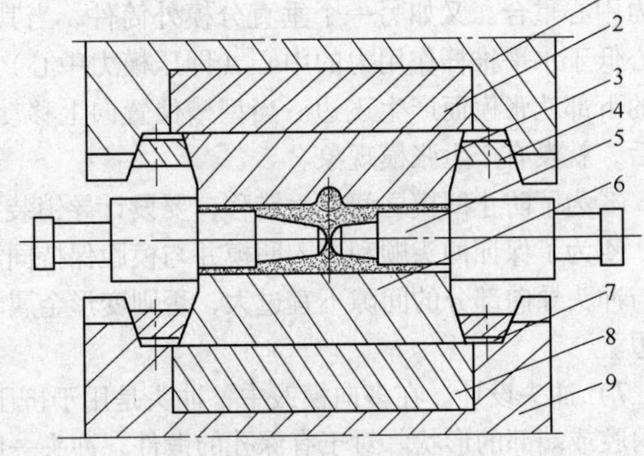

图9-36　下套筒模具结构

1—上模座　2—上垫板　3—上凹模　4—上压板　5—冲头　6—下凹模　7—下压板　8—下垫板　9—下模座

3）导销装置。为了防止错模，在上下凹模的对角线上各设计了两个直径为45mm的导销孔。导销压装在下凹模的导销孔中。

4）冲头。冲头的柄部是根据水平夹座的尺寸设计的。左冲头工作部分的端部设计成弧形的采用5°的斜度是因零件内孔有阶梯，在锻件设计时用斜度连接成一个斜孔。右冲头的斜度为0°45′，端部也是弧形的。

2. 助力器外筒

（1）锻件材料　12CrNi3A合金结构钢。

（2）锻件图　如图9-37所示。

（3）模具结构图　如图9-38所示。

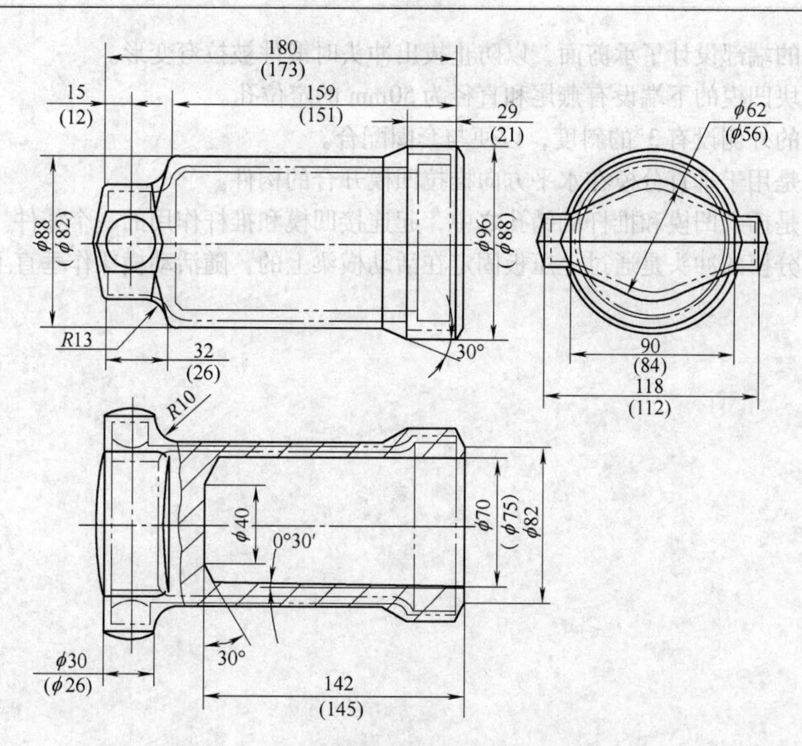

图 9-37　助力器外筒锻件图

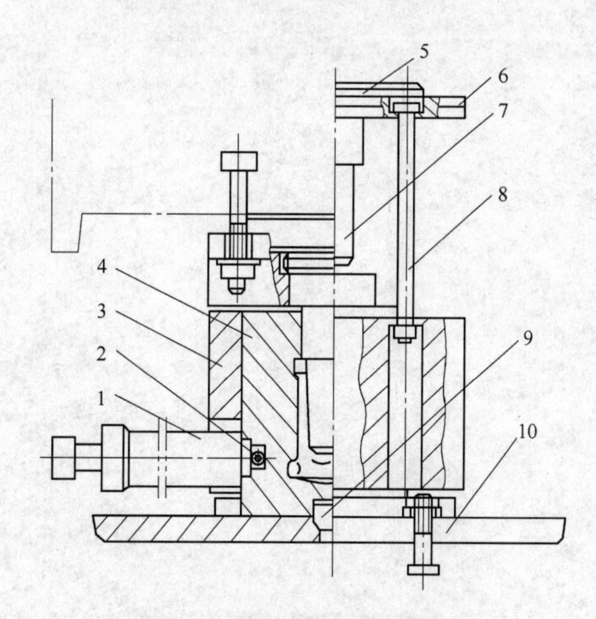

图 9-38　助力器外筒的模具结构

1—推杆　2—销杆　3—套圈　4—凹模　5—垫板　6—上压板

7—冲头　8—拉杆　9—定位块　10—底板

（4）说明

1）助力器外筒是一个带封闭端的空心锻件，如图 9-37 所示。对于这种锻件，既可以采用水平分模，也可以采用垂直分模。这里给出的是垂直分模的模具结构，如图 9-38 所示。

2）模膛的端部设计了承剪面，以防止拔出冲头时锻件被拉弯变形。

3）在两块凹模的下端设有燕尾和直径为 50mm 的定位孔。

4）凹模的外侧设有 3°的斜度，以便与套圈配合。

5）推杆是用于垂直分模在水平方向推拉凹模开合的构件。

6）销杆是插入凹模和推杆的销孔之中，起连接凹模和推杆作用的一个零件。

7）垂直分模的冲头是通过上压板固定在活动横梁上的，随活动横梁作垂直上下运动。

附　　录

附录A　模锻工艺参数

表A-1　钢的锻造温度范围

牌　　号	锻造温度/℃	
	始锻	终锻
Q195、Q215	1300	700
Q235	1250	700
08F、08、10F、10、15F、15、20F、20、25、30、15Mn、20Mn、30Mn	1250	800
40、45、50、55、60、40Mn、45Mn、50Mn	1200	800
10Mn2、15Mn2、20Mn2、30Mn2、35Mn2、40Mn2、45Mn2、50Mn2、27SiMn、35SiMn	1200	800
42SiMn	1150	800
20MnV、35SiMn2MoV	1200	800
25Mn2V、42Mn2V、30SiMn2MoV	1180	800
30Mn2MoW	1150	850
12SiMn2WV	1180	850
15SiMn3MoWV	1200	900
37SiMn2MoWV	1170	800
20Mn2B、20MnTiB	1200	800
25MnTiB、20Mn2TiB、20MnVB	1200	850
20SiMnVB	1180	800
30Mn2MoTiB	1100	850
40B、45B、40MnB、45MnB、40MnVB、40MnWB、38CrSi、40CrSi	1150	850
15CrMn、20CrMn、40CrMn	1150	800
20CrMnSi、25CrMnSi	1200	800
30CrMnSi、35CrMnSi	1150	850
15CrMn2SiMo	1200	900
20CrV、16Mo	1250	800
40CrV、45CrV、18CrMnTi、20CrMnTi、30CrMnTi、35CrMnTi、40CrMnTi	1200	800
12CrMo、15CrMo、20CrMo	1200	800
30CrMo	1180	800
35CrMo、42CrMo	1150	850
15CrMnMo、20CrMnMo	1200	900
40CrMnMo	1150	850
12CrMoV、24CrMoV、25Cr2MoV、25Cr2Mo1V	1100	850
12Cr1MoV、35CrMoV	1150	850
38CrMoAl	1180	850
18Cr3MoWV、20Cr3MoWV	1150	850

（续）

牌　　号	锻造温度/℃	
	始锻	终锻
15Cr、20Cr、30Cr、35Cr、40Cr、45Cr、50Cr	1200	800
20CrNi	1200	800
40CrNi、45CrNi	1150	850
12CrNi2、12CrNi3	1200	800
20CrNi3、37CrNi13、12Cr2Ni4、20Cr2Ni4	1180	850
40CrNiMo	1150	850
18Cr2Ni4W	1180	850
20NiMo	1200	830
40NiMo	1150	900
T7、T7A、T8、T8A	1150	800
T9、T9A、T10、T10A	1100	770
T11、T11A、T12、T12A、T13、T13A	1050	750
9Mn2、9Mn2V、MnSi、6MnSiV，5SiMnMoV、9SiCr、SiCr、Cr2	1100	800
Cr、Cr06、8Cr	1050	850
Cr12	1080	840
CrMn、5CrMnMo	1100	800
Cr6WV、CrW5	1050	850
CrW、Cr12W	1150	850
3Cr2W8V	1120	850
CrWMn	1100	800
9CrWMn、5CrW2Si、6CrW2Si、4CrW2Si	1100	850
Cr12MoV	1100	840
3CrAl、CrV	1050	850
8CrV	1120	800
5CrNiMo、W1、W2	1100	800
5W2CrSiV、4W2CrSiV、3W2CrSiV、WCrV、W3CrV	1050	850
3W4CrSiV、3W4Cr2V、V、CrMn2SiWMoV、Cr4W2MoV	1100	850
8V	1100	800
4Cr5W2SiV	1150	950
SiMnMo	1000	850
5CrMnSiMoV	1200	700
W18Cr4V、W9Cr4V2	1150	900
W6Mo5Cr4V2、高碳 W18Cr4V	1130	900
W6Mo5Cr4V3	1100	900
06Cr13	1150	750
10Cr13、20Cr13、30Cr13、40Cr13、Cr17Ti	1150	750
Cr17	1100	750
Cr28	1120	700
Cr9Mn18	1180	850
3Cr17Mo	1150	800
14Cr17Ni2	1130	850

（续）

牌　　号	锻造温度/℃ 始锻	终锻
06Cr19Ni10、12Cr18Ni9、17Cr18Ni9	1130	850
Cr18Mn8Ni5	1200	850
Cr17Mo2Ti、Cr25Mo3Ti3	1150	800
Cr18Ni11Nb	1200	900
90Cr18MoV	1100	750
Cr18Ni12Mo2Ti、Cr18Ni12Mo3Ti	1200	850
9Cr17MoVCo	1130	850
Cr18Ni9Cu3Ti	1200	870
Cr18Ni19Mo1Cu2Ti	1200	900
42Cr9Si2	1130	850
Cr13Si3、Cr18Si2、Cr20Si3	1100	800
Cr25Si2	1050	800
4Cr3Si4、Cr5Mo	1150	850
Cr6SiMo	1170	850
4Cr16Si2Mo、Cr11MoV	1150	850
Cr13SiAl、Cr17Al4Si	1100	800
Cr8Al5、Cr7Al7、Cr20Al5Co2、Cr13Al4	1050	800
1Cr17Al5	1050	800
0Cr25Al5	1050	800
1Cr14Ni14W2MoTi	1150	850
45Cr14Ni14W2Mo、Cr15Ni36W3Ti	1130	900
65、70、75、85、60Mn、65Mn	1100	800
55Si2Mn、60Si2Mn、60Si2MnA	1100	850
50CrMn、50CrMnA、50CrVA、50CrMnVA	1150	850
GCr6、GCr9、GCr9SiMn、GCr15、GCr15SiMn	1080	800

表 A-2　高温合金的锻造温度与加热规范

合金牌号		锻造温度 始锻/℃	终锻/℃	预热 温度/℃	保温时间/(min/mm)	加热 温度/℃	保温时间/(min/mm)
铁基合金	GH2136	1100	900	750	0.6~0.8	1130	0.4~0.8
	GH1015、GH1016、GH1140	1150	900	750		1170	
	GH1139	1100	900	750		1130	
	GH2018	1140	900	750		1160	
	GH1035、GH1131、GH1140	1100	900	750		1130	
	GH2036	1180	980	800		1200	
	GH2135	1120	950	750		1140	
	GH2130	1100	950	750		1130	
	GH2132、GH2302	1100	950	750		1130	
	GH2761	1100	950	750		1130	
	GH2984	1130	900	750		1150	
	GH2901	1120	950	750		1140	

（续）

	合金牌号	锻造温度		预　热		加　热	
		始锻 /℃	终锻 /℃	温度 /℃	保温时间 /(min/mm)	温度 /℃	保温时间 /(min/mm)
镍基合金	GH3030、GH3039	1160	900	800	0.4~0.8	1180	0.4~0.8
	GH3128	1160	950	750		1180	
	GH1333	1120	950	800		1140	
	GH4163、GH3170	1150	980	800		1170	
	GH4033	1160	1000	800		1180	
	GH4133	1160	1000	750		1180	
	GH4037、GH4049、GH4220	1160	1050	750		1180	
	GH4141	1140	1000	750		1160	
	GH4710	1110	1000	750		1130	
	GH4145	1160	850	750		1180	
	GH4169	1120	950	750		1120	
	GH4738	1150	1050	750		1170	

表 A-3　铝合金的锻造和模锻温度范围及容许的变形程度

合金牌号	锻造温度/℃		容许变形程度（%）	
	始　锻	终　锻	锤上（8m/s）	压力机上（0.3m/s）
5A02、3A21	420~470	350	≥80	≥80
6A02、2A50、2B50			铸态	
			40~50	<50
			变形态	
			50~65	<80
2A11、2A14、2A02	440~470	400	铸态	
			40	40~50
	420~450	380	变形态	
2A90、2A80、2A70、5A05、5A06	420~470	350	50~70	<80
	400~430	320	50~60	>60
7A03、7A04、7A05、7A06	400~430	350	铸态	
			30~40	40~50
	370~400	320	变形态	
			50~60	80

表 A-4 铝及铝合金加工的挤压、锻造温度

牌 号	挤压温度/℃	锻造温度/℃	牌 号	挤压温度/℃	锻造温度/℃
1070A	250 ~ 450	—	2A10	320 ~ 450	—
1060			2A11	320 ~ 450	380 ~ 470
1050A			2A12	400 ~ 450	380 ~ 470
1035			2A16	440 ~ 460	400 ~ 460
1200			2A17	440 ~ 460	—
8A03			7A03	300 ~ 450	—
5A02	320 ~ 450	370 ~ 470	7A04	300 ~ 450	380 ~ 450
5A03	320 ~ 450	350 ~ 470	6A02	370 ~ 450	400 ~ 500
5A05	380 ~ 450	350 ~ 440	2A50	370 ~ 450	380 ~ 480
5A06	380 ~ 450	350 ~ 440	2B50	370 ~ 450	380 ~ 480
5A12	380 ~ 450	350 ~ 440	2A70	375 ~ 450	380 ~ 480
3A21	320 ~ 450	—	2A80	375 ~ 450	380 ~ 480
2A01	320 ~ 450	—	2A90	375 ~ 450	380 ~ 480
2A02	440 ~ 460	380 ~ 470	2A14	400 ~ 450	380 ~ 480
2A60	440 ~ 460	—			

表 A-5 铜及铜合金合金热变形温度

合 金	温度/℃		合 金	温度/℃	
	模锻	挤压		模锻	挤压
	铜			黄铜	
T2、T3、T4	800 ~ 950	775 ~ 925	T2、T3、T4	800 ~ 950	775 ~ 925
	黄铜			青铜	
H96	700 ~ 850	830 ~ 880	QA15	750 ~ 900	830 ~ 880
H90	800 ~ 900	820 ~ 900	QA17	760 ~ 900	850 ~ 900
H80、H85、H70	—	820 ~ 870	QAl9-2	800 ~ 960	750 ~ 850
H68	700 ~ 850	750 ~ 830	QAl9-4	750 ~ 900	750 ~ 850
H62	700 ~ 850	700 ~ 850	QAl10-3-1.5	750 ~ 900	700 ~ 850
HA177-2	—	700 ~ 830	QAl10-4-4	800 ~ 900	830 ~ 880
HA160-1-1	—	700 ~ 750	QBe2	650 ~ 800	660 ~ 720
HA159-3-2	700 ~ 750	700 ~ 750	QBe2.5	720 ~ 800	660 ~ 720
HNi65-5	650 ~ 850	750 ~ 850	QSi3-1	600 ~ 780	875 ~ 825
HFe59-1-1	650 ~ 820	650 ~ 750	QSi1-3	800 ~ 910	850 ~ 900
HMn58-2	600 ~ 750	625 ~ 700	QSn4-0.25	800 ~ 920	750 ~ 800
HMn57-3-1	600 ~ 730	625 ~ 700	QSn6.5-0.4	800 ~ 920	680 ~ 770
HSn90-1	850 ~ 900	850 ~ 900	(QCr0.5)	800 ~ 920	—
HSn70-1	650 ~ 750	650 ~ 750	BZn15-20①	800 ~ 920	750 ~ 825
HSn62-1	680 ~ 750	700 ~ 750	BFe28-2.5-1.5①	800 ~ 920	850 ~ 950
HSn60-1	700 ~ 820	700 ~ 820			

① 为白铜。

表 A-6　钛及钛合金的锻造温度

牌　号	变形坯料		成　品	
	加热温度/℃	终锻温度/℃ ≥	加热温度/℃	终锻温度/℃ ≥
TA1	900～950	700	850～880	700
TA2	900～950	700	850～880	700
TA3	900～950	700	850～880	700
TA4	1030～1050	800	—	—
TA5	1000～1050	800	—	—
TA6	1050～1100	850	980～1020	800
TA7	1050～1100	850	980～1020	800
TB2	1090～1100	800	990～1010	800
TC1	900～950	750	850～880	750
TC2	900～950	800	850～900	750
TC3	950～1050	800	950～970	750
TC4	960～1100	800	950～970	750
TC6	1000～1050	800	950～980	800
TC9	1050～1080	800	950～970	800
TC10	1000～1050	800	930～940	800

表 A-7　钛及钛合金合金的锻造加热规范

合金种类	合金牌号	β转变温度/℃	预先经过变形的毛坯			钛铸锭	
			始锻温度/℃	终锻温度/℃	保温时间/(min/mm)	始锻温度/℃	终锻温度/℃
α钛合金	TA2、TA3	—	900 (870)	700 (650)	0.8	980	750
	TA4	—	980 (980)	800 (800)		1050	850
	TA5	—	980 (980)	800 (800)		1050	850
	TA6、TA7	1025～1050	1020 (990)	900 (850)		1150	900
	TA8	950～990	960 (940)	850 (800)		1150	900
β钛合金	(TB1)	750～800	930 (920)	800 (700)	0.7		
α+β钛合金	TC1	910～930	910 (900)	750 (700)	0.7	980	750
	TC3	920～960	920 (900)	800 (750)	0.7	1050	850
	TC4	960～1000	960 (940)	800 (750)	0.8	1150	850
	TC5、TC6	950～980	950 (950)	800 (800)		1150	750
	(TC8)	970～1000	970 (960)	850 (800)		1150	900
	TC9、TC11	970～1000	970 (960)	850 (800)		1150	900
	TC10	930～960	93 (910)	850 (800)		1150	900

注：1. 表中括号内数据为压力机选用的温度；无括号数据为锻锤选用温度。

2. 加热温度误差控制在±10℃，保温时间按0.6～0.7min/mm计算。

表 A-8　镁合金锻造和模锻温度范围及容许变形程度

镁合金种类	锻造温度/℃				容许的最大变形程度(%)		容许的变形程度(%)	压力机与锻锤上模锻温度/℃				液压机上模锻温度/℃			
	锤上模锻		压力机上模锻					压力机上模锻		锻锤冷作硬化		模锻		冷作硬化	
	始锻	终锻	始锻	终锻	锤上	压力机上		始锻	终锻	始锻	终锻	始锻	终锻	始锻	终锻
M2M AZ40M ME20M	430	340	420	300	60	80	25	430	320	250	230	420	300	250	230
AZ4M	420	340	400	300	50	70	15	420	300	280	250	400	—	280	250
AZ80M	400	300	390	280	35	60	—	400	300	—	—	400	—	280	250

表 A-9　镁合金模锻加工工艺参数

合金代号	模锻加工温度/℃	均匀化退火			退　火		
		温度/℃	保温时间/h	冷却方式	温度/℃	保温时间/h	冷却方式
M2M	260 ~ 450	410 ~ 425	12	空冷	320 ~ 350	0.5	空冷
AZ40M	275 ~ 450	390 ~ 410	10	空冷	280 ~ 350	3 ~ 5	空冷
AZ41M	250 ~ 450	380 ~ 420	6 ~ 8	空冷	250 ~ 280	0.5	空冷
AZ61M	250 ~ 340	390 ~ 405	10	空冷	320 ~ 350	0.5 ~ 4	空冷
AZ62M	280 ~ 350	—	—	—	320 ~ 350	4 ~ 6	空冷
AZ80M	300 ~ 400	390 ~ 405	10	空冷	350 ~ 380	3 ~ 6	空冷
ME20M	280 ~ 450	410 ~ 425	12	空冷	250 ~ 350	1	空冷
ZK61M	340 ~ 420	360 ~ 390	10	空冷	—	—	—

表 A-10　终锻温度时各种材料的变形抗力 σ　(单位：MPa)

材　料	变形抗力 σ		
	锤上	锻压机	热切边
碳素结构钢[w(C) <0.25%]	55	60	100
碳素结构钢[w(C) >0.25%]	60	65	120
低合金结构钢[w(C) <0.25%]	60	65	120
低合金构钢[w(C) >0.25%]	65	70	150
高合金构钢[w(C) >0.25%]	75	80	200
合金工具钢	90 ~ 100	100 ~ 120	250

表 A-11　常用金属材料的线胀系数　(单位：$10^{-6}K^{-1}$)

材料名称	温度范围/℃		
	20 ~ 100	20 ~ 200	20 ~ 300
纯铜	17.2	17.5	17.9
黄铜	17.8	18.8	20.9
锡青铜	17.6	17.9	18.2

（续）

材料名称	温度范围/℃		
	20~100	20~200	20~300
铝青铜	17.6	17.9	19.2
铝	23.6	—	—
铸造铝合金	19~24.7	—	—
变形铝合金	19.6~24.2	—	—
镍铬合金	14.5	—	—
铸铁	8.7~11.1	8.5~11.6	10.1~12.2
碳钢	—	—	—
20	11.16	12.12	12.78
45	11.59	12.32	13.09
T9	11.0	11.6	12.4
低合金钢	—	—	—
40Cr	11.0	12.0	12.2
30CrMnSiA	11	11.7	12.9
60Si2Mn	11.5~12.4	12.8	13.1~13.9
高合金钢	—	—	—
W18Cr4V	11.1	11.9	12.6
30Cr13	10.2	11.1	11.6

表 A-12　几种模具钢的线胀系数　（单位：$10^{-6}K^{-1}$）

牌　号	温度范围/℃			
	100~250	250~350	350~600	600~700
5CrNiMo	12.5	14.1	14.2	15
3Cr2W8V	14.7	15.6	16.1	15
W18Cr4V	11.6	12.2	14.1	13.4
Cr12MoV	10.9	—	11.4	12.2

表 A-13　常用钢材热锻件的收缩率

类　型	收缩率(%)
一般锻件	1.2~1.5
不锈钢锻件	不锈钢的收缩率较大，一般取1.5~1.8
细长的杆类锻件；扁薄的锻件；冷却快、打击次数多、终段温度低的锻件	0.8~1.2
带较大头部的长杆类锻件	头部和杆部的收缩率应取不同值
温锻件	温锻时，由于终锻温度较低，收缩率应适当取小些

表 A-14　有色金属的收缩率

材　料	收缩率(%)	材　料	收缩率(%)
铝合金	0.8~1.0	钛合金	0.5~0.7
镁合金	0.8	铜合金	1.0~1.3

表 A-15　各种锻压设备的打击速度及应变速率

成形设备	打击速度/(m/s)	应变速率/s^{-1}
液压机	0.27 ~ 0.456	0.03 ~ 0.06
热模锻曲柄压力机	0.03 ~ 1.52	1 ~ 5
螺旋压力机	0.3 ~ 1.21	2 ~ 10
锻锤	3.65 ~ 8	10 ~ 250
高速锤	10 ~ 22	200 ~ 1000

表 A-16　常用材料的摩擦因数 μ 值

摩擦副材料	μ 值		摩擦副材料	μ 值	
	无润滑	有润滑		无润滑	有润滑
钢—钢	0.1 ~ 0.15	0.05 ~ 0.12	软钢—铸铁	0.2	0.05 ~ 0.15
钢—软钢	0.2	0.1 ~ 0.2	软钢—青铜	0.2	0.07 ~ 0.15
钢—未淬火 T8 钢	0.15	0.03	铸铁—铸铁	0.15	0.07 ~ 0.12
钢—铸铁	0.2 ~ 0.3	0.05 ~ 0.15	铜—铜	0.2	—
钢—黄铜	0.19	0.03	黄铜—黄铜	0.17	0.02
钢—青铜	0.15 ~ 0.18	0.1 ~ 0.15	青铜—青铜	0.15 ~ 0.20	0.04 ~ 0.10
钢—铝	0.27	0.02	铝—黄铜	0.27	0.02
钢—轴承合金	0.2	0.04	铝—青铜	0.22	—
钢—粉末冶金材料	0.35 ~ 0.55	—	铝—钢	0.30	0.02

附录 B　模锻设备技术参数

表 B-1　蒸汽-空气两用模锻锤的主要技术参数

落下部分质量/t		1	2	3	5	10	16
最大打击能量/kJ		25	50	75	125	250	400
锤头最大行程/mm		1200	1200	1250	1300	1400	1500
锻模最小闭合高度(不算燕尾)/mm		220	260	350	400	450	500
导轨间距离/mm		500	600	700	750	1000	1200
锤头前后方向长度/mm		450	700	800	1000	1200	2000
模座前后方向长度/mm		700	900	1000	1200	1400	2110
打击次数/(次/min)		80	70	—	60	50	40
蒸汽	绝对压力/10^5Pa	6 ~ 8	6 ~ 8	7 ~ 9	7 ~ 9	7 ~ 9	7 ~ 9
	允许温度/℃	—	200	200	200	200	200
砧座质量/t		20.25	40.0	51.4	112.55	235.53	325.85
总质量(不带砧座)/t		11.6	17.9	26.34	43.79	75.74	96.24
外形尺寸(前后×左右×地面上高)/mm		1330×2380×5051	1670×2960×5418	1800×3260×6035	2090×3700×6560	2700×4400×7460	2800×4500×7894

表 B-2 热模锻曲柄压力机的主要技术参数

公称压力/MN	滑块行程/mm	行程次数/(次/min)	最大闭合高度/mm	闭合高度调节量/mm	工作台尺寸(长×宽)/mm
10	250	100	700	14	850×1120
16	280	90	875	18	1050×1400
20	300	85	950	20	1210×1530
20	300	82	764	21	930×1000
25	320	80	1000	22.5	1300×1700
25	290	63	1000	12	1260×1700
25	320	70	1000	22.5	1140×1250
31.5	340	60	1050	25	1400×1800
31.5	310	55	1050	12	1460×1750
31.5	350	55	950	23	1180×1200
40	360	55	1100	28	1500×2050
40	330	50	1100	15	1500×1800
40	380	50	1000	21.8	1250×1450
50	400	45	1468	32	1600×2250
63	420	42	1270	35	1840×2350
63	390	40	1320	20	1700×2000
80	420	40	1400	20	1700×2000
80	460	39	1200	25	1700×1850
120	500	30	1800	25	2240×2800

表 B-3 J53 型双盘摩擦螺旋压力机技术参数

型号	公称压力/kN	打击能量/kJ	滑块行程/mm	行程次数/(次/min)	封闭高度/mm	垫板厚度/mm	工作台尺寸(长×宽)/mm	道轨间距/mm	电动机型号及功率/kW	外形尺寸(长×宽×高)/mm	总质量/t
JK53-40	400	1	180	40	280	80	300×600	300	Y10012-4；3	1056×960×2313	1.86
J53-63A	630	2.5	270	22	270	80	450×400	350	Y132M1-6；4	1538×1105×2840	3.2
J53-100A	1000	5	310	19	320	100	500×450	400	Y160M-6；7.5	1884×1393×3375	5.6
J53-160A	1600	10	360	17	380	120	560×510	460	Y160L-6；11	2043×1425×3695	8.5
J53-160B	1600	10	360	17	260	—	560×510	—	10	1465×2240×3730	8.8
J53-300/J53G-300	3000	20	400	15/22	300	—	650×570	650	Y200L2-6/Y200L-4；22/30	2581×1603×4345	13.5
J53-400	4000	40	500	14	520	—	820×730	—	30	1890×2812×5115	1606
JB53-400	4000	36	400	20	530	150	750×630	650	Y160L-4/Y180L-6；15/15	3020×2750×4612	17.5

（续）

型号	公称压力/kN	打击能量/kJ	滑块行程/mm	行程次数/(次/min)	封闭高度/mm	垫板厚度/mm	工作台尺寸(长×宽)/mm	道轨间距/mm	电动机型号及功率/kW	外形尺寸(长×宽×高)/mm	总质量/t
J53-630	6300	80	600	11	650	—	920×820	—	55	5000×4320×6060	39.3
JB53-630	6300	72	400	20	630	180	900×750	766	JH02-81-6/JH02-71-4；30/22	4340×3300×5447	50
J53-1000	1000	160	700	10	700	—	1200×1000	—	75	6000×5670×7250	67
JB53-1000	10000	140	500	17	710	200	1120×900	9150	JH02-82-6/JH02-72-4；30/22	5050×4300×7250	70
J53-1600	16000	280	700	10	750	—	1250×1100	—	130	5850×5750×8260	85
JB53-1600	16000	280	600	15	800	200	1280×1000	1030	JS-116-8/JQ02-91-6；70/55	4950×3850×7700	94
J53-2500	25000	500	800	9	980	—	1600×1200	—	230	4847×6797×9560	155

注：J53-160B、J53-300、J53-400、J53-630、J53-1000、J53-1600 和 J53-2500 七种规格为青岛锻压机床厂产品，其余为辽阳锻压机床厂产品。

表 B-4　离合器式螺旋压力机的主要技术参数

型　号		J55-400	J55-630	J55-800	J55-1000	J55-1250	J55-1600	J55-2000	J55-2500	J55-3150	J55-4000
公称压力/kN		4000	6300	8000	10000	12500	16000	20000	25000	31500	40000
最大打击力/kN		5000	8000	10000	12500	16000	20000	25000	40000	40000	50000
滑块速度/(mm/s)≥		500	500	500	500	500	500	500	500	500	500
有效变形能量(飞轮速降≤12.5%)/kJ		60	100	150	220	300	420	500	750	1000	1250
最大行程/mm		300	335	355	375	400	425	450	625	500	530
最大装模空间(无滑块垫板)/mm		500	560	630	670	710	950	850	900	950	1060
工作台面尺寸	左右/mm	670	750	800	850	900	1000	1200	1400	1450	1600
	前后/mm	800	900	950	1000	1060	1250	1200	1400	1450	1600
离合器压力/MPa		0.55	0.55	液压离合器							
主电动机功率/kW		18	30	37	45	55	90	90	132	132	160
主机质量/t		23	32	44	56	71	110	180	250	290	320
主机地面以上高度/mm		4000	4500	4600	5200	5600	6000	7100	7100	7300	8000

（续）

型号		J55-400	J55-630	J55-800	J55-1000	J55-1250	J55-1600	J55-2000	J55-2500	J55-3150	J55-4000
工作台顶出器	顶出行程/mm	120	120	160	160	200	200	250	250	250	280
	顶出力/kN	100	100	200	200	250	250	315	315	315	400
滑块顶出器	顶出行程/mm	15	15	40	40	50	50	55	55	55	60
	顶出力/kN	15	20	50	50	80	80	100	100	100	125

表 B-5　国内外多向模锻水压机主要技术规格

公称压力/kN			8000	20000	36000	45000	72000	100000	100000	180000	30000
工作液体压力/kN			32	31.5	31.5	—	—	32	38.5～56	—	42.2
各缸的公称压力/kN	垂直缸	一级	2700	—	—	—	—	—	—	—	—
		二级	5400	—	—	—	—	—	—	—	—
		三级	8000	—	—	—	—	—	—	—	—
	水平缸		2×5000	—	2×18000	2×18000	2×9000	2×3500/50000	2×55000	3×45000/680000	2×60000
	穿孔缸		—	—	—	—	—	2400	27000	38000	60000
最大行程/mm	垂直缸		800	1500	1140	—	—	1600	—	2380	3048
	水平缸		500	850	610	—	—	900	610	—	1067
	穿孔缸		—	—	—	—	—	210	610	—	1067
顶出器压力/kN			500	750	—	—	4500	5000	6800	5900	12000
顶出器行程/mm			200	—	—	—	—	500	—	—	2133
闭合高度/mm	垂直			2100	2300	—	—	—	3660	4580	—
	水平		—	—	—	—	—	—	4730	—	—
工作台面尺寸/mm^2			1000×1300	1500×1500	2300×1800	—	2430×1830	3000×3500	3050×3050	3660×3360	—
地面上高度/mm			6760	10925	11700	—	—	12800	总高 18600	总高 15200	总高 14600

表 B-6　切边曲柄压力机的主要技术参数

公称压力/kN	型号	结构形式	滑块行程/mm	行程次数/(次/min)	最大闭合高度/mm
630	J21-63	开式固定台	100	45	400
630	JA23-63	开式可倾	100	45	410
800	JH21-80	开式固定台	160	40	320
800	J23-80	开式可倾	115	45	380
1000	JH21-100	开式固定台	130	38	360
1000	J23-100	开式可倾	130	38	480
1250	J21-125	开式固定台	130	38	480
1250	JA23-125	开式可倾	140	33	430

（续）

公称压力/kN	型　　号	结构形式	滑块行程/mm	行程次数/(次/min)	最大闭合高度/mm
1250	J37-125	切边压力机	160	50	550
1600	JA21-160	开式固定台	160	40	450
1600	JB23-160	开式可倾	160	40	450
1600	JA31-160A	闭式单点	160	32	480
2000	J37-200	切边压力机	200	45	600
2000	ADP-200	切边压力机	160	60	500
2500	J31-250B	闭式单点	160	32	480
3150	J31-315B	闭式单点	315	20	630
3150	J37-315A	切边压力机	250	40	650
3150	ADP-315	切边压力机	200	50	530
4000	J31-400B	闭式单点	400	20	710
5000	JA33-500	切边压力机	400	12	700
6300	JA31-630B	闭式单点	400	12	900
8000	JD31-800	闭式单点	500	10	900
8000	ADWP-800	切边压力机	400	30	750
1250	J81-1250	切边压力机	—	8	800
1250	S_1-1250/1	闭式单点	500	10	950
2000	S_1-2000/1	闭式单点	500	9	800

附录 C　热锻模具材料及表面强化

表 C-1　热锻模具材料的选用

模具类型	尺寸和工作条件		推荐材料
锤锻模	高度小于 275mm(小型)		5CrMnMo、5CrNiMo、5SiMnMoV、4SiMnMoV
	高度 275～325mm(中型)		5CrMnMo、5CrNiMo、5SiMnMoV、4SiMnMoV
	高度 325～375mm(大型)		5CrNiMo、5CrMnSiMoV、4CrMnSiMoV
	高度大于 375mm(特大型)		5CrNiMo、5CrMnSiMoV、4CrMnSiMoV
	堆焊模块		5Cr2MnMo
	镶块式		4Cr5MoSiV1、3Cr2W8V、4Cr3Mo3W2V、4CrMnMoSiV
热模锻压力机锻模	整体式		5CrNiMo、5CrMnMo、4CrMnMoSiV、5CrMnMoSiV、4Cr5MoSiV、4Cr5MoSiV1、4Cr5W2SiV、3Cr2W8V、4Cr3Mo3W2V、5Cr4Mo2W2SiV
	镶拼式	镶块	4Cr5MoSiV1、4Cr5MoSiV、4Cr5W2SiV、3Cr2W8V、5Cr4W2Mo2SiV
		模体	5CrMnMo、5CrMnMo、4CrMnMoSiV
螺旋压力机锻模	整体式		5CrMnMo、5CrNiMo、8Cr3
	镶拼式	镶块	3Cr2W8V、4Cr5W2VSi
		模体	40Cr、45

（续）

模具类型	尺寸和工作条件	推荐材料
热挤压模	冲头	3Cr2W8V、3Cr3Mo3W2V、4Cr5W2SiV、4Cr5MoSiV1、4Cr5MoSiV、4CrMnMoSiV
	凹模	3Cr2W8V、3Cr3Mo3W2V、4Cr5W2SiV、4Cr5MoSiV1、硬质合金、钢结硬质合金、高温合金
温挤压模	—	W18Cr4V、W6Mo5Cr4V2、6W6Mo5Cr4V、6Cr4W3Mo2VNb 等
高速锻模	—	4Cr5W2SiV、4Cr5MoSiV、4Cr5MoSiV1、4Cr3Mo3W4VTiNb
热切边模	—	6CrW2Si、5CrNiMo、3Cr2W8V、4Cr5MoSiV1、4CrMnSiMoV、8Cr3、W6Mo5Cr4V2、W18Cr4V、硬质合金等

表 C-2　锤锻模用材料及其硬度

锻模种类	锻模或零件名称	锻模材料		锻模硬度			
				模膛表面		燕尾部分	
		主要材料	代用材料	HBW	HRC	HBW	HRC
锻钢锻模	小锻模（<1t 锤用）	5CrNiMo	5CrMnMo	387 ~ 444①	42 ~ 47①	321 ~ 364	35 ~ 39
				364 ~ 415②	39 ~ 44②		
	中小锻模（1 ~ 2t 锤用）			364 ~ 415①	39 ~ 44①	302 ~ 340	32 ~ 37
				340 ~ 387②	37 ~ 42②		
	中型锻模（3 ~ 5t 锤用）			321 ~ 364	35 ~ 39	286 ~ 321	30 ~ 35
	大型锻模（>5t 锤用）			302 ~ 340	32 ~ 37	269 ~ 321	28 ~ 35
	校正模	5CrMnSiMoV	5Cr2NiMoVSi③	390 ~ 460	42 ~ 47	302 ~ 340	32 ~ 37
镶块锻模	模体	ZG50Cr	ZG40Cr				
	镶块	5CrNiMo、5CrMnSiMoV、3Cr2W8V	5CrMnMo、5CrMnSi	硬度要求与锻钢锻模相同			
铸钢堆焊锻模	模体	ZG45Mn2	—				
	堆焊材料	5CrNiMo 5CrMnMo	—	硬度要求与锻钢锻模相同			

① 用于模膛浅而形状简单的锻模。

② 用于模膛深、形状复杂的锻模。

③ 模块截面尺寸 <300mm × 300mm 时，硬度为 375 ~ 429HBW；模块截面尺寸 >300mm × 300mm 时，硬度为 350 ~ 388HBW。

表 C-3　热模锻压力机用锻模材料及其硬度

模具零件名称	锻模材料		硬度 HBW
	主要材料	代用材料	
模锻模膛镶块	5CrNiMo	5CrMnMo、4Cr5MoSiV、4Cr5MoSiV1、4Cr5W2VSi、5Cr2NiMoSi①	444 ~ 388

（续）

模具零件名称	锻模材料		硬度 HBW
	主要材料	代用材料	
制坯模膛镶块	5CrNiMo	45	415～363
下顶杆	3Cr2W8V	4Cr2W8	48～53HRC
上顶杆	3Cr2W8V	4Cr2W8	48～52HRC
下镶块支承板	40Cr	400MnB、45	444～388
上壤块支承板	40Cr	400MnB、45	444～388
模膛镶块紧固件	45	—	321～285
挺杆	45	—	363～321
杠杆与支承板	45	—	363～321
上、下模座	5CrNiMo	40Cr、45	321～285

① 横块或镶块截面尺寸＜300mm×300mm时，硬度为429～450HBW；模块或镶块截面尺寸＞300mm×300mm时，硬度为400～420HBW；该钢种为新型热锻模材料，尚未纳标，但使用效果好，比用5CrNiMo钢的汽车前梁等锻模寿命提高0.5～2倍。

表 C-4　螺旋压力机用锻模材料及其硬度

锻模零件名称	锻模材料		硬度 HBW
	主要材料	代用材料	
凸模镶块	4Cr5W2VSi 3Cr2W8V	5CrNiMo 5CrMnMo	390～490
凹模镶块	3Cr2W8V	5CrNiMo 5CrMnMo	390～440
凸凹模模体	45Cr	45	349～390
整体凸、凹模	5CrMnMo	8Cr3	369～422
上、下压紧圈	45	40、35	349～390
上、下垫板	T7	T8	369～422
上、下顶杆	T7	T8	369～422
导柱、导套	T8	T7	56～58HRC

表 C-5　锻模失效形式、产生原因及防止措施

失效形式	产生原因	防止措施
开裂	钢材内在质量（非金属夹杂严重，碳化物偏析级别高）	严格控制钢材内在质量
	原始组织粗大	通过适当的预备热处理改善组织
	淬火温度过高或保温时间过长	正确掌握加热时间和加热温度
	在回火脆性区内回火	尽量避免在回火脆性区内回火
	回火温度偏低或回火时间不足	选定合适的回火工艺
	锻模钢组织不均匀有内部缺陷	使用质量好的坯料。使用前对坯料进行检查；采用合适的切头率（锻钢锭时）、锻造温度和锻造比；进行正确的退火处理

（续）

失效形式	产生原因	防 止 措 施
开裂	模块的冲击吸收能量低	选用适当的模具钢牌号；热处理硬度不应过高
	模膛相对于模块的流线位置安排不当	由供应模块的厂方标明流线方向；使金属的流动方向与模块的流线方向尽可能一致
	锻模预热不够	锻前预热模具，预热应尽量均匀，预热温度应为 150 ~ 350℃
	模块高度不够，相对于深的模膛来说强度过低	不应使用规定厚度以下的模块
	锻模的燕尾与锤头或模座的燕尾槽接触不良	锤头或模座的燕尾基面应定时维修。使之与模具燕尾保持平面接触；锻模燕尾部分高度应大于模座燕尾槽的高度，以保证锻模的燕尾基面与锤或模座良好接触
	设备精度不良	按设备修理技术规定经常保持锤的精度，如锤头与底座的平行度以及导轨的间隙
	模具燕尾根部圆角太小	注意按规定的圆角制造与维修
	模膛的内圆角过小	按设计标准取足够的圆角
	模膛具有窄而深的槽	产品设计或锻件图制订时应尽量避免这种形状
	锻模加工不良，使模膛角部残留有刀痕，随着锻击产生裂纹，继而损坏模具	按技术要求精细加工锻模
	锻造温度过低	应尽量采用高温锻造，锻件温度低于终锻温度时应停止锻击
	模具面互相强烈锻击	注意不要空打
裂纹	原材料有显微裂纹	严格控制原材料内在质量
	热处理操作不当（加热速度太快，冷却剂选用不当，冷却时间过长）	注意预热，选择合适的冷却剂
	模具形状特殊，厚薄不均，带尖角和螺纹孔等	堵塞螺纹孔，填补尖角，包扎危险截面和薄壁处，采取分级淬火
	未经中间退火而再次淬火	返修或翻新模具时，应进行退火或高温回火
	淬火后未及时回火	及时回火
	回火不足	保证回火时间，合金钢应按要求次数回火
	磨削操作不当	选择正确的磨削工艺
	用电火花加工，硬化层中存有高的拉应力和显微裂纹	改进电火花加工工艺，进行去应力回火，用电解或腐蚀法或其他方法取出硬化层
变形	钢中存在碳化物偏析与聚集	选择合适的锻造工艺
	大型锻模选用了淬透性低的钢种	正确选用合适钢种
	表面脱碳或机加工时未消除掉表面脱碳层	注意加热保护，盐浴脱氧
	淬火温度过高（淬火后残留奥氏体过多），加热时间不足	严格控制淬火时间
	碱浴水分过多	严格控制碱浴水分
	在冷却剂中的停留时间不足	增加停留时间
	回火温度过高	选择合适的回火温度

（续）

失效形式	产生原因	防止措施
锻模压塌变形	锻模承截面积不足	设计锻模时应有足够的锻击面积
	锻模的硬度不够或在模具使用中因锻件粘模而造成退火	使用具有足够高温强度的模具材料，按规定的热处理规范进行热处理，使用时及时冷却，以防止模具退火
	锻件变形抗力过大	控制终锻温度，选用合适的润滑剂
	分模面上有氧化皮	注意彻底清除氧化皮
锻模磨损	锻模耐磨性不好	在锻模不破坏的情况下提高热处理硬度；小型锻模可进行氮化等表面处理；采用质量好、硬度高的模具材料
	锻模材料淬透性较差	选用适当化学成分的模具材料，进行适当的淬火；使模具硬度均匀一致
	锻件毛坯变形抗力过大	尽可能提高加热温度材料的流动性；快速操作保持较高的终锻温度；采用合理的制坯工序；选用良好的润滑剂；合理选用锻锤吨位
	锻件形状设计得不好	尽可能增加脱模斜度；尽可能增加圆角半径；尽可能降低肋高和增加厚度
	模膛设计公差偏高，制造偏大	由于模膛磨损，锻件尺寸增大，因此在设计时，应尽可能使模膛小一些
	飞边桥部的宽度过大、高度过小	考虑充满情况，飞边桥部应具有适当的高度和宽度
	氧化皮清除不完全热锻件表面有渣子	采用少氧化的加热方法；及时清理加热炉炉底；有效地清除氧化皮
	模膛表面过于粗糙	降低模膛表面粗糙度值
	润滑和脱模不当	所用的润滑剂应具有耐高温性能，应没有燃烧残渣，并能减少模具与锻件的摩擦力；设计模膛时应注意使之容易脱模
模膛热裂	模具使用温度范围不当	模具预热温度应接近模具的使用温度；使用中适当冷却，使模具温度不发生激烈变化；避免模具急热和急冷
	采用润滑冷却剂不当	尽量少用油类润滑剂，以免使裂纹扩大
	模块材料性能不佳	选用抗热裂性能强的模具材料
	模膛形状设计不佳	应避免尖角和薄的突起部分

表 C-6　改善钢材表面性能的主要方法

不改变表面化学成分的方法	改变表面化学成分的方法	表面形成覆盖层的方法
高频感应淬火；火焰淬火；电子束相变硬化；激光相变硬化；加工硬化（如喷丸硬化）等	渗碳；渗氮；渗硼；渗硫；渗金属；复合渗（多元共渗）；TD 法；离子注入等	镀金属；堆焊；电火花强化；化学气相沉积（CVD）；物理气相沉积（PVD）等

表 C-7　表面强化方法的主要特性比较

性　能	镀		氮碳共渗	离子渗氮	真空渗氮	渗硫	渗硼	CVD	PVD	TD 法			超硬合金	工模具钢
	Cr	Ni-P						TiC	TiC	VC	NbC	Cr_7C_3		
硬度	良	良	良	良	良	一般	优	优	优	优	优	优	优	标准
耐磨性	良	良	良	良	良	一般	良	优	优	优	优	良	优	标准

（续）

性　能	镀		氮碳共渗	离子渗氮	真空渗氮	渗硫	渗硼	CVD	PVD	TD 法			超硬合金	工模具钢
	Cr	Ni-P						TiC	TiC	VC	NbC	Cr_7C_3		
抗热黏着性	良	良	良	良	良	良	良	优	优	优	优	优	优	标准
抗咬合性	良	良	良	良	良	良	良	优	优	优	优	优	优	标准
抗冲击性	一般	一般	一般	一般	一般	标准	一般	标准	标准	标准	标准	标准	一般	标准
抗剥落性	一般	一般	良	良	良	优	一般	良	良	良	良	良	—	—
抗变形开裂	一般	一般	优	良	良	优	良	良	良	良	良	良	—	—

附录 D　模锻件形状允许的偏差及表面缺陷

表 D-1　模锻件形状允许的偏差及表面缺陷　　（单位：mm）

序号	偏差及缺陷形式	锻件质量/t			简　图
		1~2	3~5	10	
1	飞边在周边 Z_1	$Z_1=0.5\sim1.0$	$Z_1=0.7\sim1.5$	$Z_1=1.0\sim2.0$	
	飞边在叉口 Z_2	$Z_2=1.0\sim2.0$	$Z_2=1.5\sim2.0$	$Z_2=2.0\sim3.0$	
	飞边在内孔 Z_3	$Z_3=1.0\sim2.0$	$Z_3=1.5\sim2.0$		
2	表面缺陷深度①	0.5~1.0	0.75~1.5	1.0~2.0	Q—氧化皮坑或碰伤 Q_1—折纹 Q_2—裂纹
3	弯曲 f（但不大于杆部余量的 1/2）	0.8~1.0	0.8~1.5	1.2~2.0	
4	错差 λ	0.8~1.0	0.8~1.5	1.0~2.0	
5	壁厚差 $K-K_1=2e$（但不大于余量的 1/2）	0.8~1.0	1.5~2.0	2.5~3.0	（不同心度）
6	平行度误差 A（但不大于余量的 1/2）	0.5~1.0	0.8~1.5	1.0~2.0	

① 不加工表面（见本表右边各值）；加工表面不大于实际余量的 1/2。

附录 E　模具零件的加工方法

表 E-1　模具加工方法

类别	加工方法	机床与使用的工具	适用范围
切削加工	平面加工	龙门刨床（刨刀）、牛头刨床（刨刀）、龙门铣床（端面铣刀）	对模具坯料进行六面加工
	车削加工	车床（车刀）、NC 车床（车刀）、立式车床（车刀）	加工内外圆柱面、内外圆锥面、端面、沟槽、螺纹、成形表面以及滚花、钻孔、铰孔和镗孔等
	钻孔加工	钻床（钻头、铰刀）、横臂钻床（钻头、铰刀）、铣床（钻头、铰刀）、数控铣床和加工中心（钻头、铰刀）	加工模具零件的各种孔
		深孔钻（深孔钻）	加工模具冷却水孔
	镗孔加工	卧式镗床（镗刀）、加工中心（镗刀）、铣床（镗刀）	镗削模具中的各种孔
		坐标镗床（镗刀）	镗削高精度孔
	铣削加工	铣床（立铣刀、端面铣刀）、NC 铣床（立铣刀、端面铣刀）、加工中心（立铣刀、端面铣刀）	铣削模具各种零件
		仿形铣床（球头铣刀）	进行仿形加工
		雕刻机（小直径立铣刀）	雕刻图案
	磨削加工	平面磨床（砂轮）	模板各平面
		成型磨床、NC 磨床和光学曲线磨床（均砂轮）	各种形状模具零件的表面
		坐标磨床（砂轮）	精密模具型孔
		内、外圆磨床（砂轮）	圆形零件的内、外表面
		万能磨床（砂轮）	可实施锥度磨削
	电加工	型腔电加工（电极）	用上述切削方法难以加工的部位
		线切割（线电极）	精密轮廓加工
		电解加工（电极）	型腔和平面加工
	抛光加工	手持抛光工具（各种砂轮）	去除铣削痕迹
		抛光机或手工（锉刀、砂纸、磨石、抛光剂）	对模具零件进行抛光
非切削加工	挤压加工	压力机（挤压凸模）	难以进行切削加工的型腔
	铸造加工	铍铜压力铸造（铸造设备） 精密铸造（石膏模型、铸造设备）	铸造模具型腔
	电铸加工	电铸设备（电铸母型）	精密模具型腔
	表面装饰加工	蚀刻装置（装饰纹样板）	加工模具型腔

表 E-2　外圆表面加工方案

序　号	加 工 方 案	经济精度级	表面粗糙度值 $Ra/\mu m$	适 用 范 围
1	粗车	IT11 以下	12.5~50	适用于淬火钢以外的各种金属
2	粗车-半精车	IT8~IT10	3.2~6.3	
3	粗车-半精车-精车	IT8	0.8~1.6	
4	粗车-半精车-精车-滚压（或抛光）	IT8	0.025~0.2	
5	粗车-半精车-磨削	IT7~IT8	0.4~0.8	主要用于淬火钢，也可用于未淬火钢，但不宜加工有色金属
6	粗车-半精车-粗磨-精磨	IT6~IT7	0.1~0.4	
7	粗车-半精车-粗磨-精磨-超精加工	IT5	0.1	
8	粗车-半精车-精车-金刚石车	IT6~IT7	0.025~0.4	主要用于有色金属加工
9	粗车-半精车-粗磨-精磨-研磨	IT5~IT6	0.08~0.16	极高精度的外圆加工
10	粗车-半精车-粗磨-精磨-超精磨或镜面磨	IT5 以上	<0.025（Rz0.05μm）	

表 E-3　孔加工方案

序　号	加 工 方 案	经济精度级	表面粗糙度值 $Ra/\mu m$	适 用 范 围
1	钻	IT11~IT12	12.5	加工未淬火钢及铸铁，也可用于加工有色金属
2	钻-铰	IT9	1.6~3.2	
3	钻-铰-精铰	IT7~IT8	0.8~1.6	
4	钻-扩	IT10~IT11	6.3~12.5	加工材料同上，孔径可大于15~20mm
5	钻-扩-铰	IT8~IT9	1.6~3.2	
6	钻-扩-粗铰-精铰	IT7	0.8~1.6	
7	钻-扩-机铰-手铰	IT6~IT7	0.1~0.4	
8	钻-扩-拉	IT7~IT9	0.1~1.6	大批大量生产（精度由拉刀的精度确定）
9	粗镗（或扩孔）	IT11~IT12	6.3~12.5	除淬火钢以外的各种材料，毛坯有铸出孔或锻出孔
10	粗镗(粗扩)-半精镗(精扩)	IT8~IT9	1.6~3.2	
11	粗镗(扩)-半精镗(精扩)-精镗(铰)	IT7~IT8	0.8~1.6	
12	粗镗(扩)-半精镗(精扩)-精镗-浮动镗刀精镗	IT6~IT7	0.8~0.4	
13	粗镗(扩)-半精镗磨孔	IT7~IT8	0.2~0.8	主要用于淬火钢，也可用于未淬火钢，但不宜用于有色金属
14	粗镗(扩)-半精镗-精镗-金刚镗	IT6~IT7	0.1~0.2	
15	粗镗-半精镗-精镗-金刚镗	IT6~IT7	0.05~0.4	主要用于精度高的有色金属用于精度要求很高的孔
16	钻-(扩)-粗铰-精铰-珩磨 钻-(扩)-拉-珩磨 粗镗-半精镗-精镗-珩磨	IT6~IT7	0.025~0.2	
17	以研磨代替上述方案中的珩磨	IT6 以上	0.025~0.2	

表 E-4　平面加工方案

序　号	加 工 方 案	经济精度级	表面粗糙度值 $Ra/\mu m$	适 用 范 围
1	粗车-半精车	IT9	3.2～6.3	主要用于端面加工
2	粗车-半精车-精车	IT7～IT8	0.8～1.6	
3	粗车-半精车-磨削	IT8～IT9	0.2～0.8	
4	粗刨（或粗铣）-精刨（或精铣）	IT9～IT10	1.6～6.3	一般不淬硬平面
5	粗刨（或粗铣）-精刨（或精铣）-刮研	IT6～IT7	0.1～0.8	精度要求较高的不淬硬平面，批量较大时宜采用宽刃精刨
6	以宽刃刨削代替上述方案中的刮研	IT7	0.2～0.8	
7	粗刨（或粗铣）-精刨（或精铣）-磨削	IT7	0.2～0.8	精度要求高的淬硬平面或未淬硬平面
8	粗刨（或粗铣）-精刨（或精铣）-粗磨-精磨	IT6～IT7	0.2～0.4	
9	粗铣-拉削	IT7～IT9	0.2～0.8	大量生产，较小的平面（精度由拉刀精度而定）
10	粗铣-精铣-磨削-研磨	IT6 以上	<0.1（Rz 为0.05）	高精度的平面

参考文献

[1] 姚泽坤. 锻造工艺学与模具设计 [M]. 西安：西北工业大学出版社，2005.
[2] 吕炎. 锻模设计手册 [M]. 北京：机械工业出版社，2006.
[3] 郝滨海. 锻造模具简明设计手册 [M]. 北京：化学工业出版社，2006.
[4] 汤忠义. 模具设计与制造基础 [M]. 长沙：中南大学出版社，2006.
[5] 洪慎章，李名尧. 锻造实用数据速查手册 [M]. 北京：机械工业出版社，2007.
[6] 许洪斌，文琍. 模具制造技术 [M]. 北京：化学工业出版社，2007.
[7] 中国模具工程大典编委会. 中国模具工程大典：第9卷 [M]. 北京：电子工业出版社，2007.
[8] 李发致. 模具先进制造技术 [M]. 北京：机械工业出版社，2008.
[9] 李琦. 模具设计与制造 [M]. 北京：人民邮电出版社，2008.
[10] 洪慎章. 特种成形实用技术 [M]. 北京：机械工业出版社，2008.
[11] 王以华. 锻模设计技术与实例 [M]. 北京：机械工业出版社，2009.
[12] 吕琳. 模具制造技术 [M]. 北京：化学工业出版社，2009.
[13] 洪慎章. 回转成形实用技术 [M]. 北京：机械工业出版社，2013.
[14] 洪慎章. 锻造技术速查手册 [M]. 2版. 北京：机械工业出版社，2015.
[15] 洪慎章. 快速成形技术是模具加工的创新 [J]. 机械制造，2004（2）：54-56.
[16] 洪慎章. 现代模具技术的现状及发展趋势 [J]. 航空制造技术，2006（6）：30-32.
[17] 洪慎章. 21世纪模具的发展趋势 [J]. 中国模具信息，2006（2）：4-6.
[18] 洪慎章. 模具六大重要制造技术 [J]. 中国模具信息，2007（4）：10-12.
[19] 洪慎章. 现代模具发展中的几个关注问题 [J]. 模具市场，2007（5）：31-33.
[20] 洪慎章. 数字化制造模具在模具企业中的应用 [J]. 模具市场，2007（11）：5-7.
[21] 洪慎章. 现代模具与高速切削技术 [J]. 上海模具工业，2007（12）：15-17.
[22] 洪慎章. 数字化是制造模具的关键技术 [J]. 中国模具信息，2007（12）：19-21.
[23] 洪慎章. 模具加工中的高速切削技术 [J]. 中国模具信息，2008（7）：6-8.
[24] 洪慎章. 21世纪模具动态 [J]. 现代模具，2008（8）：41-42.
[25] 洪慎章. 21世纪模具技术的现状及发展方向 [J]. 模具工程，2008（8）：50-55.